Rjasanowa • Mathematik für Bauingenieure

Lehrbücher des Bauingenieurwesens

Dallmann • *Baustatik*
Band 1: Berechnung statisch bestimmter Tragwerke
Band 2: Berechnung statisch unbestimmter Tragwerke

Göttsche/Petersen • *Festigkeitslehre – klipp und klar*

Rjasanowa • *Mathematik für Bauingenieure*

Krawietz/Heimke • *Physik im Bauwesen*

Kerstin Rjasanowa

Mathematik für Bauingenieure

Mit 293 Bildern, 206 Beispielen und 352 Aufgaben mit Lösungen

Fachbuchverlag Leipzig
im Carl Hanser Verlag

Autor
Prof. Dr. rer. nat. Kerstin Rjasanowa
Fachhochschule Kaiserslautern
Fachbereich Bauen und Gestalten
http://www.fh-kl.de/~kerstin.rjasanowa

Bibliografische Information Der Deutschen Bibliothek
Die Deutsche Bibliothek verzeichnet diese Publikation in der Deutschen
Nationalbibliografie; detaillierte bibliografische Daten sind im Internet
über http://dnb.ddb.de abrufbar.

ISBN-10: 3-446-40479-1
ISBN-13: 978-3-446-40479-3

Dieses Werk ist urheberrechtlich geschützt.
Alle Rechte, auch die der Übersetzung, des Nachdruckes und der Vervielfältigung des Buches, oder Teilen daraus, vorbehalten. Kein Teil des Werkes darf ohne schriftliche Genehmigung des Verlages in irgendeiner Form (Fotokopie, Mikrofilm oder ein anderes Verfahren), auch nicht für Zwecke der Unterrichtsgestaltung – mit Ausnahme der in den §§ 53, 54 URG genannten Sonderfälle –, reproduziert oder unter Verwendung elektronischer Systeme verarbeitet, vervielfältigt oder verbreitet werden.

Fachbuchverlag Leipzig im Carl Hanser Verlag

© 2006 Carl Hanser Verlag München Wien
Internet: http://www.fachbuch-leipzig.hanser.de

Lektorat: Christine Fritzsch
Herstellung: Franziska Kaufmann
Satz: PTP-Berlin Protago-TeX-Production GmbH
Druck und Binden: Druckhaus „Thomas Müntzer" GmbH, Bad Langensalza
Printed in Germany

Vorwort

Das vorliegende Buch hat die Vermittlung mathematischen Grundwissens für Studierende des Bauingenieurwesens zum Ziel. Es entstand auf der Grundlage der Vorlesungen und Übungen in Ingenieurmathematik am Fachbereich Bauingenieurwesen der Fachhochschule Kaiserslautern, die ich seit langem dort halte. Es ist sowohl zur Begleitung der Vorlesungen als auch zum Selbststudium vorgesehen. Im Vergleich zu den Vorlesungen sind einige Stellen vertieft dargestellt und durch Beispiele ergänzt worden.

„Auch in Wissenschaften kann man eigentlich nichts wissen, es will immer getan sein."
Johann Wolfgang von Goethe

Das Buch beinhaltet mathematische Grundlagen (Arithmetik reeller Zahlen, Funktionen einer Veränderlichen) und darauf aufbauend für das Studium wichtige Kapitel der Höheren Mathematik (Lineare Algebra, Vektorrechnung und Analytische Geometrie, Zahlenfolgen, Grenzwerte und Stetigkeit, Differenzialrechnung, Integralrechnung, Funktionen mehrerer Veränderlicher, Gewöhnliche Differenzialgleichungen), Anwendungsbeispiele und zahlreiche Übungsaufgaben mit Lösungen. Die Auswahl des mathematischen Stoffes wurde so getroffen, dass er den veränderten Zulassungsvoraussetzungen an Fachhochschulen Rechnung trägt, im Bauingenieurwesen Anwendung findet und im Grundstudium tatsächlich vermittelbar ist. Dieser Aspekt ist insbesondere bei der derzeitigen Einführung der Bachelor-Studiengänge von Bedeutung. Die Darstellung erfolgt aufbauend, mit motivierender Begründung und mitunter, wo angebracht, mit Herleitungen. Damit soll auch der Leser mit durchschnittlichen schulischen Mathematikkenntnissen zum Studium und Selbststudium der Ingenieurmathematik in diesem Bereich angeregt werden. Trotz knapper und auf das Wesentliche beschränkter Vorstellung von Gebieten der Höheren Mathematik wird nicht auf Exaktheit verzichtet, um die logische Nachvollziehbarkeit zu gewährleisten und sichere Grundkenntnisse zu festigen. Wichtige Erkenntnisse, Formeln und Eigenschaften sind im Druck hervorgehoben, damit das Buch auch als Nachschlagewerk verwendet werden kann.

Besonderer Wert wird auf die Anwendung der vorgestellten mathematischen Werkzeuge in verschiedenen Gebieten des Bauingenieurwesens gelegt. Die Wahl der Beispiele ist oft unmittelbar diesen Disziplinen entnommen: der Statik und Festigkeitslehre, dem Vermessungswesen, dem Wasserbau, dem Straßenbau und dem Baubetrieb. Am Ende jedes Kapitels erfolgt für typische praktische Probleme die Ableitung mathematischer Aufgabenstellungen und deren vollständig durchgerechnete Lösung. Damit soll ermöglicht werden, dass der Leser auch bei neuen Problemen in der Lage ist, zunächst ein mathematisches Modell abzuleiten, um danach zu seiner Bearbeitung bekannte Methoden und Verfahren einzusetzen. Es zeigt sich, dass die Lösung praktischer Aufgaben eigenständige Ideen erfordert und oft nicht unmittelbar mit „Rezepten" erreicht werden kann.

Zahlreiche Übungsaufgaben, die zum Teil auch aus Klausuren entnommen wurden, sind zum Training dieser Herangehensweise gedacht. Die angegebenen Lösungen dienen der Selbstkontrolle. Damit sind die Aufgaben zum Selbststudium und als Klausurvorbereitung geeignet. Sie dokumentieren gleichzeitig, dass mathematische Lösungsmethoden in vielen Gebieten des Bauingenieurwesens Anwendung finden.

Auf diesem Wege möchte ich allen herzlich danken, die mich bei dem Buchvorhaben unterstützten. Besonders bedanke ich mich bei meinem Kollegen und ehemaligen langjährigen Dekan des Fachbereiches Bauingenieurwesen der Fachhochschule Kaiserslautern, Prof. Dr. D. Ott, der eine gründliche Durchsicht des Manuskriptes vornahm und fast alle Beispiele und Aufgaben nachgerechnet hat. In vielen Gesprächen über Inhalte und Darstellung der Höheren Mathematik für Bauingenieure trug er zum Entstehen dieses Buches bei. Mein Dank gilt ebenfalls den Kollegen meines Fachbereiches, denen ich manche inhaltliche Anregung verdanke, und nicht zuletzt den Studierenden, die mich durch ihr Interesse und ihre Fragen in den Vorlesungen zu dieser geschlossenen Darstellung motivierten. Bei Frau Fritzsch und Frau Kaufmann vom Carl Hanser Verlag möchte ich mich ebenfalls für die angenehme Zusammenarbeit und die zahlreichen Anregungen, Vorschläge und geduldigen Diskussionen zur Gestaltung des Buches bedanken.

Kaiserslautern, im Sommer 2006   Kerstin Rjasanowa

Inhaltsverzeichnis

1	**Arithmetik reeller Zahlen**	**11**
1.1	Die Addition	11
1.2	Die Multiplikation	12
1.3	Anwendungen der Rechenoperationen	14
1.4	Der Wurzelbegriff	19
1.5	Anordnung reeller Zahlen, Ungleichungen	21
1.6	Aufgaben	23
2	**Funktionen einer Veränderlichen**	**26**
2.1	Der Funktionsbegriff	26
	2.1.1 Zuordnungen zwischen Mengen	26
	2.1.2 Analytische und graphische Darstellung von Funktionen	27
	2.1.3 Monotonie und Beschränktheit	28
	2.1.4 Die Umkehrfunktion	30
	2.1.5 Verkettung von Funktionen	32
2.2	Klassen von Funktionen	32
	2.2.1 Die konstante Funktion	32
	2.2.2 Die Signumfunktion	33
	2.2.3 Die lineare Funktion	33
	2.2.4 Die Betragsfunktion	34
	2.2.5 Die Potenzfunktion	36
	2.2.6 Die Reziprokfunktion	37
	2.2.7 Polynome	37
	2.2.8 Rationale Funktionen	44
	2.2.9 Die Exponential- und Logarithmusfunktion	45
	2.2.10 Trigonometrische Funktionen	48
2.3	Anwendungen an Beispielen	57
	2.3.1 Polynome bei der Balkenbiegung	57
	2.3.2 Darlehen und Zinsen	59
	2.3.3 Vorwärts- und Rückwärtseinschneiden	60
	2.3.4 Polygonzugberechnung	62
2.4	Aufgaben	63
3	**Lineare Algebra**	**74**
3.1	Der Vektorraum $\mathbb{R}^n$	74
	3.1.1 Definitionen, Beispiele	74
	3.1.2 Geometrische Darstellung im $\mathbb{R}^2$ und $\mathbb{R}^3$	77
	3.1.3 Lineare Abhängigkeit von Vektoren	78
	3.1.4 Lineare Unterräume des $\mathbb{R}^n$	84
3.2	Matrizen	87
	3.2.1 Definitionen, Beispiele	87
	3.2.2 Rechenoperationen mit Matrizen	89
	3.2.3 Der Rang einer Matrix	95
	3.2.4 Die Inverse einer Matrix	97

- 3.3 Determinanten ... 98
  - 3.3.1 Definition, Eigenschaften ... 98
  - 3.3.2 Berechnung von Determinanten ... 100
  - 3.3.3 Berechnung der Inversen ... 101
- 3.4 Lineare Gleichungssysteme ... 102
  - 3.4.1 Definition, Beispiele ... 102
  - 3.4.2 Lösbarkeit linearer Gleichungssysteme ... 103
  - 3.4.3 Der Gauß-Algorithmus ... 105
  - 3.4.4 Die Cramersche Regel ... 109
  - 3.4.5 Berechnung der Inversen ... 110
- 3.5 Anwendungen an Beispielen ... 112
  - 3.5.1 Professor B. Tonstein und die Werkstoffe ... 112
  - 3.5.2 Produktion von Einzelteilen ... 113
  - 3.5.3 Berechnung von Stabkräften ... 114
  - 3.5.4 Zerlegung einer Kraft ... 115
  - 3.5.5 Schwerpunkt eines Punkt-Massen-Systems ... 116
- 3.6 Aufgaben ... 117

4 Vektorrechnung und Analytische Geometrie — 124

- 4.1 Betrag eines Vektors, Projektion, Skalarprodukt ... 124
  - 4.1.1 Der Betrag eines Vektors ... 124
  - 4.1.2 Die Projektion ... 126
  - 4.1.3 Das Skalarprodukt ... 127
  - 4.1.4 Orthogonalität ... 128
  - 4.1.5 Koordinatendarstellung des Skalarproduktes ... 129
  - 4.1.6 Winkelmessung im $\mathbb{R}^n$ ... 130
  - 4.1.7 Das Vektorprodukt ... 132
  - 4.1.8 Das Spatprodukt ... 135
- 4.2 Analytische Geometrie der Ebene ... 136
  - 4.2.1 Die Gerade ... 136
  - 4.2.2 Kurven zweiter Ordnung ... 144
- 4.3 Analytische Geometrie des Raumes ... 153
  - 4.3.1 Die Gerade ... 153
  - 4.3.2 Die Ebene ... 159
- 4.4 Anwendungen an Beispielen ... 165
  - 4.4.1 Tangentenschnittpunkt ... 165
  - 4.4.2 Kleinpunktberechnung ... 165
  - 4.4.3 Schnittpunkt zweier Strecken ... 168
  - 4.4.4 Absteckungsberechnungen ... 169
  - 4.4.5 Massenermittlung ... 170
- 4.5 Aufgaben ... 172

5 Zahlenfolgen, Grenzwerte, Stetigkeit — 176

- 5.1 Einführung, Definition ... 176
- 5.2 Monotonie und Beschränktheit von Zahlenfolgen ... 177
- 5.3 Konvergenz und Divergenz von Zahlenfolgen ... 181
- 5.4 Grenzwerte von Funktionen ... 187
- 5.5 Stetigkeit ... 190

5.6	Anwendungen an Beispielen	195
	5.6.1 Noch einmal Zinsen	195
	5.6.2 Stabilität eines Ziegelstapels und Zahlenfolgen	197
5.7	Aufgaben	200

6 Differenzialrechnung für Funktionen einer Veränderlichen — 202

6.1	Einführung	202
6.2	Ableitungsregeln	205
6.3	Höhere Ableitungen	209
6.4	Das Differenzial einer Funktion, Fehlerrechnung	211
6.5	Die Regel von l'Hospital	213
6.6	Kurvendiskussionen	216
	6.6.1 Extremstellen	217
	6.6.2 Monotonie	218
	6.6.3 Krümmungsverhalten und Wendepunkte	220
6.7	Der Mittelwertsatz der Differenzialrechnung	223
6.8	Taylorpolynome und Funktionsapproximation	224
6.9	Anwendungen an Beispielen	229
	6.9.1 Berechnung der Biegelinie eines Balkens	229
	6.9.2 Fahrbahnverziehung im Straßenbau	230
	6.9.3 Kuppen- und Wannenausrundung im Straßenbau	232
	6.9.4 Übergangsbogen und Überhöhungsrampen im Schienenbau	234
	6.9.5 Klothoidenpunktberechnungen	236
6.10	Aufgaben	238

7 Integralrechnung für Funktionen einer Veränderlichen — 243

7.1	Einführung	243
7.2	Obersumme, Untersumme, Zwischensumme	244
7.3	Das bestimmte Integral	246
7.4	Eigenschaften des bestimmten Integrals	248
7.5	Die Stammfunktion	251
7.6	Der Hauptsatz der Differenzial- und Integralrechnung	254
7.7	Das unbestimmte Integral	255
7.8	Integrationsmethoden	257
	7.8.1 Integranden der Form f'/f	257
	7.8.2 Partielle Integration	258
	7.8.3 Substitutionsregel	259
7.9	Anwendungen der Integralrechnung	261
	7.9.1 Berechnung der Bogenlänge	261
	7.9.2 Flächenberechnung	263
	7.9.3 Volumina und Mantelflächen von Rotationskörpern	267
	7.9.4 Momente und Schwerpunkte	269
	7.9.5 Berechnung von Schnittkräften am Balken	277
	7.9.6 Überfälle im Wasserbau	279
7.10	Aufgaben	281

8 Funktionen mehrerer Veränderlicher — 288

8.1	Der Begriff der stetigen Funktion mehrerer Veränderlicher	288
8.2	Grenzwerte, Stetigkeit, Partielle Ableitungen	291

	8.3	Gradient, partielles und totales Differenzial, Fehlerrechnung	295
	8.4	Extremwerte von Funktionen mehrerer Veränderlicher	298
		8.4.1 Definition lokaler Extrema	299
		8.4.2 Notwendige Bedingungen für die Existenz lokaler Extrema	300
		8.4.3 Hinreichende Bedingungen für die Existenz lokaler Extrema	302
	8.5	Anwendungen an Beispielen	304
		8.5.1 Ermittlung des Widerstandsmomentes	304
		8.5.2 Vermessung eines Dreiecks	305
		8.5.3 Ein Extremwertproblem	306
	8.6	Aufgaben	309
9	**Differenzialgleichungen**	**312**
	9.1	Einführung	312
	9.2	Definitionen	314
	9.3	Differenzialgleichungen 1. Ordnung	315
	9.4	Trennung der Variablen	316
	9.5	Lineare Differenzialgleichungen 1. Ordnung	317
	9.6	Lineare Differenzialgleichungen höherer Ordnung mit konstanten Koeffizienten	319
		9.6.1 Sätze über die Lösungen	320
		9.6.2 Allgemeine Lösung von homogenen Differenzialgleichungen 2. Ordnung	322
		9.6.3 Homogene Differenzialgleichungen höherer Ordnung	324
		9.6.4 Allgemeine Lösung inhomogener Differenzialgleichungen höherer Ordnung	325
	9.7	Anwendungen an Beispielen	330
		9.7.1 Mechanische Schwingung	330
		9.7.2 Ausströmgeschwindigkeit einer Flüssigkeit	331
		9.7.3 Gleichung einer Seilkurve	333
		9.7.4 Eulersche Knickkraft	335
		9.7.5 Biegelinie eines Balkens	336
		9.7.6 Absenkung des Grundwasserspiegels mit einem vollkommenen Brunnen	339
	9.8	Aufgaben	341

Lösungen   **344**

   Kapitel 1 344
   Kapitel 2 346
   Kapitel 3 352
   Kapitel 4 355
   Kapitel 5 358
   Kapitel 6 359
   Kapitel 7 365
   Kapitel 8 369
   Kapitel 9 371

Literaturverzeichnis   **373**

Sachwortverzeichnis   **375**

1 Arithmetik reeller Zahlen

In der Menge der reellen Zahlen sind die Addition und die Multiplikation zwei Rechenoperationen, die durch festgelegte Eigenschaften erklärt sind. Daraus ergeben sich verschiedene Schlussfolgerungen für das Rechnen mit reellen Zahlen. Außerdem gibt es in der Menge der reellen Zahlen einen Ordnungsbegriff, der z. B. dem Lösen von Ungleichungen zugrunde liegt.

Bezeichnungen:
Die Menge der reellen Zahlen wird mit $\mathbb{R}$ bezeichnet. Die Zugehörigkeit einer Zahl a zur Menge $\mathbb{R}$ kennzeichnet man mit $a \in \mathbb{R}$.

1.1 Die Addition

In diesem Abschnitt werden die vier Axiome der Addition angegeben. Die Subtraktion wird mit Hilfe der Addition erklärt. Rechenregeln für die Addition und die Subtraktion werden genannt.

Definition 1.1

Zu zwei beliebigen reellen Zahlen a und b gibt es stets eine reelle Zahl $a + b$, die **Summe von a und b** genannt wird. Die Zahlen a und b heißen **Summanden**.

Für beliebige Zahlen $a, b, c \in \mathbb{R}$ gelten folgende **Axiome** (Festlegungen):

1. $a + b = b + a$. — **Kommutativgesetz**

2. $(a + b) + c = a + (b + c)$. — **Assoziativgesetz**

3. Es gibt eine reelle Zahl 0, sodass für alle $a \in \mathbb{R}$ gilt: $a + 0 = 0 + a = a$. Diese Zahl wird **Null** genannt. — **neutrales Element**

4. Zu jeder Zahl $a \in \mathbb{R}$ gibt es eine Zahl $b \in \mathbb{R}$ so, dass gilt: $a + b = b + a = 0$. Die Zahl b wird die zu a **entgegengesetzte Zahl** genannt. — **inverses Element**

Bemerkung 1.2

Eine Menge mit einer Operation, die diese vier Eigenschaften Kommutativität, Assoziativität, Existenz des neutralen Elementes und des zu einem beliebigen Element inversen erfüllt, werden in der Mathematik nach dem Mathematiker **Abel** kommutative oder **abelsche Gruppe** genannt. So besitzt die Menge der reellen Zahlen $\mathbb{R}$ bezüglich der Addition die algebraische Struktur einer kommutativen Gruppe. Das neutrale Element ist die Zahl 0 (Axiom 3), und das zu einem Element inverse ist die entgegengesetzte Zahl (Axiom 4).

Niels Henrik Abel (* 5. August 1802 in der Nähe von Stavanger, † 6. April 1829 in Froland, Norwegen)
norwegischer Mathematiker
hier: abelsche Gruppen

Aus den vier Axiomen ergeben sich einige Folgerungen, die für das Rechnen mit reellen Zahlen von Bedeutung sind:

1. Zu zwei Zahlen $a, b \in \mathbb{R}$ gibt es genau eine Zahl $x \in \mathbb{R}$, für die gilt $a + x = b$.

x heißt **Differenz von b und a**. Man schreibt

Differenz
$$x = b - a$$

und sagt: „a wird von b **subtrahiert**". Für $0 - a$ schreibt man kurz $-a$ (siehe Axiom 3).

2. Für jede Zahl $a \in \mathbb{R}$ gilt $a = -(-a)$, d. h. die zu $-a$ entgegengesetzte Zahl ist a. Insbesondere ist die zu 0 entgegengesetzte Zahl 0: $-0 = 0$.

3. Für beliebige Zahlen $a, b, c, d \in \mathbb{R}$ gilt

Gleichheit von Differenzen $b - a = d - c$ genau dann, wenn $b + c = a + d$,
Summe von Differenzen $(b - a) + (d - c) = (b + d) - (a + c)$,
Differenz von Differenzen $(b - a) - (d - c) = (b + c) - (a + d)$.

Kopfrechnen

Beispiel 1.3

Die Axiome der Addition und ihre Folgerungen werden z. B. beim „Kopfrechnen" angewendet. So ist

$$23 + 56 = (20 + 3) + (50 + 6) = (20 + 50) + (3 + 6) = 79,$$
$$68 + (45 + 32) = 68 + (32 + 45) = (68 + 32) + 45 = 145,$$
$$(145 - 56) + (37 - 44) = (145 + 37) - (56 + 44) = 182 - 100 = 82.$$

1.2 Die Multiplikation

In diesem Abschnitt werden die vier Axiome der Multiplikation angegeben. Die Division wird mit Hilfe der Multiplikation erklärt. Rechenregeln für die Multiplikation und die Division werden genannt.

Definition 1.4

Zu zwei beliebigen reellen Zahlen a und b gibt es stets eine reelle Zahl $a \cdot b$, die **Produkt von a und b** genannt wird. Die Zahlen a und b heißen **Faktoren**.

Für beliebige Zahlen $a, b, c \in \mathbb{R}$ gelten folgende **Axiome** (Festlegungen):

Kommutativgesetz   1. $a \cdot b = b \cdot a$.

Assoziativgesetz   2. $(a \cdot b) \cdot c = a \cdot (b \cdot c)$.

neutrales Element   3. Es gibt eine reelle Zahl 1, sodass für alle $a \in \mathbb{R}$, $a \neq 0$ gilt: $a \cdot 1 = 1 \cdot a = a$. Diese Zahl wird **Eins** genannt.

inverses Element   4. Zu jeder Zahl $a \in \mathbb{R}$, $a \neq 0$ gibt es eine Zahl $b \in \mathbb{R}$ so, dass gilt: $a \cdot b = b \cdot a = 1$. Die Zahl b wird die zu a **reziproke Zahl** genannt.

1.2 Die Multiplikation

Die Menge der von Null verschiedenen reellen Zahlen $\mathbb{R}\setminus\{0\}$ hat bezüglich der Multiplikation ebenfalls die algebraische Struktur einer kommutativen Gruppe. Das neutrale Element ist hierbei die Zahl 1 (Axiom 3), und das zu einem Element inverse ist die reziproke Zahl (Axiom 4).

Bemerkung 1.5

Zwischen Addition und Multiplikation gibt es ein Verknüpfungsgesetz. Für beliebige Zahlen $a, b, c \in \mathbb{R}$ gilt

$$a \cdot (b + c) = a \cdot b + a \cdot c.$$

Distributivgesetz

Aus den Axiomen der Multiplikation und dem Distributivgesetz ergeben sich einige Folgerungen für das Rechnen mit reellen Zahlen:

1. **Ein Produkt wird genau dann Null, wenn mindestens einer seiner Faktoren Null ist.** D. h., aus $a \cdot b = 0$ folgt $a = 0$ oder $b = 0$ und umgekehrt.
2. Zu zwei Zahlen $a, b \in \mathbb{R}$ mit $a \neq 0$ gibt es genau eine Zahl $x \in \mathbb{R}$, für die gilt $a \cdot x = b$.
   x heißt **Quotient aus b und a** oder **Bruch mit dem Zähler b und dem Nenner a**. Man schreibt

   $$x = b : a = \frac{b}{a} = b/a$$

   Quotient

   und sagt: „b wird durch a **dividiert**".
3. Für jede Zahl $a \in \mathbb{R}, a \neq 0$ ist die zu a reziproke Zahl $1/a$. Insbesondere ist die zu 1 reziproke Zahl 1. Die zu $1/a$ reziproke Zahl ist a, sodass gilt

   $$\frac{1}{1/a} = a.$$
4. Für beliebige Zahlen $a, b, c, d \in \mathbb{R}$ mit $a, c \neq 0$ ist

   $\frac{b}{a} = \frac{d}{c}$ genau dann, wenn $b \cdot c = a \cdot d$,

   d. h. **zwei Brüche sind genau dann gleich**, wenn die Produkte aus Zähler des einen und Nenner des anderen Bruches gleich sind.
5. Für beliebige Zahlen $a, b, c, d \in \mathbb{R}$ ist

   $\frac{b}{a} \cdot \frac{d}{c} = \frac{b \cdot d}{a \cdot c}$, $a, c \neq 0$ und $\frac{b}{a} : \frac{d}{c} = \frac{b \cdot c}{a \cdot d}$, $a, c, d \neq 0$,

   d. h. **das Produkt zweier Brüche** ist ein Bruch, dessen Zähler das Produkt der Zähler der Faktoren und dessen Nenner das Produkt der Nenner der Faktoren ist, und **zwei Brüche werden dividiert**, in dem man den ersten mit dem Reziproken des zweiten Bruches multipliziert.

6. Für jede Zahl $a \in \mathbb{R}$ gilt $-a = (-1) \cdot a$, d. h. die zu a entgegengesetzte Zahl $-a$ ist das Produkt der Zahlen -1 und a.

7. Für beliebige Zahlen $a, b \in \mathbb{R}$ gilt $-(a \cdot b) = (-a) \cdot b$, d. h. die zum Produkt $a \cdot b$ entgegengesetzte Zahl $-a \cdot b$ ist das Produkt der zu a entgegengesetzten Zahl $-a$ und der Zahl b.

8. Es gilt $(-1) \cdot (-1) = 1$, d. h. das Produkt der zu 1 entgegengesetzten Zahl -1 mit sich selbst ergibt wieder 1.

Bemerkung 1.6 Die Menge $\mathbb{R}$ der reellen Zahlen mit den in **Definition 1.1** und **Definition 1.4** erklärten Rechenoperationen Addition und Multiplikation hat mit den jeweiligen vier Axiomen und dem Verknüpfungsgesetz (Distributivgesetz) die algebraische Struktur eines **Körpers**.

Sind ein oder beide Faktoren eines Produktes Variablen, so kann beim Schreiben des Produktes das Malzeichen weggelassen werden. Z. B. schreibt man

$a \cdot b = ab$,
$8 \cdot b = 8b$.

Für das Produkt der ersten n natürlichen Zahlen schreibt man kürzer

$1 \cdot 2 \cdot 3 \cdot \ldots \cdot n = n!$

und nennt dieses Produkt **Fakultät** von n. Vereinbarungsgemäß ist außerdem $0! = 1$.

1.3 Anwendungen der Rechenoperationen

Die Rechenoperationen werden beim Umformen und Auswerten von Termen angewendet. Dabei haben Klammern Vorrang vor den „Punktrechenarten" Multiplikation und Division und diese wiederum vor den „Strichrechenarten" Addition und Subtraktion. Das Erweitern und Kürzen von Brüchen wird bei ihrer Addition und Subtraktion bzw. bei ihrer Vereinfachung benutzt. Das ganzzahlige Potenzieren einer reellen Zahl wird mit der Multiplikation erklärt. Der binomische Lehrsatz zum Potenzieren von Summen mit zwei Summanden wird angegeben.

Das Auflösen von Klammern

Steht ein Pluszeichen vor der Klammer, so bleibt die Klammer einfach weg. Steht ein Minuszeichen vor der Klammer, so sind beim Weglassen der Klammer alle in ihr vorkommenden Vorzeichen bzw. Rechenzeichen umzukehren.

Beim Auftreten von Mehrfachklammern können z. B. die Klammern von innen nach außen aufgelöst werden.

Beispiel 1.7

Auflösen von Klammern

Es ist

$8p - (15r - 7q + 6p) + (8q - p + 7r)$
$= 8p - 15r + 7q - 6p + 8q - p + 7r$
$= p + 15q - 8r,$
$17m + (6n - (3m + 4n)) - ((8m - n) - (5m + (3n - 6m)))$
$= 17m + (6n - 3m - 4n) - (8m - n - (5m + 3n - 6m))$
$= 17m + (2n - 3m) - (8m - n - (-m + 3n))$
$= 17m + 2n - 3m - (8m - n + m - 3n)$
$= 14m + 2n - (9m - 4n)$
$= 14m + 2n - 9m + 4n = 5m + 6n.$

Das Ausmultiplizieren und das Ausklammern

Das Ausmultiplizieren von Klammern erfolgt nach dem Distributivgesetz. So ist z. B.

$(a + b)c = ac + bc, \qquad a(b - c) = ab - ac,$
$(a + b)(c + d) = a(c + d) + b(c + d) = ac + ad + bc + bd.$

Umgekehrt gelesen, ergeben sich daraus Regeln zum Ausklammern von gleichen Faktoren in Summanden:

$ac + bc = (a + b)c, \qquad ab + ac = a(b + c),$
$ac - bc = (a - b)c, \qquad ab - ac = a(b - c).$

Beispiel 1.8

Ausmultiplizieren
Ausklammern

Im ersten Beispiel wird zuerst jeder Summand der ersten Klammer mit der zweiten Klammer multipliziert und danach diese ausmultipliziert. Im zweiten Beispiel wird der Faktor $x - y$ ausgeklammert.

$(a + 4b - 7c)(x - y) = a(x - y) + 4b(x - y) - 7c(x - y)$
$\qquad\qquad\qquad\quad = ax - ay + 4bx - 4by - 7cx + 7cy,$
$n(x - y) - x + y = n(x - y) - (x - y) = (n - 1)(x - y).$

Addition und Subtraktion von Brüchen

Das **Erweitern** eines Bruches ist das Multiplizieren seines Zählers und Nenners mit *derselben* Zahl, das **Kürzen** entsprechend das Dividieren durch *dieselbe* Zahl. Erweitern und Kürzen verändern den Wert eines Bruches nicht:

$\dfrac{a}{c} = \dfrac{ad}{cd}, \qquad \dfrac{ad}{cd} = \dfrac{a}{c}.$

Gleichnamige Brüche (d. h. Brüche, deren Nenner gleich sind) werden addiert bzw. subtrahiert, indem ihre Zähler addiert bzw. subtrahiert werden und der Nenner beibehalten wird:

$$\frac{a}{c} \pm \frac{b}{c} = \frac{a \pm b}{c}.$$

Ungleichnamige Brüche werden addiert bzw. subtrahiert, indem man sie durch Erweitern gleichnamig macht und dann addiert bzw. subtrahiert:

$$\frac{a}{b} \pm \frac{c}{d} = \frac{ad}{bd} \pm \frac{bc}{bd} = \frac{ad \pm bc}{bd}.$$

Hauptnenner

Beispiel 1.9

Der Hauptnenner der zu subtrahierenden Brüche ist $(x-1)(x-2)$. Der erste Bruch wird mit $(x-2)$, der zweite mit $(x-1)$ erweitert:

$$\frac{4}{x-1} - \frac{3}{x-2} = \frac{4(x-2) - 3(x-1)}{(x-1)(x-2)} = \frac{x-5}{(x-1)(x-2)}.$$

Das Potenzieren

Unter der ***n*-ten Potenz einer reellen Zahl** a versteht man das Produkt aus n Faktoren, die alle gleich a sind:

$$a^n = a \cdot a \cdot \ldots \cdot a, \; n \in \mathbb{N}.$$

Dabei wird die reelle Zahl a **Basis** und die natürliche Zahl n **Exponent** der Potenz a^n genannt.

Vereinbarungsgemäß ist für eine reelle Zahl $a \neq 0$ stets $a^0 = 1$.

Es gelten folgende **Potenzgesetze** für das Multiplizieren und Dividieren von Potenzen:

Potenz eines Produktes bzw. Quotienten
Produkt bzw. Quotient von Potenzen
Potenz mit negativem Exponenten
Potenz einer Potenz

$$(a \cdot b)^n = a^n \cdot b^n, \quad (a/b)^n = a^n/b^n,$$
$$a^m \cdot a^n = a^{m+n}, \quad a^m/a^n = a^{m-n},$$
$$a^{-n} = 1/a^n = (1/a)^n,$$
$$(a^m)^n = (a^n)^m = a^{mn}.$$

1.3 Anwendungen der Rechenoperationen

Beispiel 1.10 — **Zusammenfassen von Potenzen**

Potenzen werden nach gleichen Basen zusammengefasst:

$$(xy)^{m+n}(yz)^{2m-n}(xz)^{m-2n} = x^{m+n}y^{m+n}y^{2m-n}z^{2m-n}x^{m-2n}z^{m-2n}$$
$$= x^{m+n+m-2n}y^{m+n+2m-n}z^{2m-n+m-2n}$$
$$= x^{2m-n}y^{3m}z^{3m-3n},$$

$$\frac{a^{1-m}}{a^{n+1}} = a^{(1-m)-(n+1)} = a^{-(m+n)} = \frac{1}{a^{m+n}}.$$

Die binomischen Formeln und der binomische Lehrsatz

Die binomischen Formeln ergeben sich, wenn folgende Klammern nach dem Distributivgesetz ausmultipliziert werden:

$$(a+b)^2 = a^2 + 2ab + b^2, \quad \text{1. binomische Formel}$$
$$(a-b)^2 = a^2 - 2ab + b^2, \quad \text{2. binomische Formel}$$
$$(a+b)(a-b) = a^2 - b^2. \quad \text{3. binomische Formel}$$

Nach weiterem Ausmultiplizieren erhält man für
$$(a+b)^3 = a^3 + 3a^2b + 3ab^2 + b^3,$$
$$(a+b)^4 = a^4 + 4a^3b + 6a^2b^2 + 4ab^3 + b^4,$$
$$(a+b)^5 = a^5 + 5a^4b + 10a^3b^2 + 10a^2b^3 + 5ab^4 + b^5 \text{ usw.,}$$

und für die n-te Potenz der Summe $a+b$ gilt der **binomische Lehrsatz** als Regel zum Ausmultiplizieren:

$$(a+b)^n = \binom{n}{0}a^nb^0 + \binom{n}{1}a^{n-1}b^1 + \binom{n}{2}a^{n-2}b^2 + \ldots$$
$$+ \binom{n}{n-1}a^1b^{n-1} + \binom{n}{n}a^0b^n$$
$$= \sum_{k=0}^{n}\binom{n}{k}a^{n-k}b^k.$$

Binomischer Lehrsatz

Dabei sind die Ausdrücke $\binom{n}{k}$ die **Binomialkoeffizienten**. Für ihre Berechnung gilt

$$\binom{n}{k} = \frac{n \cdot (n-1) \cdots (n-k+1)}{1 \cdot 2 \cdots k} = \frac{n!}{k!(n-k)!}, \quad \binom{n}{0} = 1.$$

Berechnung von Binomialkoeffizienten

Beispiel 1.11

Die Binomialkoeffizienten für die Potenz $(a+b)^5$ berechnen sich z. B. wie folgt:
$$\binom{5}{0} = 1, \quad \binom{5}{1} = \frac{5}{1} = 5, \quad \binom{5}{2} = \frac{5 \cdot 4}{1 \cdot 2} = 10, \quad \binom{5}{3} = \frac{5 \cdot 4 \cdot 3}{1 \cdot 2 \cdot 3} = 10$$
$$\binom{5}{4} = \frac{5 \cdot 4 \cdot 3 \cdot 2}{1 \cdot 2 \cdot 3 \cdot 4} = 5, \quad \binom{5}{5} = \frac{5 \cdot 4 \cdot 3 \cdot 2 \cdot 1}{1 \cdot 2 \cdot 3 \cdot 4 \cdot 5} = 1.$$

Folgende Eigenschaften der Binomialkoeffizienten lassen sich leicht nachweisen:

Eigenschaften der Binomialkoeffizienten

$$\binom{n}{n} = 1, \quad \binom{n}{k} = \binom{n}{n-k}, \quad \binom{n}{k} + \binom{n}{k+1} = \binom{n+1}{k+1}.$$

Aufgrund dieser Eigenschaften können die Binomialkoeffizienten auch rekursiv aus dem **Pascalschen Dreieck** ermittelt werden:

$$\begin{array}{ccccccccccc}
 & & & & & 1 & & & & & \\
 & & & & 1 & & 1 & & & & \\
 & & & 1 & & 2 & & 1 & & & \\
 & & 1 & & 3 & & 3 & & 1 & & \\
 & 1 & & 4 & & 6 & & 4 & & 1 & \\
1 & & 5 & & 10 & & 10 & & 5 & & 1 \\
& & & & & \vdots & & & & &
\end{array}$$

Dabei stellt jede Zeile die Binomialkoeffizienten der entsprechenden Potenz von $a+b$ dar, angefangen mit der 0-ten. Die Binomialkoeffizienten der Folgezeile ergeben sich aus denen der vorherigen, indem man die beiden unmittelbar darüber stehenden addiert. Außen werden jeweils Einsen ergänzt.

Binomischer Lehrsatz

Beispiel 1.12

1. Aus dem binomischen Lehrsatz ergibt sich unmittelbar nach Ersetzen von b durch $-b$
$$(a-b)^n = \binom{n}{0}a^n - \binom{n}{1}a^{n-1}b + \binom{n}{2}a^{n-2}b^2 - \ldots$$
$$+ (-1)^{n-1}\binom{n}{n-1}ab^{n-1} + (-1)^n\binom{n}{n}b^n$$
$$= \sum_{k=0}^{n}(-1)^k \binom{n}{k} a^{n-k}b^k.$$

2. Für die Quadrate von Summen mit mehr als zwei Summanden erhält man sukzessive
$$(a_1 + a_2 + a_3 + \cdots + a_n)^2 = a_1^2 + a_2^2 + a_3^2 + \cdots + a_n^2$$
$$+ 2a_1a_2 + 2a_1a_3 + \cdots + 2a_1a_n + 2a_2a_3 + \cdots + 2a_{n-1}a_n.$$

3. Nach dem binomischen Lehrsatz berechnet man unmittelbar
$$(1 - 2z)^4 = 1 - 8z + 24z^2 - 32z^3 + 16z^4.$$

1.4 Der Wurzelbegriff

Die Wurzel aus einer nichtnegativen reellen Zahl wird mit Hilfe der Multiplikation und des Potenzbegriffes erklärt. Gesetze für das Rechnen mit Wurzeln bzw. Potenzen mit rationalen Exponenten werden angegeben.

Definition 1.13

Unter der **Quadratwurzel** $a = \sqrt{b}$ aus einer *nichtnegativen* reellen Zahl b versteht man die *nichtnegative* reelle Zahl a, die mit sich selbst multipliziert b ergibt: $a^2 = b$.

Beispiel 1.14 — Quadratwurzel

Es ist z. B. $\sqrt{9} = 3$, $\sqrt{0.0144} = 0.12$, $\sqrt{0} = 0$.

Definition 1.15

Sei n eine natürliche Zahl. Die n-te Wurzel $a = \sqrt[n]{b}$ aus einer *nichtnegativen* reellen Zahl b ist die *nichtnegative* reelle Zahl a, deren n-te Potenz a^n den Wert b hat: $a^n = b$. Das Ermitteln der Wurzel aus einer reellen Zahl nennt man **Radizieren**.

Beispiel 1.16 — Radizieren

Es ist z. B. $\sqrt[3]{8} = 2$, $\sqrt[3]{0.125} = 0.5$, $\sqrt[5]{0} = 0$.

Für das Rechnen mit Wurzeln ergeben sich einige Folgerungen:

1. Es gilt $\sqrt[n]{1} = 1$, da $1^n = 1$ ist.
   Es gilt $\sqrt[n]{0} = 0$, da $0^n = 0$ ist.
   Es gilt $\sqrt[1]{b} = 1$, da $b^1 = b$ ist.
2. Aus $a^n = b$ folgt dann $a = \sqrt[n]{b}$, wenn a und b nichtnegativ sind. Radizieren und Potenzieren sind im Bereich *nichtnegativer* reeller Zahlen Umkehrungen voneinander.

Beispiel 1.17 — Quadratwurzel ist nichtnegativ

1. Aus der Gleichung $3^2 = 9$ folgt $3 = \sqrt{9}$.
2. Aus der Gleichung $(-3)^2 = 9$ folgt *nicht* $-3 = \sqrt{9}$!!!

3. Die Gleichung $x^2 = b$ mit der gegebenen *nichtnegativen* reellen Zahl b hat die Lösungen $x = \sqrt{b}$ und $x = -\sqrt{b}$. Zieht man die Quadratwurzel auf beiden Seiten der Gleichung, so erhält man links für $x \geq 0$ die *nichtnegative* Zahl x und für $x < 0$ die *nichtnegative* Zahl $-x$. Rechts erhält man $\sqrt{b}$.

4. Ist n eine *ungerade natürliche Zahl*, so ist die n-te Wurzel aus der *negativen* reellen Zahl b diejenige *negative* Zahl a, für die $a^n = b$ gilt.

Wurzel aus negativer Zahl

Beispiel 1.18

Z. B. gilt $\sqrt[3]{-27} = -3$, $\sqrt[5]{-32} = -2$, $\sqrt[n]{-1} = -1$ für *ungerade* natürliche Zahlen n.

5. Die Gleichung $x^n = b$ mit $b < 0$ hat nur dann eine reelle Lösung x, wenn n ungerade ist. Dann ist $x < 0$.

Die Gleichung $x^n = b$ mit $b > 0$ hat genau die positive reelle Lösung $x = \sqrt[n]{b}$, wenn n ungerade ist. Wenn n gerade ist, existieren genau zwei Lösungen: $x = \sqrt[n]{b}$ (positiv) und $x = -\sqrt[n]{b}$ (negativ). Die Probe zeigt jeweils, dass die angegebenen Zahlen x auch wirklich Lösung der Ausgangsgleichung sind.

Potenzgleichungen

Beispiel 1.19

1. Die Gleichung $x^5 = -243$ hat die (negative) Lösung $x = \sqrt[5]{-243} = -3$.
2. Die Gleichung $x^5 = 243$ hat die (positive) Lösung $x = \sqrt[5]{243} = 3$.
3. Die Gleichung $x^4 = 81$ hat die (positive) Lösung $x = \sqrt[4]{81} = 3$ und die (negative) Lösung $x = -\sqrt[4]{81} = -3$.

Für das Rechnen mit Wurzeln und das Radizieren arithmetischer Ausdrücke gibt es folgende **Wurzelgesetze**:

Wurzel aus Produkt
Wurzel aus Quotienten
Wurzel aus Wurzel
Wurzel aus Potenz
Potenzen mit rationalem Exponenten

$$\sqrt[n]{a^n} = a,\ (\sqrt[n]{a})^n = a,\ \sqrt[n]{a^{mn}} = a^m,$$
$$\sqrt[n]{ab} = \sqrt[n]{a}\sqrt[n]{b},$$
$$\sqrt[n]{a/b} = \sqrt[n]{a}/\sqrt[n]{b},$$
$$\sqrt[m]{\sqrt[n]{a}} = \sqrt[n]{\sqrt[m]{a}} = \sqrt[mn]{a} = a^{\frac{1}{mn}},$$
$$\sqrt[n]{a^m} = a^{\frac{m}{n}},$$
$$a^{\frac{m}{n}} \cdot a^{\frac{p}{q}} = a^{\frac{m}{n}+\frac{p}{q}},\ a^{\frac{m}{n}}/a^{\frac{p}{q}} = a^{\frac{m}{n}-\frac{p}{q}},$$
$$(ab)^{\frac{m}{n}} = a^{\frac{m}{n}}b^{\frac{m}{n}},\ (a/b)^{\frac{m}{n}} = a^{\frac{m}{n}}/b^{\frac{m}{n}}.$$

Anwendung der Wurzelgesetze

Beispiel 1.20

Mit den Wurzelgesetzen erhält man

1. $\sqrt[x]{b^{2x}} = b^2$,
2. $\sqrt[3]{12x^6y^9} = \sqrt[3]{12}\sqrt[3]{(x^2)^3}\sqrt[3]{(y^3)^3} = \sqrt[3]{12}x^2y^3$ (Wurzel aus Produkt),

3. $\sqrt{\frac{5}{9}} = \frac{\sqrt{5}}{3}$ (Wurzel aus Quotienten),
4. $\sqrt[4]{\sqrt{256}} = 2$ (Wurzel aus Wurzel),
5. $\sqrt[nx]{a^{mx}} = \sqrt[n]{a^m}$ (Wurzel aus Potenz).

Treten im Nenner von arithmetischen Ausdrücken Wurzeln auf, so ist man oft bestrebt, diese durch äquivalente Umformungen zu beseitigen.

Beispiel 1.21   **Wurzelfreier Nenner**

Es ist $\frac{1}{\sqrt{a}-\sqrt{b}} = \frac{1 \cdot (\sqrt{a}+\sqrt{b})}{(\sqrt{a}-\sqrt{b})(\sqrt{a}+\sqrt{b})} = \frac{\sqrt{a}+\sqrt{b}}{a-b}$.

Hier wurde der Bruch mit $\sqrt{a} + \sqrt{b}$ erweitert, sodass der Nenner nach der dritten binomischen Formel wurzelfrei gemacht werden konnte.

1.5 Anordnung reeller Zahlen, Ungleichungen

Mit Hilfe von vier Festlegungen (Axiomen) wird ermöglicht, dass reelle Zahlen miteinander verglichen werden können. Daraus ergeben sich Regeln für das Rechnen mit Ungleichungen. Die Zahlengerade zur grafischen Veranschaulichung der Menge der reellen Zahlen wird erklärt.

Für beliebige $a, b, c \in \mathbb{R}$ gelten folgende vier Axiome (**Ordnungsrelationen**):

1. Zwischen zwei Zahlen $a, b \in \mathbb{R}$ besteht genau eine der Beziehungen $a < b, a > b, a = b$.   **Konnexität**
2. Aus $a < b$ und $b < c$ folgt $a < c$.   **Transitivität**
3. Aus $a < b$ folgt $a + c < b + c$.   **Monotonie der Addition**
4. Aus $a < b$ und $c > 0$ folgt $ac < bc$.   **Monotonie der Multiplikation**

Aus diesen Axiomen können unmittelbar einige Folgerungen für das Rechnen mit Ungleichungen abgeleitet werden. Für beliebige $a, b, c, d \in \mathbb{R}$ gilt:

1. Aus $a < b$ folgt $-a > -b$, d. h. wird eine Ungleichung mit -1 multipliziert, so kehrt sich ihr Relationszeichen um.
2. Aus $a < b$ und $c < d$ fogt $a + c < b + d$, d. h. Ungleichungen mit demselben Relationszeichen dürfen addiert werden.
3. Aus $a < b$ und $c < d$ sowie $b > 0$ und $c > 0$ folgt $ac < bd$, d. h. Ungleichungen mit demselben Relationszeichen dürfen multipliziert werden, wenn in einer Ungleichung beide Seiten positiv sind und in der anderen die größere.
4. Aus $a > 0$ folgt $1/a > 0$.

Ungleichungen

Beispiel 1.22

Für welche reellen x gilt

1. $\dfrac{x-4}{3} > 2$?

   Multipliziert man die Ungleichung mit 3 und addiert 4, so folgt $x > 10$.

2. $x - 1 \geq \dfrac{x+8}{5}$?

   Multipliziert man die Ungleichung mit 5, addiert auf beiden Seiten 5 und subtrahiert x, so folgt $4x \geq 13$, und nach Division durch 4 erhält man $x \geq 13/4$.

3. $\dfrac{8}{x+1} < 2$?

   Ist der Nenner auf der linken Seite der Ungleichung positiv, gilt also $x + 1 > 0$ bzw. $x > -1$, so darf die Ungleichung damit bei Beibehaltung des Relationszeichens multipliziert werden. Man erhält

   $8 < 2(x+1)$, d. h. $3 < x$.

   Beide Forderungen an x sind gleichzeitig für $x > 3$ erfüllt.

   Ist der Nenner auf der linken Seite der Ungleichung negativ, gilt also $x + 1 < 0$ bzw. $x < -1$, so darf die Ungleichung damit bei Umkehrung des Relationszeichens multipliziert werden. Man erhält

   $8 > 2(x+1)$, d. h. $3 > x$.

   Beide Forderungen an x sind gleichzeitig für reelle $x < -1$ erfüllt.

   Die Ungleichung ist daher für alle reellen $x > 3$ und $x < -1$ erfüllt.

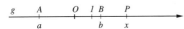

Abb. 1.1 Zahlengerade

Georg Cantor (* 3. März 1845 in St. Petersburg, † 6. Januar 1918 in Halle (Saale))

deutscher Mathematiker

Begründer der axiomatischen Mengenlehre, Betrachtung der eineindeutigen Zuordnung der Elemente von unendlichen Mengen

hier: Abbildung der Menge der reellen Zahlen auf der Zahlengeraden

Die Menge der reellen Zahlen $\mathbb{R}$ kann geometrisch durch eine **Zahlengerade** veranschaulicht werden. Man erhält sie durch Vorgabe einer Geraden g, eines Punktes O auf ihr, der der Zahl 0 entspricht (Koordinatenursprung), und eines Punktes rechts davon, der der Zahl 1 entspricht (siehe **Abb. 1.1**). Jeder Punkt P der Geraden g wird durch seine Koordinate x (vorzeichenbehafteter Abstand vom Punkt O) charakterisiert. Auf diese Weise wird jedem Punkt der Geraden genau eine reelle Zahl x und umgekehrt zugeordnet.

Diese Möglichkeit der eindeutigen Zuordnung einer reellen Zahl zu einem Punkt der Zahlengeraden und umgekehrt geht zurück auf **Cantor**, der als Begründer der Mengenlehre gilt.

Liegt ein Punkt A links von einem anderen Punkt B, so gilt für die entsprechenden Koordinaten (reellen Zahlen) $a < b$. Liegt der Punkt A links vom Koordinatenursprung O, so ist $a < 0$.

1.6 Aufgaben

Addition und Multiplikation

1.1 Lösen Sie die Klammern in folgenden Ausdrücken auf:
  a) $p+(q+r)$ b) $p+(q-r)$ c) $p-(q+r)$
  d) $p-(q-r)$ e) $p+(q-r+s)$
  f) $(p+q)-(r+s-u-v)$
  g) $p-(q-r)+(s-u)-(v+w)$
  h) $p-(q-r+s)-(u-v+w)$

1.2 Fassen Sie zusammen:
  a) $(3x+5y)-(x+2y)$
  b) $(7m+5n)-(4m+2n)$
  c) $(12a+19b)-(8a+17b)$
  d) $(20x+13y)-(15x+8y)$
  e) $(27m+18n)-(5n-12m)$
  f) $(33p-27q)+(15q-18p)$
  g) $(15x-38z)-(25z+10x)$
  h) $(5\frac{3}{4}q+7\frac{1}{2}r)-(2\frac{3}{4}q+1\frac{1}{2}r)$

1.3 Lösen Sie die Klammern auf und fassen Sie zusammen:
  a) $[(6x+3y)+(2y+9z)]-(2x+3z)$
  b) $[(15p-8q)+(11r+9s)]-[-(8p+2q)+(6r-5s)]$
  c) $[(17a-12b)-(8c+7d)]-[(5c-4d)-(14a+9b)]$
  d) $[(8r+5s)+(-7t-10u)]-[(2s+7r)+(-3u+2t)]$
  e) $(((3a-4b)-2x)-(3x+3b)-(4x-2a+b))$
  f) $17p-\{13r-[6q+(5r-9p)]+[14q-(7p+8r)]\}-\{11r-[10q-(12p-3q)]-[15r+(4p-16q)]\}$
  g) $2,3x-\{0,4y+(5,35x-2,6y)-[3,45x-(1,8x-4,35y)-0,5x]+(3,15y-4,25x)\}-[0,75y-(4,5x+0,8y)-(2,55y-2,85x)]$

1.4 Multiplizieren Sie die Klammern aus und fassen Sie zusammen:
  a) $35(p+x+y)+37(x+y+z)+39(y+z+p)+41(z+p+y)$
  b) $(x+y)z+x(y+z)+(x+z)y$
  c) $15(a+b+c)-(b+c+d)\cdot 19-14(c+d+a)+(a+b+d)\cdot 12$
  d) $(x+y)z+(y+z)u-x(y+z)-y(z+u)$
  e) $(a-b)c+(c-a)b+a(b+c)$
  f) $(m+n)x-(m-x)n-m(n+x)$
  g) $(7a-4b+5c)\cdot 12+(2b-3c-4a)\cdot 7-(6c+a-8b)\cdot 9$
  h) $12[p-(q+r)]$ i) $n[(u+v)-(v-y)]$
  j) $7[(a-b)-(a-c)]$

1.5 Wie wird eine Summe mit einer Summe multipliziert? Multiplizieren Sie aus und fassen Sie so weit wie möglich zusammen!
  a) $(a+b)(m+n)$ b) $(p+q+r)(x+y+z)$
  c) $(p+q+r)(p+q-r)$
  d) $(p+q-r)(p-q+r)$
  e) $(p+q+r)(-p+q+r)$
  f) $(p-q+r)(-p+q-r)$
  g) $(a+b)(b-c)+(b+c)(c-a)-(a+c)\cdot(a-b)$
  h) $(x-y+z)(x+y-z)+(y-z+x)(y+z-x)+(z-x+y)(z+x-y)$

1.6 Fassen Sie die folgenden Ausdrücke durch Ausklammern der gleichen Faktoren zusammen!
  a) $(a+b)x+(a+b)y+a(2x-y)+b(2x-y)$
  b) $(7a-3b)(x+y)-(5a-7b)(x+y)-(2a+4b)(x-y)$
  c) $(9a-7b+3c)(7a-13b+8c)+(4a+5b-3c)(9a-7b+3c)-(7a-13b+8c)(4a+b-8c)-(4a+b-8c)(4a+5b-3c)$

1.7 Berechnen Sie mit Hilfe der binomischen Formeln:
  a) $(x+y)(x+y)$ b) $(7x+5)^2$
  c) $(2m+\frac{1}{2}n)^2$ d) $(a+1)(a-1)$
  e) $(3a-4)^2$ f) $(1+x)(1-x)$
  g) $(a+b+c)(a+b-c)$
  h) $(a-b+c+d)(a-b-c-d)$
  i) $(x^2+xy+y^2)(x^2-xy+y^2)$ j) $\cdot(a^3-a^2b+ab^2-b^3)(a+b)$

1.8 Kürzen Sie soweit wie möglich und fassen Sie zusammen!
  a) $\dfrac{18a}{3}-\dfrac{28a}{7}+\dfrac{5ab}{b}$

b) $\dfrac{12ab^2 - 18abc + 30ac^2}{6a}$

c) $\dfrac{20pq - 12qs}{4q} + \dfrac{15ts - 20tu}{5t}$

d) $\dfrac{78m^2p + 60mnp + 102mp^2}{2m \cdot 3p}$

e) $\dfrac{30y^2x + 10x^2y}{5x \cdot 2y} \cdot \dfrac{35x^2y - 105xy^2}{7x \cdot 5y}$

f) $\dfrac{30xz + 24yz}{6z} - \dfrac{35xy - 15xz}{5x} + \dfrac{7yz - 21xy}{7y}$

1.9 Machen Sie die Brüche gleichnamig und addieren Sie!

a) $m + \dfrac{3mn}{m-n}$ **b)** $\dfrac{a^2}{a+b} + b$

c) $\dfrac{(p+q)^2}{4pq} - 1$ **d)** $\dfrac{x}{ab} - \dfrac{y}{ac} - \dfrac{z}{bc}$

e) $\dfrac{3(2a-3b)}{8} - \dfrac{2(3a-5b)}{3} + \dfrac{5(a-b)}{6}$

f) $\dfrac{a(3b-2c)}{6bc} - \dfrac{b(4a-5c)}{10ac} + \dfrac{8a^2 + 3b^2}{6ab}$
$\quad - \dfrac{5a - 4b}{10c}$

1.10 Multiplizieren Sie:

a) $\left(\dfrac{p}{n} + \dfrac{q}{m}\right) \cdot mn$ **b)** $\left(\dfrac{a}{p^2q} - \dfrac{b}{pq^2}\right) \cdot mn$

c) $\dfrac{2a - 3b}{a^2b^2} \cdot (2a^2b + 3ab^2)$

d) $\dfrac{12(a+b)(m-n)}{5(a-b)(m+n)} \cdot (a^2 - b^2)(m^2 - n^2)$

1.11 Dividieren Sie:

a) $42xy : \dfrac{6x^2y^2}{7x}$ **b)** $35a^2b^2c^2 : \dfrac{7a^2bc^2}{4d^2}$

c) $32(m^2 - n^2) : \dfrac{4(m-n)}{p+q}$

d) $7(4a^2 + 4ab + b^2) : \dfrac{3(2a+b)}{2a-b}$

e) $\left(\dfrac{x^2}{y} + \dfrac{y^2}{x}\right) : \left(\dfrac{1}{x} + \dfrac{1}{y}\right)$ **f)** $\dfrac{a+b}{a-b} + \dfrac{a-b}{a+b}$

g) $\dfrac{x-1}{2x+2} - \dfrac{3x-4}{3x+3} + \dfrac{2x-1}{6x+6}$

h) $\dfrac{9}{3x+x^2} + \dfrac{x^2}{9-3x} + \dfrac{9}{9-x^2}$

1.12 Multiplizieren Sie und kürzen Sie soweit wie möglich:

a) $\dfrac{8ap}{5r^2} - \left(\dfrac{2p^2q}{3r} + \dfrac{5q^2r}{4p} - \dfrac{10r^2p}{3q}\right) \cdot \dfrac{12a}{5pqr}$

b) $\dfrac{m^2 - n^2}{2mn} \left(\dfrac{m+n}{m-n} - \dfrac{m-n}{m+n}\right) - 1$

1.13 Formen Sie folgende Terme mit Hilfe der binomischen Formeln in Produkte um:

a) $a^2 - 6a + 9$ **b)** $x^2 + 2x + 1$
c) $36x^2 - 25y^2$ **d)** $(a-b)^2 - x^2$
e) $81a^2 - 16(2a - 3x)^2$
f) $a^2 + 2ab + b^2 - c^2$
g) $9x^2 - 4y^2 + 4yz - z^2$ **h)** $x^4 + x^3 + x + 1$

1.14 Formen Sie Zähler und Nenner der Brüche in Produkte um und kürzen Sie:

a) $\dfrac{a^2 + ab}{a^2 - ab}$ **b)** $\dfrac{am - bm}{bn - an}$ **c)** $\dfrac{7a^2b - 7ab^2}{7a^2c - 7ac^2}$

d) $\dfrac{ax - a}{b - bx}$ **e)** $\dfrac{m^2 - 2mn + n^2}{n^2 - m^2}$ **f)** $\dfrac{a^4 - b^4}{a^2 - b^2}$

g) $\dfrac{a^4 - b^4}{a^3 - b^3}$ **h)** $\dfrac{a^4 - b^4}{a^3 + b^3}$ **i)** $\dfrac{a^4 + b^4}{a^3 + b^3}$

Potenz- und Wurzelrechnung

1.15 Fassen Sie Potenzen mit gleichen Basen zusammen!

a) $p^n \cdot p^n$ **b)** $b^7 \cdot b^{2-x}$ **c)** $c^{x-7} \cdot c^{5+x}$

d) $k^{m+n} \cdot k^{1-m}$ **e)** $x^n \cdot x^{n-1} \cdot x^{9-2n}$

f) $\dfrac{3}{4}a^n bx^3 \cdot \dfrac{4}{5}ab^m x^4 \cdot \dfrac{5}{6}a^2 x^p$

g) $(a^5 + a^2)(a^3 - a)$ **h)** $(y^9 + y^4)(y^6 - y)$

i) $(a^4 - a^2b^2 + b^4)(a^2 + b^2)$ **j)** $\dfrac{a^{x-1}}{a}$

k) $\dfrac{x^2}{x^{n-2}}$ **l)** $\dfrac{a^{3+x}}{a^{x-3}}$ **m)** $\dfrac{a^{m+1}b^{n+1}}{a^m b^n}$

n) $\dfrac{a^5(x-y)^2}{a(y-x)^5}$ o) $\dfrac{a^{2x-3y}a^{3y-5}}{a^{5-3x}a^{7-2y}} : \dfrac{a^{5x+3y-10}}{a^{x+y+10}}$

1.16 In den folgenden Ausdrücken sind die Brüche gleichnamig zu machen und dann zu vereinigen:

a) $\dfrac{1}{x^7} + \dfrac{1}{x^6} + \dfrac{1}{x}$ b) $\dfrac{1}{x^3} + \dfrac{1-x}{x^4}$

c) $\dfrac{1-2x^2}{x^p} + \dfrac{2-3x^2}{x^{p-2}} + \dfrac{3}{x^{p-4}}$

d) $\dfrac{x^n}{(x+y)^n} + \dfrac{2x^{n-1}}{(x+y)^{n-1}} - \dfrac{x^{n-2}}{(x+y)^{n-2}}$

1.17 Fassen Sie die Potenzen soweit wie möglich zusammen:

a) $\dfrac{a^{5p-4q}}{b^{2q-5p}} \cdot \dfrac{b^{3p-7q}}{a^{5q-3p}}$ b) $\dfrac{p^{12x+3y}}{q^{2y-4x}} : \dfrac{p^{2x-8y}}{q^{6x+13y}}$

c) $\left(\dfrac{8xy^2}{3z^3}\right)^n : \left(\dfrac{2x^2y}{9z^2}\right)^n$

d) $\left(\dfrac{a+b}{x+y}\right)^3 \cdot \left(\dfrac{a-b}{x-y}\right)^3 \cdot \left(\dfrac{x^2-y^2}{b^2-a^2}\right)^2$

e) $\left(\dfrac{a^2 b^3}{x^3 y^4}\right)^5$

f) $\left(\dfrac{4a^{n-1}b^3 c^{3-x}}{9x^2 y^{3n-2} z^6}\right)^2 : \left(\dfrac{2a^2 b^2 c^{2-x}}{3xy^{2n-1} z^4}\right)^3$

1.18 Potenzieren Sie mit Hilfe der binomischen Formel:

a) $(a^2 - b)^3$ b) $(x+1)^3 + (x-1)^3$
c) $(x+y)^4 - (a-x)^4$
d) $(a-b)^5$ e) $(2x+3)^5 - (2x-3)^5$
f) $(a^m - a^n)^2$

1.19 Führen Sie die folgenden Polynomdivisionen aus:

a) $(6am - 9an - 4bm + 6bn) : (3a - 2b)$
b) $(x^2 - 2x - 15) : (x - 5)$
c) $(a^3 - a^2 b + 2b^3) : (a + b)$
d) $(a^5 + b^5) : (a + b)$

1.20 Fassen Sie so weit wie möglich zusammen:

a) $(\sqrt{x+y} + \sqrt{x-y})^2$

b) $\left(\sqrt{\dfrac{a-x}{x-b}} - \sqrt{\dfrac{x-b}{a-x}}\right)^2$

c) $\sqrt[3]{x + \sqrt{x^2-1}} \cdot \sqrt[3]{x - \sqrt{x^2-1}}$

d) $(a+b)\sqrt{\dfrac{ax^2 - bx^2}{9a^2 + 18ab + 9b^2}}$

e) $\sqrt{x\sqrt{x^{-1}\sqrt{x^{-1}}}}$

1.21 Beseitigen Sie in folgenden Ausdrücken die Wurzeln in den Nennern!

a) $\dfrac{a}{a + \sqrt{a}}$ b) $\dfrac{1}{\sqrt{x} - \sqrt{y}}$ c) $\dfrac{a\sqrt{x} - b\sqrt{y}}{c\sqrt{x} - d\sqrt{y}}$

d) $\dfrac{2\sqrt{15}}{\sqrt{3} + \sqrt{5} + 2\sqrt{2}}$ e) $\sqrt{\dfrac{a + \sqrt{x}}{a - \sqrt{x}}}$

f) $\dfrac{a + x + \sqrt{a^2 + x^2}}{a + x - \sqrt{a^2 + x^2}}$

Ungleichungen

1.22 Bestimmen Sie alle reellen Zahlen x, die die folgenden Ungleichungen erfüllen:

a) $3 - x < 5 - 2x$ b) $2x - 17 < 13 + 6x$

c) $\dfrac{5x}{3} - 4 < x + 6$ d) $\dfrac{5}{x} - 4 > \dfrac{4}{x} - 5$

e) $(x-2)(x+5) > 0$

1.23 Für welche reellen Zahlen a hat die folgende Ungleichung reelle Lösungen x? Bestimmen Sie ihre Lösungsmenge.

$$\dfrac{x^2 + 1}{4} < a^2$$

2 Funktionen einer Veränderlichen

Funktionen einer Veränderlichen spielen eine zentrale Rolle bei der Beschreibung der Zusammenhänge von Größen in Natur und Technik. In diesem Kapitel wird der Funktionsbegriff erklärt. Wesentliche Eigenschaften von Funktionen werden genannt und am Beispiel wichtiger Klassen von Funktionen erläutert. Einige Beispiele zeigen die Anwendung von Funktionen im Bauingenieurwesen.

Bezeichnungen:
Die Menge der reellen Zahlen $\mathbb{R}$ wird mitunter mit $(-\infty, \infty)$ bezeichnet (lies: von minus Unendlich bis plus Unendlich). Dabei sind $-\infty$ und ∞ Symbole, die verdeutlichen, dass die Menge der reellen Zahlen unbeschränkt ist. Die Zugehörigkeit einer Zahl x zur Menge der reellen Zahlen wird durch die Schreibweise $x \in \mathbb{R}$ oder $x \in (-\infty, \infty)$ ausgedrückt. Mit $\mathbb{R}^+$ oder $(0, \infty)$ wird die Menge der positiven reellen Zahlen und mit $\mathbb{R}^-$ oder $(-\infty, 0)$ die Menge der negativen reellen Zahlen bezeichnet. Die Schreibweise $x \in (-\infty, a)$ bedeutet eine reelle Zahl x mit $x < a$, analog bedeutet die Schreibweise $x \in (b, \infty)$ eine reelle Zahl x mit $x > b$.

2.1 Der Funktionsbegriff

Der Begriff der Funktion einer Veränderlichen wird mit Hilfe von Zuordnungen zwischen Mengen erklärt. Möglichkeiten ihrer analytischen und graphischen Darstellung werden erläutert. Monotonie, Beschränktheit und Umkehrbarkeit sind wesentliche Eigenschaften von Funktionen einer Veränderlichen.

2.1.1 Zuordnungen zwischen Mengen

Definition 2.1

Eine Zuordnung f zwischen zwei Mengen X und Y heißt **eindeutig**, wenn durch f jedem Element $x \in X$ *höchstens ein* Element $y \in Y$ zugeordnet wird, d. h. wenn aus $y_1 = f(x)$ und $y_2 = f(x)$ folgt $y_1 = y_2$. Eine solche eindeutige Zuordnung f heißt **Abbildung** oder **Funktion aus X in Y**. Man schreibt $f : X \rightarrow Y$.

Zuordnungen

Beispiel 2.2

Welche der folgenden Zuordnungen in **Abb. 2.1** sind Funktionen?

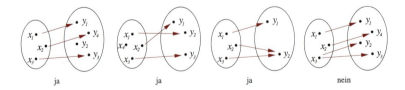

ja   ja   ja   nein

Abb. 2.1 Zuordnung von Mengen

2.1 Der Funktionsbegriff

Definition 2.3

Die Menge aller $x \in X$, denen durch die Funktion f ein $y \in Y$ zugeordnet wird, heißt **Definitionsbereich** D_f von f. Die Elemente von D_f heißen **Argumente**.

Alle $y \in Y$, die mindestens ein Argument bezüglich f besitzen, heißen **Funktionswerte**. Die Menge der Funktionswerte heißt **Wertebereich** W_f von f.

2.1.2 Analytische und graphische Darstellung von Funktionen

Eine Funktion, die aus der Menge der reellen Zahlen $\mathbb{R}$ in die Menge der reellen Zahlen $\mathbb{R}$ abbildet, heißt **reelle** Funktion. Eine Zuordnungsvorschrift für eine reelle Funktion kann z. B. durch eine **Funktionsgleichung** beschrieben werden.

Beispiel 2.4

Argument und Funktionswert

1. Die Funktionsgleichung $f(x) = 3x + 5$, $f : \mathbb{R} \to \mathbb{R}$ gibt an, wie der Funktionswert zu einem beliebigen reellen Argument x zu berechnen ist: $3x + 5$. So entspricht dem Argument 1 der Funktionswert 8, dem Argument -0.5 der Funktionswert 3.5, dem Argument 0 der Funktionswert 5 usw.

2. Auch die Funktionsgleichung $g(x) = 1/(x + 3)$, $g : \mathbb{R} \to \mathbb{R}$ beschreibt einen solchen Zusammenhang. Hier wird z. B. dem Argument 1 der Funktionswert $1/4$, dem Argument -2 der Funktionswert 1, dem Argument 0 der Funktionswert $1/3$ usw. zugeordnet. Der reellen Zahl -3 kann durch diese Vorschrift kein Funktionswert zugeordnet werden, da die Division durch 0 nicht erklärt ist. Der Definitionsbereich der Funktion $g(x)$ ist daher die Menge der reellen Zahlen ohne -3: $D_f = \mathbb{R}\setminus\{-3\}$.

Definition 2.5

Argumente x einer reellen Funktion $f : \mathbb{R} \to \mathbb{R}$, denen der Funktionswert 0 zugeordnet ist, heißen **Nullstellen** der Funktion f: $f(x) = 0$.

Beispiel 2.6

Nullstellen

1. Die Funktion $f(x) = 3x + 5$ hat die Nullstelle $-5/3$, da die Gleichung $f(x) = 3x + 5 = 0$ genau für $x = -5/3$ erfüllt ist.

2. Die Funktion $g(x) = 1/(x + 3)$ hat keine Nullstelle, da es kein reelles x gibt, für das $g(x) = 1/(x + 3)$ gleich Null wäre (ein Bruch wird nur dann 0, wenn sein Zähler 0 ist).

Fasst man Argument und zugehörigen Funktionswert einer Funktion jeweils als Koordinaten eines Punktes in einem kartesischen Koordinatensystem $(0, x, y)$ mit dem Ursprung 0 und den Koordinatenachsen x und y auf, so erhält man durch Eintragen der auf diese Weise entstandenen Punkte eine graphische Veranschaulichung der Funktion, die als **Graph der Funktion** bezeichnet wird. Die Menge $X = \mathbb{R}$, *aus* der zugeordnet wird, wird hierbei durch die x-Achse veranschaulicht, und die Menge $Y = \mathbb{R}$, *in* die zugeordnet wird, durch die y-Achse.

An den Nullstellen der Funktion schneidet der Graph der Funktion die x-Achse, da Punkte auf der x-Achse die y-Koordinate 0 haben. Der Graph der Funktion schneidet die y-Achse in den Punkten, für die $x = 0$ gilt, da Punkte auf der y-Achse die x-Koordinate 0 haben.

Beispiel 2.7

Die graphische Darstellung der Funktionen f und g aus **Beispiel 2.4** ergibt folgende Funktionsgraphen (siehe Abb. 2.2, 2.3).

2.1.3 Monotonie und Beschränktheit

Am Graphen der Funktion f (siehe **Abb. 2.2**) beobachtet man ein *Ansteigen* der Funktionswerte mit *wachsendem* x im Intervall $x \in (-\infty, \infty)$. Am Graphen der Funktion g (siehe **Abb. 2.3**) beobachtet man ein *Abfallen* der Funktionswerte mit *wachsendem* x in den Intervallen $x \in (-\infty, -3)$ bzw. $x \in (-3, \infty)$.

Abb. 2.2 Graph von $f(x) = 3x + 5$

Definition 2.8 Eine Funktion $f : D_f \to \mathbb{R}$ heißt auf dem Intervall $I \subseteq D_f$

1. **monoton steigend (fallend)**, wenn für alle $x_1, x_2 \in I$ mit $x_1 < x_2$ folgt
$$f(x_1) \leq f(x_2) \qquad (f(x_1) \geq f(x_2)).$$
2. **streng monoton steigend (fallend)**, wenn für alle $x_1, x_2 \in I$ mit $x_1 < x_2$ folgt
$$f(x_1) < f(x_2) \qquad (f(x_1) > f(x_2)).$$

Offenbar ist jede auf einem Intervall streng monoton steigende (fallende) Funktion dort auch monoton steigend (fallend).

Monotonie

Beispiel 2.9

1. Die Funktion $f(x) = 3x + 5$ ist *auf dem Intervall* $(-\infty, \infty)$ *streng monoton steigend*, da für beliebige x_1, x_2 aus $x_1 < x_2$ nach Multiplikation mit 3 und Addition von 5 die Ungleichung $3x_1 + 5 < 3x_2 + 5$, d. h. $f(x_1) < f(x_2)$ folgt.
2. Die Funktion $g(x) = 1/(x + 3)$ ist *auf dem Intervall* $(-\infty, -3)$ *streng monoton fallend*, da für beliebige $x_1, x_2 \in (-\infty, -3)$ aus $x_1 < x_2$ nach Addition von 3 zunächst $x_1 + 3 < x_2 + 3$ folgt. Da $x_1, x_2 \in (-\infty, -3)$ gewählt waren, ist $x_1 + 3 < 0$ und $x_2 + 3 < 0$, und die entstandene Ungleichung kann durch $x_1 + 3$ und $x_2 + 3$ dividiert

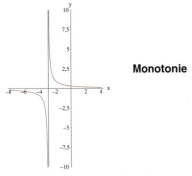

Abb. 2.3 Graph von $g(x) = 1/(x + 3)$

2.1 Der Funktionsbegriff

werden, wobei sich bei der Division durch $x_1 + 3$ bzw. $x_2 + 3$ das Relationszeichen jeweils einmal umdreht. Man erhält $1/(x_2 + 3) < 1/(x_1 + 3)$, d. h. $g(x_1) > g(x_2)$. Für beliebige $x_1, x_2 \in (-3, \infty)$ ist $x_1 + 3 > 0$ und $x_2 + 3 > 0$, und man erhält dasselbe Resultat. Damit ist die Funktion $g(x)$ auch *auf dem Intervall* $(-3, \infty)$ *streng monoton fallend*.

Definition 2.10

Eine Funktion $f : D_f \to \mathbb{R}$ heißt auf dem Intervall $I \subseteq D_f$

1. **nach oben (unten) beschränkt**, wenn es eine Zahl $S \in \mathbb{R}$ gibt, sodass für alle $x \in I$ gilt

$$f(x) \leq S \qquad (f(x) \geq S). \tag{2.1}$$

Die Zahl S heißt **obere (untere) Schranke**.

2. **beschränkt**, wenn sie nach oben und nach unten beschränkt ist,

3. **nach oben (unten) unbeschränkt**, wenn es keine obere (untere) Schranke gibt.

Hat eine Funktion eine obere Schranke S, so sind alle reellen Zahlen größer als S ebenfalls obere Schranke, weil für sie die Bedingung (2.1) erst recht erfüllt ist. Unter allen oberen Schranken ist die kleinste von besonderer Bedeutung, analog unter allen unteren Schranken die größte.

Definition 2.11

1. Die kleinste aller oberen Schranken der Funktion $f : D_f \to \mathbb{R}$ auf dem Intervall $I \subseteq D_f$ heißt **Supremum** $\sup\limits_{x \in I} f(x)$.

2. Die größte aller unteren Schranken der Funktion $f : D_f \to \mathbb{R}$ auf dem Intervall $I \subseteq D_f$ heißt **Infimum** $\inf\limits_{x \in I} f(x)$.

Beispiel 2.12 — **Beschränktheit**

1. Die Funktion $f(x) = 3x + 5$ ist *auf dem Intervall* $(-\infty, \infty)$ *nach oben und nach unten unbeschränkt*. Nimmt man z. B. die Existenz einer oberen Schranke S an, so müsste nach **Definition 2.10** für alle $x \in (-\infty, \infty)$ gelten $3x + 5 < S$ bzw. $x < (S-5)/3$, d. h. die Menge der reellen Zahlen im Intervall $(-\infty, \infty)$ wäre durch $(S-5)/3$ beschränkt. Das ist ein Widerspruch. Analog zeigt man, dass eine untere Schranke nicht existiert.

2. Die Funktion $f(x) = 3x + 5$ ist *auf dem Intervall* $(-4, 3)$ *nach oben und nach unten beschränkt*. Sie ist dort wegen ihres monotonen Steigens *nach oben beschränkt* durch $f(3) = 14$ und *nach unten beschränkt* durch $f(-4) = -7$.

3. Die Funktion $g(x) = 1/(x + 3)$ ist *auf dem Intervall* $(-3, \infty)$ *nach unten beschränkt*. Eine untere Schranke ist z. B. die Zahl 0. Offenbar ist der Nenner des Bruches für beliebige $x \in (-3, \infty)$ positiv, so dass $1/(x+3) > 0$ ist. Weitere untere Schranken sind z. B. $-1.5, -10, -0.0001$ (alle reellen Zahlen kleiner als Null).

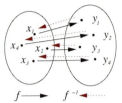

Abb. 2.4 a) Bijektive Abbildung

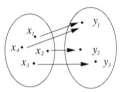

Abb. 2.4 b) Nichtbijektive Abbildung

4. *Das Infimum* $\inf_{x\in(-3,\infty)} 1/(x+3)$ *ist gleich Null*. Nimmt man die Existenz eines Infimums $s > 0$ an, so müsste für alle $x \in (-3, \infty)$ gelten $1/(x+3) > s$, da s die **Definition 2.10** der unteren Schranke erfüllen muss. Das bedeutet aber $x < 1/s - 3$, was eine Beschränkung für x nach oben bedeutet im Widerspruch zu $x \in (-3, \infty)$.

5. Die Funktion $g(x) = 1/(x+3)$ ist *auf dem Intervall* $(-3, \infty)$ *nach oben unbeschränkt*. Nimmt man die Existenz einer oberen Schranke $S > 0$ an, so müsste $1/(x+3) < S$, d. h. $1/S - 3 < x$ gelten. Das ist aber ein Widerspruch zu $x \in (-3, \infty)$.

6. Die Funktion $f(x) = \sin x$ ist *auf dem Intervall* $(-\infty, \infty)$ *beschränkt*. Es ist $-1 \leq \sin x \leq 1$ aufgrund der Definition der Sinusfunktion. Weiterhin ist $\inf_{x\in(-\infty,\infty)} \sin x = -1$ und $\sup_{x\in(-\infty,\infty)} \sin x = 1$ wegen $\sin x = 1$ für $x = \pi/2 + 2k\pi$, $k = 0, \pm 1, \pm 2, \ldots$ und $\sin x = -1$ für $x = -\pi/2 + 2k\pi$, $k = 0, \pm 1, \pm 2, \ldots$

2.1.4 Die Umkehrfunktion

Betrachtet wird eine Funktion $f : X \to Y$, die jedem Argument $x \in X$ *genau einen* Funktionswert y zuordnet, wobei jedem Funktionswert $y \in Y$ *genau ein* Argument entspricht (**bijektive Abbildung**, siehe **Abb. 2.4 a)**).

Definition 2.13

Sei die Funktion $f : X \to Y$ eine bijektive Abbildung. Die Funktion $f^{-1} : Y \to X$, die jedem $y \in Y$ sein Urbild $x \in X$ zuordnet, heißt **Umkehrfunktion** f^{-1} der Funktion f.

Die Funktion in **Abb. 2.4 b)** stellt keine bijektive Abbildung dar, weil dem Funktionswert y_1 die beiden voneinander verschiedenen Argumente x_1 und x_4 entsprechen. Sie hat keine Umkehrfunktion.

Umkehrfunktion

Beispiel 2.14

1. Die Umkehrfunktion der Funktion $f(x) = 3x + 5$ lautet $f^{-1}(y) = (y - 5)/3$. Man erhält ihre analytische Darstellung durch das (*eindeutige!*) Umstellen nach x.

   Bei der graphischen Darstellung der Umkehrfunktion vertauscht man noch x und y, damit die Rollen der Argumente und Funktionswerte sinngemäß beibehalten werden. Dann sind die Graphen der Funktion f und ihrer Umkehrfunktion f^{-1} symmetrisch zur Winkelhalbierenden des 1. Quadranten (Graph von $y = x$) (siehe **Abb. 2.5 a)**).

2. Die Umkehrfunktion der Funktion $g(x) = 1/(x + 3)$ lautet $f^{-1}(y) = 1/y - 3$. Die Graphen von $g(x)$ und $g^{-1}(x) = 1/x - 3$ sind in **Abb. 2.5 b)** dargestellt.

3. Die Funktion $q(x) = x^2$ hat für $x \in (-\infty, \infty)$ keine Umkehrfunktion, da es sich nicht um eine bijektive Abbildung handelt. Beispielsweise hat sowohl das Argument -2 als auch das Argument 2 den Funktionswert 4. Die Funktionsgleichung lässt sich *nicht eindeutig* nach x umstellen, man erhält $x = \pm\sqrt{y}$.

   Betrachtet man $q(x) = x^2$ lediglich für $x \in [0, \infty)$, so ist ein eindeutiges Umstellen nach x möglich. Die Umkehrfunktion lautet dann $q^{-1}(x) = \sqrt{x}$ (siehe **Abb. 2.5 c)**).

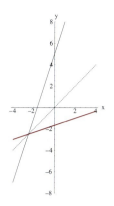
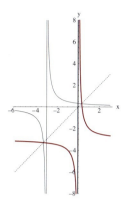
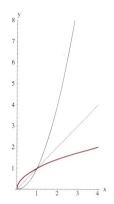

Abb. 2.5 a) $f(x) = 3x + 5$
$f^{-1}(x) = (x-5)/3$

Abb. 2.5 b) $g(x) = 1/(x+3)$
$g^{-1}(x) = 1/x - 3$

Abb. 2.5 c) $q(x) = x^2$, $x \geq 0$
$q^{-1}(x) = \sqrt{x}$

Auf die Frage, welche Funktionen eine Umkehrfunktion besitzen, antwortet der folgende Satz:

Jede auf einem Intervall streng monotone Funktion ist dort umkehrbar.   **Satz 2.15**

Beweis: Eine Funktion ist genau dann umkehrbar, wenn bei ihr voneinander verschiedene Argumente voneinander verschiedene Funktionswerte haben, d. h. wenn aus $x_1 \neq x_2$ folgt $f(x_1) \neq f(x_2)$. Für eine streng monoton steigende Funktion folgt für zwei voneinander verschiedene Argumente x_1, x_2 aus $x_1 < x_2$ laut **Definition 2.8** $f(x_1) < f(x_2)$, d. h. $f(x_1) \neq f(x_2)$, analog für eine streng monoton fallende Funktion. ∎

Beispiel 2.16   **Strenge Monotonie und Umkehrbarkeit**

1. Die Funktion $q(x) = x^2$ ist auf dem Intervall $[0, \infty)$ streng monoton steigend, denn für $x_1, x_2 \in [0, \infty)$ mit $x_1 < x_2$ folgt $x_1 - x_2 < 0$ und nach Multiplikation dieser Ungleichung mit der positiven Zahl $x_1 + x_2 > 0$ unter Beibehaltung des Relationszeichens $x_1^2 - x_2^2 < 0$, d. h. $x_1^2 < x_2^2$. Daher ist $q(x) = x^2$ ist auf dem Intervall $[0, \infty)$ umkehrbar.

2. Die Funktion $g(x) = 1/(x+3)$ ist auf ihrem gesamten Definitionsbereich $\mathbb{R}\setminus\{-3\}$ umkehrbar, wie in **Beispiel 2.14** gezeigt wurde. Sie ist aber nicht auf dem gesamten Definitionsbereich monoton fallend, denn es ist z. B. $g(-4) = -1 < g(1) = 0.25$. **Satz 2.15** ist eine *hinreichende*, aber *nicht notwendige* Bedingung für die Existenz der Umkehrfunktion auf einem Intervall.

2.1.5 Verkettung von Funktionen

Gegeben sind die Funktionen

$$g : D_g \to W_g \quad \text{und}$$
$$f : D_f \to W_f \quad \text{mit} \quad W_g \subseteq D_f.$$

Unter der **Verkettung** $(f \circ g) : D_g \to W_f$ versteht man die Funktion mit $(f \circ g)(x) = f(g(x))$. Dabei heißt f **äußere** und g **innere** Funktion.

Verkettung von Funktionen

Beispiel 2.17

1. Sei $f(x) = x^3$, $D_f = \mathbb{R}$, $W_f = \mathbb{R}$ und $g(x) = 1/\sqrt{x-2}$, $D_g = (2, \infty)$, $W_g = (0, \infty)$, sodass der Wertebereich der inneren Funktion g im Definitionsbereich der äußeren Funktion f liegt. Die Verkettung $(f \circ g)$ ist dann die Funktion

$$(f \circ g)(x) = \left(\frac{1}{\sqrt{x-2}}\right)^3, \; (f \circ g) : (2, \infty) \to \mathbb{R}.$$

Die Verkettung $(g \circ f)$ kann so nicht gebildet werden, da $W_f = \mathbb{R} \not\subseteq D_g = (2, \infty)$ ist.

2. Sei $u(x) = x - 7$, $D_u = \mathbb{R}$, $W_u = \mathbb{R}$ und $v(x) = x^2 + 1$, $D_v = \mathbb{R}$, $W_v = \mathbb{R}^+$. Dann ist

$$(u \circ v)(x) = u(v(x)) = (x^2 + 1) - 7 = x^2 - 6, \quad (u \circ v) : \mathbb{R} \to \mathbb{R},$$
$$(v \circ u)(x) = v(u(x)) = (x - 7)^2 + 1 = x^2 - 14x + 50, \, (v \circ u) : \mathbb{R} \to \mathbb{R}^+.$$

Beide Verkettungen können gebildet werden. Die Verkettung zweier Funktionen ist *nicht vertauschbar*, wie dieses Beispiel zeigt.

2.2 Klassen von Funktionen

Oft auftretende Funktionen einer Veränderlichen werden vorgestellt und ihre wesentlichen Eigenschaften genannt. Das Auffinden von Nullstellen einer Funktion entspricht dem Lösen einer Gleichung. Polynome und trigonometrische Funktionen sind im Bauingenieurwesen von besonderer Bedeutung, z. B. in der Balkenstatik und im Vermessungswesen.

2.2.1 Die konstante Funktion

Die konstante Funktion hat die Funktionsgleichung

$$y = f(x) = c, \; f : \mathbb{R} \to \{c\},$$

wobei c eine beliebige vorgegebene reelle Zahl ist. Ist $c = 0$, spricht man von der **Nullfunktion**.

Abb. 2.6 $f(x) = c$

Die konstante Funktion (siehe **Abb. 2.6**) ist

1. sowohl monoton steigend als auch monoton fallend auf ihrem gesamten Definitionsbereich,
2. beschränkt (nach oben und unten durch c),
3. nicht umkehrbar.

2.2.2 Die Signumfunktion

Die Signumfunktion (Vorzeichenfunktion) hat die Funktionsgleichung

$$y = f(x) = \operatorname{sgn} x = \begin{cases} 1, & x > 0, \\ 0, & x = 0, \\ -1, & x < 0, \end{cases} \quad f : \mathbb{R} \to \mathbb{R}.$$

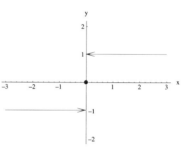

Die Signumfunktion (siehe **Abb. 2.7**) ist

1. monoton steigend auf ihrem gesamten Definitionsbereich $\mathbb{R}$,
2. sowohl monoton steigend als auch monoton fallend auf den Intervallen $(-\infty, 0)$ und $(0, \infty)$,
3. beschränkt (nach oben durch 1 und nach unten durch -1),
4. nicht umkehrbar.

Abb. 2.7 $f(x) = \operatorname{sgn} x$

2.2.3 Die lineare Funktion

Die lineare Funktion hat die Funktionsgleichung

$$y = f(x) = mx + n, \quad f : \mathbb{R} \to \mathbb{R},$$

wobei $m \neq 0$ und n vorgegebene reelle Zahlen sind. Die lineare Funktion (siehe **Abb. 2.8**) ist

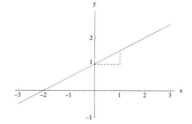

1. streng monoton steigend auf ihrem gesamten Definitionsbereich $\mathbb{R}$, wenn $m > 0$ und streng monoton fallend auf ihrem gesamten Definitionsbereich $\mathbb{R}$, wenn $m < 0$ ist,
2. unbeschränkt auf ihrem Definitionsbereich,
3. umkehrbar auf ihrem Definitionsbereich.

Abb. 2.8 $f(x) = mx + n$

Das Ermitteln der Nullstelle x_N einer linearen Funktion entspricht dem **Lösen der linearen Gleichung**

$$f(x_N) = mx_N + n = 0.$$

Man erhält $x_N = -n/m$.

Für $n = 0$ gewinnt die Funktionsgleichung die Gestalt

$$y = f(x) = mx.$$

In diesem Falle heißen y und x zueinander **proportional** mit dem **Proportionalitätsfaktor** m. Man schreibt auch $y \sim x$.

Robert Hooke (* 18. Juli 1635 auf der Isle of Wight, † 3. März 1703 in London)

englischer Physiker, Mathematiker und Erfinder, Professor für Geometrie in Oxford, Mitglied der Royal Society

Fundamentalgesetze der Festkörpermechanik, Wegbereiter der mikroskopischen Forschung, Entdecker der Zellen in Pflanzen, Analyse des Wesens der Verbrennung, Bau eines optischen Telegraphen, Federunruh zur Regelung von Uhren, Architekt von London, Entwurf von Gebäuden

hier: Elastizitätsgesetz

> **Beispiel 2.18**

1. Viele physikalische Zusammenhänge lassen sich (zumindest näherungsweise) durch lineare Funktionen beschreiben. So besagt z. B. das **Hookesche Gesetz**, dass die relative Verlängerung $\delta l/l$ eines Stabes der Länge l mit dem Querschnitt A, die durch die Kraft F hervorgerufen wurde, zur Spannung $\sigma = F/A$ proportional ist: $F/A \sim \delta l/l$. Die relative Verlängerung $\delta l/l$ wird als Dehnung ε bezeichnet. Mit dem Proportionalitätsfaktor E (Elastizitätsmodul) ergibt sich die lineare Abhängigkeit

   $$\sigma = E\,\varepsilon.$$

2. Das **zweite Newtonsche Axiom** besagt, dass die Beschleunigung eines Körpers zu der auf ihn wirkenden Kraft proportional ist und in diejenige Richtung erfolgt, in der die Kraft wirkt. Der Proportionalitätsfaktor ist die Masse m des Körpers. Zwischen dem Betrag a der Beschleunigung und dem Betrag f der Kraft besteht der lineare Zusammenhang

   $$F = m\,a.$$

2.2.4 Die Betragsfunktion

Die Betragsfunktion hat die Funktionsgleichung

$$y = f(x) = |x| = \begin{cases} x, & x \geq 0, \\ -x, & x < 0. \end{cases}, \quad f: \mathbb{R} \to \mathbb{R}\setminus\mathbb{R}^{-}.$$

Die Betragsfunktion (siehe **Abb. 2.9**) ist

1. streng monoton steigend auf dem Intervall $(0, \infty)$ und demzufolge dort umkehrbar,

2. streng monoton fallend auf dem Intervall $(-\infty, 0)$ und demzufolge dort umkehrbar,

3. nach unten beschränkt durch 0, da alle Funktionswerte nichtnegativ sind, und nach oben unbeschränkt.

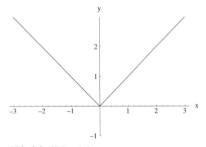

Abb. 2.9 $f(x) = |x|$

Beispiel 2.19

Entfernung als Betragsfunktion

Ein Auto fährt mit gleichförmiger Geschwindigkeit $v = 80$ km/h über den 20 km entfernten Ort A zum Ort B. Seine Entfernung d (in km) zum Ort A ist als Funktion der Fahrzeit t (in h) anzugeben. Wie groß ist die Entfernung zu A nach 6 bzw. 30 min ?

Aus dem Gesetz $s = vt$ für den in der Zeit t zurückgelegten Weg s ergbt sich für das Auto eine Fahrzeit von $1/4$ h bis zum Ort A. Bis dahin verkürzt sich seine Entfernung zum Ort A. Sie beträgt demnach $d(t) = 20 - 80t$ (in km), wenn die Zeit t zwischen 0 h und $1/4$ h liegt. Danach entfernt sich das Auto wieder vom Ort A, und seine Entfernung beträgt jetzt $d(t) = 80t - 20$ (in km). Zusammengefasst ist (in km)

$$d(t) = \begin{cases} 20 - 80t & 0 \leq t \leq 1/4 \\ 80t - 20 & t > 1/4 \end{cases} \quad \text{bzw.} \quad d(t) = |20 - 80t|, \; t \geq 0.$$

Nach 6 min (= $1/10$ h) beträgt die Entfernung noch 12 km bis zum Ort A, nach 30 min (= $1/2$ h) beträgt sie bereits wieder 20 km.

Beim Rechnen mit Beträgen gelten für $x, y, a \in \mathbb{R}$ folgende Eigenschaften:

Eigenschaften

1. Aus $|x| \leq a$ folgt $-a \leq x \leq a$ und umgekehrt.
2. Es gilt $-|x| \leq x \leq |x|$.
3. $|xy| = |x||y|$.   **Betrag eines Produktes**
4. $|x/y| = |x|/|y|$.   **Betrag eines Quotienten**
5. Es ist $|x| = \sqrt{x^2}$.
6. $|x + y| < |x| + |y|$.   **Dreiecksungleichung**
7. $|x - y| \geq |x| - |y|$.
8. $|x + y| \geq ||x| - |y||$.

Beispiel 2.20

Ungleichungen mit Beträgen

Für welche reellen x ist die Ungleichung $|x - 5| < |x + 1|$ erfüllt?

Die Nullstellen der auf der linken bzw. rechten Seite der Ungleichung vorkommenden Betragsfunktionen sind -1 bzw. 5. Es werden folgende Fälle unterschieden:

1. $x < -1$ (dann ist auch $x < 5$) und somit $|x + 1| = -(x + 1)$, $|x - 5| = -(x - 5)$. Aus der Ungleichung folgt nach Auflösen der Beträge $-(x - 5) < -(x + 1)$, d. h. $5 < -1$. Das ist ein Widerspruch. Für $x < -1$ hat die Ungleichung keine Lösung.
2. $-1 \leq x < 5$ und somit $|x + 1| = (x + 1)$, $|x - 5| = -(x - 5)$. Aus der Ungleichung folgt nach Auflösen der Beträge $-(x - 5) < (x + 1)$, d. h. $2 < x$. Zusammen mit der Voraussetzung liefert das die Lösungen $2 < x < 5$.
3. $x \geq 5$ (dann ist auch $x \geq -1$) und somit $|x + 1| = (x + 1)$, $|x - 5| = (x - 5)$. Aus der Ungleichung folgt nach Auflösen der Beträge $(x - 5) < (x + 1)$, d. h. $-5 < 1$. Das ist wahr. Für $x \geq 5$ ist die Ungleichung erfüllt.

Die Ungleichung hat die Lösungen $x \in (2, \infty)$.

2.2.5 Die Potenzfunktion

Die Potenzfunktion hat die Funktionsgleichung

$$y = f(x) = x^k, \ f : \mathbb{R} \to \mathbb{R}.$$

k ist hierbei eine natürliche Zahl. Die Potenzfunktion für gerade k (siehe **Abb. 2.10**) ist

1. *nicht monoton* auf ihrem gesamten Definitionsbereich $\mathbb{R}$,
2. *nicht umkehrbar* auf ihrem gesamten Definitionsbereich $\mathbb{R}$,
3. streng monoton steigend auf dem Intervall $(0, \infty)$ und demzufolge dort umkehrbar,
4. streng monoton fallend auf dem Intervall $(-\infty, 0)$ und demzufolge dort umkehrbar,
5. nach unten beschränkt durch 0, da alle Funktionswerte nichtnegativ sind, und nach oben unbeschränkt.

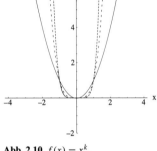

Abb. 2.10 $f(x) = x^k$, k gerade ($k = 2, 4, 6$)

Die Potenzfunktion für ungerade k (siehe **Abb. 2.11**) ist

1. streng monoton steigend auf ihrem gesamten Definitionsbereich $\mathbb{R}$ und demzufolge dort umkehrbar,
2. nach unten und nach oben unbeschränkt.

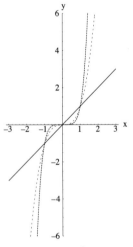

Abb. 2.11 $f(x) = x^k$, k ungerade ($k = 1, 3, 5$)

Beispiel 2.21

Ein zukünftiger Bauherr legt eine Geldsumme S auf einem Bankkonto über mehrere Jahre an und erhält von der Bank eine jährlichen Zinssatz z dafür. Wie groß ist seine Geldsumme nach n Jahren?

Die Geldsumme vergrößert sich bei jährlicher Verzinsung um die Zinsen. Diese berechnen sich als Produkt aus dem Zinsatz und der vorhandenen Geldsumme. Damit beträgt die Geldsumme nach einem Jahr $S_1 = zS + S = (1 + z)S$ und nach zwei Jahren bereits $S_2 = (1+z)S_1 = (1+z)^2 S$, nach drei Jahren $S_3 = (1+z)S_2 = (1+z)^3 S$ usw. und nach n Jahren $S_n = (1 + z)^n S$. Die Größe $q = 1 + z$ wird als Zinsfaktor bezeichnet. Damit ist das Verhältnis von der nach n Jahren vorhandenen Geldsumme S_n zur eingezahlten Geldsumme S eine Potenzfunktion vom Zinsfaktor q:

$$\frac{S_n}{S} = q^n.$$

Bei einer ursprünglichen Geldsumme von $S = 30\,000$ EURO hat der zukünftige Bauherr nach 10 Jahren bei einem jährlichen Zinssatz von $z = 5\%$ die stattliche Summe von 48 866.84 EURO auf seinem Konto. Bei einem jährlichen Zinssatz von $z = 7\%$ sind es sogar 59 014.54 EURO!

2.2.6 Die Reziprokfunktion

Die Reziprokfunktion hat die Funktionsgleichung

$$y = f(x) = \frac{1}{x}, \quad f : \mathbb{R} \to \mathbb{R}, \; x \neq 0.$$

Die Reziprokfunktion (siehe **Abb. 2.12**) ist

1. streng monoton fallend auf den Intervallen $(-\infty, 0)$ und $(0, \infty)$ und demzufolge dort umkehrbar,
2. nach unten und nach oben unbeschränkt auf ihrem gesamten Definitionsbereich,
3. nach oben beschränkt (durch die Null) und nach unten unbeschränkt auf dem Intervall $(-\infty, 0)$,
4. nach unten beschränkt (durch die Null) und nach oben unbeschränkt auf dem Intervall $(0, \infty)$.

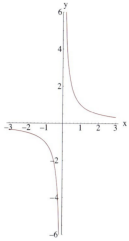

Abb. 2.12 $f(x) = 1/x$

Beispiel 2.22   **Reziprokfunktion**

Schwingungsdauer T und Frequenz f eines Pendelschwingers sind zueinander reziprok, d. h. es gilt

$$T = \frac{1}{f} \quad \text{bzw.} \quad f = \frac{1}{T}.$$

2.2.7 Polynome

Definition 2.23

Ein Polynom P_n vom Grade n ist eine Funktion $P_n : \mathbb{R} \to \mathbb{R}$ mit der Gleichung

$$y = P_n(x) = a_n x^n + a_{n-1} x^{n-1} + \ldots + a_1 x + a_0, \tag{2.2}$$

wobei $a_0, a_1, \ldots, a_n \in \mathbb{R}$ die **Koeffizienten** des Polynoms sind, $a_n \neq 0$.

Für die Summe auf der rechten Seite von (2.2) schreibt man kürzer mit Hilfe des Summenzeichens

$$P_n(x) = \sum_{i=0}^{n} a_i x^i. \tag{2.3}$$

Man erhält die Summanden, indem für i der Reihe nach die ganzen Zahlen von 0 bis n, wie im Summenzeichen angegeben, in den Term $a_i x^i$ eingesetzt werden.

Polynome und ihre Koeffizienten

Beispiel 2.24

1. Die Funktion $f(x) = 12x^2 - 4x^3$ ist ein Polynom 3. Grades mit den Koeffizienten $a_3 = -4, a_2 = 12, a_1 = 0, a_0 = 0$.
2. Die Funktion $f(x) = x^7 + x^6 + x^5 + x^4 + x^3 + x^2 + x$ ist ein Polynom 7. Grades mit den Koeffizienten $a_i = 1$, $i = 1, \ldots, 7$, $a_0 = 0$.
3. Die Funktion $f(x) = (x+1)(x+2)$ ist ein Polynom 2. Grades mit den Koeffizienten $a_2 = 1, a_1 = 3, a_0 = 2$, denn nach dem Ausmultiplizieren ist $f(x) = x^2 + 3x + 2$.
4. Die Potenzfunktion $y = x^k$, $k \in \mathbb{N}$ ist ein Polynom k-ten Grades mit den Koeffizienten $a_k = 1, a_i = 0, i = k-1, \ldots, 0$.
5. Die lineare Funktion $f(x) = mx + n$ ist ein Polynom 1. Grades mit den Koeffizienten $a_1 = m, a_0 = n$.

Polynome sind Funktionen, die man durch endlich viele Additionen und Multiplikationen aus konstanten Funktionen und der Identität ($f(x) = x$) zusammensetzen kann.

Definition 2.25

Zwei Polynome

$$P_n(x) = a_n x^n + a_{n-1} x^{n-1} + \ldots + a_0 \quad \text{und}$$
$$Q_m(x) = b_m x^n + b_{m-1} x^{m-1} + \ldots + b_0$$

sind **gleich**, falls sie vom selben Grad sind (d. h. $m = n$ ist) und $a_n = b_n, a_{n-1} = b_{n-1}, \ldots, a_0 = b_0$ gilt.

Koeffizienten

Beispiel 2.26

Aus der Gleichung $3x^2 + 5x + 1 = ax^2 + bx + c$, $x \in \mathbb{R}$ folgt $a = 3, b = 5, c = 1$.

Nullstellen von Polynomen

Eine zentrale Aufgabe ist die **Bestimmung der Nullstellen eines Polynoms**, d. h. das Ermitteln derjenigen Argumente x, für die $P_n(x) = 0$ ist.

Nullstellen von Polynomen

Beispiel 2.27

Welche der Zahlen $2, -2, 10$ sind Nullstellen der folgenden Polynome?

$$P_3(x) = x^3 - 2x^2 - 2x + 4,$$
$$Q_3(x) = 4x^3 + 2x^2 + 5x - 4250,$$
$$P_4(x) = x^4 - 6x^3 + 2x^2 - 3x - 78.$$

Durch Einsetzen dieser Zahlen in die Funktionsgleichungen findet man, dass 2 Nullstelle von $P_3(x)$ ist, dass 10 Nullstelle von $Q_3(x)$ ist und dass -2 Nullstelle von $P_4(x)$ ist.

Beispiel 2.28

Die Schnittkräfte Q (Querkraft) und M (Biegemoment) am gelenkig gelagerten Balken der Länge l mit der Belastung $q(x) = q_0$ an der Stelle x des Balkens (siehe **Abb. 2.13**) sind Polynome ersten bzw. zweiten Grades:

$$Q(x) = 0.5 q_0 l - q_0 x,$$
$$M(x) = -0.5 q_0 x (x-l).$$

Sie haben folgende Eigenschaften:

1. Die Koeffizienten des Polynoms der Querkraftfunktion sind $a_0 = 0.5 q_0 l$ und $a_1 = -q_0$.
2. Die Koeffizienten des Polynoms der Momentenfunktion sind $b_0 = 0$, $b_1 = 0.5 q_0 l$ und $b_2 = -0.5 q_0$.
3. Die Nullstelle der Querkraftfunktion Q ist $x = l/2$, die der Momentenfunktion M sind $x = 0$ und $x = l$.

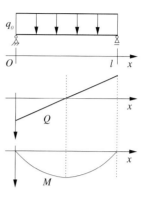

Abb. 2.13 Balken mit Schnittkraftfunktionen

Nullstellen quadratischer Polynome

Beispiel 2.29

Das Ermitteln der Nullstellen von Polynomen zweiten Grades (quadratische Polynome) $P_2(x) = ax^2 + bx + c$, $a \neq 0$ entspricht dem Lösen der entsprechenden quadratischen Gleichung

$$ax^2 + bx + c = 0.$$

Sie hat

1. *genau zwei reelle Lösungen*
$$x_{1,2} = \frac{-b \pm \sqrt{b^2 - 4ac}}{2a},$$
wenn die Diskriminante $D = b^2 - 4ac > 0$ ist,

2. *genau eine reelle Lösung*
$$x = -\frac{b}{2a}$$
wenn die Diskriminante $D = b^2 - 4ac = 0$ ist,

3. *keine reelle Lösung*, wenn die Diskriminante $D = b^2 - 4ac < 0$ ist.

Sind andererseits x_1 und x_2 Lösungen der quadratischen Gleichung

$$x^2 + px + q = 0, \tag{2.4}$$

so sind sie auch Lösungen der quadratischen Gleichung

$$(x - x_1)(x - x_2) = x^2 - (x_1 + x_2)x + x_1 x_2 = 0. \tag{2.5}$$

Koeffizientenvergleich der Polynome (2.4) und (2.5) ergibt den so genannten **Vietaschen Wurzelsatz**

$$p = -(x_1 + x_2), \quad q = x_1 x_2,$$

d. h. die entgegengesetzte Summe der Lösungen der quadratischen Gleichung (2.4) ist der Koeffizient p und ihr Produkt ist der Koeffizient q.

Satz 2.30   Besitzt ein Polynom P_n vom Grad $n \geq 1$ eine reelle Nullstelle x_1, so gibt es ein Polynom P_{n-1} vom Grad $n-1$, sodass für alle $x \in \mathbb{R}$ gilt

$$P_n(x) = (x - x_1) P_{n-1}(x).$$

Satz 2.31   Ein Polynom P_n vom Grad $n \geq 1$ besitzt *höchstens n Nullstellen*. Bezeichnet man diese mit $x_1, \ldots, x_r$, $r \leq n$, so lässt sich die zugehörige Funktionsgleichung bis auf die Reihenfolge der Faktoren eindeutig schreiben in der Form

$$P_n(x) = (x - x_1)(x - x_2) \cdots (x - x_r) P_{n-r}(x),$$

wobei P_{n-r} ein Polynom vom Grade $n-r$ ist, das keine reellen Nullstellen besitzt (**Abspalten der Linearfaktoren**). Die Nullstellen $x_1, \ldots, x_r$ müssen nicht alle voneinander verschieden sein.

Abspalten von Linearfaktoren

Beispiel 2.32

1. Das Polynom $P_3(x) = x^3 - 2x^2 - 2x + 4$ hat die Nullstelle $x = 2$, wie man z. B. durch Probieren feststellt. Nach **Satz 2.30** kann der Linearfaktor $x - 2$ abgespalten werden, d. h. das Polynom P_3 ist durch $x - 2$ teilbar. Durch Polynomdivision findet man
$$P_3(x) = x^3 - 2x^2 - 2x + 4 = (x - 2)(x^2 - 2).$$
Das Restpolynom $x^2 - 2$ ist vom Grade zwei und hat die beiden reellen Nullstellen $\sqrt{2}$ und $-\sqrt{2}$. Daher erhält man die vollständige Zerlegung in Linearfaktoren
$$P_3(x) = (x - 2)(x - \sqrt{2})(x + \sqrt{2}).$$

2. Das Polynom $P_4(x) = x^4 + x^2 - 2$ ist biquadratisch, denn mit der Substitution $z = x^2$ ergibt sich $\tilde{P}_2(z) = z^2 + z - 2$. Die entsprechende quadratische Gleichung $\tilde{P}_2(z) = 0$ hat die Lösungen $z = 1$ und $z = -2$, und man erhält nach der Rücksubstitution
$$P_4(x) = (x^2 - 1)(x^2 + 2).$$
Das quadratische Polynom $x^2 - 1$ hat die Nullstellen 1 und -1, das quadratische Polynom $x^2 + 2$ hat keine reellen Nullstellen. Daher ergibt sich als Zerlegung
$$P_4(x) = (x + 1)(x - 1)(x^2 + 2).$$

3. Das Polynom $P_n(x) = x^n - 1$ hat offenbar die Nullstelle $x = 1$. Daher ist es durch den Linearfaktor $x - 1$ teilbar, und man erhält die Zerlegung
$$P_n(x) = x^n - 1 = (x - 1)(x^{n-1} + x^{n-2} + \ldots + x + 1).$$

4. Das Polynom $P_{2n+1}(x) = x^{2n+1} + 1$ hat die Nullstelle $x = -1$, und es ist
$$P_{2n+1}(x) = x^{2n+1} + 1 = (x + 1)(x^{2n} - x^{2n-1} + x^{2n-2} + \ldots - x + 1).$$

5. Das Polynom $P_{2n}(x) = x^{2n} - 1$ hat die Nullstelle $x = -1$, und es ist
$$P_{2n}(x) = x^{2n} - 1 = (x + 1)(x^{2n-1} - x^{2n-2} + x^{2n-3} + \ldots + x - 1).$$

2.2 Klassen von Funktionen

Summe, Differenz, Produkt und Verkettung von Polynomen sind wieder Polynome.

Beispiel 2.33 — Verkettung von Polynomen

Aus den Polynomen $P_3(x) = x^3 - 2x^2 - 2x + 4$ und $P_1(x) = x - 1$ erhält man durch Verkettung jeweils ein Polynom 3. Grades:

$P_3(P_1(x)) = (x-1)^3 - 2(x-1)^2 - 2(x-1) + 4$, und
$P_1(P_3(x)) = (x^3 - 2x^2 - 2x + 4) - 1.$

Horner-Schema

Zur Berechnung von Funktionswerten von Polynomen wird oft das **Horner-Schema** benutzt. Durch sukzessives Ausklammern erhält man aus dem Polynom

$$P_n(x) = a_n x^n + a_{n-1} x^{n-1} + a_{n-2} x^{n-2} + \ldots + a_2 x^2 + a_1 x + a_0$$
$$= ((\ldots((a_n x + a_{n-1})x + a_{n-2})x + \ldots + a_2)x + a_1)x + a_0.$$

William George Horner (* 1786 in Bristol, † 1837 in Bath)

englischer Mathematiker, Schuldirektor in Bath

Arbeiten auf dem Gebiet der Algebra

hier: Horner-Schema zur Lösung algebraischer Gleichungen

Soll der Funktionswert von $P_n(x)$ an der Stelle x^* berechnet werden, so berechnet man die Terme in den Klammern von innen nach außen. Mit der Bezeichnung $b_{n-1} = a_n$ ergibt sich so der Reihe nach

$b_{n-2} = b_{n-1} x^* + a_{n-1}$
$\vdots$
$b_0 = b_1 x^* + a_1$ und schließlich
$P_n(x^*) = b_0 x^* + a_0.$

Diese Berechnungen können in folgender Tabelle (**Horner-Schema**) übersichtlich durchgeführt werden:

$$
\begin{array}{c|cccccccc}
 & a_n & a_{n-1} & a_{n-2} & \cdots & a_2 & a_1 & a_0 & \\
x^* & \downarrow & x^* b_{n-1} & x^* b_{n-2} & & x^* b_2 & x^* b_1 & x^* b_0 & + \\
\hline
 & b_{n-1} & b_{n-2} & b_{n-3} & & b_1 & b_0 & \mathbf{P_n(x^*)} &
\end{array}
\qquad (2.6)
$$

Berechnung von Funktionswerten

Beispiel 2.34

Berechnet werden sollen die Funktionswerte des Polynoms $P_4(x) = x^4 - 3x^3 - 12x^2 + 52x - 48$ an den Stellen $x = 7$, $x = 3$ und $x = 2$. Mit dem Horner-Schema erhält man

$$\begin{array}{r|rrrrr} & 1 & -3 & -12 & 52 & -48 \\ 7 & & 7 & 28 & 112 & 1148 \\ \hline & 1 & 4 & 16 & 164 & \mathbf{1100} \end{array}$$, also $P_4(7) = 1100$,

$$\begin{array}{r|rrrrr} & 1 & -3 & -12 & 52 & -48 \\ 3 & & 3 & 0 & -36 & 48 \\ \hline & 1 & 0 & -12 & 16 & \mathbf{0} \end{array}$$, also $P_4(3) = 0$,

$$\begin{array}{r|rrrrr} & 1 & -3 & -12 & 52 & -48 \\ 2 & & 2 & -2 & -28 & 48 \\ \hline & 1 & -1 & -14 & 24 & \mathbf{0} \end{array}$$, also $P_4(2) = 0$.

Aus dem Horner-Schema (2.6) können außerdem die Koeffizienten des Polynoms $P_{n-1}(x)$ entnommen werden, das man erhält, wenn man das Ausgangspolynom $P_n(x)$ durch den Linearfaktor $(x-x^*)$ teilt. Diese Koeffizienten sind gerade die Zahlen $b_{n-1}, b_{n-2}, \ldots, b_1, b_0$ in der unteren Reihe des Horner-Schemas, und $r_0 = P_n(x^*)$ ist der Rest bei dieser Division, so dass mit der in (2.3) verwendeten Schreibweise mit Hilfe des Summenzeichens gilt

$$P_n(x) = \sum_{i=0}^{n} a_i x^i = (x - x^*) P_{n-1}(x) + r_0, \quad P_{n-1}(x) = \sum_{i=0}^{n-1} b_i x^i. \quad (2.7)$$

Beweis: Multipliziert man die rechte Seite in (2.7) aus, so erhält man

$$\sum_{i=0}^{n} a_i x^i = x \sum_{i=0}^{n-1} b_i x^i - x^* \sum_{i=0}^{n-1} b_i x^i + r_0 = \sum_{i=0}^{n-1} b_i x^{i+1} - x^* \sum_{i=0}^{n-1} b_i x^i + r_0$$

$$= \sum_{i=1}^{n-1} (b_{i-1} - x^* b_i) x^i + b_{n-1} x^n + r_0 - b_0 x^*.$$

Koeffizientenvergleich auf der linken und rechten Seite liefert

$$\begin{aligned} a_n &= b_{n-1}, & \text{d.h. } b_{n-1} &= a_n, \\ a_{n-1} &= b_{n-2} - x^* b_{n-1}, & \text{d.h. } b_{n-2} &= b_{n-1} x^* + a_{n-1}, \\ &\vdots & & \\ a_1 &= b_0 - x^* b_1, & \text{d.h. } b_0 &= b_1 x^* + a_1, \\ a_0 &= r_0 - x^* b_0, & \text{d.h. } r_0 &= b_0 x^* + a_0. \end{aligned}$$

Das ist aber gerade das Horner-Schema (2.6). ∎

2.2 Klassen von Funktionen

Horner-Schema zur Polynomdivision

Beispiel 2.35

Aus den Horner-Schemata in **Beispiel 2.34** entnimmt man mit (2.7) die Resultate der Polynomdivisionen von $P_4(x)$ durch die Linearfaktoren $(x-7)$, $(x-3)$ bzw. $(x-2)$:

$$P_4(x) = (x-7)(x^3 + 4x^2 + 16x + 164) + 1100,$$
$$P_4(x) = (x-3)(x^3 - 12x + 16),$$
$$P_4(x) = (x-2)(x^3 - x^2 - 14x + 24).$$

Die Polynomdivisionen durch $(x-3)$ bzw. $(x-2)$ erfolgen jeweils ohne Rest, da 3 und 2 Nullstellen von $P_4(x)$ sind. Man kann auch ein fortlaufendes Horner-Schema erstellen:

	1	−3	−12	52	−48
3		3	0	−36	48
	1	0	−12	16	**0**
2		2	4	−1	
	1	2	−8	**0**	

Daraus entnimmt man unmittelbar die Linearfaktorenzerlegung

$$P_4(x) = (x-3)(x-2)(x^2 + 2x - 8).$$

Berechnet man noch die Nullstellen 2 und −4 des verbleibenden quadratischen Polynoms, folgt als vollständige Linearfaktorzerlegung

$$P_4(x) = (x-3)(x-2)^2(x+4).$$

Die Division durch den Linearfaktor $x - x^*$ in (2.7) kann sukzessive auf das Polynom P_{n-1} mit dem Rest r_1 usw. angewendet werden. Man erhält die Gleichungen

$$P_n(x) = (x - x^*)P_{n-1}(x) + r_0 \quad \text{(1. Horner-Schema)},$$
$$P_{n-1}(x) = (x - x^*)P_{n-2}(x) + r_1 \quad \text{(2. Horner-Schema)},$$
$$\vdots$$
$$P_1(x) = (x - x^*)P_0(x) + r_{n-1} \quad \text{(n. Horner-Schema)}.$$

Setzt man die zweite in die erste Gleichung ein, so folgt

$$P_n(x) = (x - x^*)^2 P_{n-2}(x) + r_1(x - x^*) + r_0,$$

setzt man die dritte in diese Gleichung ein usw., so folgt schließlich die **vollständige Entwicklung nach Potenzen von $(x - x^*)$**:

$$P_n(x) = (x - x^*)^n P_0(x) + r_{n-1}(x - x^*)^{n-1} + \ldots + r_1(x - x^*) + r_0.$$

Vollständiges Horner-Schema

Beispiel 2.36

Für das Polynom $P_4(x)$ aus **Beispiel 2.34** erhält man an der Stelle $x = 7$ das **vollständige Horner-Schema**

$$
\begin{array}{r|rrrrr}
 & 1 & -3 & -12 & 52 & -48 \\
7 & & 7 & 28 & 112 & 1148 \\
\hline
 & 1 & 4 & 16 & 164 & \mathbf{1100} = r_0 \\
7 & & 7 & 77 & 651 & \\
\hline
 & 1 & 11 & 93 & \mathbf{815} = r_1 & \\
7 & & 7 & 126 & & \\
\hline
 & 1 & 18 & \mathbf{219} = r_2 & & \\
7 & & 7 & & & \\
\hline
 & 1 & \mathbf{25} = r_3 & & &
\end{array}
$$

Daraus folgt die vollständige Zerlegung nach Potenzen von $(x-7)$:

$$P_4(x) = 1(x-7)^4 + 25(x-7)^3 + 219(x-7)^2 + 815(x-7) + 1100.$$

An der Stelle $x = 2$ ergibt sich als vollständiges Horner-Schema

$$
\begin{array}{r|rrrrr}
 & 1 & -3 & -12 & 52 & -48 \\
2 & & 2 & -2 & -28 & 48 \\
\hline
 & 1 & -1 & -14 & 24 & \mathbf{0} = r_0 \\
2 & & 2 & 2 & -24 & \\
\hline
 & 1 & 1 & -12 & \mathbf{0} = r_1 & \\
2 & & 2 & 6 & & \\
\hline
 & 1 & 3 & \mathbf{-6} = r_2 & & \\
2 & & 2 & & & \\
\hline
 & 1 & \mathbf{5} = r_3 & & &
\end{array}
$$

und daraus die Zerlegung nach Potenzen von $(x-2)$ (ohne absolutes und lineares Glied, da $x = 2$ zweifache Nullstelle von $P_4(x)$ ist):

$$P_4(x) = 1(x-2)^4 + 5(x-2)^3 - 6(x-2)^2.$$

2.2.8 Rationale Funktionen

Definition 2.37

Eine Funktion, deren Funktionsgleichung die Form

$$y = f(x) = \frac{P_n(x)}{P_m(x)} = \frac{a_n x^n + \ldots + a_1 x + a_0}{b_m x^n + \ldots + b_1 x + b_0}$$

hat, wobei P_n und P_m Polynome vom Grad n bzw. m sind, heißt **rationale Funktion**.

An den Nullstellen des Polynoms P_m (Nennerpolynom) ist die Funktion f nicht definiert.

Sei x_0 Nullstelle von P_m, sodass $P_m(x_0) = 0$ ist. Ist x_0 *nicht* Nullstelle von P_n, gilt also $P_n(x_0) \neq 0$, so wird x_0 als **Polstelle** der Funktion $f(x)$ bezeichnet.

Beispiel 2.38   **Polstelle und Lücke**

Die rationale Funktion $f(x) = \dfrac{x-4}{x^2 - 6x + 8} = \dfrac{x-4}{(x-2)(x-4)}$ (siehe **Abb. 2.14**) hat folgende Eigenschaften:

1. Sie ist an den Nullstellen des Nennerpolynoms $x = 2$ und $x = 4$ nicht definiert.
2. An der Stelle $x = 2$ hat sie eine *Polstelle*, da das Zählerpolynom dort von 0 verschieden ist (es gilt $P_1(2) = -2$).
3. An der Stelle $x = 4$ hat sie eine *Lücke*. Das Zählerpolynom ist zwar dort auch gleich 0, aber die Funktion $f(x)$ ist bis auf die Stelle $x = 4$, an der sie nicht definiert ist, identisch mit der Funktion $\tilde{f}(x) = 1/(x-2)$, wie man durch Kürzen feststellt. $\tilde{f}$ hat an der Stelle $x = 4$ den Funktionswert 0.5, also keine Besonderheit.

Tritt der Linearfaktor $(x - x_0)$ in der Zerlegung des Zählerpolynoms $P_n(x)$ genau k-mal und in der des Nennerpolynoms $P_m(x)$ genau l-mal auf, $k, l \in \mathbb{N}$, so hat die Funktion $f(x)$ an dieser Stelle

1. für $k \geq l$ eine **Lücke** ($(x - x_0)^l$ kann vollständig aus dem Nenner gekürzt werden) und
2. für $k < l$ eine **Polstelle** (Funktionswerte sind in einer beliebigen Umgebung von $x = x_0$ unbeschränkt).

Summe, Differenz, Produkt und Quotient rationaler Funktionen sind wieder rationale Funktionen, ebenso deren Verkettung.

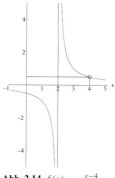

Abb. 2.14 $f(x) = \dfrac{x-4}{x^2 - 6x + 8}$

2.2.9 Die Exponential- und Logarithmusfunktion

Die Exponentialfunktion hat die Funktionsgleichung

$$f(x) = a^x, \quad f: \mathbb{R} \to \mathbb{R}^+, \quad a \in \mathbb{R} \text{ fest}, \quad a > 0, \quad a \neq 1.$$

Die Exponentialfunktion (siehe **Abb. 2.15**) ist

1. für $a > 1$ streng monoton steigend auf ihrem gesamten Definitionsbereich $\mathbb{R}$ und demzufolge dort umkehrbar,
2. für $0 < a < 1$ streng monoton fallend auf ihrem gesamten Definitionsbereich $\mathbb{R}$ und demzufolge dort umkehrbar,
3. nach unten beschränkt durch 0, da alle Funktionswerte positiv sind, und nach oben unbeschränkt.

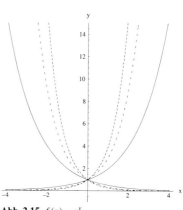

Abb. 2.15 $f(x) = a^x$, $a = 2, 3, 4, 1/2, 1/3, 1/4$

Aus $f(x) = a^x$ erhält man $f(-x) = a^{-x} = 1/a^x = (1/a)^x$, d. h. die Graphen der Exponentialfunktionen a^x und $(1/a)^x$ mit zueinander reziproken Basen sind symmetrisch zur y-Achse (siehe **Abb. 2.15**).

Für die Exponentialfunktion gelten die Potenzgesetze, insbesondere das Gesetz

$$a^{x_1+x_2} = a^{x_1} \cdot a^{x_2} \quad \text{für beliebige } x_1, x_2 \in \mathbb{R}.$$

Die Exponentialfunktion mit der Basis $e = 2{,}718281\ldots$ (Eulersche Konstante) wird **natürliche Exponentialfunktion** $f(x) = e^x$ genannt. Sie spielt eine wesentliche Rolle bei der Beschreibung von Zusammenhängen in der Natur.

Exponentialfunktion bei Zusammenhängen in der Natur

Beispiel 2.39

1. Das Wachstum einer Population p in Abhängigkeit von der Zeit t (z. B. Bakterien in einer Kläranlage) mit dem Bestand p_0 zum Zeitpunkt $t = 0$ lässt sich durch das Gesetz
   $$p(t) = p_0\, e^{\alpha t}$$
   beschreiben. Dabei gibt die Konstante α die Stärke des Wachstums an, die aus zwei Messungen bestimmt werden kann.

2. Die Absorption einer Welle (z. B. Explosionswelle, Erdbebenwelle), d. h. die Abnahme ihrer Energiestromstärke Φ entlang eines Weges x, genügt dem Gesetz
   $$\Phi = \Phi_0\, e^{-\beta x}.$$
   Dabei ist β der Absorptionskoeffizient und Φ_0 die Energiestromstärke im Punkt $x = 0$.

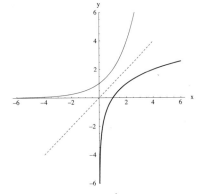

Abb. 2.16 $f(x) = 2^x$, $f^{-1}(x) = \log_2 x$

Die Logarithmusfunktion ist die *Umkehrfunktion* der Exponentialfunktion, und man definiert

$$x = \log_a y \quad \text{genau dann, wenn} \quad y = a^x.$$

Vertauscht man wieder die Rollen von Argument y und Funktionswert x, so folgt als Funktionsgleichung der Umkehrfunktion

$$f^{-1}(x) = \log_a x, \quad f^{-1}: \mathbb{R}^+ \to \mathbb{R}.$$

Die Funktionsgraphen von Exponential- und Logarithmusfunktion zu den gleichen Basen sind symmetrisch zum Graphen von $y = x$ (siehe **Abb. 2.16**). Die Logarithmusfunktion (siehe **Abb. 2.16**) ist

1. streng monoton steigend auf ihrem gesamten Definitionsbereich $\mathbb{R}^+$ und demzufolge dort umkehrbar,

2. nach oben und unten unbeschränkt auf ihrem Definitionsbereich,

3. hat eine Nullstelle bei $x = 1$, da $\log_a 1 = 0$ gilt (wie in **Abschnitt 1.3** bemerkt, ist vereinbarungsgemäß $a^0 = 1$).

2.2 Klassen von Funktionen

Die Logarithmen zu den Basen 10 und e werden häufig verwendet. Sie stehen u. a. auf Taschenrechnern und in den höheren Programmiersprachen zur Verfügung. Oft werden folgende Bezeichnungen verwendet:

$$\log_{10} x = \lg x, \qquad \log_e x = \ln x.$$

Für das Rechnen mit Logarithmen gelten die folgenden **Logarithmengesetze**, die sich alle unmittelbar aus der Definition des Logarithmus ableiten lassen:

$\log_a bc = \log_a b + \log_a c,$ **Logarithmus eines Produktes**

$\log_a \frac{b}{c} = \log_a b - \log_a c,$ **Logarithmus eines Quotienten**

$a^{\log_a b} = b,$ **Logarithmus als Exponent**

$\log_a b^c = c \cdot \log_a b,$ **Logarithmus einer Potenz**

$\log_a b = \dfrac{\log_c b}{\log_c a}.$ **Umwandlung zum Logarithmus einer anderen Basis**

Beispiel 2.40 — **Logarithmusfunktion bei der Berechnung des Schallpegels**

Sind $L_1, L_2, \ldots, L_n$ die Schallpegel von n Schallquellen, so berechnet sich der Gesamtschallpegel L_{ges} dieser Schallquellen gemäß der Gleichung (siehe [34])

$$L_{ges} = 10 \lg \sum_{j=1}^{n} 10^{0.1 L_j}.$$

1. Um wie viel erhöht sich der Schallpegel, wenn statt einer Schallquelle n gleich laute Schallquellen vorhanden sind?

   Ist der Schallpegel einer dieser Schallquellen gleich L, so beträgt der Schallpegel von n solcher Schallquellen nach der obigen Gleichung

   $$L_{ges} = 10 \lg \left(n \cdot 10^{0.1L} \right) = 10 \left(\lg n + \lg 10^{0.1L} \right) = 10 \lg n + L,$$

   er ist also um $10 \lg n$ größer als der Schallpegel von nur einer dieser Schallquellen.

2. Bei lärmgedämpften Nutzfahrzeugen konnte der Schallpegel von 90 auf 74 dB gesenkt werden. Wie viele dieser umweltfreundlicheren Nutzfahrzeuge erzeugen jetzt denselben Lärmpegel wie ein Produkt der alten geräuschstärkeren Serie?

   Die gesuchte Anzahl sei n. Ein Nutzfahrzeug der alten geräuschstärkeren Serie erzeugt einen Pegel von 90 dB, n umweltfreundlichere Nutzfahrzeuge erzeugen nach Aufgabe 1. einen Pegel von $10 \lg n + 74$ dB. Aus der sich egebenden Gleichung

   $$90 = 10 \lg n + 74$$

   folgt durch Umstellen nach n die Gleichung

   $$1.6 = \lg n \quad \text{bzw.} \quad n = 10^{1.6} \approx 40.$$

   Etwa 40 Nutzfahrzeuge der umweltfreundlicheren Serie erzeugen soviel Lärm wie ein altes.

2.2.10 Trigonometrische Funktionen

Gradmaß und Bogenmaß

Das **Gradmaß** unterteilt

den Vollwinkel in 360°,
den rechten Winkel in 90°,
jedes Grad in 60′ (Minuten),
jede Minute in 60″ (Sekunden).

Das **Bogenmaß** eines Winkels α ist das Verhältnis des zugehörigen Kreisbogens l zum Radiuis R des Kreises: $\alpha = l/R$ (siehe **Abb. 2.17**). Für einen Kreis mit dem Radius 1 ist das Bogenmaß die Länge des Kreisbogens, den die Schenkel des Winkels aus dem Kreis ausschneiden. Demnach entspricht z. B.

dem Vollwinkel das Bogenmaß 2π,
dem rechten Winkel das Bogenmaß $\pi/2$.

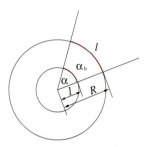

Abb. 2.17 Bogenmaß α_b

Ist α_b die Maßzahl des Winkels im Bogenmaß und α_g seine Maßzahl im Gradmaß, so ergeben sich aus den Entsprechungen

$$\alpha_g = 360° \quad \text{und} \quad \alpha_b = 2\pi$$

die Gleichungen zum Umrechnen vom Grad- ins Bogenmaß und umgekehrt:

$$\alpha_b = \frac{\pi}{180°} \alpha_g \quad \text{bzw.} \quad \alpha_g = \frac{180°}{\pi} \alpha_b.$$

Sinus- und Kosinusfunktion

Im rechtwinkligen Koordinatensystem $(0, x, y)$ wird dem Winkel α mit einem Schenkel auf der x-Achse der Punkt $P(x_p, y_p)$ des Einheitskreises (Kreis mit dem Radius 1 und dem Mittelpunkt 0) zugeordnet, den der andere Schenkel als Schnittpunkt mit dem Einheitskreis hat (siehe **Abb. 2.18**).

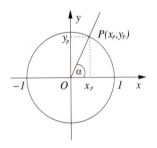

Abb. 2.18 Sinus y_p und Kosinus x_p

Definition 2.41

Der **Sinus** des Winkels α ist die y-Koordinate y_p des zu ihm gehörenden Punktes $P(x_p, y_p)$ auf dem Einheitskreis, der **Kosinus** des Winkels α ist die x-Koordinate x_p dieses Punktes:

$$y_p = \sin \alpha, \qquad x_p = \cos \alpha.$$

Aus der **Definition 2.41** ergibt sich durch einfache geometrische Zusammenhänge folgende Wertetabelle für Sinus und Kosinus:

2.2 Klassen von Funktionen

α in Grad	0	30	45	60	90	180	270
α in Radiant	0	$\pi/6$	$\pi/4$	$\pi/3$	$\pi/2$	π	$3\pi/2$
$\sin \alpha$	0	$1/2$	$\sqrt{2}/2$	$\sqrt{3}/2$	1	0	-1
$\cos \alpha$	1	$\sqrt{3}/2$	$\sqrt{2}/2$	$1/2$	0	-1	0

Die Sinusfunktion hat die Funktionsgleichung
$$y = f(x) = \sin x, \quad f : \mathbb{R} \to [-1, 1],$$
die Kosinusfunktion hat die Funktionsgleichung
$$y = f(x) = \cos x, \quad f : \mathbb{R} \to [-1, 1].$$
Sinusfunktion (siehe **Abb. 2.19**) und Kosinusfunktion (siehe **Abb. 2.20**) haben folgende Eigenschaften:

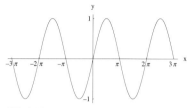

Abb. 2.19 $f(x) = \sin x$

Eigenschaften

1. Die Sinusfunktion hat Nullstellen bei $x = k\pi$, $k = 0, \pm 1, \pm 2, \ldots$
   Die Kosinusfunktion hat Nullstellen bei $x = \pi/2 + k\pi$, $k = 0, \pm 1, \pm 2, \ldots$

2. Beide Funktionen haben **die Periode 2π**, d. h. es gilt
   $$\sin(x + 2\pi) = \sin x, \quad \cos(x + 2\pi) = \cos x, \quad x \in \mathbb{R}.$$

3. Die Sinusfunktion ist eine **ungerade Funktion**, d. h. es ist
   $\sin(-x) = -\sin x$, $x \in \mathbb{R}$.
   Die Kosinusfunktion ist eine **gerade Funktion**, d. h. es ist
   $\cos(-x) = \cos x$, $x \in \mathbb{R}$.

4. Es ist $\sin x < x$ für $x > 0$.

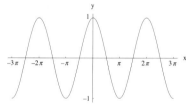

Abb. 2.20 $f(x) = \cos x$

Zwischen Sinus- und Kosinusfunktion gelten für alle $x \in \mathbb{R}$ folgende Zusammenhänge (Additionstheoreme):

Additionstheoreme

1. $\sin^2 x + \cos^2 x = 1$,
2. $\cos x = \sin(\pi/2 - x)$, $\quad \sin x = \cos(\pi/2 - x)$,
3. $\sin(\pi - x) = \sin x$, $\quad \sin(\pi + x) = -\sin x$,
   $\cos(\pi - x) = -\cos x$, $\cos(\pi + x) = -\cos x$,
4. $\sin(x_1 \pm x_2) = \sin x_1 \cos x_2 \pm \cos x_1 \sin x_2$,
   $\cos(x_1 \pm x_2) = \cos x_1 \cos x_2 \mp \sin x_1 \sin x_2$,
5. $\sin(2x) = 2 \sin x \cos x$,
   $\cos(2x) = \cos^2 x - \sin^2 x = 1 - 2\sin^2 x = 2\cos^2 x - 1$.

Tangens- und Kotangensfunktion

Definition 2.42 Der Quotient aus Sinus und Kosinus eines Winkels x heißt **Tangens** dieses Winkels, der Quotient aus Kosinus und Sinus des Winkels x heißt **Kotangens** dieses Winkels:

$$\tan x = \frac{\sin x}{\cos x},\ x \neq \pi/2 + k\pi, \qquad \cot x = \frac{\cos x}{\sin x},\ x \neq k\pi,$$

$$k = 0, \pm 1, \pm 2, \ldots$$

Die Tangensfunktion hat die Funktionsgleichung

$$y = f(x) = \tan x,\ f: \mathbb{R} \to \mathbb{R},$$

die Kotangensfunktion hat die Funktionsgleichung

$$y = f(x) = \cot x,\ f: \mathbb{R} \to \mathbb{R}.$$

Die Tangens- und Kotangensfunktion (siehe **Abb. 2.21**, **Abb. 2.22**) haben folgende Eigenschaften:

Eigenschaften

1. Die Tangensfunktion hat Nullstellen bei $x = k\pi$, die Kotangensfunktion hat Nullstellen bei $x = \pi/2 + k\pi$, $k = 0, \pm 1, \pm 2, \ldots$ (Nullstellen der Zählerfunktion).

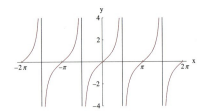

Abb. 2.21 $f(x) = \tan x$

2. Die Tangensfunktion hat Polstellen bei $x = \pi/2 + k\pi$, die Kotangensfunktion hat Polstellen bei $x = k\pi$ Nullstellen der Nennerfunktion), dort sind sie jeweils *nicht definiert*.

3. Wegen der Polstellen sind beide Funktionen nach oben und nach unten *unbeschränkt*.

4. Sie haben **die Periode** π, und es gilt
$\tan(x + k\pi) = \tan x$, $\cot(x + k\pi) = \cot x$.

Die Periodizität lässt sich mit Hilfe der Additionstheoreme nachweisen. So ist

$$\tan(x + k\pi) = \frac{\sin(x + k\pi)}{\cos(x + k\pi)} = \frac{\sin x \cos k\pi + \cos x \sin k\pi}{\cos x \cos k\pi + \sin x \sin k\pi}$$
$$= \frac{\sin x \cos k\pi}{\cos x \cos k\pi} = \frac{\sin x}{\cos x} = \tan x.$$

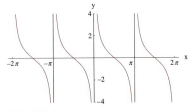

Abb. 2.22 $f(x) = \cot x$

5. Die Tangensfunktion ist streng monoton steigend auf den Intervallen $(-\pi/2 + k\pi, \pi/2 + k\pi)$, die Kotangensfunktion ist streng monoton fallend auf den Intervallen $(k\pi, (k+1)\pi)$.

Umkehrfunktionen

Betrachtet man die Sinusfunktion $y = f(x) = \sin x$ nur auf dem Intervall $x \in [-\pi/2, \pi/2]$, so ist sie dort streng monoton steigend und daher nach **Satz 2.15** dort umkehrbar. Der **Arcussinus** wird definiert als

$x = \arcsin y \quad$ genau dann, wenn $\quad y = \sin x, \ x \in [-\pi/2, \pi/2]$,

und die Funktionsgleichung der Umkehrfunktion mit dem Argument x lautet

$f^{-1}(x) = \arcsin x, \ f^{-1} : [-1, 1] \to [-\pi/2, \pi/2]$.

Betrachtet man die Kosinusfunktion $y = f(x) = \cos x$ nur auf dem Intervall $x \in [0, \pi]$, so ist sie dort streng monoton fallend und daher nach **Satz 2.15** dort umkehrbar. Der **Arcuscosinus** wird definiert als

$x = \arccos y \quad$ genau dann, wenn $\quad y = \cos x, \ x \in [0, \pi]$,

und die Funktionsgleichung der Umkehrfunktion mit dem Argument x lautet

$f^{-1}(x) = \arccos x, \ f^{-1} : [-1, 1] \to [0, \pi]$.

Betrachtet man die Tangensfunktion $y = f(x) = \tan x$ nur auf dem Intervall $x \in (-\pi/2, \pi/2)$, so ist sie dort streng monoton steigend und daher nach **Satz 2.15** dort umkehrbar. Der **Arcustangens** wird definiert als

$x = \arctan y \quad$ genau dann, wenn $\quad y = \tan x, \ x \in (-\pi/2, \pi/2)$,

und die Funktionsgleichung der Umkehrfunktion mit dem Argument x lautet

$f^{-1}(x) = \arctan x, \ f^{-1} : (-\infty, \infty) \to (-\pi/2, \pi/2)$.

Die Graphen der Winkelfunktionen Sinus, Kosinus und Tangens sind auf den angegebenen Intervallen zusammen mit ihren Umkehrfunktionen Arcussinus, Arcuscosinus und Arcustangens in den Abbildungen **Abb. 2.23**, **Abb. 2.24** und **Abb. 2.25** dargestellt.

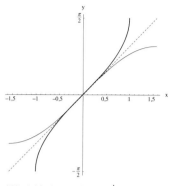

Abb. 2.23 $f(x) = \sin x$, $f^{-1}(x) = \arcsin x$

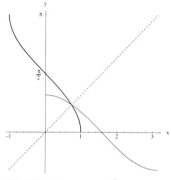

Abb. 2.24 $f(x) = \cos x$, $f^{-1}(x) = \arccos x$

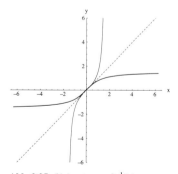

Abb. 2.25 $f(x) = \tan x$, $f^{-1}(x) = \arctan x$

Trigonometrische Beziehungen am rechtwinkligen Dreieck

In **Definition 2.41** wurde der Sinus und der Kosinus eines Winkels α am Einheitskreis definiert. Wählt man einen Kreis mit *beliebigem* Radius, der mit den Schenkeln des Winkels α die Schnittpunkte Q' und P' hat, so ergibt sich aufgrund des Strahlensatzes mit $\overline{PQ} = y_P$, $\overline{OP} = 1$ (siehe **Abb. 2.26**)

$\overline{OP} : \overline{OP'} = \overline{PQ} : \overline{P'Q'}$,

$\overline{PQ} = y_p = \sin \alpha = \dfrac{\overline{P'Q'}}{\overline{OP'}}$,

d. h. der Sinus des Innenwinkels α im rechtwinkligen Dreieck $\triangle OQ'P'$ ist gleich dem **Quotienten aus der Gegenkathete** $\overline{P'Q'}$ **und der Hypotenuse** $\overline{OP'}$.

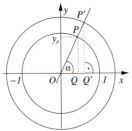

Abb. 2.26 Rechtwinkliges Dreieck

Analog erhält man den Kosinus des Innenwinkels α im rechtwinkligen Dreieck $\triangle OQ'P'$ als **Quotienten aus der Ankathete** $\overline{OQ'}$ **und der Hypotenuse** $\overline{OP'}$:

$$\overline{OQ} = x_p = \cos\alpha = \frac{\overline{OQ'}}{\overline{OP'}}.$$

Der Tangens des Innenwinkels α ergibt sich im rechtwinkligen Dreieck $\triangle OQ'P'$ aus der **Definition 2.42** als **Quotient aus der Gegenkathete** $\overline{P'Q'}$ **und der Ankathete** $\overline{OQ'}$:

$$\tan\alpha = \frac{\overline{P'Q'}}{\overline{OQ'}}.$$

Sinussatz und Kosinussatz am beliebigen Dreieck

Satz 2.43 Sinussatz

Die Sinusse zweier Innenwinkel im Dreieck verhalten sich wie die Längen der ihnen gegenüberliegenden Seiten (siehe **Abb. 2.27**):

$$\frac{\sin\alpha}{\sin\beta} = \frac{a}{b} \quad \left(\text{analog} \quad \frac{\sin\alpha}{\sin\gamma} = \frac{a}{c}, \quad \frac{\sin\beta}{\sin\gamma} = \frac{b}{c}\right). \tag{2.8}$$

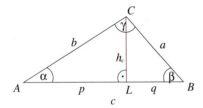

Abb. 2.27 Beliebiges Dreieck

Beweis: Aus den trigonometrischen Beziehungen an den rechtwinkligen Dreiecken $\triangle ALC$ und $\triangle LBC$ mit L als Höhenfußpunkt der Höhe h_c vom Eckpunkt C auf die Seite c folgt

$$\sin\alpha = \frac{h_c}{b} \quad \text{und} \quad \sin\beta = \frac{h_c}{a}$$

und daraus unmittelbar die Gleichung (2.8). ∎

Satz 2.44 Kosinussatz

Das Quadrat der Länge einer Seite am Dreieck ist gleich der Summe der Quadrate der Längen der beiden anderen Seiten, vermindert um ihr zweifaches Produkt mit dem Kosinus des von ihnen eingeschlossenen Innenwinkels:

$$a^2 = b^2 + c^2 - 2bc\cos\alpha. \tag{2.9}$$

Beweis: Aus dem Satz des Pythagoras in den rechtwinkligen Dreiecken $\triangle ALC$ und $\triangle LBC$ (siehe **Abb. 2.27**) folgt

$$a^2 = h_c^2 + q^2 \quad \text{und} \quad b^2 = h_c^2 + p^2. \tag{2.10}$$

Die Kosinusbeziehung am rechtwinkligen Dreieck $\triangle ALC$ ergibt

$$p = b\cos\alpha. \tag{2.11}$$

2.2 Klassen von Funktionen

Eliminiert man aus (2.10) h_c und verwendet noch $q = c - p$, so folgt

$$a^2 = b^2 + c^2 - 2pc$$

und mit Gleichung (2.11) unmittelbar die Behauptung (2.9) des Kosinussatzes. ∎

Berechnungen am Dreieck

Viele der folgenden trigonometrischen Berechnungen am Dreieck gehen zurück auf **Regiomontanus**.

1. Sind im Dreieck $\triangle ABC$ (siehe **Abb. 2.27**) eine Seite und die zwei anliegenden Innenwinkel gegeben (z. B. c, α und β), so lassen sich die beiden anderen Seiten mit Hilfe des Sinussatzes **Satz 2.43** unmittelbar berechnen:

$$a = c\,\frac{\sin \alpha}{\sin \gamma} \quad \text{und} \quad b = c\,\frac{\sin \beta}{\sin \gamma} \quad \text{mit} \quad \gamma = \pi - \alpha - \beta.$$

Johannes Müller von Königsberg (auch kurz Hans Müller), latinisiert **Regiomontanus** (* 6. Juni 1436 in Unfinden (Königsberg), † 6. Juli 1476 in Rom)

bedeutender Mathematiker, Astronom und Verleger des Spätmittelalters

Begründer der neuzeitlichen Trigonometrie, Konstruktion astronomischer Beobachtungsinstrumente, astronomische Tafeln, eigene Druckerei und Sternwarte

hier: Berechnungen am Dreieck

2. Sind im Dreieck $\triangle ABC$ (siehe **Abb. 2.27**) zwei Seiten und der von ihnen eingeschlossene Innenwinkel gegeben (z. B. a, b, γ), so errechnet sich die Länge der Seite c unmittelbar aus dem Kosinussatz **Satz 2.44**

$$c = \sqrt{a^2 + b^2 - 2ab\cos \gamma}\,.$$

Der Winkel $\alpha \in (0, \pi)$ ergibt sich *eindeutig* aus der Gleichung (2.9) (Kosinussatz)

$$\alpha = \arccos\left(\frac{b^2 + c^2 - a^2}{2bc}\right),$$

da die Umkehrfunktion arccos als Wertebereich das Intervall $[0, \pi]$ hat. (Bei Anwendung des Sinussatzes lässt sich α nicht eindeutig ermitteln, da die Gleichung $\sin \alpha = a \sin \gamma / c$ im Intervall $(0, \pi)$ zwei Lösungen haben kann.) Der Innenwinkel β ergibt sich danach zu $\beta = \pi - \alpha - \gamma$.

3. Sind im Dreieck $\triangle ABC$ (siehe **Abb. 2.27**) die drei Seiten a, b, c gegeben, so berechnen sich die Innenwinkel unmittelbar aus dem Kosinussatz **Satz 2.44**. Z. B. ist

$$\alpha = \arccos\left(\frac{b^2 + c^2 - a^2}{2bc}\right).$$

4. Sind im Dreieck $\triangle ABC$ (siehe **Abb. 2.27**) zwei Seiten und einer der nicht eingeschlossenen Innenwinkel gegeben (z. B. a, b, α), so lässt sich der Innenwinkel β dann eindeutig bestimmen, wenn der gegebene Innenwinkel α der *größeren* der beiden gegebenen Seiten a, b gegenüberliegt.

   Nach dem Sinussatz **Satz 2.43** ist zunächst

$$\sin\beta = \frac{b}{a}\sin\alpha. \qquad (2.12)$$

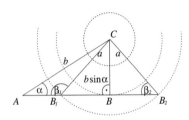

Abb. 2.28 Dreieck mit $a < b, \alpha$

   Diese Gleichung hat wegen des Wertebereiches der Sinusfunktion nur dann Lösungen, wenn ihre rechte Seite nicht größer als 1 ist, d. h. wenn $b\sin\alpha \leq a$ ist.

   (a) Ist $a > b$, so ist auch $\alpha > \beta$ (d. h. α liegt der größeren der beiden gegebenen Seiten a gegenüber) und daher $\beta < \pi/2$. Gleichung (2.12) ist daher eindeutig lösbar.

   (b) Ist $a = b$, so ist das Dreieck gleichschenklig, und für $\alpha < \pi/2$ erhält man $\alpha = \beta$.

   (c) Ist $a < b$, so ist auch $\alpha < \beta$ (d. h. α liegt der kleineren der beiden gegebenen Seiten a gegenüber, siehe **Abb. 2.28**).

   Für $b\sin\alpha < a$ hat Gleichung (2.12) zwei voneinander verschiedene Lösungen β_1 und β_2 mit $\beta_1 + \beta_2 = \pi$.

   Für $b\sin\alpha = a$ hat Gleichung (2.12) genau die Lösung $\beta = \pi/2$.

   Für $b\sin\alpha > a$ hat Gleichung (2.12) keine Lösung.

5. Für die **Höhe** h_c vom Eckpunkt C auf die Seite c folgt unmittelbar aus der trigonometrischen Beziehung am rechtwinkligen Dreieck $\triangle ALC$ bzw. $\triangle LBC$ (siehe **Abb. 2.27**)

$$h_c = a\sin\beta = b\sin\alpha.$$

6. Für die **Fläche** A des Dreiecks $\triangle ABC$ erhält man aus $A = 0.5\, c h_c$ (siehe **Abb. 2.27**) mit der Gleichung $h_c = a\sin\beta$ unmittelbar

$$A = 0.5\, ac\sin\beta,$$

   d. h. A errechnet sich als halbes Produkt der Längen zweier Dreiecksseiten und des Sinus des von ihnen eingeschlossenen Innenwinkels.

7. Für die **Seitenhalbierende** s_c vom Eckpunkt C auf die Seite c hat man in der zum Parallelogramm ergänzten Figur (siehe **Abb. 2.29**) mit dem Kosinussatz **Satz 2.44** im Dreieck $\triangle AC'C$

$$(2s_c)^2 = a^2 + b^2 - 2ab\cos(\alpha + \beta)$$

und mit $\alpha + \beta = \pi - \gamma$, $\cos(\pi - \gamma) = -\cos\gamma$

$$s_c = 0.5\sqrt{a^2 + b^2 + 2ab\cos\gamma}\ .$$

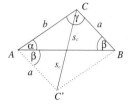

Abb. 2.29 Seitenhalbierende

8. Für die **Winkelhalbierende** w_γ des Innenwinkels γ am Eckpunkt C folgt aus der Tatsache, dass sich die Fläche des Dreiecks $\triangle ABC$ als Summe der Flächen der Teildreiecke $\triangle AC'C$ und $\triangle C'BC$ ergibt (siehe **Abb. 2.30**), die Gleichung

$$0.5\,ab\sin\gamma = 0.5\,bw_\gamma\sin(\gamma/2) + 0.5\,aw_\gamma\sin(\gamma/2)$$

und nach w_γ umgestellt unter Beachtung von $\sin\gamma = 2\sin(\gamma/2)\cos(\gamma/2)$

$$w_\gamma = \frac{2ab\cos(\gamma/2)}{a+b}\ .$$

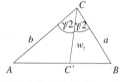

Abb. 2.30 Winkelhalbierende

9. Für den **Umkreisradius** r erhält man z. B. aus der trigonometrischen Beziehung im rechtwinkligen Teildreieck $\triangle BA'M$, wenn M der Mittelpunkt des Umkreises (Schnittpunkt der Mittelsenkrechten der Seiten des Dreiecks) ist (siehe **Abb. 2.31**):

$$\sin(\pi/2 - \alpha_1) = a/(2r)$$

und mit $\alpha_1 + \beta_1 + \gamma_1 = \pi/2$ und $\beta_1 + \gamma_1 = \alpha$ (siehe **Abb. 2.31**)

$$r = a/(2\sin\alpha)\ .$$

Analog erhält man

$$r = b/(2\sin\beta) = c/(2\sin\gamma)\ .$$

Mit dem halben Dreiecksumfang $s = (a+b+c)/2$ lässt sich auch zeigen

$$r = \frac{s}{4\cos(\alpha/2)\cos(\beta/2)\cos(\gamma/2)}\ .$$

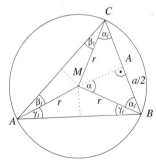

Abb. 2.31 Umkreisradius

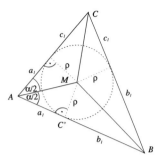

Abb. 2.32 Inkreisradius

10. Für den **Inkreisradius** ρ erhält man z. B. aus der trigonometrischen Beziehung im rechtwinkligen Teildreieck $\triangle AC'M$, wenn M der Mittelpunkt des Inkreises (Schnittpunkt der Winkelhalbierenden der Innenwinkel des Dreiecks) ist (siehe **Abb. 2.32**):

$$\tan(\alpha/2) = \rho/a_1$$

und mit $2(a_1 + b_1 + c_1) = a + b + c = 2s$
und $b_1 + c_1 = a$ (siehe **Abb. 2.32**)

$$\rho = (s - a)\tan(\alpha/2).$$

Analog erhält man

$$\rho = (s - b)\tan(\beta/2) = (s - c)\tan(\gamma/2).$$

Außerdem lassen sich folgende Formeln zur Berechnung von ρ zeigen:

$$\rho = s\tan(\alpha/2)\tan(\beta/2)\tan(\gamma/2),$$
$$\rho = \sqrt{\frac{(s-a)(s-b)(s-c)}{s}},$$
$$\rho = 4r\sin(\alpha/2)\sin(\beta/2)\sin(\gamma/2).$$

Heron von Alexandria (Mechanicus)

(etwa zwischen 200 v. Chr. und 300 n. Chr.) antiker Mathematiker und Ingenieur

Ausführungen zu mathematischen, optischen und mechanischen Themen, u.a. Heronsche Flächenformel, Heron-Verfahren zum Berechnen der Quadratwurzel

hier: Heronsche Flächenformel

11. Für die **Fläche** A des Dreiecks $\triangle ABC$ lassen sich weitere Formeln zeigen. Aus **Abb. 2.32** erhält man die Fläche dieses Dreiecks als Summe der Flächen der Teildreiecke $\triangle ABM$, $\triangle BCM$, $\triangle CAM$, die jeweils die Höhe ρ haben, zu

$$A = 0.5\,a\rho + 0.5\,b\rho + 0.5\,c\rho = s\rho.$$

Ersetzt man hier ρ durch die in Punkt 10. gewonnene (winkelfreie) Gleichung, so erhält man die **Heronsche Flächenformel**

$$A = \sqrt{s(s-a)(s-b)(s-c)}.$$

Außerdem ergibt sich unmittelbar aus **Abb. 2.31** mit Hilfe trigonometrischer Umformungen

$$A = 2r^2 \sin\alpha \sin\beta \sin\gamma.$$

2.3 Anwendungen an Beispielen
2.3.1 Polynome bei der Balkenbiegung

Ausgangssituation

Polynome spielen im Bauingenieurwesen eine wichtige Rolle bei der Beschreibung von Schnittkräften und Verformungen in der Balkenstatik. Betrachtet wird ein an der Stelle $x = 0$ eingespannter Balken konstanter Biegesteifigkeit EI mit freiem Ende (Kragarm) der Länge l. Wird er mit der Elementlast $q(x)$ belastet, die ein Polynom darstellt (z. B. konstante Streckenlast $q(x) = q$ oder lineare Streckenlast $q(x) = ax + b$), so ergeben sich die Schnittkraft- und Verformungsverläufe ebenfalls als Polynome.

Ergebnis

Für die konstante Streckenlast $q(x) = q_0$ sind die Funktionsgleichungen für die Durchbiegung w, das Biegemoment M und die Querkraft Q (siehe **Abb. 2.33**)

$$w(x) = \frac{1}{EI}\left(\frac{1}{24}q_0 x^4 - \frac{1}{6}q_0 l x^3 + \frac{1}{4}q_0 l^2 x^2\right),$$

$$M(x) = -\frac{1}{2}q_0 x^2 + q_0 l x - \frac{1}{2}q_0 l^2,$$

$$Q(x) = -q_0 x + q_0 l.$$

Für die lineare Streckenlast $q(x) = ax + b$ sind die Funktionsgleichungen für die Durchbiegung w, das Biegemoment M und die Querkraft Q (siehe **Abb. 2.34**)

$$w(x) = \frac{1}{EI}\left(\frac{a}{120}x^5 + \frac{b}{24}x^4 - \frac{al+2b}{12}lx^3 + \frac{2al+3b}{12}l^2 x^2\right),$$

$$M(x) = -\frac{a}{6}x^3 - \frac{b}{2}x^2 + \frac{al+2b}{2}lx - \frac{2al+3b}{6}l^2,$$

$$Q(x) = -\frac{a}{2}x^2 - bx + \frac{al+2b}{2}l.$$

Die Funktionen M und Q haben jeweils Nullstellen für $x = l$, d. h. am freien Ende des Kragarms ist sowohl das Biegemoment als auch die Querkraft gleich Null. Die Funktionen Q sind monoton fallend, die Funktionen M monoton steigend (siehe **Abb. 2.33**, **Abb. 2.34**). Die maximalen Beträge der Biegemomente bzw. Querkräfte werden daher an der Einspannstelle erreicht. Die Funktion w hat eine doppelte Nullstelle für $x = 0$, d. h. die Verschiebung an der Einspannstelle ist gleich Null. Die Funktionen w sind monoton steigend (siehe **Abb. 2.33**, **Abb. 2.34**), die maximale Durchbiegung ist daher am freien Ende des Kragarms.

Die Ermittlung dieser Funktionen erfolgt z. B. durch das Lösen entsprechender Differenzialgleichungen (siehe **Kapitel 9**).

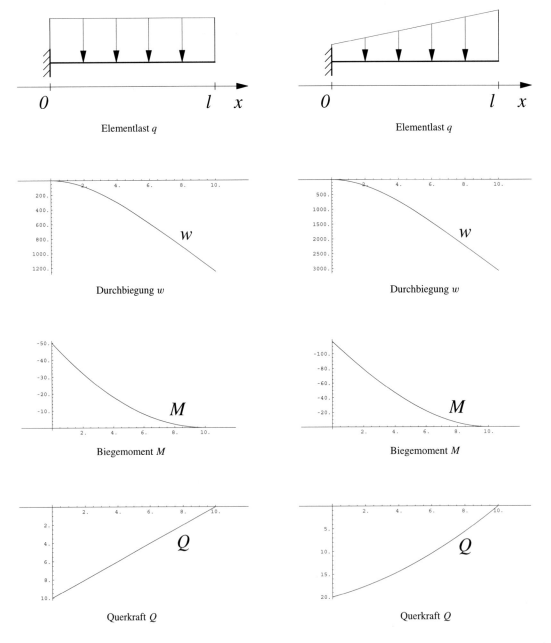

Abb. 2.33 Elementlast, Durchbiegung, Moment und Querkraft für $q(x) = q_0$, $q_0 = 1$, $EI = 1$, $l = 10$

Abb. 2.34 Elementlast, Durchbiegung, Moment und Querkraft für $q(x) = ax + b$, $a = 0.2$, $b = 1$, $EI = 1$, $l = 10$

2.3.2 Darlehen und Zinsen

Ausgangssituation

Nimmt ein Bauherr bei der Bank ein Darlehen R_0 auf mit einem jährlichen Zinssatz z, so wird oft vereinbart, dass die jährlich aufzubringende Leistung des Schuldners (Annuität) A konstant ist.

Lösungsweg

In diesem Falle berechnet sich die Restschuld R_i nach i Jahren aus der Restschuld R_{i-1} des Vorjahres durch Addition der zu erbringenden Zinsen auf R_{i-1} und Subtraktion der geleisteten Zahlung A:

$$R_i = R_{i-1} + zR_{i-1} - A = R_{i-1}(1+z) - A, \quad i = 1, 2, 3, \ldots, n.$$

Man erhält daraus durch sukzessives Einsetzen

$$R_1 = R_0(1+z) - A,$$
$$R_2 = R_1(1+z) - A = R_0(1+z)^2 - A(1+z) - A,$$
$$R_3 = R_2(1+z) - A = R_0(1+z)^3 - A(1+z)^2 - A(1+z) - A, \ldots$$
$$R_n = R_{n-1}(1+z) - A = R_0(1+z)^n - A((1+z)^{n-1}$$
$$+ \ldots + (1+z) + 1)$$

und nach Vereinfachen der Summe auf der rechten Seite der letzten Gleichung (siehe auch **Beispiel 2.32**) für die Restschuld R_n nach n Jahren

$$R_n = R_0(1+z)^n - A\frac{(1+z)^n - 1}{(1+z) - 1} = \left(R_0 - \frac{A}{z}\right)(1+z)^n + \frac{A}{z}. \quad (2.13)$$

Ergebnis

Damit sich die Restschuld von Jahr zu Jahr tatsächlich verringert, ist die Bedingung

$$A > R_0 z$$

zu erfüllen (die Klammer auf der rechten Seite von (2.13) wird dann negativ).

Möchte man wissen, nach wie viel Jahren das Darlehen getilgt ist, so ist die Restschuld $R_n = 0$, und aus (2.13) ergibt sich nach Umstellen

$$(1+z)^n = \frac{A}{A - zR_0}$$

bzw. nach *Logarithmieren* dieser Gleichung (siehe **Abschnitt 2.2.9**)

$$n = \frac{1}{\ln(1+z)} \ln \frac{A}{A - zR_0}. \quad (2.14)$$

Beträgt das Darlehen des Bauherrn $R_0 = 100\,000$ EURO, der jährliche Zinssatz $z = 8\,\%$ und die vereinbarte Annuitätenrate $A = 10\,000$ EURO, so ergibt sich mit Gleichung (2.14) ein Tilgungszeitraum von $n = 20.912$ Jahren.

Soll andererseits berechnet werden, wie hoch die Annuität sein muss, damit das Darlehen nach n Jahren getilgt ist, so ist Gleichung (2.13) nach A umzustellen. Es ergibt sich

$$A = R_0 z \frac{(1+z)^n}{(1+z)^n - 1}. \tag{2.15}$$

Im obigen Zahlenbeispiel erhält man als Annuität bei einer 30-jährigen Tilgung mit Gleichung (2.15) $A = 8882.74$ EURO. Der Bauherr bezahlt insgesamt $30A \approx 266\,482.20$ EURO für das Darlehen von $100\,000$ EURO!

Wenn der Bauherr das Darlehen R_0 bei dem jährlichen Zinssatz z in kürzeren Zeitabständen zurückzahlen will, so beträgt der Zinssatz pro Zeitabschnitt bei einer Unterteilung des Jahres in m gleiche Zeitabschnitte z/m. Durch analoge Überlegungen wie bei der Herleitung von Gleichung (2.13) ergibt sich jetzt

$$R_n = \left(R_0 - \frac{A}{z}\right)\left(1 + \frac{z}{m}\right)^{mn} + \frac{A}{z}.$$

Zahlt er das Darlehen im obigen Zahlenbeispiel monatlich zurück ($m = 12$) mit einer jährlichen Annuität von $A = 10\,000$ EURO, so verkürzt sich der Zeitraum auf $n = 20.184$ Jahre.

Wird ein Tilgungszeitraum von $n = 30$ Jahren wieder bei monatlicher Zahlung zugrunde gelegt, so beträgt die jährliche Annuität jetzt nur $A = 8805.17$ EURO. Damit würde der Bauherr insgesamt $264\,155.24$ EURO zurückzahlen müssen, immerhin $2\,326.98$ EURO weniger als bei jährlicher Zahlung der Annuität.

2.3.3 Vorwärts- und Rückwärtseinschneiden

Trigonometrische Berechnungen finden z. B. in Aufgaben des Vermessungswesens Anwendung, wenn es um die Bestimmung unzugänglicher Entfernungen geht.

Ausgangssituation Beim so genannten **Vorwärtseinschneiden** werden zur Bestimmung der Länge der unzugänglichen Strecke $a = \overline{PQ}$ die Peilwinkel α und β bzw. γ und δ zu den Punkten P und Q sowie die Länge der Standstrecke $\overline{AB} = c$ gemessen (siehe **Abb. 2.35**).

Aus dem Sinussatz im Dreieck $\triangle ABP$ erhält man mit den Bezeichnungen aus **Abb. 2.35** und $\varepsilon = \pi - (\alpha + \beta + \gamma)$ (Innenwinkelsumme im Dreieck $\triangle ABP$)

$$\frac{\sin \varepsilon}{c} = \frac{\sin \gamma}{b}, \text{ d. h. } b = c \frac{\sin \gamma}{\sin \varepsilon}.$$

Aus dem Sinussatz im Dreieck $\triangle ABQ$ erhält man mit den Bezeichnungen aus **Abb. 2.35** und $\sigma = \pi - (\beta + \gamma + \delta)$ (Innenwinkelsumme im Dreieck $\triangle ABQ$)

$$\frac{\sin \sigma}{c} = \frac{\sin (\gamma + \delta)}{e}, \text{ d. h. } e = c \frac{\sin (\gamma + \delta)}{\sin \sigma}.$$

Im Dreieck $\triangle APQ$ sind jetzt die Seiten b und e berechnet und der von ihnen eingeschlossene Innenwinkel α gegeben. Mit dem Kosinussatz erhält man die gesuchte Entfernung als

$$a = \sqrt{b^2 + e^2 - 2be \cos \alpha}.$$

Beim so genannten **Rückwärtseinschneiden** ist die Lage dreier Standorte A, B und C bestimmt durch die Messung der Standstrecken $\overline{AC} = a$, $\overline{CB} = b$ und den Winkel γ zwischen ihnen (siehe **Abb. 2.36**). Außerdem wurden die Peilwinkel α und β im Punkt P gemessen. Bestimmt werden sollen die unzugänglichen Entfernungen x, y, z der Standorte A, B und C zum Punkt P.

Mit den Innenwinkeln φ und ψ erhält man wegen der Innenwinkelsumme 2π im Viereck $ACBP$ zunächst $\varphi + \psi = 2\pi - (\alpha + \beta + \gamma) = \tau$, d. h. $\varphi = \tau - \psi$, wobei der Hilfswinkel τ bekannt ist.

Aus dem Sinussatz im Dreieck $\triangle ACP$ und im Dreieck $\triangle CBP$ erhält man

$$\frac{\sin \alpha}{a} = \frac{\sin \varphi}{z} \text{ und } \frac{\sin \beta}{b} = \frac{\sin \psi}{z}.$$

Eliminiert man aus diesen Gleichungen z und verwendet $\varphi = \tau - \psi$, so folgt eine Gleichung zur Ermittlung des Winkels φ:

$$\frac{\sin (\tau - \varphi)}{\sin \varphi} = \frac{a \sin \beta}{b \sin \alpha}.$$

Mit dem Additionstheorem für die Sinusfunktion erhält man die Gleichung

$$\frac{\sin \tau \cos \varphi - \cos \tau \sin \varphi}{\sin \varphi} = \frac{a \sin \beta}{b \sin \alpha}$$

und nach Umstellen nach $\cot \varphi$

Lösungsweg

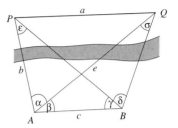

Abb. 2.35 Vorwärtseinschneiden

Ergebnis

Ausgangssituation

Lösungsweg

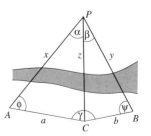

Abb. 2.36 Rückwärtseinschneiden

Ergebnis

$$\cot\varphi = \frac{1}{\sin\tau}\left(\cos\tau + \frac{a\sin\beta}{b\sin\alpha}\right),$$

aus der φ unmittelbar bestimmt wird. Danach gewinnt man jeweils mit dem Sinussatz im Dreieck $\triangle ACP$ und im Dreieck $\triangle CBP$ die gesuchten Größen

$$x = \frac{a\sin(\alpha+\varphi)}{\sin\alpha}, \qquad y = \frac{b\sin(\beta+\psi)}{\sin\beta}, \qquad z = \frac{a\sin\varphi}{\sin\alpha}.$$

2.3.4 Polygonzugberechnung

Ausgangssituation Im Vermessungswesen entsteht die Aufgabe, anhand von gemessenen Entfernungen s_i und Winkeln β_i die Koordinaten der Punkte P_i eines Polygonzuges $P_0 P_1 \ldots P_i \ldots P_n$ zu berechnen. Dabei ist $s_i = \overline{P_{i-1}P_i}$, $i = 1, \ldots, n$ die Entfernung benachbarter Polygonpunkte und β_i der Winkel zwischen den benachbarten Polygonseiten $\overline{P_{i-1}P_i}$ und $\overline{P_i P_{i+1}}$, $i = 1, \ldots, n-1$ (siehe **Abb. 2.37**). Die Koordinaten des Anfangspunktes $P_0(x_0, y_0)$ sind bekannt.

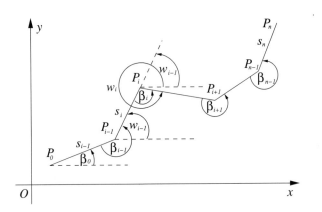

Abb. 2.37 Polygonzug

Lösungsweg Zunächst soll folgende Hilfsaufgabe gelöst werden: Gegeben ist der Abstand s eines Punktes $P(x_p, y_p)$ vom Koordinatenursprung O sowie der Winkel w, den die x-Achse mit dem Strahl $\overrightarrow{OP}$ bildet (siehe **Abb. 2.38**). Gesucht sind seine Koordinaten x_p, y_p. Mit den trigonometrischen Beziehungen am rechtwinkligen Dreieck (siehe **Abschnitt 2.2.10**) ist

$$x_p = s\cos w \qquad \text{und} \qquad y_p = s\sin w. \tag{2.16}$$

Sind jetzt die Koordinaten eines Punktes $Q(x_q, y_q)$, der Abstand s des Punktes $P(x_p, y_p)$ vom Punkt Q und der Winkel w, den die x-Achse mit dem Strahl $\overrightarrow{QP}$ bildet, bekannt, so ermittelt man im Hilfskoordinatensystem (Q, x', y') mit dem Ursprung im Punkt Q, der x'-Achse parallel zur x-Achse und der y'-Achse parallel zur y-Achse (siehe **Abb. 2.39**) die Koordinaten des Punktes $P(x'_p, y'_p)$ wie in (2.16) und findet danach im Koordinatensystem (O, x, y)

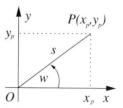

Abb. 2.38 Koordinaten des Punktes P

$$x_p = x_q + x'_p = x_q + s\,\cos w,$$
$$y_p = y_q + y'_p = y_q + s\,\sin w. \qquad (2.17)$$

Um in der ursprünglich gestellten Aufgabe die Koordinaten des Punktes $P_i(x_i, y_i)$ mit Hilfe derjenigen des vorhergehenden Punktes $P_{i-1}(x_{i-1}, y_{i-1})$ und des Abstandes s_i zu ermitteln, wird noch der Winkel w_i benötigt, den die x-Achse mit dem Strahl $\overrightarrow{P_{i-1}P_i}$ bildet. Er berechnet sich mit Hilfe des vorherigen Winkels w_{i-1} und des gegebenen β_{i-1} wie folgt:

$$w_i = w_{i-1} - \pi + \beta_{i-1},\; i = 2, \ldots, n,$$
$$w_1 = \beta_0.$$

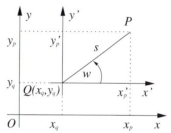

Abb. 2.39 Verschobenes Koordinatensystem

Wendet man (2.17) an, wobei P_{i-1} dem Punkt Q, P_i dem Punkt P, s_i der Entfernung s und w_i dem Winkel w entspricht, so ergibt sich schließlich

$$x_i = x_{i-1} + s_i\,\cos w_i,$$
$$y_i = y_{i-1} + s_i\,\sin w_i, \qquad i = 1, \ldots, n.$$

Ergebnis

2.4 Aufgaben

Monotonie, Beschränktheit, Umkehrfunktion

2.1 Entwerfen Sie aufgrund einer Wertetafel für $x = 0, \pm\frac{1}{2}, \pm 1, \pm 2, \pm 3$ die Bilder der Funktionen:

a) $y = f(x) = \dfrac{1}{x^2}$ **b)** $y = f(x) = \dfrac{1}{(x-1)^2}$

c) $y = f(x) = \dfrac{1}{x^2 - 1}$

2.2 Geben Sie Definitionsbereich und Wertevorrat an und skizzieren Sie die Bilder der Funktionen:

a) $y = f(x) = \sqrt{-2x - 3}$

b) $y = f(x) = \sqrt{(a-x)(b-x)}$,

diskutiere $a \neq b$ und $a = b$.

2.3 Entscheiden Sie, ob die folgenden Zuordnungsvorschriften Funktionen sind:

a) $y = f(x) = \begin{cases} x & \text{für } x^2 = x \\ 2 & \text{für } x \neq 0 \end{cases}$

b) $y = f(x) = \begin{cases} x & \text{für } x \geq 0 \\ -x & \text{für } x < 0 \end{cases}$

2.4 Untersuchen Sie das Monotonieverhalten folgender Funktionen:

a) $y = f(x) = a \cdot x$ b) $y = f(x) = a \cdot x^2$

c) $y = f(x) = \dfrac{\sqrt{5x+4} - 3}{\sqrt{5x+4} + 4}$, $x \geq -\dfrac{4}{5}$

d) $y = f(x) = x - \sqrt{x^2 - 4}$, $x \geq 2$.

2.5 Kann man die Funktion $y = x^4$

a) im Intervall $0 \leq x < +\infty$,
b) im Intervall $-\infty < x \leq 0$,
c) im Intervall $-\infty < x < +\infty$,
d) im Intervall $-2 \leq x \leq 1$

umkehren? Wie lautet gegebenenfalls jeweils die Formel für die Umkehrfunktion? Wo ist die Umkehrfunktion definiert?

Lineare Funktionen, Betragsfunktion

2.6 Lösen Sie folgende lineare Gleichungen bzw. Gleichungen, die sich auf lineare zurückführen lassen:

a) $\dfrac{3x-4}{5} - \dfrac{3-4x}{7} = \dfrac{5x-6}{10} - \dfrac{9-10x}{14}$

b) $\dfrac{7}{3} + \dfrac{13}{5x} = \dfrac{13x - 24}{3x} - \dfrac{37}{20} + \dfrac{10}{x}$

c) $\dfrac{2x+1}{3x-15} - \dfrac{x-11}{2x-10} = 1$

d) $(x-3)(x-4) = (x-6)(x-2)$

e) $ab + (b+1)x = (a+x)b + a$

f) $(a + bx)(a - b) - (ax - b)(a + b) = ab(x + 1)$

g) $(a+b)x + (a-b)x - ax = b + c$

h) $\dfrac{1}{2}\left(\dfrac{1}{2}\left\{\dfrac{1}{2}\left[\dfrac{1}{2}\left(\dfrac{1}{2}x - 1\right) - 1\right] - 1\right\} - 1\right) - 1 = 0$

i) $\dfrac{a-x}{bc} + \dfrac{b-x}{ac} + \dfrac{c-x}{ab} = 0$

j) $\dfrac{2x^n + 7x^{(n-1)}}{9} + \dfrac{7x^n - 44x^{(n-1)}}{5x - 14}$
$= \dfrac{4x^n + 27x^{(n-1)}}{18}$

k) $\dfrac{x - \sqrt{a}}{\sqrt{b} + \sqrt{c}} + \dfrac{x - \sqrt{b}}{\sqrt{a} + \sqrt{c}} + \dfrac{x - \sqrt{c}}{\sqrt{a} + \sqrt{b}} = 3$

l) $\dfrac{a}{b}(a - x) + \dfrac{a}{c}(b - x) + \dfrac{c^2 - ax}{a} + \dfrac{ab - cx}{b}$
$= \dfrac{a^2}{b} + \dfrac{c^2}{a}$

m) $(2\sqrt{x} + 3)(2\sqrt{x} - 3) = 7$

n) $\sqrt{7x + 2} = \dfrac{5x + 6}{\sqrt{7x + 2}}$

o) $\sqrt{14 - x} + \sqrt{11 - x} = \dfrac{3}{\sqrt{11 - x}}$

p) $\left(\sqrt{a\sqrt{b}} - \sqrt{b\sqrt{a}}\right) = a\sqrt{b\sqrt{x}} - b\sqrt{a\sqrt{x}}$

q) $\sqrt{a^{7-3x}} \cdot \sqrt[3]{a^{x+1}} \cdot \sqrt[4]{a^{5x-7}} \cdot \sqrt[5]{a^{7-2x}} = 1$

r) $\left(\dfrac{3}{4}\right)^x = \left(\dfrac{4}{3}\right)^7$

2.7 Bestimmen Sie alle Zahlen $x \in \mathbb{R}$, für die folgende Gleichungen erfüllt sind:

a) $\left|\dfrac{3}{2}x - 2\right| = \dfrac{5}{2}$ b) $|2x + 1| - |x - 1| - 1 = 0$

c) $||x + 1| - |x + 3|| = 1$

2.8 Bestimmen Sie alle $x \in \mathbb{R}$, für die folgende Ungleichungen gelten:

a) $|3x - 9| \geq 1$ b) $|x + 1| - 4 < 0$

c) $|x| + |x - 2| < 5$.

2.9 Eine Baustelle wird von einer 4 km entfernten Mischzentrale mit Transportbeton beliefert. Der eingesetzte Mischtransporter fährt im Pendelverkehr leer mit einer Geschwindigkeit von 40 km/h und beladen mit einer Geschwindigkeit von 30 km/h. Die Übernahme des Mischgutes dauert 6 min, das Entleeren auf der Baustelle 4 min.

Wie viele Fahrten können bis zur Frühstückspause durchgeführt werden, wenn die Abfahrt um 6.15 Uhr vom Betonwerk erfolgt und die Frühstückspause gegen 9.00 Uhr im Betonwerk stattfinden soll? Vor der Pause muss eine gründliche Reinigung des Fahrzeugs von Betonresten erfolgen, wofür 15 min in Rechnung gestellt werden.

2.10 Um eine wichtige Durchgangsstraße nach einem Erdrutsch wieder freizumachen, werden drei Bagger eingesetzt. Das erste Fahrzeug würde das Geröll in 27 Tagen, das zweite in 36 Tagen und das dritte in 54 Tagen wegschaffen.

a) Wie lange benötigen alle drei Bagger gemeinsam für diese Arbeit?

b) Wie lange dauern die Aufräumungsarbeiten, wenn der zweite Bagger erst am zweiten Tag und der dritte Bagger erst am vierten Tag eingesetzt werden kann?

2.11 Vier Gipser sind mit dem Verputzen einer Hausfassade beschäftigt. Gipser A würde die Fassade allein in 12 Tagen, B in 14, C in 30 und D in 18 Tagen verputzen. In welcher Zeit wird die Arbeit fertiggestellt, wenn alle vier gemeinsam arbeiten?

2.12 Ein Becken einer Kläranlage kann durch drei Abflussrohre geleert werden, durch das erste in zwei, das zweite in drei und das dritte in sechs Stunden In welcher Zeit wird das Becken geleert sein, wenn das Wasser durch alle drei Abflussrohre gleichzeitig abfließt?

2.13 Ein Bauherr hat vier Zahlungen zu leisten: 6000 EURO sofort, 6000 EURO nach drei, 6000 EURO nach fünf und 6000 EURO nach acht Monaten. Er will die Summe auf einmal zahlen. Wann kann das ohne Zinsverlust geschehen, einen konstanten Zinssatz vorausgesetzt?

2.14 A wollte von B ein Grundstück kaufen. B forderte eine Summe, die A nach acht Monaten zahlen sollte. A zahlte stattdessen sofort 163500 EURO. Wie viel forderte B, eine Verzinsung von jährlich 4.5% vorausgesetzt?

2.15 Eine Balkenwaage sei wegen unterschiedlich langer Hebelarme ungenau. Man kann sich zur Ermittlung der genauen Masse eines Körpers der „Gaußschen Doppelwägung" bedienen. Dazu wägt man den Körper unbekannter Masse m einmal auf der rechten und einmal auf der linken Waagschale und erhält so die Massen m_1 und m_2.

a) Wie kann man m aus m_1 und m_2 bestimmen?

b) Man berechne die tatsächliche Masse des Körpers, wenn $m_1 = 62$ mg und $m_2 = 75$ mg ermittelt wurde.

2.16 An einer Mauer, die eine Länge von $26\frac{2}{3}$ m, eine Breite von 1 m und eine Höhe von 4 m hat, arbeiten zwei Maurer. Der erste von ihnen kann, wenn er täglich 9 Stunden arbeitet, an einem Tage $5\frac{1}{3}$ m³, und der zweite, wenn er täglich 11 Stunden arbeitet, in 9 Tagen $53\frac{1}{3}$ m³ Mauerwerk fertigstellen.

In welcher Zeit wird die Mauer fertig, wenn jeder der Maurer täglich 10 Stunden arbeitet und der erste 5 Tage, der zweite aber nur 2 Arbeitstage versäumt?

2.17 Welchen Betrag muss man bei 4% Zinseszinsen jeweils am Ende eines Jahres auf das Konto einzahlen, wenn man nach 5 Jahren 10 000 EURO auf dem Konto haben will?

2.18 Bei einer Lokomotive macht auf einer Strecke von 441 m das Laufrad 112 Umdrehungen mehr als das größere Treibrad. Auf je sieben Umdrehungen des Laufrades kommen je drei Umdrehungen des Treibrades. Wie viele Umdrehungen macht das Treibrad auf einer Strecke von 10,5 km?

2.19 Auf einen unbiegsamen Stab, der durch die Punkte A und F verläuft, wirken sechs zu ihm senkrechte Kräfte, die nacheinander in den Angriffspunkten A, B, C, D, E und F angebracht sind. In A wirken 6 N abwärts, in B 4 N aufwärts, in C 5 N abwärts, in D 3 N aufwärts, in E 2 N aufwärts und in F 1 N abwärts. Die Entfernungen der Angriffspunkte betragen: $\overline{AB} = 3$ cm, $\overline{BC} = 2$ cm, $\overline{CD} = 4$ cm, $\overline{DE} = 6$ cm, $\overline{EF} = 7$ cm. In welcher Entfernung vom Punkt A, in welcher Richtung und mit welchem Betrag muss eine Kraft am Stab angebracht werden, damit dieser sich im Gleichgewicht befindet?

2.20 Zwei Bagger heben in 24 Tagen eine Baugrube aus. Der erste Bagger könnte diese Arbeit allein eineinhalb mal so schnell ausführen wie der zweite Bagger allein. In wie viel Tagen könnte jeder Bagger diese Arbeit ausführen?

Quadratische Funktionen

2.21 Lösen Sie folgende quadratische Gleichungen bzw. Gleichungen, die sich auf quadratische zurückführen lassen!

a) $(a + bx)^2 + (a - bx)^2 = 2(a^2x^2 + b^2)$

b) $\dfrac{4 + x}{4 - x} = \dfrac{x + 9}{x - 9}$

c) $2\sqrt{5 + 2x} - \sqrt{13 - 6x} = \sqrt{37 - 6x}$

d) $\sqrt[3]{a + x} + \sqrt[3]{a - x} = \sqrt[3]{2a}$

e) $(x - a + b)(x - b + c) = 0$

f) $\dfrac{5x - 1}{9} + \dfrac{3x - 1}{5} = \dfrac{2}{x} + x - 1$

g) $\dfrac{2x - 1}{x - 2} + \dfrac{3x + 1}{x - 3} = \dfrac{5x - 14}{x - 4}$

h) $x - \dfrac{1}{x} = \dfrac{a}{b} - \dfrac{b}{a}$

i) $\sqrt{5x - 1} - \sqrt{8 - 2x} = \sqrt{x - 1}$

j) $\sqrt{2x + 1 - 2\sqrt{2x + 3}} = 1$

k) $\left(\dfrac{57}{37}\right)^{1+x} + \left(\dfrac{57}{37}\right)^{1-x} = 10$

l) $17^{\frac{x+1}{x-1}} = 17^{\frac{x-1}{x+1}}$ m) $(a - x)^3 = (x - b)^3$

n) $10x^4 - 21 = x^2$ o) $(x - a)^2 + \dfrac{1}{(x - a)^2} = m$

p) $x^{\frac{3}{2}} + 8x^{\frac{1}{2}} = 9x$

2.22 Bestimmen Sie alle $x \in \mathbb{R}$, die folgende Ungleichungen erfüllen:

a) $\dfrac{1}{1 - x} + \dfrac{1}{1 + x} < 2$ b) $|x^2 - 2x + 1| \geq 0$

c) $|x^2 - 1| \leq 0$ d) $x + 2 \leq \dfrac{5}{x - 2}$

2.23 Bestimmen Sie $a \in \mathbb{R}$ so, dass die quadratische Gleichung genau eine Lösung hat:

a) $x^2 + 2x + a = 0$ b) $x^2 - 2ax + 16 = 0$

2.24 Durch zwei Zuflussrohre wird ein Becken in sechs Stunden gefüllt, wenn sie beide geöffnet sind. In wie viel Stunden kann das Becken jeweils durch jedes allein gefüllt werden, wenn das erste dazu fünf Stunden weniger offen zu sein braucht als das zweite?

2.25 Die Katheten eines rechtwinkligen Dreiecks verhalten sich wie 3 : 4. Wie lang sind sie, wenn die Hypotenuse 555 m lang ist?

2.26 Die drei in einem Eckpunkt zusammenstoßenden Kanten einer rechteckigen Säule verhalten sich wie 3 : 4 : 12. Die Diagonale der Säule ist 104 cm lang. Wie groß sind die Kanten?

2.27 Jemand hat ein Gefäß mit 144 l Wein. Er zapft eine gewisse Menge ab und ersetzt die abgezapfte Flüssigkeit durch Wasser. Nachdem er das zweimal getan hat, sind im Gefäß noch 100 l reiner Wein. Wie viel Liter hat er jedes Mal abgezapft?

2.28 Auf den Schenkeln eines rechten Winkels bewegen sich zwei Körper vom Scheitel aus, der eine mit einer Geschwindigkeit von 8 m/s, der andere, der seine Bewegung 4 Sekunden später beginnt, mit einer Geschwindigkeit von 5 m/s. Nach wie viel Sekunden vom Beginn der Bewegung des ersten an werden beide die Entfernung 104 m haben?

2.29 Ein Schiff wird mit Hilfe von Kränen beladen. Zunächst werden vier Kräne mit gleicher Leistung eingesetzt. Nach zwei Stunden kann noch über zwei weitere Kräne mit einer kleineren Leistung verfügt werden. Mit allen sechs Kränen wird nun noch drei Stunden gearbeitet, bis das Verladen abgeschlossen ist. Wenn alle sechs Kräne von Anfang an zur Verfügung gestanden hätten, wäre die Arbeit nach 4.5 Stunden beendet gewesen. Berechnen Sie, wie viel Stunden ein Kran mit größerer Leistung bzw. ein Kran mit kleinerer Leistung allein zum Beladen benötigt hätte!

2.30 Für die Vertiefung einer Fahrrinne in einem Hafen arbeiten drei verschiedene Bagger. Wenn nur der erste von ihnen tätig ist, werden für die Arbeit 10 Tage mehr benötigt, als wenn gleichzeitig alle drei Bagger arbeiten. Wenn nur der zweite arbeitet, dann wird die Arbeit 20 Tage später fertig, als wenn gleichzeitig alle drei Bagger arbeiten. Wenn nur der dritte an der Vertiefung der Fahrrinne arbeitet, braucht man sechsmal so viel Zeit, als wenn gleichzeitig alle drei Bagger arbeiten. Wie viel Zeit benötigt jeder Bagger für die Fertigstellung der Arbeit, wenn er allein arbeitet?

2.31 In einem rechteckigen Hof mit der Breite 48 m und der Länge 54 m soll ein gleichmäßig breiter Streifen mit quadratischen Fliesen von einer Kantenlänge 30 cm gepflastert werden. Die freie Fläche innen von einer Größe von 567 m² soll mit Rasen angesät werden. Wie viele Fliesen werden benötigt, und wie breit ist der Streifen?

2.32 Ein Sportplatz hat die Form eines Rechteckes mit den Seitenlängen a Meter und b Meter. Der Platz wird von einer Aschenbahn umgeben. Die äußere Begrenzung hat die Form eines Rechtecks, dessen Seiten parallel zu denen des Sportplatzes verlaufen. Gleichzeitig bildet die Aschenbahn die Begrenzung des Sportplatzes. Die Fläche der Aschenbahn ist gleich der Fläche des Sportplatzes. Bestimmen Sie die Breite der Aschenbahn!

2.33 Für den Bau eines Gebäudes sollen 8000 m³ Erde in einer festgelegten Zeit bewegt werden. Die Arbeit war acht Tage früher beendet als vorgesehen, da die Arbeiter das Soll täglich um 50 m³ überboten. Bestimmen Sie, in welcher Zeit die Arbeit ursprünglich zu beenden war! Um wie viel Prozent wurde das tägliche Soll überboten?

2.34 An einem Hebel AC, der sich um den Endpunkt C dreht, soll in der Entfernung $\overline{CB} = a$ eine auf den Hebel senkrecht wirkende Last Q angebracht werden. Welche Länge muss der Hebel haben, damit eine auf ihn in A senkrecht wirkende Kraft P mit der Last Q und dem Gewicht des Hebels im Gleichgewicht sind? Das Gewicht der Längeneinheit des Hebels sei m.

2.35 Ein Behälter, der bis zur Hälfte mit Wasser gefüllt ist, kann durch eines von zwei Rohren in einer bestimmten Zeit gefüllt und durch das zweite in einer anderen Zeit ausgeleert werden. Lässt man beide Rohre 12 Stunden offen, so wird der Behälter ausgeleert. Verkleinert man die Rohre so, dass das eine zum Füllen des leeren, das andere zum Leeren des vollen Behälters je eine Stunde mehr braucht, so wird bei gleichzeitiger Öffnung beider Rohre der Behälter in $15\frac{3}{4}$ Stunden leer. In welcher Zeit wird der leere Behälter durch das erste Rohr allein gefüllt, in welcher Zeit der volle Behälter durch das zweite allein geleert?

2.36 Ein Kessel wird durch zwei gleichzeitig arbeitende Pumpen in sechs Stunden gefüllt. Lässt man aber den Kessel bis zum halben Volumen von der einen Pumpe alleine füllen und dann mit der anderen Pumpe allein die fehlende Hälfte hineinpumpen, so benötigt man 14 Stunden. Wie lange benötigt die stärkere der beiden Pumpen, um den Kessel alleine zu füllen?

2.37 Die Bauarbeiten auf einer Straße wurden von zwei Firmen durchgeführt. Jede der beiden Firmen besserte 10 km Straßendecke aus, wobei die zweite Firma einen Tag weniger benötigte als die erste. Wie viel Kilometer Straße können täglich von jeder der Firmen ausgebessert werden, wenn die Leistung beider zusammen täglich 4.5 km beträgt?

Polynome und rationale Funktionen

2.38 Zeigen Sie: $x_1 = -3$ und $x_2 = 0$ sind Nullstellen des Polynoms $P_4(x) = x^4 + 3x^3 + 9x^2 + 27x$.

Besitzt P_4 weitere Nullstellen? Geben Sie diese Nullstellen gegebenenfalls an.

2.39 Es sei
$P_1(x) = x + 1,$
$P_3(x) = x^3 + x^2,$
$P_6(x) = -2x^6 + x^4 - 2x + 1,$
$Q_6(x) = -2x^6 + x^5 + x^4.$

Berechnen Sie

a) $P_6(x) + P_3(x)$ b) $P_6(x) - Q_6(x)$
c) $P_1(x) \cdot P_3(x)$ d) $P_1(P_3(x))$ e) $P_3(P_1(x))$

und geben Sie jeweils den Grad des Polynoms an.

2.40 Dividieren Sie:

a) $(9x^4 - x^2b^4 + 16b^8) : (3x^2 - 5xb^2 + 4b^4)$
b) $(x^{n+3} + x^n) : (x^3 + x^2)$
c) $(x^4 + 4x^3 + 2x^2 - 4x - 3) : (x + 3)$

2.41 Gegeben sei das Polynom
$P_5(x) = x^5 + 2x^4 - 12x^3 - 24x^2 + 27x + 54.$

a) Man bestimme unter Verwendung des Horner-Schemas die Funktionswerte von $P_5(x)$ an den Stellen $x_1 = 1$, $x_2 = -1$, $x_3 = 2$, $x_4 = -2$.

b) Man bestimme alle Nullstellen von $P_5(x)$ und gebe eine Produktdarstellung des Polynoms an.

2.42 Unter Verwendung des Horner-Schemas berechne man
$$q(x) = (x^5 + 3x^4 + x^2 - 9) : (x+3)^2.$$

2.43 Man zeige ohne Anwendung der Differenzialrechnung, dass die Funktion
$$y = x^3 - 6x^2 + 12x - 8$$
für alle x streng monoton steigend ist.

2.44 Ermitteln Sie die drei Polynome P_1, P_2, P_3 geringsten Grades mit jeweils einer einfachen, einer zweifachen und einer dreifachen Nullstelle an der Stelle 1,

a) deren Graphen jeweils durch den Koordinatenursprung verlaufen,

b) deren Funktionswerte an der Stelle -1 übereinstimmen,

c) die jeweils durch $(x+2)$ teilbar sind,

wobei das Polynom P_1 an der Stelle 2 einen um 8 größeren Funktionswert als das Polynom P_2 hat. Fertigen Sie eine prinzipielle Skizze der drei Funktionsgraphen an.

2.45 Bestimmen Sie das Polynom niedrigsten Grades, das

a) eine gerade Funktion ist,

b) dieselbe Nullstelle wie die Funktion $y = \cos x$ im Intervall $[0, \pi]$ hat,

c) an der Stelle $-\pi$ denselben Funktionswert wie die Funktion $y = \cos x$ hat,

d) dessen Graph mit der y-Achse den Schnittpunkt $(0, 1)$ hat.

Berechnen Sie die Funktionswerte des Polynoms und der Funktion $y = \cos x$ an den Stellen $\pi/4$ und $3\pi/4$.

Zeichnen Sie die Graphen dieses Polynoms und der Funktion $y = \cos x$ im Intervall $[-\pi, \pi]$ in ein- und dasselbe Korrdinatensystem.

2.46 Ein Balken setze sich aus drei Teilstücken mit den Längen 10 cm, 20 cm und 10 cm in dieser Reihenfolge zusammen. Das erste Stück hat eine Masse von 2 kg, das zweite von 3 kg und das dritte von 1 kg (jeweils homogen über jedes Teilstück verteilt). Der linke Anfangspunkt des Balkens sei A. Man stelle die Masse eines Abschnittes $\overline{AX}$ des Balkens als Funktion seiner Länge $x = \overline{AX}$ dar.

2.47 Ein homogener Balken der Länge l mit rechteckigem Querschnitt sei an den Enden fest eingespannt. Auf Grund einer gleichmäßigen Belastung hängt er in der Mitte um d durch. Die Gleichung der Mittellinie des Balkens ist in einem kartesischen Koordinatensystem ein Polynom 4. Grades $g_4(x)$, das in den Einspannstellen je eine zweifache Nullstelle hat.

Man wähle als Koordinatenursprung die Mitte des unbelasteten Balkens und gebe das Polynom $g_4(x)$ an.

2.48 Es sind die Längen der Vertikal- und Diagonalstäbe p_1, d, d_1, d_2 des parabolischen Trägers zu bestimmen, dessen Spannweite l und Pfeilhöhe p bekannt sind (siehe **Abb. 2.40**).

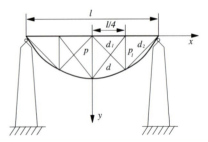

Abb. 2.40 Parabolischer Träger

2.49 Eine Brücke hat einen parabelförmigen Träger, dessen höchster Punkt 4 m über der Fahrbahn liegt und dessen Bogen die Fahrbahn in zwei Punkten trifft, die 24 m voneinander entfernt liegen. Wie groß müssen die fünf Vertikalstreben sein, die in Abständen von jeweils 4 m angebracht sind?

2.50 Wie viele Polstellen kann eine rationale Funktion höchstens haben?

2.4 Aufgaben

2.51 Geben Sie den Definitionsbereich an und berechnen Sie die Nullstellen der Funktion f:

a) $f(x) = \dfrac{x}{x^2+1}$ **b)** $f(x) = \dfrac{x^2-4}{x-2}$

c) $f(x) = \dfrac{x(x-1)^2}{(x-1)(x+1)(x+2)}$

An welchen Stellen liegen Lücken bzw. Polstellen vor? Charakterisieren Sie das Verhalten der Funktionen an den Polstellen und skizzieren Sie den prinzipiellen Funktionsverlauf.

Logarithmus- und Exponentialfunktionen

2.52 Wo ist die Funktion $y = 2^{-3x} + 1$ definiert? Man bestimme die zugehörige Umkehrfunktion, falls diese existiert!

2.53 Welchen Wert muss die Konstante C annehmen, damit die graphische Darstellung von

$$y = \ln\left(C\,\frac{5-2x}{15-3x}\right)$$

durch den Punkt $(0,1)$ geht?

2.54 Man löse folgende Gleichungen im Bereich der reellen Zahlen:

a) $5^{2x+1} - 7^{x+1} = 5^{2x} + 7^x$
b) $5^x + 5^{x+1} + 5^{x+2} = 3^x + 3^{x+1} + 3^{x+2}$
c) $8^{(3^x)} = 6^{(4^x)}$
d) $\lg(\sqrt{7x+5}) + \dfrac{1}{2}\lg(2x+7) = 1 + \lg(4.5)$
e) $\dfrac{\lg(2x)}{\lg(4x-15)} = 2$
f) $\lg(3x-4) + \lg(19) = \lg(8x+3) + \lg(2)$
g) $\lg(7x+5) - \lg(3) = \lg(9x+10) - \lg(4)$
h) $\dfrac{6^{2x+1}}{108^x} = 18$ **i)** $11 \cdot 7^{x-1} + 7 \cdot 11^{x-1} = 7^x + 11^x$
j) $\log_4[\log_3(\log_2 x)] = 0$ **k)** $32^{\frac{2x+1}{x+2}} = 4^{\frac{6x-1}{4x-1}}$
l) $6^{x+1} - 7^x = 5 \cdot 6^x - 6^{x-1}$

2.55 Filme werden nach der Filmempfindlichkeit eingeteilt. Dabei gibt es DIN- und ASA-Zahlen. S_{DIN} ist die logarithmische, S_{ASA} die arithmetische Empfindlichkeit. Zwischen beiden Werten besteht die Beziehung $S_{DIN} = 1 + \lg(S_{ASA})$.

a) Welcher DIN-Zahl entspricht 100 ASA?
b) Wenn die ASA-Zahl verdoppelt wird, was passiert dann mit der DIN-Zahl?
c) Lösen Sie die Formel nach S_{ASA} auf!

2.56 Die Anzahl der zur Zeit t in dem Becken einer Kläranlage vorhandenen Bakterien lässt sich annähernd durch die Funktion $N(t) = N_0 e^{kt}$ beschreiben, wobei k eine für die betreffende Kultur charakteristische Konstante ist.

a) In welcher Zeit verdreifacht sich die Bakterienkultur, wenn sie in jeder Stunde um 20% zunimmt?
b) Wie viel Mal so groß wie zu Beginn (d. h. zum Zeitpunkt $t = 0$) ist die Anzahl der Bakterien dieser Kultur nach 24 h?

2.57 Die Großbank „Wucher & Sohn" gibt neuerdings Sparbriefe mit 10 Jahren Laufzeit heraus, die folgende Zinsen bringen: 5 Jahre lang 5% und dann 5 Jahre lang 10%. Welchem Durchschnittszinssatz entspricht dies?

2.58 Entsprechend einer bestimmten Theorie soll es zu Beginn der Entstehung des Universums gleich große Mengen der Uranisotope U^{235} und U^{238} gegeben haben. Heute existieren etwa 137.7-mal so viele U^{238}- Isotope wie U^{235}- Isotope. Ihre Halbwertszeiten sind:

U^{238}:   4.51 Milliarden Jahre
U^{235}:   0.71 Milliarden Jahre.

Wie alt ist das Universum entsprechend dieser Theorie?

Hinweis: Ist $N(t)$ die Anzahl der Isotope nach der Zeit t und k eine vom jeweiligen Isotop abhängige Konstante, so gilt

$$N(t) = N_0\, e^{-kt}.$$

Zum Zeitpunkt $t = 0$ ist demnach die Anzahl der Isotope $N(0) = N_0$. Unter der Halbwertszeit versteht man diejenige Zeit t_h, nach der noch die Hälfte der Isotope, also $0.5\,N_0$, vorhanden sind.

2.59 Wird ein auf die Temperatur T_0 erhitzter Körper in einen Raum mit der konstanten Temperatur T_1 ($T_1 < T_0$) gebracht, so kühlt er sich so ab, dass er nach der Zeit t die Temperatur

$$T = T_1 + (T_0 - T_1)e^{-kt}$$

annimmt. Dabei ist k eine Konstante, die u. a. von der Masse des Körpers, seiner Oberflächenbeschaffenheit und seiner spezifischen Wärme abhängt.

a) Bei einer Außentemperatur von $6\,°C$ sei die Temperatur des Inhaltes einer Thermosflasche in 6 h von $93\,°C$ auf $70\,°C$ gesunken. Welche Temperatur hat der Inhalt der Thermosflasche nach 24 h?

b) Ein Körper mit der Anfangstemperatur von $70\,°C$ kühlt sich in einem Raum der Temperatur $20\,°C$ ab. Welche Temperatur hat er nach 3 min, wenn $k = 0.007\,\text{s}^{-1}$ beträgt?

c) Ein Körper mit der Anfangstemperatur $60\,°C$ hat sich in einem Raum innerhalb einer Stunde auf $40\,°C$ abgekühlt. Wie groß war die Raumtemperatur, wenn $k = 0.0001925\,\text{s}^{-1}$ beträgt?

2.60 Der Druck der atmosphärischen Luft hängt von der Höhe ab. Ist p_0 der Luftdruck in Höhe des Meeresspiegels, so gilt für den Luftdruck $p(h)$ in der Höhe h über dem Meeresspiegel bei einer Temperatur von $0\,°C$ annähernd

$$p(h) = p_0 \cdot e^{-h/c}.$$

a) Ermitteln Sie die Konstante c, wenn bekannt ist, dass der Luftdruck in einer Höhe von 8000 m über dem Meeresspiegel nur etwa ein Drittel von p_0 beträgt!

b) In welcher Höhe über dem Meeresspiegel ist der Luftdruck auf die Hälfte von p_0 zurückgegangen?

c) An einem Ort wurde ein Druck von 933 mbar gemessen. Wie hoch liegt der Ort, wenn $p_0 = 1013$ mbar ist?

d) Die angegebene Gleichung gilt auch dann angenähert, wenn h die Höhendifferenz zwischen zwei Orten ist.
Wie groß ist der Luftdruck im Aussichtsgeschoß des Berliner Fernsehturms ($h = 203$ m), wenn der Luftdruck am Boden 1013 mbar beträgt?

2.61 Die Kostenfunktion $K(x)$ für die Produktion der Stückzahl x eines Baugerätes lautet

$$K(x) = b\,e^{-100/x},$$

die Erlösfunktion $E(x)$ ist

$$E(x) = 20\,e^{-300/x+1}.$$

a) Ab welcher Stückzahl x wird Gewinn erzielt, wenn $b = 20$ ist?

b) Ab welcher Stückzahl wird Gewinn erzielt, wenn $b = 40$ ist?

c) Wie groß darf der Faktor b höchstens sein, damit Gewinn erzielt werden kann?

Trigonometrische Funktionen

2.62 Zeigen Sie mit der Definition von Sinus und Kosinus und des Satzes von Pythagoras die Beziehungen

$\sin 30° = 1/2$, $\sin 60° = \sqrt{3}/2$,
$\cos 30° = \sqrt{3}/2$, $\cos 60° = 1/2$.

2.63 Ermitteln Sie mit dem Taschenrechner $\sin x$ für folgende Winkel x:

$17.3°$, $7\,\text{rad}$, $123.4°$, $\sqrt{5}/2$, $5\pi/9$, $-62.9°$, $17.3\,\text{rad}$.

2.64 Ermitteln Sie mit dem Taschenrechner die Lösungen folgender Gleichungen:

a) $\sin x = 0.34$ $\quad(0° \leq x \leq 90°)$
b) $\sin x = \sqrt{2}/3$ $\quad(0 \leq x \leq \pi/2)$
c) $\sin x = \sqrt{2}\sqrt{3}$ $\quad(0 \leq x \leq \pi/2)$
d) $\sin x = -0.71$ $\quad(-90° \leq x \leq 0°)$
e) $\sin x = -5/7$ $\quad(-\pi/2 \leq x \leq 0)$
f) $\sin x = -0.1$ $\quad(0° \leq x \leq 90°)$

2.4 Aufgaben

2.65 Geben Sie im Kopf die Sinuswerte folgender Winkel an:

120°, 135°, 150°, 210°, 225°, 240°, 300°, 330°.

2.66 Geben Sie alle Winkel x im Intervall
$-360° \leq x \leq 0°$
an, die folgende Sinuswerte besitzen:

$1/2$, $-1/2$, $\sqrt{2}/2$, $-\sqrt{3}/2$, $-\sqrt{2}/2$, $\sqrt{3}/2$, 0, 1.

2.67 Ermitteln Sie die Lösungsmenge folgender Gleichungen im Intervall $0 \leq x \leq \pi$!

a) $\sin x = 0.37$ b) $\sin x = \sqrt{5}/2$
c) $\sin x = -0.6$ d) $2 \sin x = 2$
e) $1 - \sin x = 0.64$ f) $8 - \sin x = 5 + 3 \sin x$

2.68 Skizzieren Sie die Graphen der Funktionen:

a) $y = 3 \sin 2x$ b) $y = 0.5 \sin(x/2)$
c) $y = 2 \sin 3x$

2.69 Ermitteln Sie mit dem Taschenrechner:

$\tan 20°$, $\tan 85°$, $\tan(-\pi/2)$, $\tan 90.5°$, $\tan 190°$, $\tan 89.5°$, $\tan(-89.5°)$, $\tan(-(5-\pi)/4)$, $\tan(\sqrt{3}/4)$.

2.70 Lösen Sie im Intervall $-90° < x < 90°$ die Gleichungen:

a) $\tan x = 0.513$ b) $\tan x = -0.513$

2.71 Ermitteln Sie die Lösungen folgender goniometrischer Gleichungen:

a) $\sin x (3 - 4 \cos x) = 0$ $\quad (0° \leq x \leq 360°)$
b) $\sin x = 2 \cos x$ $\quad (-\pi \leq x \leq \pi)$
c) $\sin^2 x + 5 \cos^2 x = 2$ $\quad (0° \leq x \leq 90°)$
d) $0.375 \tan x = 1.2 \sin x$ $\quad (-180° \leq x \leq 180°)$
e) $\tan^2 x = \sin^2 x + \cos^2 x$ $\quad (-\pi \leq x \leq \pi)$
f) $\tan x = \sin x \cos x$ $\quad (-180° \leq x \leq 180°)$
g) $2(\sin x - \cos^3 x) = \sin x \sin 2x$
h) $\sin x \sin 2x = 2 \cos x$
i) $\cos 2x = 2 \sin^2 x$
j) $\sin x (4 \cos^2 x - 1) = -1$

2.72 Der Flächeninhalt eines Dreiecks mit dem rechten Winkel γ und den Seiten a und b sei bekannt. Wie ändert sich der Flächeninhalt, wenn γ verändert wird und die Längen der anliegenden Seiten konstant bleiben?

2.73 Von einem geraden Kreiskegel sind die Höhe h und der Radius r des Grundkreises bekannt. Welche Länge besitzt die Mantellinie?

2.74 Gesucht ist die Länge der Raumdiagonale eines Würfels mit der Kantenlänge a.

2.75 Konstruieren Sie mit Hilfe von Zirkel und Lineal ein Quadrat mit einem Flächeninhalt doppelt so groß wie der eines Quadrates der Seitenlänge a.

2.76 Berechnen Sie die Seitenlänge eines in den Einheitskreis einbeschriebenen regelmäßigen n-Ecks.

2.77 Gesucht sind die unbekannten Größen für folgende Dachkonstruktionen (siehe **Abb. 2.41**):

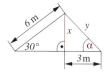

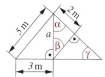

Abb. 2.41 Dachkonstruktionen

2.78 Die größte Steigung der Harzquerbahn hat das Verhältnis 1 : 30. Welche Größe hat der Steigungswinkel?

2.79 Für die am Ende eines waagerechten Tragarms wirkende Gewichtskraft wurden 2700 N ermittelt. Eine Zugstange stabilisiert den Tragarm. Es sind die Teilkräfte zu bestimmen, die auf Tragarm und Zugstange wirken, wenn diese einen Winkel von 30° bzw. 40° bilden.

2.80 Ein Turm mit der Höhe von 30 m erscheint unter einem Höhenwinkel (Erhebungswinkel) von 5°. Wie lang ist die Strecke, um die man sich ihm nähern muss, damit man ihn unter doppelt so großem Höhenwinkel sieht?

2.81 Eine Treppe läuft sich bequem, wenn bei ihrer Herstellung eine alte Zimmermannsregel beachtet wurde: 2 Steigungen + 1 Auftritt = 63 cm. In Wohnhäusern hat es sich bewährt, für die Steigung etwa 18 cm zu wählen. Ermitteln Sie die Neigung des zugehörigen Treppengeländers!

2.82 Eine Kiste mit einer Gewichtskraft von 850 N wird mit Hilfe einer Leiter abgeladen. Bei welchem Winkel beginnt die Kiste zu gleiten, wenn zur Überwindung der Reibung die Kraft von 178 N erforderlich ist?

2.83 Ein Gartenhaus habe in Fußbodennähe eine Breite von 8 m. Die Firsthöhe betrage 7 m. Berechnen Sie den Neigungswinkel der Dachfläche, wenn sich die Traufe zu ebener Erde befindet.

2.84 Berechnen Sie den Inhalt der Schnittfläche ABF sowie die Innenwinkel des Dreiecks ABF (siehe **Abb. 2.42**)!

Abb. 2.42 Schnittfläche ABF

2.85 Von einer abgesteckten Standlinie der Länge $s = 65$ m werden die Winkelgrößen $\alpha = 45.8°$ und $\beta = 56.2°$ sowie die Winkelgröße $\sigma = 34°$ zur Schornsteinspitze gemessen (siehe **Abb. 2.43**). Wie hoch ist der Schornstein?

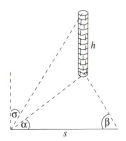

Abb. 2.43 Schornstein und Standlinie

2.86 Ein Schwimmkran hat die Auflagebreite $\overline{AB} = 31$ m. Sein schwenkbarer Ausleger hat die Länge $\overline{BC} = 24$ m (siehe **Abb. 2.44**). Berechnen Sie für den Neigungswinkel $\sigma = 60°$:

a) die Arbeitsweite $\overline{BL}$,

b) die Länge $\overline{AC}$ des Spannseils.

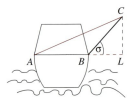

Abb. 2.44 Schwimmkran

2.87 Ein Walmdach hat eine rechteckige Grundfläche mit den Seitenlängen a und b, seine Höhe beträgt h (siehe **Abb. 2.45**). Alle Seitenflächen haben die gleiche Neigung. Es sind die Länge f des Dachfirstes, die Länge s der Seitenkanten des Daches, die Neigungswinkel α der Seitenflächen und das Volumen V des von dem Dach und seiner Grundfläche begrenzten Raumes in Abhängigkeit von a, b und h anzugeben. Berechnen Sie anschließend diese Größen für

a) $a = 10$ m, $b = 7$ m, $h = 3.8$ m,

b) $a = 12$ m, $b = 8$ m, $h = 3.8$ m.

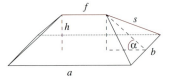

Abb. 2.45 Walmdach

2.88 Die gebrochene Grenzlinie ABC zwischen zwei Grundstücken G_1 und G_2 soll von C aus durch die neue Grenze CD so begradigt werden, dass die Flächeninhalte der Grundstücke erhalten bleiben (siehe **Abb. 2.46**). Für die Absteckung des Grenzpunktes D ist die Strecke $x = \overline{AD}$ aus den gemessenen Stücken $a = \overline{BC} = 204.40$ m, $c = \overline{AB} = 264.80$ m, $\gamma = 40°20''$ und $\delta = 69°12''$ zu ermitteln.

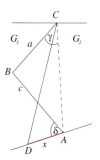

Abb. 2.46 Grundstücksgrenze

2.89 Zur Bestimmung der unzugänglichen Entfernung x zwischen den Punkten X und Y wurden die Standlinie $a = \overline{AB}$ und die Winkel α und β in X sowie γ und δ in Y gemessen (siehe **Abb. 2.47**).

Berechnen Sie die Länge der Strecke $\overline{XY} = x$!

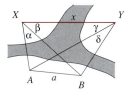

Abb. 2.47 Unzugängliche Entfernung x

2.90 Die Punkte A, B, C und D liegen hintereinander auf einer Geraden. Die Entfernungen $\overline{AB} = a$ und $\overline{CD} = b$ wurden gemessen, ebenso die Winkel α, β und γ, unter denen die Strecken $\overline{AB}$, $\overline{BC}$ und $\overline{CD}$ von einem Punkt O außerhalb der Geraden erscheinen (siehe **Abb. 2.48**). Die Länge der Strecke $\overline{BC} = x$ ist aus den gemessenen Größen zu bestimmen.

Hinweis: Verwenden Sie trigonometrische Beziehungen in den Dreiecken $\triangle ABO, \triangle ACO, \triangle CDO, \triangle BDO$!

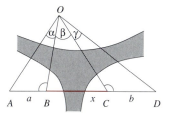

Abb. 2.48 Unbekannte Strecke x

3 Lineare Algebra

Bezeichnungen:
Vektoren werden als arabische Buchstaben geschrieben (z. B. x, y, z), ihre Komponenten erhalten einen unteren Index (z. B. $x = (x_1, x_2, x_3, x_4)^\top$). Mitunter werden Vektoren mit oberem Index bezeichnet, ihre Komponenten dann mit zweifachem unterem Index.
So bezeichnen z. B. $x^1 \in \mathbb{R}^2$, $y^2 \in \mathbb{R}^3$ Vektoren. Ihre Komponenten sind z. B. $x^1 = (x_{11}, x_{12})^\top$, $y^2 = (y_{21}, y_{22}, y_{23})^\top$. Der obere Index ist nicht zu verwechseln mit dem in **Abschnitt 1.3** erklärten Exponenten einer Potenz.

Die Frage nach den Lösungen linearer Gleichungssysteme ist ein zentrales Problem der linearen Algebra. Lineare Gleichungssysteme beinhalten Gleichungen, in denen die Unbekannten in der ersten Potenz auftreten. Sie entstehen bei den unterschiedlichsten Aufgabenstellungen. Im Bauingenieurwesen führen u. a. viele Probleme der Statik, z. B. die Ermittlung von Stabkräften und Verformungen in Fachwerken oder die Berechnung von Verformungen und Schnittkräften von Bauteilen wie Balken, Platten und Schalen, auf das Lösen linearer Gleichungssysteme. Mit Hilfe von Vektoren und Matrizen können sie kompakt geschrieben werden. Die Eigenschaften der Koeffizientenmatrix sind maßgeblich für ihre Lösbarkeit und die Lösungsmenge. Einige Beispiele illustrieren, wie Aufgaben (insbesondere der Statik) auf das Lösen linearer Gleichungssysteme führen.

3.1 Der Vektorraum $\mathbb{R}^n$

In der Menge der Vektoren wird die Summe zweier Vektoren und das Vielfache einer reellen Zahl mit einem Vektor definiert. Aufgrund von Eigenschaften dieser Rechenoperationen bildet die Menge der Vektoren einen linearen Vektorraum. Die geometrische Darstellung von Vektoren der Vektorräume $\mathbb{R}^2$ und $\mathbb{R}^3$ und der Rechenoperationen wird erklärt. Linearkombinationen von Vektoren, der Begriff ihrer linearen Abhängigkeit und linearer Unterräume dienen der Beschreibung der Lösungsmenge linearer Gleichungssysteme. Lineare Räume bzw. Unterräume werden durch Dimension und Basis vollständig charakterisiert.

3.1.1 Definitionen, Beispiele

Definition 3.1 Die Menge $\mathbb{R}^n$ ist die Menge der **Vektoren**

$$x = (x_1, x_2, \ldots, x_n)^\top = \begin{pmatrix} x_1 \\ x_2 \\ \vdots \\ x_n \end{pmatrix},$$

wobei $x_1, x_2, \ldots, x_n$ beliebige reelle Zahlen sind.

3.1 Der Vektorraum $\mathbb{R}^n$

Beispiel 3.2 — *Mengen von Vektoren*

1. Die Menge $\mathbb{R}^1$ ist die Menge der reellen Zahlen $\mathbb{R}$.
2. Die Menge $\mathbb{R}^2$ ist die Menge aller Vektoren $(x_1, x_2)^\top$, $x_1, x_2 \in \mathbb{R}$. Dazu gehören z. B. $(0,0)^\top$, $(1,7)^\top$, $(-\pi, 4.3)^\top$ usw.
3. Die Menge $\mathbb{R}^3$ ist die Menge aller Vektoren $(x_1, x_2, x_3)^\top$, $x_1, x_2, x_3 \in \mathbb{R}$. Dazu gehören z. B. $(0,0,0)^\top$, $(1, 4.2, -100)^\top$, $(-3/7, \sqrt{3}, e)^\top$ usw.

Definition 3.3

Zwei Vektoren $(x_1, x_2, \ldots, x_n)^\top$ und $(y_1, y_2, \ldots, y_n)^\top$ sind genau dann **gleich**, wenn gilt

$$x_1 = y_1,\ x_2 = y_2,\ \ldots,\ x_n = y_n.$$

Beispiel 3.4 — *Vergleich von Vektoren*

1. Aus $(x_1, x_2, x_3)^\top = (2, 4, 3)^\top$ folgt $x_1 = 2, x_2 = 4, x_3 = 3$.
2. Es ist $(1, 1, 1)^\top \neq (1, 1, 1, 1)^\top$, weil für Elemente aus *verschiedenen* Mengen keine Gleichheit definiert ist.

In der folgenden **Definition 3.5** werden in der Menge $\mathbb{R}^n$ zwei Rechenoperationen erklärt, die als Resultat wieder Elemente dieser Menge haben.

Definition 3.5

Die **Summe** zweier Vektoren $x = (x_1, x_2, \ldots, x_n)^\top$, $y = (y_1, y_2, \ldots, y_n)^\top \in \mathbb{R}^n$ ist der Vektor des $\mathbb{R}^n$

$$x + y = (x_1 + y_1, x_2 + y_2, \ldots, x_n + y_n)^\top.$$

Das **Vielfache** eines Vektors $x = (x_1, x_2, \ldots, x_n)^\top \in \mathbb{R}^n$ mit einer beliebigen reellen Zahl λ ist der Vektor des $\mathbb{R}^n$

$$\lambda x = (\lambda x_1, \lambda x_2, \ldots, \lambda x_n)^\top.$$

Beispiel 3.6 — *Summe von Vektoren, Vielfaches eines Vektors*

Gemäß Def. 3.5 berechnet sich

1. $\begin{pmatrix} 17.3 \\ 1.4 \end{pmatrix} + \begin{pmatrix} 2.7 \\ 13.6 \end{pmatrix} = \begin{pmatrix} 20 \\ 15 \end{pmatrix}$, $\begin{pmatrix} -1 \\ 1 \\ 1 \end{pmatrix} + \begin{pmatrix} 1 \\ -1 \\ 1 \end{pmatrix} = \begin{pmatrix} 0 \\ 0 \\ 2 \end{pmatrix}$, (Summe),

2. $7 \cdot \begin{pmatrix} 1 \\ 2 \\ 3 \end{pmatrix} = \begin{pmatrix} 7 \\ 14 \\ 21 \end{pmatrix}$, $(-1) \cdot \begin{pmatrix} x_1 \\ x_2 \end{pmatrix} = \begin{pmatrix} -x_1 \\ -x_2 \end{pmatrix}$, (Vielfaches),

3. $\begin{pmatrix} y_1 \\ y_2 \end{pmatrix} + (-1) \cdot \begin{pmatrix} x_1 \\ x_2 \end{pmatrix} = \begin{pmatrix} y_1 - x_1 \\ y_2 - x_2 \end{pmatrix}$ („Subtraktion").

Eigenschaften der Rechenoperationen

Für beliebige $x, y \in \mathbb{R}^n$ und beliebige reelle Zahlen $\lambda, \lambda_1, \lambda_2 \in \mathbb{R}$ gelten die folgenden Eigenschaften, die sich aus den Axiomen und Eigenschaften der Rechenoperationen Addition und Multiplikation im Bereich der reellen Zahlen (siehe **Abschnitt 1.1, 1.2**) herleiten lassen:

Kommutativgesetz der Addition	1. $x + y = y + x$.
Assoziativgesetz der Addition	2. $x + (y + z) = (x + y) + z$.
Existenz des Nullelementes	3. Es existiert ein Element $O \in \mathbb{R}^n$ so, dass für beliebige $x \in \mathbb{R}^n$ gilt $x + O = O + x = x$. Offenbar ist $O = (0, 0, \ldots, 0)^\top$.
Existenz des inversen Elementes	4. Für jedes $x \in \mathbb{R}^n$ gibt es ein inverses Element $-x \in \mathbb{R}^n$, sodass gilt $x + (-x) = O$. Offenbar ist für $x = (x_1, x_2, \ldots, x_n)^\top$ das inverse Element $-x = (-x_1, -x_2, \ldots, -x_n)^\top$.
Distributivität	5. $(\lambda_1 + \lambda_2)x = \lambda_1 x + \lambda_2 x$.
Distributivität	6. $\lambda(x + y) = \lambda x + \lambda y$.
Assoziativität	7. $\lambda_1(\lambda_2 x) = (\lambda_1 \lambda_2)x$.
Invarianz bezüglich der Multiplikation mit der Zahl 1	8. Für beliebige $x \in \mathbb{R}^n$ gilt $1 \cdot x = x$.

Diese Eigenschaften werden beim Rechnen mit Elementen des $\mathbb{R}^n$ angewendet.

Anwendung der Eigenschaften der Rechenoperationen

Beispiel 3.7

Für $x = (1, 4, 7)^\top$ und $y = (-1, 4, -7)^\top$ ist z. B.

1. $(2 + 0.5)x = 2x + 0.5x = 2.5x$,
2. $2 \cdot (1.25 x) = 2.5 x = (2.5, 10, 17.5)^\top$,
3. $3x + 3y = 3(x + y) = (0, 24, 0)^\top$.

Definition 3.8   Eine Menge V mit den Operationen „Addition" und „Multiplikation mit einer reellen Zahl", die die Eigenschaften 1. bis 8. erfüllen, heißt **linearer Vektorraum**. Die Elemente der Menge V heißen **Vektoren**.

Beispiel 3.9 — Lineare Vektorräume

1. Die Menge $\mathbb{R}^n$ mit den in **Definition 3.5** erklärten Rechenoperationen ist ein linearer Vektorraum.

2. Betrachtet wird die Menge aller Polynome $P_n(x) = \sum_{i=0}^{n} a_i x^i$ vom Grade kleiner oder gleich n mit reellen Koeffizienten a_i, $i = 1, \ldots, n$.

   Die **Summe** zweier Polynome $P_n(x) = \sum_{i=0}^{n} a_i x^i$ und $Q_n(x) = \sum_{i=0}^{n} b_i x^i$ ist das Polynom vom Grade kleiner oder gleich n

   $$P_n(x) + Q_n(x) = \sum_{i=0}^{n} a_i x^i + \sum_{i=0}^{n} b_i x^i = \sum_{i=0}^{n} (a_i + b_i) x^i,$$

   das **Vielfache** eines Polynoms $P_n(x) = \sum_{i=0}^{n} a_i x^i$ ist das Polynom vom Grade kleiner oder gleich n

   $$\lambda P_n(x) = \lambda \sum_{i=0}^{n} a_i x^i = \sum_{i=0}^{n} (\lambda a_i) x^i.$$

   Die Menge aller Polynome $P_n(x)$ vom Grade kleiner oder gleich n ist ein linearer Vektorraum, da die Eigenschaften 1. bis 8. erfüllt sind (der Nachweis ist einfach zu führen; das Nullelement ist $P_0(x) \equiv 0$, das zu $P_n(x)$ inverse ist $P_n(x) = \sum_{i=0}^{n} (-a_i) x^i$).

   Die Menge aller Polynome $P_n(x)$ vom Grade kleiner oder gleich n, für die $P_n(0) = 1$ gilt, ist *kein* linearer Vektorraum. Bildet man die Summe zweier solcher Elemente $P_n(x)$ und $Q_n(x)$, so gilt für ihre Summe $P_n(0) + Q_n(0) = 2$. Sie ist daher *nicht* Element der genannten Menge.

   Die Menge aller Polynome $P_n(x)$ vom Grade kleiner oder gleich n, für die $P_n(0) = 0$ gilt, ist ein linearer Vektorraum. Summe und reelles Vielfaches solcher Polynome erfüllen ebenfalls die Bedingung $P_n(0) = 0$, sind also Elemente dieser Menge.

3.1.2 Geometrische Darstellung im $\mathbb{R}^2$ und $\mathbb{R}^3$

In einem kartesischen Koordinatensystem (O, x_1, x_2) entspricht dem Vektor $(a_1, a_2)^\top$ der Punkt A der Ebene mit den Koordinaten a_1 und a_2. Die gerichtete Strecke $\overrightarrow{OA}$ wird **Ortsvektor** des Punktes A genannt. Die Menge aller zu $\overrightarrow{OA}$ gleichgerichteten Strecken derselben Länge wird **Vektor a** genannt (siehe **Abb. 3.1**).

Der **Summe** zweier Vektoren $(a_1, a_2)^\top$ und $(b_1, b_2)^\top$ entspricht der Punkt $C(a_1 + b_1, a_2 + b_2)$. Sein Ortsvektor ist die Diagonale $\overrightarrow{OC}$ im Parallelogramm, das von den Ortsvektoren $\overrightarrow{OA}$ und $\overrightarrow{OB}$ aufgespannt wird (siehe **Abb. 3.2**).

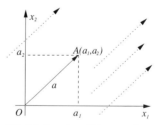

Abb. 3.1 Ortsvektor, Vektor im $\mathbb{R}^2$

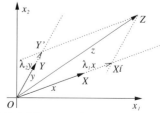

Abb. 3.2 Summe zweier Vektoren

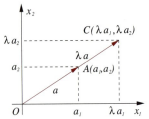

Abb. 3.3 Vielfaches eines Vektors

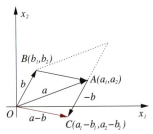

Abb. 3.4 Differenz zweier Vektoren

Resultierende Kraft

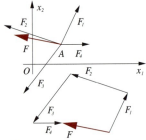

Abb. 3.5 Resultierende Kraft F

Dem **λ-fachen** eines Vektors $(a_1, a_2)^\top$ entspricht der Punkt $C(\lambda a_1, \lambda a_2)$. Sein Ortsvektor ist parallel zum Ortsvektor $\overrightarrow{OA}$, und seine Länge beträgt das $|\lambda|$-fache von der Länge des Ortsvektors $\overrightarrow{OA}$. Ist $\lambda > 0$, so sind $\overrightarrow{OA}$ und $\overrightarrow{OC}$ gleichgerichtet, ist $\lambda < 0$, so sind sie entgegengesetzt gerichtet. Für beliebige $\lambda \in \mathbb{R}$ ergeben die den Vielfachen $(a_1, a_2)^\top$ entsprechenden Punkte die Gerade durch den Koordinatenursprung O und den Punkt A (siehe **Abb. 3.3**).

Die **Differenz** zweier Vektoren $(a_1, a_2)^\top$ und $(b_1, b_2)^\top$ ist die Summe der Vektoren $(a_1, a_2)^\top$ und $(-b_1, -b_2)^\top$. Der Summe entspricht der Punkt $C(a_1 - b_1, a_2 - b_2)$. Sein Ortsvektor entspricht der Diagonalen $\overrightarrow{BA}$ im Parallelogramm, das von den Ortsvektoren $\overrightarrow{OA}$ und $\overrightarrow{OB}$ aufgespannt wird (siehe **Abb. 3.4**).

Analog erfolgt die geometrische Veranschaulichung von Summe und Vielfachen von Vektoren im $\mathbb{R}^3$. Der Summe von Vektoren entspricht das „Aneinanderketten" der Ortsvektoren der entsprechenden Punkte des Raumes.

Beispiel 3.10

Vier Kräfte $F_1(1, 2)^\top$, $F_2(-3, 1)^\top$, $F_3(-2, -2.5)^\top$, $F_4(0, 1.5)^\top$ greifen in einem Punkt A an. Welche resultierende Kraft F ergibt sich daraus?

Durch Rechnung erhält man die resultierende Kraft als Summe der genannten Vektoren:

$$F = F_1 + F_2 + F_3 + F_4 = \begin{pmatrix} 1 \\ 2 \end{pmatrix} + \begin{pmatrix} -3 \\ 1 \end{pmatrix} + \begin{pmatrix} -2 \\ -2.5 \end{pmatrix} + \begin{pmatrix} 0 \\ 1.5 \end{pmatrix} = \begin{pmatrix} -4 \\ 1 \end{pmatrix}.$$

Das geometrische Ermitteln der resultierenden Kraft F erfolgt durch „Aneinanderketten" wie in **Abb. 3.5**.

3.1.3 Lineare Abhängigkeit von Vektoren

Die Eigenschaft der linearen Abhängigkeit und Unabhängigkeit von Vektoren wird z. B. bei der Rangbestimmung von Matrizen (siehe **Abschnitt 3.2.3**) benötigt, um Aussagen über die Lösbarkeit linearer Gleichungssysteme treffen zu können (siehe **Abschnitt 3.4.2**).

Definition 3.11

Ein Ausdruck der Form

$$L(x^1, x^2, \ldots x^k) = \lambda_1 x^1 + \lambda_2 x^2 + \ldots + \lambda_k x^k,$$
$$\lambda_1, \lambda_2, \ldots, \lambda_k \in \mathbb{R}, \ k \in \mathbb{N} \tag{3.1}$$

heißt **Linearkombination** der Vektoren $x^1, x^2, \ldots, x^k \in \mathbb{R}^n$ mit den **Koeffizienten** $\lambda_1, \lambda_2, \ldots, \lambda_k$. Die Linearkombination (3.1) ist als Summe von Vielfachen von Vektoren des $\mathbb{R}^n$ ebenfalls Vektor des $\mathbb{R}^n$.

3.1 Der Vektorraum $\mathbb{R}^n$

Beispiel 3.12

Linearkombinationen von Vektoren

1. Der Vektor $\begin{pmatrix} 1 \\ 2 \\ 3 \\ 4 \end{pmatrix} - 5 \begin{pmatrix} 5 \\ 6 \\ 7 \\ 8 \end{pmatrix} + 2 \begin{pmatrix} 9 \\ 10 \\ 11 \\ 12 \end{pmatrix} = \begin{pmatrix} -6 \\ -8 \\ -10 \\ -12 \end{pmatrix} \in \mathbb{R}^4$ ist eine Linearkombination der Vektoren $\begin{pmatrix} 1 \\ 2 \\ 3 \\ 4 \end{pmatrix}, \begin{pmatrix} 5 \\ 6 \\ 7 \\ 8 \end{pmatrix}, \begin{pmatrix} 9 \\ 10 \\ 11 \\ 12 \end{pmatrix} \in \mathbb{R}^4$.

2. Der Vektor $3 \begin{pmatrix} 1 \\ 2 \\ 3 \end{pmatrix} = \begin{pmatrix} 3 \\ 6 \\ 9 \end{pmatrix} \in \mathbb{R}^3$ ist eine Linearkombination des (einzigen) Vektors $\begin{pmatrix} 1 \\ 2 \\ 3 \end{pmatrix} \in \mathbb{R}^3$.

3. Der Vektor $\lambda_1 \begin{pmatrix} x_1 \\ x_2 \\ x_3 \end{pmatrix} - \lambda_2 \begin{pmatrix} y_1 \\ y_2 \\ y_3 \end{pmatrix} = \begin{pmatrix} \lambda_1 x_1 - \lambda_2 y_1 \\ \lambda_1 x_2 - \lambda_2 y_2 \\ \lambda_1 x_3 - \lambda_2 y_3 \end{pmatrix} \in \mathbb{R}^3$ ist eine Linearkombination der Vektoren $\begin{pmatrix} x_1 \\ x_2 \\ x_3 \end{pmatrix}, \begin{pmatrix} y_1 \\ y_2 \\ y_3 \end{pmatrix} \in \mathbb{R}^3$.

4. Gesucht ist die Menge *aller* Linearkombinationen der Vektoren $\begin{pmatrix} 1 \\ 0 \end{pmatrix}, \begin{pmatrix} 0 \\ 1 \end{pmatrix} \in \mathbb{R}^2$.

   Gemäß Gleichung (3.1) sind *alle* Vektoren $\lambda_1 \begin{pmatrix} 1 \\ 0 \end{pmatrix} + \lambda_2 \begin{pmatrix} 0 \\ 1 \end{pmatrix} = \begin{pmatrix} \lambda_1 \\ \lambda_2 \end{pmatrix} \in \mathbb{R}^2$ Linearkombinationen dieser beiden Vektoren, wobei λ_1, λ_2 *beliebige* reelle Zahlen sind. Das ist aber laut **Definition 3.1** die Menge *aller* Vektoren, also der *gesamte* lineare Vektorraum $\mathbb{R}^2$.

5. Gesucht ist die Menge *aller* Vektoren des $\mathbb{R}^2$, die sich als Linearkombination der Vektoren $\begin{pmatrix} 1 \\ 0 \end{pmatrix}, \begin{pmatrix} 0 \\ 1 \end{pmatrix}, \begin{pmatrix} 1 \\ 1 \end{pmatrix}$ darstellen lassen. Gemäß Gleichung (3.1) sind *alle* Vektoren $\lambda_1 \begin{pmatrix} 1 \\ 0 \end{pmatrix} + \lambda_2 \begin{pmatrix} 0 \\ 1 \end{pmatrix} + \lambda_3 \begin{pmatrix} 1 \\ 1 \end{pmatrix} = \begin{pmatrix} \lambda_1 + \lambda_3 \\ \lambda_2 + \lambda_3 \end{pmatrix} \in \mathbb{R}^2$ Linearkombinationen dieser beiden Vektoren, wobei $\lambda_1, \lambda_2, \lambda_3$ *beliebige* reelle Zahlen sind. Bereits für $\lambda_3 = 0$ ist das der *gesamte* lineare Vektorraum $\mathbb{R}^2$, wie das vorhergehende Beispiel zeigt. Da jede beliebige Linearkombination dieser drei Vektoren wiederum Vektor des $\mathbb{R}^2$ ist, erhält man als Menge *aller* ihrer Linearkombinationen wieder den $\mathbb{R}^2$. (Der Vektor $\begin{pmatrix} 1 \\ 1 \end{pmatrix}$ wurde gar nicht „benötigt" zur Erzeugung des *gesamten* $\mathbb{R}^2$).

6. Ist der Vektor $\begin{pmatrix} 5 \\ 4 \\ 1 \end{pmatrix}$ eine Linearkombination der Vektoren $\begin{pmatrix} 4 \\ 1 \\ 3 \end{pmatrix}$ und $\begin{pmatrix} 1 \\ 3 \\ 4 \end{pmatrix}$?

   Gemäß Gleichung (3.1) aus **Definition 3.11** müssen in diesem Fall reelle Zahlen λ_1, λ_2 so existieren, dass die Gleichung
   $$\begin{pmatrix} 5 \\ 4 \\ 1 \end{pmatrix} = \lambda_1 \begin{pmatrix} 4 \\ 1 \\ 3 \end{pmatrix} + \lambda_2 \begin{pmatrix} 1 \\ 3 \\ 4 \end{pmatrix} = \begin{pmatrix} 4\lambda_1 + \lambda_2 \\ \lambda_1 + 3\lambda_2 \\ 3\lambda_1 + 4\lambda_2 \end{pmatrix}$$
   erfüllt ist. Laut **Definition 3.3** der Gleichheit von Vektoren ist das genau dann der Fall, wenn alle drei Gleichungen

$$5 = 4\lambda_1 + \lambda_2$$
$$4 = \lambda_1 + 3\lambda_2$$
$$1 = 3\lambda_1 + 4\lambda_2$$

gleichzeitig erfüllt sind. Aus der zweiten Gleichung erhält man z. B. $\lambda_1 = 4 - 3\lambda_2$. Einsetzen in die erste Gleichung und Auflösen nach λ_2 ergibt $\lambda_2 = 1$ und daher auch $\lambda_1 = 1$. Setzt man diese allerdings in die dritte Gleichung ein, so ergibt sich $1 = 7$, was offenbar falsch ist. Daher gibt es keine reellen λ_1, λ_2 so, dass alle drei Gleichungen gleichzeitig erfüllt sind. Die Frage der Aufgabenstellung ist mit „nein" zu beantworten.

Definition 3.13

Ist für gegebene Vektoren $x^1, x^2, \ldots, x^k \in \mathbb{R}^n$ die Gleichung

$$L(x^1, x^2, \ldots, x^k) = \sum_{i=1}^{k} \lambda_i x^i = O \tag{3.2}$$

nur für $\lambda_1 = \lambda_2 = \ldots = \lambda_k = 0$ erfüllt, so heißen die Vektoren $x^1, x^2, \ldots, x^k$ **linear unabhängig**, andernfalls **linear abhängig**. (O ist hierbei der Nullvektor $(0, 0, \ldots, 0)^\top \in \mathbb{R}^n$).

Lineare Unabhängigkeit von Vektoren

Beispiel 3.14

1. Sind die Vektoren $\begin{pmatrix} 1 \\ 0 \end{pmatrix}, \begin{pmatrix} 0 \\ 1 \end{pmatrix} \in \mathbb{R}^2$ linear unabhängig?

   Die Gleichung (3.2)
   $$\lambda_1 \begin{pmatrix} 1 \\ 0 \end{pmatrix} + \lambda_2 \begin{pmatrix} 0 \\ 1 \end{pmatrix} = \begin{pmatrix} \lambda_1 \\ \lambda_2 \end{pmatrix} = \begin{pmatrix} 0 \\ 0 \end{pmatrix}$$
   ist nach **Definition 3.3** der Gleichheit von Vektoren genau dann erfüllt, wenn $\lambda_1 = 0$ und $\lambda_2 = 0$ ist. Gemäß **Definition 3.13** sind die Vektoren daher *linear unabhängig*.

2. Sind die Vektoren $\begin{pmatrix} 1 \\ 0 \end{pmatrix}, \begin{pmatrix} 0 \\ 1 \end{pmatrix}, \begin{pmatrix} 1 \\ 1 \end{pmatrix}$ linear unabhängig?

   Die Gleichung (3.2)
   $$\lambda_1 \begin{pmatrix} 1 \\ 0 \end{pmatrix} + \lambda_2 \begin{pmatrix} 0 \\ 1 \end{pmatrix} + \lambda_3 \begin{pmatrix} 1 \\ 1 \end{pmatrix} = \begin{pmatrix} \lambda_1 + \lambda_3 \\ \lambda_2 + \lambda_3 \end{pmatrix} = \begin{pmatrix} 0 \\ 0 \end{pmatrix}$$
   ist nach **Def. 3.3** der Gleichheit von Vektoren genau dann erfüllt, wenn $\lambda_1 + \lambda_3 = 0$ und $\lambda_2 + \lambda_3 = 0$ ist. Die Zahlen $\lambda_1 = -1, \lambda_2 = -1$ und $\lambda_3 = 1$ erfüllen z. B. beide Gleichungen (natürlich erfüllen auch die Zahlen $\lambda_1 = \lambda_2 = \lambda_3 = 0$ beide Gleichungen). Die Gleichung (3.2) ist daher *nicht nur* dann erfüllt, wenn alle Koeffizienten der Linearkombination gleichzeitig Null sind. Daher sind die drei Vektoren *linear abhängig*.

3. Sind die Vektoren $\begin{pmatrix} 1 \\ 2 \\ 3 \end{pmatrix}, \begin{pmatrix} 4 \\ 5 \\ 6 \end{pmatrix}$ und $\begin{pmatrix} 5 \\ 7 \\ 9 \end{pmatrix}$ linear unabhängig?

   Offenbar ist $\begin{pmatrix} 1 \\ 2 \\ 3 \end{pmatrix} + \begin{pmatrix} 4 \\ 5 \\ 6 \end{pmatrix} = \begin{pmatrix} 5 \\ 7 \\ 9 \end{pmatrix}$ bzw. $\begin{pmatrix} 1 \\ 2 \\ 3 \end{pmatrix} + \begin{pmatrix} 4 \\ 5 \\ 6 \end{pmatrix} - \begin{pmatrix} 5 \\ 7 \\ 9 \end{pmatrix} = \begin{pmatrix} 0 \\ 0 \\ 0 \end{pmatrix}$.

   Das ist aber eine Linearkombination dieser drei Vektoren mit den Koeffizienten $\lambda_1 = 1, \lambda_2 = 1, \lambda_3 = -1$, also Koeffizienten, die *nicht* gleichzeitig Null sind. Damit sind die drei Vektoren *linear abhängig*.

3.1 Der Vektorraum $\mathbb{R}^n$

Satz 3.15 Ist ein Vektor $y \in \mathbb{R}^n$ eine Linearkombination der Vektoren $x^1, x^2, \ldots, x^k \in \mathbb{R}^n$, so sind die Vektoren $x^1, x^2, \ldots, x^k, y$ *linear abhängig*.

Beweis: Ist y eine Linearkombination der Vektoren $x^1, x^2, \ldots, x^k$, so ist nach **Def. 3.11**
$$y = \sum_{i=1}^{k} \lambda_i x^i \quad \text{bzw.} \quad y - \sum_{i=1}^{k} \lambda_i x^i = O.$$
Die Koeffizienten $1, -\lambda_1, -\lambda_2, \ldots, -\lambda_k$ der Linearkombination auf der linken Seite, die offenbar *nicht alle gleichzeitig* Null sind, erfüllen Gleichung (3.2). Nach **Definition 3.13** sind die Vektoren $x^1, x^2, \ldots, x^k, y$ daher *linear abhängig*. ∎

Satz 3.16 Ist einer der Vektoren $x^1, x^2, \ldots, x^k \in \mathbb{R}^n$ der Nullvektor O, so sind diese Vektoren *linear abhängig*.

Beweis: Sei ohne Einschränkung der Allgemeinheit $x_1 = O$. Dann ergibt offenbar folgende Linearkombination dieser Vektoren den Nullvektor
$$1 \cdot O + \sum_{i=1}^{k} 0 \cdot x^i = O$$
mit den Koeffizienten $1, 0, \ldots, 0$, sodass *nicht gleichzeitig alle* Koeffizienten Null sind. Nach **Definition 3.13** sind die Vektoren $x^1, x^2, \ldots, x^k, y$ *linear abhängig*. ∎

Satz 3.17 Sind die Vektoren $x^1, x^2, \ldots, x^k \in \mathbb{R}^n$ linear abhängig, so sind es auch die Vektoren $x^1, x^2, \ldots, x^k, y \in \mathbb{R}^n$. (Wird ein linear abhängiges Vektorsystem erweitert, so bleibt es linear abhängig).

Beweis: Wenn die Vektoren $x^1, x^2, \ldots, x^k \in \mathbb{R}^n$ linear abhängig sind, so existieren nach **Definition 3.13** Koeffizienten $\lambda_i, i = 1, \ldots, k$, die *nicht gleichzeitig* Null sind so, dass $\sum_{i=1}^{k} \lambda_i x^i = 0$ ist. Dann ist offenbar auch die Linearkombination $\sum_{i=1}^{k} \lambda_i + 0 \cdot y = 0$, deren Koeffizienten $\lambda_i, i = 1, \ldots, k, 0$ ebenfalls *nicht gleichzeitig* Null sind. Damit sind auch die Vektoren $x^1, x^2, \ldots, x^k, y \in \mathbb{R}^n$ linear abhängig. ∎

Satz 3.18 Sind x und y zwei linear unabhängige Vektoren des $\mathbb{R}^2$, so lässt sich *jeder* Vektor des $\mathbb{R}^2$ als Linearkombination dieser beiden Vektoren darstellen.

Beweis: Sei $z = (z_1, z_2)^\top \in \mathbb{R}^2$ ein beliebiger Vektor. Wenn er Linearkombination der Vektoren x und y ist, so muss es Koeffizienten λ_1 und λ_2 so geben, dass gilt
$$\lambda_1 \begin{pmatrix} x_1 \\ x_2 \end{pmatrix} + \lambda_2 \begin{pmatrix} y_1 \\ y_2 \end{pmatrix} = \begin{pmatrix} \lambda_1 x_1 + \lambda_2 y_1 \\ \lambda_1 x_2 + \lambda_2 y_2 \end{pmatrix} = \begin{pmatrix} z_1 \\ z_2 \end{pmatrix}.$$
Die entsprechenden beiden Gleichungen haben die eindeutige Lösung
$$\lambda_1 = \frac{z_1 y_2 - z_2 y_1}{x_1 y_2 - x_2 y_1} \quad \text{und} \quad \lambda_2 = \frac{x_1 z_2 - x_2 z_1}{x_1 y_2 - x_2 y_1}$$

genau dann, wenn der Nenner $x_1 y_2 - x_2 y_1$ verschieden von Null ist. Das ist der Fall, weil x und y linear unabhängig sind. (D. h. es ist $x_1 = \alpha y_1$ und $x_2 = \beta y_2$ nur für $\alpha \neq \beta$ und somit $x_1 y_2 - x_2 y_1 = (\alpha - \beta) y_1 y_2 \neq 0$. Ist $y_1 = 0$, so ist $y_2 \neq 0$ und $x_1 \neq 0$, ansonsten wären x und y linear abhängig. Damit ist auch in diesem Fall der Nenner verschieden von 0). ∎

Zerlegung eines Kraftvektors

Beispiel 3.19

Der Kraftvektor $F = (5,\ 6.5)^\top$ soll bezüglich der Richtungen $r^1 = (1,\ 2)^\top$ und $r^2 = (4,\ 1)^\top$ zerlegt werden (Kräfteparallelogramm, siehe **Abb. 3.6**). Wie lauten die Kraftvektoren F^1 und F^2 in diese Richtungen?

Aus dem Ansatz $F = F^1 + F^2 = \lambda_1 r^1 + \lambda_2 r^2$ bzw.

$$\begin{pmatrix} 5 \\ 6.5 \end{pmatrix} = \lambda_1 \begin{pmatrix} 1 \\ 2 \end{pmatrix} + \lambda_2 \begin{pmatrix} 4 \\ 1 \end{pmatrix}$$

erhält man die Gleichungen $5 = \lambda_1 + 4\lambda_2$ und $6.5 = 2\lambda_1 + \lambda_2$. Wird z. B. die erste der beiden Gleichungen nach λ_1 umgestellt und in die zweite eingesetzt, so ergibt sich $\lambda_1 = 3$ und $\lambda_2 = 0.5$. Damit lauten die gesuchten Kraftvektoren $F_1 = (3,\ 6)^\top$ und $F_2 = (2,\ 0.5)^\top$.

Satz 3.20

Drei Vektoren $x, y, z \in \mathbb{R}^2$ sind stets linear abhängig.

Beweis: Für drei Vektoren $x, y, z \in \mathbb{R}^2$ besteht eine der folgenden Möglichkeiten:

1. Unter diesen drei Vektoren gibt es zwei linear unabhängige. Nach **Satz 3.18** ist der dritte dann Linearkombination dieser beiden, und nach **Satz 3.15** sind alle drei Vektoren linear abhängig.

2. Unter den drei Vektoren gibt es keine zwei, die linear unabhängig sind. Dann sind jeweils zwei linear abhängig, und zusammen mit dem dritten bilden sie nach **Satz 3.17** ein linear abhängiges Vektorsystem. ∎

Geometrische Interpretation der linearen Abhängigkeit

Sind x und y *linear abhängige Vektoren des* $\mathbb{R}^2$, so gilt nach **Definition 3.13** $\lambda_1 x + \lambda_2 y = O$ für Koeffizienten λ_1, λ_2, die *nicht gleichzeitig* Null sind. Ist z. B. $\lambda_1 \neq 0$, so bedeutet diese Gleichung $x = -(\lambda_2/\lambda_1) y$, d. h. der Vektor x ist ein Vielfaches des Vektors y (siehe **Definition 3.5**). Die entsprechenden Ortsvektoren liegen daher auf einer Geraden durch den Koordinatenursprung, und die Vektoren x und y sind **parallel** (siehe **Abschnitt 3.1.2**). Man sagt, x und y sind **kollinear**.

Sind x und y *linear unabhängig*, so sind sie **nicht parallel**.

Analoges gilt für beliebige Vektoren x, y des $\mathbb{R}^3$.

3.1 Der Vektorraum $\mathbb{R}^n$

Sind x und y *linear unabhängige Vektoren des* $\mathbb{R}^2$, so kann nach **Satz 3.18** *jeder* Vektor $z \in \mathbb{R}^2$ eindeutig als Linearkombination (Summe der entsprechenden Vielfachen) dieser Vektoren dargestellt werden. Zeichnet man durch den Punkt Z, der dem Vektor z entspricht, Parallelen zu den Ortsvektoren von x und y und ergänzt diese Figur zum Parallelogramm, so sind die Ortsvektoren $\overrightarrow{OX'}$, $\overrightarrow{OY'}$ zu den Ecken X' und Y' des Parallelogramms die beteiligten Vielfachen und ihre Streckungsfaktoren λ_1, λ_2 bezüglich x und y die Koeffizienten in der Linearkombination (siehe **Abb. 3.6**). Man sagt, der Vektor z wird **bezüglich der Vektoren x und y zerlegt**:

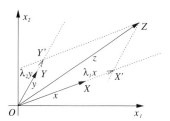

Abb. 3.6 Zerlegung eines Vektors

$$z = \lambda_1 x + \lambda_2 y.$$

Sei x ein Vektor des $\mathbb{R}^2$ und $\{\lambda x\}$, $\lambda \in \mathbb{R}$ die Menge aller seiner Linearkombinationen (Vielfachen). Wie bereits in **Abschnitt 3.1.2** gezeigt wurde, bilden alle diesen Vektoren entsprechenden Punkte des $\mathbb{R}^2$ **die Gerade durch den Koordinatenursprung und den Punkt X, der dem Vektor x entspricht**. (Ihre Ortsvektoren liegen demzufolge auch auf dieser Geraden).

Analoges gilt für einen beliebigen Vektoren x des $\mathbb{R}^3$.

Sind x, y und z linear abhängige Vektoren des $\mathbb{R}^3$, so gibt es Koeffizienten $\lambda_1, \lambda_2, \lambda_3$, die *nicht gleichzeitig* Null sind, so, dass $\lambda_1 x + \lambda_2 y + \lambda_3 z = O$ ist. Sei ohne Einschränkung der Allgemeinheit $\lambda_3 \neq 0$. Dann bedeutet diese Gleichung $z = -(\lambda_1/\lambda_3)x - (\lambda_2/\lambda_3)y$, d. h. z ist die Summe von Vielfachen der Vektoren x und y. Die Vielfachen von x und y haben Ortsvektoren, die parallel zu ihren Ortsvektoren sind. Gemäß der geometrischen Veranschaulichung der Summe zweier Vektoren im $\mathbb{R}^3$ (siehe **Abschnitt 3.1.2**) ist der Ortsvektor von z die Diagonale im Parallelogramm, das von den Ortsvektoren der Vielfachen der Vektoren x und y aufgespannt wird. Damit liegen die Ortsvektoren von x, y und z **in einer Ebene**. Man sagt, x, y und z sind **komplanar**.

Beispiel 3.21 — Zerlegbarkeit eines Vektors

Kann der Kraftvektor $F = (-1, 4, -3)^\top$ des $\mathbb{R}^3$ bezüglich seiner Richtungen $r^1 = (1, 2, -1)^\top$ und $r^2 = (3, 0, 1)^\top$ zerlegt werden, und wie lauten die entsprechenden Kraftvektoren F^1 und F^2 in diese Richtungen?

Gelingt eine solche Zerlegung auch für den Kraftvektor $(-1, 4, 3)^\top$?

Aus dem Ansatz $F = F^1 + F^2 = \lambda_1 r^1 + \lambda_2 r^2$ erhält man die drei Gleichungen (vgl. **Beispiel 3.19**) $-1 = \lambda_1 - 3\lambda_2$, $2\lambda_1 = 4$ und $-\lambda_1 - \lambda_2 = -3$ mit der Lösung $\lambda_1 = 2$, $\lambda_2 = -1$. Damit lautet die gesuchten Kraftvektoren $F^1 = \lambda_1 r^1 = (2, 4, -2)^\top$ und $F^2 = \lambda_1 r^2 = (-3, 0, -1)^\top$.

Für den Kraftvektor $(-1, 4, 3)^\top$ gibt es keine solche Zerlegung. Angenommen, es gäbe eine, dann sind die ersten beiden Gleichungen dieselben wie oben. Sie ergeben bereits eindeutig $\lambda_1 = 2$, $\lambda_2 = -1$. Die dritte Gleichung $-\lambda_1 - \lambda_2 = 3$ wird aber von diesen Zahlen offenbar nicht erfüllt. Das bedeutet, dass die Vektoren $(-1, 4, 3)^\top, r^1$ und r^2 nicht in einer Ebene liegen und die genannte Zerlegung nicht möglich ist.

3.1.4 Lineare Unterräume des $\mathbb{R}^n$

Lineare Unterräume des Vektorraums $\mathbb{R}^n$ spielen eine Rolle z. B. bei der Beschreibung der Lösungsmenge linearer Gleichungssysteme (siehe **Abschnitt 3.4**).

Definition 3.22

Eine nichtleere Teilmenge $U \subseteq \mathbb{R}^n$ heißt **Unterraum** des Vektorraums $\mathbb{R}^n$, wenn sie folgende Eigenschaft hat:

1. Ist $x, y \in U$, so ist auch $x + y \in U$.

2. Ist $x \in U$ und $\lambda \in \mathbb{R}$ eine beliebige reelle Zahl, so ist auch $\lambda x \in U$.

Man sagt, die Rechenoperationen Addition und Multiplikation mit einer reellen Zahl λ führen nicht aus U heraus.

Linearer Unterraum

Beispiel 3.23

1. Gegeben ist der Vektor $a \in \mathbb{R}^2$. Betrachtet wird die Menge $M = \{x : x \in \mathbb{R}^2, x = \lambda a\}$ aller seiner Linearkombinationen (siehe **Abb. 3.7**). Die Menge M ist ein linearer Unterraum von $\mathbb{R}^2$.

Beweis:
a) Sind $x^1 = \lambda_1 a \in M$ und $x^2 = \lambda_2 a \in M$ zwei beliebige Elemente aus M, so gilt für deren Summe wegen der Distributivität (siehe **Abschnitt 3.1.1**) $x^1 + x^2 = \lambda_1 a + \lambda_2 a = (\lambda_1 + \lambda_2)a$, d. h. sie ist ebenfalls Vielfaches von a und damit Element von M.

b) Ist $x^1 = \lambda_1 a \in M$ ein beliebiges Element aus M, so ist dessen Vielfaches wegen der Distributivität (siehe **Abschnitt 3.1.1**) $\lambda x^1 = \lambda(\lambda_1 a) = (\lambda \lambda_1)a$ ebenfalls Vielfaches von a und damit Element von M. ∎

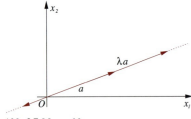

Abb. 3.7 Menge M

2. Gegeben ist die Gerade $x_2 = x_1 + 3$ (siehe **Abb. 3.8**). Betrachtet wird die Menge N aller Ortsvektoren zu den Punkten dieser Geraden. Die Menge N ist *kein linearer Unterraum von* $\mathbb{R}^2$.

Beweis: Es ist $N = \{(x_1, x_1 + 3)^\top, x_1 \in \mathbb{R}\}$.
a) Für zwei beliebige Vektoren $(x_1, x_1 + 3)^\top \in N$ und $(x_2, x_2 + 3)^\top \in N$ ist deren Summe $(x_1 + x_2, (x_1 + 3) + (x_2 + 3))^\top = (x_1 + x_2, (x_1 + x_2) + 6)^\top$ offenbar *nicht* Element von N (siehe **Abb. 3.8**).

b) Ist $(x_1, x_1 + 3)^\top \in N$ ein beliebiger Vektor aus N, so ist sein Vielfaches $\lambda(x_1, x_1 + 3)^\top = (\lambda x_1, \lambda(x_1 + 3)) = (\lambda x_1, (\lambda x_1) + 3\lambda)^\top$ offenbar *nur für* $\lambda = 1$ Element von N. ∎

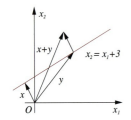

Abb. 3.8 Menge N

Auf die Frage nach der Entstehung eines Unterraumes gibt der folgende Satz Auskunft:

Satz 3.24

Sind $x^1, x^2, \ldots, x^k \in \mathbb{R}^n$ beliebige Vektoren, so ist die Menge aller ihrer Linearkombinationen ein linearer Unterraum des $\mathbb{R}^n$. Man nennt das Vektorsystem $\{x^1, x^2, \ldots, x^k\}$ **Erzeugendensystem** dieses linearen Unterraums.

3.1 Der Vektorraum $\mathbb{R}^n$

Zum Beweis des Satzes sind die Bedingungen der **Definition 3.22** direkt nachzuprüfen, was einfach ist. ∎

Beispiel 3.25

1. Der Vektor $a \in \mathbb{R}^2$ erzeugt den Unterraum M (siehe **Beispiel 3.23**).
2. Die (linear unabhängigen) Vektoren $x^1 = (1, 2)^\top$ und $x^2 = (0, 1)^\top$ erzeugen den $\mathbb{R}^2$, da sich einerseits nach **Satz 3.18** jeder Vektor des $\mathbb{R}^2$ als Linearkombination darstellen lässt und andererseits jede Linearkombination der beiden Vektoren Vektor des $\mathbb{R}^2$ ist.
3. Die (linear abhängigen) Vektoren $x^1 = (1, 2)^\top$, $x^2 = (0, 1)^\top$ und $x^3 = (1, 0)^\top$ erzeugen ebenfalls den $\mathbb{R}^2$, da bereits die ersten beiden linear unabhängigen Vektoren den $\mathbb{R}^2$ erzeugen (für $\lambda_3 = 0$ in der Linearkombination).
4. Die (linear abhängigen) Vektoren $x^1 = (1, 2)^\top$ und $x^2 = (2, 4)^\top$ erzeugen *nicht* den $\mathbb{R}^2$, sondern lediglich die Menge aller Linearkombinationen des Vektors $x^1 = (1, 2)^\top$ (Gerade $x_2 = 2x_1$ durch den Koordinatenursprung), da wegen $x^2 = 2x^1$ eine beliebige Linearkombination $\lambda_1 x^1 + \lambda_2 x^2 = \lambda_1 x^1 + 2\lambda_1 x^1 = (3\lambda_1) x^1$ wieder ein Vielfaches von x^1 ist.
5. Die Menge $U = \{O\}$, die nur aus dem Nullelement des $\mathbb{R}^n$ besteht, ist Unterraum des $\mathbb{R}^n$, wie durch Nachprüfen der **Definition 3.22** gezeigt wird.
6. Der Vektorraum $\mathbb{R}^n$ selbst ist (unechter) Unterraum von sich selber.

Erzeugendensystem und Unterraum

Offenbar haben mögliche Unterräume des $\mathbb{R}^2$ verschiedene Größen, wie **Beispiel 3.25** zeigt. Wie **Beispiel 3.25** außerdem zeigt, können Erzeugendensysteme mit unterschiedlich vielen Vektoren ein- und denselben Unterraum erzeugen. Der folgende Satz gestattet die *Reduktion des Erzeugendensystems* auf eine Mindestanzahl von Vektoren.

Ist das Vektorsystem $\{x^1, x^2, \ldots, x^k\}$ von Vektoren des $\mathbb{R}^n$ linear abhängig, so kann jede Linearkombination der k Vektoren auch als Linearkombination von nur $k-1$ Vektoren geschrieben werden, wobei der weggelassene Vektor von den übriggebliebenen linear abhängt.

Satz 3.26

Beispiel 3.27

Seien $x^1, x^2, x^3 \in \mathbb{R}^n$ (linear abhängige) Vektoren mit $x^1 = 2x^2 + x^3$. Für eine beliebige Linearkombination von x^1, x^2, x^3 ist dann

$$\begin{aligned}\lambda_1 x^1 + \lambda_2 x^2 + \lambda_3 x^3 &= \lambda_1 (2x^2 + x^3) + \lambda_2 x^2 + \lambda_3 x^3 \\ &= (2\lambda_1 + \lambda_2) x^2 + (\lambda_1 + \lambda_3) x^3.\end{aligned}$$

Reduktion eines linear abhängigen Vektorsystems

Wendet man diesen Satz sukzessive weiter an, so wird das Vektorsystem $\{x^1, x^2, \ldots, x^k\}$ von Vektoren des $\mathbb{R}^n$ so weit reduziert, bis nur noch linear unabhängige Vektoren übrigbleiben. Wie viele Vektoren bleiben bei einer vollständigen Reduktion übrig?

Satz 3.28 Sei U ein Unterraum des $\mathbb{R}^n$, der von einem linear unabhängigen Vektorsystem $\{x^1, x^2, \ldots, x^k\}$ erzeugt (aufgespannt) wird. Ist $\{y^1, y^2, \ldots, y^l\}$ ein davon verschiedenes linear unabhängiges Vektorsystem, das auch U erzeugt, so ist $k = l$, d. h. die Anzahl linear unabhängiger Vektoren in einem Erzeugendensystem des Unterraums U ist immer dieselbe.

Definition 3.29 Sei U ein Unterraum des $\mathbb{R}^n$. Ein linear unabhängiges Vektorsystem $\{x^1, x^2, \ldots, x^k\}$ von Vektoren aus U, das U erzeugt, heißt **Basis des Unterraums**. Die Anzahl k der Basisvektoren heißt **Dimension** des Unterraums.

Basis eines linearen Vektorraums

Beispiel 3.30

1. Die Vektoren $x^1 = (1, 0, 0)^\top$, $x^2 = (0, 1, 0)^\top$ und $x^3 = (0, 0, 1)^\top$ des $\mathbb{R}^3$ sind linear unabhängig. Die Menge aller ihrer Linearkombinationen ist der $\mathbb{R}^3$. Daher bilden sie eine Basis im $\mathbb{R}^3$ mit der Dimension 3.

2. Die Vektoren $x^1 = (1, 0, 0)^\top$ und $x^2 = (0, 1, 0)^\top$ des $\mathbb{R}^3$ sind linear unabhängig. Die Menge aller ihrer Linearkombinationen ist der Unterraum $U = x : x \in \mathbb{R}^3$, $x = (\lambda_1, \lambda_2, 0)^\top$, wobei λ_1 und λ_1 beliebige reelle Zahlen sind. x^1 und x^2 bilden daher eine Basis im Unterraum U mit der Dimension 2.

3. Der Vektor $x^1 = (1, 2)^\top$ des $\mathbb{R}^2$ ist linear unabhängig. Er erzeugt den Unterraum $U = \{x : x \in \mathbb{R}^2, x = \lambda x^1\}$ der Vielfachen von x^1. Daher ist er eine Basis in U mit der Dimension 1.

4. Die Vektoren $e^1, e^2, \ldots, e^n \in \mathbb{R}^n$ mit $e^j = (0, \ldots, 1, \ldots, 0)^\top$, deren j-te Komponente 1 und deren andere Komponenten sämtlich 0 sind, sind linear unabhängig. Sie erzeugen den $\mathbb{R}^n$ und sind daher eine Basis im $\mathbb{R}^n$ mit der Dimension n. Diese spezielle Basis wird **kanonische Basis** und ihre Vektoren **kanonische Vektoren** genannt.

Der folgende Satz gestattet die unmittelbare Untersuchung, ob ein Vektorsystem eine Basis im von ihm erzeugten Unterraum darstellt.

Satz 3.31 Sei das Vektorsystem $\{x^1, x^2, \ldots, x^k\}$ von Vektoren des $\mathbb{R}^n$ ein Erzeugendensystem des Unterraums U. Es ist eine Basis von U genau dann, wenn sich jedes $x \in U$ eindeutig als Linearkombination der Vektoren dieses Vektorsystems darstellen lässt.

3.2 Matrizen

Ein lineares Gleichungssystem ist bestimmt durch seine Koeffizientenmatrix und die rechten Seite. In der Menge der Matrizen wird die Summe von Matrizen, das reelle Vielfache einer Matrix und Eigenschaften dieser Rechenoperationen erklärt. Das Produkt einer Matrix mit einem Vektor bzw. einer Matrix mit einer Matrix wird definiert. Der Rang einer Matrix als wichtige Eigenschaft z. B. für Aussagen zur Lösbarkeit und Lösungsmenge linearer Gleichungssysteme basiert auf dem Begriff der linearen Unabhängigkeit. Er kann mit Hilfe des Gauß-Algorithmus ermittelt werden. Die Inverse einer quadratischen Matrix spielt eine wichtige Rolle bei der Lösung quadratischer Gleichungssysteme.

3.2.1 Definitionen, Beispiele

Definition 3.32

Ein rechteckiges Schema

$$\begin{pmatrix} a_{11} & a_{12} & \ldots & a_{1n} \\ a_{21} & a_{22} & \ldots & a_{2n} \\ \vdots & \vdots & \vdots & \vdots \\ a_{m1} & a_{m2} & \ldots & a_{mn} \end{pmatrix}$$

von $m \times n$ reellen Zahlen a_{ij}, $i = 1 \ldots, m$, $j = 1, \ldots, n$, die in m Zeilen und n Spalten angeordnet sind, heißt **reelle $m \times n$-Matrix** oder **Matrix der Dimension $m \times n$**. Die reellen Zahlen a_{ij} heißen **Elemente der Matrix**.

Man schreibt für die Matrix $A \in \mathbb{R}^{m \times n}$ oder (a_{ij}) oder $[a_{ij}]_{\substack{1 \leq i \leq m \\ 1 \leq j \leq n}}$ und für das Element in der i-ten Zeile und der j-ten Spalte der Matrix $(A)_{ij}$ oder a_{ij}.

Beispiel 3.33

Matrizen

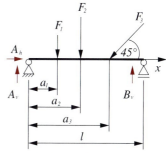

Abb. 3.9 Balken mit Belastungen

1. Beim Bestimmen der Auflagerreaktionen A_h, A_v und B_v eines beidseitig gelenkig gelagerten Balkens der Länge l, der durch drei Einzelkräfte der Beträge F_1, F_2, F_3 belastet ist, die entsprechend im Abstand a_1, a_2, a_3 vom linken festen Auflager angreifen (siehe **Abb. 3.9**), entstehen bezüglich der gesuchten Größen folgende drei Gleichungen (Kräfte- und Momentengleichgewicht):

$$\begin{aligned} A_h - \sqrt{2}/2 F_3 &= 0 \quad \text{aus dem Kräftegleichgewicht} \\ &\qquad \text{der Horizontalkomponenten,} \\ A_v - F_1 - F_2 - \sqrt{2}/2 F_3 + B_v &= 0 \quad \text{aus dem Kräftegleichgewicht der} \\ &\qquad \text{Vertikalkomponenten,} \\ lB_v - F_1 a_1 - F_2 a_2 - \sqrt{2}/2 F_3 a_3 &= 0 \quad \text{aus dem Momentengleichgewicht bezüglich des linken Auflagers.} \end{aligned}$$

Diese drei Gleichungen können so umgeformt werden, dass auf den linken Seiten die Terme mit den gesuchten und auf den rechten Seiten die Terme mit den gegebenen

Größen stehen:
$$1 \cdot A_h + 0 \cdot A_v + 0 \cdot B_v = \sqrt{2}/2 F_3,$$
$$0 \cdot A_h + 1 \cdot A_v + 1 \cdot B_v = F_1 + F_2 + \sqrt{2}/2 F_3,$$
$$0 \cdot A_h + 0 \cdot A_v + l \cdot B_v = F_1 a_1 + F_2 a_2 + \sqrt{2}/2 F_3 a_3.$$

Die Koeffizienten vor den drei gesuchten Größen A_h, A_v und B_v auf den linken Seiten der Gleichungen können in der folgenden 3 × 3-Matrix zusammengefasst werden:
$$\begin{pmatrix} 1 & 0 & 0 \\ 0 & 1 & 1 \\ 0 & 0 & l \end{pmatrix}.$$

2. Die Matrix $A = \begin{pmatrix} 1 & 2 & 3 & 4 \\ 10 & 11 & 12 & 13 \end{pmatrix} \in \mathbb{R}^{2 \times 4}$ hat zwei Zeilen und vier Spalten.

3. Die Matrix $A = (a_{11}\ a_{12}\ \ldots\ a_{1n}) \in \mathbb{R}^{1 \times n}$ hat eine Zeile und n Spalten. Man nennt sie **Zeilenvektor**.

4. Die Matrix $A = \begin{pmatrix} a_{11} \\ a_{21} \\ \vdots \\ a_{m1} \end{pmatrix} \in \mathbb{R}^{m \times 1}$ hat m Zeilen und eine Spalte. Man nennt sie **Spaltenvektor**.

5. Der i-te Zeilenvektor der Matrix $A \in \mathbb{R}^{m \times n}$ ist $(a_{i1}\ a_{i2}\ \ldots\ a_{in})$ (der *erste* Index ist konstant).

6. Der j-te Spaltenvektor der Matrix $A \in \mathbb{R}^{m \times n}$ ist $\begin{pmatrix} a_{1j} \\ a_{2j} \\ \vdots \\ a_{mj} \end{pmatrix}$ (der *zweite* Index ist konstant).

7. Die Matrix $\begin{pmatrix} 0 & 0 & 4 & -2 \\ -3 & 9 & 1 & 0 \\ 2 & 16 & -0.5 & -1 \\ 0 & 0 & 0 & 0 \\ 1 & 3 & 7 & 8.1 \end{pmatrix}$ hat den zweiten Spaltenvektor $\begin{pmatrix} 0 \\ 9 \\ 16 \\ 0 \\ 3 \end{pmatrix}$ und den vierten Zeilenvektor $(0\ 0\ 0\ 0)$.

Definition 3.34 Zwei Matrizen $A \in \mathbb{R}^{m \times n}$ und $B \in \mathbb{R}^{p \times q}$ heißen **gleich** ($A = B$), wenn $m = p$, $n = q$ und $a_{ij} = b_{ij}$ für $i = 1, \ldots, m$, $j = 1, \ldots, n$ gilt.

Vergleich von Matrizen

Beispiel 3.35

1. Es gibt keine reellen Zahlen a, b, c sodass die Matrizen
$$\begin{pmatrix} a & b & c \\ a^2 & b^2 & c^2 \\ ab & c & b \end{pmatrix} \text{ und } \begin{pmatrix} 1 & 2 & 3 \\ 1 & 4 & 9 \\ -1 & 3 & 2 \end{pmatrix}$$
gleich sind. Aus der Gleichheit der jeweils ersten Zeilenvektoren folgt $a = 1$, $b = 2$, $c = 3$. Allerdings ist dann $ab \neq -1$, d. h. die Elemente in der dritten Zeile und ersten Spalte stimmen nicht überein.

2. Es ist $\begin{pmatrix} 1 & 1 & 1 \\ 1 & 1 & 1 \end{pmatrix} \neq \begin{pmatrix} 1 & 1 & 1 \\ 1 & 1 & 1 \\ 1 & 1 & 1 \end{pmatrix}$, da diese beiden Matrizen unterschiedliche Dimensionen haben.

3.2 Matrizen

Definition 3.36

Sei $A \in \mathbb{R}^{m \times n}$ eine Matrix. Dann heißt $A^\top \in \mathbb{R}^{n \times m}$ mit

$$(A^\top)_{ji} = (A)_{ij} = a_{ij}, \quad j = 1, \ldots, n, \quad i = 1, \ldots, m$$

die zu A transponierte Matrix.

Beispiel 3.37 — Transponierte Matrix

1. Die zur Matrix $A = \begin{pmatrix} 1 & 2 & 3 & 4 \\ 5 & 6 & 7 & 8 \end{pmatrix} \in \mathbb{R}^{2 \times 4}$ transponierte ist $A^\top = \begin{pmatrix} 1 & 5 \\ 2 & 6 \\ 3 & 7 \\ 4 & 8 \end{pmatrix} \in \mathbb{R}^{4 \times 2}$.

2. Für die Matrix $A = \begin{pmatrix} 1 & 2 & 3 \\ 2 & 1 & 4 \\ 3 & 4 & 1 \end{pmatrix} \in \mathbb{R}^{3 \times 3}$ ist $A = A^\top$.

Definition 3.38

Sei $A \in \mathbb{R}^{n \times n}$ eine **quadratische** Matrix. Gilt $A = A^\top$ (d. h. $a_{ij} = a_{ji}$ für alle $i, j = 1, \ldots, n$), so heißt A **symmetrisch**.

Für das Transponieren von Matrizen folgt aus der **Definition 3.36** die Eigenschaft $(A^\top)^\top = A$, denn es ist $((A^\top)^\top)_{ij} = (A^\top)_{ji} = A_{ij}$.

3.2.2 Rechenoperationen mit Matrizen

Definition 3.39

Seien A und B Matrizen *gleicher Dimension* mit $A, B \in \mathbb{R}^{m \times n}$. Dann heißt die Matrix $C \in \mathbb{R}^{m \times n}$ mit den Elementen

$c_{ij} = a_{ij} + b_{ij}$ **Summe** der Matrizen A und B.
$c_{ij} = \lambda a_{ij}, \lambda \in \mathbb{R}$ **λ-faches** oder **skalares Vielfaches** der Matrix A.

Beispiel 3.40 — Summe von Matrizen, Vielfaches einer Matrix

1. Es ist $\begin{pmatrix} 1 & 4 & 7 \\ 3 & -2 & 9 \end{pmatrix} + \begin{pmatrix} 1 & 0 & 8 \\ 2 & -1 & -1 \end{pmatrix} = \begin{pmatrix} 2 & 4 & 15 \\ 5 & -3 & 8 \end{pmatrix}$.

2. Es ist $2 \cdot \begin{pmatrix} 1 & 4 & 7 \\ 3 & -2 & 9 \end{pmatrix} = \begin{pmatrix} 2 & 8 & 14 \\ 6 & -4 & 18 \end{pmatrix}$.

Eigenschaften der Addition

Seien A und B beliebige Matrizen *gleicher Dimension* mit $A, B \in \mathbb{R}^{m \times n}$. Dann gilt

Kommutativität	1. $A + B = B + A$.
Assoziativität	2. $(A + B) + C = A + (B + C)$.
Existenz des Nullelementes	3. Es gibt eine Matrix $O \in \mathbb{R}^{m \times n}$ so, dass gilt $A + O = O + A = A$. Es ist $(O)_{ij} = 0, i = 1, \ldots, m, j = 1, \ldots, n$. O wird **Nullmatrix** genannt.
Existenz des inversen Elementes	4. Zu jeder Matrix A existiert eine Matrix $-A$ so, dass gilt $A + (-A) = 0$. Es ist $-A = (-1) \cdot A$.

Diese vier Eigenschaften der Addition von Matrizen bedeuten, dass die Menge der Matrizen der Dimension $\mathbb{R}^{m \times n}$ eine kommutative Gruppe bezüglich der in **Definition 3.39** erklärten Addition darstellen.

Eigenschaften der skalaren Multiplikation

Seien A und B beliebige Matrizen *gleicher Dimension* mit $A, B \in \mathbb{R}^{m \times n}$. Dann gilt für beliebige $\lambda, \mu \in \mathbb{R}$

Assoziativität	1. $\lambda(\mu A) = (\lambda \mu A)$.
Distributivität	2. $(\lambda + \mu)A = \lambda A + \mu A$.
Distributivität	3. $\lambda(A + B) = \lambda A + \lambda B$.
Invarianz bezüglich der Multiplikation mit der Zahl 1	4. $1 \cdot A = A$.

Diese Eigenschaften ergeben sich aus der **Definition 3.34** der Gleichhheit von Matrizen, der **Definition 3.39** der Rechenoperationen mit Matrizen und den Eigenschaften von Addition und Multiplikation im Bereich der reellen Zahlen (siehe **Abschnitt 1.1, 1.2**). Damit ist die Menge $\mathbb{R}^{m \times n}$ der Matrizen der Dimension $m \times n$ mit den definierten Rechenoperationen ein **linearer Vektorraum** (vergleiche **Abschnitt 3.1**).

Definition 3.41	Sei $A \in \mathbb{R}^{m \times n}$ eine Matrix und $x \in \mathbb{R}^{n \times 1}$ ein Spaltenvektor so, dass *die Spaltenzahl von A mit der Anzahl der Komponenten von x übereinstimmt*. Das **Produkt der Matrix A mit dem Spaltenvektor x** ist der Vektor

$$Ax = \begin{pmatrix} a_{11}x_1 + a_{12}x_2 + \ldots + a_{1n}x_n \\ a_{21}x_1 + a_{22}x_2 + \ldots + a_{2n}x_n \\ \vdots \\ a_{m1}x_1 + a_{m2}x_2 + \ldots + a_{mn}x_n \end{pmatrix} = \begin{pmatrix} \sum_{l=1}^{n} a_{1l}x_l \\ \sum_{l=1}^{n} a_{2l}x_l \\ \vdots \\ \sum_{l=1}^{n} a_{ml}x_l \end{pmatrix} \in \mathbb{R}^{m \times 1}.$$

Beispiel 3.42 *Produkt einer Matrix mit einem Spaltenvektor*

1. Für $A = \begin{pmatrix} 3 & 2 & 4 \\ 2 & 1 & 1 \end{pmatrix} \in \mathbb{R}^{2 \times 3}$ und $x = \begin{pmatrix} 6 \\ 4 \\ 7 \end{pmatrix} \in \mathbb{R}^{3 \times 1}$ ist

$$Ax = \begin{pmatrix} 3 & 2 & 4 \\ 2 & 1 & 1 \end{pmatrix} \begin{pmatrix} 6 \\ 4 \\ 7 \end{pmatrix} = \begin{pmatrix} 3 \cdot 6 + 2 \cdot 4 + 4 \cdot 7 \\ 2 \cdot 6 + 1 \cdot 4 + 1 \cdot 7 \end{pmatrix} = \begin{pmatrix} 54 \\ 23 \end{pmatrix} \in \mathbb{R}^{2 \times 1}.$$

2. In **Beispiel 3.33** können die drei Gleichungen für die unbekannten Auflagerreaktionen folgendermaßen zusammengefasst werden:

$$\begin{pmatrix} 1 & 0 & 0 \\ 0 & 1 & 1 \\ 0 & 0 & l \end{pmatrix} \begin{pmatrix} A_h \\ A_v \\ B_v \end{pmatrix} = \begin{pmatrix} \sqrt{2}/2 F_3 \\ F_1 + F_2 + \sqrt{2}/2 F_3 \\ F_1 a_1 + F_2 a_2 + \sqrt{2}/2 F_3 a_3 \end{pmatrix}.$$

Definition 3.43

Sei A eine Matrix mit $A \in \mathbb{R}^{m \times k}$ und B eine Matrix mit $B \in \mathbb{R}^{k \times n}$, wobei die Vektoren $s_1, \ldots, s_n \in \mathbb{R}^{n \times 1}$ ihre Spaltenvektoren sind:

$B = (s_1 | s_2 | \ldots | s_n)$. *Die Spaltenzahl von A und die Zeilenzahl von B müssen übereinstimmen.*

Das **Produkt** dieser Matrizen ist die Matrix $C \in \mathbb{R}^{m \times n}$ mit der Spaltendarstellung $C = AB = (As_1 | As_2 | \ldots | As_n)$.

Beispiel 3.44 *Produkt von Matrizen*

Das Produkt der Matrizen

$$A = \begin{pmatrix} 3 & 2 & 4 \\ 2 & 1 & 1 \end{pmatrix} \in \mathbb{R}^{2 \times 3} \text{ und } B = \begin{pmatrix} 1 & 2 & -1 \\ -1 & 0 & 0 \\ 0 & 1 & 0 \end{pmatrix} \in \mathbb{R}^{3 \times 3}$$

kann gebildet werden, und es ist

$$C = AB = \begin{pmatrix} 3 & 2 & 4 \\ 2 & 1 & 1 \end{pmatrix} \begin{pmatrix} 1 & 2 & -1 \\ -1 & 0 & 0 \\ 0 & 1 & 0 \end{pmatrix} = \begin{pmatrix} 1 & 10 & -3 \\ 1 & 5 & -2 \end{pmatrix}.$$

Dabei sind die Spaltenvektoren von C jeweils das Resultat der Multiplikation von A mit den Spaltenvektoren von B:

$$\begin{pmatrix} 3 & 2 & 4 \\ 2 & 1 & 1 \end{pmatrix} \begin{pmatrix} 1 \\ -1 \\ 0 \end{pmatrix} = \begin{pmatrix} 1 \\ 1 \end{pmatrix}, \begin{pmatrix} 3 & 2 & 4 \\ 2 & 1 & 1 \end{pmatrix} \begin{pmatrix} 2 \\ 0 \\ 1 \end{pmatrix} = \begin{pmatrix} 10 \\ 5 \end{pmatrix},$$

$$\begin{pmatrix} 3 & 2 & 4 \\ 2 & 1 & 1 \end{pmatrix} \begin{pmatrix} -1 \\ 0 \\ 0 \end{pmatrix} = \begin{pmatrix} -3 \\ -2 \end{pmatrix}.$$

Mit $s_j = \begin{pmatrix} b_{1j} \\ \vdots \\ b_{ij} \\ \vdots \\ b_{mj} \end{pmatrix}$ als j-tem Spaltenvektor der Matrix B ist nach **Def. 3.41**

$$As_j = \begin{pmatrix} \sum_{l=1}^{k} a_{1l} b_{lj} \\ \vdots \\ \sum_{l=1}^{k} a_{il} b_{lj} \\ \vdots \\ \sum_{l=1}^{k} a_{ml} b_{lj} \end{pmatrix}$$ der j-te Spaltenvektor der Matrix C und daher

$$c_{ij} = \sum_{l=1}^{k} a_{il} b_{lj} \tag{3.3}$$

die Gleichung zur Berechnung des Elementes c_{ij} in der i-ten Zeile und j-ten Spalte der Matrix C. Es ist die Summe der Produkte der entsprechenden Elemente *aus der i-ten Zeile von A und der j-ten Spalte von B*.

Berechnung eines Elementes der Produktmatrix

Beispiel 3.45

Ist $A = \begin{pmatrix} 2 & 0 \\ 1 & 3 \\ 0 & 1 \\ -2 & 0 \end{pmatrix} \in \mathbb{R}^{4 \times 2}$ und $B = \begin{pmatrix} 1 & 2 \\ 3 & 6 \end{pmatrix} \in \mathbb{R}^{2 \times 2}$, so kann das Produkt $AB \in \mathbb{R}^{4 \times 2}$ gebildet werden. Zur Berechnung des Elementes c_{32} werden die Elemente der dritten Zeile von A und der zweiten Spalte von B benötigt: $c_{32} = \begin{pmatrix} 0 & 1 \end{pmatrix} \begin{pmatrix} 2 \\ 6 \end{pmatrix} = 0 \cdot 2 + 1 \cdot 6 = 6$.

Eigenschaften der Matrix-Multiplikation

1. $(A + B)C = AC + BC$ für beliebige $A, B \in \mathbb{R}^{m \times k}$, $C \in \mathbb{R}^{k \times n}$.

2. $A(B + C) = AB + AC$ für beliebige $A \in \mathbb{R}^{m \times k}$, $B, C \in \mathbb{R}^{k \times n}$.

3. Ist $A \in \mathbb{R}^{m \times k}$ und $O \in \mathbb{R}^{k \times n}$ eine Nullmatrix mit k Zeilen, so ist das Produkt $AO \in \mathbb{R}^{m \times n}$ ebenfalls eine Nullmatrix.
   Ist $O \in \mathbb{R}^{m \times k}$ eine Nullmatrix mit k Spalten und $A \in \mathbb{R}^{k \times n}$, so ist das Produkt $OA \in \mathbb{R}^{m \times n}$ ebenfalls eine Nullmatrix.

4. Im Allgemeinen ist $AB \neq BA$.

5. Aus $AB = AC$ folgt im Allgemeinen *nicht* $B = C$.

Bemerkung 3.46

1. Eigenschaft 4. besagt, dass die Matrix-Multiplikation i. Allg. *nicht* kommutativ ist. Sei $A \in \mathbb{R}^{m \times k}$ und $B \in \mathbb{R}^{k \times n}$, so dass das Produkt $AB \in \mathbb{R}^{m \times n}$ gebildet werden kann. Das Produkt BA kann nur dann gebildet werden, wenn die Spaltenzahl von B gleich der Zeilenzahl von A ist, d. h. wenn $n = m$ gilt. In diesem Fall ist $AB \in \mathbb{R}^{m \times m}$ und $BA \in \mathbb{R}^{k \times k}$. Diese beiden Produkte sind höchstens dann gleich, wenn sie die gleiche Dimension haben, d. h. wenn $m = k$ gilt. Dennoch ist auch dann im Allgemeinen $AB \neq BA$, wie das folgende Beispiel zeigt.

   Für $A = \begin{pmatrix} 1 & 2 \\ 3 & 4 \end{pmatrix}$ und $B = \begin{pmatrix} 5 & 6 \\ 7 & 8 \end{pmatrix}$ ist z. B. $AB = \begin{pmatrix} 19 & 24 \\ 43 & 50 \end{pmatrix}$ und $BA = \begin{pmatrix} 23 & 34 \\ 31 & 46 \end{pmatrix}$, d. h. $AB \neq BA$.

2. Eigenschaft 5. bedeutet, dass die Matrix-Multiplikation nicht notwendig umkehrbar ist, d. h. dass die Matrix-Gleichung $AX = D$ mit gegebenen Matrizen A und D nicht eindeutig lösbar sein muss. Im folgenden Beispiel ist A nicht die Nullmatrix.

   Für $A = \begin{pmatrix} 0 & 1 \\ 0 & 0 \end{pmatrix}$, $B = \begin{pmatrix} 0 & 0 \\ 1 & 0 \end{pmatrix}$ und $C = \begin{pmatrix} 1 & 0 \\ 1 & 0 \end{pmatrix}$ ist zwar $AB = AC = \begin{pmatrix} 0 & 0 \\ 1 & 0 \end{pmatrix}$, aber offensichtlich $B \neq C$.

Definition 3.47

1. Eine Matrix $A \in \mathbb{R}^{n \times n}$ heißt **quadratisch** (vergleiche **Definition 3.38**).

2. Die Elemente a_{ii} mit gleichem Zeilen- und Spaltenindex einer quadratischen Matrix heißen **Hauptdiagonalelemente**.

3. Sind in einer quadratischen Matrix alle Elemente, die nicht Hauptdiagonalelemente sind, gleich Null, so heißt diese Matrix **Diagonalmatrix**.

4. Sind in einer Diagonalmatrix alle Hauptdiagonalelemente gleich 1, so heißt sie **Einheitsmatrix E_n der Dimension n**. Ihre Spaltenvektoren sind die kanonischen Vektoren $e^1, \ldots, e^n$ (siehe **Beispiel 3.30**).

Beispiel 3.48 *Diagonalmatrix*

1. Die quadratische Matrix $A = \begin{pmatrix} 1 & 0 & 0 \\ 0 & 7 & 0 \\ 0 & 0 & 9 \end{pmatrix}$ ist eine Diagonalmatrix.

2. Die Matrix $E_3 = \begin{pmatrix} 1 & 0 & 0 \\ 0 & 1 & 0 \\ 0 & 0 & 1 \end{pmatrix}$ ist die Einheitsmatrix der Dimension 3.

Eigenschaften der Einheitsmatrix

1. Für alle Vektoren $x \in \mathbb{R}^{n \times 1}$ ist $E_n x = x$.
2. Für alle Matrizen $A \in \mathbb{R}^{n \times r}$ ist $E_n A = A$.
3. Für alle Matrizen $A \in \mathbb{R}^{s \times n}$ ist $A E_n = A$.

Diese Eigenschaften folgen unmittelbar aus der **Definition 3.43** der Matrix-Multiplikation.

Eigenschaften der transponierten Matrix

Satz 3.49
Transponierte eines Produktes

Seien $A \in \mathbb{R}^{m \times k}$ und $B \in \mathbb{R}^{k \times n}$ beliebige Matrizen. Dann gilt

$$(AB)^\top = B^\top A^\top. \tag{3.4}$$

Beweis: Zunächst überzeugt man sich von der Existenz des Produktes auf der rechten Seite von Gleichung (3.4). Es ist nach **Definition 3.36** $A^\top \in \mathbb{R}^{k \times m}$ und $B^\top \in \mathbb{R}^{n \times k}$. Daher kann $B^\top A^\top \in \mathbb{R}^{n \times m}$ gebildet werden. Andererseits ist $AB \in \mathbb{R}^{m \times n}$ und daher ihre Transponierte $(AB)^\top \in \mathbb{R}^{n \times m}$, sodass die Matrizen auf der linken und rechten Seite von Gleichung (3.4) dieselbe Dimension haben.

Auf der linken Seite von (3.4) ergibt sich mit Gleichung (3.3) $(AB)_{ij} = \sum_{l=1}^{k} a_{il} b_{lj}$ und nach **Definition 3.36** der transponierten Matrix

$$(AB)^\top_{ij} = (AB)_{ji} = \sum_{l=1}^{k} a_{jl} b_{li}, \; i=1,\ldots,n, \; j=1,\ldots,m.$$

Auf der rechten Seite von (3.4) ergibt sich zunächst $(B^\top)_{ij} = (B)_{ji} = b_{ji}$ und $(A^\top)_{ij} = (A)_{ji} = a_{ji}$ (Transponierte einer Matrix) und damit

$$(B^\top A^\top)_{ij} = \sum_{l=1}^{k} (B^\top)_{il} (A^\top)_{lj} = \sum_{l=1}^{k} b_{li} a_{jl}, \; i=1,\ldots,n, \; j=1,\ldots,m. \quad \blacksquare$$

Für die **Transponierte einer Summe** von Matrizen $A, B \in \mathbb{R}^{m \times n}$ gilt

$$(A+B)^\top = A^\top + B^\top.$$

Der Beweis folgt unmittelbar aus der **Definition 3.36** der transponierten Matrix und der **Definition 3.39** der Summe von Matrizen.

3.2.3 Der Rang einer Matrix

Sei $A \in \mathbb{R}^{m \times n}$ eine Matrix. Die maximale Zahl linear unabhängiger Spaltenvektoren heißt **Spaltenrang** von A. Die maximale Zahl linear unabhängiger Zeilenvektoren heißt **Zeilenrang** von A.

Definition 3.50

Beispiel 3.51

Zeilenrang und Spaltenrang

In der Matrix $A = \begin{pmatrix} 1 & 0 & 1 & 0 \\ 2 & 0 & 0 & 0 \end{pmatrix}$ mit den Zeilenvektoren z_1, z_2 und den Spaltenvektoren s_1, s_2, s_3, s_4 sind die Zeilenvektoren z_1, z_2 linear unabhängig, wie man durch Überprüfen der **Definition 3.13** feststellt. Da es nicht mehr als zwei Zeilenvektoren gibt, ist der *Zeilenrang gleich 2.*

Die Spaltenvektoren s_1 und s_3 sind linear unabhängig. Fügt man diesem Vektorsystem noch s_2 oder s_4 hinzu, so entsteht nach **Satz 3.16** ein linear abhängiges Vektorsystem, da sowohl s_2 als auch s_4 ein Nullvektor ist. *Der Spaltenrang ist somit auch gleich 2.*

1. Für die Matrix $A \in \mathbb{R}^{m \times n}$ ist offenbar der Zeilenrang kleiner oder gleich der Zeilenzahl m und der Spaltenrang kleiner oder gleich der Spaltenzahl n.

2. Ist A eine Nullmatrix, so ist sowohl ihr Zeilenrang als auch ihr Spaltenrang gleich 0.

3. Ein vom Nullvektor verschiedener Vektor ist nach **Definition 3.13** linear unabhängig.

Bemerkung 3.52

Beispiel 3.53

Zeilen- und Spaltenrang von Diagonalmatrizen

1. Die Einheitsmatrix E_n hat sowohl den Zeilen- als auch den Spaltenrang n, da ihre Zeilen- bzw. Spaltenvektoren die n (linear unabhängigen) kanonischen Vektoren sind.

2. Die Matrix mit der Blockgestalt $A = \left(\begin{array}{c|c} E_r & 0 \\ \hline 0 & 0 \end{array} \right)$ hat den Zeilen- und Spaltenrang r, da sie als Zeilen- bzw. Spaltenvektoren r (linear unabhängige) kanonische Vektoren hat und alle weiteren Zeilen- bzw. Spaltenvektoren (dazu linear abhängige) Nullvektoren sind.

3. Eine Diagonalmatrix $D = \left(\begin{array}{c|c} \begin{matrix} d_1 & 0 & \ldots & 0 \\ 0 & d_2 & \ldots & 0 \\ & & \ddots & \\ 0 & 0 & \ldots & d_m \end{matrix} & O \\ \hline O & O \end{array} \right)$ mit Hauptdiagonalelementen $d_1, \ldots, d_m \neq 0$ hat den Zeilen- und Spaltenrang m, da die ersten m Zeilen- bzw. Spaltenvektoren nach **Definition 3.13** linear unabhängig sind und alle weiteren Zeilen- bzw. Spaltenvektoren (dazu linear anhängige) Nullvektoren sind.

Es soll ein Verfahren gefunden werden, das es gestattet, den Zeilenrang einer beliebigen Matrix zu ermitteln, ohne dass er sich durch die Umformungen ändert. Wenn durch solche Umformungen Diagonalgestalt gewonnen werden kann, so ist der Zeilenrang (gleich dem Spaltenrang) gleich der Anzahl der Nichtnullelemente auf der Hauptdiagonalen.

Umformungen, die Zeilen-bzw. Spaltenrang einer Matrix nicht ändern, sind

- Vertauschen von Zeilen bzw. Spalten,
- Multiplikation einer Zeile bzw. Spalte mit einer von Null verschiedenen reellen Zahl,
- Addition des Vielfachen einer Zeile (Spalte) zu einer anderen Zeile (Spalte).

Ein solches Verfahren ist der **Gauß-Algorithmus**. Mit den genannten Umformungen erzielt er stets die Gestalt $\left(\begin{array}{c|c} E_r & 0 \\ \hline 0 & 0 \end{array}\right)$. Dabei geht man für $i = 1, \ldots, m$ wie folgt vor:

Johann Carl Friedrich Gauß (* 30. April 1777 in Braunschweig, † 23. Februar 1855 in Göttingen)

deutscher Mathematiker, Astronom, Geodät und Physiker, Professor in Göttingen und Direktor der Sternwarte

einer der wichtigsten Mathematiker („Fürst der Mathematik"), u. a. Fundamentalsatz der Algebra, Quadraturformeln, Divergenzsatz, Normalverteilung, Methode der kleinsten Fehlerquadrate, Grundlagen der Differenzialgeometrie usw., Landvermessung, Erfinder des Heliotrops und Magnetometers, astronomische Berechnungen

hier: Eliminationsverfahren zur Lösung linearer Gleichungssysteme

1. Man erreicht durch eventuelle Zeilen- bzw. Spaltenvertauschung $a_{ii} \neq 0$ und multipliziert anschließend die i-te Zeile mit dem Reziproken $1/a_{ii}$, sodass das Element in der i-ten Zeile und i-ten Spalte danach eine Eins ist. (Gibt es keine solche Vertauschung, dann ist der Rang der Matrix $r = i - 1$).

2. Damit in der i-ten Spalte unterhalb dieses Elementes Nullen entstehen, addiert man zur k-ten Zeile jeweils das $-a_{ki}$-fache der i-ten Zeile, $k = i + 1, \ldots, m$.

3. Sind nach diesen Umformungen die Elemente $a_{ii} = 1, i = 1, \ldots, r$ und $a_{ii} = 0, i = r + 1, \ldots, m$, so können die in den ersten r Zeilen verbleibenden Nichtnullelemente analog zu Nullen umgeformt werden. Für die Zeilen $i = r, \ldots, 1$ addiert man jeweils zur k-ten Spalte das $-a_{ik}$-fache der i-ten Spalte, $k = i + 1, \ldots, n$.

Daher ist Zeilen- und Spaltenrang einer Matrix *gleich*. Man sagt dazu **Rang der Matrix** und schreibt rang $A = r$.

3.2 Matrizen

Beispiel 3.54 — Rang einer Matrix

Die Matrix $A = \begin{pmatrix} 1 & -1 & 1 \\ 2 & -4 & 3 \\ 0 & -2 & 3 \end{pmatrix}$ wird folgendermaßen auf Diagonalgestalt umgeformt:

$$\begin{pmatrix} 1 & -1 & 1 \\ 2 & -4 & 3 \\ 0 & -2 & 3 \end{pmatrix} \to \begin{pmatrix} 1 & -1 & 1 \\ 0 & -2 & 1 \\ 0 & -2 & 3 \end{pmatrix} \to \begin{pmatrix} 1 & -1 & 1 \\ 0 & 1 & -0.5 \\ 0 & -2 & 3 \end{pmatrix} \to \begin{pmatrix} 1 & -1 & 1 \\ 0 & 1 & -0.5 \\ 0 & 0 & 2 \end{pmatrix} \to$$

$$\begin{pmatrix} 1 & -1 & 1 \\ 0 & 1 & -0.5 \\ 0 & 0 & 1 \end{pmatrix} \to \begin{pmatrix} 1 & -1 & 0 \\ 0 & 1 & 0 \\ 0 & 0 & 1 \end{pmatrix} \to \begin{pmatrix} 1 & 0 & 0 \\ 0 & 1 & 0 \\ 0 & 0 & 1 \end{pmatrix}.$$

Die erhaltene Diagonalmatrix hat drei Nichtnullelemente. Daher ist rang $A = 3$.

3.2.4 Die Inverse einer Matrix

Definition 3.55

Sei $A \in \mathbb{R}^{n \times n}$ eine *quadratische* Matrix. Die Matrix $B \in \mathbb{R}^{n \times n}$ heißt **die Inverse** von A, wenn gilt

$$A B = B A = E_n. \tag{3.5}$$

Existiert zur Matrix A eine Inverse, so heißt A **invertierbar**. Man schreibt $B = A^{-1}$. Aus (3.5) erhält man damit für A^{-1} die Gleichung

$$A A^{-1} = A^{-1} A = E_n. \tag{3.6}$$

Der Rang der quadratischen Matrix A und ihre Invertierbarkeit stehen in folgendem Zusammenhang:

Satz 3.56

Eine quadratische Matrix $A \in \mathbb{R}^{n \times n}$ ist genau dann invertierbar, wenn sie maximalen Rang (d. h. rang $A = n$) hat.

Beispiel 3.57 — Invertierbarkeit

Die Matrix $A \in \mathbb{R}^{3 \times 3}$ aus **Beispiel 3.54** ist invertierbar, da ihr Rang gleich 3 ist.

Die Bestimmung der Inversen A^{-1} kann mit Hilfe von Determinanten erfolgen, die im nächsten Abschnitt behandelt werden.

3.3 Determinanten

Mit Hilfe von Determinanten quadratischer Matrizen lassen sich Kriterien für ihre Invertierbarkeit und damit die Lösbarkeit quadratischer linearer Gleichungssysteme aufstellen. Die Berechnung der Inversen quadratischer Matrizen kann ebenfalls mit Hilfe von Determinanten erfolgen. Mit Kenntnis der Inversen der Koeffizientenmatrix kann die Lösung eines quadratischen linearen Gleichungssystems direkt angegeben werden.

3.3.1 Definition, Eigenschaften

Sei $A = (a_{ij}) \in \mathbb{R}^{n \times n}$ eine quadratische Matrix.

Mit $A_{ij} \in \mathbb{R}^{(n-1) \times (n-1)}$ bezeichnet man diejenige Matrix (**Adjunkte**), die durch Streichen der i-ten Zeile und j-ten Spalte der Matrix A entsteht:

$$A_{ij} = \begin{pmatrix} a_{11} & \cdots & a_{1,j-1} & a_{1,j+1} & \cdots & a_{1n} \\ \vdots & & \vdots & \vdots & & \vdots \\ a_{i-1,1} & \cdots & a_{i-1,j-1} & a_{i-1,j+1} & \cdots & a_{i-1,n} \\ a_{i+1,1} & \cdots & a_{i+1,j-1} & a_{i+1,j+1} & \cdots & a_{i+1,n} \\ \vdots & & \vdots & \vdots & & \vdots \\ a_{n1} & \cdots & a_{n,j-1} & a_{n,j+1} & \cdots & a_{nn} \end{pmatrix}. \tag{3.7}$$

Adjunkte

Beispiel 3.58

1. Für $A = \begin{pmatrix} a_{11} & a_{12} \\ a_{21} & a_{22} \end{pmatrix}$ ist $A_{11} = (a_{22})$, $A_{12} = (a_{21})$, $A_{21} = (a_{12})$, $A_{22} = (a_{11})$.

2. Für $A = \begin{pmatrix} a_{11} & a_{12} & a_{13} \\ a_{21} & a_{22} & a_{23} \\ a_{31} & a_{32} & a_{33} \end{pmatrix}$ ist z. B. $A_{12} = \begin{pmatrix} a_{21} & a_{23} \\ a_{31} & a_{33} \end{pmatrix}$.

Definition 3.59

Für jede natürliche Zahl $n \in \mathbb{N}$ wird die **Determinante der Ordnung n** folgendermaßen definiert:

1. Für eine Matrix $A = (a) \in \mathbb{R}^{1 \times 1}$ ist ihre Determinante $\det A = |A| = a$.

2. Ist für jede Matrix aus $\mathbb{R}^{(n-1) \times (n-1)}$ ($n \geq 2$) deren Determinante definiert, so ist für eine Matrix $A = (a_{ij}) \in \mathbb{R}^{n \times n}$

$$\det A = |A| = a_{11} \det A_{11} - a_{12} \det A_{12} + \ldots + (-1)^{1+n} a_{1n} \det A_{1n}$$
$$= \sum_{j=1}^{n} (-1)^{1+j} a_{1j} \det A_{1j}. \tag{3.8}$$

Die reelle Zahl $\det A$ heißt **Determinante der Matrix A**.

3.3 Determinanten

Beispiel 3.60

1. Nach Gleichung (3.8) ist $\begin{vmatrix} 1 & 4 \\ 7 & 3 \end{vmatrix} = 1 \cdot 3 - 4 \cdot 7 = -25$. Allgemein ist für $A \in \mathbb{R}^{2 \times 2}$
$$\begin{vmatrix} a_{11} & a_{12} \\ a_{21} & a_{22} \end{vmatrix} = a_{11}a_{22} - a_{12}a_{21}.$$

2. Nach Gleichung (3.8) ist $\begin{vmatrix} 1 & 4 & -1 \\ 7 & 3 & 0 \\ -2 & 1 & 2 \end{vmatrix} = 1 \cdot \begin{vmatrix} 3 & 0 \\ 1 & 2 \end{vmatrix} - 4 \cdot \begin{vmatrix} 7 & 0 \\ -2 & 2 \end{vmatrix} + (-1) \cdot \begin{vmatrix} 7 & 3 \\ -2 & 1 \end{vmatrix} = $
$1 \cdot (3 \cdot 2 - 0 \cdot 1) - 4 \cdot (7 \cdot 2 - 0 \cdot (-2)) + (-1) \cdot (7 \cdot 1 - 3 \cdot (-2)) = -63.$

3. Nach Gleichung (3.8) ist $\begin{vmatrix} 2 & 0 & -1 & 0 \\ 0 & 3 & 0 & 2 \\ -2 & 0 & 4 & 3 \\ 0 & 1 & 0 & 1 \end{vmatrix} = 2 \cdot \begin{vmatrix} 3 & 0 & 2 \\ 0 & 4 & 3 \\ 1 & 0 & 1 \end{vmatrix} + (-1) \cdot \begin{vmatrix} 0 & 3 & 2 \\ -2 & 0 & 3 \\ 0 & 1 & 1 \end{vmatrix} =$
$2 \left(3 \cdot \begin{vmatrix} 4 & 3 \\ 0 & 1 \end{vmatrix} + 2 \begin{vmatrix} 0 & 4 \\ 1 & 0 \end{vmatrix} \right) + (-1) \cdot (-3) \cdot \begin{vmatrix} -2 & 3 \\ 0 & 1 \end{vmatrix} + (-1) \cdot 2 \cdot \begin{vmatrix} -2 & 0 \\ 0 & 1 \end{vmatrix} = 8 - 6 + 4 = 6.$

Pierre Simon Laplace (* 23. oder 28. März 1749 in Beaumont-en-Auge in der Normandie, † 5. März 1827 in Paris)

franz. Mathematiker und Astronom, Prof. für Mathematik an der Pariser Militärakademie

u. a. Wahrscheinlichkeitstheorie, Differenzialgleichungen, Theorie zur Entstehung des Sonnensystems, Akademiemitglied und maßgeblicher Regierungsberater

hier: Entwicklungssatz für Determinanten

Für beliebiges, aber festes $k \in \{1, \ldots, n\}$ und für beliebiges, aber festes $l \in \{1, \ldots, n\}$ ist

$$\det A = \sum_{j=1}^{n} (-1)^{k+j} a_{kj} \det A_{kj}, \quad \det A = \sum_{i=1}^{n} (-1)^{i+l} a_{il} \det A_{il}, \quad (3.9)$$

d. h. der Wert einer Determinanten kann durch „Entwicklung nach der k-ten Zeile" oder durch „Entwicklung nach der l-ten Spalte" berechnet werden.

Satz 3.61
Laplacescher Entwicklungssatz

Beispiel 3.62

1. Entwickelt man folgende Determinante vierter Ordnung gemäß Gleichung (3.9) nach der *zweiten* Zeile (Zeile mit den meisten Nullen, $k = 2$), so hat man im nächsten Schritt nur *zwei* Determinanten dritter Ordnung zu berechnen:
$$\begin{vmatrix} 1 & 2 & 3 & 4 \\ -1 & 0 & 0 & 1 \\ 3 & -1 & 4 & 0 \\ 4 & 3 & 2 & 1 \end{vmatrix} = -(-1) \cdot \begin{vmatrix} 2 & 3 & 4 \\ -1 & 4 & 0 \\ 3 & 2 & 1 \end{vmatrix} + 1 \cdot \begin{vmatrix} 1 & 2 & 3 \\ 3 & -1 & 4 \\ 4 & 3 & 2 \end{vmatrix}.$$

2. Entwickelt man folgende Determinante vierter Ordnung nach der *letzten* Zeile ($k = 4$) nach Gleichung (3.9) (oder nach der letzten Spalte nach Gleichung (3.9)), so hat man nur *eine* Determinante dritter Ordnung zu berechnen. Entwickelt man diese wiederum nach der *letzten* Zeile (Spalte), so hat man nur *eine* Determinante zweiter Ordnung zu berechnen usw. Im Resultat ergibt sich das Produkt der Hauptdiagonalelemente:
$$\begin{vmatrix} 1 & 2 & 3 & 4 \\ 0 & 5 & 6 & 7 \\ 0 & 0 & 8 & 9 \\ 0 & 0 & 0 & 10 \end{vmatrix} = 1 \cdot 5 \cdot 8 \cdot 10 = 400.$$

Berechnung von Determinanten mit dem Laplaceschen Entwicklungssatz

3.3.2 Berechnung von Determinanten

Gelingt es, eine Matrix so umzuformen, dass sich der Wert ihrer Determinante dadurch nicht verändert und dass man durch diese Umformungen unterhalb (oder oberhalb) der Hauptdiagonalelemente jeweils Nullen erhält (wie in **Beispiel 3.62**), so ist der Wert der Determinanten gleich dem Produkt der Hauptdiagonalelemente und daher einfach zu berechnen. Die folgende Definition bezieht sich auf solche umgeformten Matrizen.

Definition 3.63

Eine Matrix $A \in \mathbb{R}^{n \times n}$ hat **Dreiecksgestalt**, wenn für ihre Elemente gilt $a_{ij} = 0, i < j$ (**untere Dreiecksmatrix**) bzw. $a_{ij} = 0, i > j$ (**obere Dreiecksmatrix**).

Eine Umformung, die den Wert der Determinanten einer Matrix nicht verändert, ist

- die Addition des Vielfachen eines Zeilen(Spalten)vektors zu einem anderen Zeilen(Spalten)vektor.

Weitere Eigenschaften von Determinanten sind:

- Werden zwei Zeilen(Spalten)vektoren vertauscht, so kehrt sich das Vorzeichen der Determinanten um.
- Wird ein Zeilen(Spalten)vektor mit einer reellen Zahl multipliziert, so vervielfacht sich die Determinante um diese Zahl.
- Hat eine Determinante zwei gleiche Zeilen(Spalten)vektoren, so ist sie gleich Null.
- Ist ein Zeilen(Spalten)vektor einer Determinanten der Nullvektor, so ist die Determinante gleich Null.

Die Dreiecksgestalt einer Determinanten kann sukzessive mit dem **Gauß-Algorithmus** (siehe **Abschnitt 3.2.3**) bei Beachtung ihrer Werterhaltung hergestellt werden.

Berechnung von Determinanten mit dem Gauß-Algorithmus

Beispiel 3.64

Die Determinante aus **Beispiel 3.62** lässt sich folgendermaßen umformen:

$$\begin{vmatrix} 1 & 2 & 3 & 4 \\ -1 & 0 & 0 & 1 \\ 3 & -1 & 4 & 0 \\ 4 & 3 & 2 & 1 \end{vmatrix} = \begin{vmatrix} 1 & 2 & 3 & 4 \\ 0 & 2 & 3 & 5 \\ 0 & -7 & -5 & -12 \\ 0 & -5 & -10 & -15 \end{vmatrix} = 2 \begin{vmatrix} 1 & 2 & 3 & 4 \\ 0 & 1 & 1.5 & 2.5 \\ 0 & -7 & -5 & -12 \\ 0 & -5 & -10 & -15 \end{vmatrix}$$

$$= 2 \begin{vmatrix} 1 & 2 & 3 & 4 \\ 0 & 1 & 1.5 & 2.5 \\ 0 & 0 & 5.5 & 5.5 \\ 0 & 0 & -2.5 & -2.5 \end{vmatrix} = 2 \begin{vmatrix} 1 & 2 & 3 & 4 \\ 0 & 1 & 1.5 & 2.5 \\ 0 & 0 & 5.5 & 5.5 \\ 0 & 0 & 0 & 0 \end{vmatrix} = 2 \cdot 1 \cdot 1 \cdot 5.5 \cdot 0 = 0.$$

3.3 Determinanten

Satz 3.65

Für die Determinante der Transponierten einer quadratischen Matrix A gilt

$$\det A^\top = \det A.$$

Für die Determinante des Produktes von zwei Matrizen A, B gilt

$$\det(AB) = \det A \det B.$$

3.3.3 Berechnung der Inversen

Die Berechnung der Inversen einer Matrix $A \in \mathbb{R}^{n \times n}$ (siehe **Abschnitt 3.2.4**) kann mit Hilfe von Determinanten erfolgen. Für ihre Existenz gilt zunächst folgender

Satz 3.66

Eine Matrix $A \in \mathbb{R}^{n \times n}$ ist genau dann invertierbar, wenn gilt

$$\det A \neq 0.$$

Satz 3.67

Sei $A = (a_{ij}) \in \mathbb{R}^{n \times n}$ invertierbar. Dann berechnet sich

$$A^{-1} = \frac{1}{|A|} \begin{pmatrix} +|A_{11}| & -|A_{21}| & +|A_{31}| & \ldots & (-1)^{n+1}|A_{n1}| \\ -|A_{12}| & +|A_{22}| & -|A_{32}| & \ldots & (-1)^{n+2}|A_{n2}| \\ +|A_{13}| & -|A_{23}| & +|A_{33}| & \ldots & (-1)^{n+3}|A_{n3}| \\ \vdots & \vdots & \vdots & & \vdots \\ +|A_{1n}| & -|A_{2n}| & +|A_{3n}| & \ldots & (-1)^{n+n}|A_{nn}| \end{pmatrix}, \quad (3.10)$$

d. h. für das Element von A^{-1} in der i-ten Zeile und j-ten Spalte ist

$$(A^{-1})_{ij} = \frac{1}{|A|}(-1)^{i+j}|A_{ji}|.$$

Hierbei ist $|A_{ji}|$ die Determinante der Adjunkten A_{ji} der Matrix A (siehe Gleichung (3.7)).

Beispiel 3.68 — Berechnung der inversen Matrix mit Determinanten

Die Determinante der Matrix $A = \begin{pmatrix} 1 & 2 & 3 \\ -1 & 3 & 1 \\ 2 & -1 & 1 \end{pmatrix}$ ist

$$|A| = \begin{vmatrix} 1 & 2 & 3 \\ 0 & 5 & 4 \\ 0 & -5 & -5 \end{vmatrix} = \begin{vmatrix} 1 & 2 & 3 \\ 0 & 5 & 4 \\ 0 & 0 & -1 \end{vmatrix} = -5.$$

Die Matrix A ist daher invertierbar. Ihre Inverse berechnet sich nach Gleichung (3.10) als

$$A^{-1} = \frac{1}{|A|} \begin{pmatrix} +\begin{vmatrix} 3 & 1 \\ -1 & 1 \end{vmatrix} & -\begin{vmatrix} 2 & 3 \\ -1 & 1 \end{vmatrix} & +\begin{vmatrix} 2 & 3 \\ 3 & 1 \end{vmatrix} \\ -\begin{vmatrix} -1 & 1 \\ 2 & 1 \end{vmatrix} & +\begin{vmatrix} 1 & 3 \\ 2 & 1 \end{vmatrix} & -\begin{vmatrix} 1 & 3 \\ -1 & 1 \end{vmatrix} \\ +\begin{vmatrix} -1 & 3 \\ 2 & -1 \end{vmatrix} & -\begin{vmatrix} 1 & 2 \\ 2 & -1 \end{vmatrix} & +\begin{vmatrix} 1 & 2 \\ -1 & 3 \end{vmatrix} \end{pmatrix} = \frac{1}{-5} \begin{pmatrix} 4 & -5 & -7 \\ 3 & -5 & -4 \\ -5 & 5 & 5 \end{pmatrix}.$$

Als „Probe" berechnet man nach Gleichung (3.6) das Produkt der Matrizen A und A^{-1} und erhält als Resultat die Einheitsmatrix.

Aus Gleichung (3.6) ($A\,A^{-1} = E_n$) und **Satz 3.65** über die Determinante des Produktes von Matrizen ergibt sich mit $\det E_n = 1$

$$\det A^{-1} = \frac{1}{\det A},$$

d. h. die Determinante der Inversen einer Matrix ist das Reziproke zur Determinante der Matrix.

3.4 Lineare Gleichungssysteme

Die Suche nach der Lösung eines linearen Gleichungssystems beinhaltet die Frage nach seiner Existenz, eines Algorithmus zur Auffindung der Lösung und die Beschreibung der Lösungsmenge. Das Rangkriterium beantwortet die Frage nach der Existenz von Lösungen. Mit dem Gauß-Algorithmus kann das Rangkriterium geprüft und außerdem die Lösung(en) des linearen Gleichungssystems angegeben werden. Die Struktur der Lösungsmenge homogener und inhomogener Gleichungssysteme sowie ihr Zusammenhang wird erklärt. Die Cramersche Regel gibt die eindeutige Lösung quadratischer Gleichungsysteme mit Hilfe von Determinanten direkt an. Die Inverse einer quadratischen Matrix kann ebenfalls mit dem Gauß-Algorithmus berechnet werden.

3.4.1 Definition, Beispiele

Definition 3.69 Die Gesamtheit der m Gleichungen

$$\left\{\begin{array}{l} a_{11}x_1 + a_{12}x_2 + \ldots + a_{1n}x_n = b_1 \\ a_{21}x_1 + a_{22}x_2 + \ldots + a_{2n}x_n = b_2 \\ \vdots \\ a_{m1}x_1 + a_{m2}x_2 + \ldots + a_{mn}x_n = b_m \end{array}\right\} \quad (3.11)$$

3.4 Lineare Gleichungssysteme

mit den gegebenen **Koeffizienten** $a_{ij} \in \mathbb{R}$, b_i und den **Unbekannten** x_j, $i = 1, \ldots, m$, $j = 1, \ldots, n$, heißt **lineares Gleichungssystem mit m Gleichungen und n Variablen**.

Sind alle rechten Seiten $b_i = 0$, $i = 1, \ldots, m$, so heißt das Gleichungssystem **homogen**, andernfalls **inhomogen**.

Das Gleichungssystem (3.11) kann kürzer notiert werden mit Hilfe der **Vektorschreibweise**:

$$x_1 a^1 + x_2 a^2 + \ldots + x_n a^n = b \quad \text{mit} \quad a^j = \begin{pmatrix} a_{1j} \\ \vdots \\ a_{mj} \end{pmatrix}, \; b = \begin{pmatrix} b_1 \\ \vdots \\ b_m \end{pmatrix}$$

oder mit Hilfe der **Matrixschreibweise**:

$$Ax = b \quad \text{mit} \quad A = (a_{ij}), \; x = \begin{pmatrix} x_1 \\ \vdots \\ x_n \end{pmatrix}, \; b = \begin{pmatrix} b_1 \\ \vdots \\ b_m \end{pmatrix}.$$

Beispiel 3.70 — Vektorschreibweise und Matrixschreibweise

Das Gleichungssystem

$$\begin{array}{rcrcr} -2x_1 & + & 3x_2 & = & -8 \\ 10x_1 & - & 10x_2 & = & 30 \end{array}$$

lautet in Vektorschreibweise

$$x_1 \begin{pmatrix} -2 \\ 10 \end{pmatrix} + x_2 \begin{pmatrix} 3 \\ -10 \end{pmatrix} = \begin{pmatrix} -8 \\ 30 \end{pmatrix}$$

und in Matrixschreibweise

$$\begin{pmatrix} -2 & 3 \\ 10 & -10 \end{pmatrix} \begin{pmatrix} x_1 \\ x_2 \end{pmatrix} = \begin{pmatrix} -8 \\ 30 \end{pmatrix}.$$

3.4.2 Lösbarkeit linearer Gleichungssysteme

Definition 3.71

Ein Vektor x^k, der das Gleichungssystem (3.11) erfüllt, d. h. der Bedingung $Ax^k = b$ genügt, heißt **Lösung** dieses Gleichungssystems.

Bemerkung 3.72

1. Die Lösung eines Gleichungssystems (3.11) ist ein *Vektor des $\mathbb{R}^n$*, d. h. die *Gesamtheit* seiner n Komponenten.

2. Ein Gleichungssystem zu lösen bedeutet das Feststellen *aller seiner Lösungen (der Lösungsmenge)*.

3. Hat ein Gleichungssystem keine Lösungen, so ist seine Lösungsmenge *leer*.

Für das lineare Gleichungssystem (3.11) gibt es genau drei Möglichkeiten:

1. Es existiert eine eindeutige Lösung.
2. Es existieren unendlich viele Lösungen.
3. Es gibt keine Lösung.

Rangbestimmungen ermöglichen Aussagen über die Lösungsmenge des linearen Gleichungssystems (3.11). Die folgenden Sätze, die hier ohne Beweis angegeben sind, geben über die Lösungsmenge und ihre Beschaffenheit Auskunft.

Satz 3.73
Rangkriterium

Das Gleichungssystem $Ax = b$ ist *genau dann lösbar* (d. h. es hat genau eine oder unendlich viele Lösungen), wenn der Rang der **Koeffizientenmatrix** A mit dem Rang der **erweiterten Koeffizientenmatrix** $B = (A|b)$ übereinstimmt.

Lösbarkeit und Rangkriterium

Beispiel 3.74

1. Für das Gleichungssystem aus **Beispiel 3.70** ist

$$\operatorname{rang} A = \operatorname{rang} \begin{pmatrix} -2 & 3 \\ 10 & -10 \end{pmatrix} = 2 \quad \text{und}$$

$$\operatorname{rang}(A|b) = \operatorname{rang} \begin{pmatrix} -2 & 3 & | & -8 \\ 10 & -10 & | & 30 \end{pmatrix} = 2.$$

Dieses Gleichungssystem ist nach **Satz 3.73** *lösbar*.

2. Das Gleichungssystem

$$\begin{pmatrix} 2 & 3 & 4 \\ 1 & -5 & 2 \\ -3 & 1 & -6 \end{pmatrix} \begin{pmatrix} x_1 \\ x_2 \\ x_3 \end{pmatrix} = \begin{pmatrix} 20 \\ 10 \\ 50 \end{pmatrix}$$

ist *nicht lösbar*, denn es ist $\operatorname{rang} A = 2$, $\operatorname{rang}(A|b) = 3$.

Bemerkung 3.75

Die Rangbestimmung der Matrizen A und $(A|b)$ beim Feststellen der Lösbarkeit eines linearen Gleichungssystems kann in *einem* Schritt mit dem Gauß-Algorithmus durchgeführt werden (man untersucht nur $(A|b)$ und liest den Rang von A gleich mit ab).

Der folgende Satz klärt, ob ein *lösbares* Gleichungssystem genau eine oder unendlich viele Lösungen hat.

Satz 3.76

Das *lösbare* Gleichungssystem $Ax = b$ hat *genau eine* Lösung, wenn der gemeinsame Rang der Matrizen A und $(A|b)$ mit der Anzahl der Variablen übereinstimmt.

Das *lösbare* Gleichungssystem $Ax = b$ hat *unendlich viele* Lösungen, wenn der gemeinsame Rang der Matrizen A und $(A|b)$ kleiner ist als die Anzahl der Variablen.

Beispiel 3.77   **Lösbare Gleichungssysteme**

1. In **Beispiel 3.74, 1.** ist der gemeinsame Rang $r = \text{rang } A = \text{rang }(A|b) = 2$ und die Anzahl der Variablen (Unbekannten) im Gleichungssystem $n = 2$. Daher hat dieses Gleichungssystem *genau eine* Lösung.

2. Das Gleichungssystem
$$\begin{pmatrix} 2 & 1 & 3 & 4 \\ 1 & 2 & 1 & 1 \\ 3 & 1 & 2 & 1 \\ 1 & 1 & 1 & 1 \end{pmatrix} \begin{pmatrix} x_1 \\ x_2 \\ x_3 \\ x_4 \end{pmatrix} = \begin{pmatrix} 13 \\ 12 \\ 15 \\ 8 \end{pmatrix}$$
ist lösbar, denn es ist $r = \text{rang } A = \text{rang }(A|b) = 3$. Die Anzahl der Variablen (Unbekannten) im Gleichungssystem beträgt $n = 4$. Das Gleichungssystem hat daher *unendlich viele* Lösungen.

Die Zahl $f = n - r$ mit $r = \text{rang } A = \text{rang }(A|b)$ und n als der Zahl der Variablen (Unbekannten) heißt **Freiheitsgrad** des lösbaren linearen Gleichungssystems.

In **Beispiel 3.77, 1.** ist wegen $r = 2$ und $n = 2$ der Freiheitsgrad $f = 0$.
In **Beispiel 3.77, 2.** ist wegen $r = 3$ und $n = 4$ der Freiheitsgrad $f = 1$.

3.4.3 Der Gauß-Algorithmus

Mit dem Gauß-Algorithmus kann die eigentliche Lösungsmenge eines linearen Gleichungssystems bestimmt werden. Er hat die Herstellung der **Trapezform** der Koeffizientenmatrix zum Ziel. Unter der **Trapezform** der Koeffizientenmatrix $A \in \mathbb{R}^{m \times n}$ versteht man eine Matrix $\tilde{A} \in \mathbb{R}^{m \times n}$ der Blockgestalt

$$\tilde{A} = \left(\begin{array}{cccc|ccc} 1 & * & \ldots & * & * & \ldots & * \\ 0 & 1 & \ldots & * & * & \ldots & * \\ & & \ddots & & & \vdots & \\ 0 & 0 & \ldots & 1 & * & \ldots & * \\ \hline & & O & & & O & \end{array} \right).$$

Die „$*$" bedeuten dabei irgendwelche reelle Zahlen. Der linke obere Block hat dabei die Dimension $r \times r$, wobei $r = \text{rang } A$ ist. Demzufolge hat der rechte obere Block die Dimension $r \times (n - r)$. Mit Hilfe von Umformungen, die die Lösungsmenge des linearen Gleichungssystems nicht verändern, soll die **Trapezform** der Koeffizientenmatrix des linearen Gleichungssystems erzeugt werden. Folgende Umformungen verändern *nicht* die Lösungsmenge des Gleichungssystems:

- das Vertauschen der Reihenfolge der Gleichungen (Zeilen in $(A|b)$),

- die Multiplikation einer Gleichung (Zeile in $(A|b)$) mit einer reellen Zahl *verschieden von Null*,

- die Addition einer Gleichung (Zeile in $(A|b)$) zu einer anderen Gleichung (Zeile in $(A|b)$),

- das Vertauschen der Reihenfolge von Variablen (entspricht dem Vertauschen von Spalten in der Koeffizientenmatrix).

Das lineare Gleichungssystem $Ax = b$, $A \in \mathbb{R}^{m \times n}$, $x \in \mathbb{R}^n$, $b \in \mathbb{R}^m$ gewinnt nach diesen immer möglichen Umformungen (siehe **Abschnitt 3.2.3**) die Gestalt

$$\begin{pmatrix} 1 & * & \ldots & * & * & \ldots & * \\ 0 & 1 & \ldots & * & * & \ldots & * \\ & \ddots & & & \vdots & & \\ 0 & 0 & \ldots & 1 & * & \ldots & * \\ \hline 0 & 0 & \ldots & 0 & 0 & \ldots & 0 \\ & & \vdots & & & & \\ 0 & 0 & \ldots & 0 & 0 & \ldots & 0 \end{pmatrix} \begin{pmatrix} x_1 \\ x_2 \\ \vdots \\ x_r \\ x_{r+1} \\ \vdots \\ x_n \end{pmatrix} = \begin{pmatrix} \tilde{b}_1 \\ \tilde{b}_2 \\ \vdots \\ \tilde{b}_r \\ \tilde{b}_{r+1} \\ \vdots \\ \tilde{b}_m \end{pmatrix}. \quad (3.12)$$

Erweist sich eine der Zahlen $\tilde{b}_{r+1}, \ldots, \tilde{b}_m$ *verschieden* von Null, so ist offenbar $r = \text{rang } \tilde{A} \neq \text{rang}(\tilde{A}|\tilde{b}) = r + 1$, und das Gleichungssystem ist nicht lösbar. Andernfalls können die $n - r$ Variablen $x_{r+1}, \ldots, x_n$ beliebig reell gewählt werden (freie Parameter). Bringt man die mit ihnen behafteten Terme dann auf die rechte Seite des Gleichungssystems (3.12), so hat das verbleibende Gleichungssystem von r Gleichungen und r Variablen eine Koeffizientenmatrix des Ranges r, ist also *eindeutig* lösbar.

Lösung linearer Gleichungssysteme mit dem Gauß-Algorithmus

Beispiel 3.78

1. Das Gleichungssystem
$$\begin{pmatrix} 1 & 2 & -1 \\ 2 & 3 & 4 \\ -1 & 1 & 0 \end{pmatrix} \begin{pmatrix} x_1 \\ x_2 \\ x_3 \end{pmatrix} = \begin{pmatrix} 0 \\ 1 \\ 2 \end{pmatrix}$$

soll gelöst werden. Die oben beschriebenen Umformungen führen zur Trapezform der Koeffizientenmatrix, wobei die rechten Seiten mit umgeformt werden:

$$\begin{pmatrix} 1 & 2 & -1 & | & 0 \\ 2 & 3 & 4 & | & 1 \\ -1 & 1 & 0 & | & 2 \end{pmatrix} \to \begin{pmatrix} 1 & 2 & -1 & | & 0 \\ 0 & -1 & 6 & | & 1 \\ 0 & 3 & -1 & | & 2 \end{pmatrix} \to \begin{pmatrix} 1 & 2 & -1 & | & 0 \\ 0 & 1 & -6 & | & -1 \\ 0 & 3 & -1 & | & 2 \end{pmatrix} \to$$

$$\begin{pmatrix} 1 & 2 & -1 & | & 0 \\ 0 & 1 & -6 & | & -1 \\ 0 & 0 & 17 & | & 5 \end{pmatrix} \to \begin{pmatrix} 1 & 2 & -1 & | & 0 \\ 0 & 1 & -6 & | & -1 \\ 0 & 0 & 1 & | & 5/17 \end{pmatrix}.$$

3.4 Lineare Gleichungssysteme

Das Gleichungssystem ist eindeutig lösbar ($r = n = 3$), und die Lösungen werden, beginnend mit der letzten Gleichung im umgeformten Gleichungssystem, ermittelt als

$$x_3 = \frac{5}{17},$$
$$x_2 = -1 + 6x_3 = -1 + 6\frac{5}{17} = \frac{13}{17},$$
$$x_1 = x_3 - 2x_2 = \frac{5}{17} - 2\frac{13}{17} = -\frac{21}{17}.$$

2. Für ein lineares Gleichungssystem $Ax = b$ haben die oben beschriebenen Umformungen zunächst ergeben:

$$(\tilde{A}|\tilde{b}) = \begin{pmatrix} 1 & 2 & 0 & 0 & | & -4 \\ 0 & 0 & 1 & 0 & | & 1 \\ 0 & 0 & 0 & 1 & | & 3 \end{pmatrix}.$$

Einparametrische Lösung

Die Trapezgestalt erhält man nach *Vertauschen der zweiten mit der dritten und der dritten mit der vierten Spalte*, sodass die Reihenfolge der Variablen jetzt x_1, x_3, x_4, x_2 lautet:

$$\begin{pmatrix} 1 & 0 & 0 & 2 & | & -4 \\ 0 & 1 & 0 & 0 & | & 1 \\ 0 & 0 & 1 & 0 & | & 3 \end{pmatrix}.$$

Man liest $r = 3$ und $n = 4$ ab, d. h. das Gleichungssystem hat einen freien Parameter. Wählt man $x_2 = t \in \mathbb{R}$, so ergibt sich wieder, beginnend mit der letzten Gleichung im umgeformten Gleichungssystem,

$$\begin{aligned} x_2 &= t, \\ x_4 &= 3, \\ x_3 &= 1, \\ x_1 &= -4 - 2x_2 = -4 - 2t, \end{aligned} \quad \text{oder} \quad x = \begin{pmatrix} x_1 \\ x_2 \\ x_3 \\ x_4 \end{pmatrix} = \begin{pmatrix} -4 \\ 0 \\ 1 \\ 3 \end{pmatrix} + t \begin{pmatrix} -2 \\ 1 \\ 0 \\ 0 \end{pmatrix}.$$

3. Das zum obigen Beispiel gehörende *homogene Gleichungssystem* lautet in Trapezgestalt $\begin{pmatrix} 1 & 0 & 0 & 2 & | & 0 \\ 0 & 1 & 0 & 0 & | & 0 \\ 0 & 0 & 1 & 0 & | & 0 \end{pmatrix}$ und hat die Lösung $x = \begin{pmatrix} x_1 \\ x_2 \\ x_3 \\ x_4 \end{pmatrix} = t \begin{pmatrix} -2 \\ 1 \\ 0 \\ 0 \end{pmatrix}$, $t \in \mathbb{R}$.

Zugehöriges homogenes Gleichungssystem

4. Zwei Gleichungssysteme mit derselben Koeffizientenmatrix können gleichzeitig umgeformt werden, indem man beide rechte Seiten gleichzeitig umformt. Seien $\tilde{b}_1$ und $\tilde{b}_2$ die umgeformten rechten Seiten solcher Gleichungssysteme $Ax = b_1$ und $Ax = b_2$ mit

$$(\tilde{A}|\tilde{b}_1|\tilde{b}_2) = \begin{pmatrix} 1 & 0 & 3 & 0 & 7 & 2 & | & 1 & | & 1 \\ 0 & 1 & 2 & 1 & 5 & 7 & | & 1 & | & 1 \\ 0 & 0 & 1 & 2 & -1 & 0 & | & 3 & | & 3 \\ 0 & 0 & 0 & 0 & 0 & 0 & | & 0 & | & 4 \end{pmatrix}.$$

Lösbares und nicht lösbares Gleichungssystem mit derselben Koeffizientenmatrix

Das erste der beiden Gleichungssysteme ist lösbar mit $r = 3$ und $n = 6$. Man erhält mit den $n - r = 3$ Parametern $x_6 = u, x_5 = v, x_4 = w, u, v, w \in \mathbb{R}$

$$x = \begin{pmatrix} x_1 \\ x_2 \\ x_3 \\ x_4 \\ x_5 \\ x_6 \end{pmatrix} = \begin{pmatrix} -8 \\ -5 \\ 3 \\ 0 \\ 0 \\ 0 \end{pmatrix} + u \begin{pmatrix} -2 \\ -7 \\ 0 \\ 0 \\ 0 \\ 1 \end{pmatrix} + v \begin{pmatrix} -10 \\ -7 \\ 1 \\ 0 \\ 1 \\ 0 \end{pmatrix} + w \begin{pmatrix} 6 \\ 3 \\ -2 \\ 1 \\ 0 \\ 0 \end{pmatrix}.$$

Die an die Parameter geknüpften Vektoren sind offensichtlich linear unabhängig.

Das zweite Gleichungssystem ist *nicht* lösbar, da die vierte Gleichung auf der linken Seite Null und auf der rechten Seite verschieden von Null ist. Das ist ein Widerspruch. (Es ist rang $A = 3$, rang $(A|b_2) = 4$.)

Lösbarkeit eines parameter-abhängigen Gleichungssystems

5. Für welche reellen Zahlen λ ist das folgende Gleichungssystem lösbar?

$$\begin{aligned} x_1 - 2x_2 + x_3 + x_4 &= 1 \\ x_1 - 2x_2 + x_3 - x_4 &= -1 \\ x_1 - 2x_2 + x_3 + 2x_4 &= \lambda \end{aligned}$$

Die Umformungen zur Trapezgestalt der Koeffizientenmatrix führen zu

$$\begin{pmatrix} 1 & -2 & 1 & 1 & | & 1 \\ 1 & -2 & 1 & -1 & | & -1 \\ 1 & -2 & 1 & 2 & | & \lambda \end{pmatrix} \rightarrow \begin{pmatrix} 1 & -2 & 1 & 1 & | & 1 \\ 0 & 0 & 0 & -2 & | & -2 \\ 0 & 0 & 0 & 1 & | & \lambda-1 \end{pmatrix} \rightarrow \begin{pmatrix} 1 & -2 & 1 & 1 & | & 1 \\ 0 & 0 & 0 & 1 & | & 1 \\ 0 & 0 & 0 & 0 & | & \lambda-2 \end{pmatrix}.$$

Für $\lambda = 2$ ist das lineare Gleichungssystem lösbar, für $\lambda \neq 2$ ist es *nicht* lösbar.

Aufstellen eines linearen Gleichungssystems

Beispiel 3.79

Jede Seite eines Skripts in „Mathematik", „Programmieren" und „Numerische Methoden" für Bauingenieure muss erdacht, geschrieben und kontrolliert werden. Pro Seite des Skripts in „Mathematik" werden für das Erdenken 1 Stunde, das Schreiben 1.5 Stunden und das Kontrollieren 0.25 Stunden benötigt, pro Seite des Skripts in „Programmieren" für das Erdenken 1.5 Stunden, das Schreiben 2.5 Stunden und das Kontrollieren 0.75 Stunden und pro Seite in „Numerische Methoden" für das Erdenken 2 Stunden, das Schreiben 2 Stunden und das Kontrollieren 0.5 Stunden. Es wurden insgesamt 590 Stunden gedacht, 790 Stunden geschrieben und 185 Stunden kontrolliert. Wie viel Seiten haben die Skripte?

Die gesuchten Seitenzahlen für die Skripte in „Mathematik", „Programmieren" und „Numerische Methoden" seien entsprechend mit a, b und c bezeichnet. Wird für eine Seite des Skripts in „Mathematik" 1 Stunde gedacht, so wird für a Seiten des Skripts a-mal soviel, also a Stunden, gedacht. Für b Seiten des Skripts in „Programmieren" werden entsprechend $1.5b$ Stunden und für c Seiten des Skripts in „Numerische Methoden" $2c$ Stunden gedacht. Zusammen werden somit $a + 1.5b + 2c$ Stunden gedacht, laut Aufgabenstellung sind das 590 Stunden. Daraus ergibt sich die Gleichung

$$a + 1.5b + 2c = 590.$$

Entsprechende Überlegungen für das Schreiben und Kontrollieren führen zu den Gleichungen

$$\begin{aligned} 1.5a + 2.5b + 2c &= 790, \\ 0.25a + 0.75b + 0.5c &= 185. \end{aligned}$$

Diese drei Gleichungen bilden zusammen ein lineares Gleichungssystem bezüglich der gesuchten Seitenzahlen a, b und c. Seine Matrixschreibweise lautet

$$\begin{pmatrix} 1 & 1.5 & 2 \\ 1.5 & 2.5 & 2 \\ 0.25 & 0.75 & 0.5 \end{pmatrix} \begin{pmatrix} a \\ b \\ c \end{pmatrix} = \begin{pmatrix} 590 \\ 790 \\ 185 \end{pmatrix}.$$

Es kann mit dem Gauß-Algorithmus gelöst werden. Mit den schrittweisen Umformungen

$$\begin{pmatrix} 1 & 1.5 & 2 & | & 590 \\ 1.5 & 2.5 & 2 & | & 790 \\ 0.25 & 0.75 & 0.5 & | & 185 \end{pmatrix} \rightarrow \begin{pmatrix} 1 & 1.5 & 2 & | & 590 \\ 0 & 0.25 & -1 & | & -95 \\ 0 & 0.375 & 0 & | & 37.5 \end{pmatrix} \rightarrow \begin{pmatrix} 1 & 1.5 & 2 & | & 590 \\ 0 & 1 & 0 & | & 100 \\ 0 & 0 & 1 & | & 120 \end{pmatrix}$$

folgt der Rang 3 sowohl für die Koeffizientenmatrix als auch für die erweiterte Koeffizientenmatrix. Da die Anzahl der Unbekannten ebenfalls 3 beträgt, ist das Gleichungssystem eindeutig lösbar. Aus der letzten Zeile erhält man unmittelbar $c = 120$ und aus der zweiten $b = 100$. Nach Einsetzen von b und c in die erste Zeile $a + 1.5b + 2c = 590$ und Umstellen nach a folgt $a = 200$.

Das Skript in „Mathematik" hat 200 Seiten, das Skript in „Programmieren" 100 Seiten und das Skript in „Numerische Methoden" 120 Seiten.

Eigenschaften homogener linearer Gleichungssysteme

1. Homogene Gleichungssysteme $Ax = O$, $A \in \mathbb{R}^{m \times n}$, $x \in \mathbb{R}^n$, $O \in \mathbb{R}^m$ sind immer lösbar. Der Nullvektor ist offenbar immer eine Lösung.

2. Ist n die Anzahl der Unbekannten und r der Rang der Koeffizientenmatrix, so existieren genau $n - r$ linear unabhängige Lösungsvektoren (siehe **Abschnitt 3.1.3**). Sie werden **Fundamentalsystem** genannt.

3. Jeder weitere Lösungsvektor ist Linearkombination der Lösungsvektoren des Fundamentalsystems.

4. Die Menge aller Lösungsvektoren bildet einen linearen Unterraum des $\mathbb{R}^n$ (siehe **Abschnitt 3.1.4**). Seine Basis ist jedes Fundamentalsystem von $n - r$ linear unabhängigen Lösungsvektoren, und seine Dimension ist demzufolge $n - r$.

Eigenschaften inhomogener Gleichungssysteme

1. Ist $Ax = b$, $A \in \mathbb{R}^{m \times n}$, $x \in \mathbb{R}^n$, $b \in \mathbb{R}^m$ ein inhomogenes lineares Gleichungssystem und $Ax = O$ das zugehörige homogene Gleichungssystem, so ergibt sich jede Lösung des inhomogenen Gleichungssystems aus der Summe *einer speziellen* Lösung des inhomogenen Systems und einer *beliebigen* Linearkombination von Lösungsvektoren des Fundamentalsystems.

2. Der folgende Satz führt die *eindeutige* Lösbarkeit eines linearen Gleichungssystems zurück auf die Lösungsmenge des homogenen Gleichungssystems mit transponierter Koeffizientenmatrix:

Entweder das lineare Gleichungssystem $Ax = b$ hat eine *eindeutige* Lösung oder das homogene Gleichungssystem $A^\top x = O$ hat mindestens eine nichttriviale (d. h. vom Nullvektor verschiedene) Lösung.

Erik Ivar Fredholm (*7. April 1866 in Stockholm, † 17. August 1927 in Mörby bei Stockholm)

schwedischer Mathematiker, Professor für Mathematik an der Universität Stockholm, Mitglied des Internationalen Komitees für Maße und Gewichte

Partielle Differentialgleichungen in der Elastizitätstheorie, Begründer der modernen Theorie der Integralgleichungen und Spektraltheorie

hier: Fredholm-Alternative

Satz 3.80
Fredholm-Alternative

3.4.4 Die Cramersche Regel

Betrachtet werden Gleichungssysteme mit *quadratischen* Koeffizientenmatrizen der Dimension $n \times n$. Diese sind nach **Satz 3.76** genau dann eindeutig lösbar, wenn der gemeinsame Rang von Koeffizientenmatrix und erweiterter Koeffizientenmatrix gleich n ist. Das ist genau dann der Fall, wenn der Rang der Koeffizientenmatrix gleich n ist, d. h. wenn sie invertierbar ist (siehe **Satz 3.56**) bzw. ihre Determinante verschieden von Null ist (siehe **Satz 3.66**).

Satz 3.81

Cramersche Regel

Sei $A \in \mathbb{R}^{n \times n}$ eine Matrix mit $\det A \neq 0$ und $b \in \mathbb{R}^n$ ein Vektor. Dann hat das lineare Gleichungssystem $Ax = b$ die *eindeutig* bestimmte Lösung $x = (x_1, \ldots x_n)^\top$ mit

$$x_i = \frac{\det C_i}{\det A}, \; i = 1, \ldots, n.$$

Dabei ist C_i die Matrix, die man erhält, wenn man den i-ten Spaltenvektor von A durch b ersetzt.

Gabriel Cramer (* 31. Juli 1704 in Genf, † 4. Januar 1752 in Bagnols-sur Cèze, Frankreich)

schweizerischer Mathematiker, Professor für Mathematik an der Universität Genf

Erkenntnisse über algebraische Kurven, Schriften zur Geschichte der Mathematik und Rechts- und Staatsphilosophie, Beteiligung an Militär- und Rüstungsprojekten der Regierung, Berater bei Kircheninstandsetzungen

hier: Cramersche Regel zur Lösung linearer Gleichungssysteme

Beispiel 3.82

Gesucht ist die Lösung des quadratischen Gleichungssystems

$$\begin{aligned} x_1 + 2x_2 + 3x_3 &= 1 \\ -x_1 + 3x_2 - x_3 &= 0 \\ 2x_1 - x_2 + x_3 &= -1 \end{aligned}.$$

Es ist $A = \begin{vmatrix} 1 & 2 & 3 \\ -1 & 3 & -1 \\ 2 & -1 & 1 \end{vmatrix}$, $C_1 = \begin{vmatrix} 1 & 2 & 3 \\ 0 & 3 & -1 \\ -1 & -1 & 1 \end{vmatrix}$, $C_2 = \begin{vmatrix} 1 & 1 & 3 \\ -1 & 0 & -1 \\ 2 & -1 & 1 \end{vmatrix}$, $C_3 = \begin{vmatrix} 1 & 2 & 1 \\ -1 & 3 & 0 \\ 2 & -1 & -1 \end{vmatrix}$,

$|A| = -15$, $|C_1| = 13$, $|C_2| = 1$, $|C_3| = -10$

und nach **Satz 3.81**

$$x_1 = -\frac{13}{15}, \; x_2 = -\frac{1}{15}, \; x_3 = -\frac{10}{15}.$$

3.4.5 Berechnung der Inversen

Sei $A \in \mathbb{R}^{n \times n}$ wieder eine Matrix mit $\det A \neq 0$, sodass ihre Inverse $X = A^{-1}$ existiert. Gesucht ist diese Inverse.

Die Spaltenvektoren der gesuchten Inversen X seien mit $x^1, \ldots, x^n$ bezeichnet. X muss Gleichung (3.6) erfüllen, d.h. es muss

$$AX = A\left(x^1 \big| x^2 \big| \ldots \big| x^n\right) = \left(e^1 \big| e^2 \big| \ldots \big| e^n\right) = E_n$$

sein, wobei $e^1, \ldots, e^n$ die kanonischen Vektoren sind. Das bedeutet, dass n Gleichungssysteme mit derselben Koeffizientenmatrix A und den rechten Seiten $e^1, \ldots, e^n$ zu lösen sind. Formt man dabei mit den zulässigen Umformungen (siehe **Abschnitt 3.4.3**) die Koeffizientenmatrix nicht nur zur Trapezform (in diesem Fall zur oberen Dreiecksmatrix) um, sondern bis zur Einheitsmatrix, so können die Lösungen als Spalten auf den rechten Seiten direkt abgelesen werden. Man erhält also unmittelbar die Inverse.

3.4 Lineare Gleichungssysteme

Berechnung der Inversen mit dem Gauß-Algorithmus

Beispiel 3.83

Gesucht ist die Inverse der Matrix $A = \begin{pmatrix} 1 & 2 & 0 \\ 2 & 1 & 3 \\ 1 & 3 & 1 \end{pmatrix}$.

Die oben beschriebenen Umformungen zur Einheitsmatrix mit Hilfe des Gauß-Algorithmus ergeben

$$\left(\begin{array}{ccc|ccc} 1 & 2 & 0 & 1 & 0 & 0 \\ 2 & 1 & 3 & 0 & 1 & 0 \\ 1 & 3 & 1 & 0 & 0 & 1 \end{array}\right) \rightarrow \left(\begin{array}{ccc|ccc} 1 & 2 & 0 & 1 & 0 & 0 \\ 0 & -3 & 3 & -2 & 1 & 0 \\ 0 & 1 & 1 & -1 & 0 & 1 \end{array}\right) \rightarrow$$

$$\left(\begin{array}{ccc|ccc} 1 & 2 & 0 & 1 & 0 & 0 \\ 0 & 1 & -1 & 2/3 & -1/3 & 0 \\ 0 & 0 & 2 & -5/3 & 1/3 & 1 \end{array}\right) \rightarrow \left(\begin{array}{ccc|ccc} 1 & 2 & 0 & 1 & 0 & 0 \\ 0 & 1 & -1 & 2/3 & -1/3 & 0 \\ 0 & 0 & 1 & -5/6 & 1/6 & 1/2 \end{array}\right) \rightarrow$$

$$\left(\begin{array}{ccc|ccc} 1 & 2 & 0 & 1 & 0 & 0 \\ 0 & 1 & 0 & -1/6 & -1/6 & 1/2 \\ 0 & 0 & 1 & -5/6 & 1/6 & 1/2 \end{array}\right) \rightarrow \left(\begin{array}{ccc|ccc} 1 & 0 & 0 & 4/3 & 1/3 & -1 \\ 0 & 1 & 0 & -1/6 & -1/6 & 1/2 \\ 0 & 0 & 1 & -5/6 & 1/6 & 1/2 \end{array}\right).$$

Die Inverse von A ist daher $A^{-1} = \begin{pmatrix} 4/3 & 1/3 & -1 \\ -1/6 & -1/6 & 1/2 \\ -5/6 & 1/6 & 1/2 \end{pmatrix}$.

Zusammenhang zwischen der Inversen und der Lösung linearer Gleichungssysteme

Sei $A \in \mathbb{R}^{n \times n}$ eine *quadratische* Matrix mit $\det A \neq 0$ und $Ax = b$, $x, b \in \mathbb{R}^n$ ein lineares Gleichungssystem. Multipliziert man von links mit der Inversen A^{-1}, so folgt

$$A^{-1}Ax = A^{-1}b$$

und wegen $A^{-1}A = E_n$ und $E_n x = x$

$$x = A^{-1}b.$$

Das Lösen quadratischer linearer Gleichungssysteme ist daher gleichbedeutend mit der Multiplikation der Inversen der Koeffizientenmatrix (falls diese existiert) mit dem Vektor der rechten Seite.

3.5 Anwendungen an Beispielen

3.5.1 Professor B. Tonstein und die Werkstoffe

Ausgangssituation Der Professor B. Tonstein entwickelt neue Werkstoffe. Für einen Probekörper des Werkstoffes W_1, W_2, W_3 benötigt er jeweils die folgenden Mengen (in g) an Bestandteilen B_1, B_2, B_3, die in der Tabelle aufgeführt sind:

	B_1	B_2	B_3
W_1	100	120	50
W_2	150	200	70
W_3	130	180	30

Insgesamt stehen im Labor für die Versuche 5.6 kg des Bestandteils B_1, 7.4 kg des Bestandteils B_2 und 2.05 kg des Bestandteils B_3 zur Verfügung. Wie viele Probekörper der Werkstoffe W_1, W_2, W_3 kann er herstellen, wenn er die Laborvorräte vollständig aufbraucht?

Lösungsweg Laut Tabelle werden zur Fertigung *eines* Probekörpers des Werkstoffes W_1 100 g des Bestandteils B_1, 150 g des Bestandteils B_2 und 130 g des Bestandteils B_3 benötigt. Bezeichnet man die gesuchte Anzahl von Probekörpern des Werkstoffes W_1 mit w_1, die des Werkstoffes W_2 mit w_2 und die des Werkstoffes W_3 mit w_3, so enthalten die w_1 Probekörper $100w_1$ g des Bestandteils B_1, die w_2 Probekörper $150w_2$ g des Bestandteils B_1 und die w_3 Probekörper $130w_3$ g des Bestandteils B_1. Zusammen werden also $100w_1 + 150w_2 + 130w_3$ g des Bestandteils B_1 benötigt. Wenn der Laborvorrat am Bestandteil B_1 (5.6 kg = 5600 g) dafür vollständig aufgebraucht wird, so ergibt sich die Gleichung

$$100w_1 + 150w_2 + 130w_3 = 5600.$$

Durch analoge Überlegungen erhält man als Bilanzen für die Bestandteile B_2 und B_3 die Gleichungen

$$120w_1 + 200w_2 + 180w_3 = 7400,$$
$$50w_1 + 70w_2 + 30w_3 = 2050.$$

Diese drei Gleichungen zusammen bilden ein lineares Gleichungssystem bezüglich der gesuchten Anzahlen w_1, w_2 und w_3. Seine Matrixschreibweise lautet

$$\begin{pmatrix} 100 & 150 & 130 \\ 120 & 200 & 180 \\ 50 & 70 & 30 \end{pmatrix} \begin{pmatrix} w_1 \\ w_2 \\ w_3 \end{pmatrix} = \begin{pmatrix} 5600 \\ 7400 \\ 2050 \end{pmatrix}.$$

Es kann mit dem Gauß-Algorithmus (oder mit der Cramerschen Regel, da die Koeffizientenmatrix quadratisch ist), gelöst werden. Der Gauß-Algorithmus ergibt schrittweise die Umformungen

$$\begin{pmatrix} 10 & 15 & 13 & | & 560 \\ 12 & 20 & 18 & | & 740 \\ 5 & 7 & 3 & | & 205 \end{pmatrix} \rightarrow \begin{pmatrix} 1 & 1.5 & 1.3 & | & 56 \\ 6 & 10 & 9 & | & 370 \\ 5 & 7 & 3 & | & 205 \end{pmatrix}$$

$$\rightarrow \begin{pmatrix} 1 & 1.5 & 1.3 & | & 56 \\ 0 & 1 & 1.2 & | & 34 \\ 0 & -0.5 & -3.5 & | & -75 \end{pmatrix} \rightarrow \begin{pmatrix} 1 & 1.5 & 1.3 & | & 56 \\ 0 & 1 & 1.2 & | & 34 \\ 0 & 0 & 1 & | & 20 \end{pmatrix}.$$

Aus der letzten Zeile erhält man unmittelbar $w_3 = 20$. Nach Einsetzen von w_3 in die zweite Zeile $w_2 + 1.2w_3 = 34$ und Umstellen nach w_2 folgt $w_2 = 10$.

Nach Einsetzen von w_3 und w_2 in die erste Zeile $w_1 + 1.5w_2 + 1.3w_3 = 56$ und Umstellen nach w_1 folgt $w_1 = 15$.

Ergebnis

Professor B. Tonstein kann 15 Probekörper des Werkstoffes W_1, 10 Probekörper des Werkstoffes W_2 und 20 Probekörper des Werkstoffes W_3 herstellen.

3.5.2 Produktion von Einzelteilen

Ausgangssituation

Für die Produktion von Einzelteilen der Typen 1,2 und 3 benötigt eine Firma zwei verschiedene Materialarten. Um ein Einzelteil des Typs 1 herzustellen, benötigt man sechs Einheiten des ersten und fünf Einheiten des zweiten Materials; um ein Einzelteil des Typs 2 herzustellen, benötigt man acht Einheiten des ersten und vier Einheiten des zweiten Materials; um ein Einzelteil des Typs 3 herzustellen, benötigt man drei Einheiten des ersten und sieben Einheiten des zweiten Materials. Vom ersten Material stehen 640 Einheiten und vom zweiten 490 Einheiten zur Verfügung. Welche Stückzahlen der Einzelteile der Typen 1, 2 und 3 können hergestellt werden, wenn das gesamte zur Verfügung stehende Material vollständig verbraucht wird?

Lösungsweg

Bezeichnet man die Stückzahlen der Einzelteile vom Typ 1 mit x_1, vom Typ 2 mit x_2 und vom Typ 3 mit x_3, so ergeben sich für den für ihre Produktion erforderlichen Verbrauch des ersten bzw. zweiten Materials die Gleichungen

$$6x_1 + 8x_2 + 3x_3 = 640,$$
$$5x_1 + 4x_2 + 7x_3 = 490.$$

Man erhält für dieses Gleichungssystem aus zwei Gleichungen mit den drei Unbekannten x_1, x_2 und x_3 folgende Umformungen zur Trapezgestalt (dabei gewinnt man die erste Umformung durch Subtraktion der zweiten von der ersten Gleichung des Systems):

$$\begin{pmatrix} 6 & 8 & 3 & | & 640 \\ 5 & 4 & 7 & | & 490 \end{pmatrix} \rightarrow \begin{pmatrix} 1 & 4 & -4 & | & 150 \\ 5 & 4 & 7 & | & 490 \end{pmatrix} \rightarrow \begin{pmatrix} 1 & 4 & -4 & | & 150 \\ 0 & 1 & -27/16 & | & 260/16 \end{pmatrix}.$$

Der gemeinsame Rang von Koeffizienten- und erweiterter Koeffizientenmatrix ist $r = 2$, die Anzahl der Unbekannten $n = 3$ und daher der Freiheitsgrad des Gleichungssystems $f = n - r = 1$. Zur Angabe der unendlich vielen

Lösungen des Gleichungssystems wird der Parameter $t \in \mathbb{R}$ verwendet. Mit $x_3 = t$ erhält man

$$\begin{pmatrix} x_1 \\ x_2 \\ x_3 \end{pmatrix} = \begin{pmatrix} 85 \\ 260/16 \\ 0 \end{pmatrix} + t \begin{pmatrix} -11/4 \\ 27/16 \\ 1 \end{pmatrix}.$$

Da x_1, x_2 und x_3 Stückzahlen sind, sind sie nichtnegativ und ganzzahlig. Man erhält aus

$$\begin{array}{rlll} x_1 = & 85 - 11t/4 & \geq 0 \quad \text{die Bedingung} \quad t \leq 340/11, \\ x_2 = & (260 + 27t)/16 & \geq 0 \quad \text{die Bedingung} \quad t \geq -27/260, \\ x_3 = & t & \geq 0 \quad \text{die Bedingung} \quad t \geq 0, \end{array}$$

insgesamt für den Parameter t also das Intervall $t \in [0, 340/11]$.

Da x_3 ganzzahlig ist, muss t ganzzahlig sein. Im angegebenen Intervall kommen dafür die Zahlen $t = 0, 1, 2, \ldots, 30$ in Frage.

Da x_2 ganzzahlig ist, muss $(260+27t)/16 = 16+t+(4+11t)/16$ ganzzahlig sein, d. h. $4 + 11t$ durch 16 teilbar sein. Das ist im angegebenen Intervall nur für $t = 4$ und für $t = 20$ der Fall.

Da x_1 ganzzahlig ist, muss $85 - 11t/4$ ganzzahlig sein. Sowohl für die jetzt noch möglichen Parameter $t = 4$ bzw. $t = 20$ ist das der Fall.

Für $t = 4$ erhält man $x_1 = 74$, $x_2 = 23$, $x_3 = 4$.

Für $t = 20$ erhält man $x_1 = 30$, $x_2 = 50$, $x_3 = 20$.

Ergebnis Damit ergeben sich zwei Möglichkeiten der Produktion der Einzelteile: Entweder werden 74 Einzelteile des Typs 1, 23 des Typs 2 und 4 des Typs 3 oder 30 Einzelteile des Typs 1, 50 des Typs 2 und 20 des Typs 3 hergestellt.

3.5.3 Berechnung von Stabkräften

Ausgangssituation Gegeben ist ein gelenkig gelagertes Fachwerk mit den Knoten A, B und C und den äußeren Belastungen $F_A(F_{AH}, F_{AV})$, $F_B(F_{BH}, F_{BV})$, $F_C(F_{CH}, F_{CV})$ in diesen Knoten wie in **Abb. 3.10**. Die Winkel α und β sind dabei ebenfalls gegeben, $0 < \alpha, \beta < \pi$, $0 < \alpha + \beta < \pi$.

Ermittelt werden sollen die Auflagerreaktionen R_{AH}, R_{AV} und R_{BV} sowie die Beträge der Stabkräfte S_{AB}, S_{AC}, S_{BC}.

Lösungsweg Werden diese Beträge mit s_{AB}, s_{AC}, s_{BC} bezeichnet, so haben die Stabvektoren folgende Komponenten:

$S_{AB}(s_{AB}, 0)$, $S_{AC}(s_{AC} \cos \alpha, s_{AC} \sin \alpha)$,
$S_{BC}(s_{BC} \cos(\pi - \beta), s_{BC} \sin(\pi - \beta))$.

3.5 Anwendungen an Beispielen

Im Knoten A herrscht Kräftegleichgewicht, d. h. es gilt

$R_A + S_{AB} + S_{AC} + F_A = O$.

In Komponentenschreibweise erhält man die beiden skalaren Gleichungen

$$\begin{aligned} R_{AH} + s_{AB} + s_{AC}\cos\alpha + F_{AH} &= 0, \\ R_{AV} \phantom{+ s_{AB}} + s_{AC}\sin\alpha + F_{AV} &= 0. \end{aligned} \quad (3.13)$$

Das Kräftegleichgewicht im Knoten B liefert die Vektorgleichung

$R_B - S_{AB} + S_{BC} + F_B = O$

bzw. in Komponentenschreibweise

$$\begin{aligned} \phantom{R_{BV}} - s_{AB} + s_{BC}\cos(\pi-\beta) + F_{BH} &= 0, \\ R_{BV} \phantom{- s_{AB}} + s_{BC}\sin(\pi-\beta) + F_{BV} &= 0. \end{aligned} \quad (3.14)$$

Schließlich ergibt das Kräftegleichgewicht im Knoten C

$-S_{AC} - S_{BC} + F_C = O$

bzw. in Komponentenschreibweise

$$\begin{aligned} -s_{AC}\cos\alpha - s_{BC}\cos(\pi-\beta) + F_{CH} &= 0, \\ -s_{AC}\sin\alpha - s_{BC}\sin(\pi-\beta) + F_{CV} &= 0. \end{aligned} \quad (3.15)$$

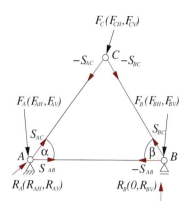

Abb. 3.10 Fachwerk mit Belastungen

Die Gleichungen (3.13), (3.14), (3.15) liefern bezüglich der Auflagerreaktionen R_{AH}, R_{AV} und R_{BV} und der Beträge s_{AB}, s_{AC}, s_{BC} der Stabkräfte folgendes lineare Gleichungssystem in Matrixschreibweise:

$$\begin{pmatrix} 1 & 0 & 0 & 1 & \cos\alpha & 0 \\ 0 & 1 & 0 & 0 & \sin\alpha & 0 \\ 0 & 0 & 0 & -1 & 0 & \cos(\pi-\beta) \\ 0 & 0 & 1 & 0 & 0 & \sin(\pi-\beta) \\ 0 & 0 & 0 & 0 & -\cos\alpha & -\cos(\pi-\beta) \\ 0 & 0 & 0 & 0 & -\sin\alpha & -\sin(\pi-\beta) \end{pmatrix} \begin{pmatrix} R_{AH} \\ R_{AV} \\ R_{BV} \\ s_{AB} \\ s_{AC} \\ s_{BC} \end{pmatrix} = \begin{pmatrix} -F_{AH} \\ -F_{AV} \\ -F_{BH} \\ -F_{BV} \\ -F_{CH} \\ -F_{CV} \end{pmatrix}.$$

Ergebnis

Es ist eindeutig lösbar.

Das Vorgehen lässt sich auf statisch bestimmte Fachwerke verallgemeinern.

3.5.4 Zerlegung einer Kraft

Die drei Stäbe eines Tragbockes führen von der Spitze S in Richtung der drei Vektoren

Ausgangssituation

$$a = \begin{pmatrix} 1 \\ 0 \\ 0 \end{pmatrix}, \; b = \frac{1}{\sqrt{2}}\begin{pmatrix} 1 \\ -1 \\ 0 \end{pmatrix}, \; c = \frac{1}{\sqrt{11}}\begin{pmatrix} 1 \\ 1 \\ -3 \end{pmatrix}.$$

zu den Befestigungen in den Punkten A, B und C. In Spitze S zieht die Kraft $K = 60\,\text{N} \begin{pmatrix} 0 \\ 1 \\ -1 \end{pmatrix}$ und ruft in A, B, C die Lagerreaktionen $K_A = \alpha a$, $K_B = \beta b$ und $K_A = \gamma c$ hervor. Gesucht sind diese Lagerreaktionen.

Lösungsweg Das Kräftegleichgewicht in S liefert die Vektorgleichung

$$K + K_A + K_B + K_C = O$$

bzw. in Matrixschreibweise das lineare Gleichungssystem bezüglich der gesuchten Faktoren α, β, γ:

$$\begin{pmatrix} 1 & 1/\sqrt{2} & 1/\sqrt{11} \\ 0 & -1/\sqrt{2} & 1/\sqrt{11} \\ 0 & 0 & -3/\sqrt{11} \end{pmatrix} \begin{pmatrix} \alpha \\ \beta \\ \gamma \end{pmatrix} = \begin{pmatrix} 0 \\ -60 \\ 60 \end{pmatrix} \quad \text{(in N)}.$$

Es hat die Lösung $\alpha = -20\,\text{N}$, $\beta = 40\sqrt{2}\,\text{N}$, $\gamma = -20\sqrt{11}\,\text{N}$.

Ergebnis Die Lagerreaktionen sind somit

$$K_A = \begin{pmatrix} 20 \\ 0 \\ -0 \end{pmatrix} \text{ (in N)}, \qquad K_B = \begin{pmatrix} 40 \\ -40 \\ -0 \end{pmatrix} \text{ (in N)},$$

$$K_C = \begin{pmatrix} -20 \\ -20 \\ 60 \end{pmatrix} \text{ (in N)}.$$

3.5.5 Schwerpunkt eines Punkt-Massen-Systems

Ausgangssituation Gegeben seien die drei Punkte im Raum: $P_1(x_1, y_1, z_1)$, $P_2(x_2, y_2, z_2)$, $P_3(x_3, y_3, z_3)$. In diesen Punkten sind solche Massen m_1, m_2, m_3 anzubringen, dass der Ursprung des Koordinatensystems Schwerpunkt dieses Punkt-Massen-Systems wird.
Wie müssen die Massen m_1, m_2, m_3 für die Punkte $P_1(-1,\ 0,\ 1)$, $P_2(1,\ 2,\ 3)$, $P_3(0.5,\ -0.5,\ -1.5)$ gewählt werden?
Wie müssen die drei Punkte im allgemeinen Fall liegen, damit die Aufgabe überhaupt lösbar ist?

Lösungsweg Der Schwerpunkt S des angegebenen Punkt-Massen-Systems hat die Koordinaten

$$x_S = \frac{\sum_{i=1}^{3} m_i x_i}{\sum_{i=1}^{3} m_i}, \qquad y_S = \frac{\sum_{i=1}^{3} m_i y_i}{\sum_{i=1}^{3} m_i}, \qquad z_S = \frac{\sum_{i=1}^{3} m_i z_i}{\sum_{i=1}^{3} m_i}.$$

Wenn der Schwerpunkt der Koordinatenursprung mit den Koordinaten $x_S = 0$, $y_S = 0$, $z_S = 0$ sein soll, so ergibt sich bezüglich der gesuchten Massen m_i, $i = 1, 2, 3$ das lineare Gleichungssystem aus den drei Gleichungen

$$\sum_{i=1}^{3} m_i x_i = 0, \quad \sum_{i=1}^{3} m_i y_i = 0, \quad \sum_{i=1}^{3} m_i z_i = 0 \tag{3.16}$$

bzw. mit den angegebenen Koordinaten in Matrixschreibweise

$$\begin{pmatrix} -1 & 1 & 0.5 \\ 0 & 2 & -0.5 \\ 1 & 3 & -1.5 \end{pmatrix} \begin{pmatrix} m_1 \\ m_2 \\ m_3 \end{pmatrix} = \begin{pmatrix} 0 \\ 0 \\ 0 \end{pmatrix}.$$

Ergebnis

Es hat die parameterabhängigen Lösungen

$$\begin{pmatrix} m_1 \\ m_2 \\ m_3 \end{pmatrix} = t \begin{pmatrix} 0.75 \\ 0.25 \\ 1 \end{pmatrix}.$$

Da m_1, m_2 und m_3 Massen sind, muss $t > 0$ gewählt werden.

Damit das homogene lineare Gleichungssystem (3.16) überhaupt von Null verschiedene Lösungen hat, ist es erforderlich, dass die Determinante der Koeffizientenmatrix gleich Null ist. Diese ist das Spatprodukt der Ortsvektoren der Punkte P_1, P_2, P_3. Damit es gleich Null wird, müssen die Punkte P_1, P_2, P_3 zusammen mit dem Koordinatenursprung in einer Ebene liegen.

3.6 Aufgaben

Vektoren, Vektorräume

3.1 Lösen Sie folgende Aufgaben graphisch und kontrollieren Sie das Resultat durch Berechnung!

a) $\begin{pmatrix} 3 \\ 4 \end{pmatrix} + \begin{pmatrix} 2 \\ 1 \end{pmatrix}$ b) $\begin{pmatrix} 1 \\ -3 \end{pmatrix} - \begin{pmatrix} 2 \\ -1 \end{pmatrix}$

c) $\begin{pmatrix} 2 \\ -1 \end{pmatrix} - \begin{pmatrix} 1 \\ -3 \end{pmatrix}$ d) $\begin{pmatrix} 3 \\ 4 \end{pmatrix} - \begin{pmatrix} 1 \\ 2 \end{pmatrix}$

3.2 Bestimmen Sie die folgenden Linearkombinationen von Vektoren!

a) $5 \begin{pmatrix} 1 \\ 2 \\ 3 \\ 4 \\ 5 \end{pmatrix} + 23 \begin{pmatrix} 6 \\ 7 \\ 8 \\ 9 \\ 10 \end{pmatrix}$

b) $13 \begin{pmatrix} 1 \\ 2 \end{pmatrix} + 17 \begin{pmatrix} 3 \\ 4 \end{pmatrix} - 2 \begin{pmatrix} 5 \\ 6 \end{pmatrix} - 4 \begin{pmatrix} 7 \\ 8 \end{pmatrix}$

c) $6 \begin{pmatrix} 1 \\ 2 \\ 3 \end{pmatrix} + 4 \begin{pmatrix} 5 \\ 6 \end{pmatrix}$

3.3 Sind die beiden Vektoren

$$x_1 = \begin{pmatrix} 4 \\ 1 \\ 3 \end{pmatrix} \text{ und } x_2 = \begin{pmatrix} 1 \\ 3 \\ 4 \end{pmatrix}$$

linear unabhängig?

3.4 Stellen Sie die Menge der Punkte (Ortsvektoren)

$$\{x \in \mathbb{R}^2 \mid x = \lambda_1 x^1, \ \lambda_1 \in \mathbb{R}\} \text{ mit } x_1 = \begin{pmatrix} 1 \\ 2 \end{pmatrix}$$

in einem Koordinatensystem graphisch dar.

3.5 Entscheiden Sie jeweils anhand einer Skizze, ob die unter a) bis c) gegebenen Vektoren linear abhängig oder unabhängig sind.

a) $x^1 = \begin{pmatrix} -2 \\ 1 \end{pmatrix}$, $x^2 = \begin{pmatrix} 2 \\ 2 \end{pmatrix}$, $x^3 = \begin{pmatrix} 1 \\ 2 \end{pmatrix}$

b) $x^1 = \begin{pmatrix} -2 \\ 1 \end{pmatrix}$, $x^2 = \begin{pmatrix} 4 \\ -2 \end{pmatrix}$

c) $x^1 = \begin{pmatrix} -2 \\ 1 \end{pmatrix}$, $x^2 = \begin{pmatrix} 2 \\ 2 \end{pmatrix}$

3.6 Bestimmen Sie jeweils anhand einer Skizze die Menge aller Linearkombinationen der gegebenen Vektoren!

a) $\begin{pmatrix} 1 \\ 0 \\ 0 \end{pmatrix}$ **b)** $\begin{pmatrix} 1 \\ 0 \\ 0 \end{pmatrix}, \begin{pmatrix} 5 \\ 0 \\ 0 \end{pmatrix}$

c) $\begin{pmatrix} 1 \\ 0 \\ 0 \end{pmatrix}, \begin{pmatrix} 0 \\ 2 \\ 0 \end{pmatrix}$ **d)** $\begin{pmatrix} 3 \\ 0 \\ 0 \end{pmatrix}, \begin{pmatrix} 2 \\ 1 \\ 0 \end{pmatrix}, \begin{pmatrix} -1 \\ 0 \\ 0 \end{pmatrix}$

e) $\begin{pmatrix} 2 \\ 0 \\ 0 \end{pmatrix}, \begin{pmatrix} 0 \\ 1 \\ 0 \end{pmatrix}, \begin{pmatrix} 0 \\ 0 \\ -3 \end{pmatrix}$

3.7 Für welche $\alpha \in \mathbb{R}$ sind die Vektoren

$$\begin{pmatrix} 1 \\ 2 \\ 1 \end{pmatrix}, \begin{pmatrix} 1 \\ \alpha \\ -1 \end{pmatrix}, \begin{pmatrix} 1 \\ -2 \\ 1 \end{pmatrix}$$

linear abhängig?

3.8 Bestimmen Sie die Dimension des von den Vektoren

$$\begin{pmatrix} 1 \\ -1 \\ 1 \end{pmatrix}, \begin{pmatrix} 1 \\ 1 \\ 3 \end{pmatrix}, \begin{pmatrix} 1 \\ 2 \\ 5 \end{pmatrix}$$

aufgespannten Unterraumes des $\mathbb{R}^3$!

3.9 Für welche $\alpha \in \mathbb{R}$ ist der von den Vektoren

$$\begin{pmatrix} 3-\alpha \\ 1 \\ 0 \end{pmatrix}, \begin{pmatrix} -1 \\ 2-\alpha \\ -1 \end{pmatrix}, \begin{pmatrix} 0 \\ -1 \\ 3-\alpha \end{pmatrix}$$

aufgespannte Unterraum des $\mathbb{R}^3$ zweidimensional?

3.10 a) Die Einheitsvektoren $e^1 = \begin{pmatrix} 1 \\ 0 \end{pmatrix}$ und $e^2 = \begin{pmatrix} 0 \\ 1 \end{pmatrix}$ des $\mathbb{R}^2$ sind linear unabhängig. Ist $\{e^1, e^2\}$ eine Basis des $\mathbb{R}^2$?

b) Ist $\left\{ \begin{pmatrix} 1 \\ 0 \end{pmatrix}, \begin{pmatrix} 1 \\ 1 \end{pmatrix} \right\}$ eine Basis des $\mathbb{R}^2$?

c) Geben Sie eine Basis für den Vektorraum

$$\left\{ \begin{pmatrix} x_1 \\ x_2 \\ 0 \end{pmatrix}, \ x_1 \in \mathbb{R}, \ x_2 \in \mathbb{R} \right\}$$

an.

3.11 Welche Dimension haben die Vektorräume, die jeweils die Menge aller Linearkombinationen folgender Vektoren sind?

a) $\begin{pmatrix} -1 \\ 3 \\ 1 \end{pmatrix}$ **b)** $\begin{pmatrix} -1 \\ 3 \\ 1 \end{pmatrix}, \begin{pmatrix} -3 \\ -1 \\ 1 \end{pmatrix}, \begin{pmatrix} 0 \\ 5 \\ 0 \end{pmatrix}$

c) $\begin{pmatrix} -1 \\ 3 \\ 1 \end{pmatrix}, \begin{pmatrix} -3 \\ -1 \\ 1 \end{pmatrix}, \begin{pmatrix} -2 \\ 6 \\ 2 \end{pmatrix}, \begin{pmatrix} -3.5 \\ 5.5 \\ 2.5 \end{pmatrix}$

d) $\begin{pmatrix} -1 \\ 3 \\ 1 \end{pmatrix}, \begin{pmatrix} -3 \\ -1 \\ 1 \end{pmatrix}, \begin{pmatrix} -2 \\ 6 \\ 2 \end{pmatrix}, \begin{pmatrix} -3.5 \\ 5.5 \\ 2.5 \end{pmatrix}, \begin{pmatrix} 0 \\ 5 \\ 0 \end{pmatrix}$

Matrizen

3.12 Die Matrix $A \in \mathbb{R}^{2\times 3}$, $A = (a_{ij})$ sei gegeben durch
$$a_{ij} = \begin{cases} 2 & i = j, \\ 1 & \text{sonst.} \end{cases}$$
Schreiben Sie A als rechteckiges Zahlenschema!

3.13 Die Matrix $B \in \mathbb{R}^{4\times 2}$, $B = (b_{ik})$ sei gegeben durch
$$b_{ik} = \begin{cases} 1 & i < k, \\ 0 & i = k, \\ -1 & \text{sonst.} \end{cases}$$
Schreiben Sie B als rechteckiges Zahlenschema!

3.14 Gibt es reelle Zahlen a, b so, dass
$$\begin{pmatrix} a-b & b-a \\ a^2-b^2 & a^2-ab \\ ab-a^2 & a+b \end{pmatrix} = \begin{pmatrix} 2 & -2 \\ 16 & 10 \\ -10 & 8 \end{pmatrix} ?$$

3.15 Führen Sie die folgenden Rechenoperationen aus, falls diese möglich sind. Begründen Sie, warum einige Operationen nicht durchführbar sind!

a) $\begin{pmatrix} 1 & 1 & 2 \\ 0 & 1 & 0 \\ 2 & 1 & 2 \end{pmatrix} + \begin{pmatrix} 1 & -1 & 0 \\ -2 & 1 & 0 \\ 4 & 1 & 7 \end{pmatrix}$

b) $\begin{pmatrix} 2 & 2 & 0 \\ 1 & 4 & 0 \\ 0 & 1 & 0 \end{pmatrix} + \begin{pmatrix} 1 & -1 \\ 0 & 1 \\ 0 & 2 \end{pmatrix}$

c) $\begin{pmatrix} 2 & -1 \\ 1 & 1 \end{pmatrix}^\top + \begin{pmatrix} -2 & 1 \\ -1 & -1 \end{pmatrix}$

d) $\begin{pmatrix} 2 & 1 \\ -3 & 2 \end{pmatrix} + \begin{pmatrix} -1 & 2 & 5 \\ 6 & 3 & 8 \end{pmatrix}$

e) $\begin{pmatrix} 2 & 9 & 3 \\ -10 & 1 & 4 \end{pmatrix} + \begin{pmatrix} 0 & 0 & 0 \\ 0 & 0 & 0 \end{pmatrix}$

f) $\begin{pmatrix} 1 & 0 \\ 0 & 1 \end{pmatrix} \begin{pmatrix} 2 \\ 1 \end{pmatrix}$ g) $\begin{pmatrix} 1 & 1 & 0 \\ 0 & 4 & 0 \\ 0 & 2 & 1 \end{pmatrix} \begin{pmatrix} 1 \\ 1 \\ 1 \end{pmatrix}$

h) $\begin{pmatrix} 1 & -1 & 4 \\ 7 & 8 & 9 \\ 4 & -2 & 1 \end{pmatrix} \left[\begin{pmatrix} 1 \\ 2 \\ 3 \end{pmatrix} + \begin{pmatrix} -2 \\ 1 \\ -4 \end{pmatrix} \right]$

3.16 Zeigen Sie, dass für jede Matrix $A \in \mathbb{R}^{m\times n}$ die folgenden Beziehungen gelten:
$$A + O = A, \quad E_m \cdot A = A, \quad A \cdot E_n = A.$$
Hierbei ist $O \in \mathbb{R}^{m\times n}$ die Nullmatrix, und $E_m \in \mathbb{R}^{m\times m}$ bzw. $E_n \in \mathbb{R}^{n\times n}$ sind die Einheitsmatrizen.

3.17 Folgende Matrizen seien gegeben:
$$A = (1\ 3\ 5),\quad B = \begin{pmatrix} 2 \\ 4 \\ 3 \\ 1 \end{pmatrix},$$
$$C = \begin{pmatrix} 2 & 3 & 4 & 6 \\ 1 & 2 & 3 & 4 \\ 1 & 1 & 1 & 2 \end{pmatrix},\quad D = \begin{pmatrix} 1 & 2 & 3 \\ 3 & 2 & 2 \\ 2 & 1 & 4 \\ 1 & 2 & 1 \end{pmatrix}.$$

Führen Sie die folgenden Matrixmultiplikationen aus, falls diese durchführbar sind!

a) AB b) BA c) AC d) BC e) CB
f) CD g) DC

3.18 Bestimmen Sie eine Matrix X so, dass gilt
$$3A - X = -4B + A,$$
wobei A und B die folgenden Matrizen sind:
$$A = \begin{pmatrix} 1 & 7 & -3 \\ 0 & -5 & 2 \end{pmatrix},\quad B = \begin{pmatrix} -1/2 & -2 & 1 \\ 1/4 & 2 & -1 \end{pmatrix}.$$

3.19 Zeigen Sie: Ist $A \in \mathbb{R}^{n\times n}$ eine quadratische Matrix mit $A^r = 0$ für eine natürliche Zahl r, so gilt mit $E = E_n$
$$(E - A)(E + A + A^2 + \ldots + A^{r-1}) = E.$$

3.20 Bestimmen Sie mit Hilfe der obigen Aussage eine Matrix $X \in \mathbb{R}^{3\times 3}$ so, dass gilt
$$AX = X + E_3 \text{ mit } A = \begin{pmatrix} 0 & 2 & 1 \\ 0 & 0 & -1 \\ 0 & 0 & 0 \end{pmatrix}.$$

3.21 Bestimmen Sie den Rang folgender Matrizen:
$$A = \begin{pmatrix} 0 & 0 & 1 & 0 \\ 1 & 0 & 0 & 0 \\ 0 & 0 & 0 & 1 \\ 0 & 1 & 0 & 0 \end{pmatrix},\quad B = \begin{pmatrix} 1 & 1 & 2 & 2 & 1 \\ 2 & 2 & 4 & 4 & 2 \\ 3 & 3 & 6 & 6 & 3 \\ 4 & 4 & 8 & 8 & 4 \\ 0 & 0 & 0 & 0 & 0 \end{pmatrix},$$

$$C = \begin{pmatrix} 1 & 0 & 3 \\ 0 & 1 & -2 \\ 1 & 0 & 3 \end{pmatrix}.$$

3.22 Wie groß ist der Rang einer Diagonalmatrix $D \in \mathbb{R}^{n \times n}$

a) mit $d_{ii} \neq 0$ für $i = 1, \ldots n$,

b) mit beliebigen Elementen d_{ii}?

3.23 Bestimmen Sie den Rang folgender Matrizen:

$$A = \begin{pmatrix} 2 & 0 & 4 & 2 \\ 1 & 0 & 7 & 1 \\ 2 & 1 & 3 & 0 \end{pmatrix}, \quad B = \begin{pmatrix} 0 & 1 & -1 & 2 \\ 0 & 3 & 2 & -1 \\ 0 & 2 & 4 & 2 \end{pmatrix},$$

$$C = \begin{pmatrix} 2 & 1 & 4 & -1 \\ 0 & 1 & 2 & 0 \\ 4 & 1 & 3 & 1 \\ 2 & 2 & 1 & 6 \\ 2 & 1 & 0 & 1 \end{pmatrix}, \quad D = \begin{pmatrix} 1 & 2 & 4 \\ 1 & -1 & 1 \\ 1 & 2 & 4 \\ 3 & 3 & 9 \end{pmatrix}.$$

Determinanten, Gleichungssysteme

3.24 Berechnen Sie folgende Determinanten:

a) $\begin{vmatrix} 2 & 4 \\ 3 & -1 \end{vmatrix}$
b) $\begin{vmatrix} x-1 & 1 \\ x^3 & x^2+x+1 \end{vmatrix}$

c) $\begin{vmatrix} 2 & 3 & 4 \\ 1 & 2 & 3 \\ 3 & 2 & 2 \end{vmatrix}$
d) $\begin{vmatrix} -\lambda & 2 & -1 \\ -2 & 3-\lambda & 1 \\ -3 & 8 & 1-\lambda \end{vmatrix}$

e) $\begin{vmatrix} 1 & a & -b \\ -a & 1 & c \\ b & -c & 1 \end{vmatrix}$
f) $\begin{vmatrix} 1 & 0 & 0 & \cdots & 0 \\ 0 & 2 & 0 & \cdots & 0 \\ 0 & 0 & 3 & \cdots & 0 \\ \cdot & \cdot & \cdot & & \cdot \\ 0 & 0 & 0 & \cdots & n \end{vmatrix}$

g) $\begin{vmatrix} 1 & 2 & 3 & 4 & \cdots & n \\ -1 & 0 & 3 & 4 & \cdots & n \\ -1 & -2 & 0 & 4 & \cdots & n \\ \cdot & \cdot & \cdot & \cdot & & \cdot \\ -1 & -2 & -3 & -4 & \cdots & 0 \end{vmatrix}$
h) $\begin{vmatrix} 13547 & 13647 \\ 28423 & 28523 \end{vmatrix}$

3.25 Für welche x gilt
$$\begin{vmatrix} a & a & a \\ -a & a & x \\ -a & -a & x \end{vmatrix} = 0?$$

3.26 Bilden Sie jeweils die inverse Matrix zu

$$A = \begin{pmatrix} 2 & 3 \\ 1 & 2 \end{pmatrix}, \quad B = \begin{pmatrix} 2 & 1 \\ 4 & 3 \end{pmatrix},$$

$$C = \begin{pmatrix} 1 & 1 & -1 \\ 0 & 2 & 2 \\ -1 & 2 & 3 \end{pmatrix}, \quad D = \begin{pmatrix} 1 & 4 & 7 \\ 2 & 5 & 8 \\ 3 & 6 & 9 \end{pmatrix}.$$

3.27 Lösen Sie folgende Gleichungssysteme:

a) $3x_1 + 2x_2 = 8$
$15x_1 + 10x_2 = 40$

b) $3x_1 + 4x_2 + 2x_4 = 3$
$2x_1 + 2x_2 + 4x_3 + 4x_4 = 8$
$x_1 + 2x_3 + 3x_4 = 1$

c) $3x_1 + x_2 + x_3 - x_4 = 6$
$-2x_1 - 4x_2 + 2x_3 + 2x_4 = -6$
$2x_1 - x_2 + 2x_3 = 5$

d) $-3x_1 + 2x_2 + x_3 - 2x_4 = -12$
$7x_1 - 6x_2 - 2x_3 = 23$
$6x_1 - 2x_2 - 3x_3 + 25x_4 = 57$
$-7x_1 + 3x_2 + 3x_3 - 17x_4 = -46$

e) $x_1 - 2x_2 + x_3 + x_4 = 1$
$x_1 - 2x_2 + x_3 - x_4 = -1$
$x_1 - 2x_2 + x_3 + 2x_4 = \lambda$,

f) $4x_1 + 3x_2 = 1$
$5x_1 + 3x_2 + 3x_3 = 2$
$x_1 + x_2 - x_3 = 0$
$7x_1 + 4x_2 + 5x_3 = 3$

g) $2x_1 - x_2 + 4x_3 = b_1$
$8x_1 - 5x_2 + 16x_3 = b_2$
$2x_1 + 2x_2 - x_3 = b_3$

h) $x + y + \lambda z = 0$
$x - \lambda y + z = 0$
$\lambda x - y - z = 0$

i) $x - y - z = 0$
$x + y + z - 2 = 0$
$2x - y - z - 1 = 1$

j) $x - y + z - w = 0$
$x + y - u + v = 0$
$y + z + v - w = 0$

bezüglich des Vektors $(x, y, z, u, v, w)^\top$

k) $\begin{pmatrix} 2 & 1 & 3 \\ 1 & 2 & 1 \\ 1 & 1 & 2 \end{pmatrix} \begin{pmatrix} a \\ b \\ c \end{pmatrix} = \begin{pmatrix} 3 \\ 2 \\ 2 \end{pmatrix}$

Hierbei sind λ, b_1, b_2, b_3 beliebige reelle Zahlen.

3.28 Für welche reellen Zahlen a ist das folgende Gleichungssystem

a) unlösbar, b) nicht eindeutig lösbar,
c) eindeutig lösbar?

$$\begin{aligned} 2x_1 + x_2 + x_3 &= 0 \\ -2ax_1 + ax_2 + 9x_3 &= 6 \\ 2x_1 + 2x_2 + ax_3 &= 1 \end{aligned}$$

3.29 Ist folgendes Gleichungssystem lösbar?

$$\begin{aligned} x + 5y + 2z &= 3 \\ 2x - 2y + 4z &= 5 \\ x + y + 2z &= 1 \end{aligned}$$

3.30 Ein Werk für Betonfertigteile stellt drei Arten von Balkonbrüstungen her:

Typ 1: einfache Ausführung mit glatter Oberfläche

Typ 2: Ausführung mit glatter Oberfläche, aber mit Lichtdurchbrüchen

Typ 3: Luxusausführung mit Reliefstruktur.

Zur Herstellung einer Betonbrüstung werden benötigt:

	Beton) (in Tonnen)	Arbeitsleistung (in Stunden)
Typ 1	1,2	3
Typ 2	0,8	4
Typ 3	1	5

Pro Monat stehen 66 t Beton und 270 Arbeitsstunden zur Verfügung.

a) Wie viele Betonbrüstungen können von jedem Typ hergestellt werden, wenn beide Ressourcen voll verbraucht werden?

b) Wie viele Balkonbrüstungen vom Typ 1 und Typ 3 können bei voller Ausschöpfung der Ressourcen hergestellt werden, wenn vom Typ 2 genau 40 Stück produziert werden?

3.31 Gegeben sei der Dreigelenkrahmen mit der Einzellast $P = 180$ kN und der Streckenlast $q = 20$ kN/m (siehe **Abb. 3.11**). Ermitteln Sie die Auflagerreaktionen A_x, A_z, B_x, B_z für

a) $a = 4$ m, $b = 6$ m, $c = 2$ m, $d = 3$ m, $e = 5$ m, $f = 3$ m!

b) $a = 3$ m, $b = 5$ m, $c = 1$ m, $d = 2$ m, $e = 6$ m, $f = 4$ m!

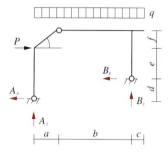

Abb. 3.11 Dreigelenkrahmen

3.32 Im Fachwerk in **Abb. 3.12** sind die Länge a, der Winkel α sowie die äußere Kraft $F(f_1, f_2)$ gegeben. Ermitteln Sie die Beträge der Stabkräfte!

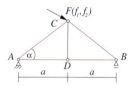

Abb. 3.12 Fachwerk

3.33 Eine Baufirma produziert vier Sorten von Betonfertigteilen B_1, B_2, B_3, B_4, zu deren Herstellung drei Sorten Zuschläge Z_1, Z_2, Z_2 in verschiedenen Anteilen benötigt werden. In der Verbrauchsmatrix $V = (v_{ij})$, $i = 1, 2, 3$, $j = 1, 2, 3, 4$ gibt das Element v_{ij} die Menge des Zuschlagstoffes Z_i an, die zur Herstellung eines Betonfertigteils B_j erforderlich ist:

$$V = \begin{pmatrix} 10 & 0 & 2 & 2 \\ 5 & 10 & 0.5 & 2 \\ 0 & 0 & 0 & 1 \end{pmatrix}.$$

Gesucht sind die Stückzahlen der vier Sorten von Betonfertigteilen, die die Zuschlagsmengen

$z_1 = 1000$, $z_2 = 2000$, $z_3 = 300$ vollständig aufbrauchen können. Geben Sie alle dafür infrage kommenden Möglichkeiten an.

3.34 An drei Standorten, die entsprechend 6 km, 4 km und 3 km von einer Baugrube entfernt sind, befinden sich drei LKW mit einer maximalen Ladefähigkeit von entsprechend 5 t, 5 t und 4 t. Am ersten Standort steht ein Sand-Kies-Gemisch mit einem Kiesanteil von 30% zur Verfügung, am zweiten von 60% und am dritten von 20%.

Wie viele Fahrten mit jeweils voller Ladung müssen die drei LKW jeweils leisten, wenn insgesamt 100 t Sand-Kies-Gemisch mit einem Kiesanteil von 40 % für die Baugrube benötigt werden?

Wie groß sind die Kraftstoffkosten, wenn pro 100 km für 10 EURO Kraftstoff verbraucht wird?

3.35 Ein Ausleger hat die Form eines regelmäßigen Tetraeders $ABCD$, dessen Seiten alle dieselbe Länge s haben (siehe **Abb. 3.13**).

a) Bestimmen Sie die Koordinaten der Punkte A, B, C, D.

b) Ermitteln Sie die Koordinatendarstellung der Vektoren $\overrightarrow{DA}$, $\overrightarrow{DB}$ und $\overrightarrow{DC}$.

c) Im Punkt D wirke eine Gewichtskraft $\vec{F} = (0, 0, -F)^\top$. Berechnen Sie die Stabkräfte in den Stäben $\overrightarrow{DA}$, $\overrightarrow{DB}$ und $\overrightarrow{DC}$ bei Gleichgewichtslage.

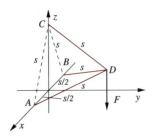

Abb. 3.13 Ausleger

3.36 Für den Bau eines Fundamentes stehen drei Mischungen für Beton M_1, M_2, M_3 zur Verfügung, die die Zuschläge Z_1, Z_2 und Z_3 gemäß der Tabelle in folgenden Verhältnissen enthalten:

Zuschlag	Mischung		
	M_1	M_2	M_3
Z_1	6	5	3
Z_2	3	4	2
Z_3	1	1	6

Der Bauherr möchte allerdings eine eigene Betonmischung verwenden, die die Zuschläge Z_1, Z_2 und Z_3 im Verhältnis 525 : 315 : 175 enthält. Wie viel Tonnen der Mischungen M_1, M_2 und M_3 muss der Bauherr für 12 Tonnen der eigenen Betonmischung verwenden?

3.37 Dreihundert Baumstämme sollen von vier LKW transportiert werden, wobei der erste LKW fünf, der zweite sechs, der dritte sieben und der vierte LKW acht Baumstämme laden kann. Die Anzahl der Fahrten aller vier LKW soll 42 betragen. Wie oft muss jeder der LKW fahren, wenn die Anzahl der Fahrten des ersten und des vierten LKWs zusammengenommen genauso groß ist wie die des zweiten und dritten LKWs zusammengenommen? Die LKW sollen stets maximal beladen sein.

Geben Sie alle möglichen Lösungen an, die den Bedingungen der Aufgabe genügen.

3.38 Zum Abtransport des Erdaushubs einer Baugrube von 302 m³ stehen vier LKW mit je einer Aufnahmefähigkeit von 4 m³, 5 m³, 6 m³ und 7 m³ zur Verfügung. Wie oft muss jeder der vier LKW zum vollständigen Abtransport eingesetzt werden, wenn sie jeweils maximal beladen werden sollen? Der 4 m³- und der 5 m³-LKW sollen zusammen genauso oft fahren wie der 7 m³-LKW. Der 4 m³- und der 6 m³-LKW sollen zusammen genauso oft fahren wie der 5 m³- und der 7 m³-LKW. Geben Sie alle möglichen Lösungen an und begründen Sie Ihre Antwort.

Hinweis: Beachten Sie, dass die Anzahlen der LKW-Fahrten nichtnegative ganze Zahlen sein müssen.

3.39 Für die Herstellung von Einzelteilen der Typen 1, 2 und 3 benötigt ein Betrieb zwei verschiedene

Materialarten. Um ein Einzelteil des Typs 1 herzustellen, braucht man sechs Einheiten des ersten und fünf Einheiten des zweiten Materials; um ein Einzelteil des Typs 2 herzustellen, braucht man acht Einheiten des ersten und vier Einheiten des zweiten Materials; um ein Einzelteil des Typs 3 herzustellen, braucht man drei Einheiten des ersten und sieben Einheiten des zweiten Materials. Vom ersten Material stehen 640 Einheiten und vom zweiten 490 Einheiten zur Verfügung. Welche Stückzahlen der Einzelteile der Typen 1, 2 und 3 können hergestellt werden, wenn das gesamte zur Verfügung stehende Material vollständig verbraucht wird?

Hinweis: Stellen Sie das Gleichungssystem auf, ermitteln Sie die allgemeine Lösung und beachten Sie, dass Stückzahlen nicht negativ und ganzzahlig sind.

3.40 An einem Hebel der Länge l mit den Hebelarmen der Längen x und z ist an dem Ende des ersten Hebelarms die Kraft A senkrecht zum Hebel und an dem Ende des zweiten Hebelarms die Kraft C senkrecht zum Hebel angebracht. Die Kraft B senkrecht zum Hebel im Abstand y am zweiten Hebelarm hält den Hebel im Gleichgewicht (siehe **Abb. 3.14**). Geben Sie alle Möglichkeiten an, die Längen x, y und z zu wählen, wenn l, A, B, C gegeben sind und die Kräfte A, B, C gleichgerichtet sind.

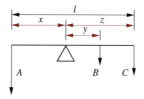

Abb. 3.14 Hebel

4 Vektorrechnung und Analytische Geometrie

Bezeichnungen:
Punkte werden mit Großbuchstaben bezeichnet: $A, B, \ldots$. Eine Gerade durch die Punkte A und B wird mit AB bezeichnet. Eine Strecke als Teil der Geraden AB zwischen den Punkten A und B wird mit $\overline{AB}$ und ihre Länge mit $|\overline{AB}|$ bezeichnet. Ein Vektor vom Punkt A zum Punkt B wird mit $\overrightarrow{AB}$ und seine Länge mit $|\overrightarrow{AB}|$ bezeichnet.

Die Veranschaulichung von Bauwerken, ihres Aufbaus und ihrer Bauteile sowie die Berechnung benötigter Maße und Größen spielt eine wesentliche Rolle bei ihrer Planung und Ausführung. Fester Bestandteil sind dabei inzwischen CAD-Systeme zur Konstruktion zwei- und dreidimensionaler Baupläne und deren Visualisierung geworden. Auf der Grundlage der geometrischen Daten können Berechnungsprogramme erforderliche Informationen liefern (z. B. Massenermittlung, statische Kenngrößen wie Schnittkräfte und Verformungen, Bewehrungspläne usw.). Konstruktion, Darstellung und sich anschließende Berechnungen basieren auf der Vektorrechnung und der analytischen Geometrie, die Gegenstand des vorliegenden Kapitels ist. Elemente der zwei- und dreidimensionalen Geometrie werden vorgestellt und einige oft auftretende Grundaufgaben gelöst. Beispiele aus dem Straßenbau, dem Vermessungswesen und zur Massenermittlung zeigen die Anwendung geometrischer Berechnungen im Bauwesen.

4.1 Betrag eines Vektors, Projektion, Skalarprodukt

Vektoren spielen nicht nur eine Rolle beim Lösen linearer Gleichungssysteme, sondern auch bei der Beschreibung und Berechnung von Objekten, die aus mehreren Größen zusammengesetzt sind. So ist die Position eines Punktes im Koordinatensystem durch seine (mehrere) Koordinaten charakterisiert. Eine Kraft hat ebenfalls Komponenten jeweils in Richtung der Koordinatenachsen, ebenso die Geschwindigkeit, die richtungsbezogen wirkt. Das Skalarprodukt von Vektoren ist ein zentraler Begriff der Vektorrechnung. Damit steht u. a. die Orthogonalität und die Winkelmessung im direkten Zusammenhang. In der dreidimensionalen Geometrie gibt es das Vektor- und das Spatprodukt, deren Berechnung und Anwendung gezeigt wird.

4.1.1 Der Betrag eines Vektors

Definition 4.1
Der **Betrag** eines Vektors $x = (x_1, x_2, \ldots, x_n)^\top \in \mathbb{R}^n$, wobei seine Komponenten $x_1, x_2, \ldots, x_n$ die Zerlegungskoeffizienten bezüglich der kanonischen Basis $\{e^1, e^2, \ldots e^n\}$ des $\mathbb{R}^n$ sind, ist definiert als

$$|x| = \sqrt{\sum_{i=1}^{n} x_i^2}. \tag{4.1}$$

Man nennt den Betrag eines Vektors auch seine **Länge**.

4.1 Betrag eines Vektors, Projektion, Skalarprodukt

Beispiel 4.2 — Berechnung von Beträgen

1. Der Vektor $x = (1, 2, 3)^\top \in \mathbb{R}^3$ hat den Betrag
   $|x| = \sqrt{1^2 + 2^2 + 3^2} = \sqrt{14}$.
2. Der Vektor $x = (-3, 0, 1, -1)^\top \in \mathbb{R}^4$ hat den Betrag
   $|x| = \sqrt{(-3)^2 + 0^2 + 1^2 + (-1)^2} = \sqrt{11}$.
3. Der Vektor $e^1 = (1, 0, \ldots, 0)^\top \in \mathbb{R}^n$ hat den Betrag
   $|x| = \sqrt{1^2 + 0^2 + \ldots + 0^2} = 1$.

Eigenschaften des Betrages

Für beliebige Vektoren $x, y \in \mathbb{R}^n$ und beliebige reelle Zahlen α gelten folgende Eigenschaften:

1. $|x| \geq 0$ und $|x| = 0$ genau dann, wenn $x = O$, d. h. der Nullvektor, ist. — **positive Definitheit**
2. $|\alpha x| = |\alpha||x|$. — **Linearität**
3. $|x + y| \leq |x| + |y|$. — **Dreiecksungleichung**
4. Ein Vektor vom Betrag 1 heißt **Einheitsvektor**. — **Einheitsvektor**
5. Zu jedem Vektor $x \neq O$ gibt es einen zugehörigen Einheitsvektor e_x in Richtung x: $e_x = \dfrac{1}{|x|} x$. — **zugehöriger Einheitsvektor**

Der Beweis der Dreiecksungleichung erfolgt in **Abschnitt 4.1.2**. Die Gültigkeit der Eigenschaften 1., 2. und 5. ergibt sich unmittelbar aus der **Definition 4.1**.

Beweis:

1. $|x| \geq 0$ folgt aus Gleichung (4.1) und daraus, dass die Wurzel aus einer nichtnegativen reellen Zahl stets nichtnegativ ist.

   Ist $x = O$, so folgt aus Gleichung (4.1) unmittelbar $|x| = 0$. Ist $|x| = 0$, so ist $\sum_{i=1}^{n} x_i^2 = 0$ und daher $x_i = 0, i = 1, \ldots, n$. Andernfalls wäre mindestens einer der Summanden als Quadrat einer reellen Zahl positiv und damit auch die Summe.

2. Es ist mit Gleichung (4.1)
   $$|\alpha x| = \sqrt{\sum_{i=1}^{n}(\alpha x_i)^2} = \sqrt{\alpha^2 \sum_{i=1}^{n} x_i^2} = |\alpha| \sqrt{\sum_{i=1}^{n} x_i^2} = |\alpha||x|.$$

5. Der Vektor e_x ist als positives Vielfaches zu x gleichgerichtet. Zu zeigen ist noch, dass sein Betrag gleich 1 ist. Mit Gleichung (4.1) ist
   $$|e_x| = \sqrt{\sum_{i=1}^{n}\left(\frac{1}{|x|} x_i\right)^2} = \frac{1}{|x|} \sqrt{\sum_{i=1}^{n} x_i^2} = 1.$$

■

Mit Eigenschaft 5. gilt $x = |x|e_x$, d.h. jeder Vektor ist das Produkt aus seinem Betrag mit dem zugehörigen Einheitsvektor e_x.

Zugehörige Einheitsvektoren

Beispiel 4.3

1. Der Vektor $x = (1, 2, 3)^\top \in \mathbb{R}^3$ mit dem Betrag $|x| = \sqrt{14}$ (siehe **Beispiel 4.2**) hat den zugehörigen Einheitsvektor $e_x = (1/\sqrt{14}, 2/\sqrt{14}, 3/\sqrt{14})^\top$.
2. Der Vektor $x = (-3, 0, 1, -1)^\top \in \mathbb{R}^4$ mit dem Betrag $|x| = \sqrt{11}$ (siehe **Beispiel 4.2**) hat den zugehörigen Einheisvektor $e_x = (-3/\sqrt{11}, 0, 1/\sqrt{11}, -1/\sqrt{11})^\top$.

4.1.2 Die Projektion

Betrachtet werden zwei Vektoren x und y, $y \neq O$ mit demselben Anfangspunkt A (siehe **Abb. 4.1**). Sie liegen in einer Ebene. Der Punkt L ist der Lotfußpunkt des Lotes vom Endpunkt X des Vektors x auf die Gerade AY, wobei Y der Endpunkt des Vektors y ist.

Gesucht ist der Vektor $\overrightarrow{AL}$. Für den Winkel $\alpha = \angle XAY$ gibt es folgende Möglichkeiten:

Ist $\alpha < \pi/2$, so sind der Vektor $\overrightarrow{AL}$ und y gleichgerichtet, und sein zugehöriger Einheitsvektor ist e_y. Im rechtwinkligen Dreieck $\triangle ALX$ ermittelt sich seine Länge zu $|\overrightarrow{AL}| = |x| \cos \alpha$.

Ist $\alpha > \pi/2$, so sind der Vektor $\overrightarrow{AL}$ und y entgegengesetzt gerichtet, und sein zugehöriger Einheitsvektor ist $-e_y$. Im rechtwinkligen Dreieck $\triangle ALX$ ermittelt sich seine Länge zu $|\overrightarrow{AL}| = |x| \cos(\pi - \alpha) = |x| \cos \alpha$.

Ist $\alpha = \pi/2$, so ist der Vektor $\overrightarrow{AL}$ der Nullvektor.

Da jeder Vektor gleich dem Produkt aus seiner Länge und seinem zugehörigen Einheitsvektor ist, erhält man in jedem dieser Fälle $\overrightarrow{AL} = |x| \cos \alpha \, e_y$.

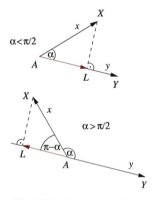

Abb. 4.1 Projektion von x auf y

Definition 4.4

Der Vektor

$$x_y = |x| \cos \alpha \, e_y \tag{4.2}$$

heißt **Projektion des Vektors x auf den Vektor y**.

Aus Gleichung (4.2) ergibt sich mit $e_y = \dfrac{1}{|y|} y$

$$x_y = |x| \cos \alpha \, \frac{y}{|y|} = |x||y| \cos \alpha \, \frac{y}{|y|^2}. \tag{4.3}$$

4.1 Betrag eines Vektors, Projektion, Skalarprodukt

Physikalische Anwendung der Projektion

1. Zerlegt man eine Kraft F in die Summe aus einer Kraft F_y in Richtung des Vektors y und einer Kraft F_x senkrecht dazu, so ist F_y die Projektion des Vektors F auf den Vektor y. Die dazu senkrechte Kraft ist dann $F_x = F - F_y$.

2. Das Moment M_a einer Kraft F mit dem Angriffspunkt P *bezüglich einer Achse* durch den Koordinatenursprung, deren Richtung durch den Vektor a festgelegt ist, ist definiert als die Projektion ihres Momentes M *bezüglich des Koordinatenursprungs* (siehe **Abschnitt 4.1.7**) auf diese Achse.

4.1.3 Das Skalarprodukt

> Die Zahl $|x||y|\cos\alpha$ aus Gleichung (4.3) heißt **Skalarprodukt** der Vektoren x und y. Man schreibt
>
> $$1(x, y) = |x||y| \cos \angle(x, y). \qquad (4.4)$$

Definition 4.5

Eigenschaften des Skalarproduktes

Für beliebige Vektoren x, y, z und beliebige reelle Zahlen α gelten folgende Eigenschaften:

> 1. $(x, x) = |x|^2$, d. h. $|x| = \sqrt{(x, x)}$.
>   Damit ist $(x, x) \geq 0$ und $(x, x) = 0$ genau dann, wenn $|x| = 0$ ist.
> 2. $(x, y) = (y, x)$.
> 3. $(x, y + z) = (x, y) + (x, z)$.
> 4. $(\alpha x, y) = \alpha(x, y)$.

positive Definitheit
Kommutativität
Distributivität
Linearität

Die Beweise der Eigenschaften 1.,2.,4. ergeben sich unmittelbar aus der **Definition 4.5**. Der Nachweis der Distributivität ist etwas aufwändiger und folgt aus den trigonometrischen Zusammenhängen.

Mit Gleichung (4.4) aus der **Definition 4.5** und der Eigenschaft 2. des Skalarproduktes ergibt sich für die Projektion des Vektors x auf den Vektor y aus Gleichung (4.2)

Bemerkung 4.6

$$x_y = \frac{(x, y)}{(y, y)} y \,.$$

Die Gültigkeit der Dreiecksungleichung (siehe **Abschnitt 4.1.1**) lässt sich mit den aufgeführten Eigenschaften des Skalarproduktes zeigen. Sie ergibt

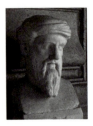

Pythagoras von Samos (6. Jh. v. Chr.)

griechischer Mathematiker und Philosoph

Zahlen als abstraktes Prinzip, „inkommensurable" (irrationale) Streckenverhältnisse, Einfluss auf die Ausbildung des abendländischen Tonsystems (Harmonik), Sternenkunde

hier: Satz des Pythagoras

sich aus folgender Ungleichungskette:

$$\begin{aligned}|x+y|^2 &= (x+y, x+y) \\ &= (x,x) + 2(x,y) + (y,y) \\ &= |x|^2 + 2(x,y) + |y|^2 \\ &\leq |x|^2 + 2|x||y| + |y|^2 \\ &= (|x|+|y|)^2.\end{aligned}$$

Die dabei verwendete Ungleichung $(x, y) \leq |x||y|$ folgt aus $\cos \angle(x, y) \leq 1$.

4.1.4 Orthogonalität

Das Skalarprodukt (4.4) zweier Vektoren x und y ist dann gleich Null, wenn der Betrag eines der Vektoren Null ist oder der Kosinus des eingeschlossenen Winkels gleich Null ist, d. h. der Winkel $\angle(x, y) = \pi/2 + k\pi$ ist.

Definition 4.7

Gilt für zwei Vektoren x und y

$(x, y) = 0,$

so **stehen die Vektoren aufeinander senkrecht** (oder: sind **orthogonal**). Man schreibt auch $x \perp y$.

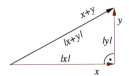

Abb. 4.2 Satz des Pythagoras

Beispiel 4.8

Der **Satz des Pythagoras**, der besagt, dass im rechtwinkligen Dreieck die Summe der Quadrate über den Katheten gleich dem Quadrat über der Hypotenuse ist, kann damit wie folgt bewiesen werden.

Seien x und y zwei Vektoren, die einen rechten Winkel miteinander einschließen (siehe **Abb. 4.2**), d. h. es ist $(x, y) = 0$. Dann bilden die Vektoren x und y die Katheten und der Vektor $x + y$ die Hypotenuse eines rechtwinkligen Dreiecks, dessen Seitenlängen die Beträge dieser Vekoren sind. Für das Skalarprodukt $(x + y, x + y)$ gilt mit seinen Eigenschaften 2. und 3.

$(x + y, x + y) = (x, x) + (y, y) + 2(x, y) = (x, x) + (y, y).$

Mit Eigenschaft 1. folgt daraus unmittelbar die Behauptung des Satzes

$|x + y|^2 = |x|^2 + |y|^2.$

Thales von Milet (* 624 v. Chr. in Milet, † 546 v. Chr.)

griechischer Naturphilosoph, Staatsmann, Mathematiker, Astronom und Ingenieur

geometrische Erkenntnisse, Grundstein für die reine Geometrie als Wissenschaft, Landvermessung, Philosophie: Wasser als Urstoff des Seins

hier: Satz des Thales

Beispiel 4.9

Der **Satz des Thales**, nach dem jeder Peripheriewinkel über einem Kreisdurchmesser ein rechter ist, lässt sich mit Hilfe der Orthogonalität und den Eigenschaften des Skalarproduktes folgendermaßen beweisen:

Mit den Kreisradien r und u, deren Beträge gleich sind, und den Vektoren $v = u + r$ und $w = u - r$, die Schenkel des Peripheriewinkels bilden (siehe **Abb. 4.3**), ergibt sich für

4.1 Betrag eines Vektors, Projektion, Skalarprodukt

das Skalarprodukt von v und w

$$\begin{aligned}(v,w) &= (u+r, u-r) \\ &= (u,u) - (r,r) + (r,u) - (u,r) \\ &= 0.\end{aligned}$$

Das bedeutet, dass v und w orthogonal sind.

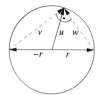

Abb. 4.3 Satz des Thales

> **Definition 4.10**
> Ein Vektorsystem $\{x^1, \ldots, x^m\}$ des $\mathbb{R}^n$, dessen Vektoren alle verschieden vom Nullvektor sind, heißt **orthogonal**, wenn die Vektoren jeweils paarweise orthogonal sind, d. h. wenn gilt
> $$(x^i, x^j) = 0 \text{ für } i \neq j, \, i, j = 1, \ldots, m.$$

Ein orthogonales Vektorsystem $\{x^1, \ldots, x^m\}$ von Vektoren des $\mathbb{R}^n$ ist stets *linear unabhängig* und kann daher eine Basis in einem Unterraum $U \subseteq \mathbb{R}^n$ darstellen.

> **Definition 4.11**
> Ist ein Vektorsystem $\{x^1, \ldots, x^m\}$ Basis eines Unterraumes $U \subseteq \mathbb{R}^n$ und orthogonal, dann heißt es **Orthogonalbasis** und mit $|x^k| = 1$, $k = 1, \ldots, m$ **Orthonormalbasis**.

> **Beispiel 4.12** — *Orthogonale Vektorsysteme*
> 1. Die kanonische Basis $\{e^1, e^2, \ldots, e^n\}$ im $\mathbb{R}^n$ ist ein orthogonales Vektorsystem von Vektoren der Länge 1. Sie bildet eine Orthonormalbasis im $\mathbb{R}^n$.
> 2. Die drei Vektoren $x^1 = (2,0,0,0)^\top = 2e^1$, $x^2 = (0,3,0,0)^\top = 3e^2$ und $x^3 = (0,0,5,0)^\top = 5e^3$ des $\mathbb{R}^4$ bilden ein orthogonales Vektorsystem. Es ist z. B. $(x^1, x^2) = (2e^1, 3e^2) = 6(e^1, e^2) = 0$, da die kanonischen Vektoren e^1 und e^2 orthogonal sind. Analog zeigt man $(x^1, x^3) = 0$ und $(x^2, x^3) = 0$.

4.1.5 Koordinatendarstellung des Skalarproduktes

Seien $x = (x_1, x_2, \ldots, x_n)^\top$ und $y = (y_1, y_2, \ldots, y_n)^\top$ zwei Vektoren des $\mathbb{R}^n$:

$$x = \sum_{i=1}^n x_i e^i, \quad y = \sum_{k=1}^n y_k e^k.$$

Dann erhält man für ihr Skalarprodukt mit den Eigenschaften 3. und 4.

$$(x, y) = \left(\sum_{i=1}^n x_i e^i, \sum_{k=1}^n y_k e^k\right) = \sum_{i=1}^n \sum_{k=1}^n x_i y_k (e^i, e^k)$$

und, da $\{e^1, e^2, \ldots, e^n\}$ Orthonormalbasis ist, die **Koordinatendarstellung**

$$(x, y) = \sum_{k=1}^{n} x_k y_k (e^k, e^k) = \sum_{k=1}^{n} x_k y_k. \tag{4.5}$$

Berechnung des Skalarproduktes

Beispiel 4.13

Seien $x = (1, 2, -1, 3)^\top$ und $y = (2, 0, 4, 0)^\top$ zwei Vektoren des $\mathbb{R}^4$. Ihr Skalarprodukt berechnet sich nach Gleichung (4.5) als

$$(x, y) = 1 \cdot 2 + 2 \cdot 0 + (-1) \cdot 4 + 3 \cdot 0 = -2.$$

Physikalische Anwendung des Skalarproduktes

Ist $F(F_1, F_2, F_3)^\top$ eine konstante Kraft entlang des Weges $\overrightarrow{AB}$, so berechnet sich der Betrag ihrer Arbeit W entlang dieses Weges als Produkt aus dem Betrag der Projektion des Vektors F auf die Richtung $\overrightarrow{AB}$ (siehe **Abschnitt 4.1.2**) und der Länge des Vektors $\overrightarrow{AB}$:

$$|W| = |F_{\overrightarrow{AB}}|\,|\overrightarrow{AB}| = \left|\frac{(F, \overrightarrow{AB})}{(\overrightarrow{AB}, \overrightarrow{AB})}\overrightarrow{AB}\right||\overrightarrow{AB}| = |(F, \overrightarrow{AB})|. \tag{4.6}$$

Dabei ist die Arbeit W positiv, wenn $F_{\overrightarrow{AB}}$ und $\overrightarrow{AB}$ gleichgerichtet sind. Sind $F_{\overrightarrow{AB}}$ und $\overrightarrow{AB}$ entgegengesetzt gerichtet, so ist W negativ. Aus (4.6) ergibt sich damit

$$W = (F, \overrightarrow{AB}). \tag{4.7}$$

Arbeit einer Kraft entlang eines Weges

Beispiel 4.14

Welche Arbeit verrichtet die Kraft $F = (1, 3, -2)^\top$ (in N) entlang des Weges $\overrightarrow{AB}$ mit $A(1, 2, 3)$ (in m) und $B(10, 8, 5)$ (in m)?

Man erhält mit (4.7)

$$W = (F, \overrightarrow{AB}) = \left(\begin{pmatrix} 1 \\ 3 \\ -2 \end{pmatrix}, \begin{pmatrix} 9 \\ 6 \\ 2 \end{pmatrix}\right) = 23 \text{ (in Nm)}.$$

4.1.6 Winkelmessung im $\mathbb{R}^n$

Gegeben sind zwei Vektoren x und y des $\mathbb{R}^2$, die denselben Anfangspunkt haben sollen und den zu ermittelnden Winkel φ miteinander einschließen (siehe **Abb. 4.4**).

Wendet man den Kosinussatz an im Dreieck, das aus den Vektoren x, y und $x + y$ gebildet wird, so erhält man

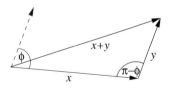

Abb. 4.4 Winkel zwischen zwei Vektoren

4.1 Betrag eines Vektors, Projektion, Skalarprodukt

$$|x+y|^2 = |x|^2 + |y|^2 - 2|x||y|\cos(\pi - \varphi)$$

und daraus

$$\cos\varphi = \frac{|x+y|^2 - |x|^2 - |y|^2}{2|x||y|} = \frac{2(x,y)}{2|x||y|} = \frac{(x,y)}{|x||y|}.$$

Dieses Ergebnis wird auch als Definition des Winkels zwischen zwei Vektoren des $\mathbb{R}^n$ übertragen.

> **Definition 4.15**
>
> Seien $x, y \in \mathbb{R}^n$ zwei Vektoren. Der **Winkel** zwischen x und y ist die Zahl $\varphi \in [0, \pi]$ mit
>
> $$\cos\varphi = \frac{(x,y)}{|x||y|}.$$

Richtungskosinus

Für den Vektor $x = (x_1, x_2, \ldots, x_n)^\top$ gilt

$$x = \sum_{k=1}^{n} x_k e^k. \tag{4.8}$$

Daraus erhält man nach skalarer Multiplikation mit dem kanonischen Vektor e^i

$$(x, e^i) = \left(\sum_{k=1}^{n} x_k e^k, e^i\right) = \sum_{k=1}^{n} x_k \left(e^k, e^i\right) = x_i \left(e^i, e^i\right) = x_i, \tag{4.9}$$

d. h. die Komponente x_i des Vektors x ist das Skalarprodukt des Vektors x mit dem kanonischen Vektor e^i. Setzt man (4.9) in Gleichung (4.8) ein, so ergibt sich mit der **Def. 4.5** des Skalarproduktes

$$x = \sum_{k=1}^{n}(x, e^k)e^k = \sum_{k=1}^{n}|x||e^k|\cos\angle(x, e^k)\, e^k$$

$$= |x|\sum_{k=1}^{m}\cos\angle(x, e^k)\, e^k.$$

Dabei sind die Winkel $\angle(x, e^k)$ die Richtungswinkel, die der Vektor x mit den Koordinatenachsen e^k einschließt. Für die Kosinusse dieser Winkel (**Richtungskosinusse**) gilt

$$\sum_{k=1}^{n}\cos^2\angle(x, e^k) = 1. \tag{4.10}$$

Beweis: Mit der Koordinatendarstellung des Skalarproduktes (4.5) und den Zerlegungskoeffizienten (4.9) ist

$$|x|^2 = (x, x) = \sum_{k=1}^{n}(x, e^k)^2.$$

Andererseits ist aufgrund der Definition des Skalarproduktes $(x, e^k) = |x||e^k|\cos \angle(x, e^k)$ und mit $|e^k| = 1, k = 1, \ldots, n$ (Orthonormalbasis)

$$\sum_{k=1}^{n}(x, e^k)^2 = |x|^2 \sum_{k=1}^{n} \cos^2 \angle(x, e^k).$$

Aus den letzten beiden Gleichungen folgt die Behauptung. ∎

Richtungskosinusse und Richtungswinkel eines Vektors

Beispiel 4.16

Der Vektor $x = (1, 2, 3)^\top \in \mathbb{R}^3$ mit dem Betrag $|x| = \sqrt{14}$ (siehe **Beispiel 4.2**) bildet mit den Achsen e^1, e^2 und e^3 des Koordinatensystems die Winkel $\angle(x, e^1)$, $\angle(x, e^2)$ und $\angle(x, e^3)$, wobei

$$\cos \angle(x, e^1) = 1/\sqrt{14}, \qquad \cos \angle(x, e^2) = 2/\sqrt{14}, \qquad \cos \angle(x, e^3) = 3/\sqrt{14}$$

ist. Offenbar gilt für diese Richtungskosinusse Gleichung (4.10). Die Winkel betragen $\angle(x, e^1) \approx 74.49°$, $\angle(x, e^2) \approx 57.68°$, $\angle(x, e^3) \approx 36.69°$.

4.1.7 Das Vektorprodukt

Definition 4.17

Das **Vektorprodukt** $x \times y$ zweier Vektoren $x, y \in \mathbb{R}^3$ ist der Vektor mit der Länge $|x||y||\sin \angle(x, y)|$ (Flächeninhalt des von x und y aufgespannten Parallelogramms), der auf x und y senkrecht steht, sodass x, y und $x \times y$ ein rechtshändiges System bilden.

Eigenschaften des Vektorproduktes

Für beliebige Vektoren $x, y, z \in \mathbb{R}^3$ und beliebige reelle Zahlen α gilt

Antisymmetrie   1. $x \times y = -(y \times x)$.

Linearität   2. $(\alpha x) \times y = \alpha(x \times y)$.

Distributivität   3. $x \times (y + z) = x \times y + x \times z$.

Distributivität   4. $(x + y) \times z = x \times z + y \times z$.

5. $x \times x = 0$.

6. $x \times y = 0$ genau dann, wenn $x = 0$ oder $y = 0$ oder $x \| y$.

4.1 Betrag eines Vektors, Projektion, Skalarprodukt

Der Beweis der Eigenschaften 1., 2., 5. und 6. ergibt sich unmittelbar aus der **Definition 4.17**.

Beispiel 4.18

Für das Vektorprodukt der Vektoren $3x - 2y$ und $2x + y$ ergibt sich mit den genannten Eigenschaften

$$(3x - 2y) \times (2x + y) = 6(x \times x) - 4(y \times x) + 3(x \times y) - 2(y \times y) = 7(x \times y).$$

Vereinfachung eines Vektorproduktes

Für das Skalarprodukt der genannten Vektoren erhält man mit den entsprechenden Eigenschaften

$$(3x - 2y, 2x + y) = 6(x, x) - 4(y, x) + 3(x, y) - 2(y, y)$$
$$= 6(x, x) - (x, y) - 2(y, y).$$

Vereinfachung eines Skalarproduktes

Koordinatendarstellung des Vektorproduktes

Seien $x = (x_1, x_2, x_3)^\top$ und $y = (y_1, y_2, y_3)^\top$ zwei Vektoren des $\mathbb{R}^3$ mit den angegebenen Koordinaten bezüglich der kanonischen Basis $\{e^1, e^2, e^3\}$. Dann berechnet sich das Vektorprodukt mit $(e^1, e^2) = -(e^2, e^1) = e^3$, $(e^1, e^3) = -(e^3, e^1) = -e^2$, $(e^2, e^3) = -(e^3, e^2) = e^1$ zu

$$x \times y = \left(\sum_{i=1}^{3} x_i e^i\right) \times \left(\sum_{k=1}^{3} y_k e^k\right) = \sum_{i=1}^{3} \sum_{k=1}^{3} x_i y_k (e^i \times e^k)$$
$$= (x_2 y_3 - x_3 y_2) e^1 - (x_1 y_3 - x_3 y_1) e^2 + (x_1 y_2 - x_2 y_1) e^3$$

und kann daher als formale Determinante interpretiert werden:

$$x \times y = \begin{vmatrix} e^1 & e^2 & e^3 \\ x_1 & x_2 & x_3 \\ y_1 & y_2 & y_3 \end{vmatrix}. \tag{4.11}$$

Beispiel 4.19

1. Das Vektorprodukt der Vektoren $x = (1, 2, 3)^\top$ und $y = (4, 5, 6)^\top$ beträgt nach Gleichung (4.11)

   $$x \times y = \begin{vmatrix} e^1 & e^2 & e^3 \\ 1 & 2 & 3 \\ 4 & 5 & 6 \end{vmatrix} = -3e^1 + 6e^2 - 3e^3 = (-3, 6, -3)^\top.$$

   Berechnung des Vektorproduktes

2. Die Fläche eines Dreiecks mit den Ecken $A(1, 1)$, $B(10, 8)$, $C(7, 9)$ soll berechnet werden.

   Berechnung einer Dreiecksfläche

   Die Fläche des Dreiecks mit den Ecken A, B, C ist gleich der halben Fläche des Parallelogramms, das z. B. von den Vektoren $\overrightarrow{AB}$ und $\overrightarrow{AC}$ aufgespannt wird. Die Fläche dieses Parallelogramms ist aber nach **Definition 4.17** gleich dem Betrag ihres Vektorproduktes. Mit $\overrightarrow{AB} = (9, 7, 0)^\top$ und $\overrightarrow{AC} = (6, 8, 0)^\top$ erhält man aus (4.11)

$$\vec{AB} \times \vec{AC} = \begin{vmatrix} e^1 & e^2 & e^3 \\ 9 & 7 & 0 \\ 6 & 8 & 0 \end{vmatrix} = 30e^3 = (0, 0, 30)^\top$$

und daher $|\vec{AB} \times \vec{AC}| = 30$. Die Fläche des Dreiecks mit den Ecken A, B, C ist gleich 15.

Weitere Eigenschaften

Für das Rechnen mit dem Vektorprodukt können weitere Eigenschaften gezeigt werden. Für beliebige Vektoren $x, y, z, w \in \mathbb{R}^3$ gilt u. a.

1. $|x \times y|^2 = |x|^2|y|^2 - (x, y)^2$,
2. $x \times (y \times z) = (x, z)y - (x, y)z$,
3. $(x \times y, z \times w) = (x, z)(y, w) - (y, z)(x, w)$.

Anwendungen des Vektorproduktes

1. Das Moment M einer Kraft F, die im Punkt P angreift, bezüglich des Punktes A (siehe **Abb. 4.5**) ist definiert als das Vektorprodukt aus dem „Hebelarm" $\vec{AP}$ und der Kraft F: $M = \vec{AP} \times F$.

2. Die Frage, ob drei Punkte A, B, C auf einer Geraden liegen, kann z. B. mit Hilfe der Berechnung des Vektorproduktes $\vec{AB} \times \vec{AC}$ beantwortet werden.

   Liegen die drei Punkte auf einer Geraden, so sind die Vektoren $\vec{AB}$ und $\vec{AC}$ parallel, d. h. nach **Definition 4.17** ist ihr Vektorprodukt der Nullvektor.

   Ist andererseits das Vektorprodukt $\vec{AB} \times \vec{AC}$ der Nullvektor, so ist entweder einer der beiden Vektoren $\vec{AB}$ und $\vec{AC}$ der Nullvektor oder der von ihnen eingeschlossene Winkel ist gleich 0 oder gleich π. Im ersten Fall fallen zwei der drei Punkte zusammen, d. h. die drei Punkte liegen auf einer Geraden. Im zweiten Fall liegen sie offenbar ebenfalls auf einer Geraden. Damit ist

   $|\vec{AB} \times \vec{AC}| = 0$ genau dann, wenn A, B, C auf einer Geraden liegen.

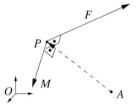

Abb. 4.5 Moment M einer Kraft F

4.1.8 Das Spatprodukt

Das **Spatprodukt** dreier Vektoren $x, y, z \in \mathbb{R}^3$ ist die Zahl $(x \times y, z)$. Ihr Betrag ist gleich dem Volumen des von den drei Vektoren aufgespannten Parallelepipedes (siehe **Abb. 4.6**). **Definition 4.20**

Beweis: Für sein Volumen V gilt, wenn A die Grundfläche (das von x und y aufgespannte Parallelogramm) und h seine Höhe ist, $V = Ah$.

Der Betrag des Vektorproduktes von x und y ist gleich der Fläche A (siehe **Definition 4.17** des Vektorproduktes):

$A = |x \times y|$.

Seine Höhe h ist gleich dem Betrag der Projektion des Vektors z auf einen zu x und y senkrechten Vektor, z. B. ihr Vektorprodukt:

$h = |z_{x \times y}| = \dfrac{|(z, x \times y)|}{|x \times y|}.$

Damit ergibt sich

$V = |x \times y| \dfrac{|(z, x \times y)|}{|x \times y|} = |(x \times y, z)|.$ ∎

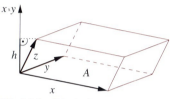

Abb. 4.6 Parallelepiped

Koordinatendarstellung des Spatproduktes

Sind $x = (x_1, x_2, x_3)^\top$, $y = (y_1, y_2, y_3)^\top$, $z = (z_1, z_2, z_3)^\top$ Vektoren des $\mathbb{R}^3$, so berechnet sich das Spatprodukt $(x \times y, z)$ als Determinante, gebildet aus den Koordinaten dieser Vektoren:

$$(x \times y, z) = \begin{vmatrix} x_1 & x_2 & x_3 \\ y_1 & y_2 & y_3 \\ z_1 & z_2 & z_3 \end{vmatrix}.$$

Anwendungen des Spatproduktes

1. Das Volumen V_T eines Tetraeders mit den Ecken A, B, C, D (siehe **Abb. 4.7**) ist gleich dem sechsten Teil des Volumens V_P des Parallelepipedes, der z. B. von den Vektoren $\overrightarrow{AB}, \overrightarrow{AC}, \overrightarrow{AD}$ aufgespannt wird. Damit berechnet sich

   $V_T = \dfrac{1}{6} V_P = \dfrac{1}{6} |(\overrightarrow{AB} \times \overrightarrow{AC}, \overrightarrow{AD})|.$

2. Sind die Vektoren $\overrightarrow{AB}, \overrightarrow{AC}, \overrightarrow{AD}$ linear abhängig, so liegen die Punkte A, B, C, D in einer Ebene, und das Volumen des von den Vektoren aufgespannten Parallelepipedes ist gleich Null. Offenbar ist auch die Umkehrung dieses Satzes richtig. Damit ist

   $(\overrightarrow{AB} \times \overrightarrow{AC}, \overrightarrow{AD}) = 0$ genau dann, wenn A, B, C, D in einer Ebene liegen.

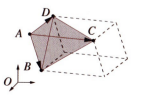

Abb. 4.7 Volumen eines Tetraeders

Berechnung eines Tetraedervolumens

Beispiel 4.21

Für die vier Punkte $A(1, 3, 4)$, $B(3, 2, -1)$, $C(-2, 3, 0)$, $D(-1, -3, 4)$ ergibt sich mit $\vec{AB} = (2, -1, -5)^\top$, $\vec{AC} = (-3, 0, -4)^\top$, $\vec{AD} = (-2, -6, 0)^\top$ das Volumen des Tetraeders mit den Ecken A, B, C, D zu

$$V_T = \frac{1}{6} \left| \det \begin{pmatrix} 2 & -1 & -5 \\ -3 & 0 & -4 \\ -2 & -6 & 0 \end{pmatrix} \right| = \frac{73}{3}.$$

4.2 Analytische Geometrie der Ebene

In diesem Abschnitt werden zwei geometrische Objekte der Ebene vorgestellt - die Gerade und Kurven zweiter Ordnung mit spezieller Lage im Koordinatensystem. Für unterschiedliche Aufgabenstellungen werden Gleichungen hergeleitet, die die Koordinaten der Punkte einer Geraden erfüllen müssen. Gleichungen für spezielle Kurven zweiter Ordnung werden ausgehend von der geometrischen Definition angegeben. Damit können Lagebeziehung und Schnittpunkte dieser ebenen Objekte gefunden werden.

4.2.1 Die Gerade

Eine Gerade in der Ebene kann auf verschiedene Weise eindeutig festgelegt werden. In Abhängigkeit davon ergeben sich unterschiedliche Möglichkeiten, die Gleichung einer Geraden aufzustellen. Der Abstand eines Punktes von der Geraden wird berechnet, die Lagebeziehung von zwei Geraden untersucht und der Winkel zwischen zwei Geraden ermittelt.

Punktrichtungsgleichung

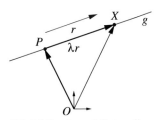

Abb. 4.8 Gerade g mit $P \in g$, $g \| r$

Gegeben ist

1. ein Punkt der Geraden $P(x_p, y_p)$,
2. ein Richtungsvektor $r = (x_r, y_r)^\top \neq (0, 0)^\top$.

Dann existiert genau eine Gerade g durch den Punkt P parallel zum Vektor r (siehe Abb. 4.8). Jeder Punkt $X(x, y)$ der Geraden g lässt sich folgendermaßen erreichen:

$$\vec{OX} = \vec{OP} + \lambda r, \ \lambda \in \mathbb{R}.$$

Diese Gleichung heißt **Parameterform**. Die reelle Zahl λ heißt **Parameter**. Für jede konkrete Wahl von λ erreicht man einen konkreten Punkt X_λ der Geraden. In Koordinatenschreibweise lautet die Gleichung

4.2 Analytische Geometrie der Ebene

$$\begin{pmatrix} x \\ y \end{pmatrix} = \begin{pmatrix} x_p \\ y_p \end{pmatrix} + \lambda \begin{pmatrix} x_r \\ y_r \end{pmatrix}. \tag{4.12}$$

Gilt $x_r \neq 0$, so kann der Parameter λ eliminiert werden, und man erhält die **Punktrichtungsgleichung** der Geraden

$$y = y_p + \frac{y_r}{x_r}(x - x_p). \tag{4.13}$$

Die Zahl $m = \dfrac{y_r}{x_r}$ heißt **Anstieg der Geraden**.

Zweipunktegleichung

Gegeben ist

1. ein Punkt $P_1(x_1, y_1)$ der Geraden,
2. ein Punkt $P_2(x_2, y_2)$ der Geraden mit $P_2 \neq P_1$.

Dann existiert genau eine Gerade g durch die Punkte P_1 und P_2 (siehe **Abb. 4.9**). Ein Richtungsvektor dieser Geraden ist der Vektor $\overrightarrow{P_1 P_2} = (x_2 - x_1, y_2 - y_1)^\top$, und man erhält als Parameterform der Geradengleichung aus Gleichung (4.12) z. B.

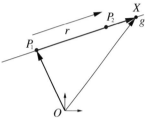

Abb. 4.9 Gerade g mit $P_1 \in g$, $P_2 \in g$

$$\begin{pmatrix} x \\ y \end{pmatrix} = \begin{pmatrix} x_1 \\ y_1 \end{pmatrix} + \lambda \begin{pmatrix} x_2 - x_1 \\ y_2 - y_1 \end{pmatrix} \tag{4.14}$$

und als parameterfreie Form aus Gleichung (4.13) mit $x_2 - x_1 \neq 0$

$$y - y_1 = \frac{y_2 - y_1}{x_2 - x_1}(x - x_1). \tag{4.15}$$

Die Gleichung (4.15) wird **Zweipunktegleichung** genannt.

Achsenabschnittsgleichung

Gegeben sind die „Achsenabschnitte" a und b der Geraden g, d. h.

1. der Punkt $P_1(0, b)$ der Geraden,
2. der Punkt $P_2(a, 0)$ der Geraden.

Dabei ist $a, b \neq 0$.

Dann existiert genau eine Gerade g durch die Punkte P_1 und P_2 (siehe **Abb. 4.10**). Ihre Zweipunktegleichung lautet nach (4.15) $y - b = -\dfrac{b}{a}x$ bzw. umgestellt

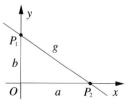

Abb. 4.10 Gerade g mit Achsenabschnitten a, b

$$\frac{x}{a} + \frac{y}{b} = 1. \tag{4.16}$$

Die Gleichung (4.16) nennt man **Achsenabschnittsgleichung**. Sind die Achsenabschnitte gegeben, so kann die Gerade g unmittelbar graphisch dargestellt werden. Stellt man Gleichung (4.16) nach y um, so erhält man die so genannte **Normalform** der Geradengleichung

$$y = mx + n \quad \text{mit} \quad m = -\frac{b}{a}, \; n = b, \tag{4.17}$$

dabei ist n der Achsenabschnitt auf der y-Achse und m der Anstieg der Geraden.

Bemerkung 4.22 Die Gleichungen (4.16), (4.17), setzen voraus, dass $a \neq 0$ ist. Die Gleichung (4.15) setzt $x_1 \neq x_2$ voraus und die Gleichung (4.13) $x_r \neq 0$. Das bedeutet, dass Geraden *parallel* zur y-Achse *nicht* mit der Normalform, der Achsenabschnittsgleichung, der Zweipunkte- oder der Punktrichtungsgleichung beschrieben werden können. Sie haben die analytische Darstellung $x = c$, wobei c eine reelle Konstante ist, die den Abstand der Geraden g von der y-Achse angibt.

Allgemeine Geradengleichung

Gegeben ist

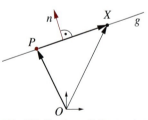

Abb. 4.11 Gerade g mit $P \in g$, $g \perp n$

1. ein Punkt $P(x_p, y_p)$ der Geraden,
2. ein Vektor $n = (n_x, n_y)^\top$ senkrecht zur Geraden.

Der Vektor n wird **Normalenvektor** genannt.

Dann existiert genau eine Gerade g durch den Punkt P, die senkrecht zum Normalenvektor n ist (siehe **Abb. 4.11**). Ist $X(x, y)$ ein beliebiger Punkt der Geraden, dann ist folglich der Vektor $\overrightarrow{PX}$ senkrecht zu n, und es gilt (siehe **Abschnitt 4.1.3**)

$$(\overrightarrow{PX}, n) = 0 \tag{4.18}$$

bzw. mit $\overrightarrow{PX} = \overrightarrow{OX} - \overrightarrow{OP}$

$$(\overrightarrow{OX}, n) + c = 0 \quad \text{mit} \quad c = -(\overrightarrow{OP}, n).$$

4.2 Analytische Geometrie der Ebene

In Koordinatenschreibweise lautet diese Gleichung

$$n_x x + n_y y + c = 0 \quad \text{mit} \quad c = -(x_p n_x + y_p n_y). \quad (4.19)$$

Die Gleichungen (4.18) und (4.19) heißen **allgemeine Form der Geradengleichung**. Sie können für *jede beliebige* Gerade der Ebene aufgestellt werden.

Ist $e_n = n/|n|$ der Einheitsvektor in Richtung n (siehe **Abschnitt 4.1.1**), so ergibt sich aus der Geradengleichung (4.18) nach Division durch $|n|$

$$(\overrightarrow{PX}, e_n) = 0 \quad (4.20)$$

bzw. aus der Koordinatenschreibweise (4.19)

$$\frac{n_x}{|n|} x + \frac{n_y}{|n|} y + c = 0 \quad \text{mit} \quad c = -\frac{x_p n_x + y_p n_y}{|n|}. \quad (4.21)$$

Die Gleichungen (4.20) und (4.21) heißen **Hessesche Normalform der Geradengleichung**.

Die Koeffizienten $n_x/|n|$ und $n_y/|n|$ sind entsprechend gleich $\cos\alpha$ bzw. $\sin\alpha$, wobei α der Winkel ist, den der Normalenvektor n mit der positiven Richtung der x-Achse einschließt.

Ludwig Otto Hesse (* 22. April 1811 in Königsberg, † 4. August 1874 in München)

deutscher Mathematiker, Professor in Heidelberg und München

Entwicklung der Theorie algebraischer Funktionen und der Theorie der Invarianten, geometrische Interpretation algebraischer Transformationen, Analytische Geometrie der Ebene und des Raumes, Determinanten, Hesse-Matrix

hier: Hessesche Normalform

Bemerkung 4.23

Beispiel 4.24

Gesucht sind die verschiedenen Gleichungen der Geraden g, die durch die Punkte $P_1(1, 5)$ und $P_2(3, 9)$ verläuft (siehe **Abb. 4.12**).

Die *Parameterform* (4.14) der Zweipunktegleichung lautet $\begin{pmatrix} x \\ y \end{pmatrix} = \begin{pmatrix} 1 \\ 5 \end{pmatrix} + \lambda \begin{pmatrix} 2 \\ 4 \end{pmatrix}$.

Aus (4.15) erhält man die *Zweipunktegleichung* $y - 5 = 2(x - 1)$.

Daraus ergibt sich die *Normalform* (4.17) $y = 2x + 3$.

Durch Umstellen erhält man die *Achsenabschnittsgleichung* (4.16) $\frac{x}{-1.5} + \frac{y}{3} = 1$. Die Grade verläuft durch die Punkte $(-1.5, 0)$ und $(0, 3)$ und kann jetzt unmittelbar graphisch dargestellt werden.

Aus der Parameterform der Zweipunktegleichung kann der Richtungsvektor $(2, 4)^\top$ der Geraden direkt abgelesen werden. Dann ist z. B. $(-4, 2)^\top$ Normalenvektor. Sein Betrag ist gleich $2\sqrt{5}$. Aus (4.21) erhält man die *Hessesche Normalform* $\frac{-2}{\sqrt{5}} x + \frac{y}{\sqrt{5}} - \frac{3}{\sqrt{5}} = 0$.

Geradengleichungen in der Ebene

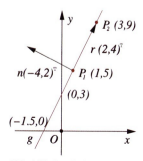

Abb. 4.12 Gerade durch $P_1(1,5)$ und $P_2(3,9)$

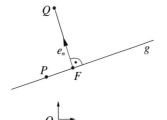

Abb. 4.13 Abstand von Q zu g

Mit Hilfe der Geradengleichungen lassen sich einige Aufgabenstellungen der ebenen Geometrie lösen, die im Folgenden betrachtet werden.

Abstand eines Punktes von einer Geraden

Gegeben ist eine Gerade g durch

1. einen Punkt P der Geraden,
2. einen normierten Normalenvektor e_n der Geraden ($|e_n| = 1$)

und ein beliebiger Punkt Q der Ebene.

Gesucht ist der Abstand d des Punktes Q von der Geraden g (siehe **Abb. 4.13**).

Sei F der Fußpunkt des Lotes vom Punkt Q auf die Gerade g. Dann ist $|\overrightarrow{FQ}| = d$ der gesuchte Abstand.

Da e_n Normaleneinheitsvektor ist, gilt $\overrightarrow{FQ} = \tilde{d}\, e_n$, wobei $\tilde{d} = d$ ist, wenn $\overrightarrow{FQ}$ und e_n gleichgerichtet sind; andernfalls ist $\tilde{d} = -d$. Kann daher $\tilde{d}$ ermittelt werden, so ist $d = |\tilde{d}|$. Daraus erhält man

$$\overrightarrow{OQ} - \overrightarrow{OF} = \tilde{d}\, e_n. \tag{4.22}$$

Da F andererseits Punkt der Geraden g ist, muss er die Geradengleichung (4.20) (Hessesche Normalform) erfüllen, d. h. es ist $(\overrightarrow{PF}, e_n) = 0$ oder

$$(\overrightarrow{OF} - \overrightarrow{OP}, e_n) = 0. \tag{4.23}$$

Stellt man Gleichung (4.22) nach $\overrightarrow{OF}$ um und setzt in Gleichung (4.23) ein, so erhält man

$$(\overrightarrow{OQ} - \tilde{d}\, e_n - \overrightarrow{OP}, e_n) = 0 \quad \text{bzw.}$$
$$(\overrightarrow{OQ} - \overrightarrow{OP}, e_n) = \tilde{d}(e_n, e_n) \quad \text{oder}$$
$$(\overrightarrow{PQ}, e_n) = \tilde{d}.$$

Setzt man die Koordinaten des Punktes Q in die Hessesche Normalform der Geradengleichung von g ein, so erhält man den vorzeichenbehafteten Abstand $\tilde{d}$ des Punktes Q zur Geraden g. Damit hat man den gesuchten Abstand d als

$$d = |(\overrightarrow{PQ}, e_n)|.$$

Der **Lotfußpunkt** F kann aus Gleichung (4.22) ermittelt werden:

$$\overrightarrow{OF} = \overrightarrow{OQ} - \tilde{d}\, e_n.$$

Beispiel 4.25

Abstand von Punkten von einer Geraden

Gegeben ist die Gerade aus **Beispiel 4.24** (siehe **Abb. 4.14**). Sie hat die Hessesche Normalform $\frac{-2}{\sqrt{5}} x + \frac{y}{\sqrt{5}} - \frac{3}{\sqrt{5}} = 0$.

1. Der Punkt $Q_1(2, 7)$ hat von g den Abstand
$$d = \frac{-2}{\sqrt{5}} \cdot 2 + \frac{7}{\sqrt{5}} - \frac{3}{\sqrt{5}} = 0.$$

2. Der Punkt $Q_2(-1, 5)$ hat von g den Abstand
$$d = \frac{2}{\sqrt{5}} + \frac{5}{\sqrt{5}} - \frac{3}{\sqrt{5}} = \frac{4}{\sqrt{5}}.$$

3. Der Koordinatenursprung $O(0, 0)$ hat von g den Abstand
$$d = \left| \frac{-2}{\sqrt{5}} \cdot 0 + \frac{1}{\sqrt{5}} \cdot 0 - \frac{3}{\sqrt{5}} \right| = \frac{3}{\sqrt{5}}.$$

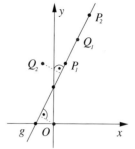

Abb. 4.14 Gerade $y = 2x + 3$

Lagebeziehung zweier Geraden

Zwei Geraden g_1 und g_2 in einer Ebene können sich entweder schneiden in genau einem Punkt oder sie haben keinen Punkt miteinander gemeinsam (dann sind sie parallel) oder sie haben alle Punkte miteinander gemeinsam (dann fallen sie zusammen).

Die Geraden g_1 und g_2 mögen gegeben sein durch ihre allgemeinen Geradengleichungen:

$g_1 : a_1 x + b_1 y + c_1 = 0,$
$g_2 : a_2 x + b_2 y + c_2 = 0.$

Bestimmt werden soll, welche der drei Lagebeziehungen vorliegt. Gegebenenfalls sollen die Koordinaten (x_s, y_s) ihres Schnittpunktes berechnet werden.

Den allgemeinen Geradengleichungen entnimmt man zunächst, dass die Vektoren $n^1 = (a_1, b_1)^\top$ und $n^2 = (a_2, b_2)^\top$ die Normalenvektoren der Geraden g_1 bzw. g_2 sind. Die Geraden sind genau dann parallel oder fallen zusammen, wenn ihre Normalenvektoren parallel sind, d. h. wenn $n^1 = \lambda n^2$ und daher

$$D = \begin{vmatrix} a_1 & b_1 \\ a_2 & b_2 \end{vmatrix} = 0$$

gilt. Andernfalls haben sie genau einen gemeinsamen Punkt $S(x_s, y_s)$, dessen Koordinaten beide Geradengleichungen erfüllen müssen. Das entsprechende lineare Gleichungssystem liefert mit der Cramerschen Regel die Lösung

$$x_s = \frac{\begin{vmatrix} -c_1 & b_1 \\ -c_2 & b_2 \end{vmatrix}}{D}, \quad y_s = \frac{\begin{vmatrix} a_1 & -c_1 \\ a_2 & -c_2 \end{vmatrix}}{D}.$$

Ist $D = 0$, so fallen die Geraden dann zusammen, wenn die beiden Determinanten in den Zählern von x_s und y_s ebenfalls 0 sind. Das ist gleichbedeutend damit, dass das Vektorprodukt der Vektoren $(a_1, b_1, c_1)^\top$ und $(a_2, b_2, c_2)^\top$ den Nullvektor ergibt. Andernfalls haben sie keinen gemeinsamen Punkt.

Schnittpunkt zweier Geraden

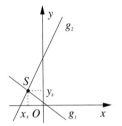

Abb. 4.15 Geraden g_1 und g_2

Beispiel 4.26

Die Geraden

$g_1: 3x + 4y - 1 = 0$ und
$g_2: 2x - y + 4 = 0$

(siehe **Abb. 4.15**) schneiden sich im Punkt $S(x_s, y_s)$ mit

$$x_s = \frac{\begin{vmatrix} 1 & 4 \\ -4 & -1 \end{vmatrix}}{-11} = -\frac{15}{11}, \quad y_s = \frac{\begin{vmatrix} 3 & 1 \\ 2 & -4 \end{vmatrix}}{-11} = \frac{14}{11}.$$

Schnittwinkel zweier Geraden

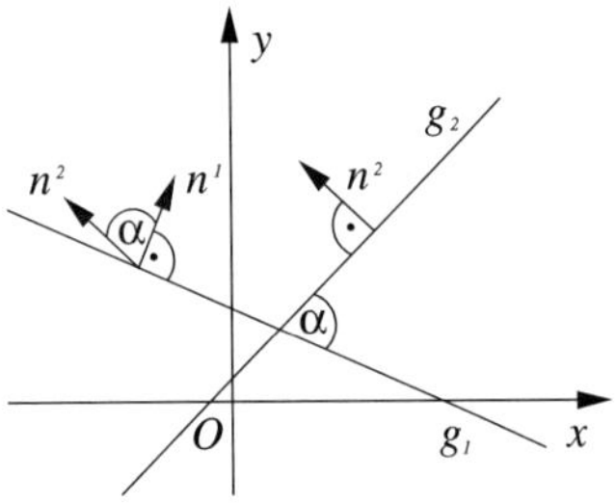

Der Schnittwinkel zweier Geraden g_1 und g_2 ist der Winkel zwischen ihren Richtungsvektoren (Normalenvektoren) (siehe **Abb. 4.16**). Sind die Normalenvektoren der Geraden n^1 und n^2 bekannt, so ist der Winkel α mit

$$\cos\alpha = \frac{(n^1, n^2)}{|n^1||n^2|}, \quad \alpha \in [0, \pi)$$

der gesuchte Winkel (siehe auch **Abschnitt 4.1.4**).

Abb. 4.16 Schnittwinkel α

Sind die Geradengleichungen von g_1 und g_2 in der Normalform

$g_1: y = m_1 x + n_1,$
$g_2: y = m_2 x + n_2$

gegeben, so sind m_1 und m_2 ihre Anstiege (siehe **Abb. 4.17**). Mit den Anstiegswinkeln α_1 und α_2 ist $\tan\alpha_1 = m_1$, $\tan\alpha_2 = m_2$, und der gesuchte Schnittwinkel α ergibt sich als Differenz $\alpha_2 - \alpha_1$. Man erhält mit dem entsprechenden Additionstheorem für Winkelfunktionen

$$\tan(\alpha_2 - \alpha_1) = \frac{\tan\alpha_2 - \tan\alpha_1}{1 + \tan\alpha_1 \tan\alpha_2} = \frac{m_2 - m_1}{1 + m_1 m_2}.$$

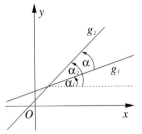

Abb. 4.17 Anstiegswinkel

Beispiel 4.27

Ein trapezförmiges Grundstück mit den parallelen Seiten $\overline{AD}$ und $\overline{BC}$ habe in einem kartesischen Koordinatensystem die Eckpunkte $A(2, 0)$, $B(18, 0)$, $C(21.75, 25)$, $D(5, 20)$ (alle Angaben in m). Es sind die Koordinaten der Eckpunkte E, F, G, H eines flächengleichen parallelogrammförmigen Grundstücks zu ermitteln, wenn die Ecken E und G auf der Geraden AD, die Ecken F und H auf der Geraden BC und die Grundstücke mit ihren Grenzen $\overline{AB}$ und $\overline{EF}$ auf parallelen Straßenrändern im Abstand von 6 m liegen (siehe **Abb. 4.18**).

Die Gerade $g_1 = AD$ hat die Parameterform

$$\overrightarrow{OX} = \begin{pmatrix} 2 \\ 0 \end{pmatrix} + \mu \begin{pmatrix} 3 \\ 20 \end{pmatrix} \quad \text{bzw. die allgemeine Form} \quad 20x - 3y - 40 = 0.$$

Die Gerade $g_2 = BC$ hat die Parameterform

$$\overrightarrow{OX} = \begin{pmatrix} 18 \\ 0 \end{pmatrix} + \lambda \begin{pmatrix} 3 \\ 20 \end{pmatrix} \quad \text{bzw. die allgemeine Form} \quad 20x - 3y - 360 = 0.$$

Berechnung von Grundstücksecken

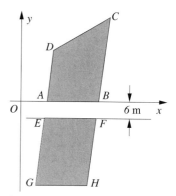

Abb. 4.18 Grundstücke

Zunächst wird der Flächeninhalt des trapezförmigen Grundstückes A_{ABCD} ermittelt. Ist h_T die Höhe des Trapezes $ABCD$, d. h. z. B. der Abstand des Punktes B von der Geraden g_1, so berechnet sich $A_{ABCD} = 0.5 \, (|\overrightarrow{AD}| + |\overrightarrow{BC}|) \, h_T$. Den Abstand des Punktes B von der Geraden g_1 ermittelt man mit Hilfe der Hesseschen Normalform der Geradengleichung von g_1. Sie lautet $(20x - 3y - 40)/\sqrt{409} = 0$. Man erhält $h_T = (20 \cdot 18 - 40)/\sqrt{409}$. Mit $|\overrightarrow{AD}| = \sqrt{409}$ und $|\overrightarrow{BC}| = \sqrt{639.0625}$ ergibt sich

$$A_{ABCD} = \frac{1}{2} \, (|\overrightarrow{AD}| + |\overrightarrow{BC}|) \, h_T = \frac{1}{2} (\sqrt{409} + \sqrt{639.0625}) \frac{320}{\sqrt{409}} = 360.$$

Der Punkt E ist der Schnittpunkt der Geraden g_1 und der Geraden $y = -6$. Setzt man $y = -6$ in die allgemeine Form der Geradengleichung von g_1 ein, erhält man $x = 1.1$. Der Punkt E hat damit die Koordinaten $E(1.1, -6)$. Der Punkt F ist der Schnittpunkt der Geraden g_2 und der Geraden $y = -6$. Setzt man $y = -6$ in die allgemeine Form der Geradengleichung von g_2 ein, erhält man $x = 17.1$. Der Punkt F hat damit die Koordinaten $F(17.1, -6)$. Die Fläche des Parallelogramms A_{EFGH} berechnet sich z. B. als $A_{EFGH} = |\overrightarrow{FH}| \, h_T$, da Parallelogramm und Trapez dieselben Höhen haben. Weil laut Voraussetzung der Aufgabe $A_{EFGH} = A_{ABCD}$ ist, erhält man als Länge der Parallelogrammseite $|\overrightarrow{FH}| = 360\sqrt{409}/320 = 9\sqrt{409}/8$. Der Punkt H liegt auf der Geraden g_2. Aus ihrer Parameterform erhält man mit dem normierten Richtungsvektor $e_r = (3/\sqrt{409}, \, 20\sqrt{409})^\top$

$$\overrightarrow{OH} = \overrightarrow{OF} - |\overrightarrow{FH}| \, e_r = \begin{pmatrix} 17.1 \\ -6 \end{pmatrix} - \frac{9}{8}\sqrt{409} \begin{pmatrix} 3/\sqrt{409} \\ 20/\sqrt{409} \end{pmatrix} = \begin{pmatrix} 13.725 \\ -28.5 \end{pmatrix}.$$

Der Punkt G ist Schnittpunkt der Geraden g_1 mit der Geraden $y = -28.5$. Setzt man $y = -28.5$ in die allgemeine Geradengleichung von g_1 ein, so erhält man $x = -2.275$. Der Punkt H hat die Koordinaten $H(13.725, -28.5)$, der Punkt G hat die Koordinaten $G(-2.275, -28.5)$.

4.2.2 Kurven zweiter Ordnung

Kurven zweiter Ordnung haben die allgemeine Gleichung

$$a_{11}x^2 + 2a_{12}xy + a_{22}y^2 + 2a_{01}x + 2a_{02}y + a_{00} = 0. \tag{4.24}$$

$a_{11}, a_{12}, a_{22}, a_{01}, a_{02}, a_{00}$ sind dabei gegebene reelle Zahlen.

In diesem Abschnitt werden drei Kurven zweiter Ordnung vorgestellt, die eine besondere (achsparallele) Lage im Koordinatensystem haben. Ausgehend von ihrer Definition als geometrischer Ort werden die Gleichungen dieser Kurven hergeleitet, die Spezialfälle von Gleichung (4.24) darstellen. Geometrische Eigenschaften, Parameterformen und Tangentengleichungen werden angegeben.

Die Ellipse

Definition 4.28 Die Ellipse ist der geometrische Ort aller Punkte X, für die die Summe der Abstände von zwei gegebenen festen Punkten F_1 und F_2 (**Brennpunkte**) konstant gleich der vorgegebenen Länge $2a$ ist (siehe **Abb. 4.19**):

$$|\overline{F_1X}| + |\overline{F_2X}| = 2a. \tag{4.25}$$

Dabei ist

- O als Halbierungspunkt der Strecke $\overline{F_1F_2}$ der **Mittelpunkt** der Ellipse,
- der Abstand $|\overline{F_1O}| = |\overline{F_2O}| = e$ die **lineare Exzentrizität**,
- die Schnittpunkte S_1, S_2 der Ellipse mit der x-Achse die **Hauptscheitelpunkte** und die Abstände $|\overline{OS_1}| = |\overline{OS_2}|$ die **Hauptachsen**,
- die Schnittpunkte N_1, N_2 der Ellipse mit der Mittelsenkrechten der Strecke $\overline{F_1F_2}$ die **Nebenscheitelpunkte** und die Abstände $|\overline{ON_1}| = |\overline{ON_2}| = b$ die **Nebenachsen**.

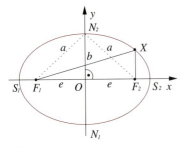

Abb. 4.19 Ellipse

Die Abstände der Nebenscheitelpunkte zu den Brennpunkten sind nach der **Definition 4.28** der Ellipse jeweils gleich a. Im rechtwinkligen Dreieck $\triangle OF_2N_2$ gilt

$$a^2 = b^2 + e^2. \tag{4.26}$$

Der Hauptscheitelpunkt S_2 erfüllt als Punkt der Ellipse die Gleichung (4.25), d. h. es ist

$$|\overline{F_1S_2}| + |\overline{F_2S_2}| = 2a \text{ und}$$
$$(e + |\overline{OS_2}|) + (|\overline{OS_2}| - e) = 2a,$$

woraus man als Länge der Hauptachse $|\overline{OS_2}| = a$ erhält.

4.2 Analytische Geometrie der Ebene

Normalform der Ellipse

Wird ein kartesisches Koordinatensystem (O, x, y) so gelegt, dass sein Ursprung mit dem Mittelpunkt der Ellipse zusammenfällt und die Achsen der Ellipse entlang der Hauptachsen der Ellipse zeigen (siehe **Abb. 4.19**), so kann für die Koordinaten eines Punktes X der Ellipse, der von den Brennpunkten die Abstände d_1 und d_2 hat, eine Gleichung wie folgt erhalten werden.

Der Satz des Pythagoras liefert in den rechtwinkligen Dreiecken (siehe **Abb. 4.20**)

$$\triangle F_1 H X : (e + x)^2 + y^2 = d_1^2,$$
$$\triangle F_2 H X : (e - x)^2 + y^2 = d_2^2.$$

Da X Punkt der Ellipse ist, gilt wegen Gleichung (4.25)

$$d_1 + d_2 = 2a.$$

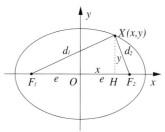

Abb. 4.20 Zur Normalform

Setzt man die ersten beiden Gleichungen in diese ein und eliminiert mit Gleichung (4.26) e, so erhält man die **Normalform** der Ellipsengleichung

$$\frac{x^2}{a^2} + \frac{y^2}{b^2} = 1. \tag{4.27}$$

Parameterform der Ellipse

Bei der Beschreibung einer Kurve mit der **Parameterform** werden Funktionen $\varphi(t)$ und $\psi(t)$ eines Parameters so gefunden, dass für jeden Punkt $X(x, y)$ der Kurve ein Parameter t existiert, dass $x = \varphi(t)$ und $y = \psi(t)$ ist und umgekehrt für jeden Parameterwert t durch diese Gleichungen die Koordinaten eines Kurvenpunktes bestimmt sind.

Eine mögliche Parameterform der Ellipse lautet

$$\begin{aligned} x &= \varphi(t) = a \cos t, \\ y &= \psi(t) = b \sin t, \qquad 0 \leq t < 2\pi. \end{aligned} \tag{4.28}$$

Wie man sich durch Einsetzen der durch (4.28) bestimmten Koordinaten in die Normalform (4.27) überzeugt, erfüllen sie diese Gleichung.

Tangente im Punkt $P(x_0, y_0)$ an die Ellipse

Die Tangente im Punkt $P(x_0, y_0)$ der Ellipse (4.27) ist die Gerade durch diesen Punkt, die mit der Ellipse *genau* diesen Punkt gemeinsam hat (siehe **Abb. 4.21**). Ihre Geradengleichung lautet

$$\frac{xx_0}{a^2} + \frac{yy_0}{b^2} = 1. \tag{4.29}$$

Beweis: Da P Punkt der Ellipse ist, erfüllen seine Koordinaten die Ellipsengleichung (4.27), d. h. es ist

$$\frac{x_0^2}{a^2} + \frac{y_0^2}{b^2} = 1.$$

Außerdem existiert ein Parameter t_0 so, dass nach (4.28)

$$x_0 = a \cos t_0 \quad \text{und} \quad y_0 = b \sin t_0 \tag{4.30}$$

ist. Die Tangente hat als Richtungsvektor τ im Punkt P

$$\tau = \begin{pmatrix} \varphi'(t_0) \\ \psi'(t_0) \end{pmatrix} = \begin{pmatrix} -a \sin t_0 \\ b \cos t_0 \end{pmatrix}$$

und demzufolge als dazu orthogonalen Normalenvektor n

$$n = \begin{pmatrix} \psi'(t_0) \\ -\varphi'(t_0) \end{pmatrix} = \begin{pmatrix} b \cos t_0 \\ a \sin t_0 \end{pmatrix}.$$

Dabei bedeuten $\varphi'(t_0)$ und $\psi'(t_0)$ die Ableitungen der Funktionen φ und ψ an der Stelle t_0, die in **Kapitel 6** erklärt werden. Die allgemeine Geradengleichung der Tangenten lautet daher

$$b \cos t_0 \, x + a \sin t_0 \, y = b \cos t_0 \, x_0 + a \sin t_0 \, y_0.$$

woraus man nach Eliminieren von $\sin t_0$ und $\cos t_0$ aus den Gleichungen (4.30) schließlich die Gleichung (4.29) erhält. ∎

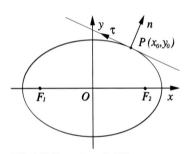

Abb. 4.21 Tangente an die Ellipse

Der Kreis

Der Kreis kann als Spezialfall der Ellipse für $a = b = r$ betrachtet werden (siehe **Abb. 4.22**). Die Gleichung des Kreises mit dem Mittelpunkt in O und dem Radius r geht aus der Normalform (4.27) der Ellipsengleichung für $a = b = r$ hervor:

$$x^2 + y^2 = r^2.$$

Eine Parameterform der Kreisgleichung lautet

$$x = r \cos t, \\ y = r \sin t, \qquad 0 \le t < 2\pi.$$

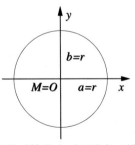

Abb. 4.22 Kreis mit $M(0, 0)$ und Radius r

4.2 Analytische Geometrie der Ebene

Achsparallele verschobene Ellipse

Die Gleichung der Ellipse mit dem Mittelpunkt $M(c, d)$, deren Achsen parallel zu den Koordinatenachsen verlaufen, lautet

$$\frac{(x-c)^2}{a^2} + \frac{(y-d)^2}{b^2} = 1. \tag{4.31}$$

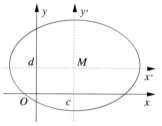

Beweis: Legt man ein Koordinatensystem (M, x', y') so, dass die Achsen x' und y' parallel zu den Koordinatenachsen x und y des ursprünglichen Koordinatensystems sind (siehe **Abb. 4.23**), so gelten die Transformationen $x = x' + c$ und $y = y' + d$. Im Koordinatensystem (M, x', y') hat die Ellipse die Gleichung (Normalform)

$$\frac{(x')^2}{a^2} + \frac{(y')^2}{b^2} = 1.$$

Eliminiert man x' und y' mit den Transformationsgleichungen, so erhält man (4.31). ∎

Abb. 4.23 Verschobene Ellipse

Die Gleichung der Tangenten im Punkt $P(x_0, y_0)$ dieser Ellipse ist

$$\frac{(x-c)(x_0-c)}{a^2} + \frac{(y-d)(y_0-d)}{b^2} = 1.$$

Beispiel 4.29 — Tangenten an eine Ellipse

1. Ermittelt werden sollen die Tangenten an die Ellipse $x^2 + 4y^2 = 4$ in den Punkten der Ellipse mit der Koordinate $x = 1$ (siehe **Abb. 4.24**).

   Da der Punkt P zur Ellipse gehört, erfüllen seine Koordinaten die Ellipsengleichung. Daraus folgt $1^2 + 4y_P^2 = 4$, d. h. $y_P = \pm\sqrt{3}/2$. Die Gleichung der Tangenten im Punkt $(1, \sqrt{3}/2)$ lautet $x + 2\sqrt{3}y = 4$, die Gleichung der Tangenten im Punkt $(1, -\sqrt{3}/2)$ lautet $x - 2\sqrt{3}y = 4$.

2. Ermittelt werden sollen die Tangenten an die Ellipse $x^2 + 4y^2 = 4$, die parallel zur Geraden $2x - 3y = 0$ verlaufen (siehe **Abb. 4.24**). Die entsprechenden Berührungspunkte sind anzugeben.

   Ist der Punkt $P_0(x_0, y_0)$ Berührungspunkt der Tangenten, so lautet ihre Gleichung $xx_0 + 4yy_0 = 4$. Wenn sie parallel zur Geraden $2x - 3y = 0$ verläuft, so ist ihr Normalenvektor $(x_0, 4y_0)^\top$ parallel zum Normalenvektor dieser Geraden $(2, -3)^\top$, d. h. es ist $x_0 = 2\alpha$ und $4y_0 = -3\alpha$ mit $\alpha \neq 0$. Da $P_0(x_0, y_0)$ Punkt der Ellipsen ist, erfüllt er außerdem die Ellipsengleichung:

   $$(2\alpha)^2 + 4\left(-\frac{3\alpha}{4}\right)^2 = 4$$

   mit den Lösungen $\alpha = \pm 0.8$. Der erste Berührungspunkt ist daher $(1.6, -0.6)$, die Gleichung der Tangenten lautet $2x - 3y = 5$. Der zweite Berührungspunkt ist $(-1.6, 0.6)$, die Gleichung der Tangenten lautet $2x - 3y = -5$.

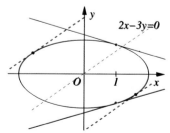

Abb. 4.24 Zu Beispiel 4.29

Die Hyperbel

Definition 4.30 Die Hyperbel ist der geometrische Ort aller Punkte X, für die die Differenz der Abstände von zwei gegebenen festen Punkten F_1 und F_2 (**Brennpunkte**) konstant gleich der vorgegebenen Länge $2a$ ist (siehe **Abb. 4.25**):

$$|\overline{F_1 X}| - |\overline{F_2 X}| = 2a. \tag{4.32}$$

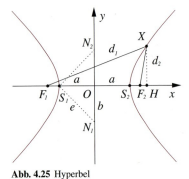

Abb. 4.25 Hyperbel

Dabei ist

- O als Halbierungspunkt der Strecke $\overline{F_1 F_2}$ der **Mittelpunkt** der Hyperbel,
- der Abstand $|\overline{F_1 O}| = |\overline{F_2 O}| = e$ die **lineare Exzentrizität**,
- die Schnittpunkte S_1, S_2 der Hyperbel mit der x-Achse die **Hauptscheitelpunkte** und die Abstände $|\overline{OS_1}| = |\overline{OS_2}|$ die **Hauptachsen**,
- die Schnittpunkte N_1, N_2 des Kreises um S_1 mit dem Radius e und der Mittelsenkrechten der Strecke $\overline{F_1 F_2}$ die **Nebenscheitelpunkte** und ihre Abstände $|\overline{ON_1}| = |\overline{ON_2}| = b$ zum Koordinatenursprung die **Nebenachsen**.

Der Hauptscheitelpunkt S_2 erfüllt als Punkt der Hyperbel die Gleichung (4.32), d. h. es ist

$$|\overline{F_1 S_2}| - |\overline{F_2 S_2}| = 2a \text{ und}$$
$$(e + |\overline{OS_2}|) - (e - |\overline{OS_2}|) = 2a,$$

woraus man als Länge der Hauptachse $|\overline{OS_2}| = a$ erhält. Im rechtwinkligen Dreieck $\triangle OS_1 N_1$ gilt

$$e^2 = a^2 + b^2. \tag{4.33}$$

Normalform der Hyperbel

Wird ein kartesisches Koordinatensystem (O, x, y) so gelegt, dass sein Ursprung mit dem Mittelpunkt der Hyperbel zusammenfällt und seine Achsen entlang der Hauptachsen der Hyperbel zeigen (siehe **Abb. 4.25**), so kann für die Koordinaten eines Punktes X der Hyperbel, der von den Brennpunkten die Abstände d_1 und d_2 hat, eine Gleichung wie folgt erhalten werden.

Der Satz des Pythagoras liefert in den rechtwinkligen Dreiecken (siehe **Abb. 4.25**)

$$\triangle F_1 HX : (e + x)^2 + y^2 = d_1^2,$$
$$\triangle F_2 HX : (e - x)^2 + y^2 = d_2^2.$$

4.2 Analytische Geometrie der Ebene

Da X Punkt der Hyperbel ist, gilt wegen Gleichung (4.32)

$d_2 - d_1 = 2a$.

Setzt man die ersten beiden Gleichungen in diese ein und eliminiert mit Gleichung (4.33) e, so erhält man die **Normalform** der Hyperbelgleichung

$$\frac{x^2}{a^2} - \frac{y^2}{b^2} = 1. \qquad (4.34)$$

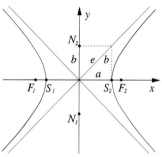

Die Geraden $y = \pm\dfrac{b}{a}x$ heißen **Asymptoten** der Hyperbel, da sich die Punkte der Hyperbel für große x dieser Geraden „nähern" (siehe **Abb. 4.26**). Aus der Hyperbelgleichung (4.34) erhält man durch Umstellen nach y

$$y = \pm\frac{b}{a}\sqrt{x^2 - a^2},$$

und für $x \to \infty$ erhält man wegen $x^2 - a^2 \approx x^2$ näherungsweise die Gleichungen der beiden Geraden.

Abb. 4.26 Asymptoten der Hyperbel

Parameterform der Hyperbel

Eine mögliche Parameterform der Hyperbel ist

$$\begin{aligned}x &= \varphi(t) = a\,(e^t + e^{-t})/2,\\ y &= \psi(t) = b\,(e^t - e^{-t})/2, \qquad -\infty \le t < \infty.\end{aligned} \qquad (4.35)$$

Beweis: Davon überzeugt man sich durch Einsetzen der Koordinaten x und y aus diesen Gleichungen in die linke Seite der Hyperbelgleichung (4.34). Es ergibt sich

$$\begin{aligned}\frac{x^2}{a^2} - \frac{y^2}{b^2} &= \frac{(e^t + e^{-t})^2}{4} - \frac{(e^t - e^{-t})^2}{4}\\ &= \frac{(e^{2t} + 2e^t e^{-t} + e^{-2t})}{4} - \frac{(e^{2t} - 2e^t e^{-t} + e^{-2t})}{4} = 1.\end{aligned}$$
■

Die Funktionen auf den rechten Seiten der Parameterform (4.35) werden **Sinus hyperbolicus** bzw. **Kosinus hyperbolicus** genannt:

$$\sinh x = (e^x - e^{-x})/2, \qquad \cosh x = (e^x + e^{-x})/2.$$

Eine Eigenschaft dieser Funktionen folgt unmittelbar aus der Parametrisierung der Hyperbel:

$$\cosh^2 x - \sinh^2 x = 1.$$

Tangente im Punkt $P(x_0, y_0)$ an die Hyperbel

Die Tangente im Punkt $P(x_0, y_0)$ der Hyperbel (4.34) ist die Gerade durch diesen Punkt, die mit der Hyperbel *genau* diesen Punkt gemeinsam hat (siehe **Abb. 4.27**). Ihre Geradengleichung lautet

$$\frac{xx_0}{a^2} - \frac{yy_0}{b^2} = 1.$$

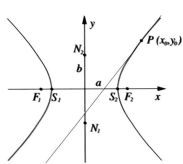

Abb. 4.27 Tangente an die Hyperbel

Achsparallele verschobene Hyperbel

Die Gleichung der Hyperbel mit dem Mittelpunkt $M(c, d)$, deren Achsen parallel zu den Koordinatenachsen verlaufen, lautet

$$\frac{(x-c)^2}{a^2} - \frac{(y-d)^2}{b^2} = 1.$$

Die Gleichung der Tangenten im Punkt $P(x_0, y_0)$ dieser Hyperbel ist

$$\frac{(x-c)(x_0-c)}{a^2} - \frac{(y-d)(y_0-d)}{b^2} = 1.$$

Tangenten an eine Hyperbel

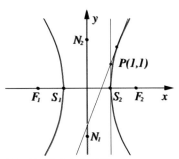

Abb. 4.28 Zu Beispiel 4.31

Beispiel 4.31

Gesucht sind die Gleichungen der Tangenten vom Punkt $P(1, 1)$ an die Hyperbel $4x^2 - y^2 = 4$ (siehe **Abb. 4.28**).

Die Gleichung der Tangenten im Berührungspunkt $P_0(x_0, y_0)$ der Hyperbel ist folgende: $4xx_0 - yy_0 = 4$. Wenn die Tangente durch den Punkt $P(1, 1)$ verläuft, so erfüllen seine Koordinaten die Tangentengleichung, d. h. es gilt $4x_0 - y_0 = 4$ bzw. nach Umstellen $y_0 = 4(x_0 - 1)$. Da der Berührungspunkt P_0 Punkt der Hyperbel ist, erfüllen seine Koordinaten die Hyperbelgleichung, d. h. es ist $4x_0^2 - y_0^2 = 4$. Ersetzt man in dieser Gleichung y_0, so ergibt sich bezüglich x_0 die quadratische Gleichung $4x_0^2 - 16(x_0 - 1)^2 = 4$ mit den Lösungen $x_0 = 5/3$ und $x_0 = 1$. Der erste Berührungspunkt lautet $(5/3, 8/3)$, die Gleichung der Tangenten $5x - 2y = 3$. Der zweite Berührungspunkt lautet $(1, 0)$, die Gleichung der zweiten Tangenten $x = 1$.

Die Parabel

Die Parabel ist der geometrische Ort aller Punkte, die von einem festen Punkt (**Brennpunkt**) F und einer festen Geraden l (**Leitlinie**) gleich weit entfernt sind (siehe **Abb. 4.29**).

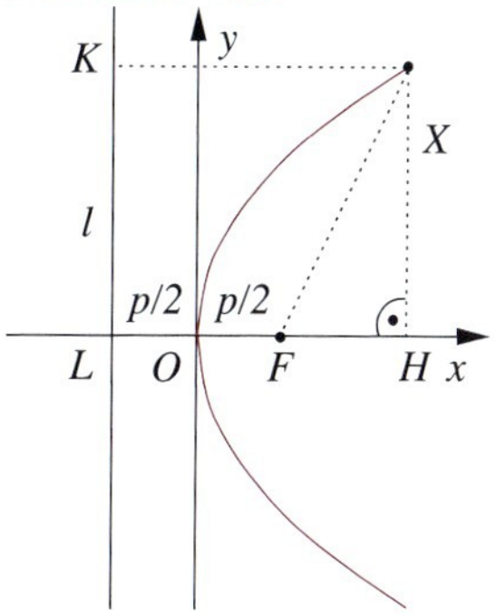

Definition 4.32

Dabei ist

- L der Lotfußpunkt des Lotes vom Brennpunkt F auf die Gerade l,
- O der Halbierungspunkt der Strecke $\overline{FL}$.

Der Punkt O hat als Halbierungspunkt der Strecke $\overline{FL}$ von F und l denselben Abstand und ist daher Punkt der Parabel. Er wird **Scheitelpunkt** der Parabel genannt. Die Gerade FL heißt **Achse** der Parabel.

Abb. 4.29 Parabel

Normalform der Parabel

Legt man ein Koordinatensystem (O, x, y) so, dass sein Koordinatenursprung mit dem Scheitelpunkt O der Parabel und die x-Achse mit dem Lot LF zusammenfällt, so folgt aus der **Definition 4.32** für einen beliebigen Punkt X der Parabel

$$|\overline{XF}| = |\overline{XK}|,$$

wobei K der Lotfußpunkt des Lotes vom Punkt X auf die Gerade l ist. Sei H der Lotfußpunkt des Lotes vom Punkt X auf die x-Achse. Hat der Punkt X die Koordinaten (x, y) und der Brennpunkt F den Abstand p von der Leitlinie l, sodass F die Koordinaten $(0, p/2)$ hat, so gilt im rechtwinkligen Dreieck $\triangle FHX$ nach dem Satz des Pythagoras $(|\overline{FH}|)^2 + (|\overline{HX}|)^2 = (|\overline{XF}|)^2$ bzw.

$$y^2 + \left(x - \frac{p}{2}\right)^2 = \left(x + \frac{p}{2}\right)^2,$$

woraus man die Normalform der Gleichung der Parabel erhält:

$$y^2 = 2px. \tag{4.36}$$

Tangente im Punkt $P(x_0, y_0)$ an die Parabel

Die Tangente im Punkt $P(x_0, y_0)$ der Parabel (4.36) ist die Gerade durch diesen Punkt, die mit der Parabel *genau* diesen Punkt gemeinsam hat (siehe **Abb. 4.30**). Ihre Geradengleichung lautet

$$yy_0 = p(x + x_0). \tag{4.37}$$

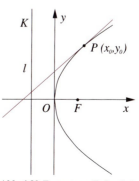

Abb. 4.30 Tangente an die Parabel

Beweis: Für $p > 0$ ist eine Parametrisierung der Parabel (4.36)

$$x = \varphi(t) = t,$$
$$y = \psi(t) = \begin{cases} \sqrt{2pt}, & t \geq 0 \\ -\sqrt{2pt}, & t < 0 \end{cases}.$$

Für $t > 0$ ist daher der Tangentialvektor (Richtungsvektor der Tangenten) im Punkt $P(x_0, y_0)$ mit dem Parameter t_0

$$\tau = \begin{pmatrix} \varphi'(t_0) \\ \psi'(t_0) \end{pmatrix} = \begin{pmatrix} 1 \\ \sqrt{p/(2t_0)} \end{pmatrix}$$

und der dazu senkrechte Normalenvektor der Tangenten

$$n = \begin{pmatrix} \sqrt{p/(2t_0)} \\ -1 \end{pmatrix}.$$

Damit lautet die Gleichung der Tangenten (allgemeine Geradengleichung)

$$\sqrt{\frac{p}{2t_0}} x - y = \sqrt{\frac{p}{2t_0}} x_0 - y_0,$$

und nach Eliminieren des Parameters t_0 aus der Parabelgleichung $y_0^2 = 2pt_0$ ergibt sich Gleichung (4.37). Analog erhält man diese Gleichung für $t < 0$. Die Gleichung der Tangenten im Punkt $(0, 0)$ lautet $y = 0$. ∎

Achsparallele verschobene Parabel

Die Gleichung der Parabel mit dem Scheitelpunkt $S(c, d)$, deren Achse parallel zur x-Achsen verläuft, lautet

$$(y - d)^2 = 2p(x - c).$$

Die Gleichung der Tangenten im Punkt $P(x_0, y_0)$ dieser Parabel ist

$$(y - d)(y_0 - d) = p(x + x_0 - 2c).$$

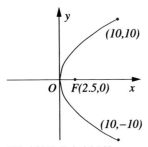

Abb. 4.31 Zu Beispiel 4.33

Brennpunkt eines Autoscheinwerfers

Beispiel 4.33

Der Spiegel eines Autoscheinwerfers sei im Querschnitt eine Parabel. Der Durchmesser des Spiegels betrage 20 cm, die Tiefe 10 cm (siehe **Abb. 4.31**). Man ermittle die Lage der Leuchtquelle (d. h. des Brennpunktes).

Im Koordinatensystem mit dem Ursprung im Scheitelpunkt der Parabel und der x-Achse als Symmetrieachse lautet die Gleichung der Parabel $y^2 = 2px$. Wenn die Tiefe des Spiegels 10 cm beträgt und sein Durchmesser 20 cm, so liegen die Punkte $(10,10)$ (in cm) und $(10,-10)$ (in cm) auf der Parabel, d. h. es gilt $100 = 2p \cdot 10$ (in cm), also $p = 5$ cm. Der Brennpunkt der Parabel liegt daher im Abstand $p/2 = 2.5$ cm vom Scheitelpunkt entfernt.

4.3 Analytische Geometrie des Raumes

In diesem Abschnitt werden zwei geometrische Objekte im dreidimensionalen Raum vorgestellt - die Gerade und die Ebene. Es werden Gleichungen für die Koordinaten der Punkte aufgestellt, die zu einer Geraden bzw. Ebene gehören. Lagebeziehungen werden erörtert und Abstands- und Winkelberechnungen durchgeführt.

4.3.1 Die Gerade

Eine Gerade im Raum kann – wie eine Gerade in der Ebene – auf verschiedene Weise festgelegt werden. Für drei unterschiedliche Aufgabenstellungen werden die Gleichungen hergeleitet, die die Koordinaten der zur Geraden zugehörigen Punkte erfüllen müssen. Die dritte Möglichkeit der Geradengleichung beinhaltet eine physikalische Interpretation. Der Abstand eines Punktes von einer Geraden wird berechnet, ebenso der Abstand von windschiefen Geraden und der Winkel zwischen zwei Geraden.

Parameterform

Gegeben ist

1. ein Punkt der Geraden $P(x_p, y_p, z_p)$,
2. ein Richtungsvektor $r = (x_r, y_r, z_r)^\top \neq (0, 0, 0)^\top$.

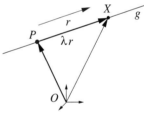

Abb. 4.32 Gerade g mit $P \in g$, $g \| r$

Dann existiert genau eine Gerade g durch den Punkt P parallel zum Vektor r (siehe **Abb. 4.32**). Jeder Punkt $X(x, y, z)$ der Geraden g lässt sich folgendermaßen erreichen:

$$\overrightarrow{OX} = \overrightarrow{OP} + \lambda r, \ \lambda \in \mathbb{R}. \tag{4.38}$$

Diese Gleichung heißt **Parameterform**. Die reelle Zahl λ heißt **Parameter**. Für jede konkrete Wahl von λ erreicht man einen konkreten Punkt X_λ der Geraden. In Koordinatenschreibweise lautet die Gleichung

$$\begin{pmatrix} x \\ y \\ z \end{pmatrix} = \begin{pmatrix} x_p \\ y_p \\ z_p \end{pmatrix} + \lambda \begin{pmatrix} x_r \\ y_r \\ z_r \end{pmatrix}. \tag{4.39}$$

Gilt $x_r, y_r, z_r \neq 0$, so kann der Parameter λ eliminiert werden, und man erhält die **Punktrichtungsgleichungen** (*zwei* Gleichungen!!) der Geraden

$$\frac{x - x_p}{x_r} = \frac{y - y_p}{y_r} = \frac{z - z_p}{z_r}. \tag{4.40}$$

Zweipunktegleichung

Gegeben ist

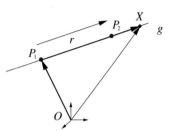

Abb. 4.33 Gerade g mit $P_1, P_2 \in g$

1. ein Punkt $P_1(x_1, y_1, z_1)$ der Geraden,
2. ein Punkt $P_2(x_2, y_2, z_2)$ der Geraden mit $P_2 \neq P_1$.

Dann existiert genau eine Gerade g durch die beiden Punkte P_1 und P_2 (siehe **Abb. 4.33**). Ein Richtungsvektor dieser Geraden ist der Vektor $\overrightarrow{P_1P_2} = (x_2 - x_1, y_2 - y_1, z_2 - z_1)^\top$, und man erhält als Parameterform der Geradengleichung aus Gleichung (4.38) z. B.

$$\overrightarrow{OX} = \overrightarrow{OP_1} + \lambda \overrightarrow{P_1P_2}, \ \lambda \in \mathbb{R} \qquad (4.41)$$

und in Koordinatenschreibweise aus Gleichung (4.39)

$$\begin{pmatrix} x \\ y \\ z \end{pmatrix} = \begin{pmatrix} x_1 \\ y_1 \\ z_1 \end{pmatrix} + \lambda \begin{pmatrix} x_2 - x_1 \\ y_2 - y_1 \\ z_2 - z_1 \end{pmatrix}. \qquad (4.42)$$

Die Gleichung (4.41) wird **Zweipunktegleichung** genannt.

Momentengleichung

Multipliziert man die Parameterform (4.38) bzw. (4.41) vektoriell mit dem Richtungsvektor, so ergeben sich die parameterfreien Gleichungen in Vektorform:

$$(\overrightarrow{OX} - \overrightarrow{OP}) \times r = O \quad \text{bzw.} \quad \overrightarrow{PX} \times r = O, \qquad (4.43)$$
$$(\overrightarrow{OX} - \overrightarrow{OP_1}) \times \overrightarrow{P_1P_2} = O \quad \text{bzw.} \quad \overrightarrow{P_1X} \times \overrightarrow{P_1P_2} = O. \qquad (4.44)$$

Die Gleichungen (4.43) und (4.44) besagen, dass das Moment der Kraft r (bzw. $\overrightarrow{P_1P_2}$), die im Punkt X der Geraden angreift, bezüglich eines Punktes P (bzw. P_1) dieser Geraden gleich dem Nullvektor ist.

Geradengleichungen im Raum

Beispiel 4.34

Gegeben ist eine Gerade g durch die Punkte $P_1(-1, 3, 4)$ und $P_2(1, -2, 7)$.

Die *Zweipunktegleichung* (4.42) der Geraden lautet $\begin{pmatrix} x \\ y \\ z \end{pmatrix} = \begin{pmatrix} -1 \\ 3 \\ 4 \end{pmatrix} + \lambda \begin{pmatrix} 2 \\ -5 \\ 3 \end{pmatrix}$.

Die *Punktrichtungsgleichung* (4.40) nach Elimination des Parameters ist

$$\frac{x+1}{2} = \frac{3-y}{5} = \frac{z-4}{3}.$$

Abstand eines Punktes von einer Geraden

Gegeben ist eine Gerade g durch

1. einen Punkt P der Geraden,
2. einen Richtungsvektor r der Geraden

und ein beliebiger Punkt Q des Raumes.

Gesucht ist der Abstand d des Punktes Q von der Geraden g (siehe **Abb. 4.34**).

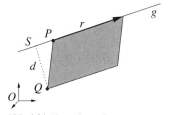

Abb. 4.34 Abstand von Q zu g

Die Fläche des Parallelogramms, das von den Vektoren $\overrightarrow{PQ}$ und r aufgespannt wird, berechnet sich einerseits nach **Definition 4.17** als Betrag ihres Vektorproduktes $|\overrightarrow{PQ} \times r|$ und andererseits als Produkt aus der Länge der Grundseite $|r|$ und der dazugehörigen Höhe d. Aus der sich ergebenden Gleichung

$$|\overrightarrow{PQ} \times r| = |r|\, d$$

erhält man unmittelbar den gesuchten Abstand

$$d = \frac{|\overrightarrow{PQ} \times r|}{|r|}. \tag{4.45}$$

Soll noch der **Lotfußpunkt** S des Lotes vom Punkt Q auf die Gerade g berechnet werden, so gilt, da S Punkt von g mit dem dazugehörigen Parameter λ_s ist und folglich die Geradengleichung (4.38) erfüllt,

$$\overrightarrow{QS} = \overrightarrow{QP} + \lambda_s r \tag{4.46}$$

und wegen $\overrightarrow{QS} \perp r$

$$(\overrightarrow{QS}, r) = 0. \tag{4.47}$$

Multipliziert man Gleichung (4.46) skalar mit r, so folgt mit Gleichung (4.47)

$$0 = (\overrightarrow{QS}, r) = (\overrightarrow{QP}, r) + \lambda_s (r, r)$$

und daraus

$$\lambda_s = -\frac{(\overrightarrow{QP}, r)}{(r, r)}. \tag{4.48}$$

Damit erhält man den gesuchten Lotfußpunkt S aus der Geradengleichung (4.38):

$$\overrightarrow{OS} = \overrightarrow{OP} - \frac{(\overrightarrow{QP}, r)}{(r, r)}\, r. \tag{4.49}$$

Abstand eines Punktes von einer Gerade, Lotfußpunkt

Beispiel 4.35

Gesucht ist der Lotfußpunkt S des Lotes vom Punkt $Q(2, -4, 3)$ auf die Gerade g durch die Punkte $P_1(-1, 3, 4)$ und $P_2(1, -2, 7)$ (siehe **Beispiel 4.34**). Welchen Abstand hat der Punkt Q von der Geraden g?

In Gleichung (4.48) für den Parameter λ_S des Punktes S der Geradengleichung mit dem Punkt $P = P_1$ und dem Richtungsvektor $r = \overrightarrow{P_1 P_2} = (2, -5, 3)^\top$ berechnen sich die Skalarprodukte

$$(\overrightarrow{QP_1}, r) = \left(\begin{pmatrix} -3 \\ 7 \\ 1 \end{pmatrix}, \begin{pmatrix} 2 \\ -5 \\ 3 \end{pmatrix} \right) = 38 \quad \text{und}$$

$$(r, r) = \left(\begin{pmatrix} 2 \\ -5 \\ 3 \end{pmatrix}, \begin{pmatrix} 2 \\ -5 \\ 3 \end{pmatrix} \right) = 38,$$

und man erhält $\lambda_S = 1$. Damit kann der Punkt S aus der Gleichung (4.49) ermittelt werden:

$$\overrightarrow{OS} = \begin{pmatrix} -1 \\ 3 \\ 4 \end{pmatrix} + \begin{pmatrix} 2 \\ -5 \\ 3 \end{pmatrix} = \begin{pmatrix} 1 \\ -2 \\ 7 \end{pmatrix}.$$

Der Abstand des Punktes Q von der Geraden g ist gleich der Länge des Vektors $\overrightarrow{QS}$. Mit $\overrightarrow{QS} = (-1, 2, -4)^\top$ erhält man $|\overrightarrow{QS}| = \sqrt{1^2 + 2^2 + 4^2} = \sqrt{21}$. Dasselbe Resultat ergibt sich auch direkt aus Gleichung (4.45).

Abstand zweier windschiefer Geraden

Zwei Geraden im Raum heißen **windschief**, wenn sie nicht parallel sind und keinen gemeinsamen Punkt haben. Ihr Abstand ist die Länge ihres gemeinsamen Lotes (d. h. die kürzeste Verbindung eines Punktes der einen Geraden zu einem Punkt der anderen Geraden).

Gegeben seien zwei windschiefe Geraden g_1 und g_2 durch jeweils einen Punkt P_1 bzw. P_2 und einen Richtungsvektor r^1 bzw. r^2 (siehe **Abb. 4.35**). Gesucht ist ihr Abstand.

Sind X_1 bzw. X_2 die entsprechenden Lotfußpunkte auf g_1 und g_2, so ist der Betrag $d = |\overrightarrow{X_1 X_2}|$ gesucht. Gemäß Gleichung (4.38) ist

$$\overrightarrow{OP_1} + \lambda_1 r^1 = \overrightarrow{OX_1}, \tag{4.50}$$
$$\overrightarrow{OP_2} + \lambda_2 r^2 = \overrightarrow{OX_2}, \tag{4.51}$$

wobei λ_1 und λ_2 die zu den Punkten X_1 bzw. X_2 gehörenden reellen Parameter sind. Der Vektor $\overrightarrow{X_1 X_2}$ ist zu beiden Richtungsvektoren r^1 bzw. r^2 senkrecht, d. h. er ist parallel zu ihrem Vektorprodukt $r^1 \times r^2$. Ist e_n der zugehörige Einheitsvektor, so gilt

$$\overrightarrow{X_1 X_2} = \tilde{d} \, e_n \quad \text{mit} \quad e_n = \frac{r^1 \times r^2}{|r^1 \times r^2|}. \tag{4.52}$$

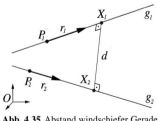

Abb. 4.35 Abstand windschiefer Geraden

Dabei ist $d = |\tilde{d}|$ ($\tilde{d} < 0$, wenn e_n und $\overrightarrow{X_1X_2}$ entgegengesetzt gerichtet sind, sonst $\tilde{d} > 0$).

Multipliziert man jede der Gleichungen (4.50) und (4.51) skalar mit e_n, so erhält man wegen $e_n \perp r^1$, $e_n \perp r^2$

$$(\overrightarrow{OP_1}, e_n) = (\overrightarrow{OX_1}, e_n),$$
$$(\overrightarrow{OP_2}, e_n) = (\overrightarrow{OX_2}, e_n),$$

und die Differenz beider Gleichungen liefert

$$(\overrightarrow{P_1P_2}, e_n) = (\overrightarrow{X_1X_2}, e_n).$$

Auf der rechten Seite bleibt wegen Gleichung (4.52) $\tilde{d}$ übrig. Damit ist der gesuchte Abstand

$$d = \frac{|(\overrightarrow{P_1P_2}, r^1 \times r^2)|}{|r^1 \times r^2|}. \tag{4.53}$$

Bemerkung 4.36 Im Zähler der rechten Seite von Gleichung (4.53) steht das Spatprodukt der Vektoren $\overrightarrow{P_1P_2}$, r^1 und r^2.

Sollen die **Lotfußpunkte** X_1 und X_2 ermittelt werden, so liefert die Differenz der Gleichungen (4.50) und (4.51)

$$\lambda_2 r^2 - \lambda_1 r^1 = \overrightarrow{X_1X_2} - \overrightarrow{P_1P_2}.$$

Multipliziert man diese Gleichung skalar mit r^1 und r^2 und beachtet, dass diese Vektoren zu $\overrightarrow{X_1X_2}$ senkrecht sind, erhält man das lineare Gleichungssystem zur Bestimmung der jetzt noch unbekannten Parameter λ_1 und λ_2:

$$\begin{aligned}\lambda_2(r^1, r^2) - \lambda_1(r^1, r^1) &= -(\overrightarrow{P_1P_2}, r^1),\\ \lambda_2(r^2, r^2) - \lambda_1(r^1, r^2) &= -(\overrightarrow{P_1P_2}, r^2).\end{aligned} \tag{4.54}$$

Die Determinante seiner Koeffizientenmatrix beträgt

$$D = (r^1, r^1)(r^2, r^2) - (r^1, r^2)^2.$$

Sie ist größer als Null genau dann, wenn die Richtungsvektoren r^1 und r^2 nicht parallel sind. In diesem Fall ist mit der Definition des Skalarproduktes und $|\cos \angle(r^1, r^2)| < 1$

$$|(r^1, r^2)| = |r^1||r^2||\cos \angle(r^1, r^2)| < |r^1||r^2|,$$

und nach Quadrieren der Ungleichung folgt $D > 0$. Das Gleichungssystem (4.54) kann z. B. mit der Cramerschen Regel gelöst werden.

Abstand zweier windschiefer Geraden

Beispiel 4.37

Gegeben ist die Gerade g_1 durch die Punkte $P_1(2, 4, -1)$ und $Q_1(5, 4, 0)$ und die Gerade g_2 durch die Punkte $P_2(0, 1, 5)$ und $Q_2(1, 2, 2)$. Gesucht ist ihr Abstand und die Lotfußpunkte des gemeinsamen Lotes.

Wie in den Gleichungen (4.50) und (4.51) ist mit $r^1 = \overrightarrow{P_1 Q_1}$ und $r^2 = \overrightarrow{P_2 Q_2}$

$$\overrightarrow{OX_1} = \begin{pmatrix} 2 \\ 4 \\ -1 \end{pmatrix} + \lambda_1 \begin{pmatrix} 3 \\ 0 \\ 1 \end{pmatrix}, \qquad \overrightarrow{OX_2} = \begin{pmatrix} 0 \\ 1 \\ 5 \end{pmatrix} + \lambda_2 \begin{pmatrix} 1 \\ 1 \\ -3 \end{pmatrix}.$$

Man berechnet

$$\overrightarrow{P_1 P_2} = \begin{pmatrix} 0 \\ 1 \\ 5 \end{pmatrix} - \begin{pmatrix} 2 \\ 4 \\ -1 \end{pmatrix} = \begin{pmatrix} -2 \\ -3 \\ 6 \end{pmatrix},$$

$$r^1 \times r^2 = \begin{vmatrix} e^1 & e^2 & e^3 \\ 3 & 0 & 1 \\ 1 & 1 & -3 \end{vmatrix} = \begin{pmatrix} -1 \\ 10 \\ 3 \end{pmatrix}, \quad |r^1 \times r^2| = \sqrt{110}.$$

Mit Gleichung (4.53) erhält man

$$\tilde{d} = \frac{1}{\sqrt{110}} \begin{vmatrix} -2 & -3 & 6 \\ 3 & 0 & 1 \\ 1 & 1 & -3 \end{vmatrix} = -\frac{10}{\sqrt{110}}.$$

Zum Aufstellen des Gleichungssystems (4.54) sind die Elemente der Koeffizientenmatrix und die rechte Seite zu berechnen. Es ist

$(r^1, r^1) = 10$, $(r^2, r^2) = 11$, $(r^1, r^2) = 0$, $(\overrightarrow{P_1 P_2}, r^1) = 0$, $(\overrightarrow{P_1 P_2}, r^2) = 23$.

Das Gleichungssystem (4.54) zur Ermittlung der Parameter λ_1 und λ_2 lautet

$$\begin{pmatrix} 0 & -10 \\ 11 & 0 \end{pmatrix} \begin{pmatrix} \lambda_1 \\ \lambda_2 \end{pmatrix} = \begin{pmatrix} 0 \\ 23 \end{pmatrix}.$$

Es hat damit die Lösung $\lambda_1 = 0$, $\lambda_2 = 23/11$. Damit ist $X_1 = (2, 4, -1)$ und $X_2 = (23/11, 34/11, -14/11)$. Der gesuchte Abstand beträgt $10/\sqrt{110} \approx 0.953$.

Winkel zwischen zwei Geraden

Der Winkel zwischen zwei Geraden ist der Winkel φ zwischen ihren Richtungsvektoren r^1 und r^2 (siehe **Abschnitt 4.1.4**). Man ermittelt ihn aus der Gleichung

$$\cos \varphi = \frac{(r^1, r^2)}{|r^1||r^2|}, \quad \varphi \in [0, \pi).$$

4.3.2 Die Ebene

Eine Ebene im Raum kann auf verschiedene Weise eindeutig bestimmt werden. Ausgehend von verschiedenen Aufgabenstellungen werden Gleichungen hergeleitet, die die Koordinaten der Punkte einer solchen Ebene erfüllen müssen. Die Lagebeziehungen mehrerer Ebenen werden erläutert, Schnittwinkel zweier Ebenen und Winkel zwischen Ebene und Gerade berechnet. Der Abstand eines Punktes von einer Ebene wird bestimmt.

Allgemeine Ebenengleichung

Gegeben ist

1. ein Punkt $P(x_p, y_p, z_p)$ der Ebene,
2. ein Vektor $n = (n_x, n_y, n_z)^\top$ senkrecht zur Ebene (**Normalenvektor**).

Dann gibt es genau eine Ebene, die den Punkt P beinhaltet und senkrecht zum Normalenvektor n ist (siehe **Abb. 4.36**), und es ist für jeden Punkt $X(x, y, z)$ der Ebene (und nur für diese) $\overrightarrow{PX} \perp n$ und daher $(\overrightarrow{PX}, n) = 0$ bzw.

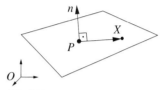

Abb. 4.36 Ebene, Punkt, Normale

$$(\overrightarrow{OX}, n) - (\overrightarrow{OP}, n) = 0. \qquad (4.55)$$

Gleichung (4.55) heißt **allgemeine Ebenengleichung**. In Koordinatenschreibweise lautet sie

$$n_x x + n_y y + n_z z + d = 0 \text{ mit } d = -(n_x x_p + n_y y_p + n_z z_p).$$

Ist $|n| = 1$, so heißt Gleichung (4.55) **Hessesche Normalform** der Ebenengleichung.

Ebene durch drei Punkte

Gegeben sind drei nicht auf einer Geraden liegende Punkte

1. $P_1(x_1, y_1, z_1)$,
2. $P_2(x_2, y_2, z_2)$,
3. $P_3(x_3, y_3, z_3)$.

Dann gibt es genau eine Ebene, die durch diese drei Punkte verläuft (siehe **Abb. 4.37**). Der Vektor $n = \overrightarrow{P_1 P_2} \times \overrightarrow{P_1 P_3}$ ist dann Normalenvektor der Ebene, und mit Gleichung (4.55) erhält man

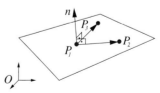

Abb. 4.37 Ebene, drei Punkte

$$(\overrightarrow{P_1 X}, \overrightarrow{P_1 P_2} \times \overrightarrow{P_1 P_3}) = 0. \qquad (4.56)$$

Gleichung (4.56) ist die Vektorform der allgemeinen Ebenengleichung. Die linke Seite ist das Spatprodukt der Vektoren $\overrightarrow{P_1X}$, $\overrightarrow{P_1P_2}$ und $\overrightarrow{P_1P_3}$. Die Koordinatenschreibweise von Gleichung (4.56) lautet daher

$$\begin{vmatrix} x - x_1 & y - y_1 & z - z_1 \\ x_2 - x_1 & y_2 - y_1 & z_2 - z_1 \\ x_3 - x_1 & y_3 - y_1 & z_3 - z_1 \end{vmatrix} = 0. \tag{4.57}$$

Ebene durch eine Gerade und einen Punkt

Gegeben ist

1. eine Gerade g durch einen Punkt P_1 mit dem Richtungsvektor r,
2. ein nicht auf ihr liegender Punkt P_2.

Dann gibt es genau eine Ebene, die die Gerade g und den Punkt P_2 beinhaltet (siehe **Abb. 4.38**). Der Vektor $n = \overrightarrow{P_1P_2} \times r$ ist dann Normalenvektor der gesuchten Ebene, und mit (4.55) ist ihre Gleichung

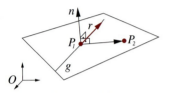

Abb. 4.38 Ebene, Gerade, Punkt

$$(\overrightarrow{P_1P_2} \times r, \overrightarrow{P_1X}) = 0.$$

Parameterform

Gegeben ist

1. ein Punkt P_1,
2. zwei linear unabhängige Vektoren a und b.

Dann gibt es genau eine Ebene, die den Punkt P_1 beinhaltet und parallel zu den Vektoren a und b ist (siehe **Abb. 4.39**). Der Vektor $n = a \times b$ ist Normalenvektor der Ebene, und nach (4.55) ist die allgemeine Gleichung der gesuchten Ebene

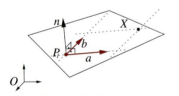

Abb. 4.39 Ebene, Punkt, Vektoren

$$(a \times b, \overrightarrow{P_1X}) = 0.$$

Eine zweite Möglichkeit, eine Ebenengleichung aufzustellen, besteht in der Überlegung, dass sich für jeden Punkt X der Ebene der zugehörige Ortsvektor $\overrightarrow{P_1X}$ in eine Linearkombination der beiden linear unabhängigen Vektoren a und b zerlegen lassen muss:

$$\overrightarrow{P_1X} = \lambda a + \mu b, \quad \lambda, \mu \in \mathbb{R}.$$

Diese Gleichung nennt man **Parameterform** der Ebenengleichung.

4.3 Analytische Geometrie des Raumes

Beispiel 4.38 — Ebenengleichungen

1. Zu ermitteln ist die allgemeine Gleichung der Ebene, die den Punkt $P(2, 0, -1)$ enthält und auf der der Vektor $n = (2, 1, 1)^\top$ senkrecht steht.

   Aus Gleichung (4.55) erhält man unmittelbar die *allgemeine Gleichung der Ebene*
   $$\left(\begin{pmatrix} x-2 \\ y \\ z+1 \end{pmatrix}, \begin{pmatrix} 2 \\ 1 \\ 1 \end{pmatrix}\right) = 2x + y + z - 3 = 0.$$
   Dividiert man noch durch den Betrag $|n| = \sqrt{2^2 + 1^2 + 1^2} = \sqrt{6}$, ergibt sich die *Hessesche Normalform* der Ebenengleichung
   $$\frac{2x + y + z - 3}{\sqrt{6}} = 0.$$

2. Wie lautet die allgemeine Gleichung der Ebene durch die Punkte $P_1(-1, 3, 4)$, $P_2(1, -2, 7)$ und $P_3(1, 2, 3)$?

   Aus Gleichung (4.57) ergibt sich unmittelbar durch Einsetzen der gegebenen Koordinaten und anschließendem Berechnen der Determinante
   $$\begin{vmatrix} x+1 & y-3 & z-4 \\ 2 & -5 & 3 \\ 2 & -1 & -1 \end{vmatrix} = 8(x+1) + 8(y-3) + 8(z-4) = 0.$$
   Dividiert man noch durch 8, so lautet die gesuchte Gleichung $x + y + z - 6 = 0$.

Schnittmenge mehrerer Ebenen

Soll die Menge der gemeinsamen Punkte (Schnittmenge) von m Ebenen ermittelt werden, so erhält man das Gleichungssystem bezüglich der Koordinaten (x_s, y_s, z_s) der Schnittpunkte S aus den entsprechenden Ebenengleichungen in allgemeiner Form

$$(\overrightarrow{P_i S}, n^i) = 0, \quad i = 1, \dots, m.$$

Dabei bedeutet P_i jeweils einen Punkt und n^i einen Normalenvektor der i-ten Ebene.

Ist das Gleichungssystem lösbar, so ist der gemeinsame Rang von Koeffizientenmatrix und erweiterter Koeffizientenmatrix entweder drei (dann gibt es genau einen Schnittpunkt) oder zwei (dann gibt es eine einparametrische Lösungsschar, d. h. die Ebenen schneiden sich in einer Geraden) oder eins (dann fallen die Ebenen zusammen). Ist das Gleichungssystem nicht lösbar, so haben die Ebenen keinen gemeinsamen Schnittpunkt.

Beispiel 4.39 — Schnittmenge von Ebenen

1. Zu ermitteln ist die Schnittmenge der beiden Ebenen mit den Gleichungen
   $$x + y + z = 2,$$
   $$-4x - y + z = 1.$$

Ein Punkt, der beiden Ebenen angehört, muss beide Ebenengleichungen erfüllen. Die Umformung des Gleichungssystems mit dem Gauß-Algorithmus ergibt

$$\begin{pmatrix} 1 & 1 & 1 & | & 2 \\ -4 & -1 & 1 & | & 1 \end{pmatrix} \longrightarrow \begin{pmatrix} 1 & 1 & 1 & | & 2 \\ 0 & 1 & 5/3 & | & 3 \end{pmatrix}.$$

Der Rang der Koeffizientenmatrix und der erweiterten Koeffizientenmatrix ist jeweils $r = 2$. Daher ist das Gleichungssystem lösbar. Die Anzahl der Unbekannten ist $n = 3$ und der Freiheitsgrad daher $f = n - r = 1$. Zur Ermittlung der Lösung wird der Parameter $z = \lambda$, $\lambda \in \mathbb{R}$ benutzt. Man erhält

$$\begin{pmatrix} x \\ y \\ z \end{pmatrix} = \begin{pmatrix} -1 \\ 3 \\ 0 \end{pmatrix} + \lambda \begin{pmatrix} 2/3 \\ -5/3 \\ 1 \end{pmatrix}.$$

Die Schnittmenge beider Ebenen ist daher eine Gerade, und die obige Gleichung ist ihre Parameterform.

2. Zu ermitteln ist die Schnittmenge der drei Ebenen mit den Gleichungen

$$\begin{array}{rcrcrcr} x & + & y & + & z & = & 2 \\ x & & & + & 3z & = & -1 \\ -4x & - & y & + & z & = & 1. \end{array}$$

Die Umformung des entsprechenden Gleichungssystems mit dem Gauß-Algorithmus ergibt

$$\begin{pmatrix} 1 & 1 & 1 & | & 2 \\ 1 & 0 & 3 & | & -1 \\ -4 & -1 & 1 & | & 1 \end{pmatrix} \longrightarrow \begin{pmatrix} 1 & 1 & 1 & | & 2 \\ 0 & 1 & -2 & | & 3 \\ 0 & 0 & 1 & | & 0 \end{pmatrix}.$$

Der Rang der Koeffizientenmatrix und der erweiterten Koeffizientenmatrix ist jeweils $r = 3$. Da die Anzahl der Unbekannten $n = 3$ beträgt, ist das Gleichungssystem eindeutig lösbar. Man erhält $(x, y, z)^\top = (-1, 3, 0)^\top$. Die drei Ebenen schneiden sich in diesem Punkt.

Schnittwinkel zweier Ebenen

Der Schnittwinkel φ zweier Ebenen ist der Winkel zwischen ihren Normalenvektoren n^1 und n^2 (siehe **Abschnitt 4.1.4**). Man ermittelt ihn aus der Gleichung

$$\cos \varphi = \frac{(n^1, n^2)}{|n^1||n^2|}, \quad \varphi \in [0, \pi).$$

Schnittwinkel zwischen Ebene und Gerade

Ist der Normalenvektor n der Ebene und der Richtungsvektor r der Geraden g gegeben, so können beide Vektoren in den Schnittpunkt S der Geraden mit der Ebene verschoben werden. Sie spannen eine zweite Ebene auf, die die gegebene in einer Geraden g' schneidet. Der Winkel α zwischen den Geraden g und g' ist der Schnittwinkel zwischen Ebene und Gerade (siehe **Abb. 4.40**). Er ist gleich der Differenz aus $\pi/2$ und dem Winkel φ zwischen dem Normalenvektor n der Ebene und der Richtungsvektor r der Geraden:

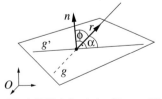

Abb. 4.40 Winkel zwischen Ebene und Geraden

$$\alpha = \frac{\pi}{2} - \varphi \quad \text{mit} \quad \cos\varphi = \frac{(r,n)}{|r||n|}, \quad \varphi \in [0,\pi).$$

Abstand eines Punktes von einer Ebene

Gegeben ist eine Ebene durch

1. einen ihrer Punkte P,
2. einen Normalenvektor n

und ein beliebiger Punkt Q des Raumes.

Das Lot vom Punkt Q auf die Ebene schneidet sie im Lotfußpunkt F. Gesucht ist der Abstand $d = |\overrightarrow{FQ}|$ des Punktes Q von der Ebene (siehe **Abb. 4.41**).

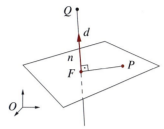

Abb. 4.41 Abstand von Q zur Ebene

Da der Lotfußpunkt F Punkt der Ebene ist, erfüllt er ihre Ebenengleichung $(e_n, \overrightarrow{PX}) = 0$ (vergleiche (4.55)), und es gilt

$$(e_n, \overrightarrow{PF}) = 0 \qquad (4.58)$$

mit $e_n = n/|n|$ als normiertem Normalenvektor. Für den Abstand d ist dann $d = |\tilde{d}|$ mit

$$\overrightarrow{FQ} = \tilde{d}e_n \quad \text{bzw.}$$
$$\overrightarrow{OF} = \overrightarrow{OQ} - \tilde{d}e_n. \qquad (4.59)$$

Setzt man Gleichung (4.59) in (4.58) ein, so folgt

$$(e_n, \overrightarrow{OQ} - \tilde{d}e_n - \overrightarrow{OP}) = 0 \quad \text{bzw.}$$
$$(e_n, \overrightarrow{PQ}) = \tilde{d}(e_n, e_n) = \tilde{d}.$$

Der gesuchte Abstand d ist daher $d = |\tilde{d}|$ mit

$$\tilde{d} = \frac{(n, \overrightarrow{PQ})}{|n|}. \qquad (4.60)$$

Man erhält ihn, indem man den Punkt Q in die Hessesche Normalform der Ebenengleichung einsetzt. Ist $n = (n_x, n_y, n_z)^\top$, $P = (x_p, y_p, z_p)$ und $Q = (x_q, y_q, z_q)$, so lautet die Koordinatenform für den vorzeichenbehafteten Abstand (4.60)

$$\tilde{d} = \frac{n_x x_q + n_y y_q + n_z z_q}{\sqrt{n_x^2 + n_y^2 + n_z^2}} + c \quad \text{mit} \quad c = -\frac{n_x x_p + n_y y_p + n_z z_p}{\sqrt{n_x^2 + n_y^2 + n_z^2}}.$$

Für den **Lotfußpunkt** F folgt damit aus Gleichung (4.59)

$$\vec{OF} = \vec{OQ} - (e_n, \vec{PQ})e_n.$$

Abstand eines Punktes von einer Ebene

Beispiel 4.40

Gegeben ist eine Ebene durch ihre allgemeine Gleichung $3x - 5y + \sqrt{2}z = -5$.
Ein Normalenvektor ist $n = (3, -5, \sqrt{2})^\top$. Sein Betrag ist $|n| = 6$.

Ihre *Hessesche Normalform* lautet daher $-\frac{1}{2}x + \frac{5}{6}y - \frac{\sqrt{2}}{6}z - \frac{5}{6} = 0$.

Der Abstand des Koordinatenursprungs $O = (0, 0, 0)$ zur Ebene beträgt

$$\left| -\frac{1}{2} \cdot 0 + \frac{5}{6} \cdot 0 - \frac{\sqrt{2}}{6} \cdot 0 - \frac{5}{6} \right| = \frac{5}{6}.$$

Der Abstand des Punktes $Q = (4, 5, 6)$ zur Ebene beträgt

$$\left| -\frac{1}{2} \cdot 4 + \frac{5}{6} \cdot 5 - \frac{\sqrt{2}}{6} \cdot 6 - \frac{5}{6} \right| = \frac{4}{3} - \sqrt{2} \approx 0.08088.$$

Berechnung einer Gaubendachfläche

Beispiel 4.41

Von einem Gaubenfenster (siehe **Abb. 4.42**) sind die Koordinaten der zwei Firstpunkte F_1 und F_2 sowie der Neigungswinkel α der Dachfläche durch F_1, F_2 und P gegenüber der Bodenplatte $((x, y)$-Ebene) bekannt: $F_1(1, 2, 15)$, $F_2(1, 0, 16)$, $\alpha = 45°$. Berechnen Sie die Gaubenfläche $A_{F_1 F_2 P}$, wenn der Punkt $P(x_p, y_p, z_p)$ die Koordinaten $x_p = 2.5$ und $y_p = 1$ hat.

Die Gaubenfläche $A_{F_1 F_2 P}$ wird von den Vektoren $\vec{F_1 F_2}$ und $\vec{F_1 P}$ aufgespannt. Die gesuchte Gaubenfläche ergibt sich als halber Betrag des Vektorproduktes der aufspannenden Vektoren $\vec{F_1 F_2}$ und $\vec{F_1 P}$. Aus der Aufgabenstellung ergibt sich nun zunächst $\vec{F_1 F_2} = (0, -2, 1)^\top$ und $\vec{F_1 P} = (1.5, -1, z_p - 15)^\top$. Das Vektorprodukt dieser beiden Vektoren ist Normalenvektor n der Ebene, die die Gaubenfläche enthält:

$$n = \vec{F_1 F_2} \times \vec{F_1 P} = \begin{vmatrix} e^1 & e^2 & e^3 \\ 0 & -2 & 1 \\ 1.5 & -1 & z_p - 15 \end{vmatrix} = \begin{pmatrix} -2z_p + 31 \\ 1.5 \\ 3 \end{pmatrix}.$$

Der Neigungswinkel der Dachfläche ist gleich dem Winkel zwischen dem Normalenvektor n und dem Normalenvektor der (x, y)-Ebene, also dem Einheitsvektor $e^3 = (0, 0, 1)^\top$: $\cos \angle(n, e^3) = (n, e^3)/|n| = \sqrt{2}/2$. Mit $(n, e^3) = 3$ erhält man $|n| = 6/\sqrt{2}$ und als gesuchte Gaubendachfläche

$$A_{F_1 F_2 P} = \frac{1}{2} |\vec{F_1 F_2} \times \vec{F_1 P}| = \frac{1}{2} |n| = \frac{3}{2} \sqrt{2}.$$

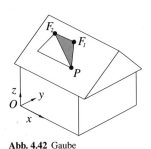

Abb. 4.42 Gaube

Bemerkung: Mit dem Normalenvektor n ergibt sich die Gleichung bezüglich z_p

$$\frac{3}{\sqrt{(-2z_p + 31)^2 + 1.5^2 + 3^2}} = \frac{\sqrt{2}}{2}$$

mit den Lösungen $z_p \approx 14.2$ bzw. $z_p \approx 18.8$. Die zweite Lösung scheidet aus, da sonst der Punkt P über F_1 bzw. F_2 liegen würde.

4.4 Anwendungen an Beispielen

4.4.1 Tangentenschnittpunkt

Ausgangssituation

Bei der Trassierung von Straßen ist das Ermitteln der Lage von **Tangentenschnittpunkten**, d. h. der Schnittpunkte zweier Gradienten (Geraden) bei jeweils vorgegebenem Gradientenpunkt und Längsneigung (Anstieg) erforderlich. Legt man ein kartesisches Koordinatensystem mit dem Ursprung in den ersten Gradientenpunkt und der x-Achse als Gerade der Höhe 0 (siehe **Abb. 4.43**), dann hat die erste Gradiente bei gegebenem Anstieg s_1 die Gleichung

$$y_1(x) = s_1 x. \tag{4.61}$$

Lösungsweg

Die Koordinaten des zweiten Gradientenpunktes seien durch den Längsabstand l und die Höhendifferenz Δh zum ersten Gradientenpunkt gegeben: $(l, \Delta h)$. Die zweite Gradiente hat dann bei gegebenem Anstieg s_2 die Gleichung

$$y_2(x) = \Delta h + s_2(x - l). \tag{4.62}$$

Der Schnittpunkt (x_t, y_t) der Geraden (4.61) und (4.62) erfüllt beide Gleichungen, da er beiden Geraden angehört. Durch Gleichsetzen beider Gleichungen erhält man unmittelbar

$$x_t = \frac{l s_2 - \Delta h}{s_2 - s_1} \quad \text{und} \quad y_t = s_1 \frac{l s_2 - \Delta h}{s_2 - s_1}.$$

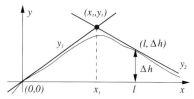

Abb. 4.43 Tangentenschnittpunkt

Ergebnis

4.4.2 Kleinpunktberechnung

Erste Aufgabe

Ausgangssituation

Eine im Vermessungswesen oft vorkommende Aufgabe ist die der **Klein-** oder **Zwischenpunktberechnung**. Dabei sind im kartesischen Koordinatensystem (O, x, y) die Koordinaten vom Anfangspunkt $A(x_a, y_a)$ und vom Endpunkt $E(x_e, y_e)$ einer Strecke bekannt. Auf der Geraden wurden weitere, als Klein- oder Zwischenpunkte bezeichnete Punkte $P_1, P_2, \ldots, P_{n-1}$

durch Messen der Längen der Strecken $|\overline{AP_1}| = s_1$, $|\overline{P_1P_2}| = s_2$, ..., $|\overline{P_{n-1}E}| = s_n$ bestimmt (siehe **Abb. 4.44**). Berechnet werden sollen die Koordinaten $(x_1, y_1), (x_2, y_2), \ldots, (x_{n-1}, y_{n-1})$ der Punkte $P_1, P_2, .., P_{n-1}$.

Lösungsweg Zunächst kann sich erweisen, dass aufgrund von Messungenauigkeiten die Summe S der gemessenen Längen s_i, $i = 1, \ldots, n$, der Teilstrecken nicht gleich der Gesamtstreckenlänge $s = |\overline{AE}|$ ist:

$$S = \sum_{i=1}^{n} s_i \neq s = \sqrt{(x_e - x_a)^2 + (y_e - y_a)^2}.$$

Aus diesem Grund werden die Messwerte s_i um Korrekturen Δs_i so verändert, dass die Summe der erhaltenen Längen

$$\tilde{s}_i = s_i + \Delta s_i$$

gleich der Gesamtlänge s ist:

$$s = \sum_{i=1}^{n} \tilde{s}_i. \tag{4.63}$$

Wählt man für die Korrektur

$$\Delta s_i = \frac{s - S}{S} s_i,$$

so beträgt die korrigierte Länge

$$\tilde{s}_i = s_i + \Delta s_i = s_i + \frac{s - S}{S} s_i = \frac{s}{S} s_i,$$

und die Forderung (4.63) ist offensichtlich erfüllt.

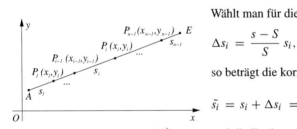

Abb. 4.44 Kleinpunkte einer Strecke $\overrightarrow{AE}$

Jetzt können die Koordinaten der Zwischenpunkte berechnet werden. Die Gleichung der Geraden $g = AE$ in Parameterform (siehe **Abschnitt 4.2.1**) lautet

$$\overrightarrow{OX} = \overrightarrow{OA} + \lambda \, r_e, \tag{4.64}$$

wobei

$$r_e = \frac{\overrightarrow{AE}}{|\overrightarrow{AE}|} = \frac{\overrightarrow{AE}}{s} \tag{4.65}$$

der normierte Richtungsvektor der Geraden g ist. Der Parameter λ in (4.64) bedeutet hierbei die (vorzeichenbehaftete) Entfernung des Punktes X der Geraden vom Punkt A, denn aus (4.64) folgt wegen $|r_e| = 1$ unmittelbar

$$|\overrightarrow{AX}| = \overrightarrow{OX} - \overrightarrow{OA} = |\lambda| \, |r_e| = |\lambda|.$$

4.4 Anwendungen an Beispielen

Mit der Entfernung

$$\lambda_i = \sum_{k=1}^{i} \tilde{s}_k = \frac{s}{S} \sum_{k=1}^{i} s_k$$

des Punktes P_i vom Anfangspunkt A erhält man daher aus (4.64) mit (4.65) schließlich

$$\overrightarrow{OP_i} = \overrightarrow{OA} + \frac{1}{S} \sum_{k=1}^{i} s_k \overrightarrow{AE}, \qquad i = 1, 2, \ldots, n-1. \qquad (4.66)$$

Ergebnis

Aus Gleichung (4.66) folgt unmittelbar

$$\overrightarrow{OP_i} = \overrightarrow{OP_{i-1}} + \frac{s_i}{S} \overrightarrow{AE}, \qquad i = 1, 2, \ldots, n-1$$

als sukzessive Möglichkeit der Berechnung der Koordinaten der Punkte $P_1, \ldots, P_{n-1}$.

Zweite Aufgabe

Eine weitere Aufgabe besteht in der Ermittlung der Koordinaten von Punkten $P_i(x_i, y_i)$ im kartesischen Koordinatensystem (O, x, y), die sich im gemessenen Abstand h_i von der gegebenen Geraden $g = AE$ befinden und deren Lotfußpunkte L_i den gemessenen Abstand s_i vom Punkt A der Geraden haben (siehe **Abb. 4.45**).

Ausgangssituation

Offenbar ist für den Ortsvektor des gesuchten Punktes P_i

$$\overrightarrow{OP_i} = \overrightarrow{OL_i} + \overrightarrow{L_iP_i}.$$

Lösungsweg

Da der Lotfußpunkt L_i auf der Geraden g in der Entfernung s_i vom Punkt A liegt, folgt aus Gleichung (4.64)

$$\overrightarrow{OL_i} = \overrightarrow{OA} + s_i\, e_r \qquad \text{mit} \qquad e_r = \frac{\overrightarrow{AE}}{|\overrightarrow{AE}|}$$

als normiertem Richtungsvektor der Geraden g in Richung $\overrightarrow{AE}$. Da der Vektor $\overrightarrow{L_iP_i}$ mit der Länge h_i senkrecht zur Geraden g und damit zu ihrem Richtungsvektor $e_r = (e_{rx}, e_{ry})^\top$ ist, ist er parallel zu ihrem normierten Normalenvektor $e_n = (e_{ry}, -e_{rx})^\top$, der bezüglich der Richtung $\overrightarrow{AE}$ nach rechts zeigt:

$$\overrightarrow{L_iP_i} = h_i\, e_n.$$

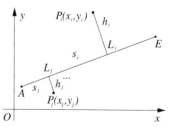

Abb. 4.45 Kleinpunkte im Abstand von einer Geraden AE

Ergebnis Damit erhält man schließlich

$$\overrightarrow{OP_i} = \overrightarrow{OA} + s_i\, e_r + h_i\, e_n, \quad \text{mit}$$
$$e_r = \frac{1}{|\overrightarrow{AE}|}(x_e - x_a,\, y_e - y_a)^\top,$$
$$e_n = \frac{1}{|\overrightarrow{AE}|}(y_e - y_a,\, x_a - x_e)^\top.$$

4.4.3 Schnittpunkt zweier Strecken

Ausgangssituation Die Aufgabe, den möglichen Schnittpunkt zweier Strecken $\overline{P_1P_2}$ und $\overline{P_3P_4}$ mit gegebenen Koordinaten (x_i, y_i), $i = 1, 2, 3, 4$ zu ermitteln, wird in zwei Schritte unterteilt:

1. Die Ermittlung des möglichen Schnittpunktes $S(x_s, y_s)$ der Geraden $g_1 = P_1P_2$ und $g_2 = P_3P_4$,

2. Die Entscheidung, ob S gegebenenfalls zu den *Strecken* $\overline{P_1P_2}$ und $\overline{P_3P_4}$ gehört (siehe **Abb. 4.46**).

1. Die Parameterformen der Gleichungen der Geraden g_1 und g_2 lauten:

$$\begin{aligned} g_1: \overrightarrow{OX} &= \overrightarrow{OP_1} + \lambda_1 \overrightarrow{P_1P_2}, \\ g_2: \overrightarrow{OX} &= \overrightarrow{OP_3} + \lambda_2 \overrightarrow{P_3P_4}. \end{aligned} \quad (4.67)$$

Falls ein Schnittpunkt S dieser Geraden existiert, muss er beide Gleichungen (4.67) erfüllen mit zu ermittelnden Parametern λ_{1s} und λ_{2s}:

$$\begin{aligned} \overrightarrow{OS} &= \overrightarrow{OP_1} + \lambda_{1s} \overrightarrow{P_1P_2}, \\ \overrightarrow{OS} &= \overrightarrow{OP_3} + \lambda_{2s} \overrightarrow{P_3P_4}. \end{aligned} \quad (4.68)$$

Gleichsetzen dieser beiden Gleichungen liefert folgendes Gleichungssystem zur Ermittlung von λ_{1s} und λ_{2s}:

$$\left(\overrightarrow{P_1P_2}\ \overrightarrow{P_3P_4}\right) \begin{pmatrix} \lambda_{1s} \\ \lambda_{2s} \end{pmatrix} = \left(\overrightarrow{OP_3} - \overrightarrow{OP_1}\right)$$

bzw. in Koordinatenschreibweise

$$\begin{pmatrix} x_1 - x_2 & x_3 - x_4 \\ y_1 - y_2 & y_3 - y_4 \end{pmatrix} \begin{pmatrix} \lambda_{1s} \\ \lambda_{2s} \end{pmatrix} = \begin{pmatrix} x_3 - x_1 \\ y_3 - y_1 \end{pmatrix}.$$

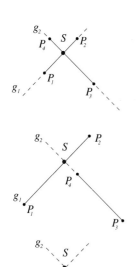

Abb. 4.46 Schnittpunkt zweier Strecken

4.4 Anwendungen an Beispielen

Ergebnis

Ist die Determinante seiner Koeffizientenmatrix verschieden von Null, hat dieses Gleichungssystem eine eindeutige Lösung $(\lambda_{1s}, \lambda_{2s})^\top$, die z. B. mit der Cramerschen Regel (siehe **Abschnitt 3.4.4**) ermittelt werden kann:

$$\lambda_{1s} = \frac{\begin{vmatrix} x_3 - x_1 & x_3 - x_4 \\ y_3 - y_1 & y_3 - y_4 \end{vmatrix}}{D}, \quad \lambda_{2s} = \frac{\begin{vmatrix} x_1 - x_2 & x_3 - x_1 \\ y_1 - y_2 & y_3 - y_1 \end{vmatrix}}{D},$$

$$D = \begin{vmatrix} x_1 - x_2 & x_3 - x_4 \\ y_1 - y_2 & y_3 - y_4 \end{vmatrix}.$$

Durch Einsetzen in die Gleichung (4.68) erhält man die Koordinaten des Schnittpunktes S.

2. Die Parameterformen (4.67) liefern genau dann Punkte der *Strecken* $\overline{P_1 P_2}$ bzw. $\overline{P_3 P_4}$, wenn für die Parameter λ_{1s}, λ_{2s} gilt

$$0 \leq \lambda_{1s} \leq 1, \qquad 0 \leq \lambda_{2s} \leq 1. \tag{4.69}$$

Ist eine der beiden Bedingungen (4.69) verletzt, so schneiden sich die Strecken nicht.

4.4.4 Absteckungsberechnungen

Von einem Kreis mit dem Radius r ist die Tangente t im Berührungspunkt B gegeben.

1. Auf dem Kreis soll ein Punkt P so abgesteckt werden, dass sein Lotfußpunkt F auf der Tangenten den Abstand $x_p < r$ zum Punkt B hat (siehe **Abb. 4.47**).
2. Auf dem Kreis soll der Punkt P so abgesteckt werden, dass die Länge des Kreisbogens BP b beträgt.

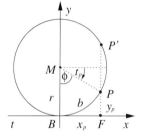

Abb. 4.47 Absteckung eines Kreispunktes

Ausgangssituation

Lösungsweg

Legt man ein kartesisches Koordinatensystem mit dem Ursprung in den Punkt B und der x-Achse in Richtung der Tangenten t, so befindet sich der Mittelpunkt M des zum Bogen gehörigen Kreises auf der Senkrechten zur Tangenten durch den Berührungspunkt B im Abstand r und hat daher die Koordinaten $(0, r)$. Die Gleichung des Kreises lautet damit (siehe **Abschnitt 4.2.2**)

$$x^2 + (y - r)^2 = r^2. \tag{4.70}$$

Ergebnis

1. Der Lotfußpunkt F hat im gewählten Koordinatensystem die Koordinaten $(x_p, 0)$. Die x-Koordinate des gesuchten Punktes P ist damit x_p. Zu berechnen ist noch seine y-Koordinate. Aus Gleichung (4.70) ergibt sich durch Umstellen nach y und Einsetzen von x_p:

$$y_p = r \pm \sqrt{r^2 - x_p^2}.$$

Zwei Punkte des Kreises erfüllen die gestellten Bedingungen: der Punkt $P(x_p, r - \sqrt{r^2 - x_p^2})$ und der Punkt $P'(x_p, r + \sqrt{r^2 - x_p^2})$. Abzustecken ist jeweils die Entfernung y_p auf der Senkrechten zur Tangenten t durch den Punkt F.

Bemerkung: Mit Hilfe der Taylorzerlegung (siehe **Abschnitt 6.8**) kann gezeigt werden, dass für kleine x die y-Koordinaten der gesuchten Punkte näherungsweise $y_p \approx x^2/(2r)$ bzw. $y_p \approx 2r - x^2/(2r)$ gesetzt werden können.

Lösungsweg

2. Mit gegebener Bogenlänge b ist der zugehörige Winkel $\varphi = \angle(BMP)$ im Bogenmaß (siehe **Abschnitt 2.2.10**)

$$\varphi = b/r.$$

Mit der Parametrisierung des Kreises (siehe **Abschnitt 4.2.2**)

$$x = r \cos t, \quad y = r + r \sin t$$

und dem Winkel $t_p = \varphi - \pi/2$ ergibt sich mit den Additionstheoremen (siehe **Abschnitt 2.2.10**)

Ergebnis

$$x_p = r \cos(\varphi - \pi/2) = r \sin \varphi,$$
$$y_p = r + r \sin(\varphi - \pi/2) = r - r \cos \varphi = 2r(\sin(\varphi/2))^2.$$

4.4.5 Massenermittlung

Ausgangssituation

Bei der Ermittlung des Volumens zwischen der Geländeoberfläche und einer (i. Allg. unterschiedlich geneigten) Bezugsfläche werden charakteristische Punkte A_i, $i = 1, 2, \ldots, n$ der Bezugsfläche nach Lage und Höhe durch Messung bestimmt. Entsprechend werden die Höhen der Punkte B_i der Geländeoberfläche mit gleicher Orthogonalprojektion durch Messung bestimmt. Danach erstellt man durch Verbinden der Aufnahmepunkte A'_i in der Orthogonalprojektion ein Dreiecksnetz, sodass das Volumen durch die Summe der Volumina von Dreiecksprismen näherungsweise berechnet werden kann (siehe **Abb. 4.48**).

4.4 Anwendungen an Beispielen

Wird das Dreiecksprisma mit der Grundfläche $\triangle A_1 A_2 A_3$ und der Oberfläche $\triangle B_1 B_2 B_3$ in die drei Tetraeder $A_1 A_2 A_3 B_1$, $B_1 B_2 B_3 A_3$ und $A_2 A_3 B_2 B_1$ unterteilt (siehe **Abb. 4.49**), so gilt für sein Volumen V

$$V = V_{A_1 A_2 A_3 B_1} + V_{B_1 B_2 B_3 A_3} + V_{A_2 A_3 B_2 B_1}. \quad (4.71)$$

Das Volumen eines Tetraeders ist aber gleich einem Sechstel des Betrages des Spatproduktes der aufspannenden Vektoren (siehe **Abschnitt 4.1.8**). Mit den Koordinaten der Punkte $A_i(x_i, y_i, z_{ai})$ und $B_i(x_i, y_i, z_{bi})$, $i = 1, 2, 3$ ergibt sich

$$V_{A_1 A_2 A_3 B_1} = \frac{1}{6} \left| (\overrightarrow{A_1 A_2} \times \overrightarrow{A_1 A_3}, \overrightarrow{A_1 B_1}) \right|$$

$$= \frac{1}{6} \left| \det \begin{pmatrix} x_2 - x_1 & y_2 - y_1 & z_{a2} - z_{a1} \\ x_3 - x_1 & y_3 - y_1 & z_{a3} - z_{a1} \\ 0 & 0 & z_{b1} - z_{a1} \end{pmatrix} \right| \quad (4.72)$$

$$= \frac{1}{6}(z_{b1} - z_{a1}) \left| \det \begin{pmatrix} x_2 - x_1 & y_2 - y_1 \\ x_3 - x_1 & y_3 - y_1 \end{pmatrix} \right|. \quad (4.73)$$

Der halbe Betrag der Determinante auf der rechten Seite ist dabei gleich dem Flächeninhalt des Dreiecks $\triangle A'_1 A'_2 A'_3$ in der Orthogonalprojektion:

$$A_{A'_1 A'_2 A'_3} = \frac{1}{2} \left| (\overrightarrow{A'_1 A'_2}) \times (\overrightarrow{A'_1 A'_3}) \right| = \frac{1}{2} \left| \det \begin{pmatrix} e^1 & e^2 & e^3 \\ x_2 - x_1 & y_2 - y_1 & 0 \\ x_3 - x_1 & y_3 - y_1 & 0 \end{pmatrix} \right|$$

$$= \frac{1}{2} \left| \det \begin{pmatrix} x_2 - x_1 & y_2 - y_1 \\ x_3 - x_1 & y_3 - y_1 \end{pmatrix} \right|. \quad (4.74)$$

Aus (4.72) folgt damit

$$V_{A_1 A_2 A_3 B_1} = \frac{1}{3}(z_{b1} - z_{a1}) A_{A'_1 A'_2 A'_3}. \quad (4.75)$$

Analog erhält man für

$$V_{B_1 B_2 B_3 A_3} = \frac{1}{3} \left| (\overrightarrow{B_3 B_1} \times \overrightarrow{B_3 B_2}, \overrightarrow{B_3 A_3}) \right| = \frac{1}{3}(z_{b3} - z_{a3}) A_{A'_1 A'_2 A'_3}, \quad (4.76)$$

$$V_{A_2 A_3 B_2 B_1} = \frac{1}{3} \left| (\overrightarrow{A_2 A_3} \times \overrightarrow{A_2 B_1}, \overrightarrow{A_2 B_2}) \right| = \frac{1}{3}(z_{b2} - z_{a2}) A_{A'_1 A'_2 A'_3}. \quad (4.77)$$

Mit (4.75), (4.76) und (4.77) folgt aus (4.71) die Berechnung des Volumens des Dreiecksprismas $A_1 A_2 A_3 B_1 B_2 B_3$ als Produkt aus dem Flächeninhalt des Dreiecks $\triangle A'_1 A'_2 A'_3$ in der Orthogonalprojektion und dem arithmetischen Mittel der Höhendifferenzen der Eckpunkte mit gleicher Orthogonalprojektion:

$$V = A_{A'_1 A'_2 A'_3} \frac{(z_{b1} - z_{a1}) + (z_{b2} - z_{a2}) + (z_{b3} - z_{a3})}{3}.$$

Lösungsweg

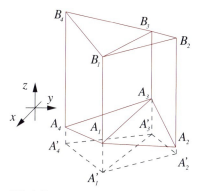

Abb. 4.48 Bezugs- und Geländeoberfläche

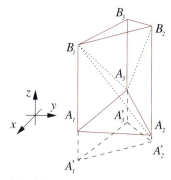

Abb. 4.49 Dreiecksprisma

Ergebnis

4.5 Aufgaben

Vektoren, Projektionen, Skalarprodukt

4.1 Gegeben seien die Punkte $A(2, 5)$ und $B(-3, 2)$. Man bestimme die Projektionen von $\overrightarrow{AB}$ auf die Koordinatenachsen.

4.2 Gegeben sind die Punkte $A(1, 2)$ und $B(5, -1)$. Man berechne die Länge des Vektors $\overrightarrow{AB}$ und die Winkel des Vektors mit den Koordinatenachsen.

4.3 Gegeben sind die Punkte $A(2, -1)$, $B(-1, 3)$, $C(4, 7)$, $D(-1, 5)$. Man bestimme die Projektion des Vektors $\overrightarrow{AB}$ auf die Richtung des Vektors $\overrightarrow{CD}$.

4.4 Die Punkte $A(3, 7)$ und $B(11, -1)$ seien gegenüberliegende Ecken eines Rechtecks. Man berechne seinen Mittelpunkt.

4.5 Die Punkte $M_1(1, 1)$, $M_2(2, 2)$ und $M_3(3, -1)$ seien drei aufeinander folgende Ecken eines Parallelogramms. Man berechne die vierte Ecke.

4.6 In den Punkten $(3, 5)$ und $(9, -7)$ mögen sich die Massen $m_1 = 1$ und $m_2 = 2$ befinden. Wo liegt der Schwerpunkt dieser Massen?

4.7 Die Punkte $M_1(2, 1)$, $M_2(-3, 2)$ und $M_3(-1, 1)$ seien die Ecken eines Dreiecks. Man bestimme Mittelpunkt und Radius des Umkreises.

4.8 Die Ecken eines Dreiecks mögen in den Punkten $A(1, 2)$, $B(3, -1)$ und $C(-2, -5)$ liegen. Man berechne seinen Flächeninhalt.

4.9 Im Punkt $P_0(1, 3, -1)$ ist ein Haken befestigt, von dem die drei Seile S_1, S_2 und S_3 nach den Punkten $P_1(2, 1, 1)$, $P_2(-7, 4, 3)$ bzw. $P_3(-1, 9, 2)$ gespannt sind. In den Seilen treten Zugkräfte mit folgenden Beträgen auf: Seil $S_1 : 21 \cdot 10^4$ N, Seil $S_2 : 9 \cdot 10^4$ N, Seil $S_3 : 14 \cdot 10^4$ N.

Wie groß ist die in P_0 angreifende Gesamtkraft F_{res} (Betrag und Richtung)?

4.10 Wie groß sind die Kräfte F_1 und F_2 in den Stäben eines Stabauslegers unter der Last F (Betrag und Richtung) (siehe **Abb. 4.50**)? Berechnen Sie die Komponenten dieser Kräfte für $F = 1800$ N, $\alpha = 30°$, $\beta = 15°$!

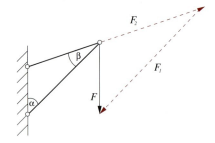

Abb. 4.50 Stabausleger

4.11 Wie groß ist die Arbeit W, die von der Kraft $F = 4e^1 - 2e^2 + 3e^3$ längs der geradlinigen Wegstrecke von $P_1(1, 1, 0)$ nach $P_2(3, 1, 1)$ geleistet wird? (Einheit der Kraft: N, Längeneinheit: m)

Vektorprodukt, Spatprodukt, Analytische Geometrie der Ebene

4.12 Gesucht ist der Flächeninhalt des von den Vektoren $a = (2, -1, 3)^\top$ und $b = (6, 4, 2)^\top$ aufgespannten Parallelogramms.

4.13 Im Punkt $P(-0.2, 0.2, 0.4)$ eines Stabes greift die Kraft $F = (0.8, 0.6, -0.6)^\top$ N an. Der Stab ist im Kugelgelenk $A(0.2, -0.1, 0.3)$ befestigt. Wie groß ist das in A erzeugte Moment?

4.14 Gesucht ist das Volumen des Parallelepipedes, das von den Vektoren
$a = (3, 4, 6)^\top$, $b = (0, -3, 1)^\top$,
$c = (0, 2, 5)^\top$
aufgespannt wird.

4.15 Berechnen Sie das Volumen V der Pyramide mit den Eckpunkten
$O(0, 0, 0)$, $A(5, 2, 0)$, $B(2, 5, 0)$, $C(1, 2, 4)$.

4.16 Man bestimme die Gleichung der Diagonalen des Quadrates mit den Eckpunkten (0, 0), (1, 0), (1, 1), (0, 1).

4.17 Man bestimme den Punkt auf der Geraden $y = 2x - 3$, dessen Ordinate gleich 7 ist.

4.18 Welche Gerade geht durch den Punkt $(2, -1)$ und ist zur Geraden $2x + 3y = 0$ parallel?

4.19 Welche Gerade geht durch den Punkt $(2, -3)$ und steht senkrecht auf der Geraden $y = 2x + 1$?

4.20 Durch den Punkt $(1, 2)$ verlaufen zwei Geraden, die von den Punkten $(2, 3)$ und $(4, -5)$ den gleichen Abstand haben. Wie heißen ihre Gleichungen?

4.21 Man ermittle den Abstand der Geraden $2x + 3y = 7$ und $4x + 6y = 11$.

Kurven zweiter Ordnung

4.22 Bringen Sie die folgenden Gleichungen von Kurven zweiter Ordnung auf Normalform und zeichnen Sie diese:

a) $4x^2 + 9y^2 - 8x - 36y + 4 = 0$
b) $4x^2 + y^2 + 16x + 2y + 13 = 0$
c) $x^2 - 4y^2 + 8x - 4y + 15 = 0$
d) $x^2 - 4y^2 + 8x - 4y + 11 = 0$
e) $y^2 + 2x - 6y + 11 = 0$
f) $x^2 - 4x - 3y + 1 = 0$

4.23 Gegeben ist der Kreis mit dem Radius $r = 1$ und dem Mittelpunkt $M(3, 2)$ sowie der Punkt $P(5, 1)$. Gesucht sind die Gleichungen der Tangenten durch P an den Kreis sowie die Berührungspunkte T_1 und T_2.

4.24 Gesucht ist der (die) Schnittpunkt(e) der Parabel $y^2 = 2x$ mit der Geraden $y = 2 - 4x$.

4.25 Zu berechnen ist der (die) Schnittpunkt(e) der Hyperbel $x^2 - y^2 = 1$ mit der Parabel $y + 2 = \frac{1}{2}x^2$.

4.26 Welche Parabel $x^2 = 2py$ berührt die Hyperbel $x^2 - y^2 = 36$? Welche Fläche hat das von den gemeinsamen Tangenten und der Verbindungsstrecke der Berührungspunkte gebildete Dreieck?

4.27 Man bestimme die Lage der geradlinigen Straße s, die durch den Ort A und in der Entfernung von 5 km vom Ort B verläuft. Die Koordinaten der Orte A und B seien in Bezug auf ein kartesisches Koordinatensystem gegeben: $A(-4, 3)$, $B(0, 0)$ (alle Längenangaben in m).

4.28 Bei der Rekonstruktion eines alten Gebäudes findet man ein elliptisches Ornament über einem Portal. Dabei sind in den Punkten $P_1(1.70, 0.85)$ und $P_2(-1.70, 0.85)$ Tangenten an eine Ellipse gelegt worden, deren vertikale Symmetrieachse in der Mittellinie des Portals und deren horizontale Symmetrieachse in Portalhöhe liegt (siehe **Abb. 4.51**). Berechnen Sie die Halbachsen der Ellipse! (Alle Maßangaben in m).

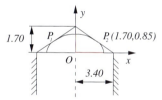

Abb. 4.51 Ornament

4.29 Für die Gradiente einer Straßenführung über eine Bergkuppe liegen die Festpunkte $P_1(-120, 0)$, $P_2(120, 0)$ und der höchste Punkt $P_3(0, 10)$ vor (alle Längenangaben in m). Für die Berechnung der Zwischenpunkte sollen alternativ ein Kreis und eine Parabel durch diese Punkte benutzt werden.

a) Bestimmen Sie die entsprechende Kreis- und Parabelgleichung!

b) Interpolieren Sie die Höhenkoordinaten für die Kreis- bzw. Parabelgleichung an den Stellen $x = \pm 80$ m!

c) Welchen Steigungswinkel hätte die Straße in den Punkten P_2 und P_2 im Falle der Kreis- und der Parabelinterpolation?

4.30 Berechnen Sie den Abstand Δh des höchsten Punktes des Dachbinders einer Tennishalle der Höhe $H = 5$ m mit elliptischem Querschnitt vom höchsten Ellipsenpunkt, wenn der Binder an der Stelle $B/4 = 5$ m die Ellipse berührt und er eine „Dicke" von $d = 0.2$ m hat (siehe **Abb. 4.52**).

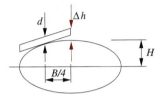

Abb. 4.52 Tennishalle

4.31 Bei einer Löschübung tritt ein parabelförmiger Wasserstrahl aus einem unter 45° gegen die Horizontale geneigten Rohr aus (siehe **Abb. 4.53**).

a) In welcher Entfernung trifft ein Wasserstrahl das horizontale Gelände, wenn die Scheitelhöhe des Strahls 5 m beträgt?

b) In welchem Punkt P würde der Wasserstrahl auf eine unter 80° gegen die Horizontale geneigte Fassadenfläche treffen, wenn der Fußpunkt der Fassade 15 m vom Rohr entfernt wäre?

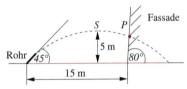

Abb. 4.53 Wasserstrahl

Analytische Geometrie des Raumes

4.32 Gesucht ist die Gleichung der Ebene in allgemeiner Form, die auf dem Vektor $n = (2, -1, 3)^\top$ senkrecht steht und durch den Punkt $P_0(5, 3, -2)$ geht.

4.33 Es sei die Ebene E gegeben durch die Gleichung $4x - 2y + 3z = 0$. Gesucht ist die Gleichung der Parallelebene durch den Punkt $P_0(1, 2, 1)$.

4.34 Gesucht ist die Gleichung der Ebene in allgemeiner Form, die durch die Punkte $P_0(1, -2, 7)$, $P_1(5, 3, 6)$ und $P_2(-2, -8, 1)$ geht.

4.35 Gegeben sind die Punkte $P_1(0, -1, 3)$ und $P_2(1, 3, 5)$. Gesucht ist die Gleichung der Ebene, die durch den Punkt P_1 geht und auf der Geraden $P_1 P_2$ senkrecht steht.

4.36 Bestimmen Sie den Winkel zwischen den Ebenen E_1 und E_2:
$E_1 : x - 2y + 2z - 8 = 0$
$E_2 : x + z - 6 = 0$.

4.37 Gesucht ist die Gleichung der Ebene, die auf den Ebenen $E_1 : 2x + y - 3z - 4 = 0$ und $E_2 : 5x + 5y - 7z + 11 = 0$ senkrecht steht und durch den Punkt $P_0(2, 4, -1)$ geht.

4.38 Gesucht ist die Parameterform der Geraden durch die Punkte $A(-1, 2, 3)$ und $B(2, 6, -2)$.

4.39 Gesucht ist der Winkel zwischen den Geraden g_1 und g_2:
$g_1 : r = (-1, 1, 0)^\top + t(2, -2, 1)^\top$
$g_2 : r = \mu(1, -1, -1)^\top$.

4.40 Gesucht ist der Schnittpunkt S der Ebene $E : x - y + 3z = -2$ mit der Geraden $g : r = (2, -4, 1)^\top + \lambda(2, 2, -1)^\top$.

4.41 Liegen die Punkte $A(1, 2, 1)$, $B(-1, 1, 2)$ und $C(5, 4, -2)$ auf einer Geraden?

4.42 Gesucht ist die Gleichung der Geraden g, die die z-Achse senkrecht schneidet und durch den Punkt $P_0(1, -1, 1)$ geht.

4.43 Gegeben seien die Punkte $P(1, 1, -1)$, $Q(0, 1, 1)$ und die Ebene $E : x - y + 2z = 1$. Bestimmen Sie:

a) die Spurpunkte der Geraden durch P und Q (d. h. die Schnittpunkte der Geraden mit der (x, y)-Ebene, der (x, z)-Ebene bzw. der (y, z)-Ebene),

b) die Geraden h durch P, die parallel zur gegebenen Ebene sind,

c) die Ebene E_1, die die Gerade $g = PQ$ enthält und parallel zur z-Achse ist.

4.4 Anwendungen an Beispielen

4.44 Gegeben sei der Punkt $P(5, -2, 8)$ und die Ebene $E: 3x - 4y + 5z + 37 = 0$. Gesucht ist die Gleichung des Lotes von P auf E sowie der Lotfußpunkt F.

4.45 Gegeben sei der Punkt $A(3, 14, -6)$ und die Ebene $E: 4x - 2y + 3z = 0$. Gesucht ist der Abstand des Punktes A von der Ebene E.

4.46 Man bestimme die Höhe des gemeinsamen Firstpunktes von drei Dachflächen, gegeben durch die Ebenengleichungen

$$\begin{array}{rcr} -x + y + z &=& 13 \\ 2x - 5y + 2z &=& 2 \\ 4x - z &=& -6. \end{array}$$

4.47 Man bestimme den Neigungswinkel der Dachfläche, wenn zwei Traufpunkte T_1 und T_2 und ein Firstpunkt F gegeben sind: $T_1(1, 5, 2.50)$, $T_2(8, 2, 2.50)$, $F(5, 10, 4.50)$.

4.48 Ein Bockgerüst hat die Form eines Tetraeders mit den Ecken

$A(0, 0, 0), B(6, -2, 0), C(3, 3, 0), D(4, 0, 8)$.

a) Berechnen Sie das Volumen des Tetraeders.

b) Berechnen Sie die Grundfläche $\triangle ABC$ des Tetraeders.

c) Bestimmen Sie den Fußpunkt des Lotes von B auf die Fläche $\triangle ACD$ und die Länge des Lotes.

d) Im Punkt D wirkt eine Gewichtskraft $F(0, 0, -4)^\top$. Welche Kraft wirkt in Richtung des Vektors $\overrightarrow{AD}$?

4.49 Gegeben sind die Traufpunkte $A(4, 6, 12)$ und $B(2, 7, 12)$ einer dreieckigen symmetrischen Gaube in der Dachebene (alle Längeneinheiten in m). Die Dachebene hat die Neigung $\sqrt{3}/3$ gegenüber dem Fundament $((x, y)$-Ebene) (siehe **Abb. 4.54**).

a) Bestimmen Sie die Koordinaten des Firstpunktes F der Gaube, wenn dieser im Abstand 1.50 m vom Dach und lotrecht über der Trauflinie AB liegen soll!

b) Berechnen Sie den Flächeninhalt der Gaubendachfläche, wenn der Gaubenfirst FC senkrecht zur Dachfläche verläuft!

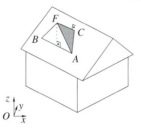

Abb. 4.54 Gaubendachfläche

5 Zahlenfolgen, Grenzwerte, Stetigkeit

Eine der wichtigsten Operationen in der Theorie der Funktionen ist der Grenzübergang. Auf seiner Grundlage werden wesentliche Eigenschaften von Funktionen wie Stetigkeit, Differenzier- und Integrierbarkeit beschrieben. Der Grenzübergang bei Funktionen basiert auf dem Begriff des Grenzwertes von Zahlenfolgen.

5.1 Einführung, Definition

Abb. 5.1 a) Dreieck $n = 3$

Mit Hilfe von Zahlenfolgen lassen sich Größen, z. B. schwierig zu messende oder zu berechnende, annähern (approximieren). Einige Beispiele werden gezeigt, in denen die Glieder einer Zahlenfolge mit einer Vorschrift explizit berechnet werden können. Der Begriff der Zahlenfolge wird definiert.

Abb. 5.1 b) Quadrat $n = 4$

Beispiel 5.1

Bei der Bestimmung der (unbekannten) Fläche eines Kreises mit dem Radius r können als Annäherung die Flächeninhalte A_n der in diesen Kreis einbeschriebenen regelmäßigen n-Ecke, $n = 3, 4, 5, \ldots$ verwendet werden (siehe **Abb 5.1 a), b), c)**). Die Fläche eines solchen regelmäßigen n-Ecks besteht aus n gleichen Dreiecksflächen, die entstehen, wenn der Kreismittelpunkt mit den Ecken des n-Ecks verbunden wird. Da die Schenkel jedes dieser gleichschenkligen Dreiecke mit der Schenkellänge r einen Winkel von $2\pi/n$ einschließen, berechnet sich der Flächeninhalt eines Dreiecks als $0.5 r^2 \sin(2\pi/n)$ und der Flächeninhalt des n-Ecks demzufolge als

$$A_n = n \frac{r^2}{2} \sin \frac{2\pi}{n}. \tag{5.1}$$

Abb. 5.1 c) Fünfeck $n = 5$

Definition 5.2

Erfolgt eine eindeutige Abbildung der Menge der natürlichen Zahlen $\mathbb{N}$ in die Menge der reellen Zahlen $\mathbb{R}$, d. h. wird jeder natürlichen Zahl n genau eine reelle Zahl a_n zugeordnet, so heißt die Menge der durchnummerierten reellen Zahlen

$a_1, a_2, a_3, \ldots$

reelle Zahlenfolge oder einfach **Folge**.

Beispiel 5.3

1. Bei der Zuordnung der Flächeninhalte A_n aus **Beispiel 5.1** wird der natürlichen Zahl n eindeutig die reelle Zahl A_n aus Gleichung (5.1) zugeordnet, $n = 3, 4, 5, \ldots$ (siehe **Abb. 5.2**).

2. In der Zuordnung

   $n = 1 \to a_1 = 1$
   $n = 2 \to a_2 = 2$
   $n = 3 \to a_3 = 3$
   $\vdots \qquad \vdots$

   wird der natürlichen Zahl n eindeutig die reelle Zahl $a_n = n$ zugeordnet (siehe **Abb. 5.3**).

3. In der Zuordnung

   $n = 1 \to a_1 = 1$
   $n = 2 \to a_2 = 1/2$
   $n = 3 \to a_3 = 1/3$
   $\vdots \qquad \vdots$

   wird der natürlichen Zahl n eindeutig die reelle Zahl $a_n = 1/n$ zugeordnet (siehe **Abb. 5.4**).

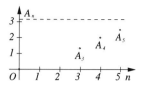

Abb. 5.2 Folge $A_n = 0.5n \sin(2\pi/n)$

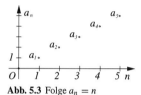

Abb. 5.3 Folge $a_n = n$

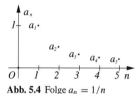

Abb. 5.4 Folge $a_n = 1/n$

Die Zahlen a_n nennt man **Elemente** oder **Glieder** der Zahlenfolge, und die Zahlenfolge selbst bezeichnet man kurz mit $\{a_n\}$. So ist die Folge der Flächeninhalte aus **Beispiel 5.1 und 5.3** die Folge $\{0.5nr^2 \sin(2\pi/n)\}$, die zweite Folge aus **Beispiel 5.3** die Folge $\{n\}$ und die dritte die Folge $\{1/n\}$.

Beispiel 5.4

Höhe einer Stahlkugel nach mehrfachem Aufprall

Eine Stahlkugel fällt aus einer Höhe von $h_0 = 1$ m auf eine Glasplatte und prallt zurück. Infolge des Energieverlustes erreicht sie nicht die volle Höhe, sondern jeweils nur 3/4 der vorherigen. Berechnen Sie die Höhe h_n nach n-maligem Aufprall!

Nach dem ersten Aufprall erreicht die Kugel die Höhe $h_1 = 0.75 h_0$, nach dem zweiten Aufprall die Höhe $h_2 = 0.75 h_1 = (0.75)^2 h_0$, nach dem dritten Aufprall die Höhe $h_3 = 0.75 h_2 = (0.75)^3 h_0$, usw.; nach dem n-ten Aufprall also die Höhe $h_n = (0.75)^n h_0$. Mit $h_0 = 1$ m ergibt sich $h_n = (0.75)^n$ m. $\{h_n\}$ stellt eine reelle Zahlenfolge dar.

5.2 Monotonie und Beschränktheit von Zahlenfolgen

Besondere Eigenschaften von Zahlenfolgen sind Monotonie und Beschränktheit. Treffen beide Eigenschaften gleichzeitig zu, „häufen" sich die Glieder einer Zahlenfolge um eine bestimmte reelle Zahl.

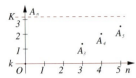

Abb. 5.5 Schranken der Folge $A_n = 0.5n \sin(2\pi/n)$

Abb. 5.6 Folge $a_n = n$

Abb. 5.7 Schranken der Folge $a_n = 1/n$

Definition 5.5

Eine reelle Zahlenfolge $\{a_n\}$ heißt **nach oben (unten) beschränkt**, wenn es eine reelle Zahl K (oder k) gibt, so dass für alle $n \in \mathbb{N}$ gilt

$$a_n \leq K \quad (a_n \geq k).$$

Die Zahl K heißt **obere Schranke** der Folge $\{a_n\}$, (die Zahl k heißt **untere Schranke** der Folge $\{a_n\}$).

Beispiel 5.6

1. Die Folge $\{0.5nr^2 \sin(2\pi/n)\}$ der Flächeninhalte der in den Kreis mit dem Radius r einbeschriebenen regelmäßigen n-Ecke (**Beispiele 5.1 und 5.3**) ist nach oben beschränkt – z. B. durch den Flächeninhalt $K = \pi r^2$ des Kreises. Sie ist nach unten beschränkt z. B. durch $k = 0$, da jedes Glied der Folge positiv ist (siehe **Abb. 5.5**).

2. Die Folge $\{n\}$ (**Beispiel 5.3**) der natürlichen Zahlen ist nicht nach oben beschränkt. Sie ist aber nach unten beschränkt z. B. durch $k = 0$, da alle Glieder der Folge positiv sind, aber auch durch jede reelle Zahl $k < 1$, da alle Glieder der Folge gleich oder größer als 1 sind (siehe **Abb. 5.6**).

3. Die Folge $\{1/n\}$ (**Beispiel 5.3**) ist nach oben beschränkt. Z. B. ist $K = 1$ obere Schranke, denn es gilt für alle $n \in \mathbb{N}$ die Ungleichung $1/n \leq 1$, die aus der offensichtlichen Ungleichung $1 \leq n$ nach Division durch n folgt. Damit ist auch jede reelle Zahl größer als 1 obere Schranke dieser Folge. Die Folge ist nach unten beschränkt z. B. durch $k = 0$, da alle Glieder der Folge positiv sind (siehe **Abb. 5.7**). Damit ist auch jede reelle Zahl kleiner als 0 untere Schranke dieser Zahlenfolge.

Definition 5.7

Ist eine Zahlenfolge nach oben *und* nach unten beschränkt, so heißt sie **beschränkt**.

Die Folgen $\{0.5nr^2 \sin(2\pi/n)\}$ und $\{1/n\}$ (**Beispiel 5.3**) sind beschränkt, weil sie jeweils nach oben und nach unten beschränkt sind. Die Folge $\{n\}$ (**Beispiel 5.3**) ist nicht beschränkt, da sie keine obere Schranke besitzt.

Definition 5.8

Die kleinste aller oberen Schranken einer nach oben beschränkten Zahlenfolge $\{a_n\}$ heißt ihr **Supremum** und wird mit $S = \sup\{a_n\}$ bezeichnet. Die größte aller unteren Schranken einer nach unten beschränkten Zahlenfolge $\{a_n\}$ heißt ihr **Infimum** und wird mit $s = \inf\{a_n\}$ bezeichnet.

Weil das Supremum einer nach oben beschränkten Zahlenfolge $\{a_n\}$ obere Schranke ist, gilt wegen **Definition 5.5**

$$a_n \leq S = \sup\{a_n\} \quad \text{für alle } n \in \mathbb{N}.$$

Da es die *kleinste* aller oberen Schranken ist, findet sich für jede Zahl $\sup\{a_n\} - \varepsilon$, die kleiner als $\sup\{a_n\}$ ist, mindestens ein Glied a_{n^*} der Zahlenfolge, das diese Zahl übersteigt, d. h. es gilt für beliebiges $\varepsilon > 0$

5.2 Monotonie und Beschränktheit von Zahlenfolgen

$$a_{n^\star} > \sup\{a_n\} - \varepsilon \quad \text{für mindestens ein } n^\star \in \mathbb{N}. \tag{5.2}$$

Analog gilt für das Infimum einer nach unten beschränkten Zahlenfolge $\{a_n\}$

$$a_n \geq s = \inf\{a_n\} \quad \text{für alle } n \in \mathbb{N} \tag{5.3}$$

und für beliebiges $\varepsilon > 0$

$$a_{n^\star} < \inf\{a_n\} + \varepsilon \quad \text{für mindestens ein } n^\star \in \mathbb{N}.$$

Beispiel 5.9 — Infimum und Supremum von Zahlenfolgen

Für die Folge $\{a_n\} = \{1/n\}$ gilt $\inf\{1/n\} = 0$ und $\sup\{1/n\} = 1$.

Die zweite Behauptung ist sofort einzusehen, da $a_1 = 1$ selbst Folgenglied ist und alle anderen Folgenglieder kleiner als 1 sind.

Angenommen, eine beliebige Zahl $\varepsilon > 0$ wäre das $\inf\{1/n\}$. Dann müsste wegen (5.3) für alle $n \in \mathbb{N}$ gelten

$$\frac{1}{n} > \varepsilon.$$

Multipliziert man diese Gleichung mit n und dividiert durch ε, so erhält man, dass für alle $n \in \mathbb{N}$ gelten müsste

$$\frac{1}{\varepsilon} > n,$$

was bedeuten würde, dass die Menge der natürlichen Zahlen beschränkt wäre (durch $1/\varepsilon$). Das ist aber falsch. Daher ist die Annahme, eine beliebige Zahl $\varepsilon > 0$ wäre das $\inf\{1/n\}$, falsch. Da in **Beispiel 5.6** bereits gezeigt wurde, dass 0 untere Schranke ist, ist auch die erste Behauptung bewiesen.

Definition 5.10

Eine reelle Zahlenfolge $\{a_n\}$ heißt **monoton steigend (fallend)**, wenn gilt

$$a_n \leq a_{n+1} \quad (a_n \geq a_{n+1}) \quad \text{für alle } n \in \mathbb{N}. \tag{5.4}$$

Beispiel 5.11 — Monotonie von Zahlenfolgen

1. Die Folge $\{n\}$ ist monoton steigend, weil die Ungleichung $a_n \leq a_{n+1}$ offensichtlich wegen $n \leq n+1$ für alle $n \in \mathbb{N}$ erfüllt ist.
2. Die Folge $\{1/n\}$ ist monoton fallend, weil die Ungleichung $a_n \geq a_{n+1}$ offensichtlich wegen $1/n > 1/(n+1)$, d. h. $n+1 > n$ für alle $n \in \mathbb{N}$ erfüllt ist.
3. Die Folge $\{(-1)^n\}$ ist nicht monoton steigend (siehe **Abb. 5.8**). Es gilt z. B. $a_2 > a_3$. Damit ist die Ungleichung $a_n \leq a_{n+1}$ z. B. für $n = 2$ *nicht* erfüllt.
   Die Folge $\{(-1)^n\}$ ist nicht monoton fallend. Es gilt z. B. $a_1 < a_2$. Damit ist die Ungleichung $a_n \geq a_{n+1}$ z. B. für $n = 1$ *nicht* erfüllt.

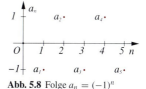

Abb. 5.8 Folge $a_n = (-1)^n$

Monotone und beschränkte Zahlenfolge

Betrachtet werden jetzt *monotone und beschränkte* Zahlenfolgen.

Beispiel 5.12

Die Zahlenfolge $\{1 - 1/n\}$ (siehe **Abb. 5.9**) ist monoton steigend, denn es gilt für alle $n \in \mathbb{N}$

$$1 - \frac{1}{n} < 1 - \frac{1}{n+1}, \quad \text{weil } n < n+1 \text{ ist.}$$

Sie ist außerdem nach oben beschränkt. Eine obere Schranke ist z. B. die Zahl 1, denn es gilt für alle $n \in \mathbb{N}$

$$1 - \frac{1}{n} < 1.$$

Damit sind auch alle reellen Zahlen größer 1 obere Schranken. Das Supremum diese Zahlenfolge ist $\sup\{1 - 1/n\} = 1$. Entsprechend (5.2) findet sich für jede reelle Zahl $\varepsilon > 0$ mindestens eine Nummer $n^\star \in \mathbb{N}$ so, dass

$$1 - \frac{1}{n^\star} > 1 - \varepsilon$$

ist. Offenbar ist diese Ungleichung dann erfüllt, wenn $n^\star > 1/\varepsilon$ ist. (Für $\varepsilon = 10^{-1}$ ist z. B. $n^\star \geq 11$, für $\varepsilon = 10^{-2}$ ist $n^\star \geq 101$, für $\varepsilon = 10^{-3}$ ist $n^\star \geq 1001$ usw.)

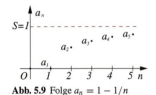

Abb. 5.9 Folge $a_n = 1 - 1/n$

Bemerkenswert ist, dass sich für das Supremum $\sup\{a_n\}$ und eine beliebig gewählte reelle Zahl $\varepsilon > 0$ entsprechend (5.2) nicht nur *eine* Nummer $n^\star$ so findet, dass $a_{n^\star} > \sup\{a_n\} - \varepsilon$ gilt, sondern dass diese Ungleichung für *alle* Nummern n, die größer oder gleich einer von ε abhängigen „Anfangsnummer" $N(\varepsilon)$ sind, erfüllt ist.

Im **Beispiel 5.12** ist für $\varepsilon = 10^{-1}$ die Nummer $N(\varepsilon) = 11$, für $\varepsilon = 10^{-2}$ die Nummer $N(\varepsilon) = 101$, für $\varepsilon = 10^{-3}$ die Nummer $N(\varepsilon) = 1001$ usw.

Satz 5.13 Sei $\{a_n\}$ eine monoton steigende nach oben beschränkte Zahlenfolge.

1. Dann gibt es immer eine kleinste aller oberen Schranken $S = \sup\{a_n\}$.

2. Zu jeder reellen Zahl $\varepsilon > 0$ gibt es eine Nummer $N(\varepsilon)$ so, dass für alle Nummern $n \geq N(\varepsilon)$ gilt

$$|a_n - S| < \varepsilon.$$

Beweis: Bewiesen werden soll nur Aussage (2) des Satzes.

Da das Supremum $S = \sup\{a_n\}$ der monoton steigenden, beschränkten Zahlenfolge existiert, gibt es entsprechend (5.2) zu jeder reellen Zahl $\varepsilon > 0$ *eine* Nummer $N(\varepsilon)$ so, dass $a_{N(\varepsilon)} > S - \varepsilon$ ist. Wegen des monotonen Steigens der Zahlenfolge gilt damit

$$S - \varepsilon < a_{N(\varepsilon)} < a_{N(\varepsilon)+1} < a_{N(\varepsilon)+2} < a_{N(\varepsilon)+3} < \ldots$$

Da S obere Schranke der Zahlenfolge $\{a_n\}$ ist, ist andererseits

$$S - \varepsilon < a_{N(\varepsilon)} < a_{N(\varepsilon)+1} < a_{N(\varepsilon)+2} < a_{N(\varepsilon)+3} < \ldots < S.$$

Damit ist für alle Nummern $n \geq N(\varepsilon)$

$S - \varepsilon < a_n < S$

und damit

$0 < S - a_n = |a_n - S| < \varepsilon.$ ∎

Analog zu **Satz 5.13** gilt der

Satz 5.14

Monoton fallende und beschränkte Zahlenfolge

Sei $\{a_n\}$ eine monoton fallende, nach unten beschränkte Zahlenfolge.

1. Dann gibt es immer eine größte aller unteren Schranken $s = \inf\{a_n\}$.

2. Zu jeder reellen Zahl $\varepsilon > 0$ gibt es eine Nummer $N(\varepsilon)$ so, dass für alle Nummern $n \geq N(\varepsilon)$ gilt

$|a_n - s| < \varepsilon.$

Beispiel 5.15

Die Zahlenfolge $\{2 + 1/2^n\}$ (siehe **Abb. 5.10**) ist monoton fallend, denn es ist für alle $n \in \mathbb{N}$

$2 + \dfrac{1}{2^n} > 2 + \dfrac{1}{2^{n+1}}.$

Ihr Infimum ist $s = \inf\{2 + 1/2^n\} = 2$. Offenbar ist wegen $2 + 1/2^n > 2$ die untere Schranke $s = 2$. Andererseits gibt es zu jeder reellen Zahl $\varepsilon > 0$ eine Nummer $N(\varepsilon)$ so, dass für alle Nummern $n \geq N(\varepsilon)$

$2 + \dfrac{1}{2^n} < 2 + \varepsilon$

ist (d. h. nimmt man an, eine Zahl größer als 2 wäre Infimum, so sind ab einer Nummer $N(\varepsilon)$ alle Glieder der Zahlenfolge *größer* als diese Zahl, womit eine solche Annahme falsch ist). Diese Ungleichung ist offenbar für $N(\varepsilon) = [\log_2(1/\varepsilon)] + 1$ und alle $n \geq N(\varepsilon)$ erfüllt. (Für $\varepsilon = 10^{-1}$ ist $N(\varepsilon) = 4$, für $\varepsilon = 10^{-2}$ ist $N(\varepsilon) = 7$, für $\varepsilon = 10^{-3}$ ist $N(\varepsilon) = 10$ usw.)

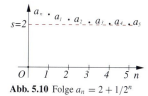

Abb. 5.10 Folge $a_n = 2 + 1/2^n$

5.3 Konvergenz und Divergenz von Zahlenfolgen

Besondere Zahlenfolgen sind solche, bei denen sich „fast" alle Glieder um eine bestimmte reelle Zahl „häufen". Konvergenz und Grenzwert solcher Zahlenfolgen werden definiert und Eigenschaften konvergenter Zahlenfolgen genannt. Mit Hilfe von Nullfolgen lassen sich Regeln für das Ermitteln von Grenzwerten von Zahlenfolgen formulieren. Einige wichtige Grenzwerte von Zahlenfolgen werden angegeben.

Im folgenden Beispiel wird eine Zahlenfolge untersucht, die nicht monoton ist und deren Glieder ab einer bestimmten Nummer alle in einer beliebig kleinen Umgebung der Zahl 0 liegen. Sie „häufen" sich um die Zahl 0.

Konvergenz einer Zahlenfolge

Beispiel 5.16

Betrachtet wird die reelle Zahlenfolge $\{a_n\} = \{(-1)^n/n^2\}$ (siehe **Abb. 5.11**). Sie hat folgende Eigenschaften:

1. Sie ist nach oben und nach unten beschränkt. Eine obere Schranke ist z. B. 1, denn es gilt für alle $n \in \mathbb{N}$

$$(-1)^n \frac{1}{n^2} \leq 1.$$

Für ungerade n ist die Gültigkeit der Ungleichung offenbar, denn dann sind die jeweiligen Folgenglieder negativ. Für gerade n bedeutet die Ungleichung $1 \leq n^2$, was ebenfalls offensichtlich ist.

Analog zeigt man, dass z. B. -1 untere Schranke ist.

2. Die Folge ist weder monoton steigend noch monoton fallend.

Sie ist nicht monoton steigend, weil z. B. $a_2 = 1/4$ und $a_3 = -1/9$ und damit $a_2 > a_3$ ist im Widerspruch zur Forderung (5.4) aus **Definition 5.10**.

Sie ist nicht monoton fallend, weil z. B. $a_3 = -1/9$ und $a_4 = 1/16$ und damit $a_3 < a_4$ ist im Widerspruch zur Forderung (5.4) aus **Definition 5.10**.

3. Mit wachsendem n werden die Folgenglieder betragsmäßig kleiner, sie „nähern sich der Zahl $a = 0$". Genauer gesagt, zu jeder reellen Zahl $\varepsilon > 0$ (vorgegebener Abstand von der Zahl $a = 0$) gibt es eine Nummer $N(\varepsilon)$ so, dass ab dieser Nummer *alle* Folgenglieder einen Abstand kleiner als ε von der Zahl $a = 0$ haben, d. h. dass für alle $n \geq N(\varepsilon)$ gilt

$$\left|(-1)^n \frac{1}{n^2} - 0\right| < \varepsilon.$$

Diese Ungleichung ist gleichbedeutend mit

$$\frac{1}{n^2} < \varepsilon \quad \text{bzw.} \quad \frac{1}{\sqrt{\varepsilon}} < n,$$

d. h. sie ist erfüllt für $N(\varepsilon) = \left[1/\sqrt{\varepsilon}\right] + 1$ und *alle* $n > N(\varepsilon)$. (Für $\varepsilon = 10^{-1}$ ist z. B. $N(\varepsilon) = 4$, für $\varepsilon = 10^{-2}$ ist $N(\varepsilon) = 11$, für $\varepsilon = 10^{-3}$ ist $N(\varepsilon) = 32$ usw.)

Abb. 5.11 Folge $a_n = (-1)^n/n^2$

Definition 5.17

Eine Zahl $a \in \mathbb{R}$ heißt **Grenzwert** oder **Limes** der reellen Zahlenfolge $\{a_n\}$, wenn es zu jeder reellen Zahl $\varepsilon > 0$ eine Nummer $N(\varepsilon)$ so gibt, dass für alle $n \geq N(\varepsilon)$ gilt

$$|a_n - a| < \varepsilon.$$

Man schreibt

$$\lim_{n \to \infty} a_n = a.$$

Eine Zahlenfolge heißt **konvergent**, wenn sie einen Grenzwert hat. Andernfalls heißt sie **divergent**.

Eigenschaften konvergenter Zahlenfolgen

1. Eine konvergente Zahlenfolge $\{a_n\}$ besitzt *genau einen* Grenzwert a.

   Angenommen, sie besäße einen weiteren Grenzwert b. Wählt man $\varepsilon > 0$ so, dass sich die Intervalle $(a - \varepsilon, a + \varepsilon)$ und $(b - \varepsilon, b + \varepsilon)$ nicht überschneiden, so müssten aufgrund der **Definition 5.17** des Grenzwertes ab einer Nummer $N_a(\varepsilon)$ *alle* Glieder der Zahlenfolge innerhalb des Intervalls $(a - \varepsilon, a + \varepsilon)$ liegen. Außerhalb dieses Intervalls befänden sich damit nur endlich viele Glieder. Damit würden ebenfalls im Intervall $(b - \varepsilon, b + \varepsilon)$ nur endlich viele Glieder der Folge liegen können. Gleichzeitig müssen wegen der **Def. 5.17** des Grenzwertes aber ab einer Nummer $N_b(\varepsilon)$ *alle* Glieder der Zahlenfolge innerhalb des Intervalls $(b - \varepsilon, b + \varepsilon)$ liegen. Das ist ein Widerspruch.

2. Eine monoton steigende und nach oben beschränkte Zahlenfolge ist konvergent, und es gilt $\lim\limits_{n \to \infty} a_n = \sup\{a_n\}$. Eine monoton fallende und nach unten beschränkte Zahlenfolge ist konvergent, und es gilt $\lim\limits_{n \to \infty} a_n = \inf\{a_n\}$.

   Der Beweis dieser Eigenschaften ergibt sich unmittelbar aus **Satz 5.13** und **5.14**.

3. Jede konvergente Zahlenfolge ist beschränkt.

   Für vorgegebenes $\varepsilon > 0$ liegen aufgrund der **Definition 5.17** des Grenzwertes ab einer Nummer $N(\varepsilon)$ *alle* Glieder a_n der Zahlenfolge innerhalb des Intervalls $(a - \varepsilon, a + \varepsilon)$ und daher nur endlich viele, die Glieder $a_1, \ldots, a_{N(\varepsilon)-1}$, außerhalb. Offenbar ist die Zahl $\min(a_1, \ldots, a_{N(\varepsilon)-1}, a - \varepsilon)$ eine untere Schranke und die Zahl $\max(a_1, \ldots, a_{N(\varepsilon)-1}, a + \varepsilon)$ eine obere Schranke.

   Eine äquivalente Formulierung dieses Satzes lautet: Jede nicht beschränkte Zahlenfolge ist divergent.

   Beispiele nicht beschränkter Zahlenfolgen sind $\{n\}$ (siehe **Beispiel 5.6**), $\{n^2 - n\}$, $\{2^n\}$.

4. Nicht jede beschränkte Zahlenfolge ist konvergent.

   Die Zahlenfolge $\{(-1)^n\} = -1, 1, -1, 1, \ldots$ (siehe **Abb. 5.12**) ist offenbar durch -1 nach unten und durch 1 nach oben beschränkt. Sie hat keinen Grenzwert:

   Die Zahl 1 kommt als Grenzwert nicht in Frage, denn z. B. für $\varepsilon = 0.25$ liegen *unendlich viele* Glieder der Zahlenfolge *nicht* im Intervall $(1 - \varepsilon, 1 + \varepsilon) = (0.75, 1.25)$ im Widerspruch zur **Definition 5.17** des Grenzwertes.

   Analog kommt die Zahl -1 als Grenzwert nicht in Frage.

   Jede andere Zahl a verschieden von 1 oder -1 kommt auch nicht als Grenzwert in Frage, denn wählt man $\varepsilon > 0$ so, dass weder 1 noch -1 im Intervall $(a - \varepsilon, a + \varepsilon)$ liegt, so befindet sich *kein* Glied der Zahlenfolge in diesem Intervall im Widerspruch zur **Definition 5.17** des Grenzwertes.

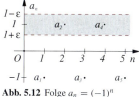

Abb. 5.12 Folge $a_n = (-1)^n$

> Eine reelle Zahlenfolge heißt **Nullfolge**, wenn ihr Grenzwert die Zahl 0 ist (sie konvergiert gegen 0).

Definition 5.18

Beispiele für Nullfolgen sind $\{1/n\}$ (**Beispiel 5.3, 5.6**), $\{(-1)^n/n^2\}$ (**Beispiel 5.16**).

Rechenregeln für Grenzwerte von Zahlenfolgen

Summe und Differenz von Nullfolgen

1. Sind $\{a_n\}$ und $\{b_n\}$ Nullfolgen, so sind es auch die Folgen $\{a_n \pm b_n\}$.

Beispiel 5.19

Die Folgen $\{a_n\} = \{1/n\}$ und $\{b_n\} = \{(-1)^n/n^2\}$ sind Nullfolgen (vgl. **Beispiele 5.6, 5.16**). Daher hat auch die Folge $\left\{1/n + (-1)^n/n^2\right\}$ den Grenzwert 0.

Produkt beschränkter Folge und Nullfolge

2. Ist $\{a_n\}$ eine Nullfolge und $\{b_n\}$ eine beschränkte Folge, so ist die Folge $\{a_n \cdot b_n\}$ eine Nullfolge.

Beispiel 5.20

Die Folge $\{a_n\} = \{1/n\}$ ist Nullfolge, die Folge $\{b_n\} = \{\sin n\}$ ist eine beschränkte Folge, denn es ist $-1 \leq \sin n \leq 1$ für alle $n \in \mathbb{N}$. Daher ist auch die Folge $\{\sin n/n\}$ eine Nullfolge.

Majorantenkriterium

3. Gilt für die Glieder der Folgen $\{a_n\}$ und $\{b_n\}$ für alle $n \in \mathbb{N}$ die Ungleichung $|b_n| \leq |a_n|$ und ist die Folge $\{a_n\}$ Nullfolge, so ist es auch die Folge $\{b_n\}$.

Beispiel 5.21

Die Folge $\{a_n\} = \{1/n\}$ ist Nullfolge. Für die Glieder der Folge $\{b_n\} = \{1/n^2\}$ gilt offenbar stets $1/n^2 \leq 1/n$. Daher ist auch $\{1/n^2\}$ Nullfolge.

Rechenregeln für konvergente Folgen

4. Konvergieren die Folgen $\{a_n\}$ und $\{b_n\}$ mit

$$\lim_{n \to \infty} a_n = a \text{ und } \lim_{n \to \infty} b_n = b,$$

so konvergieren auch die Folgen

$$\{a_n \pm b_n\} \quad \text{mit} \quad \lim_{n \to \infty} a_n \pm b_n = a \pm b,$$
$$\{a_n \cdot b_n\} \quad \text{mit} \quad \lim_{n \to \infty} a_n \cdot b_n = a \cdot b,$$
$$\frac{a_n}{b_n} \quad \text{mit} \quad \lim_{n \to \infty} \frac{a_n}{b_n} = \frac{a}{b}, \; b \neq 0.$$

Beispiel 5.22

1. Die Folge $\{a_n\} = \left\{\dfrac{n^2 + 2n}{n^4 + 8}\right\}$ ist eine Nullfolge. Es ist nach Kürzen mit n^4

$$a_n = \frac{1/n^2 + 2/n^3}{1 + 8/n^4} \leq \frac{1}{n^2} + \frac{2}{n^3}.$$

Die Folgen $\{1/n^2\}$ und $\{1/n^3\}$ sind aber Nullfolgen. Nach dem Majorantenkriterium ist damit auch $\{a_n\}$ Nullfolge.

2. Die Folge $\{b_n\} = \left\{\dfrac{n}{n^2 - 5}\right\}$ ist eine Nullfolge. Es ist nach Kürzen mit n^2

$$b_n = \frac{1/n}{1 - 5/n^2}.$$

Die Folgen $\{1/n\}$ und $\{5/n^2\}$ sind Nullfolgen. Daher konvergiert die Folge im Nenner gegen 1, die Folge im Zähler gegen 0. Aufgrund der Rechenregel für die Quotientenfolge erhält man $\lim\limits_{n \to \infty} b_n = 0$.

---

5. Sind $\{a_n\}$, $\{b_n\}$ und $\{c_n\}$ Folgen mit $a_n \leq b_n \leq c_n$ für alle $n \in \mathbb{N}$. Konvergieren die Folgen $\{a_n\}$ und $\{c_n\}$ gegen a, so konvergiert auch die Folge $\{b_n\}$. **Vergleichskriterium**

Beispiel 5.23

Die Folge $\{\sqrt[n]{x}\}$ konvergiert für beliebiges $x \in \mathbb{R}$, $x > 0$ und hat den Grenzwert 1.

Zuerst wird die Behauptung für $x \geq 1$ gezeigt. Es gilt die Ungleichungskette

$$x = (\sqrt[n]{x})^n = (1 + (\sqrt[n]{x} - 1))^n \geq 1 + n(\sqrt[n]{x} - 1) \geq n(\sqrt[n]{x} - 1),$$

woraus man $\sqrt[n]{x} \leq 1 + x/n$ erhält. Wegen $x \geq 1$ ist damit

$$1 \leq \sqrt[n]{x} \leq 1 + \frac{x}{n}.$$

Die Folge $\{a_n\} = \{1\}$ hat offensichtlich den Grenzwert 1. Die Folge $\{c_n\} = \{1 + x/n\}$ hat auch den Grenzwert 1, da $\{x/n\}$ gegen 0 konvergiert. Daher hat auch die Folge $\{b_n\} = \sqrt[n]{x}$ den Grenzwert 1.

Die Behauptung ist jetzt noch für $0 < x < 1$ zu zeigen. Dann ist $1/x > 1$ und daher wegen der soeben gezeigten Behauptung $\lim\limits_{n \to \infty} \sqrt[n]{1/x} = 1$ nachzuweisen. Wegen $1 = \lim\limits_{n \to \infty} \sqrt[n]{1/x} = 1/\lim\limits_{n \to \infty} \sqrt[n]{x}$ ist aufgrund der Rechenregel für Quotienten von Zahlenfolgen $\lim\limits_{n \to \infty} \sqrt[n]{x} = 1$.

---

6. Es gilt

$$\lim_{n \to \infty} x^n = \begin{cases} 0, & |x| < 1, \\ 1, & x = 1. \end{cases}$$

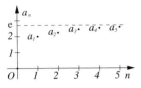

Abb. 5.13 Folge $a_n = (1 + 1/n)^n$

Leonhard Euler (* 15. April 1707 in Riehen (Schweiz), † 18. September 1783 in St. Petersburg)

schweizerischer Mathematiker, Professor für Physik und Mathematik in St. Petersburg, Direktor der Berliner Akademie der Wissenschaften, Mitglied der Akademie St. Petersburg

einer der bedeutendsten Mathematiker aller Zeiten, Begründer der Analysis (Begriff der Funktion), u. a. Arbeiten auf den Gebieten: Variationsrechnung, Differenzial- und Integralrechnung, Differenzialgleichungen, Algebra, Graphentheorie („Königsberger Brückenproblem"), Anwendung mathematischer Methoden in den Sozial- und Wirtschaftswissenschaften (Rentenrechnung, Lebenserwartung, Lotterien), physikalische Arbeiten auf den Gebieten Mechanik (Balkentheorie, Eulersche Bewegungsgleichungen), Hydrodynamik, Optik (Wellentheorie des Lichtes, Linsen), philosophische und theologische Schriften

hier: Eulersche Zahl e

Für $x = -1$ ist die Zahlenfolge $\{x^n\}$ divergent und beschränkt, da die Glieder der Folge abwechselnd -1 und 1 sind. Für $|x| > 1$ ist sie ebenfalls divergent, aber unbeschränkt.

7. Es gilt

$$\lim_{n \to \infty} \sqrt[n]{n} = 1.$$

8. Die Zahlenfolge $\{a_n\} = \{(1 + 1/n)^n\}$ (siehe **Abb. 5.13**) ist monoton steigend und beschränkt. Daher konvergiert sie, und es gilt

$$\lim_{n \to \infty} \left(1 + \frac{1}{n}\right)^n = e.$$

Der Grenzwert e wird **Eulersche Zahl** genannt. Die Eulersche Zahl ist ein unendlicher nichtperiodischer Dezimalbruch, deren erste 24 Stellen nach dem Komma wie folgt lauten:

$e = 2.71828\,18284\,59045\,23536\,0287\ldots$.

Um zu zeigen, dass eine Zahlenfolge konvergent ist, können folgende Methoden angewendet werden:

1. Man weist nach, dass die Folge monoton und beschränkt ist (siehe **Satz 5.13** und **5.14**. Allerdings kennt man dann den Grenzwert der Folge nicht unbedingt.

2. Man verwendet die Rechenregeln für Grenzwerte von Zahlenfolgen und die Kenntnis von Grenzwerten bekannter Zahlenfolgen.

3. Man „errät" den Grenzwert einer Zahlenfolge und führt den Nachweis mit Hilfe der **Definition 5.17**.

5.4 Grenzwerte von Funktionen

Der Grenzwert einer Funktion an einer Stelle und im Unendlichen wird mit Hilfe von Grenzwerten von Zahlenfolgen erklärt. Rechenregeln zur Ermittlung von Grenzwerten von Funktionen basieren auf den Rechenregeln für Grenzwerte von Zahlenfolgen.

Definition 5.24

Eine Funktion f **hat an der Stelle $x = a$ den Grenzwert b**, wenn für jede beliebige Folge $\{x_n\}$, die gegen a konvergiert, die Folge der zugehörigen Funktionswerte $\{f(x_n)\}$ gegen b konvergiert:

$$\lim_{x \to a} f(x) = b.$$

Beispiel 5.25

Betrachtet wird die Funktion $f(x) = -0.5x + 5$ und die Stelle $x = 2$ (siehe **Abb. 5.14**). Für jede Zahlenfolge $\{x_n\}$ mit dem Grenzwert 2 konvergiert die Folge der zugehörigen Funktionswerte $\{-0.5x_n + 5\}$ gegen 4 aufgrund der Rechenregeln für Grenzwerte von Folgen. Daher gilt $\lim_{x \to 2}(-0.5x + 5) = 4$.

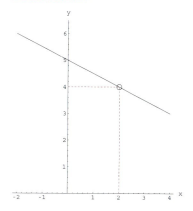

Abb. 5.14 $f(x) = -0.5x + 5$

Beispiel 5.26

Die Funktion

$$f(x) = \operatorname{sgn} x = \begin{cases} 1, & x > 0, \\ 0, & x = 0, \\ -1, & x < 0 \end{cases}$$

(siehe **Abb. 5.15**) hat an der Stelle $x = 0$ keinen Grenzwert. Für Folgen $\{x_n\}$ mit dem Grenzwert 0, für die $x_n < 0$ gilt, ist z. B. $\lim_{x \to 0} \operatorname{sgn} x = -1$; für Folgen $\{x_n\}$ mit dem Grenzwert 0, für die $x_n > 0$ gilt, ist hingegen $\lim_{x \to 0} \operatorname{sgn} x = 1$. Nach **Definition 5.24** muss aber für *jede* gegen 0 konvergierende Folge $\{x_n\}$ die Folge der zugehörigen Funktionswerte $\{\operatorname{sgn} x_n\}$ gegen *dieselbe* Zahl konvergieren.

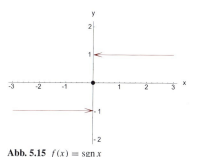

Abb. 5.15 $f(x) = \operatorname{sgn} x$

Definition 5.27

Die Zahl b heißt **links- (rechts)seitiger Grenzwert der Funktion f an der Stelle $x = a$**, wenn für jede beliebige gegen a konvergierende Folge $\{x_n\}$, deren Glieder kleiner (größer) als a sind, die Folge der zugehörigen Funktionswerte $\{f(x_n)\}$ gegen b konvergiert:

$$\lim_{x \to a-0} f(x) = b \qquad \text{linksseitiger Genzwert,}$$
$$\lim_{x \to a+0} f(x) = b \qquad \text{rechtsseitiger Genzwert.}$$

Offenbar erfüllt die Funktion $f(x) = \operatorname{sgn} x$ aus **Beispiel 5.26** an der Stelle $x = 0$, an der sie *keinen* Grenzwert hat, doch die Kriterien der **Definition 5.27** für eine links- und rechtsseitigen Grenzwert mit

$$\lim_{x \to 0-0} \operatorname{sgn} x = -1 \quad \text{und} \quad \lim_{x \to 0+0} \operatorname{sgn} x = 1.$$

Aus der Existenz des Grenzwertes b einer Funktion f an der Stelle x_0 folgt dort die Existenz von links- und rechtsseitigem Grenzwert, beide sind dann gleich b. Andererseits zeigt **Beispiel 5.26**, dass die Umkehrung dieses Satzes nicht richtig ist, d. h. aus der Existenz von links- und rechtsseitigem Grenzwert folgt noch nicht die Existenz des Grenzwertes nach **Definition 5.24**. Erst dann, wenn links- und rechtsseitiger Grenzwert übereinstimmen, existiert der Grenzwert $\lim_{x \to a} f(x)$.

Definition 5.28

Die Zahl b heißt **Grenzwert der Funktion f für $x \to \infty$ ($x \to -\infty$)**, wenn für jede monoton steigende (fallende), nach oben (unten) unbeschränkte Folge $\{x_n\}$ die Folge der zugehörigen Funktionswerte $\{f(x_n)\}$ gegen b konvergiert:

$$\lim_{x \to \infty} f(x) = b \qquad \left(\lim_{x \to -\infty} f(x) = b \right).$$

Definition 5.29

Eine Funktion f heißt **für $x \to \pm\infty$ divergent**, wenn nicht für jede monoton steigende (fallende), nach oben (unten) unbeschränkte Folge $\{x_n\}$ die Folge der zugehörigen Funktionswerte $\{f(x_n)\}$ gegen ein- und dieselbe reelle Zahl b konvergiert.

Beispiel 5.30

1. Die Funktion $f(x) = 1/(1+x) + 2$ (siehe **Abb. 5.16**) konvergiert für $x \to \infty$ gegen 2, denn für jede monoton steigende, nach oben unbeschränkte Folge $\{x_n\}$ ist die Folge $\{1/(1+x_n)\}$ eine Nullfolge (Beweis mit **Definition 5.18**), und aufgrund der Rechenregeln für Grenzwerte von Zahlenfolgen ist

$$\lim_{x \to \infty} \frac{1}{1+x} + 2 = 2.$$

2. Die Funktion $f(x) = x^2 - 4$ (siehe **Abb. 5.17**) ist für $x \to \infty$ divergent, denn z. B. für die monoton steigende, nach oben unbeschränkte Folge $\{x_n\} = \{n\}$ ist die Folge der zugehörigen Funktionswerte $\{n^2 - 4\}$ unbeschränkt und damit divergent (siehe Eigenschaften konvergenter Zahlenfolgen in Abschnitt **5.2**).

Da dies sogar für *jede* monoton steigende, nach oben unbeschränkte Folge $\{x_n\}$ der Fall ist, spricht man hier von **bestimmter Divergenz** und schreibt $\lim_{x \to \infty} f(x) = \infty$.

3. Die Funktion $f(x) = \sin x$ (siehe **Abb. 5.18**) ist für $x \to \infty$ divergent. Für die monoton steigende, nach oben unbeschränkte Folge $\{x_n\} = \{\pi n\}$ ist

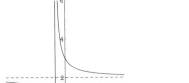

Abb. 5.16 $f(x) = 1/(1+x) + 2$

$\lim_{n\to\infty} \sin(\pi n) = 0$, für die ebenfalls monoton steigende, nach oben unbeschränkte Folge $\{x_n\} = \{\pi/2 + 2\pi n\}$ hingegen gilt $\lim_{n\to\infty} \sin(\pi/2 + 2\pi n) = 1$, für die ebenfalls monoton steigende, nach oben unbeschränkte Folge $\{x_n\} = \{-\pi/2 + 2\pi n\}$ hingegen gilt $\lim_{n\to\infty} \sin(-\pi/2 + 2\pi n) = -1$ usw.

Da offenbar für *jede beliebige* Zahl $b \in [-1, 1]$ die Zahlenfolge $\{x_n\}$ so gewählt werden kann, dass die Folge der zugehörigen Funktionswerte gegen b konvergiert (für $\{x_n\} = \{\arcsin b + 2\pi n\}$ ist $\lim_{n\to\infty} \sin(\arcsin b + 2\pi n) = b$), spricht man hierbei von **unbestimmter Divergenz**.

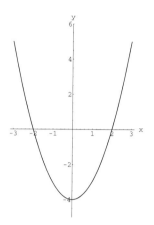

Abb. 5.17 $f(x) = x^2 - 4$

Man rechnet mit Grenzwerten von Funktionen wie mit Grenzwerten von Zahlenfolgen. Die folgenden Grenzwertregeln gelten sowohl für Grenzwerte von Funktionen für $x \to \infty$ oder $x \to -\infty$ als auch für Grenzwerte von Funktionen an einer Stelle $x = x_0$, also für $x \to x_0$, $x_0 \in \mathbb{R}$.

Sei $\lim f(x) = a$ und $\lim g(x) = b$.

Dann ist

$$\lim(\alpha f(x) \pm \beta g(x)) = \alpha a \pm \beta b, \quad \alpha, \beta \in \mathbb{R},$$
$$\lim(f(x) \cdot g(x)) = a \cdot b,$$
$$\lim \frac{f(x)}{g(x)} = \frac{a}{b}, \quad b \neq 0, \ g(x) \neq 0,$$
$$\lim f(x)^{g(x)} = a^b, \quad a \geq 0, \ f(x) > 0, \ ab \neq 0.$$

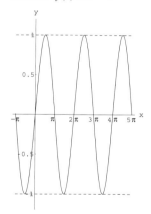

Abb. 5.18 $f(x) = \sin x$

Beispiel 5.31

1. Es gilt mit den Grenzwertregeln für Summen und Quotienten bei $x \to \infty$
$$\lim_{x\to\infty} \frac{x^2+2}{5x^2+1} = \lim_{x\to\infty} \frac{1+2/x^2}{5+1/x^2} = \frac{1}{5},$$
da $\lim_{x\to\infty} 2/x^2 = 0$ und $\lim_{x\to\infty} 1/x^2 = 0$ ist.

2. Es gilt mit den Grenzwertregeln für Differenzen und Quotienten bei $x \to 0$, $x > 0$
$$\lim_{\substack{x\to 0\\x>0}} \frac{x - \sqrt{x^3}}{x} = \lim_{\substack{x\to 0\\x>0}} (1 - \sqrt{x}) = 1.$$

3. Es gilt nach geeignetem Kürzen mit $x(x+3)$ und der Grenzwertregel für Differenzen
$$\lim_{x\to -3} \frac{x^3 - 9x}{x^2 + 3x} = \lim_{x\to -3} (x-3) = -6.$$

4. Für den folgenden Grenzwert ist nach der Grenzwertregel für Potenzen und geeignetem Kürzen mit $x - 4$ im Exponenten
$$\lim_{x\to 4} x^{\frac{x^2-16}{x-4}} = 4^8.$$

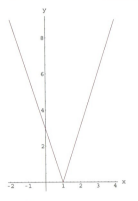

Abb. 5.19 $f(x) = |x-1|$

5.5 Stetigkeit

Ein Weg-Zeit-Gesetz, mit dem die Position eines Körpers zu einem bestimmten Zeitpunkt ausgerechnet werden kann, drückt die physikalische Vorstellung der Kontinuität der Bewegung aus: Nähert sich die Zeit diesem Zeitpunkt, so bewegt sich der Körper auf seiner Bahn dieser berechneten Position zu, unabhängig davon, in welchen Abständen die Annäherung an den Zeitpunkt erfolgt. Diese physikalische Anschauung wird allgemein auf Funktionen übertragen. Die Erwartung, dass sich bei Näherung mit einer Folge von Argumenten an eine bestimmte Stelle auch die Folge der entsprechenden Funktionswerte dem Funktionswert an dieser Stelle nähert, wird durch die Eigenschaft der Stetigkeit charakterisiert. Klassen stetiger Funktionen werden genannt, Unstetigkeitsstellen klassifiziert und Eigenschaften stetiger Funktionen angegeben.

Definition 5.32

Eine Funktion f heißt **an der Stelle $x = x_0$ stetig**, wenn

1. der Funktionswert $f(x_0)$ an der Stelle x_0 existiert,

2. der Grenzwert $\lim\limits_{x \to x_0} f(x)$ existiert,

3. der Grenzwert gleich dem Funktionswert ist: $\lim\limits_{x \to x_0} f(x) = f(x_0)$.

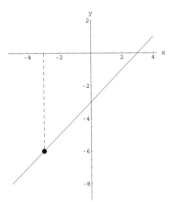

Abb. 5.20 $\tilde{f}(x)$

Beispiel 5.33

1. Die Funktion $f(x) = 3|x-1|$ (siehe **Abb. 5.19**) ist an der Stelle $x = 1$ stetig, denn

    a) es existiert der Funktionswert $f(1) = 0$,

    b) es existiert der Grenzwert $\lim\limits_{x \to 1} f(x) = 0$,

    c) Grenzwert und Funktionswert an der Stelle $x = 1$ sind gleich (gleich 0).

2. Die Funktion $f(x) = \dfrac{x^3 - 9x}{x^2 + 3x}$ (siehe **Beispiel 5.31**) ist an der Stelle $x = -3$ *nicht* stetig, denn der Funktionswert an dieser Stelle existiert nicht (der Nenner des Bruches ist 0). Allerdings existiert der Grenzwert an dieser Stelle. Würde man an der Stelle $x = -3$ daher zusätzlich den Funktionswert -6 festlegen, so wäre die auf diese Weise definierte Funktion

$$\tilde{f}(x) = \begin{cases} \dfrac{x^3 - 9x}{x^2 + 3x}, & x \neq -3, \\ -6, & x = -3 \end{cases}$$

an der Stelle $x = -3$ stetig (siehe **Abb. 5.20**).

3. Hingegen ist die Funktion

$$\bar{f}(x) = \begin{cases} \dfrac{x^3 - 9x}{x^2 + 3x}, & x \neq -3, \\ 0, & x = -3 \end{cases}$$

an der Stelle $x = -3$ *nicht* stetig, da Grenzwert ($= -6$) und Funktionswert ($= 0$) nicht gleich sind (siehe **Abb. 5.21**).

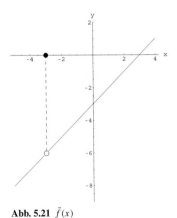

Abb. 5.21 $\bar{f}(x)$

5.5 Stetigkeit

4. Die Funktion $f(x) = \operatorname{sgn} x$ hat an der Stelle $x = 0$ keinen Grenzwert (siehe **Beispiel 5.26**) und ist daher dort nicht stetig.
   An jeder anderen Stelle $x \neq 0$ hingegen ist diese Funktion stetig.

Definition 5.34

Ist eine Funktion f an einer Stelle x_0 nicht stetig, so heißt x_0 **Unstetigkeitsstelle** der Funktion.

Die Funktion $f(x) = \dfrac{x^3 - 9x}{x^2 + 3x}$ aus **Beispiel 5.33** hat eine Unstetigkeitsstelle bei $x = -3$, ebenso die Funktion $\tilde{f}$.

Die Funktion $f(x) = \operatorname{sgn} x$ aus **Beispiel 5.33** hat eine Unstetigkeitsstelle bei $x = 0$.

Definition 5.35

Eine Funktion f heißt **an der Stelle $x = x_0$ links-(rechts)seitig stetig**, wenn

1. der Funktionswert $f(x_0)$ existiert,
2. der links-(rechtsseitige) Grenzwert $\lim\limits_{x \to x_0 - 0} f(x)$ $\left(\lim\limits_{x \to x_0 + 0} f(x)\right)$ existiert,
3. der Grenzwert gleich dem Funktionswert ist: $\lim\limits_{x \to x_0 - 0} f(x) = f(x_0)$ $\left(\lim\limits_{x \to x_0 + 0} f(x) = f(x_0)\right)$.

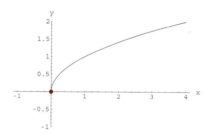

Abb. 5.22 $f(x) = \sqrt{x}$

Beispiel 5.36

1. Die Funktion $f(x) = \sqrt{x}$ (siehe **Abb. 5.22**) ist an der Stelle $x = 0$ rechtsseitig stetig, denn
   a) es existiert der Funktionswert $f(0) = \sqrt{0} = 0$,
   b) es existiert der rechtsseitige Grenzwert $\lim\limits_{x \to x_0 + 0} \sqrt{x} = 0$,
   c) Funktionswert und Grenzwert stimmen überein.

   Die Funktion $f(x) = \sqrt{x}$ ist an allen Stellen $x > 0$ stetig. An der Stelle $x = 0$ ist sie nicht stetig nach **Definition 5.32**, da der linksseitige Grenzwert $\lim\limits_{x \to x_0 - 0} \sqrt{x} = 0$ nicht existiert (die Funktion ist für $x < 0$ nicht erklärt).

2. Die Funktion $f(x) = x^2 - 2$, $-1 \leq x \leq 5$ (siehe **Abb. 5.23**) ist an der Stelle $x = -1$ rechtsseitig stetig, denn es ist $f(-1) = \lim\limits_{x \to -1 + 0} (x^2 - 2) = -1$. Der linksseitige Grenzwert an dieser Stelle existiert nicht, da der Definitionsbereich von f linksseitig abgeschlossen ist.

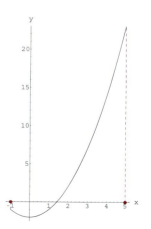

Abb. 5.23 $f(x) = x^2 - 2$, $-1 \leq x \leq 5$

An der Stelle $x = 5$ ist f linksseitig stetig, denn es ist $f(5) = \lim\limits_{x \to 5-0}(x^2 - 2) = 23$.

An allen anderen Stellen des Definitionsbereiches ist f beidseitig stetig und stetig nach **Definition 5.32**.

Definition 5.37

Eine Funktion f heißt

1. **auf dem offenen Intervall (a, b) stetig**, wenn f für jedes $x_0 \in (a, b)$ stetig ist.

2. **auf dem abgeschlossenen Intervall [a,b] stetig**, wenn f auf (a, b) stetig und für a und b einseitig stetig ist.

3. **(global) stetig**, wenn f an jeder Stelle des Definitionsbereiches stetig ist.

Klassifikation von Unstetigkeitsstellen

1. Hebbare Unstetigkeit (Lücke)
   Eine hebbare Unstetigkeitsstelle der Funktion f für $x = x_0$ liegt dann vor, wenn

   a) f für $x = x_0$ nicht definiert ist, aber

   b) links- und rechtsseitiger Grenzwert an dieser Stelle gleich sind:
   $$\lim_{x \to x_0 - 0} f(x) = \lim_{x \to x_0 + 0} f(x) = a.$$

   Die Funktion
   $$\tilde{f}(x) = \begin{cases} f(x), & x \neq x_0 \\ a, & x = x_0, \end{cases}$$

   die sich von f nur um die zusätzliche Definition an der Stelle $x = x_0$ unterscheidet, ist offenbar dort stetig nach **Definition 5.32**, d. h. die vorhandene Unstetigkeit wurde „behoben".

Lücke

Beispiel 5.38

Die Funktion $f(x) = \dfrac{x^3 - 9x}{x^2 + 3x}$ aus **Beispiel 5.33** hat an der Stelle $x_0 = -3$ eine Lücke.

2. Sprungstelle
   Die Funktion hat an der Stelle $x = x_0$ eine Sprungstelle, wenn rechts- und linksseitiger Grenzwert an dieser Stelle existieren, aber verschieden sind:
   $$\lim_{x \to x_0 - 0} f(x) = a, \quad \lim_{x \to x_0 + 0} f(x) = b, a \neq b, a, b \in \mathbb{R}.$$

5.5 Stetigkeit

Beispiel 5.39

Die Funktion $f(x) = \text{sgn}\, x$ hat an der Stelle $x_0 = 0$ einen Sprung, denn der linksseitige Grenzwert beträgt -1 und der rechtsseitige 1 (siehe **Beispiel 5.26, Beispiel 5.33**).

Beispiel 5.40

Die Eigenlastfunktion q (in N/m) eines Balkens mit konstantem Querschnitt, der aus drei Teilstücken der Länge 10 dm mit der Masse 20 kg, 20 dm mit der Masse 30 kg und 10 dm mit der Masse 10 kg zusammengesetzt ist, hat zwei Sprünge an den Übergängen der Teilstücke (siehe **Abb. 5.24**). Es ist

$$q(x) = \begin{cases} 200, & 0 \leq x < 10, \\ 150, & 10 \leq x < 30, \\ 100, & 30 \leq x \leq 40. \end{cases} \quad [\text{N/m}]$$

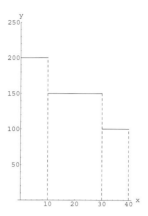

Abb. 5.24 Eigenlastfunktion q

3. Unendlichkeitsstelle

   Gilt für eine Funktion $\lim\limits_{x \to x_0-0} f(x) = \pm\infty$ oder $\lim\limits_{x \to x_0+0} f(x) = \pm\infty$, d. h. ein- oder zweiseitige bestimmte Divergenz, so heißt die Stelle x_0 **Unendlichkeitsstelle**.

Beispiel 5.41

Die rationale Funktion $f(x) = 1/x$ (siehe **Abb. 5.25**) hat an der Stelle $x_0 = 0$ eine Unendlichkeitsstelle (Polstelle, siehe **Abschnitt 2.2.8**), denn dort verschwindet der Nenner, der Zähler ist verschieden von Null ($=1$), und außerdem ist

$$\lim_{x \to x_0-0} 1/x = -\infty \quad \text{und} \quad \lim_{x \to x_0+0} 1/x = \infty.$$

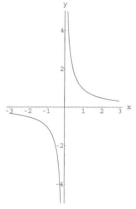

Abb. 5.25 $f(x) = 1/x$

Klassen stetiger Funktionen

1. Jede konstante Funktion $f(x) = c,\ c \in \mathbb{R}$ ist stetig.

2. Die Funktion $f(x) = x$ ist stetig.

3. Die Funktion $f(x) = a\,x$ ist stetig für beliebiges $a \in \mathbb{R}$.

4. Sind zwei Funktionen auf demselben Intervall stetig, so gilt dies auch für ihre Summe, ihre Differenz und ihr Produkt. Es gilt für den Quotienten, sofern die Nennerfunktion auf dem Intervall keine Nullstelle hat.

5. Daraus folgt, dass jedes Polynom vom Grade $n \in \mathbb{N}$

   $$P_n(x) = a_n x^n + a_{n-1} x^{n-1} + \cdots + a_1 x + a_0$$

   mit rellen Koeffizienten $a_n, a_{n-1}, \ldots, a_1, a_0$ eine stetige Funktion ist.

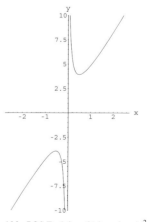

Abb. 5.26 Funktion $f(x) = \sin x / x^2 + 4x$

6. Die Exponentialfunktion $f(x) = e^x$ ist stetig.

   Die Logarithmusfunktion $f(x) = \ln x$ ist stetig (ihr Definitionsbereich ist $x \in (0, \infty)$).

   Die trigonometrischen Funktionen $\sin x$ und $\cos x$ sind stetig.

   Die trigonometrische Funktion $\tan x$ ist stetig. Ihr Definitionsbereich ist $x \in (-\pi/2 + k\pi, \pi/2 + k\pi)$, $k = 0, \pm 1, \pm 2, \ldots$ An den Stellen $\pi/2 + k\pi$ hat die Funktion $\tan x$ Unendlichkeitsstellen.

   Analog ist die trigonometrische Funktion $\cot x$ stetig. Ihr Definitionsbereich ist $x \in (k\pi, \pi + k\pi)$, $k = 0, \pm 1, \pm 2, \ldots$ An den Stellen $\pi + k\pi$ hat die Funktion $\cot x$ Unendlichkeitsstellen.

Karl Weierstraß (*31. Oktober 1815 in Ostenfelde bei Enningerloh/Münster, †19. Februar 1897 in Berlin)

deutscher Mathematiker, Professor für Mathematik an der Universität Berlin

Logisch korrekte Fundierung der Analysis, Entwicklung der Funktionentheorie auf der Basis der Potenzreihenentwicklungen, Beiträge zur Theorie der elliptischen Funktionen, Differenzialgeometrie, Variationsrechnung, auch: Studium von Rechtswissenschaften und Finanzwesen

hier: Satz von Weierstraß

Beispiel 5.42

Die Funktion $f(x) = x^2 e^x$ ist als Produkt des Polynoms x^2 und der Exponentialfunktion e^x eine stetige Funktion auf $\mathbb{R}$.

Die Funktion $f(x) = \sin x/x^2 + 4x$ (siehe **Abb. 5.26**) ist auf $x \in \mathbb{R}\setminus\{0\}$ stetig. Sie hat an der Stelle $x = 0$ eine Unendlichkeitsstelle wegen $\lim\limits_{x \to 0-0}(\sin x/x^2 + 4x) = -\infty$ und $\lim\limits_{x \to 0+0}(\sin x/x^2 + 4x) = \infty$.

Eigenschaften stetiger Funktionen

1. Eine auf einem *abgeschlossenen* Intervall $[a, b]$ stetige reelle Funktion f ist dort beschränkt, d. h. es gibt Zahlen s, S mit

   $s \leq f(x) \leq S$ für alle $x \in [a, b]$.

Bemerkung 5.43 Dieser Satz gilt nicht für offene Intervalle. So ist z. B. die Funktion $f(x) = \tan x$ auf $(-\pi/2, \pi/2)$ stetig, aber dort unbeschränkt.

Satz 5.44
Satz von Weierstraß

2. Eine auf einem *abgeschlossenen* Intervall $[a, b]$ stetige reelle Funktion f nimmt dort sowohl ihr Supremum als auch ihr Infimum an, d. h. es gibt Stellen $x_{\min}, x_{\max} \in [a, b]$ mit

$$f_{\min} = f(x_{\min}) = \inf_{x \in [a,b]} f(x) \text{ und } f_{\max} = f(x_{\max}) = \inf_{x \in [a,b]} f(x).$$

Bemerkung 5.45 Dieser Satz gilt ebenfalls nicht für offene Intervalle. So ist die Funktion $f(x) = 1/x$ stetig auf dem halboffenen Intervall $[1, \infty)$. Es ist $\inf\limits_{x \in [1,\infty)} 1/x = 0$, aber auf $[1, \infty)$ existiert keine Stelle $x_{\min}$ so, dass $f(x_{\min}) = 0$ wäre, da alle Funktionswerte positiv sind.

3. Eine auf einem *abgeschlossenen* Intervall $[a, b]$ stetige reelle Funktion f nimmt dort jeden Wert zwischen $f(a)$ und $f(b)$ an, d. h. für jedes y zwischen $f(a)$ und $f(b)$ gibt es ein $x_0 \in [a, b]$ mit $y = f(x_0)$.

Satz 5.46
Satz von Bolzano

Ist die Funktion f *nicht stetig* auf dem Intervall $[a, b]$, so ist die Existenz einer solchen Stelle x_0 nicht garantiert. Die Funktion $f(x) = \operatorname{sgn} x$ ist z. B. auf dem Intervall $[-2, 2]$ nicht stetig, da an der Stelle $x = 0$ eine Unstetigkeitsstelle (Sprung) vorliegt. Weiter sind die Funktionswerte an den Intervallrändern $f(-2) = -1$ und $f(2) = 1$. Beispielsweise gibt es zum Wert $y = 0.5$ zwischen $f(-2)$ und $f(2)$ offenbar kein Argument x_0 auf dem Intervall $[-2, 2]$ so, dass $f(x_0) = \operatorname{sgn} x_0 = 0.5$ wäre.

Bemerkung 5.47

Bernardus Placidus Johann Nepomuk Bolzano (* 5. Oktober 1781 in Prag, † 18. Dezember 1848 in Prag)

tschechischer Philosoph, Theologe und Mathematiker, Professor für Religionsphilosophie an der Karl-Universität Prag

Grundlagenforschung in der Analysis (Konstruktion einer überall stetigen, aber nirgends differenzierbaren Funktion), unendlich große und kleine Zahlen, Gegner des Philosophen Immanuel Kant

hier: Satz von Bolzano

Haben die Funktionswerte $f(a)$ und $f(b)$ an den Intervallrändern unterschiedliche Vorzeichen, so bedeutet der **Satz von Bolzano**, dass die auf dem Intervall $[a, b]$ stetige Funktion dort (mindestens) eine Nullstelle x_0 hat (siehe **Abb. 5.27**). Da die Funktionswerte an den Intervallrändern unterschiedliche Vorzeichen haben, ist $y = 0$ auf jeden Fall ein Wert *zwischen* $f(a)$ und $f(b)$, und folglich existiert eine Stelle x_0 auf dem Intervall $[a, b]$ so, dass $f(x_0) = 0$ ist. Da x_0 mit keinem der Intervallränder zusammenfallen kann, liegt die Nullstelle x_0 sogar im Intervallinneren.

5.6 Anwendungen an Beispielen

5.6.1 Noch einmal Zinsen

Ein zukünftiger Bauherr möchte Geld für einen Hausbau ansparen und vereinbart mit der Bank für sein dort angelegtes Kapital K_0 einen jährlichen Zinssatz z. Dabei zahlt die Bank die Zinsen am Ende des jeweiligen Jahres und rechnet sie dem vorhandenen Kapital zu, sodass sie mitverzinst werden. Der Bauherr ist interessiert zu wissen, wie groß sein Kapital K_n nach n Jahren ist.

Ausgangssituation

Das Kapital K_i nach dem i-ten Jahr errechnet sich als Summe aus dem im Vorjahr vorhandenen Kapital K_{i-1} und den von der Bank darauf gezahlten Zinsen in Höhe von zK_{i-1}:

Lösungsweg

$$K_i = K_{i-1} + zK_{i-1} = K_{i-1}(1 + z), \ i = 1, 2, \ldots .$$

Durch sukzessives Einsetzen erhält man

$$K_1 = K_0(1 + z),$$
$$K_2 = K_1(1 + z) = K_0(1 + z)^2,$$
$$K_3 = K_2(1 + z) = K_0(1 + z)^3, \ldots,$$
$$K_n = K_{n-1}(1 + z) = K_0(1 + z)^n.$$

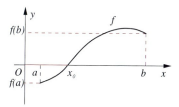

Abb. 5.27 Nullstelle x_0 einer auf $[a, b]$ stetigen Funktion

$\{K_n\}$ stellt eine Folge dar, deren allgemeines Glied das nach n Jahren angesparte Kapital ist. So hat der Bauherr bei einer Ansparsumme von $K_0 = 100\,000$ EURO nach $n = 10$ Jahren bei einem jährlichen Zinssatz $z = 5\,\%$ die stattliche Summe von $162\,889,46$ EURO auf seinem Konto!

Der Bauherr, der sein Kapital der Bank ständig zur Verfügung stellt, verlangt jetzt, dass die Zinsen monatlich gezahlt und dem Kapital zugerechnet werden, sodass ihre Verzinsung früher als bisher erfolgt. Der monatliche Zinssatz beträgt $z/12$. Berechnet man das nach n Jahren, d. h. $12n$ Monaten, vorhandene Kapital mit analogen Überlegungen wie oben, so ergibt sich jetzt

Ergebnis
$$K_n = K_0 \left(1 + \frac{z}{12}\right)^{12n}.$$

Der Bauherr hätte bei monatlicher Verzinsung $164\,700,95$ EURO auf seinem Konto, also $1\,811,49$ EURO mehr als bei jährlicher Verzinsung. Das bringt den Bauherrn auf die Idee, den Zeitraum der Verzinsung erneut zu verkürzen. Unterteilt man das Jahr in m gleiche Zeitabschnitte, so ist der Zinssatz dafür z/m, und das Kapital nach n Jahren, d. h. mn Zeitabschnitten, beträgt

$$K_n = K_0 \left(1 + \frac{z}{m}\right)^{mn}. \tag{5.5}$$

Verkürzt man die Zeitabschnitte der Verzinsung, entspricht das der Untersuchung des Grenzwertes in Gleichung (5.5) für $m \to \infty$. Man erhält mit dem Grenzwert $e = \lim_{n \to \infty} (1 + 1/n)^n$ (siehe **Abschnitt 5.2**) zunächst

$$\lim_{m \to \infty} \left(1 + \frac{z}{m}\right)^m = \lim_{m \to \infty} \left(\left(1 + \frac{1}{m/z}\right)^{m/z}\right)^z$$
$$= \left(\lim_{m/z \to \infty} \left(1 + \frac{1}{m/z}\right)^{m/z}\right)^z = e^z$$

und damit

$$K_n = K_0 \lim_{m \to \infty} \left(1 + \frac{z}{m}\right)^{mn} = K_0 \left(\lim_{m \to \infty} \left(1 + \frac{z}{m}\right)^m\right)^n = K_0\, e^{zn}$$

als Kapital nach n Jahren bei so genannter *stetiger Verzinsung*. Der Bauherr hätte demnach $164\,872,13$ EURO auf seinem Konto!

5.6.2 Stabilität eines Ziegelstapels und Zahlenfolgen

Ausgangssituation

Es sollen n gleich große, übereinander gestapelte Ziegel der Länge l nach einer Seite hin soweit wie möglich verschoben werden, ohne dass der Stapel umkippt (siehe **Abb. 5.28**). Die maximale Verschiebung v_n des obersten Ziegels gegenüber dem n-ten ist anzugeben. Was lässt sich über die Folge der Verschiebungen für $n \to \infty$ aussagen, und welche Konsequenz hat das für das Bauen von Mauerwerken?

Lösungsweg

Ein Koordinatensystem wird so gelegt, dass eine Ecke des ersten Ziegels im Koordinatenursprung liegt und die x-Achse in Richtung seiner Längskante weist. Seine Verschiebung gegenüber dem Koordinatenursprung in x-Richtung ist $a_1 = 0$. Die Verschiebung des zweiten gegenüber dem ersten Ziegel sei mit a_2, die des dritten gegenüber dem zweiten mit a_3 usw., die des $(n-1)$-ten gegenüber dem n-ten mit a_n bezeichnet, sodass für die Gesamtverschiebung v_n gilt

$$v_n = \sum_{i=1}^{n} a_i. \tag{5.6}$$

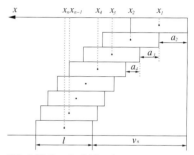

Abb. 5.28 Stapel mit Ziegeln

Die Bedingungen dafür, dass der Stapel aus Ziegeln nicht umkippt, lauten folgendermaßen:

1. Die x-Koordinate $s_1 = x_1$ des Schwerpunkts des ersten Ziegels muss „über" dem zweiten Ziegel liegen, d. h. im Intervall $[a_2, l + a_2]$.

2. Die x-Koordinate s_2 des Schwerpunkts des aus dem ersten und zweiten Ziegel gebildeten Aufbaus muss „über" dem dritten Ziegel liegen, d. h. im Intervall $[a_2 + a_3, l + a_2 + a_3]$ usw.

Das bedeutet: Die x-Koordinate s_{k-1} des Schwerpunkts des aus dem ersten bis $(k-1)$-ten Ziegel gebildeten Aufbaus muss „über" dem k-ten Ziegel liegen, d. h. er muss die Ungleichung

$$\sum_{i=2}^{k} a_i \leq s_{k-1} \leq l + \sum_{i=2}^{k} a_i \tag{5.7}$$

erfüllen, $k = 2, 3, \ldots, n$. Mit Hilfe der Bedingungen (5.7) soll es gelingen, die maximal möglichen Verschiebungen a_i, $i = 2, \ldots, n$ zu ermitteln.

Sei x_i die x-Koordinate des Schwerpunktes des i-ten Ziegels. Offenbar ist

$$x_i = \frac{l}{2} + \sum_{j=1}^{i} a_j, \ i = 2, .., n. \tag{5.8}$$

Dann berechnet sich die x-Koordinate s_{k-1} des Schwerpunktes des aus dem ersten bis $(k-1)$-ten Ziegel gebildeten Aufbaus als arithmetisches Mittel der x-Koordinaten der Schwerpunkte x_i dieser Ziegel:

$$s_{k-1} = \frac{1}{k-1} \sum_{i=1}^{k-1} x_i. \tag{5.9}$$

Mit Gleichung (5.8) folgt daraus unter Beachtung von $a_1 = 0$

$$s_{k-1} = \frac{1}{k-1} \sum_{i=1}^{k-1} \left(\frac{l}{2} + \sum_{j=1}^{i} a_j \right) \tag{5.10}$$

$$= \frac{l}{2} + \frac{1}{k-1} (a_2 + (a_2 + a_3) + \cdots + (a_2 + a_3 + \cdots + a_{k-1}))$$

$$= \frac{l}{2} + \frac{1}{k-1} ((k-2)a_2 + (k-3)a_3 + \cdots + (k-1)a_{k-1}).$$

Setzt man s_{k-1} aus (5.10) in die Forderung (5.7) ein, so ergibt sich

- für $k = 2$

$$a_2 \leq \frac{l}{2} \leq l + a_2.$$

Aus der linken Ungleichung folgt $a_2 \leq l/2$, die rechte Ungleichung ist offenbar automatisch erfüllt. Die maximal mögliche Verschiebung ist daher $a_2 = l/2$.

- für $k = 3$

$$a_2 + a_3 \leq \frac{l}{2} + \frac{1}{2} a_2 \leq l + a_2 + a_3.$$

Aus der linken Ungleichung folgt

$$a_3 \leq \frac{l}{2} + \frac{1}{2} a_2 - a_2$$

und mit $a_2 = l/2$ schließlich $a_3 \leq l/4$. Die rechte Ungleichung ist wieder automatisch erfüllt. Die maximal mögliche Verschiebung ist $a_3 = l/4$.

- für $k = 4$

$$a_2 + a_3 + a_4 \leq \frac{l}{2} + \frac{1}{3} (2a_2 + a_3) \leq l + a_2 + a_3 + a_4.$$

Aus der linken Ungleichung folgt

$$a_4 \leq \frac{l}{2} + \frac{1}{3} (-a_2 - 2a_3)$$

und mit $a_2 = l/2$, $a_3 = l/4$ schließlich $a_4 \leq l/6$. Die rechte Ungleichung ist wieder automatisch erfüllt. Die maximal mögliche Verschiebung ist daher $a_4 = l/6$.

5.6 Anwendungen an Beispielen

Diese drei Beispiele legen die Vermutung nahe, dass allgemein

$$a_i = \frac{l}{2}\frac{1}{i-1} \tag{5.11}$$

die maximal mögliche Verschiebung des i-ten Ziegels bezüglich des vorherigen ist, $i = 2, \ldots, n$. Angenommen, diese Behauptung ist richtig für Ziegel bis zu einer beliebigen Nummer $k - 1$. Es wird gezeigt, dass dann auch die maximale Verschiebung des k-ten Ziegels gemäß Gleichung (5.11) zu ermitteln ist.

Setzt man die in (5.10) berechnete x-Koordinate s_{k-1} des Schwerpunktes in die linke Ungleichung der Forderung (5.7) ein, so ergibt sich

$$a_2 + a_3 + \cdots + a_k \leq \frac{l}{2} + \frac{1}{k-1}((k-2)a_2 + (k-3)a_3 \\ + \cdots + (k-1)a_{k-1}) \tag{5.12}$$

und daraus mit Verwendung der Voraussetzung über die Gültigkeit von (5.11) für $i = 2, \ldots, k-1$

$$\begin{aligned} a_k &\leq \frac{l}{2} + \frac{1}{k-1}(-a_2 - 2a_3 - \cdots - (k-2)a_{k-1}) \\ &= \frac{l}{2} + \frac{1}{k-1}\frac{l}{2}\left(-1 - \frac{2}{2} - \frac{3}{3} - \cdots - \frac{k-2}{k-2}\right) \\ &= \frac{l}{2}\left(1 - \frac{k-2}{k-1}\right) = \frac{l}{2}\frac{1}{k-1}. \end{aligned}$$

Damit ist die Vermutung (5.11) richtig für $i = 1, \ldots, n$.

Ergebnis

Die gesuchte maximale Verschiebung v_n des obersten Ziegels gegenüber dem n-ten ergibt sich damit aus Gleichung (5.6) zu

$$v_n = \frac{l}{2}\sum_{i=2}^{n}\frac{1}{i-1} = \frac{l}{2}\left(1 + \frac{1}{2} + \frac{1}{3} + \cdots + \frac{1}{n-1}\right).$$

Berechnet man diese Summen mit $l = 1$ z. B. für $n = 10$ Ziegel, so ist $v_{10} \approx 1.41$. Für $n = 50$ Ziegel ist $v_{50} \approx 2.24$, für $n = 100$ Ziegel $v_{100} \approx 2.58$, für $n = 1000$ Ziegel $v_{1000} \approx 3.74$. Für die Folge v_n der Verschiebungen, die **harmonische Reihe** heißt, gilt

$$\lim_{n\to\infty} v_n \to \infty,$$

allerdings divergiert diese Reihe recht langsam, wie die Zahlenbeispiele zeigen. Dieses Resultat bedeutet, dass mit den genannten maximalen Verschiebungen und einer hinreichend großen Anzahl von Ziegeln theoretisch beliebig große stabile Spannweiten erzeugt werden können!

Bemerkung Die rechte Ungleichung (5.7) ist mit der in (5.10) berechneten x-Koordinate s_{k-1} des Schwerpunktes automatisch erfüllt, denn es ist

$$s_{k-1} = \frac{l}{2} + \frac{1}{k-1}((k-2)a_2 + (k-3)a_3 + \cdots + a_{k-1})$$
$$\leq l + a_2 + a_3 + \cdots + a_k$$
$$= s_{k-1} + \frac{l}{2} + \frac{1}{k-1}a_2 + \frac{2}{k-1}a_3 + \cdots + \frac{k-2}{k-1}a_{k-1} + a_k. \quad (5.13)$$

5.7 Aufgaben

Folgen, Grenzwerte von Folgen

5.1 Veranschaulichen Sie die Zahlenfolgen

$$\{(-1)^n\}, \{n^2 - n\}, \{2^n\}, \left\{\frac{1}{2n}\right\}$$

und untersuchen Sie sie auf Monotonie und Beschränktheit!

5.2 Gegeben ist die Zahlenfolge mit $a_n = \dfrac{2n-7}{3n+2}$.

a) Untersuchen Sie die Folge auf Monotonie und Beschränktheit.

b) Geben Sie die Glieder mit $n=5, 10, 50, 100, 500$ an.

c) Bestimmen Sie den Grenzwert.

d) Bestimmen Sie $N(\varepsilon)$ für $\varepsilon = 1, 0.1, 0.01, 0.001$.

5.3 Untersuchen Sie die Zahlenfolge auf Monotonie und Beschränktheit:

a) $a_n = \dfrac{n+2}{2n}$ b) $a_n = \dfrac{n^2+1}{n+1}$

5.4 Untersuchen Sie die Zahlenfolge auf Konvergenz! Bestimmen Sie den Grenzwert:

$$a_n = \left(1 + \frac{1}{3n}\right)^n.$$

5.5 Berechnen Sie die folgenden Grenzwerte:

a) $\displaystyle\lim_{n\to\infty} \frac{6n^2 + 5n}{4n^2 + n + 1}$ b) $\displaystyle\lim_{n\to\infty} \frac{8n^5 + 9n^3 + 7}{n^6 + 3n}$

c) $\displaystyle\lim_{n\to\infty} \left(\frac{8n}{3n+1}\right)^3$

d) $\displaystyle\lim_{n\to\infty} \left[\frac{2n(n+1)}{n+2} - \frac{2n^3}{n^2+2}\right]$

e) $\displaystyle\lim_{n\to\infty} \left(\sqrt{n+1} - \sqrt{n}\right)$

5.6 Begründen Sie die folgenden Aussagen:

a) $\displaystyle\lim_{n\to\infty} (\sqrt{9n^4 + 3} - 3n^2) = 0$.

b) $\left\{\dfrac{n^4+1}{8n^3+2}\right\}$ ist divergent.

c) $\displaystyle\lim_{n\to\infty} \frac{1}{n^p} = 0$ für alle $p \in N$.

d) $\displaystyle\lim_{n\to\infty} \frac{n!}{n^n} = 0$.

Grenzwerte von Funktionen, Stetigkeit

5.7 Berechnen Sie folgende Grenzwerte:

a) $\displaystyle\lim_{x\to\infty} \frac{x^2+1}{3x^2+2x-1}$ b) $\displaystyle\lim_{x\to\infty} \frac{4x-1}{2-x^2}$

c) $\displaystyle\lim_{x\to\infty} \frac{2x^5 - x^2 - 2}{x^4 + 3x^2 - 1}$ d) $\displaystyle\lim_{x\to 1} \frac{x^4 + 2x^2 - 3}{x^2 - 3x + 2}$

e) $\displaystyle\lim_{x\to\infty} \frac{(2x)^x}{(2x+1)^x}$ f) $\displaystyle\lim_{x\to 1} \frac{x^n - 1}{x-1}$

g) $\displaystyle\lim_{x\to\infty} \frac{\sin^3 x}{x}$

5.6 Anwendungen an Beispielen

5.8 Berechnen Sie folgende Grenzwerte:

a) $\lim\limits_{x \to +0} (x\sqrt{1 + \dfrac{4}{x^2}} + 2)$ b) $\lim\limits_{x \to 0} \dfrac{\sqrt{1+x} - 1}{x}$

c) $\lim\limits_{x \to \infty} (\sqrt{x + \sqrt{x}} - \sqrt{x - \sqrt{x}})$

d) $\lim\limits_{x \to 0} x \sin \dfrac{1}{x}$ e) $\lim\limits_{x \to 0} \dfrac{\tan 3x}{\sin 2x}$

f) $\lim\limits_{x \to 0} \dfrac{1}{1 + e^{\cot x}}$ g) $\lim\limits_{x \to +\infty} \dfrac{\sin x^2}{\sqrt[3]{x}}$

5.9 Für welche x ist $f(x)$ unstetig? Welcher Art ist die Unstetigkeit? Fertigen Sie eine Skizze an!

a) $y = 2 - \dfrac{|x|}{x}$ b) $y = \left(1 + \dfrac{1}{x}\right)^x$

c) $y = e^{-\frac{1}{x^2}}$ d) $y = \begin{cases} 0, & x = 2 \\ \dfrac{1}{2^{x-2}}, & x \neq 2 \end{cases}$

5.10 Man bestimme folgende Grenzwerte, indem man gegebenenfalls auf die Definition der Funktionen zurückgeht:

a) $\lim\limits_{x \to \infty} \arctan x$ b) $\lim\limits_{x \to \infty} \cot^{-1} x$

c) $\lim\limits_{x \to \pm\infty} \tanh x$ d) $\lim\limits_{x \to 0+0} \tanh^{-1} x$

Hinweis: Die Funktion $\tanh x$ ist definiert als
$$\tanh x = \dfrac{e^x - e^{-x}}{e^x + e^{-x}}.$$

6 Differenzialrechnung für Funktionen einer Veränderlichen

Die Differenzialrechnung hat das Charakterisieren des Verhaltens von Funktionen in „unendlich" kleinen Intervallen zum Gegenstand. Solange endliche Intervalle vorliegen, kann z. B. das Wachstum der Funktionswerte auf diesem Intervall näherungsweise durch das Verhältnis der Differenz der Funktionswerte zur Intervalllänge zum Ausdruck gebracht werden. Im Grenzübergang zu unendlich kleinen Intervallen erhält man die Ableitung als Maß für das Wachstum der Funktion, die graphisch den Anstieg der Tangenten bedeutet. Ableitungsregeln für differenzierbare Funktionen werden genannt. Höhere Ableitungen werden mit Hilfe des Ableitungsbegriffes erklärt. Das Differenzial einer Funktion ist eine Näherung für den Funktionszuwachs und kann mit Hilfe der Ableitung an der entsprechenden Stelle berechnet werden. Die Fehlerrechnung ist davon eine direkte Anwendung. Mit der Regel von l'Hospital werden bestimmte Grenzwerte von Funktionen mit Hilfe ihrer Ableitungen ermittelt. Das Feststellen von Monotonie- und Krümmungsintervallen differenzierbarer Funktionen sowie lokaler bzw. globaler Extremwerte ist ebenfalls eine Anwendung der Differenzialrechnung. Der Mittelwertsatz der Differenzialrechnung beinhaltet eine zentrale Eigenschaft differenzierbarer Funktionen. Taylorpolynome, deren Koeffizienten mit Ableitungen berechnet werden, dienen der Funktionsapproxmation. Beispiele der Statik und des Straßenbaus verdeutlichen die Anwendung der Differenzialrechnung.

6.1 Einführung

Der Begriff der Ableitung entstand geometrisch aus dem Tangentenproblem, das in diesem Abschnitt erläutert wird. Die Ableitung als Grenzwert des Differenzenquotienten hat als graphische Interpretation den Anstieg der Tangenten. Nicht jede Funktion ist überall differenzierbar. Der Zusammenhang von Stetigkeit und Differenzierbarkeit wird erklärt.

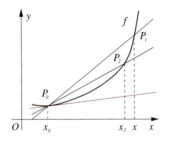

Abb. 6.1 Tangente und Sekanten durch P_0

Betrachtet wird der Graph einer stetigen Funktion f, wobei der Anstieg der Tangenten in einem beliebigen Punkt der Kurve $P_0(x_0, f(x_0))$ bestimmt werden soll. Ist $P_1(x_1, f(x_1))$ ein weiterer Punkt der Kurve, so ist der Quotient $\dfrac{f(x_1) - f(x_0)}{x_1 - x_0}$ der Anstieg der Geraden (Sekanten) $P_0 P_1$. Für einen Punkt $P_2(x_2, f(x_2))$, dessen Abszisse x_2 „näher" an x_0 liegt als x_1, ist $\dfrac{f(x_2) - f(x_0)}{x_2 - x_0}$ der Anstieg der Geraden $P_0 P_2$ usw., und desto mehr „nähert" sich die entsprechende Gerade durch den Punkt P_0 der Tangenten im Punkt P_0 (siehe **Abb. 6.1**).

6.1 Einführung

Definition 6.1

Der **Differenzenquotient** einer Funktion $y = f(x)$ an einer Stelle $x = x_0$ ist der Quotient

$$\frac{f(x) - f(x_0)}{x - x_0}, \ x \neq x_0$$

bzw. mit den Bezeichnungen $\Delta x = x - x_0$, $\Delta y = f(x_0 + \Delta x) - f(x_0)$

$$\frac{\Delta y}{\Delta x} = \frac{f(x_0 + \Delta x) - f(x_0)}{\Delta x}, \ \Delta x \neq 0, \ x_0 + \Delta x \in D_f.$$

Bemerkung 6.2

Der Differenzenquotient hängt sowohl von der Wahl der Stelle x_0 als auch von der Größe Δx (Entfernung von der Stelle x_0) ab.

Definition 6.3

Die Funktion $y = f$ heißt **differenzierbar an der Stelle $x = x_0$**, wenn x_0 ein innerer Punkt des Definitionsbereiches ist und der Grenzwert

$$f'(x_0) = \lim_{\Delta x \to 0} \frac{\Delta y}{\Delta x}$$
$$= \lim_{\Delta x \to 0} \frac{f(x_0 + \Delta x) - f(x_0)}{\Delta x}$$
$$= \lim_{x \to x_0} \frac{f(x) - f(x_0)}{x - x_0}$$

existiert. Man nennt den Grenzwert $f'(x_0)$ **die Ableitung der Funktion f an der Stelle $x = x_0$**. Die Zahl $m = f'(x_0)$ heißt **Steigung oder Anstieg** des Graphen der Funktion f im Punkt $P_0(x_0, f(x_0))$.

Die Gleichung der Tangenten an den Graphen der Funktion f im Punkt $P(x_0, f(x_0))$ lautet

$$y_t(x) = f(x_0) + f'(x_0)(x - x_0). \tag{6.1}$$

Beispiel 6.4

Ableitung an einer Stelle

Ermittelt werden soll die Ableitung der Funktion $f(x) = \sqrt{x}$ an der Stelle $x_0 = 1$. Mit der **Definition 6.3** ergibt sich

$$f'(x_0) = \lim_{x \to x_0} \frac{f(x) - f(x_0)}{x - x_0} = \lim_{x \to 1} \frac{\sqrt{x} - \sqrt{1}}{x - 1}$$
$$= \lim_{x \to 1} \frac{\sqrt{x} - 1}{(\sqrt{x} - 1)(\sqrt{x} + 1)} = \lim_{x \to 1} \frac{1}{\sqrt{x} + 1} = \frac{1}{2}.$$

Die Gleichung der Tangenten an den Graphen von $f(x) = \sqrt{x}$ lautet nach (6.1) $y_t(x) = 0.5x + 0.5$ (siehe **Abb. 6.2**).

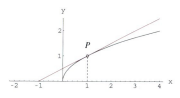

Abb. 6.2 Tangente $y_t(x) = 0.5x + 0.5$ im Punkt $P(1, 1)$ an $f(x) = \sqrt{x}$

Bemerkung 6.5 Die Tangente an den Graphen der Funktion f im Punkt $P(x_0, f(x_0))$ kann den Graphen von f schneiden.

Schnittpunkte der Tangenten mit dem Funktionsgraphen

Beispiel 6.6

Die Tangente an den Graphen der Funktion $f(x) = x^3$ hat im Punkt $P(1, 1)$ die Gleichung $y_t(x) = 3x - 2$. Um mögliche gemeinsame Punkte der Kurve und der Tangenten zu ermitteln, ist die Gleichung $x^3 = 3x - 2$ zu lösen, von der eine Lösung $x = 1$ bereits bekannt ist, weil der Punkt $P(1, 1)$ sowohl Punkt der Kurve als auch Punkt der Tangenten ist. Als weitere Lösungen der nach Abdividieren dieser Nullstelle verbleibenden quadratischen Gleichung erhält man -2 und 1 als weitere Nullstellen. Damit ist $S(-2, -8)$ Schnittpunkt von Kurve und Tangenten im Punkt $(1, 1)$ an die Kurve (siehe **Abb. 6.3**).

Bemerkung 6.7 Der Grenzwert des Differenzenquotienten an einer Stelle x_0 muss nicht immer existieren.

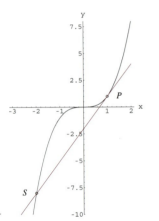

Abb. 6.3 Tangente y_t im Punkt P schneidet Graphen von f im Punkt S

Beispiel 6.8

Betrachtet wird die Funktion

$$f(x) = |x| = \begin{cases} x, & x \geq 0 \\ -x, & x < 0 \end{cases}$$

an der Stelle $x_0 = 0$ (siehe **Abb. 6.4**). Für den linksseitigen Grenzwert des Differenzenquotienten gilt

$$\lim_{x \to 0-0} \frac{f(x) - 0}{x - 0} = \lim_{x \to 0-0} \frac{-x}{x} = -1$$

und für den rechtsseitigen

$$\lim_{x \to 0+0} \frac{f(x) - 0}{x - 0} = \lim_{x \to 0+0} \frac{x}{x} = 1.$$

Da diese beiden einseitigen Grenzwerte voneinander verschieden sind, konvergiert der Differenzenquotient an der Stelle $x_0 = 0$ nicht.

Definition 6.9 Die Funktion f heißt **an der Stelle $x = x_0$ links-(rechts)seitig differenzierbar**, wenn der Grenzwert

$$\lim_{x \to x_0-0} \frac{f(x) - f(x_0)}{x - x_0} \quad \left(\lim_{x \to x_0+0} \frac{f(x) - f(x_0)}{x - x_0} \right)$$

existiert.

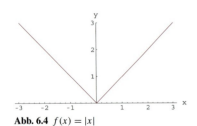

Abb. 6.4 $f(x) = |x|$

Beispiel 6.10 — Einseitige Differenzierbarkeit

Die Funktion $f(x) = |x|$ ist, wie in **Beispiel 6.8** bereits gezeigt wurde, an der Stelle $x_0 = 0$ links- und rechtsseitig differenzierbar.

Beispiel 6.11

Wird ein gelenkig gelagerter Balken der Länge l mit Einzelkräften F_1, F_2, F_3 an den Stellen $x = a_1, x = a_2, x = a_3$ vom linken Auflager A, $x_A = 0$ aus belastet, so ist der Querkraftverlauf $Q(x)$ stückweise konstant und der Biegemomentenverlauf $M(x)$ stückweise linear und stetig (siehe **Abb. 6.5**). Die Funktion Q existiert an den Stellen $x = a_1, x = a_2, x = a_3$ nicht und ist daher dort weder stetig noch differenzierbar. Die Funktion M ist an diesen Stellen nach **Definition 6.9** links- und rechtsseitig differenzierbar, nicht jedoch differenzierbar nach **Definition 6.3**. An allen anderen Stellen $0 < x < l$ sind diese Funktionen differenzierbar.

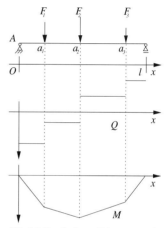

Abb. 6.5 Querkraft- und Momentenverlauf beim Balken

Es gilt

$$Q(x) = \begin{cases} F_A, & x \in [0, a_1), \\ F_A - F_1, & x \in (a_1, a_2), \\ F_A - F_1 - F_2, & x \in (a_2, a_3), \\ F_A - F_1 - F_2 - F_3, & x \in (a_3, l], \end{cases}$$

$$M(x) = \begin{cases} F_A x, & x \in [0, a_1), \\ (F_A - F_1)x + F_1 a_1, & x \in [a_1, a_2), \\ (F_A - F_1 - F_2)x + F_1 a_1 + F_2 a_2, & x \in [a_2, a_3), \\ (F_A - F_1 - F_2 - F_3)x + F_1 a_1 + F_2 a_2 + F_3 a_3, & x \in [a_3, l], \end{cases}$$

$$F_A = \frac{1}{l}\left(F_1(l - a_1) + F_2(l - a_2) + F_3(l - a_3)\right).$$

Es gelten folgende Eigenschaften:

1. Eine Funktion f ist an einer Stelle $x = x_0$ genau dann differenzierbar, wenn sie dort links- und rechtsseitig differenzierbar ist und die einseitigen Ableitungen übereinstimmen.

2. Wenn eine Funktion f an einer Stelle $x = x_0$ differenzierbar ist, so ist sie dort stetig.

3. Wenn eine Funktion f an einer Stelle $x = x_0$ stetig ist, so muss sie dort nicht differenzierbar sein (siehe **Beispiel 6.8**).

6.2 Ableitungsregeln

Die Verallgemeinerung der Bestimmung der Ableitungen mit dem Differenzenquotienten nach **Definition 6.3** führt zu den Ableitungsregeln. Faktor-, Summen-, Produkt-, Quotienten- und Kettenregel werden angegeben. Regeln für die Ableitung der Umkehrfunktion und das logarithmische Ableiten werden angegeben und begründet. Regeln für das Ableiten spezieller Funktionen werden in einer Ableitungstabelle zusammengefasst. Die Ableitungsregeln werden an Beispielen angewendet.

Für die reellen Funktionen f, g, h gilt im jeweiligen Definitionsbereich:

Ableitung der Konstanten
1. Für $f(x) = c$ ist $f'(x) = 0$, $c \in \mathbb{R}$.

Ableitung der Potenz
2. Für $f(x) = x^\alpha$ ist $f'(x) = \alpha x^{\alpha-1}$, $\alpha \in \mathbb{R}$.

Faktorregel
3. Für $g(x) = c \cdot f(x)$ ist $g'(x) = c \cdot f'(x)$, $c \in \mathbb{R}$.

Summenregel
4. Für $h(x) = f(x) + g(x)$ ist $h'(x) = f'(x) + g'(x)$.

Produktregel
5. Für $h(x) = f(x) \cdot g(x)$ ist $h'(x) = f'(x)g(x) + g'(x)f(x)$.

Quotientenregel
6. Für $h(x) = \dfrac{f(x)}{g(x)}$ ist $h'(x) = \dfrac{f'(x)g(x) - g'(x)f(x)}{g^2(x)}$.

Kettenregel
7. Für $h(x) = g(f(x))$ ist $h'(x) = g'(f(x)) \cdot f'(x)$.

Ableitung der Umkehrfunktion
8. Sei $y = f(x)$ eine differenzierbare Funktion und $f^{-1}(y)$ ihre Umkehrfunktion. Ihre Ableitung ist $(f^{-1}(y))' = 1/f'(x)$.

Logarithmisches Ableiten
9. Für $f(x) = g(x)^{h(x)}$ ist $f'(x) = f(x)\left(h'(x)\ln g(x) + h(x)\dfrac{g'(x)}{g(x)}\right)$.

Ableitungen einiger Funktionen
10. Weitere Ableitungsregeln für die **trigonometrischen Funktionen** und für die **Exponentialfunktion** sowie **deren Umkehrfunktionen** enthält die folgende Tabelle:

Tabelle der Ableitungen

$f(x)$	$f'(x)$	$f(x)$	$f'(x)$
e^x	e^x	a^x	$a^x \ln a$
$\ln x$	$\dfrac{1}{x}$	$\log_a x$	$\dfrac{1}{\ln a}\dfrac{1}{x}$
$\sin x$	$\cos x$	$\cos x$	$-\sin x$
$\tan x$	$\dfrac{1}{\cos^2 x} = 1 + \tan^2 x$	$\cot x$	$-\dfrac{1}{\sin^2 x} = -(1 + \cot^2 x)$
$\arcsin x$	$\dfrac{1}{\sqrt{1-x^2}}$	$\arccos x$	$-\dfrac{1}{\sqrt{1-x^2}}$
$\arctan x$	$\dfrac{1}{1+x^2}$	$\text{arccot } x$	$-\dfrac{1}{1+x^2}$.

Die Herleitungen für die Quotientenregel, die Ableitung der Umkehrfunktion und das logarithmische Ableiten sind nachstehend beispielhaft angegeben.

6.2 Ableitungsregeln

Beweis:

1. *Quotientenregel*

   Der Differenzenquotient der Funktion h an der Stelle x lautet nach **Definition 6.1**

   $$\frac{h(x+\Delta x)-h(x)}{\Delta x} = \frac{1}{\Delta x}\left(\frac{f(x+\Delta x)}{g(x+\Delta x)} - \frac{f(x)}{g(x)}\right)$$

   $$= \frac{1}{\Delta x}\frac{f(x+\Delta x)g(x)-g(x+\Delta x)f(x)}{g(x+\Delta x)g(x)}$$

   $$= \frac{1}{g(x+\Delta x)g(x)}\frac{f(x+\Delta x)g(x)-f(x)g(x)+f(x)g(x)-g(x+\Delta x)f(x)}{\Delta x}$$

   $$= \frac{1}{g(x+\Delta x)g(x)}\left(g(x)\frac{f(x+\Delta x)-f(x)}{\Delta x} - f(x)\frac{g(x+\Delta x)-g(x)}{\Delta x}\right).$$

   Die rechte Seite enthält jetzt die Differenzenquotienten der Funktionen f und g an der Stelle x. Mit dem Grenzübergang für $\Delta x \to 0$ ergibt sich die Quotientenregel

   $$h'(x) = \frac{f'(x)g(x) - g'(x)f(x)}{g^2(x)}. \qquad \blacksquare$$

2. *Ableitung der Umkehrfunktion*

   Stellt man $y = f(x)$ nach x um, so folgt

   $$f^{-1}(y) = x$$

   und nach Ableiten nach x unter Beachtung der Kettenregel (y hängt von x ab)

   $$(f^{-1}(y))' \cdot y' = 1,$$

   woraus man die Ableitungsregel für die Umkehrfunktion erhält. $\qquad \blacksquare$

3. *Logarithmisches Ableiten*

   Das logarithmische Ableiten wird benötigt, wenn die Funktion f eine Potenz ist, deren Basis und Exponent jeweils Funktionen sind:

   $$f(x) = g(x)^{h(x)}.$$

   Logarithmieren und anschließendes Ableiten nach x mit der Produktregel führt zu

   $$\ln f(x) = h(x)\ln g(x),$$

   $$\frac{f'(x)}{f(x)} = h'(x)\ln g(x) + h(x)\frac{g'(x)}{g(x)}$$

   und nach Multiplikation mit $f(x)$ zu

   $$f'(x) = f(x)\left(h'(x)\ln g(x) + h(x)\frac{g'(x)}{g(x)}\right). \qquad \blacksquare$$

Beispiel 6.12 — Anwendung der Ableitungsregeln

1. Für die Funktion $f(x) = x$ ist nach der *Ableitung der Potenz*
   $f'(x) = 1$.
2. Für die Funktion $f(x) = x^3$ ist nach der *Ableitung der Potenz*
   $f'(x) = 3x^2$.
   Für die Funktion $f(x) = \sqrt{x}$ ist nach der *Ableitung der Potenz*
   $f'(x) = 1/(2\sqrt{x})$, $x > 0$.
3. Für die Funktion $f(x) = 4 \cdot x^{-2}$ ist nach der *Faktorregel*
   $f'(x) = 4 \cdot (x^{-2})' = 4 \cdot (-2) \cdot x^{-3} = -8x^{-3}$, $x > 0$.

4. Für die Funktion $h(x) = x^2 + \dfrac{1}{x^2}$ ist nach der *Summenregel*
$$h'(x) = (x^2)' + \left(\dfrac{1}{x^2}\right)' = 2x - 2x^{-3} = 2x - \dfrac{2}{x^3},\ x \neq 0.$$

5. Für die Funktion $h(x) = (x^2 - 3)(x^7 - 2x)$ ist nach der *Produktregel*
$$h'(x) = (x^2 - 3)'(x^7 - 2x) + (x^2 - 3)(x^7 - 2x)' = 2x(x^7 - 2x) + (x^2 - 3)(7x^6 - 2).$$

6. Für die Funktion $h(x) = \dfrac{x}{x+1}$ ist nach der *Quotientenregel*
$$h'(x) = \dfrac{x'(x+1) - x(x+1)'}{(x+1)^2} = \dfrac{x+1-x}{(x+1)^2} = \dfrac{1}{(x+1)^2},\ x \neq -1.$$

Für die Funktion $h(x) = \dfrac{\sqrt{x}}{x^2 - 1}$ ist nach der *Quotientenregel*
$$h'(x) = \dfrac{(\sqrt{x})'(x^2-1) - \sqrt{x}(x^2-1)'}{(x^2-1)^2} = \dfrac{\dfrac{1}{2\sqrt{x}}(x^2-1) - 2x\sqrt{x}}{(x^2-1)^2}$$
$$= -\dfrac{3x^2 + 1}{2\sqrt{x}(x^2-1)^2},\ x > 0,\ x \neq 1.$$

7. Für die Funktion $h(x) = \sqrt{x^2 + 1}$ ist $g(y) = \sqrt{y}$ (äußere Funktion) und $f(x) = x^2 + 1$ (innere Funktion). Daher erhält man mit der *Kettenregel*
$$h'(x) = \dfrac{1}{2\sqrt{x^2+1}} \cdot 2x = \dfrac{x}{\sqrt{x^2+1}}.$$

8. Ist die *Ableitung der Umkehrfunktion* von $y = f(x) = x^2$ gesucht, so erhält man für $x > 0$ aus $x = \sqrt{y}$ die Gleichung $1 = (\sqrt{y})' \cdot y' = (\sqrt{y})' \cdot 2x$, und mit $x = \sqrt{y}$
$$(\sqrt{y})' = \dfrac{1}{2\sqrt{y}}.$$

9. Die Ableitung der Funktion $y = \arcsin x$ findet man ebenfalls mit der *Ableitungsregel für die Umkehrfunktion*. Es ist $x = \sin y$ und $x' = \cos y$. Daher gilt
$$(\arcsin x)' = \dfrac{1}{(\sin y)'} = \dfrac{1}{\cos y} = \dfrac{1}{\sqrt{1-x^2}},\ |x| < 1.$$

10. Das Ableiten der Funktion $f(x) = x^x$ liefert mit dem *logarithmischen Ableiten*
$\ln f(x) = x \cdot \ln x$, nach dem Ableiten
$$\dfrac{f'(x)}{f(x)} = \ln x + 1\ \text{und schließlich}$$
$$f'(x) = f(x)(\ln x + 1) = x^x(\ln x + 1).$$

Eine Anwendung der Ableitungen ist im folgenden Beispiel gezeigt.

Glatter Straßenverlauf

Beispiel 6.13

Ein Straßenverlauf hat im Intervall [0, 1] die Gestalt des Graphen der Funktion $y_1(x) = x^3$ und im Intervall [2, 3] die des Graphen der Funktion $y_2(x) = 0.1(x-3)^2 + 1.1$. Im Intervall [1, 2] soll die Straße so ergänzt werden, dass sie stetig und ohne Knicke an die vorhandenen Verläufe angeschlossen wird. Finden Sie das Polynom geringsten Grades, dessen Graph diese Bedingungen erfüllt!

Das gesuchte Polynom wird mit P bezeichnet. Die Bedingung, dass P „stetig" an y_1 bzw. y_2 anschließen soll, bedeutet, dass der Funktionswert von P an der Stelle 1 mit dem Funktionswert von y_1 und an der Stelle 2 mit dem Funktionswert von y_2 übereinstimmt:

$$P(1) = y_1(1) = 1 \quad \text{und} \quad P(2) = y_2(2) = 1.2.$$

Die Bedingung, dass P „ohne Knicke" an y_1 bzw. y_2 anschließen soll, bedeutet Differenzierbarkeit an den Stellen 1 und 2, also

$$P'(1) = y_1'(1) = 3 \quad \text{und} \quad P'(2) = y_2'(2) = -0.2.$$

Das sind vier Bedingungen an das gesuchte Polynom P. Der Ansatz eines Polynoms dritten Grades

$$P(x) = ax^3 + bx^2 + cx + d$$

liefert mit diesen Bedingungen das lineare Gleichungssystem bezüglich der Koeffizienten a, b, c, d in folgender Gestalt:

$$\begin{aligned} P(1) &= 1 = a + b + c + d \\ P'(1) &= 3 = 3a + 2b + c \\ P(2) &= 1.2 = 8a + 4b + 2c + d \\ P'(2) &= -0.2 = 12a + 4b + c \end{aligned}$$

Es hat die Lösung $a = 2.4$, $b = -12.4$, $c = 20.6$, $d = -9.6$. Das gesuchte Polynom lautet $P(x) = 2.4x^3 - 12.4x^2 + 20.6x - 9.6$ (siehe **Abb. 6.6**).

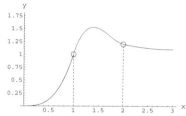

Abb. 6.6 Straßenverlauf P zwischen y_1 und y_2

6.3 Höhere Ableitungen

Höhere Ableitungen entstehen durch das mehrfache Ableiten der ersten Ableitung einer Funktion. Mitunter können für die höheren Ableitungen von Funktionen explizite Terme angegeben werden. In der Statik werden höhere Ableitungen z. B. beim Zusammenhang von Belastungsfunktion, Querkraft, Biegemoment, Verdrehung und Verformung eines Balkens angetroffen.

Die Ableitung $f'(x)$ einer differenzierbaren Funktion $y = f(x)$ ist ebenfalls eine Funktion des Argumentes x. Wenn diese differenzierbar ist, so kann von ihr die Ableitung gebildet werden:

$$f''(x) = \bigl(f'(x)\bigr)'.$$

Die Funktion $f''(x)$ wird **zweite Ableitung** der Funktion $f(x)$ genannt. Andere Bezeichnungen der zweiten Ableitung sind

$$f''(x) = y'' = \frac{\mathrm{d}^2 y}{\mathrm{d} x^2}.$$

Analog erhält man die **dritte Ableitung** $f'''(x)$ als Ableitung der zweiten Ableitung, die **vierte Ableitung** $f^{IV}(x)$ als Ableitung der dritten Ableitung usw.

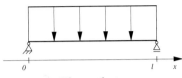
Elementlast q

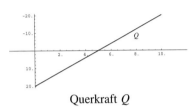
Querkraft Q

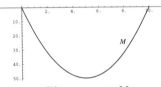
Biegemoment M

Verdrehung φ

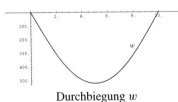
Durchbiegung w

Abb. 6.7 Elementlast, Durchbiegung, Moment und Querkraft für $q(x) = q_0$, $q_0 = 4$, $EI = 1$, $l = 10$

Beispiel 6.14

Gegeben ist die Funktion (Polynom dritten Grades)

$$f(x) = x^3 - 3x^2 + 3x + 12, \ x \in \mathbb{R}.$$

Ihre Ableitungen erhält man mit den Ableitungsregeln:

$$f'(x) = 3x^2 - 6x + 3,$$
$$f''(x) = 6x - 6$$
$$f'''(x) = 6,$$
$$f^{IV}(x) = 0,$$
$$f^V(x) = 0,$$
$$\ldots$$

$f(x)$ ist unendlich oft differenzierbar, und ab der vierten Ableitung sind alle weiteren Ableitungen gleich Null.

Offensichtlich gilt für Polynome P_n vom Grade n, dass sie unendlich oft differenzierbar sind und dass ihre Ableitungen ab der $(n + 1)$-ten gleich Null sind.

Beispiel 6.15

Die Funktion $f(x) = \ln x$, $x \in \mathbb{R}$, $x > 0$ ist ebenfalls unendlich oft differenzierbar. Ihre Ableitungen sind:

$$f'(x) = x^{-1},$$
$$f''(x) = (-1)\, x^{-2},$$
$$f'''(x) = 2\, x^{-3},$$
$$f^{IV}(x) = (-6)\, x^{-4},$$
$$\ldots$$
$$f^{(n)}(x) = (-1)^{n-1}(n-1)!\, x^{-n}.$$

Hier sind die höheren Ableitungen nicht identisch Null wie in **Beispiel 6.14**. Für die n-te Ableitung konnte ein expliziter Term angegeben werden.

Beispiel 6.16

Für die Biegelinie w eines Balkens mit konstanter Biegesteifigkeit EI, seine Verdrehung φ, die Momentenlinie M, die Querkraftlinie Q und die Elementlast q gelten bei kleinen Durchbiegungen die Gleichungen

$$w''(x) = -\frac{M(x)}{EI}, \ M'(x) = Q(x), \ Q'(x) = -q(x), \ w'(x) = \varphi(x).$$

Ist z. B. die Biegelinie eines beidseits gelenkig gelagerten Balkens der Länge l als

$$w(x) = q_0 \left(l^3 x - 2lx^3 + x^4\right)/(24EI)$$

bekannt, so ermittelt man mit diesen Beziehungen durch sukzessives Ableiten (siehe **Abb. 6.7**)

die Verdrehung $\varphi(x) = w'(x) = q_0\left(l^3 - 6lx^2 + 4x^3\right)/(24EI)$,
die Momentenlinie $M(x) = -EIw''(x) = -0.5q_0\left(-lx + x^2\right)$,
die Querkraftlinie $Q(x) = -EIw'''(x) = -0.5q_0\left(-l + 2x\right)$,
die Elementlast $q(x) = EIw^{IV}(x) = q_0$.

6.4 Das Differenzial einer Funktion, Fehlerrechnung

Das Differenzial einer Funktion dient der näherungsweisen Berechnung von Funktionswerten in der Umgebung einer bestimmten Stelle unter der Voraussetzung, dass an dieser Stelle Funktionswert und Ableitung bekannt sind. Es findet bei der Berechnung von absolutem und relativem Fehler bei der Funktionswertbestimmung infolge ungenauer Messung Anwendung.

Differenzial

Mit Hilfe des Differenzials einer Funktion f lässt sich ausgehend vom Funktionswert $f(x_0)$ an der Stelle $x = x_0$ eine Näherung für den Funktionswert $f(x_0 + \Delta x)$ bzw. eine Näherung für die Differenz $\Delta y = f(x_0 + \Delta x) - f(x_0)$ dieser Funktionswerte berechnen.

Dazu wird der Funktionsverlauf $f(x)$ im Intervall $[x_0, x_0 + \Delta x]$ durch die Tangente im Punkt $P(x_0, f(x_0))$ mit der Gleichung

$$y_t(x) = f(x_0) + f'(x_0)(x - x_0)$$

angenähert (siehe **Abb. 6.8**). An der Stelle $x_0 + \Delta x$ ergibt sich daraus der genäherte Funktionswert

$$y_t(x_0 + \Delta x) = f(x_0) + f'(x_0)\Delta x. \tag{6.2}$$

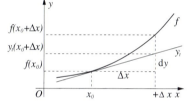

Abb. 6.8 Differenzial von f an der Stelle x_0

Definition 6.17

Das **Differenzial dy** einer an einer Stelle $x = x_0$ differenzierbaren Funktion $y = f(x)$ ist durch die Gleichung

$$dy = f'(x_0)\Delta x \tag{6.3}$$

gegeben.

Der Funktionswert $f(x_0 + \Delta x)$ wird nach (6.2) genähert durch

$$f(x_0 + \Delta x) \approx f(x_0) + dy = f(x_0) + f'(x_0)\Delta x. \tag{6.4}$$

Man spricht hierbei von **linearer Näherung**.

Die „Güte" dieser Näherung lässt sich durch den absoluten Fehler des Funktionswertzuwachses

$$|dy - \Delta y|$$

oder den relativen Fehler

$$\frac{|\mathrm{d}y - \Delta y|}{|\mathrm{d}y|}$$

bewerten, wobei

$$\Delta y = f(x_0 + \Delta x) - f(x_0)$$

die exakte Funktionswertdifferenz ist. In der Praxis ist jedoch der Funktionswert $f(x_0 + \Delta x)$ oft nicht genau bekannt, sodass eine solche Bewertung nicht durchgeführt werden kann.

Fehlerrechnung

Differenzial und lineare Näherung bei der Funktionswertberechnung finden Anwendung in der Fehlerrechnung. Dabei wird anstelle des wahren Wertes x der Näherungswert x_0 mit dem Messfehler Δx gemessen. Gefragt ist die Angabe des maximal möglichen absoluten und relativen Fehlers bei der Berechnung des Funktionswertes $f(x)$.

Der **absolute Fehler** bei der Funktionswertberechnung ergibt sich als Differenz von genauem Funktionswert $f(x)$ und genähertem Funktionswert $f(x_0)$. Dabei ist aufgrund des Messfehlers $x \in [x_0 - \Delta x, x_0 + \Delta x]$. Mit (6.4) erhält man

Absoluter Fehler
$$|f(x) - f(x_0)| \approx |f'(x_0)(x - x_0)| \leq |f'(x_0)||\Delta x| = |\mathrm{d}y|. \qquad (6.5)$$

Der **relative Fehler** ist der Quotient aus absolutem Fehler und genauem Funktionswert. Mit (6.5) ergibt sich

Relativer Fehler
$$\left|\frac{f(x) - f(x_0)}{f(x_0)}\right| \approx \left|\frac{f'(x_0)(x - x_0)}{f(x_0)}\right| \leq \frac{|f'(x_0)\Delta x|}{|f(x_0)|} = \frac{|\mathrm{d}y|}{|f(x_0)|}. \qquad (6.6)$$

Fehler bei einer Dreiecksfläche

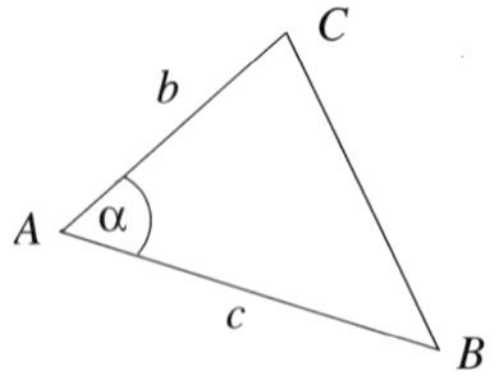

Abb. 6.9 Dreieck $\triangle ABC$

Beispiel 6.18

Ermittelt wird der Flächeninhalt eines Dreieckes $\triangle ABC$, wobei die Seiten b und c gegeben sind und der von ihnen eingeschlossene Winkel α gemessen wurde: $\alpha = 45° \pm 0,1°$ (siehe **Abb. 6.9**). Welcher maximale relative Fehler ist bei der Berechnung des Flächeninhaltes möglich?

Die Gleichung zur Ermittlung des Flächeninhaltes lautet $A(\alpha) = 0.5\, bc \sin \alpha$, und das Differenzial an der Stelle α mit dem Argumentezuwachs $\Delta \alpha$ ist nach (6.3)

$$\mathrm{d}A = 0.5\, bc\, \cos \alpha\, \Delta \alpha.$$

Der maximale relative Fehler ergibt sich nach (6.6) näherungsweise zu

$$\frac{|dA|}{|A|} = \frac{|\cos\alpha\,\Delta\alpha|}{|\sin\alpha|} = |\cot\alpha||\Delta\alpha| = 1 \cdot \frac{\pi}{180} \cdot 0.1 \approx 0.00174 = 0.17\,\%.$$

6.5 Die Regel von l'Hospital

Mit Hilfe der Regel von **l'Hospital** ist die Berechnung von Grenzwerten bei so genannten unbestimmten Ausdrücken, bei denen die Rechenregeln (siehe **Abschnitt 5.3**) versagen, möglich. Insbesondere versagt die Quotientenregel, wenn die Nennerfunktion gegen 0 konvergiert.

Satz 6.19
Regel von l'Hospital

Sei die Funktion $h(x) = \dfrac{f(x)}{g(x)}$ mit folgenden Voraussetzungen gegeben:

1. Die Funktionen f und g seien in einer Umgebung einer Stelle $x = x_0$ differenzierbar.
2. Es gelte $\lim\limits_{x \to x_0} f(x) = \lim\limits_{x \to x_0} g(x) = 0$, d. h. Zähler- und Nennerfunktion konvergieren *gleichzeitig* gegen 0.
3. Es sei $g(x) \neq 0$ in einer Umgebung von x_0 (mit Ausnahme von x_0).
4. Es existiert der Grenzwert $\lim\limits_{x \to x_0} \dfrac{f'(x)}{g'(x)}$.

Dann gilt

$$\lim_{x \to x_0} \frac{f(x)}{g(x)} = \lim_{x \to x_0} \frac{f'(x)}{g'(x)}.$$

Guillaume François Antoine, Marquis de l'Hospital (* 1661 in Paris, † 13. Februar 1704 in Paris)

französischer Mathematiker

Differenzialrechnung, Autor des ersten Lehrbuches über Differenzial- und Integralrechnung

hier: Regel von l'Hospital

Bemerkung 6.20

Die Regel von l'Hospital ist sinngemäß richtig auch für $x \to \infty$, $x \to -\infty$.

Beispiel 6.21

Grenzwertberechnung mit der Regel von l'Hospital

Zu ermitteln ist der Grenzwert der Funktion $f(x) = \dfrac{x}{\sin x}$ für $x \to 0$. Die Quotientenregel für das Rechnen mit Grenzwerten versagt, da die Nennerfunktion gegen 0 konvergiert, wobei eine Aussage über Divergenz ebenfalls nicht möglich ist, weil auch die Zählerfunktion gegen 0 konvergiert. Die Überprüfung der Voraussetzungen der Regel von l'Hospital ergibt:

1. Die Funktionen x und $\sin x$ sind differenzierbar.
2. Es ist $\lim\limits_{x \to 0} x = \lim\limits_{x \to 0} \sin x = 0$.
3. Es ist $\sin x \neq 0$ in einer Umgebung von 0 (z. B. $(-\pi/4, \pi/4)$) mit Ausnahme von $x = 0$.

4. Es existiert der Grenzwert
$$\lim_{x \to 0} \frac{f'(x)}{g'(x)} = \lim_{x \to 0} \frac{1}{\cos x} = 1.$$

Die Regel von l'Hospital ist daher anwendbar, und der gesuchte Grenzwert ist gleich 1.

Die Regel von l'Hospital ist auch dann richtig, wenn Zähler- und Nennerfunktion gleichzeitig gegen ∞ konvergieren:

$$\lim_{x \to \begin{cases} x_0 \\ \infty \\ -\infty \end{cases}} f(x) = \lim_{x \to \begin{cases} x_0 \\ \infty \\ -\infty \end{cases}} g(x) = \infty.$$

Regel von l'Hospital beim Grenzwert für $x \to \infty$

Beispiel 6.22

Die Funktion $h(x) = \dfrac{\ln x}{x}$ soll auf einen Grenzwert für $x \to \infty$ untersucht werden. Zähler- und Nennerfunktion konvergieren gleichzeitig beide gegen ∞ für $x \to \infty$. Die Regel von l'Hospital ist anwendbar, und es gilt

$$\lim_{x \to \infty} \frac{\ln x}{x} = \lim_{x \to \infty} \frac{1/x}{1} = 0.$$

Die Funktion $h(x) = \dfrac{\ln x}{x^{-2}} = -\dfrac{-\ln x}{x^{-2}}$ soll auf einen Grenzwert für $x \to 0$ untersucht werden. Zähler- und Nennerfunktion konvergieren gleichzeitig beide gegen ∞ für $x \to 0$. Mit der Regel von l'Hospital erhält man

$$\lim_{x \to 0} -\frac{-\ln x}{x^{-2}} = \lim_{x \to 0} -\frac{x^{-1}}{-2x^{-3}} = \lim_{x \to 0} -2x^2 = 0.$$

Die Regel von l'Hospital findet ebenfalls Anwendung bei verschiedenen anderen Unbestimmtheiten. Die entsprechenden Funktionen werden dabei äquivalent so umgeformt, dass letztendlich Grenzwerte von Quotienten zu bestimmen sind, für die die Voraussetzungen der Regel von l'Hospital zutreffen.

1. Unbestimmtheiten der Gestalt $0 \cdot \infty$

    Bestimmt werden soll der Grenzwert des Produktes $f(x)g(x)$, wobei $\lim f(x) = \infty$ und $\lim g(x) = 0$ gilt. Die Produktregel zur Bestimmung von Grenzwerten von Funktionen ist nicht anwendbar, da der Grenzwert $\lim f(x)$ nicht existiert.

    Es gilt

    $$f(x)g(x) = \frac{f(x)}{1/g(x)},$$

6.5 Die Regel von l'Hospital

wobei jetzt rechts ein Quotient steht, für den sowohl Zähler- als auch Nennerfunktion gegen ∞ konvergieren (wegen $\lim g(x) = 0$ ist $\lim 1/g(x) = \infty$).

Z. B. ist

$$\lim_{x \to \infty} x e^{-x} = \lim_{x \to \infty} \frac{x}{e^x} = \lim_{x \to \infty} \frac{1}{e^x} = 0.$$

2. Unbestimmtheiten der Gestalt 1^∞

Bestimmt werden soll der Grenzwert der Funktion $f(x)^{g(x)}$ mit $\lim f(x) = 1$ und $\lim g(x) = \infty$. Die Potenzregel zur Bestimmung von Grenzwerten von Funktionen ist nicht anwendbar, da der Grenzwert der Exponentenfunktion nicht existiert.

Es gilt

$$f(x)^{g(x)} = e^{g(x) \ln f(x)},$$

wobei im Exponenten rechts jetzt eine Unbestimmtheit der Gestalt $0 \cdot \infty$ steht ($\lim \ln f(x) = 0$).

Z. B. ist

$$\lim_{x \to \infty} \left(1 + \frac{2}{x}\right)^x = \lim_{x \to \infty} e^{x \ln\left(1 + \frac{2}{x}\right)} = e^{\lim_{x \to \infty} x \ln\left(1 + \frac{2}{x}\right)} \quad \text{und}$$

$$\lim_{x \to \infty} x \ln\left(1 + \frac{2}{x}\right) = \lim_{x \to \infty} \frac{\ln\left(1 + \frac{2}{x}\right)}{x^{-1}} = \lim_{x \to \infty} \frac{\left(1 + \frac{2}{x}\right)^{-1} \left(-2x^{-2}\right)}{-x^{-2}} = 2$$

und daher $\lim_{x \to \infty} \left(1 + \frac{2}{x}\right)^x = e^2.$

3. Unbestimmtheiten der Gestalt 0^0

Bestimmt werden soll der Grenzwert der Funktion $f(x)^{g(x)}$ mit $\lim f(x) = 0$ und $\lim g(x) = 0$. Die Potenzregel zur Bestimmung von Grenzwerten von Funktionen ist nicht anwendbar.

Es gilt wieder

$$f(x)^{g(x)} = e^{g(x) \ln f(x)},$$

wobei im Exponenten rechts jetzt eine Unbestimmtheit der Gestalt $0 \cdot \infty$ steht ($\lim \ln f(x) = -\infty$).

Es gilt z. B.

$$\lim_{x \to 0} x^x = \lim_{x \to 0} e^{x \ln x} = e^{\lim_{x \to 0} x \ln x} \quad \text{und}$$

$$\lim_{x \to 0} x \ln x = \lim_{x \to 0} \frac{\ln x}{x^{-1}} = \lim_{x \to 0} \frac{x^{-1}}{-x^{-2}} = \lim_{x \to 0} -x = 0 \quad \text{und daher}$$

$$\lim_{x \to 0} x^x = 1.$$

4. Unbestimmtheiten der Gestalt ∞^0

   Bestimmt werden soll der Grenzwert der Funktion $f(x)^{g(x)}$ mit $\lim f(x) = \infty$ und $\lim g(x) = 0$. Die Potenzregel zur Bestimmung von Grenzwerten von Funktionen ist nicht anwendbar.

   Wieder gilt die Umformung wie in den obigen beiden Fällen, und der Exponent rechts ist ebenfalls eine Unbestimmtheit der Gestalt $0 \cdot \infty$ ($\lim \ln f(x) = -\infty$).

   Es gilt z. B.

$$\lim_{x \to 0} \left(\frac{1}{x}\right)^x = \lim_{x \to 0} e^{x \ln \frac{1}{x}} = e^{\lim_{x \to 0} x \ln \frac{1}{x}} \quad \text{und}$$

$$\lim_{x \to 0} x \ln \frac{1}{x} = \lim_{x \to 0} \frac{\ln \frac{1}{x}}{x^{-1}} = \lim_{x \to 0} \frac{x \cdot (-x^{-2})}{-x^{-2}} = 0 \quad \text{und daher}$$

$$\lim_{x \to 0} \left(\frac{1}{x}\right)^x = 1.$$

6.6 Kurvendiskussionen

Das Ziel von Kurvendiskussionen besteht in der Untersuchung solcher Eigenschaften der gegebenen Funktion, mit deren Hilfe sich ihr Verhalten und das Aussehen ihres Graphen genau bestimmen lässt. Diese sind z. B.

1. der Definitions- und der Wertebereich,
2. Symmetrieeigenschaften wie $f(x) = f(-x)$ (gerade Funktion) und $f(-x) = -f(x)$ (ungerade Funktion),
3. der Stetigkeits- und Differenzierbarkeitsbereich,
4. das Verhalten an Unstetigkeitsstellen x_0, d. h. die Untersuchung des $\lim_{x \to x_0} f(x)$,
5. die Bestimmung von Nullstellen x_N, d. h. das Lösen der Gleichung $f(x) = 0$,
6. das Verhalten der Funktion im Unendlichen, Vorhandensein von Asymptoten, d. h. die Untersuchung des $\lim_{x \to \pm\infty} f(x)$,
7. das Bestimmen von Extremstellen,
8. das Bestimmen von Monotonieintervallen,
9. das Bestimmen des Krümmungsverhaltens,
10. das Bestimmen von Wendestellen.

Die Eigenschaften 1. bis 6. wurden bereits in den Kapiteln 2 und 5 erwähnt. Monotonie- und Krümmungsintervalle von differenzierbaren Funktionen lassen sich

6.6.1 Extremstellen

Definition 6.23

Sei die Funktion $y = f(x)$ auf dem Intervall $[a, b]$ definiert. Dann besitzt sie an der Stelle $x = x_0$ genau dann ein **lokales Maximum (Minimum)**, wenn es eine Umgebung $(x_0 - \varepsilon, x_0 + \varepsilon) \in [a, b]$ gibt, sodass für alle $x \in (x_0 - \varepsilon, x_0 + \varepsilon)$ gilt

$$f(x) \leq f(x_0) \quad (f(x) \geq f(x_0)).$$

Definition 6.24

Sei die Funktion $y = f(x)$ auf dem Intervall $[a, b]$ definiert. Dann besitzt sie an der Stelle $x = x_0$ genau dann ein **globales Maximum (Minimum)**, wenn für *alle* $x \in [a, b]$ gilt

$$f(x) \leq f(x_0) \quad (f(x) \geq f(x_0)).$$

Bemerkung 6.25

Nach dem **Satz 5.44 von Weierstraß** (siehe **Abschnitt 5.4**) existiert für Funktionen, die auf dem Intervall $[a, b]$ stetig sind, das globale Maximum und das globale Minimum.

Beispiel 6.26

Die Funktion $w(x) = \dfrac{F}{6EI}\left(3lx^2 - x^3\right)$, $x \in [0, l]$ (Biegelinie eines einseitig eingespannten Kragarms der Länge l mit der Biegesteifigkeit EI und der Einzelkraft F am freien Ende) hat an der Stelle $x = l$ ein globales Maximum der Größe $\dfrac{Fl^3}{3EI}$, da alle anderen Funktionswerte auf dem angegebenen Intervall kleiner als dieser sind (siehe **Abb. 6.10**). Ein lokales Maximum besitzt diese Funktion an der Stelle $x = l$ jedoch nicht, da keine Umgebung $(l - \varepsilon, l + \varepsilon)$ dieser Stelle existiert, in der Funktionswerte von w überhaupt erklärt wären.

Bei Betrachtung der angegebenen Funktion für $x \in (-\infty, \infty)$ erweist sich zudem, dass in jeder Umgebung $(l - \varepsilon, l + \varepsilon)$, $\varepsilon < l$ gilt

$$w(x) < w(l), \; x \in (l - \varepsilon, l) \quad \text{und} \quad w(x) > w(l), \; x \in (l, l + \varepsilon),$$

d. h. für $x \in (-\infty, \infty)$ liegt an der Stelle $x = l$ weder ein lokales Maximum noch ein globales Maximum vor.

Globales Maximum einer Biegelinie

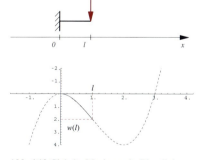

Abb. 6.10 Globales Maximum der Biegelinie w, $l = 1$, $F/(6EI) = 1$

Satz 6.27
Notwendige Bedingung für die Existenz eines lokalen Extremwertes

Hat eine an der Stelle $x = x_0$ differenzierbare Funktion f dort ein lokales Extremum, so gilt

$$f'(x_0) = 0. \tag{6.7}$$

Stellen x_0 mit der Eigenschaft (6.7) werden **kritische Stellen** genannt.

Bemerkung 6.28 Die Voraussetzung der Differenzierbarkeit der Funktion ist wesentlich für die Gültigkeit der Behauptung. Die Funktion $f(x) = |x-1|$ hat z. B. an der Stelle $x_0 = 1$ ein lokales Minimum, da für alle $x \in \mathbb{R}$ gilt $f(x) \geq f(1) = 0$ (daher ist dieses Minimum gleichzeitig ein globales). Allerdings existiert die erste Ableitung an dieser Stelle nicht (vgl. **Beispiel 6.8**). Daher kann auch nicht Gleichung (6.7) gelten.

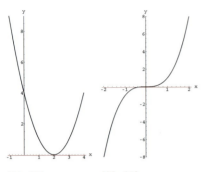

Abb. 6.11
$f(x) = (x-2)^2$

Abb. 6.12
$f(x) = x^3$

Beispiel 6.29

1. Die Funktion $f(x) = (x-2)^2$ (siehe **Abb. 6.11**) hat an der Stelle $x_0 = 2$ ein lokales (und gleichzeitig globales) Minimum, da für alle $x \neq 2$ gilt $f(x) = (x-2)^2 > 0$. Außerdem ist $f'(2) = 2(x-2)|_2 = 0$, d. h. Gleichung (6.7) ist erfüllt.
2. Die Funktion $f(x) = x^3$ (siehe **Abb. 6.12**) hat an der Stelle $x_0 = 0$ kein lokales Extremum. Für $x < 0$ ist $f(x) < 0$, für $x > 0$ ist $f(x) > 0$. Trotzdem ist Gleichung (6.7) erfüllt, denn es gilt $f'(0) = 0$.

Beispiel 6.29 zeigt, dass die Bedingung (6.7) an eine Extremstelle *notwendig*, aber nicht *hinreichend* ist.

6.6.2 Monotonie

Definition 6.30 Eine Funktion $f(x)$ heißt an einer Stelle $x = x_0$ **monoton steigend (fallend)**, wenn eine Umgebung $(x_0 - \varepsilon, x_0 + \varepsilon)$ so existiert, dass für alle

$$x \in (x_0 - \varepsilon, x_0) \text{ gilt: } f(x) \leq f(x_0) \quad (f(x) \geq f(x_0)), \tag{6.8}$$
$$x \in (x_0, x_0 + \varepsilon) \text{ gilt: } f(x) \geq f(x_0) \quad (f(x) \leq f(x_0)). \tag{6.9}$$

Zwischen dem Monotonieverhalten einer *differenzierbaren* Funktion und ihrer ersten Ableitung besteht folgender Zusammenhang:

Satz 6.31 Ist f eine über dem Intervall (a, b) differenzierbare Funktion, so ist sie dort genau dann monoton steigend (fallend), wenn gilt

$$f'(x) \geq 0 \quad (f'(x) \leq 0) \text{ für } x \in (a, b).$$

6.6 Kurvendiskussionen

Beispiel 6.32

1. Die Funktion $f(x) = x^2 - x - 6$ (siehe **Abb. 6.13**) ist differenzierbar und hat die Ableitung $f'(x) = 2x - 1$. Wegen (6.8) und (6.9) ist sie monoton steigend für $2x - 1 \geq 0$, d. h. für $x \geq 0.5$, und monoton fallend für $2x - 1 \leq 0$, d. h. für $x \leq 0.5$.
2. Die Funktion $f(x) = 1/x$, $x \neq 0$, (siehe **Abb. 6.14**) ist auf ihrem Definitionsbereich differenzierbar. Ihre Ableitung ist $f'(x) = -1/x^2$. Daher ist sie auf ihrem gesamten Definitionsbereich monoton fallend.
3. Die Funktion $f(x) = \sin x$ (siehe **Abb. 6.15**) ist differenzierbar und hat die Ableitung $f'(x) = \cos x$. Nach (6.8) und (6.9) ist sie monoton steigend für $\cos x \geq 0$, d. h. für $x \in [-\pi/2 + 2k\pi, \pi/2 + 2k\pi]$ und entsprechend monoton fallend für $\cos x \leq 0$, d. h. für $x \in [\pi/2 + 2k\pi, 3\pi/2 + 2k\pi]$, $k = 0, \pm 1, \pm 2, \ldots$

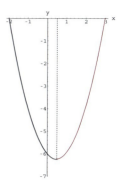

Abb. 6.13 Funktion $f(x) = x^2 - x - 6$

Mit Hilfe des Monotonieverhaltens einer Funktion an einer kritischen Stelle x_0 kann man eine *hinreichende* Bedingung für die Existenz eines lokalen Extremwertes an dieser Stelle formulieren.

Gilt für eine *differenzierbare* Funktion f an der Stelle $x = x_0$ die Gleichung $f'(x_0) = 0$ und existiert außerdem eine Umgebung $(x_0 - \varepsilon, x_0 + \varepsilon)$ so, dass

$$f'(x) > 0 \quad (f'(x) < 0) \quad \text{für } x \in (x_0 - \varepsilon, x_0),$$
$$f'(x) < 0 \quad (f'(x) > 0) \quad \text{für } x \in (x_0, x_0 + \varepsilon) \qquad (6.10)$$

ist, so liegt an der Stelle x_0 ein lokales Maximum (Minimum) vor.

Satz 6.33
Erste hinreichende Bedingung der Existenz eines lokalen Extremwertes

Ein Vorzeichenwechsel der ersten Ableitung f' von „+ nach −" garantiert die Existenz eines lokalen Maximums an der kritischen Stelle, von „− nach +" die eines lokalen Minimums.

Beispiel 6.34

Die Funktion $f(x) = (x - 2)^2$ (siehe **Abb. 6.11**) hat eine kritische Stelle bei $x = 2$, denn ihre erste Ableitung $f'(x) = 2(x - 2)$ ist an dieser Stelle gleich 0. Weiter ist $f'(x) = 2(x - 2) < 0$ für $x < 2$, also links von der kritischen Stelle, und $f'(x) = 2(x - 2) > 0$ für $x > 2$, also rechts von der kritischen Stelle. Das bedeutet einen Vorzeichenwechsel der ersten Ableitung von „− nach +", und folglich liegt an der Stelle $x = 2$ ein lokales Minimum vor.

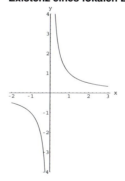

Abb. 6.14 Funktion $f(x) = 1/x$

Beispiel 6.35

Die Momentenlinie eines beidseits gelenkig gelagerten Balkens der Länge l und der Biegesteifigkeit EI mit konstanter Streckenlast q_0 (siehe **Beispiel 6.16**) lautet

$$M(x) = -0.5\, q_0 \left(-lx + x^2\right).$$

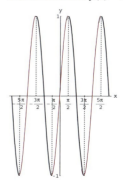

Abb. 6.15 Funktion $f(x) = \sin x$

Sie hat eine kritische Stelle für

$$M'(x) = Q(x) = -0.5 q_0 (l - 2x) = 0,$$

d. h. für $x = l/2$. Für $x < l/2$ ist $M'(x) > 0$, für $x > l/2$ ist $M'(x) < 0$. Das bedeutet einen Vorzeichenwechsel der ersten Ableitung von „$+$ nach $-$", und folglich liegt an der Stelle $x = l/2$ ein lokales Maximum vor. Es beträgt $M(l/2) = q_0 l^2/8$.

6.6.3 Krümmungsverhalten und Wendepunkte

Betrachtet wird der Graph einer Funktion f auf dem Intervall $[a, b]$. Befindet sich für zwei beliebig in diesem Intervall gewählte Argumente $x_1 < x_2$ die Verbindungsstrecke vom Punkt $P_1(x_1, f(x_1))$ zum Punkt $P_2(x_2, f(x_2))$ oberhalb des Funktionsgraphen, so heißt die Funktion auf dem Intervall $[a, b]$ **konvex** (siehe **Abb. 6.16**).

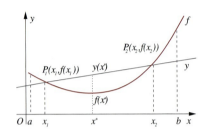

Abb. 6.16 Konvexe Funktion f

Die Gerade durch die Punkte $P_1(x_1, f(x_1))$ und $P_2(x_2, f(x_2))$ hat die Gleichung

$$y - f(x_1) = \frac{f(x_2) - f(x_1)}{x_2 - x_1}(x - x_1).$$

Eine beliebige x-Koordinate $x^\star$ zwischen x_1 und x_2 ist

$$x^\star = x_1 + \lambda(x_2 - x_1) = \lambda x_2 + (1 - \lambda)x_1,\ 0 \leq \lambda \leq 1.$$

Der Punkt der Stecke $\overline{P_1 P_2}$ mit der x-Koordinaten $x^\star$ hat somit die y-Koordinate

$$\begin{aligned}y(x^\star) &= f(x_1) + \frac{f(x_2) - f(x_1)}{x_2 - x_1}(\lambda x_2 + (1 - \lambda)x_1 - x_1) \\ &= f(x_1) + \lambda(f(x_2) - f(x_1)) = (1 - \lambda)f(x_1) + \lambda f(x_2).\end{aligned}$$

Der $x^\star$ entspechende Funktionswert ist $f(x^\star)$. Er soll kleiner als $y(x^\star)$ sein. Daraus ergibt sich folgende Definition:

Definition 6.36

Der Graph einer Funktion f heißt **konvex (konkav)** über einem Intervall $[a, b]$ genau dann, wenn für je zwei beliebige Stellen x_1 und x_2 aus $[a, b]$ und für beliebiges reelles $\lambda \in [0, 1]$ gilt

$$(1 - \lambda)f(x_1) + \lambda f(x_2) \geq f((1 - \lambda)x_1 + \lambda x_2)$$
$$((1 - \lambda)f(x_1) + \lambda f(x_2) \leq f((1 - \lambda)x_1 + \lambda x_2)).$$

Gesucht ist zunächst ein Kriterium, mit dem das Krümmungsverhalten einer Funktion f bestimmt werden kann.

Satz 6.37

Der Graph einer über dem Intervall (a, b) differenzierbaren Funktion f ist dort konvex (konkav) genau dann, wenn ihre erste Ableitung f' über (a, b) monoton steigt (fällt).

Wenn eine über dem Intervall (a, b) differenzierbare Funktion f hingegen monoton steigt (fällt), so ist nach **Satz 6.31** ihre erste Ableitung dort nichtnegativ (nichtpositiv). Die erste Ableitung von f' ist aber die zweite Ableitung von f. Deshalb gilt

6.6 Kurvendiskussionen

Satz 6.38

Der Graph einer über dem Intervall (a, b) differenzierbaren Funktion f ist dort konvex (konkav) genau dann, wenn $f''(x) \geq 0$ ($f''(x) \leq 0$) für alle $x \in (a, b)$ gilt.

Beispiel 6.39

Welches Krümmungsverhalten weist die Funktion $f(x) = x^3$ (siehe **Abb. 6.12**) auf? Es ist $f''(x) = 6x$ und demzufolge $f''(x) \geq 0$ für $x \geq 0$ (x^3 ist dort konvex) und $f''(x) \leq 0$ für $x \leq 0$ (x^3 ist dort konkav).

Beispiel 6.40

Die Funktion $f(x) = 1/x^2$, $x \neq 0$ (siehe **Abb. 6.17**) hat die 2. Ableitung $f''(x) = 6/x^4$. Weil $f''(x) > 0$ ist, ist sie auf ihrem gesamten Definitionsbereich konvex.

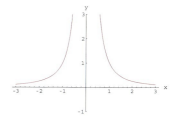

Abb. 6.17 Konvexe Funktion $f(x) = 1/x^2$

Aus der Überlegung, dass die Funktion f nur dort, wo sie streng konvex (streng konkav) ist, ein lokales Minimum (Maximum) haben kann, folgt der Satz:

Satz 6.41
Zweite hinreichende Bedingung der Existenz eines lokalen Extremwertes

Ist eine Funktion f über dem Intervall (a, b) zweimal differenzierbar und gilt für eine Stelle $x_0 \in (a, b)$ $f'(x_0) = 0$ (kritische Stelle), so hat f in x_0 ein lokales Maximum (Minimum), wenn gilt $f''(x_0) < 0$ ($f''(x_0) > 0$).

Beispiel 6.42

Die Funktion $f(x) = 3 - x^2$ (siehe **Abb. 6.18**) soll auf lokale Extrema untersucht werden. Ihre erste Ableitung ist $f'(x) = -2x$. Eine kritische Stelle liegt vor bei $x_0 = 0$. Die zweite Ableitung von $f(x)$ ist $f''(x) = -2$. Sie ist offenbar immer negativ, also auch an der kritischen Stelle $x_0 = 0$. Daher hat die Funktion $f(x) = 3 - x^2$ an der Stelle $x_0 = 0$ ein lokales Maximum. Es beträgt $f(0) = 3$.

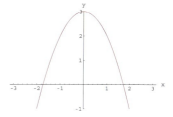

Abb. 6.18 Konkave Funktion $f(x) = 3 - x^2$

Beispiel 6.43

Ein Quader der Masse m liegt auf einer horizontalen Unterlage (siehe **Abb. 6.19**). Die einer Verschiebung des Quaders entgegenwirkende Reibungskraft R ist proportional der vertikal wirkenden Auflagekraft (Proportionalitätsfaktor = Reibungskoeffizient μ). Unter welchem Winkel α zur Horizontalen muss eine Kraft im Schwerpunkt des Quaders angreifen, wenn sie den Quader verschieben soll und dabei minimal werden soll? Die Erdbeschleunigung sei g.

Die Auflagekraft des Quaders beträgt $mg - F \sin \alpha$. Die Reibungskraft R ist proportional zur Auflagekraft mit dem Proportionalitätsfaktor μ. Sie beträgt daher $\mu(mg - F \sin \alpha)$. Der Quader setzt sich dann in Bewegung, wenn die einwirkende Horizontalkraft $F \cos \alpha$ größer als die Reibungskraft R ist. Der Grenzfall tritt ein für

$$F \cos \alpha = \mu(mg - F \sin \alpha),$$

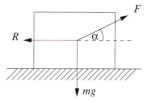

Abb. 6.19 Quader mit angreifender Kraft F, Reibungskraft R, Gewichtskraft mg

sodass die angreifende Kraft F in Abhängigkeit vom Winkel α

$$F(\alpha) = \frac{\mu m g}{\cos\alpha + \mu \sin\alpha}$$

lautet. Für die Existenz eines lokalen Minimums ist notwendig $F'(\alpha) = 0$. Es ergibt sich

$$F'(\alpha) = -\frac{\mu m g(-\sin\alpha + \mu\cos\alpha)}{(\cos\alpha + \mu\sin\alpha)^2}$$

und somit die kritische Stelle $\alpha^\star$ als Lösung der Gleichung

$$\mu\cos\alpha^\star = \sin\alpha^\star,$$
$$\alpha^\star = \arctan\mu.$$

Hinreichend für die Existenz eines lokalen Minimums ist die Bedingung $F''(\alpha^\star) > 0$. Man erhält

$$F''(\alpha) = \mu m g \frac{(\cos\alpha + \mu\sin\alpha)^2 + 2(-\sin\alpha + \mu\cos\alpha)^2}{(\cos\alpha + \mu\sin\alpha)^3}$$

und daher

$$F''(\alpha^\star) = \frac{\mu m g}{(\cos\alpha^\star + \mu\sin\alpha^\star)} = \frac{\mu m g}{\cos\alpha^\star(1+\mu^2)} > 0$$

für $0 \leq \alpha^\star < \pi/2$. Daher muss die Kraft F im Winkel $\alpha^\star = \arctan\mu$ angreifen, wenn sie den Körper verschieben soll und dabei minimal werden soll.

Die Änderung des Krümmungsverhaltens erfolgt an einem **Wendepunkt**.

Definition 6.44

Der Punkt $W(x_w, f(x_w))$ heißt **Wendepunkt** der Funktion f, wenn es eine Umgebung $(x_w - \varepsilon, x_w + \varepsilon)$ der Stelle x_w so gibt, dass die Funktion f dort links und rechts von x_w verschiedenes Krümmungsverhalten aufweist.

Aus dieser Definition und **Satz 6.38** (Krümmungskriterium) ergeben sich für zweimal differenzierbare Funktionen die folgenden Sätze:

Satz 6.45
Notwendige Bedingung der Existenz eines Wendepunktes

Hat die an der Stelle x_w zweimal differenzierbare Funktion f dort eine Wendestelle, so gilt $f''(x_w) = 0$.

Satz 6.46
Hinreichende Bedingung für die Existenz eines Wendepunktes

Sei f eine zweimal differenzierbare Funktion und außerdem $f''(x_w) = 0$. Dann ist x_w Wendestelle von f, wenn es eine Umgebung $(x_w - \varepsilon, x_w + \varepsilon)$ so gibt, dass die zweite Ableitung f'' dort ihr Vorzeichen wechselt.

Wendepunkt

Beispiel 6.47

Die Funktion $f(x) = x^3$ (siehe **Beispiel 6.39**) hat die zweite Ableitung $f''(x) = 6x$. Sie hat bei $x_w = 0$ einen Wendepunkt, da ihre zweite Ableitung an dieser Stelle gleich Null ist und weil diese in einer Umgebung dieser Stelle ihr Vorzeichen wechselt, wie in **Beispiel 6.39** bereits gezeigt wurde.

6.7 Der Mittelwertsatz der Differenzialrechnung

Der Mittelwertsatz der Differenzialrechnung hat zentrale Bedeutung für die Differenzial-, aber auch die Integralrechnung. Aus ihm folgt unmittelbar die Existenz einer kritischen Stelle einer differenzierbaren Funktion zwischen zwei Nullstellen. Zwei Schlussfolgerungen für die Integralrechnung werden abgeleitet.

Eine Funktion f sei über dem Intervall $[a, b]$ differenzierbar. Dann existiert mindestens eine Stelle $\xi \in [a, b]$, sodass gilt

$$f'(\xi) = \frac{f(b) - f(a)}{b - a}. \tag{6.11}$$

Satz 6.48
Mittelwertsatz der Differenzialrechnung

Dieser Satz besitzt folgende geometrische Interpretation: Verbindet man die beiden Endpunkte $P_a(a, f(a))$ und $P_b(b, f(b))$ des Graphen von f auf dem Intervall $[a, b]$, so gibt es eine Stelle $\xi \in [a, b]$, bei der die Tangente an den Graphen der Funktion parallel zur Verbindungsgeraden (Sekanten) $P_a P_b$ verläuft (siehe **Abb. 6.20**). Auf der rechten Seite von (6.11) steht der Anstieg der Verbindungsgeraden, und $f'(\xi)$ ist der Anstieg der Tangenten an den Graphen der Funktion an der Stelle ξ.

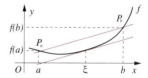

Abb. 6.20 Sekante und Tangente

Der Mittelwertsatz der Differenzialrechnung hat drei unmittelbare Folgerungen.

Ist eine Funktion f über dem Intervall $[a, b]$ differenzierbar und gilt $f(a) = f(b) = 0$, so existiert mindestens eine Stelle $\xi \in [a, b]$, sodass gilt $f'(\xi) = 0$.

Satz 6.49
Satz von Rolle

Der Beweis dieses Satzes ergibt sich unmittelbar aus (6.11). Er bedeutet, dass im Intervall $[a, b]$ mindestens eine kritische Stelle existiert.

Ist eine Funktion f über dem Intervall $[a, b]$ differenzierbar und gilt $f'(x) = 0$ für alle $x \in [a, b]$, so ist f über $[a, b]$ konstant. (Verschwindet die Ableitung einer Funktion auf einem Intervall, so handelt es sich um die konstante Funktion.)

Satz 6.50

Beweis: Für eine beliebige, aber feste Stelle $x_0 \in [a, b]$ und *jede beliebige* weitere Stelle $x \in [a, b]$ existiert nach **Satz 6.49** eine Stelle $\xi \in [x_0, x]$ so, dass

$$f'(\xi) = \frac{f(x_0) - f(x)}{x_0 - x}.$$

Wegen der Voraussetzung $f'(x) = 0$ für alle $x \in [a, b]$ aus **Satz 6.50** erhält man für *jede beliebige* weitere Stelle $x \in [a, b]$ $f(x) = f(x_0) = const$. ∎

Michel Rolle (* 21. April 1652 in Ambert, Basse-Auvergne, † 8. November 1719 in Paris)

französischer Mathematiker, Mitglied der Académie des Sciences

Grundlagen der Analysis, Diophantische Analysis, algebraische Gleichungen höheren Grades

hier: Satz von Rolle

Satz 6.51 Sind zwei Funktionen f_1 und f_2 über dem Intervall $[a, b]$ differenzierbar und gilt $f_1'(x) = f_2'(x)$ für alle $x \in [a, b]$, so gilt $f_1(x) = f_2(x) + c$ mit $c \in \mathbb{R}$. (Stimmen die Ableitungen zweier Funktionen überein, so unterscheiden sich die Funktionen um eine additive Konstante.)

Der Beweis dieses Satzes ergibt sich unmittelbar aus dem vorhergehenden für $f(x) = f_1(x) - f_2(x)$. ∎

6.8 Taylorpolynome und Funktionsapproximation

Taylorpolynome werden zur Näherung von komplizierten Funktionen verwendet. Die Berechnung der Ableitungen von Polynomen ist problemlos möglich (siehe **Abschnitt 6.3**), außerdem sind sie unendlich oft differenzierbar. Die Berechnung ihrer Funktionswerte ist (z. B. mit dem Horner-Schema) ebenfalls einfach. Die Koeffizienten des Taylorpolynoms lassen sich mit den Ableitungen der Funktion berechnen. Das Restglied nach Lagrange dient zur Abschätzung des Fehlers bei der Näherung mit dem Taylorpolynom.

Brook Taylor (* 18. August 1685 in Edmonton, Middlesex, England, † 29. Dezember 1731 in Somerset House, London, England)

britischer Mathematiker und Künstler, Sekretär der Royal Society

Taylor-Formel als Basis der Differenzialrechnung, Methode der Finiten Differenzen bei der Berechnung von Oszillationen (vibrierende Saiten), Beschreibung der Grundlagen der perspektivischen Darstellung und des Fluchtpunktes

hier: Taylorpolynom, Taylorreihe

Oft erweist sich die Berechnung des Funktionswertes einer Funktion f in der Umgebung einer Stelle x_0 aufwändig. Gesucht wird nach Möglichkeiten, diese Berechnung auf einfachere Art und Weise durchzuführen. Eine dieser Möglichkeiten besteht z. B. darin, den Funktionsverlauf in der Umgebung der Stelle x_0 durch die Tangente an den Funktionsgraphen an der Stelle x_0 mit der Gleichung (vergl. (6.1))

$$g(x) = f(x_0) + f'(x_0)(x - x_0)$$

anzunähern. An der Stelle x_0 sind dann Funktionswert der Funktion f und Funktionswert der Tangenten g gleich, in einer Umgebung der Stelle x_0 können sie sich je nach Gestalt der Funktion f unterscheiden. Je weiter man sich von der Stelle x_0 entfernt, desto schlechter nähert die Tangente unter Umständen den Funktionsverlauf.

Die Frage ist daher, ob z. B. ein Polynom höheren Grades (n-ten, $n \geq 2$) besser geeignet für die Näherung ist. Dabei können an ein solches Polynom

$$P_n(x) = \sum_{k=0}^{n} a_k x^k$$

mit seinen $n+1$ wählbaren Koeffizienten $a_0, a_1, ..., a_n$ folgende $n+1$ Forderungen gestellt werden: Übereinstimmen sollen an der Stelle x_0 sowohl die Funktionswerte von f und P_n als auch die Ableitungen bis zur Ordnung n:

6.8 Taylorpolynome und Funktionsapproximation

$$f(x_0) = P_n(x_0),$$
$$f'(x_0) = P'_n(x_0),$$
$$\vdots$$
$$f^{(n)}(x_0) = P_n^{(n)}(x_0). \tag{6.12}$$

Für den Fall $x_0 = 0$ ergeben sich aus (6.12) die Gleichungen

$$P_n(0) = a_0 = f(0),$$
$$P'_n(0) = a_1 = f'(0),$$
$$P''_n(0) = 2a_2 = f''(0),$$
$$P'''_n(0) = 3 \cdot 2 \cdot a_3 = f'''(0),$$
$$\vdots$$
$$P_n^{(n)}(0) = n!\, a_n = f^{(n)}(0),$$

woraus man unmittelbar die Koeffizienten

$$a_0 = f(0),\ a_1 = f'(0),\ a_2 = \frac{1}{2}f''(0),\ a_3 = \frac{1}{6}f'''(0),\ \ldots,\ a_n = \frac{1}{n!}f^{(n)}(0)$$

und damit das approximierende Polynom

$$P_n(x) = f(0) + \frac{f'(0)}{1!}x + \frac{f''(0)}{2!}x^2$$
$$+ \frac{f'''(0)}{3!}x^3 + \cdots + \frac{f^{(n)}(0)}{n!}x^n \tag{6.13}$$

Taylorpolynom

erhält.

Für den Fall $x_0 \neq 0$ wird die lineare Koordinatentransformation $\tilde{x} = x - x_0$ betrachtet. Bezüglich des neuen Koordinatensystems gewinnt die Funktion f die Gestalt $g(\tilde{x})$ mit $f(x) = g(\tilde{x}) = g(x - x_0)$. Die Aufgabe, für die Funktion f ein Näherungspolynom an der Stelle $x = x_0$ zu ermitteln, ist identisch damit, eins für die Funktion $g(\tilde{x}) = g(x - x_0)$ an der Stelle $\tilde{x} = 0$ zu ermitteln. Nach (6.13) lautet es

$$\tilde{P}_n(\tilde{x}) = g(0) + \frac{g'(0)}{1!}\tilde{x} + \frac{g''(0)}{2!}\tilde{x}^2 + \frac{g'''(0)}{3!}\tilde{x}^3 + \cdots + \frac{g^{(n)}(0)}{n!}\tilde{x}^n$$

bzw. mit $\tilde{x} = x - x_0$ und $g(0) = f(x_0),\ g'(0) = f'(x_0),\ \ldots,\ g^{(n)}(0) = f^{(n)}(x_0)$

$$\tilde{P}_n(x - x_0) = f(x_0) + \frac{f'(x_0)}{1!}(x - x_0)$$
$$+ \frac{f''(x_0)}{2!}(x - x_0)^2 + \cdots + \frac{f^{(n)}(x_0)}{n!}(x - x_0)^n. \tag{6.14}$$

Taylorpolynom

Definition 6.52

Das Polynom $P_n(x) = \tilde{P}_n(x - x_0)$ aus (6.14) heißt **Taylorpolynom der Funktion f an der Stelle $x = x_0$**. Die Stelle x_0 heißt **Entwicklungsstelle**.

Die Güte der Approximation wird bestimmt durch die Differenz von Funktions- und Polynomwert an der Stelle x $f(x) - P_n(x)$, die **Restglied** $R_n(x)$ genannt wird:

$$R_n(x) = f(x) - P_n(x). \tag{6.15}$$

Satz 6.53
Restgliedformel von Lagrange

Sei f eine mindestens $(n+1)$-mal differenzierbare Funktion. Dann existiert eine Stelle ξ im Intervall $[x_0, x]$ so, dass gilt

$$R_n(x) = \frac{f^{(n+1)}(\xi)}{(n+1)!}(x - x_0)^{n+1} \text{ mit } \xi \in [x_0, x]. \tag{6.16}$$

Joseph Louis Lagrange (* 25. Januar 1736 in Turin, † 10. April 1813 in Paris)

britischer Mathematiker und Künstler, Sekretär der Royal Society

Arbeiten zur Analysis (Restglied der Taylor-Formel, Multiplikatorenregel), Variationsrechnung und der Theorie der komplexen Funktionen, Begründer der analytischen Mechanik, Dreikörperproblem der Himmelsmechanik

hier: Restglied von Lagrange

Kann das Restglied abgeschätzt werden (z. B. für alle x aus der zugrunde gelegten Umgebung der Stelle x_0), so erhält man Schranken für den absoluten Fehler beim Ersetzen der Funktion f durch das Näherungspolynom P_n.

Gibt man andererseits einen geforderten maximalen absoluten Fehler vor, so kann der mindestens benötigte Grad n (sowie das Polynom P_n selber) bestimmt werden, das die Funktion f mit diesem maximalen Fehler nähert.

Beispiel 6.54

1. Gesucht sind Näherungspolynome für die Funktion $f(x) = e^x$ an der Stelle $x_0 = 0$ im Intervall $[-1, 1]$ (siehe Abb. 6.21). Mit Gleichung (6.13) findet man

$$P_1(x) = e^0 + \frac{e^0}{1!}x = 1 + x,$$

$$P_2(x) = e^0 + \frac{e^0}{1!}x + \frac{e^0}{2!}x^2 = 1 + x + \frac{1}{2}x^2,$$

$$P_3(x) = e^0 + \frac{e^0}{1!}x + \frac{e^0}{2!}x^2 + \frac{e^0}{3!}x^3 = 1 + x + \frac{1}{2}x^2 + \frac{1}{6}x^3.$$

Für die entsprechenden Restglieder ergeben sich bei $x \in [-1, 1]$ und folglich auch $\xi \in [-1, 1]$ sowie mit $f^{(k)}(x) = e^x$ mit (6.16) folgende Abschätzungen:

$$|R_1(x)| = \left|\frac{f''(\xi)}{2!}x^2\right| \leq \frac{e}{2} \approx 1.3591,$$

$$|R_2(x)| = \left|\frac{f'''(\xi)}{3!}x^3\right| \leq \frac{e}{6} \approx 0.4530,$$

$$|R_3(x)| = \left|\frac{f''''(\xi)}{4!}x^4\right| \leq \frac{e}{24} \approx 0.1132.$$

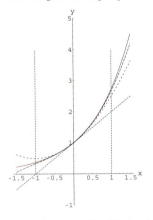

Abb. 6.21 $f(x) = e^x$ und Taylorpolynome für $x_0 = 0$

Mit steigendem Grad des Taylorpolynoms wird die Approximation auf dem Intervall $[-1, 1]$ besser. Die Restgliedabschätzungen bestätigen die graphischen Resultate.

2. Zerlegt werden soll die Funktion $f(x) = e^x$ an der Stelle $x_0 = 1$ im Intervall $[-1, 2]$ (siehe **Abb. 6.22**). Mit Gleichung (6.14) findet man

$$P_1(x) = f(1) + \frac{f'(1)}{1!}(x-1) = e + e(x-1),$$
$$P_2(x) = P_1(x) + \frac{f'(1)}{2!}(x-1)^2 = e + e(x-1) + \frac{1}{2}e(x-1)^2,$$
$$P_3(x) = P_2(x) + \frac{f'(1)}{3!}(x-1)^3 = e + e(x-1) + \frac{1}{2}e(x-1)^2 + \frac{1}{6}e(x-1)^3,$$

und für die entsprechenden Restglieder ergeben sich mit $\xi \in [1, x]$, $x \in [-1, 2]$ die Abschätzungen

$$|R_1(x)| = \left|\frac{f''(\xi)}{2!}x^2\right| \leq \frac{e^2}{2} \cdot 4 = 2e^2 \approx 14.7781,$$
$$|R_2(x)| = \left|\frac{f'''(\xi)}{3!}x^3\right| \leq \frac{e^2}{6} \cdot 8 = \frac{4}{3}e^2 \approx 9.8520,$$
$$|R_3(x)| = \left|\frac{f'''(\xi)}{4!}x^4\right| \leq \frac{e^2}{24} \cdot 16 = \frac{2}{3}e^2 \approx 4.9260.$$

3. Zerlegt werden soll die Funktion $f(x) = 7x^2 - 5x + 4$ (Polynom 2. Grades) an der Stelle $x = 4$ in ein Taylorpolynom 2. Grades.

Mit Gleichung (6.14) findet man

$$P_2(x) = f(4) + \frac{f'(4)}{1!}(x-4) + \frac{f''(4)}{2!}(x-4)^2.$$

Mit $f(4) = 96$, $f'(4) = 51$, $f''(4) = 14$ ergibt sich das Taylorpolynom

$$P_2(x) = 96 + 51(x-4) + 7(x-4)^2,$$

und da das Restglied $R_2(x)$ gleich 0 ist (die dritte Ableitung eines Polynoms 2. Grades ist identisch 0), gilt sogar $P_2(x) = f(x)$, d.h. das Taylorpolynom ist exakt die Funktion f.

Diese Zerlegung ist z.B. sinnvoll, wenn Funktionswertberechnungen in einer Umgebung der Zerlegungsstelle erfolgen. So ergibt sich z.B. an der Stelle $x = 4.1$ mit dem Taylorpolynom $f(4.1) = P_2(4.1) = 96 + 5.1 + 0.07 = 101.17$. Die Berechnung ist stabiler (da kleinere Zahlen auftreten) und schneller als diejenige nach der ursprünglichen Funktionsgleichung.

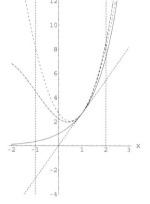

Abb. 6.22 $f(x) = e^x$ und Taylorpolynome für $x_0 = 1$

Beispiel 6.55

Berechnung von Absteckungspunkten mit dem Taylorpolynom

Bei der Berechnung von Absteckungspunkten auf einem Kreis mit dem Radius r und dem Mittelpunkt $M(0, r)$ (siehe **Abschnitt 4.4.4**) werden bei gegebener x-Koordinate ihre y-Koordinaten y_1 bzw. y_2 aus der Kreisgleichung

$$y_1(x) = r - \sqrt{r^2 - x^2} \quad \text{bzw.} \quad y_2(x) = r + \sqrt{r^2 - x^2}$$

berechnet. Für kleine x kann dabei das Taylorpolynom 2. Grades mit der Zerlegungsstelle 0 verwendet werden. Es ist

$$y_1(x) \approx y_1(0) + y_1'(0)x + 0.5 y_1''(0) x^2.$$

Mit den Ableitungen

$$y_1'(x) = x/\sqrt{r^2 - x^2}, \quad y_1'(0) = 0,$$
$$y_1''(x) = r^2/\left(\sqrt{r^2 - x^2}\right)^3, \quad y_1''(0) = 1/r$$

ergibt sich

$$y_1(x) \approx x^2/(2r).$$

Analog erhält man

$$y_2(x) \approx 2r - x^2/(2r).$$

Bemerkung 6.56 Nicht für alle Funktionen f wird das Restglied R_n mit steigendem n kleiner.

Beispiel 6.57

Die Funktion

$$f(x) = \begin{cases} e^{-1/x^2}, & x \neq 0, \\ 0, & x = 0 \end{cases}$$

(siehe **Abb. 6.23**) hat die Eigenschaft, dass an der Stelle $x_0 = 0$ sämtliche Ableitungen verschwinden, d. h. es gilt $f^{(k)}(0) = 0, k > 0$. Daher ist *jedes* Taylorpolynom P_n für diese Funktion mit der Zerlegungsstelle $x_0 = 0$ identisch Null, unabhängig von seinem Grad n. Die Funktionswerte von f sind aber bis auf die Stelle $x = 0$ von Null verschieden. Das Restglied R_n als Differenz von Funktions- und Polynomwert (siehe (6.15)) ist daher bis auf die Stelle $x = 0$ verschieden von Null und konstant.

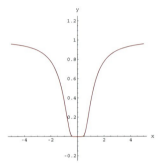

Abb. 6.23 $f(x) = e^{-1/x^2}$

Bemerkung 6.58 Lässt sich zeigen, dass für eine beliebig oft differenzierbare Funktion f gilt

$$\lim_{n \to \infty} R_n(x) = 0,$$

so erhält man aus (6.15)

$$\lim_{n \to \infty} f(x) = \lim_{n \to \infty} P_n(x) + \lim_{n \to \infty} R_n(x) \text{ bzw.}$$

$$f(x) = \lim_{n \to \infty} P_n(x) = \lim_{n \to \infty} \sum_{k=0}^{n} \frac{f^{(k)}(x_0)}{k!}(x - x_0)^k \text{ oder einfach}$$

$$f(x) = \sum_{k=0}^{\infty} \frac{f^{(k)}(x_0)}{k!}(x - x_0)^k.$$

Dieser Term wird **Taylorreihe** der Funktion f an der Stelle $x = x_0$ genannt.

Taylorreihe

Beispiel 6.59

Für die Funktion $f(x) = e^x$ ergibt sich die Taylorreihenzerlegung

$$e^x = 1 + x + \frac{x^2}{2!} + \frac{x^3}{3!} + \ldots + \frac{x^n}{n!} + \ldots$$

Das Restglied für das Taylorpolynom P_n lautet nach (6.16) $R_n(x) = \frac{e^\xi}{(n+1)!} x^{n+1}$. Es konvergiert für jedes x gegen 0.

6.9 Anwendungen an Beispielen
6.9.1 Berechnung der Biegelinie eines Balkens

Ausgangssituation

Ein einseitig eingespannter und an seinem anderen Ende gelenkig gelagerter homogener Balken der Länge $l = 10$ m weist eine maximale Durchbiegung von $w_{max} = 2$ cm auf (siehe **Abb. 6.24**). Es ist die Biegelinie w des Balkens als Polynom geringsten Grades zu finden, das diesen Bedingungen genügt.

Lösungsweg

Offenbar hat die Biegelinie des Balkens an seinen Rändern Nullstellen, d. h. es gilt

$$w(0) = 0 \quad \text{und} \quad w(l) = 0. \tag{6.17}$$

Die Bedingung des Einspannens am linken Balkenende bedeutet, dass dort die Ableitung der Biegelinie (Verdrehung) verschwindet:

$$w'(0) = 0. \tag{6.18}$$

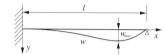

Abb. 6.24 Balken mit Biegelinie w

Gelenkige Lagerung am rechten Balkenende hat zur Folge, dass dort keine Biegespannungen im Balkenquerschnitt und demzufolge auch kein Biegemoment auftritt. Zwischen Durchbiegung $w(x)$ und Biegemoment $M(x)$ an der Stelle x besteht der Zusammenhang $w''(x) = -M(x)/EI$ (siehe **Beispiel 6.16**, auch **Abschnitt 9.7.5**). Daher folgt am rechten Balkenende (Stelle $x = l$) die Bedingung

$$w''(l) = 0. \tag{6.19}$$

Das sind bisher vier Bedingungen an die Koeffizienten eines zu ermittelnden Polynoms w. Außerdem soll es ein lokales Maximum w_{max} haben, das ist eine weitere Bedingung. Der Grad des gesuchten Polynoms beträgt daher mindestens vier, da die vier Koeffizienten eines Polynoms vom Grade drei bereits mit den ersten vier Bedingungen festliegen und für die Erfüllung der restlichen Bedingung keine Möglichkeit mehr besteht.

Mit Berücksichtigung der Nullstellen (6.17), d. h. seiner Linearfaktoren x und $x - l$, wird das Polynom in der Gestalt

$$\begin{aligned} w(x) &= x(x - l)(ax^2 + bx + c) \\ &= ax^4 + (b - al)x^3 + (c - bl)x^2 - clx \end{aligned} \tag{6.20}$$

mit noch zu bestimmenden Koeffizienten a, b, c gesucht. Zur Auswertung der Bedingungen (6.18) und (6.19) ist zunächst die Berechnung der ersten und zweiten Ableitung von w erforderlich. Aus (6.20) ergibt sich

$$w'(x) = 4ax^3 + 3(b - al)x^2 + 2(c - bl)x - cl, \tag{6.21}$$
$$w''(x) = 12ax^2 + 6(b - al)x + 2(c - bl). \tag{6.22}$$

Setzt man in (6.21) $x = 0$ ein, so folgt mit Bedingung (6.18) unmittelbar

$$c = 0. \tag{6.23}$$

Setzt man in (6.22) $x = l$ ein, so ergibt sich mit (6.23) und Bedingung (6.19) ein Zusammenhang zwischen den verbleibenden Koeffizienten a und b:

$$b = -1.5\, al. \tag{6.24}$$

Damit folgt zunächst für die gesuchte Funktion w

Ergebnis

$$w(x) = ax^4 - 2.5\, alx^3 + 1.5\, al^2 x^2 = ax^2(x - l)(x - 1.5\, l). \tag{6.25}$$

Jetzt ist noch der verbleibende Koeffizient a zu berechnen. Die Bedingung an das lokale Maximum der Funktion w an einer Stelle x_{max} bedeutet, dass dort notwendig ihre erste Ableitung gleich Null ist. Aus (6.21) folgt für $x = x_{max}$ mit Berücksichtigung von (6.23) und (6.24)

$$0 = w'(x_{max}) = a\, x_{max}(4x_{max}^2 - 7.5l\, x_{max} + 3l^2).$$

Da die kritische Stelle x_{max} im Intervall $(0, l)$ liegt, kommt dafür nur die Nullstelle des quadratischen Polynoms in Frage, die in dieses Intervall fällt. Mit der Lösungsformel für quadratische Gleichungen ergibt sich

$$x_{max} = \frac{15 - \sqrt{33}}{16} l. \tag{6.26}$$

Aus der Funktionsgleichung (6.25) berechnet sich unter Berücksichtigung von $w(x_{max}) = w_{max}$ der verbleibende Koeffizient a:

$$a = \frac{w_{max}}{x_{max}^2(x_{max}^2 - 2.5\, lx_{max} + 1.5\, l^2)}. \tag{6.27}$$

Setzt man $l = 10$ m und $w_{max} = 0.02$ m in (6.26) und (6.27) ein, ergibt sich

$$x_{max} \approx 5.78\text{ m}, \qquad a \approx 0.1538 \cdot 10^{-4}\text{ m}^{-4}. \tag{6.28}$$

Die gesuchte Biegelinie erhält man aus Gleichung (6.25) mit dem Koeffizienten a aus (6.28).

6.9.2 Fahrbahnverziehung im Straßenbau

Ausgangssituation

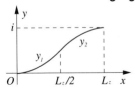

Abb. 6.25 Lineare Verziehung $y(x)$

Für die Konstruktion der Verziehungen der Fahrbahnränder einer Straße werden oft zwei als S-Bogen aneinandergesetzte quadratische Parabeln benutzt (**lineare Verziehung**). Die Gesamtlänge der Verziehungsstrecke bezeichnet man mit L_z, die zu erreichende Verziehung am Ende der Verziehungsstrecke mit i (siehe **Abb. 6.25**). Die Scheitel der Parabeln liegen dabei im Anfangspunkt bzw. Endpunkt der Verziehung auf dem Fahrbahnrand. Die Kopplung der Parabeln soll in der Mitte der Verziehungsstrecke so erfolgen, dass ein glatter Fahrbahnrandverlauf gewährleistet ist.

Legt man ein kartesisches Koordinatensystem mit seinem Ursprung in den Scheitelpunkt der ersten Parabel und trägt auf der x-Achse die Verziehungslänge L_z und auf der y-Achse die Verziehung ab, so lautet die Gleichung der ersten Parabel in Scheitelpunktsform mit dem Scheitelpunkt $(0, 0)$ (siehe **Abschnitt 4.2.2**)

Lösungsweg

$$y_1(x) = ax^2, \tag{6.29}$$

die Gleichung der zweiten Parabel in Scheitelpunktsform (Scheitelpunkt (L_z, i))

$$y_2(x) - i = b\,(x - L_z)^2 \tag{6.30}$$

mit zu bestimmenden Koeffizienten a und b. Die Kopplungsbedingung („glatter Fahrbahnrand") bedeutet einerseits *Stetigkeit* der Verziehung an der Kopplungsstelle, d. h. das Übereinstimmen der Funktionswerte von $y_1(x)$ und $y_2(x)$ an der Stelle $x = L_z/2$:

$$y_1\left(\frac{L_z}{2}\right) = y_2\left(\frac{L_z}{2}\right), \tag{6.31}$$

und andererseits *Differenzierbarkeit* der Verziehungsfunktion, d. h. das Übereinstimmen der Ableitungen $y_1'(x)$ und $y_2'(x)$ an der Stelle $x = L_z/2$:

$$y_1'\left(\frac{L_z}{2}\right) = y_2'\left(\frac{L_z}{2}\right). \tag{6.32}$$

Die Gleichungen (6.31) und (6.32) bedeuten zwei Bedingungen an die beiden zu bestimmenden Koeffizienten a und b. Mit den Funktionsgleichungen (6.29) und (6.30) ergibt sich aus Gleichung (6.31)

$$a\frac{L_z^2}{4} = i + b\left(\frac{L_z}{2} - L_z\right)^2. \tag{6.33}$$

Mit den Ableitungen

$$y_1'(x) = 2ax \qquad \text{und} \qquad y_2'(x) = 2b\,(x - L_z)$$

folgt aus Gleichung (6.32)

$$2a\frac{L_z}{2} = 2b\left(\frac{L_z}{2} - L_z\right).$$

Aus dieser Gleichung erhält man $a = -b$, und damit nach Einsetzen in Gleichung (6.33)

$$a = \frac{2i}{L_z^2} \qquad \text{und} \qquad b = -\frac{2i}{L_z^2}.$$

Ergebnis Die gesuchte Verziehungsfunktion lautet damit

$$y(x) = \begin{cases} y_1(x) = \dfrac{2i}{L_z^2} x^2, & 0 \leq x \leq \dfrac{L_z}{2}, \\ y_2(x) = i - \dfrac{2i}{L_z^2}(x - L_z)^2, & \dfrac{L_z}{2} \leq x \leq 1. \end{cases}$$

Bemerkung: Oft findet man die so genannte **Einheitsverziehung** y_e, d. h. die Funktion $y(x)$ für $L_z = 1$ und $i = 1$ tabelliert:

$$y_e(x) = \begin{cases} 2x^2, & 0 \leq x \leq 0.5, \\ 1 - 2(x-1)^2, & 0.5 \leq x \leq 1. \end{cases}$$

Beide Funktionen sind verknüpft durch die Gleichung

$$y(x) = i\, y_e\left(\dfrac{x}{L_z}\right).$$

Um den Wert der Verziehung an einer Stelle $x^* \in [0, L_z]$ mit Hilfe der Tabelle zu ermitteln, berechnet man daher zuerst $x_e = x^*/L_z$, liest $y_e(x_e)$ als Tabellenwert ab und multipliziert ihn danach mit i.

6.9.3 Kuppen- und Wannenausrundung im Straßenbau

Ausgangssituation Tritt im Höhenplan eines Straßenverlaufs ein Neigungswechsel auf, wird dieser mit einer so genannten **Kuppen-** bzw. **Wannenausrundung** ausgeglichen. Das bedeutet, dass die gerade Straßenachse g_1 mit der Neigung s_1 und die gerade Straßenachse g_2 mit der (davon verschiedenen) Neigung s_2 durch einen parabelförmigen Verlauf $y(x)$ so verbunden werden, dass sich ein glatter (d. h. stetiger und differenzierbarer) Verlauf der Straßenachse ergibt. Dabei wird der **Ausrundungshalbmesser** H als Radius des Krümmungskreises im Scheitelpunkt $S(x_s, y_s)$ der ausrundenden Parabel vorgegeben (siehe **Abb. 6.26**). Dabei ist für Kuppen $H < 0$ und für Wannen $H > 0$. Legt man ein kartesisches Koordinatensystem mit dem Koordinatenursprung in den Berührungspunkt der Geraden g_1 mit der Parabel und der x-Achse als Gerade der Höhe 0, soll die Parabel achsparallel zur y-Achse sein. Außerdem sollen die x-Koordinaten vom Berührungspunkt der Geraden g_1 mit der Parabel, des Schnittpunktes T (**Tangentenschnittpunkt**) der berührenden Geraden g_1 und g_2 und vom Berührungspunkt der Geraden g_2 mit der Parabel im gleichen Abstand x_t voneinander liegen. Ermittelt werden sollen bei gegebenen Neigungen s_1, s_2 und Ausrundungshalbmesser H die Gleichung der Parabel y, ihr Scheitelpunkt $S(x_s, y_s)$, ihre Steigung s, der Abstand x_t, die Pfeilhöhe f als Differenz der y-Koordinaten des Tangentenschnittpunktes T und des Punktes $(x_t, y(x_t))$ auf der Parabel mit derselben x-Koordinaten x_t.

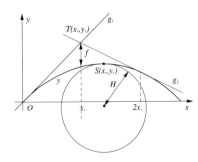

Abb. 6.26 Kuppen- bzw. Wannenausrundung durch Parabel y

Die Gleichung der ausrundenden Parabel in Scheitelpunktsform (siehe **Abschnitt 4.2.2**) lautet

$$y(x) - y_s = p(x - x_s)^2. \tag{6.34}$$

Ihre Steigung ist die erste Ableitung der Funktion $y(x)$:

$$s(x) = y'(x) = 2p(x - x_s). \tag{6.35}$$

Die Gleichung der Geraden g_1 duch den Koordinatenursprung $(0, 0)$ mit dem Anstieg s_1 lautet (siehe **Abschnitt 4.2.1**)

$$y(x) = s_1 x. \tag{6.36}$$

Der Punkt T gehört der Geraden g_1 an. Seine y-Koordinate berechnet sich an der Stelle x_t aus Gleichung (6.36) als $y_t = s_1 x_t$. Die Gleichung der Geraden g_2 duch den Punkt $T(x_t, s_1 x_t)$ mit dem Anstieg s_2 lautet (siehe **Abschnitt 4.2.1**)

$$y(x) - s_1 x_t = s_2 (x - x_t).$$

Der Punkt $(0, 0)$ ist wegen des *stetigen* Verlaufes der Straßenachse Punkt der Parabel (6.34), daher erfüllen seine Koordinaten diese Gleichung, und es gilt

$$-y_s = p x_s^2. \tag{6.37}$$

Der Anstieg der Geraden g_1 und die Steigung $s(x)$ der Parabel im Punkt $(0, 0)$ stimmen wegen des *glatten*, d. h. *differenzierbaren* Verlaufes der Straßenachse überein. Mit Gleichung (6.35) gilt

$$s_1 = -2p x_s. \tag{6.38}$$

Entsprechendes gilt für den Berührungspunkt der Geraden g_2 mit der Parabel an der Stelle $2x_t$. Mit Gleichung (6.35) ergibt sich

$$s_2 = 2p(2x_t - x_s). \tag{6.39}$$

Der Radius r des **Krümmungskreises** an den Graphen einer Funktion y an der Stelle x ist (siehe z. B. [9])

$$r = \frac{\sqrt{(1 + y'(x)^2)^3}}{y''(x)}, \tag{6.40}$$

sein Mittelpunkt $(x, y(x) - r)$. An der Stelle x_s soll der Radius des Krümmungskreises an die Parabel gleich H sein. Mit der ersten Ableitung aus Gleichung (6.35) und der zweiten Ableitung $y''(x) = 2p$ folgt aus Gleichung (6.40) an der Stelle $x = x_s$

$$p = \frac{1}{2H}. \tag{6.41}$$

Lösungsweg

Ergebnis Damit ergeben sich die Koordinaten des Scheitelpunktes S unmittelbar durch Einsetzen von (6.41) in (6.38) bzw. (6.37):

$$x_S = s_1 H \quad \text{und} \quad y_S = -\frac{s_1^2 H}{2}. \tag{6.42}$$

Aus Gleichung (6.39) berechnet sich x_t nach Einsetzen von (6.42):

$$x_t = \frac{H}{2}(s_2 - s_1).$$

Die gesuchten Gleichungen der Parabel y und ihrer Steigung s ergeben sich aus den Gleichungen (6.34) und (6.35) mit p aus (6.41) und x_S, y_S aus (6.42):

$$y(x) = \frac{x^2}{2H} + s_1 x \quad \text{und} \quad s(x) = \frac{x}{H} + s_1.$$

Die Pfeilhöhe f ergibt sich schließlich aus (6.41) zu

$$f = -\frac{H}{8}(s_2 - s_1)^2.$$

6.9.4 Übergangsbogen und Überhöhungsrampen im Schienenbau

Ausgangssituation Bei der Trassierung von Gleisen im Schienenbau dient die **Überhöhung** u dazu, die bei der Bogenfahrt auftretende Fliehbeschleunigung abzumindern, den Fahrkomfort zu verbessern und die Gleisbeanspruchung zu reduzieren. Als Form der Überhöhungsrampen kommen z. B. **geschwungene Rampen** in Frage, bei denen die Querschnittslinie über der Bemessungslänge l als Polynom so angesetzt wird, dass dort der Höhenunterschied u_h überwunden wird und außerdem ein glatter Übergang von der Höhe 0 zur Höhe u_h realisiert wird (Rampe nach *Bloss*, siehe **Abb. 6.27**).

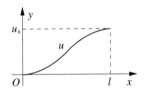

Abb. 6.27 Überhöhungsrampe nach *Bloss*

Für das zu ermittelnde Polynom u erhält man so die Bedingungen

$$u(0) = 0, \quad \text{und} \quad u(l) = u_h, \tag{6.43}$$
$$u'(0) = 0, \quad \text{und} \quad u'(l) = 0. \tag{6.44}$$

Die Festlegung von **Übergangsbögen** zwischen geradem und kreisbogenförmigem Gleisverlauf erfolgt so, dass die Krümmung der Gleiskurve stetig ist. Da die Fliehkraft proportional von der Krümmung der Gleiskurve abhängt, wird so ein „Ruck" bei der Fahrt entlang des Übergangsbogens vermieden. Der Krümmungsverlauf k kann über die Entwurfslänge l_U des Übergangsbogens ebenfalls als Polynom angesetzt werden, das im Anfangspunkt denselben Wert hat wie die Krümmung der Gerade (also 0) und im

6.9 Anwendungen an Beispielen

Endpunkt denselben Wert wie die Krümmung des Kreisbogens. Hat dieser den Radius r, so beträgt seine Krümmung $1/r$. *Bloss* fordert auch hier zusätzlich einen glatten (d. h. differenzierbaren) Krümmungsverlauf (siehe **Abb. 6.28**).

Damit ergeben sich an das gesuchte Polynom k folgende Bedingungen:

$$k(0) = 0, \quad \text{und} \quad k(l_U) = 1/r, \tag{6.45}$$
$$k'(0) = 0, \quad \text{und} \quad k'(l_U) = 0. \tag{6.46}$$

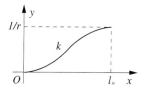

Abb. 6.28 Krümmungsverlauf des Übergangsbogens nach *Bloss*

Lösungsweg

In beiden Fällen ergeben sich an das gesuchte Polynom vier analoge Bedingungen. Daher kann ein Polynom dritten Grades (mit vier zu bestimmenden Koeffizienten) angesetzt werden:

$$y(x) = a_3 x^3 + a_2 x^2 + a_1 x + a_0. \tag{6.47}$$

Die Bedingungen aus (6.43) und (6.44) bzw. (6.45) und (6.46) lauten

$$y(0) = 0, \quad \text{und} \quad y(l) = y_l,$$
$$y'(0) = 0, \quad \text{und} \quad y'(l) = 0 \tag{6.48}$$

mit $y_l = u$ für die Überhöhungsrampe und $y_l = 1/r$, $l = l_U$ für den Übergangsbogen. Die Bedingungen (6.48) erfordern das Auswerten der Ableitung y'. Es ist

$$y(x) = 3a_3 x^2 + 2a_2 x + a_1. \tag{6.49}$$

Aus $y(0) = 0$ folgt nach Einsetzen von $x = 0$ in (6.47) unmittelbar

$$a_0 = 0, \tag{6.50}$$

und aus $y'(0) = 0$ folgt nach Einsetzen von $x = 0$ in (6.49) unmittelbar

$$a_1 = 0. \tag{6.51}$$

Setzt man jetzt unter Berücksichtigung der gefundenen Koeffizienten (6.50) und (6.51) in (6.47) $x = l$ ein, so ist

$$y_l = a_3 l^3 + a_2 l^2, \tag{6.52}$$

analog ergibt sich aus (6.49) für $x = l$

$$0 = 3a_3 l^2 + 2a_2 l. \tag{6.53}$$

Die Gleichungen (6.52) und (6.53) bilden ein lineares Gleichungssystem mit den beiden Unbekannten a_3 und a_2:

$$\begin{pmatrix} l^3 & l^2 \\ 3l^2 & 2l \end{pmatrix} \begin{pmatrix} a_3 \\ a_2 \end{pmatrix} = \begin{pmatrix} y_l \\ 0 \end{pmatrix}.$$

Zu seiner Lösung kann z. B. die Cramersche Regel angewendet werden (siehe **Abschnitt 3.4.4**). Man erhält

$$a_3 = -\frac{2y_l}{l^3} \quad \text{und} \quad a_2 = \frac{3y_l}{l^2}.$$

Die gesuchte Funktion $y(x)$ lautet damit

$$y(x) = -\frac{2y_l}{l^3}x^3 + \frac{3y_l}{l^2}x^2.$$

Ergebnis

Für die Überhöhung ergibt sich daraus die Funktionsgleichung

$$u(x) = -\frac{2u_h}{l^3}x^3 + \frac{3u_h}{l^2}x^2,$$

für die Krümmung des Übergangsbogens erhält man

$$k(x) = -\frac{2}{rl^3}x^3 + \frac{3}{rl^2}x^2.$$

6.9.5 Klothoidenpunktberechnungen

Ausgangssituation

Im Straßen- und Schienenbau werden als Verbindung von geraden- und kreisförmigen Fahrbahnachsen oft Klothoidenbögen verwendet. Ihre Krümmung k ist proportional zur Bogenlänge s mit dem Proportionalitätsfaktor $1/a^2$. Damit erreicht man einen stetigen Krümmungsverlauf entlang der Fahrbahnachse, beginnend mit der Gerade (Krümmung 0) bis zum Kreisbogen mit dem Radius r (Krümmung $1/r$), siehe **Abb. 6.29**. Da die Beträge vom Beschleunigungsvektor und damit auch der Fliehkraft proportional zur Krümmung sind, wird so gewährleistet, dass kein „Ruck" beim Durchfahren von einem geraden in einen kreisförmigen Fahrbahnverlauf entsteht (siehe auch **Abschnitt 6.9.4**). Die Verbindung durch einen Klothoidenbogen hat gegenüber der polynomialen den Vorteil, dass der Einschlagwinkel beim Lenken entlang der Klothoiden ebenfalls proportional zur Bogenlänge zunimmt, sodass der Fahrer eine gleichmäßige Lenkradbewegung ausführen kann.

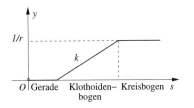

Abb. 6.29 Krümmungsverlauf k

Lösungsweg

Beim Abstecken von Klothoidenpunkten P_i, $i = 1, 2, ..., n$, die den Bogenlängen $0 < l_1 < l_2 < ... < l_n$ entsprechen (siehe **Abb. 6.30**), ist die Ermittlung ihrer Koordinaten (x_i, y_i) im lokalen Koordinatensystem mit dem Ursprung im Anfangspunkt der Klothoiden und der x-Achse in Richtung der Geraden erforderlich. Für ihre Ermittlung wird die *Parameterdarstellung* der Klothoide verwendet:

$$\begin{cases} x_i = x(l_i) = \int\limits_0^{l_i} \cos\frac{s^2}{2a^2}\, ds = a\int\limits_0^{l_i/a} \cos\frac{s^2}{2}\, ds \\ y_i = y(l_i) = \int\limits_0^{l_i} \sin\frac{s^2}{2a^2}\, ds = a\int\limits_0^{l_i/a} \sin\frac{s^2}{2}\, ds \end{cases} \quad (6.54)$$

6.9 Anwendungen an Beispielen

Für die Bestimmung der Koordinaten x_i und y_i ist die Auswertung von *bestimmten Integralen* erforderlich, die in **Kapitel 7** erklärt werden. Die analytische (genaue) Berechnung der Integrale in (6.54) ist aufgrund der Integranden $\cos(s^2/2)$ und $\sin(s^2/2)$ nicht möglich. Problemlos integriert werden können hingegen Polynome. Die Integranden sollen daher näherungsweise durch Polynome ersetzt werden. Dabei wird die Zerlegung der Funktionen $\sin x$ und $\cos x$ in ein Taylorpolynom (siehe **Abschnitt 6.8**) benutzt.

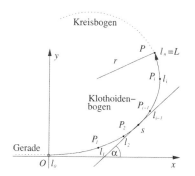

Abb. 6.30 Klothoidenbogen und Zwischenpunkte

Für die Funktion $f(x) = \cos x$ lauten die Ableitungen

$$f'(x) = -\sin x, \quad f''(x) = -\cos x,$$
$$f'''(x) = \sin x, \quad f^{IV}(x) = \cos x, \ldots, \quad (6.55)$$

und mit dem Taylorpolynom (6.14) an der Stelle $x_0 = 0$ erhält man

$$\cos x = 1 - \frac{x^2}{2!} + \frac{x^4}{4!} - \frac{x^6}{6!} + \ldots + (-1)^n \frac{x^{2n}}{(2n)!} + R_{2n}(x), \quad (6.56)$$

wobei für das Restglied nach Lagrange $R_{2n}(x)$ gemäß (6.16)

$$R_{2n}(x) = \frac{f^{(2n+1)}(\xi)}{(2n+1)!} x^{2n+1} \text{ mit } \xi \in [0, x]$$

und wegen der Beschränktheit der Beträge der Ableitungen (6.55) durch 1

$$R_{2n}(x) \leq \frac{x^{2n+1}}{(2n+1)!}$$

gilt. Damit ist für beliebiges $x \in \mathbb{R}$

$$\lim_{n \to \infty} R_{2n}(x) = 0,$$

sodass der Funktionswert $\cos x$ mit dem Taylorpolynom (6.56) bei genügend großer Wahl von n hinreichend genau bestimmt werden kann.

Ergebnis

Wendet man das Taylorpolynom (6.56) für $x = s^2/2$ an, so erhält man

$$\cos \frac{s^2}{2} \approx 1 - \frac{s^4}{2! \, 2^2} + \frac{s^6}{4! \, 2^4} - \frac{s^8}{6! \, 2^6} + \ldots + (-1)^n \frac{(s^2)^{2n}}{(2n)! \, 2^{2n}} \quad (6.57)$$

als Näherung des Intergranden $\cos \frac{s^2}{2}$ durch ein Polynom. Analog ist

$$\sin \frac{s^2}{2} \approx \frac{s^2}{2} - \frac{s^6}{3! \, 2^3} + \frac{s^{10}}{5! \, 2^5} + \ldots + (-1)^{n+1} \frac{(x^2)^{2n+1}}{(2n+1)! \, 2^{2n+1}}. \quad (6.58)$$

Bemerkung: Benutzt man die Taylorzerlegungen (6.57) und (6.58) für $n = 2$, d. h. jeweils mit drei Gliedern, so ergibt sich nach dem Integrieren mit der Bezeichnung $l = l_i/a$

$$x_i = a \int_0^l \cos \frac{s^2}{2} \, ds \approx a \left(l - \frac{l^5}{5 \cdot 2! \, 2^2} + \frac{l^9}{9 \cdot 4! \, 2^4} \right)$$

$$= a l \left(1 + l^4 \left(\frac{l^4}{3456} - \frac{1}{40} \right) \right),$$

$$y_i = a \int_0^l \sin \frac{s^2}{2} \, ds \approx a \left(\frac{l^3}{3 \cdot 2} - \frac{l^7}{7 \cdot 3! \, 2^3} + \frac{l^{11}}{11 \cdot 5! \, 2^5} \right)$$

$$= a l^3 \left(\frac{1}{6} + l^4 \left(\frac{l^4}{42\,240} - \frac{1}{336} \right) \right).$$

6.10 Aufgaben

Ableitungen, Anwendungen

6.1 Bestimmen Sie unter Verwendung des Begriffes der Differenzierbarkeit die Ableitungen der Funktion $f(x)$ an der Stelle x_0:

a) $f(x) = \dfrac{1}{x}$, $x > 0$, $x_0 = 10$.

b) $f(x) = x^2$, $x \in \mathbb{R}$, $x_0 = 8$.

6.2 Bestimmen Sie die Ableitungen folgender Funktionen:

a) $f(x) = (5x - 4)^3$ b) $f(x) = \dfrac{x^2 - 4}{1 - x}$

c) $f(x) = \dfrac{x^3 \sqrt{x}}{1 + x^2}$ d) $f(x) = 5x^{\frac{2}{3}} - 3x^{\frac{5}{2}} + 2x^{-1}$

e) $f(t) = \dfrac{\cos t}{1 - \sin t}$ f) $y(x) = \sqrt{\dfrac{1 - x}{1 + x}}$

g) $y(x) = \dfrac{1}{x} + \dfrac{1}{x^2} + \dfrac{1}{x^3} + \ldots + \dfrac{1}{x^n}$

h) $z(x) = (1 - x^3)^5$ i) $s(t) = \ln \sin \omega t$

j) $z(x) = x^3 (x^2 - 1)^2$

k) $y(x) = \sin(2x^2 - 3x + 1)$

l) $u(t) = \sin^2 \omega t$

m) $v(t) = \sqrt{1 + \sqrt{2pt}}$

n) $y(x) = e^{\cos x} \sin x$ o) $y(u) = 2^{\sin 3u}$

p) $y(x) = \dfrac{\cos x}{\sin^2 x} + \ln \tan \dfrac{x}{2}$

q) $y(x) = \arccos \dfrac{1 - x^2}{1 + x^2} - 2 \arctan x$

r) $y(x) = \arcsin \dfrac{2x}{1 + x^2}$

6.3 Berechnen Sie die erste Ableitung an der Stelle x_0:

a) $y(x) = e^{2x}$, $x_0 = 2$

b) $y(x) = 1 - \sqrt[3]{x^2} + \dfrac{16}{x}$, $x_0 = -8$.

6.4 Bestimmen Sie die n-te Ableitung von

a) $y(x) = a^x$ b) $y(x) = \ln x$.

6.5 Wie oft ist die Funktion f mit

$$f(x) = |x^3| = \begin{cases} x^3, & x \geq 0 \\ -x^3, & x < 0 \end{cases}$$

über **ganz** $\mathbb{R}$ differenzierbar?

6.6 Berechnen Sie die ersten vier Ableitungen der Funktionen

a) $f(x) = 3x^4 + 2x^3 + x^2 - 10$

b) $f(x) = \sin x$ c) $f(x) = \dfrac{1}{x}$, $x \neq 0$

d) $f(x) = e^{x^3}$

6.7 Bestimmen Sie den Anstiegswinkel des Graphen der Funktion $y = f(x)$ an der Stelle x_0 und geben Sie die Gleichung der Tangente an die Kurve in dem entsprechenden Punkt an:

a) $f(x) = x^3$, $x_0 = 0$ b) $f(x) = e^{-x}$, $x_0 = 0$.

6.8 Berechnen Sie die folgenden Grenzwerte mit der Regel von l'Hospital:

a) $\lim\limits_{x \to 0} \dfrac{\sin x}{x}$ b) $\lim\limits_{x \to 0} \dfrac{x - \sin x}{x^3}$ c) $\lim\limits_{x \to +0} \dfrac{\ln x}{\cot x}$

d) $\lim\limits_{x \to 0} \left(\cot x - \dfrac{1}{x} \right)$ e) $\lim\limits_{x \to +0} \cot x \sinh x$

f) $\lim\limits_{x \to +0} (\sin x)^x$ g) $\lim\limits_{x \to \frac{\pi}{4}} (\tan x)^{\tan 2x}$

h) $\lim\limits_{x \to +0} \dfrac{\ln \tan ax}{\ln \tan bx}$, $a, b > 0$.

6.9 Mit welcher relativen Genauigkeit muss der Radius einer Kugel gemessen werden, damit der relative Fehler bei der Berechnung des Volumens kleiner als 1% ist?

6.10 Bei der Messung des Winkels α eines Zimmers mit trapezförmigem Grundriss ist der Winkel als $(30° \pm 2')$ gemessen worden. Wie groß sind der absolute und relative Fehler bei der Berechnung der Wohnfläche, wenn die Länge $a = 5$ m beträgt (siehe **Abb. 6.30**)?

6.11 Ersetzen Sie den Funktionszuwachs durch das Differenzial zur Näherungsberechnung von $\sqrt[3]{1.02}$.

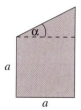

Abb. 6.31 Trapezförmiger Grundriss

6.12 Der relative Fehler der Zahlen $\pi^2 + 1$ und π^π soll kleiner als 1% sein. Wie viel Stellen genau ist π jeweils mindestens zu wählen?

6.13 Führen Sie für $y = f(x)$ eine vollständige Kurvendiskussion durch (DB, WB, Symmetrie, Nullstellen, Polstellen, Verhalten an den Polstellen, lokale Extrema, Wendepunkte, Monotonie, Krümmung, Verhalten für $x \to \pm\infty$, Asymptoten) und skizzieren Sie den prinzipiellen Funktionsverlauf.

a) $y = x^3 - x^2 - 2x$ b) $y = 2x - x\ln(x - 1)$

c) $y = x\ln^2 x$ d) $y = \dfrac{x^2 - 1}{x - 3}$

e) $y = \dfrac{2x - 2}{x^2 - 2x - 3}$

6.14 Ein Auto fährt auf einer Linksabbiegerspur, die in folgender Weise aus zwei Parabelbögen $y_1(x)$, $y_2(x)$ zusammengesetzt ist (siehe **Abb. 6.31**): Die Parabelbögen haben ihre Scheitel in $(0, 0)$ bzw. (L, h). Sie berühren sich an der Stelle $x = l$, d. h., dort stimmen Funktionswerte und Ableitungen der entsprechenden Funktionen überein. Geben Sie die Gleichungen der Parabeln an, wenn $L = 30$ m, $l = 10$ m und $h = 4$ m gegeben ist.

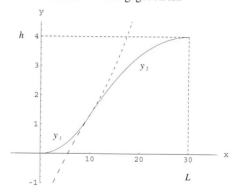

Abb. 6.32 Linksabbiegerspur

Extremwertaufgaben

6.15 Man bestimme das Rechteck, das bei gegebenem Umfang U seinen größten Inhalt A hat.

6.16 Man bestimme das einem Kreis mit dem Radius r einbeschriebene Dreieck größten Inhalts.

6.17 Für welche Punkte (x, y) der Parabel $y = x^2$ wird der Abstand $d(x)$ vom Punkt $P(1, 2)$ extremal?

6.18 Der Dachboden eines Einfamilienhauses soll ausgebaut werden. Sein Querschnitt ist ein gleichschenkliges Dreieck mit der Grundseite $a = 6,4$ m und der Höhe $h_1 = 5,5$ m (siehe **Abb. 6.32**). Wie müssten die Länge b und die Höhe h des Zimmers gewählt werden, wenn der vorhandene Raum bei rechteckigem Zimmerquerschnitt maximal ausgenutzt werden soll?

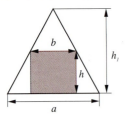

Abb. 6.33 Dachboden

6.19 Zwei Punkte A und B einer geradlinig verlaufenden Straße seien $a = 650$ m voneinander entfernt. Ein Ortsteil C habe den Abstand $\overline{BC} = b = 180$ m von der Straße. Der Ortsteil soll Gasanschluss bekommen, beginnend im Punkt A. Die Baukosten mögen längs der Straße $k_1 = 72$ Euro je Meter, im Gelände jedoch $k_2 = 85$ Euro je Meter betragen. An welcher Stelle muss beim Bau von der Straße geradlinig abgezweigt werden, damit die Baukosten möglichst gering bleiben?

6.20 Die Skizze zeigt den Grundriss eines Hauses, das aus drei Räumen und einem Flur der Breite x besteht (siehe **Abb. 6.33**). Die Gesamtlänge der Wände soll 90 m betragen. Wie groß ist x zu wählen, damit die Grundfläche der drei Räume zusammen möglichst groß wird? Fertigen Sie eine maßstabsgetreue Skizze des Grundrisses unter Verwendung der errechneten Werte an!

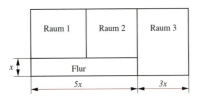

Abb. 6.34 Grundriss

6.21 Aus drei Holzbrettern von je 20 cm Breite soll eine Wasserrinne von trapezförmigem Querschnitt mit möglichst großem Fassungsvermögen gebaut werden. Geben Sie eine genaue Konstruktionsanweisung!

6.22 Zum Bau eines an den Stirnwänden offenen Schuppens sollen zwei senkrecht aufzustellende Bretterwände mit der Höhe $a = 3.5$ m durch zwei Wellbleche von der Breite $b = 4.65$ m ein Satteldach erhalten. Die Bleche sollen außerdem 15 cm überstehen. Welchen Abstand müssen die senkrechten Wände voneinander haben, damit das Fassungsvermögen des Schuppens am größten wird?

6.23 Aus einem Baumstamm mit konstantem kreisförmigen Querschnitt (Durchmesser d) soll ein Balken maximaler Tragfähigkeit T herausgeschnitten werden ($T = kab^2$, $k = $ const.). Wie sind die Seitenlängen a und b des Balkenquerschnittes zu wählen?

6.24 In die Ellipse $\dfrac{x^2}{a^2} + \dfrac{y^2}{b^2} = 1$ ist ein Rechteck mit den zu den Achsen parallelen Seiten so zu legen, dass sein Flächeninhalt maximal wird. Man berechne diesen Flächeninhalt und gebe die Koordinaten der Ecken des Rechteckes an.

6.25 Die Kuppel einer Halle soll einen halbkreisförmigen Querschnitt (Radius r) erhalten (siehe **Abb. 6.34**). In welchen Punkten berührt das trapezförmige Dach die Kuppel, wenn die Restfläche zwischen Dachschräge und Kuppel minimal werden soll?

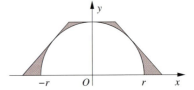

Abb. 6.35 Kuppel

6.26 Ein Bauunternehmer hat zwei voneinander unabhängige Fertigungsbetriebe. Der Gewinn G_1 und G_2 (in Euro) in jedem der Betriebe ist eine Funktion des eingesetzten Kapitals x_1 bzw. x_2:

$$G_1 = 120\sqrt{x_1}, \qquad G_2 = 160\sqrt{x_2}.$$

Die gesamte verfügbare Kapitalmenge beläuft sich auf 4 000 000 Euro. Wie ist die Kapitalmenge auf die Betriebe aufzuteilen, um einen maximalen Unternehmensgewinn zu erzielen? Wie groß ist der zusätzliche Gewinn, wenn ein zusätzlicher Euro Kapital eingesetzt wird?

6.9 Anwendungen an Beispielen

6.27 Zwei Autos fahren auf geraden Straßen, die sich unter einem Winkel von 120° schneiden, mit gleicher Geschwindigkeit $v = 50$ km/h. Zum Zeitpunkt, als das eine Auto die Kreuzung passiert, ist das andere noch $s = 5$ km davon entfernt. Nach welcher Zeit ist die Entfernung der Autos minimal, und wie groß ist diese minimale Entfernung?

Hinweis: Legen Sie ein kartesisches Koordinatensystem mit dem Ursprung in die Kreuzung und der x-Achse auf eine der beiden Straßen.

6.28 Zwei Korridore der Breite 2,4 m und 1,6 m schneiden einander unter einem rechten Winkel. Bestimmen Sie die größte Länge einer Leiter, die man horizontal aus dem einen Korridor in den anderen tragen kann.

6.29 Die Seitenwand eines Gebäudes soll durch einen Balken abgestützt werden, der über eine 1.35 m hohe Mauer gelegt werden soll. Diese hat von der Wand einen Abstand von 3.50 m (siehe **Abb. 6.36**). Wie lang ist der kürzeste Balken, den man dafür benutzen kann?

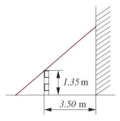

Abb. 6.36 Wand, Mauer und Balken

6.30 Um eine Rabatte, die die Form einer Ellipse mit den Achsen $a = 40$ m und $b = 20$ m hat, sollen gerade Gehwege so gebaut werden, dass sie die Rabatte berühren und die Fläche zwischen Wegen und Rabatten möglichst klein wird (siehe **Abb. 6.37**). Wie müssen die Wege gelegt werden?

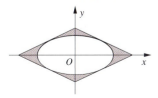

Abb. 6.37 Rabatte

6.31 Beim Bau eines Tunnels soll zunächst ein Querschnitt von der Form einer halben Ellipse mit den Achsen $a = 12$ und $b = 8$ ausgehoben werden, der später bis auf den skizzierten rechteckigen Querschnitt wieder vermauert wird (siehe **Abb. 6.38**).
a) Wie sind h und l zu wählen, damit der zu vermauernde Teil minimal wird?
b) Wie viel Prozent des Aushubquerschnittes müssen in dem Fall wieder zugemauert werden?

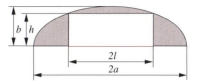

Abb. 6.38 Tunnelquerschnitt

6.32 An der Decke einer Werkhalle soll ein Lüftungskanal angebracht werden. Der Querschnitt hat die Form eines Rechtecks mit aufgesetzten gleichschenklig-rechtwinkligem Dreieck (siehe **Abb. 6.39**). Welche Maße a, b und h müssen Dreieck und Rechteck erhalten, damit zur Herstellung des Lüftungskanals möglichst wenig Blech benötigt wird, wenn die Querschnittsfläche mit $A = 1$ m^2 vorgegeben ist? Aus bautechnischen Gründen darf die Höhe des Kanals 1.5 m nicht überschreiten. Wie groß ist dann der Blechverbrauch pro 1 m Kanallänge?

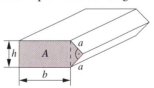

Abb. 6.39 Lüftungskanal

6.33 Die Durchhangsparabel $y = \alpha + \beta x + \gamma x^2$ einer Hochspannungsfernleitung soll durch folgende Messungen bestimmt werden: Spannweite l, Höhenunterschied h der Mastspitzen S_1 und S_2; außerdem zielt man von A, die Parabel in P berührend, nach B und misst die Abstände $S_1 A = a$ und $S_2 B = b$ (siehe **Abb. 6.40**).

Ermitteln Sie außerdem den maximalen Durchhang f (Pfeilhöhe).

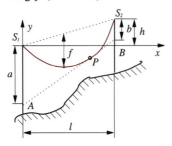

Abb. 6.40 Durchgangsparabel

6.34 Berechnen Sie das maximale Biegemoment und die Stelle, an der es angenommen wird, für einen beidseitig gelenkig gelagerten Balken der Länge l mit der angegebenen linearen Streckenlast q (siehe **Abb. 6.37**)!

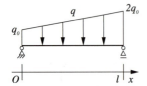

Abb. 6.41 Balken

Taylorpolynome

6.35 Approximieren Sie die Funktion f um die Stelle 0 durch ein Taylorpolynom dritten Grades!

a) $f(x) = \sin x$ b) $f(x) = \cos x$
c) $f(x) = \ln(x+1)$

6.36 Entwickeln Sie die Funktion f an der Stelle 0 in ein Taylorpolynom P_3 dritten Grades und ermitteln Sie das Restglied $R_3(x)$ nach Lagrange. Berechnen Sie den Funktionswert an der Stelle x mit Hilfe des Näherungspolynoms P_3 und schätzen Sie mit Hilfe von $R_3(x)$ den Fehler ab!

a) $f(x) = \sqrt{1-x}$, $x = 0, 1$

b) $f(x) = e^{-x}$, $x = 1$

6.37 Berechnen Sie den Funktionswert von
$$f(x) = 3x^4 + x^3 + 207x^2 + 63$$
an der Stelle x=1.01 ohne Zuhilfenahme eines Taschenrechners.

6.38 Man gebe für $f(x) = \sqrt[3]{1+x}$ mit Hilfe des Taylorpolynoms einen Näherungsausdruck an, der Glieder bis einschließlich der zweiten Potenz in x enthält. Für $x = \dfrac{1}{2}$ schätze man den Fehler ab.

6.39 Man bestimme das Taylorpolynom vierten Grades der Funktion $f(x) = e^{\cos x}$ an der Entwicklungsstelle $x_0 = 0$ sowie das Restglied $R_4(x)$.

Welchen Fehler begeht man höchstens, wenn man die Funktion f im Intervall $[-30°, 30°]$ durch das oben berechnete Näherungspolynom ersetzt?

6.40 Man berechne unter Benutzung der Taylorentwicklung von $\sin x$ um $x_0 = 0$ den Wert sin 1. Wie viel Glieder der Taylorentwicklung muss man berücksichtigen, um eine Genauigkeit von drei Dezimalstellen zu erzielen?

7 Integralrechnung für Funktionen einer Veränderlichen

Der Begriff des bestimmten Integrals ist verbunden mit der Berechnung des Inhaltes der Fläche zwischen dem Graphen einer Funktion auf einem Intervall $[a, b]$, der x-Achse und den begrenzenden Geraden $x = a$ und $x = b$. Mit Hilfe des bestimmten Integrals wird die Stammfunktion und der Zusammenhang von Differenzial- und Integralrechnung erklärt. Der Hauptsatz der Differenzial- und Integralrechnung zeigt die Berechnung des bestimmten Integrals mit einer beliebigen Stammfunktion. Eine Tabelle unbestimmter Integrale sowie einige Integrationsmethoden werden angegeben. An typischen Anwendungsbeispielen wie der Berechnung von Flächen und Bogenlängen, Volumina und Oberflächen von Rotationskörpern, Schwerpunkten und Querschnittswerten wird mit Hilfe der Bildung der Riemannschen Summe gezeigt, wie entsprechende bestimmte Integrale für die jeweilige physikalischen Größe abgeleitet werden.

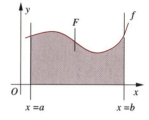

Abb. 7.1 Flächeninhalt

7.1 Einführung

Untersucht werden soll die Möglichkeit der Berechnung von Flächeninhalten ebener Flächen, z. B. des Flächenstücks F zwischen der x-Achse, dem Graphen einer Funktion f und den Geraden $x = a$, $x = b$ (siehe **Abb. 7.1**).

Als Beispiel soll die Funktion $f(x) = x$ betrachtet werden. Sei $a = 0$. Dann ist der gesuchte Flächeninhalt F der eines rechtwinkligen Dreiecks mit der Grundseite b und der Höhe b, sodass $F = b^2/2$ beträgt.

Da für beliebige Funktionen f eine direkte Berechnung des Flächeninhaltes nicht unbedingt möglich ist, soll versucht werden, den gesuchten Flächeninhalt F durch eine Summe von Flächeninhalten von Rechtecken anzunähern (siehe **Abb. 7.2**). Dazu wird das Intervall $[0, b]$ in n gleiche Teilintervalle $[x_k, x_{k+1}]$ der Länge $x_{k+1} - x_k = b/n$ geteilt. Die Teilpunkte sind

$$x_k = k\frac{b}{n}, \ k = 0, ..., n.$$

Einerseits kann die Annäherung der Fläche F als Summe der Flächen von Rechtecken *innerhalb des Dreiecks* erfolgen:

$$s_n = \sum_{k=0}^{n-1}(x_{k+1} - x_k)f(x_k), \qquad (7.1)$$

andererseits als Summe der Flächen von Rechtecken, *die das Dreieck voll-*

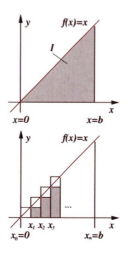

Abb. 7.2 Annäherung des Flächeninhaltes

ständig bedecken:

$$S_n = \sum_{k=0}^{n-1}(x_{k+1} - x_k)f(x_{k+1}). \tag{7.2}$$

Dann gilt offensichtlich

$$s_n \leq F \leq S_n.$$

Für die Funktion $f(x) = x$ folgt mit (7.1), (7.2), $x_{k+1} - x_k = b/n$ und $f(x_k) = x_k = kb/n$

$$\begin{aligned}\frac{b}{n}\sum_{k=0}^{n-1}f(x_k) &\leq F \leq \frac{b}{n}\sum_{k=0}^{n-1}f(x_{k+1}), \\ \frac{b}{n}\sum_{k=0}^{n-1}k\frac{b}{n} &\leq F \leq \frac{b}{n}\sum_{k=0}^{n-1}(k+1)\frac{b}{n}, \\ \frac{b^2}{n^2}\frac{n(n-1)}{2} &\leq F \leq \frac{b^2}{n^2}\frac{n(n+1)}{2}, \\ \frac{b^2}{2}\left(1-\frac{1}{n}\right) &\leq F \leq \frac{b^2}{2}\left(1+\frac{1}{n}\right).\end{aligned} \tag{7.3}$$

Die Folge $0.5b^2(1 - 1/n)$ ist monoton steigend und beschränkt nach oben durch F, sie konvergiert gegen den Grenzwert $0.5b^2$. Die Folge $0.5b^2(1 + 1/n)$ ist monoton fallend und beschränkt nach unten durch F, sie konvergiert ebenfalls gegen den Grenzwert $0.5b^2$. Nach dem Vergleichskriterium (siehe **Abschnitt 5.2**) ist daher $F = 0.5b^2$.

7.2 Obersumme, Untersumme, Zwischensumme

Die Idee der Annäherung der gesuchten Fläche durch eine Summe von Flächen von Rechtecken, deren Vereinigung vollständig in ihr enthalten ist bzw. sie vollständig einschließt, wird verallgemeinert. Die Riemannsche Summe als Näherung für die gesuchte Fläche wird eingeführt.

Gewählt wird eine beliebige (nicht unbedingt äquidistante) Zerlegung des Intervalls $[a, b]$

$$a = x_0 < x_1 < x_2 < \ldots < x_{n-1} < x_n = b$$

in n Teilintervalle $[x_k, x_{k+1}]$, $k = 0, \ldots, n-1$.

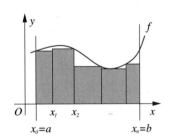

Abb. 7.3 a) Untersumme

7.2 Obersumme, Untersumme, Zwischensumme

Auf jedem der k Teilintervalle existiert für stetige Funktionen f nach dem **Satz 5.44 Satz von Weierstraß** jeweils das Infimum und das Supremum

$$m_k = \inf_{x \in [x_k, x_{k+1}]} f(x), \quad M_k = \sup_{x \in [x_k, x_{k+1}]} f(x).$$

Die Summe

$$s_n = \sum_{k=0}^{n-1} m_k (x_{k+1} - x_k)$$

wird **Untersumme** (siehe **Abb. 7.3 a)**) und die Summe

$$S_n = \sum_{k=0}^{n-1} M_k (x_{k+1} - x_k)$$

wird **Obersumme** (siehe **Abb. 7.3 b)**) genannt.

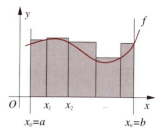

Abb. 7.3 b) Obersumme

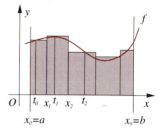

Wählt man auf den k Teilintervallen die Zwischenpunkte $t_k \in [x_k, x_{k+1}]$ *beliebig* und benutzt die Funktionswerte $f(t_k)$ als Höhen der Rechtecke, so erhält man eine **Zwischensumme** oder **Riemannsche** Summe Z_n (siehe **Abb. 7.3 c)**) :

$$Z_n = \sum_{k=0}^{n-1} f(t_k)(x_{k+1} - x_k). \tag{7.4}$$

Abb. 7.3 c) Zwischensumme

Weil $m_k \leq f(x_k) \leq M_k$ ist, liegt eine Zwischensumme stets zwischen Ober- und Untersumme. Mit $m = \inf_{x \in [a,b]} f(x)$ und $M = \sup_{x \in [a,b]} f(x)$ als Infimum und Supremum auf dem gesamten Intervall ergibt sich damit

$$m(b-a) \leq s_n \leq Z_n \leq S_n \leq M(b-a). \tag{7.5}$$

Bei feiner werdender Unterteilung ($n \to \infty$), bei der stets Teilpunkte hinzugefügt werden, ist die Folge s_n der Untersummen monoton steigend und die Folge S_n der Obersummen monoton fallend. Beide Folgen sind außerdem aufgrund der Ungleichung (7.5) beschränkt und konvergieren daher (siehe **Satz 5.13**, **Abschnitt 5.1**). Geht bei diesem Grenzprozess die maximale Länge der Teilintervalle gegen Null, so ist für stetige Funktionen $\lim_{n \to \infty} m_k = \lim_{n \to \infty} M_k$ und damit $\lim_{n \to \infty} s_n = \lim_{n \to \infty} S_n$. Aufgrund der Ungleichung (7.5) und des Vergleichskriteriums für konvergente Folgen (siehe **Abschnitt 5.2**) konvergieren daher die Folgen s_n der Untersummen, die Folge S_n der Obersummen und die Folge Z_n der Zwischensummen gegen dieselbe Zahl.

Der bisher betrachtete Grenzprozess schränkte die betrachteten Folgen von Unter-, Ober- und Zwischensummen auf solche ein, bei denen die Teilpunkte einer Zerlegung stets erhalten blieben (und nur Teilpunkte hinzugefügt, nicht aber verschoben wurden). Außerdem wurde dabei die Funktion $f(x)$ als stetig vorausgesetzt.

Bernhard Georg Friedrich Riemann (* 17. September 1826 in Breselenz bei Dannenberg (Elbe), † 20. Juli 1866 in Selasca am Lago Maggiore)

deutscher Mathematiker, Professor für Mathematik in Göttingen

einer der Begründer der Theorie der Funktionen komplexer Veränderlicher, Begründer der Riemannschen Geometrie, Wegbereiter von Einsteins allgemeiner Relativitätstheorie, Integralrechnung, Arbeiten zu Diffentialgleichungen (Variationsansatz, Abbildungssatz) und Anwendungen auf physikalische Fragen (Mechanik, Elektrizität, Magnetismus), Zahlentheorie (Verteilung der Primzahlen, bis heute unbewiesene Riemannsche Vermutung über die Nullstellen der Zeta-Funktion, die von tragender Bedeutung für die Zahlentheorie ist)

hier: Riemannsche Summe

7.3 Das bestimmte Integral

Die Definition des bestimmten Integrals erfordert die Konvergenz beliebiger Folgen von Zwischensummen gegen ein- und dieselbe Zahl. Einige Klassen integrierbarer Funktionen werden angegeben. Nicht nur stetige Funktionen sind integrierbar.

Definition 7.1

Sei f eine auf dem Intervall $[a, b]$ beschränkte Funktion. Sie heißt **integrierbar** über $[a, b]$, falls jede Folge von Zwischensummen Z_n aus (7.4) unabhängig von der Zerlegung des Intervalls $[a, b]$ und der Wahl von Zwischenpunkten t_k gegen dieselbe Zahl I konvergiert, wobei die maximale Länge der Teilintervalle gegen Null geht:

$$\lim_{n \to \infty} Z_n = I$$

Die Zahl I heißt **bestimmtes Integral von f über $[a, b]$**:

$$I = \int_a^b f(x)\,\mathrm{d}x. \tag{7.6}$$

Bemerkung 7.2

1. Ist f stetig und gilt $f(x) \geq 0$ auf $[a, b]$, so ist das Integral gleich dem Flächeninhalt des vom Graphen von f, der x-Achse und den Geraden $x = a$, $x = b$ eingeschlossenen Flächenstücks.

2. Die Intervallgrenzen a und b heißen **untere** bzw. **obere Integrationsgrenze**, x heißt **Integrationsvariable**. Die Änderung der Integrationsvariablen entspricht der Änderung der Bezeichnung der horizontalen Achse des Koordinatensystems und spielt daher für die Definition des Integrals keine Rolle. Es ist z. B.

$$\int_a^b f(x)\,\mathrm{d}x = \int_a^b f(t)\,\mathrm{d}t.$$

Das folgende Beispiel zeigt, dass integrierbare Funktionen nicht unbedingt stetig sein müssen.

Beispiel 7.3

Ist die folgende Funktion (siehe **Abb. 7.4**)

$$f(x) = \begin{cases} 0, & x \neq p, \ p \in (a, b), \\ c, & x = p, \ c > 0, \end{cases} \quad x \in [a, b]$$

mit einer Lücke an der Stelle p integrierbar?

Sei $x_0, x_1, ..., x_n$ eine beliebige Zerlegung des Intervalls $[a, b]$ so, dass die Stelle p innerhalb des i-ten Teilintervalls liegt: $p \in [x_{i-1}, x_i]$. Dann ist offenbar $m_k = M_k = 0$ für alle

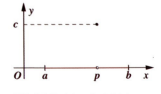

Abb. 7.4 Funktion f mit Lücke

7.3 Das bestimmte Integral

Teilintervalle außer dem i-ten. Dort gilt $m_k = 0$ und $M_k = c$. Man erhält folgende Unter- und Obersumme:

$$s_n = \sum_{k=0}^{n-1} m_k (x_{k+1} - x_k) = 0,$$

$$S_n = \sum_{k=0}^{n-1} M_k (x_{k+1} - x_k) = c\,(x_{i-1} - x_i)$$

Geht für $n \to \infty$ die Länge des *maximalen* Teilintervalls gegen Null, so auch die Länge $(x_{i-1} - x_i)$ des i-ten, und es ist

$$\lim_{n \to \infty} s_n = \lim_{n \to \infty} S_n = 0.$$

Die Folge jeder Zwischensumme konvergiert wegen der Ungleichung (7.5) ebenfalls gegen Null.

Funktionen mit folgenden Eigenschaften sind integrierbar:

1. Ist eine Funktion f auf dem Intervall $[a, b]$ stetig, so ist sie dort integrierbar.

2. Ist eine Funktion f auf dem Intervall $[a, b]$ nur *in endlich vielen Stellen* von 0 verschieden (und daher auf $[a, b]$ *nicht stetig*), so ist f integrierbar, und es gilt

$$\int_a^b f(x)\,\mathrm{d}x = 0.$$

3. Ändert man eine integrierbare Funktion in *endlich vielen Stellen* ab, so bleibt die Funktion integrierbar, und der Wert des Integrals ändert sich dabei nicht.

4. Stückweise stetige (d. h. auf endlich vielen Teilintervallen stetige) Funktionen sind integrierbar.

Weil für integrierbare Funktionen *jede* Folge der Zwischensummen gegen dieselbe Zahl konvergiert, kann das bestimmte Integral als Grenzwert der Folge der Zwischensummen bei *spezieller* Wahl der Teilintervalle und der Zwischenpunkte berechnet werden. Im folgenden Beispiel wird so das bestimmte Integral einer linearen Funktion ermittelt.

Bestimmtes Integral der linearen Funktion

Beispiel 7.4

Die Funktion $f(x) = \alpha x + \beta$ (siehe **Abb. 7.5**) ist auf dem Intervall $[a, b]$ stetig und daher integrierbar. Ihr Integral ist zu berechnen.

Die Teilpunkte x_k der Zerlegung Z_n werden so gewählt, dass das Intervall $[a, b]$ in n gleiche Teile unterteilt wird. Als Zwischenpunkte t_k werden die Halbierungspunkte der Teilintervalle $[x_k, x_{k+1}]$ genommen:

$$x_k = a + kh, \; t_k = x_k + \frac{h}{2}, \; h = \frac{b-a}{n}, \; k = 0, 1, ..., n, \; x_0 = a.$$

Die Berechnung der Summe Z_n liefert

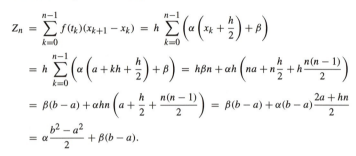

$$Z_n = \sum_{k=0}^{n-1} f(t_k)(x_{k+1} - x_k) = h \sum_{k=0}^{n-1} \left(\alpha \left(x_k + \frac{h}{2} \right) + \beta \right)$$

$$= h \sum_{k=0}^{n-1} \left(\alpha \left(a + kh + \frac{h}{2} \right) + \beta \right) = h\beta n + \alpha h \left(na + n\frac{h}{2} + h\frac{n(n-1)}{2} \right)$$

$$= \beta(b-a) + \alpha h n \left(a + \frac{h}{2} + \frac{n(n-1)}{2} \right) = \beta(b-a) + \alpha(b-a)\frac{2a + hn}{2}$$

$$= \alpha \frac{b^2 - a^2}{2} + \beta(b-a).$$

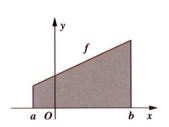

Abb. 7.5 Lineare Funktion f

7.4 Eigenschaften des bestimmten Integrals

Das bestimmte Integral hat eine Reihe von Eigenschaften, die bei seiner Berechnung Anwendung finden. Insbesondere kann der Integrationsbereich unterteilt werden, und das Integrieren einer Linearkombination von Funktionen kann auf das Integrieren dieser Funktionen zurückgeführt werden. Ungleichungen für bestimmte Integrale geben die Möglichkeit, ihre Werte abzuschätzen. Der Mittelwertsatz der Integralrechnung vergleicht das bestimmte Integral mit der Fläche eines Rechtecks, dessen Grundseite mit der des Integrationsbereiches übereinstimmt.

1. Die Funktion f ist genau dann über dem Intervall $[a, b]$ integrierbar, wenn sie über den Intervallen $[a, c]$ und $[c, b]$ integrierbar ist, wobei $c \in [a, b]$ ist. Dabei gilt

$$\int_a^b f(x) \, \mathrm{d}x = \int_a^c f(x) \, \mathrm{d}x + \int_c^b f(x) \, \mathrm{d}x. \tag{7.7}$$

Der Satz bleibt auch dann richtig, wenn $[a, b]$ in *endlich viele* Teilintervalle zerlegt wird.

7.4 Eigenschaften des bestimmten Integrals

Integriert werden soll die stückweise stetige Funktion $f(x) = x - [x]$ über dem Intervall $[a, b] = [-0.5, 3.5]$ (siehe **Abb. 7.6**). Dabei bedeutet $[x]$ diejenige ganze Zahl g, für die $g \leq x < g+1$ ist. Z. B. ist $[3.2] = 3$, $[-2.7] = -3$, $[11] = 11$.

Mit mehrfacher Anwendung von (7.7) ergibt sich

$$\int_{-0,5}^{3,5} f(x)\,dx = \int_{-0,5}^{0} (x+1)\,dx$$
$$+ \int_{0}^{1} x\,dx + \int_{1}^{2} (x-1)\,dx + \int_{2}^{3} (x-2)\,dx + \int_{3}^{3,5} (x-3)\,dx = 2.$$

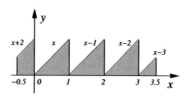

Abb. 7.6 Funktion $f(x) = x - [x]$

2. Vereinbarungsgemäß ist

$$\int_{a}^{a} f(x)\,dx = 0 \text{ und}$$

$$\int_{a}^{b} f(x)\,dx = -\int_{b}^{a} f(x)\,dx. \tag{7.8}$$

3. Seien f und g über dem Intervall $[a, b]$ integrierbare Funktionen und $\lambda \in \mathbb{R}$ eine beliebige reelle Zahl. Dann sind die Funktionen $f + g$ und λf integrierbar, und es ist

$$\int_{a}^{b} (f(x) + g(x))\,dx = \int_{a}^{b} f(x)\,dx + \int_{a}^{b} g(x)\,dx \text{ bzw.}$$

$$\int_{a}^{b} \lambda f(x)\,dx = \lambda \int_{a}^{b} f(x)\,dx. \tag{7.9}$$

Linearität

Folgerung: Jede endliche Linearkombination von über dem Intervall $[a, b]$ integrierbaren Funktionen ist dort integrierbar mit

$$\int_{a}^{b} \left(\sum_{i=1}^{n} \alpha_i f_i(x) \right) dx = \sum_{i=1}^{n} \alpha_i \int_{a}^{b} f_i(x)\,dx.$$

4. Seien f und g über dem Intervall $[a, b]$ integrierbare Funktionen. Dann haben folgende Ungleichungen bzw. Abschätzungen für Integrale Gültigkeit:

Ungleichungen für Integrale

a) Die Funktion $|f|$ ist über dem Intervall $[a, b]$ integrierbar, und es ist

$$\left| \int_a^b f(x)\, dx \right| \leq \int_a^b |f(x)|\, dx. \tag{7.10}$$

b) Falls $f(x) \geq 0$ für alle $x \in [a, b]$ ist, gilt

$$\int_a^b f(x)\, dx \geq 0.$$

c) Aus $f(x) \leq g(x)$ für alle $x \in [a, b]$ folgt

$$\int_a^b f(x)\, dx \leq \int_a^b g(x)\, dx.$$

d) Sei $m \leq f(x) \leq M$ für alle $x \in [a, b]$. Dann gilt

$$m(b-a) \leq \int_a^b f(x)\, dx \leq M(b-a). \tag{7.11}$$

e) Aus $|f(x)| \leq c$ für alle $x \in [a, b]$ folgt mit (7.10) und (7.11) unmittelbar

$$\left| \int_a^b f(x)\, dx \right| \leq c(b-a).$$

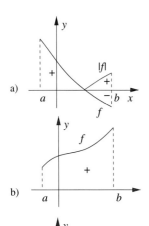
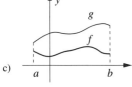
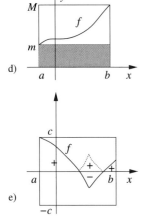

Abb. 7.7 Ungleichungen für Integrale

Die Abbildung **Abb. 7.7** illustriert diese Ungleichungen.

Satz 7.5
Mittelwertsatz der Integralrechnung

Sei f eine über dem Intervall $[a, b]$ stetige Funktion. Dann gibt es eine reelle Zahl $\xi \in [a, b]$ so, dass gilt

$$\int_a^b f(x)\, dx = f(\xi)(b-a). \tag{7.12}$$

Beweis: Wenn f eine über dem Intervall $[a, b]$ stetige Funktion ist, so ist sie dort beschränkt (siehe Eigenschaften stetiger Funktionen, **Abschnitt 5.4**), d. h. es existieren reelle Zahlen m und M mit $m \leq f(x) \leq M$ für alle $x \in [a, b]$. Daher gilt Ungleichung (7.11). Dividiert man diese durch $b - a$, folgt

$$m \leq \frac{1}{b-a} \int_a^b f(x)\, dx \leq M.$$

Da f stetig ist, wird jeder Wert zwischen m und M von ihr auf dem Intervall $[a, b]$ angenommen (**Satz 5.46 von Bolzano**, siehe **Abschnitt 5.4**), also auch der Wert $z = \frac{1}{b-a} \int_a^b f(x)\, dx$. Das bedeutet, es existiert eine Stelle $\xi \in [a, b]$ mit

$$f(\xi) = z = \frac{1}{b-a} \int_a^b f(x)\, dx.$$
∎

Für Funktionen mit $f(x) \geq 0$ für alle $x \in [a, b]$ hat der Mittelwertsatz folgende Interpretation: Es existiert eine Stelle $\xi \in [a, b]$ so, dass der Flächeninhalt des Flächenstücks zwischen dem Graphen der Funktion f, der x-Achse und den Geraden $x = a$, $x = b$ gleich dem Flächeninhalt des Rechtecks mit den Seiten $b - a$ (Intervalllänge) und $f(\xi)$ ist.

7.5 Die Stammfunktion

Die Stammfunktion zu einer gegebenen Funktion wird als ihr bestimmtes Integral mit veränderlicher oberer Grenze erklärt. Es wird gezeigt, dass die Ableitung der Stammfunktion gleich der ursprünglichen Funktion ist. Damit ist die Verbindung zwischen der Differenzial- und der Integralrechnung hergestellt.

Sei f eine über dem Intervall $[a, b]$ stetige Funktion und sei die Funktion F definiert durch die Gleichung

$$F(x) = \int_a^x f(t)\, dt. \tag{7.13}$$

Das Argument der Funktion F ist hierbei die obere Integrationsgrenze des Integrals auf der rechten Seite von (7.13). Dann gilt der folgende

> Die Funktion F aus (7.13) ist differenzierbar mit $F'(x) = f(x)$ für alle $x \in [a, b]$.

Satz 7.6

Eine andere Schreibweise dieser Gleichung lautet

$$\frac{d}{dx}\left(\int_a^x f(t)\,dt\right) = f(x), \; x \in [a,b]. \tag{7.14}$$

Sie bedeutet, dass die Differenziation des Integrals auf der rechten Seite von (7.13) die Integration über das Intervall $[a, x]$ wieder aufhebt.

Beweis: Nach **Definition 6.3** der Ableitung einer Funktion wird der Differenzenquotient $\frac{F(x+h) - F(x)}{h}$ und sein Grenzwert für $h \to 0$ gebildet. Falls er existiert, ist er die gesuchte Ableitung.

Es ist

$$F(x+h) - F(x) = \int_a^{x+h} f(t)\,dt - \int_a^x f(t)\,dt = \int_x^{x+h} f(t)\,dt.$$

Der Mittelwertsatz der Integralrechnung (7.12) besagt, dass eine reelle Zahl $\xi \in [x, x+h]$ existiert, sodass

$$\int_x^{x+h} f(t)\,dt = h\,f(\xi)$$

gilt. Damit wird der Grenzwert des Differenzenquotienten für $h \to 0$

$$\lim_{h \to 0} \frac{F(x+h) - F(x)}{h} = \lim_{h \to 0} f(\xi) = f(x). \quad\blacksquare$$

Wenn die obere Grenze des Integrals auf der rechten Seite von (7.13) eine *Funktion g* des Argumentes x darstellt, so ist seine Ableitung nach der Kettenregel der Differentation zu bilden, und man erhält

$$\frac{d}{dx}\left(\int_a^{g(x)} f(t)\,dt\right) = f(g(x)) \cdot g'(x). \tag{7.15}$$

Ableitung eines Integrals mit veränderlicher Grenze

Beispiel 7.7

Gesucht ist die Ableitung der Funktion $F(x) = \int_{\sin x}^a \frac{1}{1+\sin^2 t}\,dt$. Mit (7.8) und (7.15) ergibt sich

$$\frac{d}{dx}\left(\int_{\sin x}^a \frac{1}{1+\sin^2 t}\,dt\right) = -\frac{d}{dx}\left(\int_a^{\sin x} \frac{1}{1+\sin^2 t}\,dt\right) = -\frac{\cos x}{1+\sin^2(\sin x)}.$$

7.5 Die Stammfunktion

Die Funktion F aus der Definition (7.13) ist nicht die einzige Funktion, für die gilt $F'(x) = f(x)$. Auch die Ableitung der Funktion $G(x) = \int_c^x f(t)\,dt$ ist offenbar gleich $f(x)$, denn es ist mit Eigenschaft (7.8)

$$G(x) = \int_c^x f(t)\,dt = \int_a^x f(t)\,dt + \int_c^a f(t)\,dt = F(x) + C$$

und daher $G'(x) = F'(x) = f(x)$.

Definition 7.8

Sei f eine über einem Intervall $[a, b]$ integrierbare Funktion. Eine beliebige auf $[a, b]$ differenzierbare Funktion F mit

$$F'(x) = f(x)$$

für alle $x \in [a, b]$ heißt **Stammfunktion von f auf $[a, b]$**.

Eigenschaften von Stammfunktionen

1. Ist F eine Stammfunktion der Funktion f auf $[a, b]$, so ist die Funktion $F + C$ für beliebiges $C \in \mathbb{R}$ ebenfalls Stammfunktion von f.

2. Je zwei Stammfunktionen F und G ein- und derselben integrierbaren Funktion f unterscheiden sich lediglich um eine additive Konstante, d. h. es gibt eine Zahl $C \in \mathbb{R}$ so, dass für alle $x \in [a, b]$ gilt $F(x) = G(x) + C$ (vergleiche **Satz 6.51** aus **Abschnitt 6.7**).

Beispiel 7.9 — Stammfunktionen

Gesucht ist eine Stammfunktion von $f(x) = \sin 2x$. Nach Definition (7.13) ist $\int_a^x \sin 2t\,dt$ Stammfunktion, gesucht ist aber eine Darstellung ohne Integralzeichen.

Student A, der die Ableitungsregeln noch beherrscht, erinnert sich, dass $(-\cos x)' = \sin x$ ist. Jetzt probiert er $(-\cos 2x)' = 2\sin 2x$ und erhält schließlich $F(x) = (-\cos 2x)/2$ als Stammfunktion.

Student B, der ebenfalls ableiten kann und zudem noch ein Additionstheorem für Winkelfunktionen im Kopf hat, weiß sofort $(\sin^2 x)' = 2\sin x \cos x = \sin 2x$ und erhält eine andere Stammfunktion $G(x) = \sin^2 x$.

Nach Eigenschaft 2. von Stammfunktionen dürfen sich F und G lediglich um eine additive Konstante unterscheiden, worüber Student A und Student B in heftige Auseinandersetzung geraten. Student C, der mehrere Additionstheoreme für Winkelfunktionen auswendig kennt, wendet $\cos 2x = 1 - 2\sin^2 x$ an und zeigt damit

$$F(x) = -\frac{\cos 2x}{2} = -\frac{1}{2} + \sin^2 x = -\frac{1}{2} + G(x),$$

was bedeutet, dass sich F und G tatsächlich lediglich um die additive Konstante -0.5 unterscheiden.

7.6 Der Hauptsatz der Differenzial- und Integralrechnung

Der Hauptsatz der Differenzial- und Integralrechnung zeigt, wie ein bestimmtes Integral mit Kenntnis der Stammfunktion des Integranden berechnet werden kann.

Satz 7.10
Hauptsatz der Differenzial- und Integralrechnung

Sei f eine über dem Intervall $[a, b]$ stetige Funktion und F eine beliebige Stammfunktion von f auf diesem Intervall. Dann ist

$$\int_a^b f(t)\, dt = F(b) - F(a). \tag{7.16}$$

Beweis: Sei G Stammfunktion von f so, dass

$$G(x) = \int_a^x f(t)\, dt \quad \text{und folglich} \tag{7.17}$$

$$G(b) = \int_a^b f(t)\, dt$$

ist. Es soll gezeigt werden, dass $G(b) = F(b) - F(a)$ für *jede beliebige* Stammfunktion F von f ist.

Sei F ebenfalls Stammfunktion von f. Dann unterscheiden sich F und G um eine additive Konstante C, sodass gilt

$$G(x) = F(x) + C. \tag{7.18}$$

Für $x = a$ erhält man $G(a) = F(a) + C$. Es ist aber $G(a) = 0$ (untere und obere Integrationsgrenze in (7.17) ist jeweils a) und folglich $C = -F(a)$.

Für $x = b$ ergibt sich damit aus (7.18) $G(b) = F(b) - F(a)$. ∎

Gleichung (7.16) bedeutet, dass sich das bestimmte Integral einer stetigen Funktion mit Kenntnis einer beliebigen ihrer Stammfunktionen als Differenz der Funktionswerte der Stammfunktion an der oberen und unteren Grenze berechnen lässt.

Berechnung des bestimmten Integrals mit dem Hauptsatz

Beispiel 7.11

Berechnet werden soll das Integral $\int_a^b x^\alpha\, dx$. Die Anwendung von **Satz 7.10** erfordert die Kenntnis einer Stammfunktion. Aus der Ableitungsregel $(x^{\alpha+1})' = (\alpha + 1)x^\alpha$ (siehe

Abschnitt 6.2) erhält man für $\alpha \neq -1$

$$\left(\frac{x^{\alpha+1}}{\alpha+1}\right)' = x^{\alpha}, \text{ sodass}$$

$$\int_a^b x^{\alpha}\, dx = F(b) - F(a) = \frac{b^{\alpha+1} - a^{\alpha+1}}{\alpha+1}$$

ist. Für $\alpha = -1$ erhält man mit den Ableitungsregeln $(\ln x)' = 1/x$, $x > 0$ und $(\ln(-x))' = -1/x \cdot (-1)$, $x < 0$, d. h. also $(\ln|x|)' = 1/x$, $x \neq 0$

$$\int_a^b \frac{1}{x}\, dx = \ln|b| - \ln|a| = \ln\frac{b}{a}, \ 0 \notin [a, b].$$

7.7 Das unbestimmte Integral

Der Begriff des unbestimmten Integrals wird mit der Stammfunktion erklärt. Eigenschaften des unbestimmten Integrals werden genannt und eine Tabelle oft benötigter unbestimmter Integrale angegeben. Beispiele zeigen u. a., wie die Eigenschaft der Linearität benutzt wird, um Stammfunktionen von Linearkombinationen von Funktionen aus den Stammfunktionen dieser Funktionen zu erhalten.

Definition 7.12

Sei f eine auf einem Intervall $[a, b]$ definierte und dort integrierbare Funktion. Dann bezeichnet man mit dem Symbol

$$\int f(x)\, dx$$

die Menge aller Stammfunktionen von f auf $[a, b]$ und nennt es **das unbestimmte Integral von f auf $[a, b]$**.

Eigenschaften des unbestimmten Integrals

1. Ist F eine Stammfunktion von f auf dem Intervall $[a, b]$, so gilt aufgrund der Eigenschaft 2. von Stammfunktionen (siehe **Abschnitt 7.5**)

$$\int f(x)\, dx = F(x) + C, \ C \in \mathbb{R}. \qquad (7.19)$$

2. Integration und Differenziation heben sich gegenseitig auf. Wegen (7.14) ist

$$\frac{d}{dx}\left(\int f(x)\, dx\right) = f(x).$$

3. Auch in umgekehrter Reihenfolge heben sich Differentation und Integration (bis auf die additive Konstante C) auf:

$$\int dF = F(x) + C. \tag{7.20}$$

(7.20) ergibt sich unmittelbar aus (7.19) mit dem Differenzial $dF(x) = F'(x)\,dx = f(x)\,dx$.

4. Sind f und g über dem Intervall $[a, b]$ integrierbare Funktionen und $\alpha, \beta \in \mathbb{R}$ beliebige reelle Zahlen. Dann gilt die Eigenschaft

Linearität
$$\int (\alpha f(x) + \beta g(x))\,dx = \alpha \int f(x)\,dx + \beta \int g(x)\,dx. \tag{7.21}$$

Die Berechnung bestimmter Integrale erfordert nach dem Hauptsatz der Differenzial- und Integralrechnung (7.16) die Kenntnis einer *beliebigen* Stammfunktion, d. h. des unbestimmten Integrals. Wie in den **Beispielen 7.9, 7.11** bereits gezeigt, erhält man, ausgehend von der Tabelle der Ableitungen von Funktionen, daraus eine Tabelle der unbestimmten Integrale:

Tabelle der unbestimmten Integrale

$\int f(x)\,dx$	=	$F(x) + C$	$\int f(x)\,dx$	=	$F(x) + C$
$\int 0 \cdot dx$	=	C	$\int dx$	=	$x + C$
$\int x^\alpha\,dx$	=	$\dfrac{x^{\alpha+1}}{\alpha+1} + C,\ \alpha \neq -1$	$\int \dfrac{1}{x}\,dx$	=	$\ln|x| + C,\ x \neq 0$
$\int e^x\,dx$	=	$e^x + C$	$\int a^x\,dx$	=	$\dfrac{a^x}{\ln a} + C,\ a > 0,\ a \neq 1$
$\int \sin x\,dx$	=	$-\cos x + C$	$\int \cos x\,dx$	=	$\sin x + C$
$\int \tan x\,dx$	=	$-\ln|\cos x| + C$	$\int \cot x\,dx$	=	$\ln|\sin x| + C$
$\int \dfrac{1}{\cos^2 x}\,dx$	=	$\tan x + C,\ x \neq \pi/2 + k\pi$	$\int \dfrac{1}{\sin^2 x}\,dx$	=	$-\cot x + C,\ x \neq k\pi$
$\int \dfrac{1}{1+x^2}\,dx$	=	$\arctan x + C$	$\int \dfrac{1}{\sqrt{1-x^2}}\,dx$	=	$\arcsin x + C$
	=	$-\operatorname{arccot} x + C$		=	$-\arccos x + C,\ -1 < x < 1$

7.8 Integrationsmethoden

Berechnung bestimmter Integrale mit dem Hauptsatz und der Tabelle der unbestimmten Integrale

Beispiel 7.13

Mit dem Hauptsatz (7.16), der Tabelle der unbestimmten Integrale und der Linearitätseigenschaft (7.21) ergibt sich:

1. $\int_0^3 x \, dx = \frac{1}{2}x^2 \Big|_0^3 = \frac{9}{2}$.

2. $\int_3^1 \frac{1}{x} \, dx = \ln|x| \Big|_3^1 = \ln 1 - \ln 3 = -\ln 3$.

3. $\int_2^7 \sqrt{x} \, dx = \frac{2}{3}x^{3/2} \Big|_2^7 = \frac{2}{3}\left(7^{3/2} - 2^{3/2}\right)$.

4. $\int_1^4 \frac{5}{\sqrt[4]{x}} \, dx = 5 \cdot \frac{4}{3} x^{\frac{3}{4}} \Big|_1^4 = \frac{20}{3}\left(4^{3/4} - 1^{3/4}\right) = \frac{20}{3}\left(2\sqrt[4]{4} - 1\right)$.

5. $\int_{-\pi/2}^{\pi/2} (3\sin x - \cos x) \, dx = (-3\cos x - \sin x)\Big|_{-\pi/2}^{\pi/2} = -(-1 - (-1)) = -2$.

7.8 Integrationsmethoden

Die Tabelle der unbestimmten Integrale aus **Abschnitt 7.7** enthält nur einige grundlegende Integrale. Sind die Integranden Funktionen, die sich nicht mit Hilfe der Linearitätseigenschaft (7.21) darauf zurückführen lassen, kann das mit Hilfe von Integrationsmethoden versucht werden. Allerdings existiert nicht für jede integrierbare Funktion ein unbestimmtes Integral als Term ohne Integralzeichen! Es gibt ausführliche Tabellenbücher mit unbestimmten (und bestimmten) Integralen. Sie liegen Computeralgebrasystemen zugrunde, mit denen man bei vielen praktischen Aufgaben die benötigten Integrale erhält. Einige Integrationsmethoden haben besondere Bedeutung für das Umformen von Integralen und das Zurückführen auf bekannte oder tabellierte Integrale.

7.8.1 Integranden der Form f'/f

Sei f eine über dem Intervall $[a, b]$ stetig differenzierbare Funktion mit $f(x) \neq 0$ für alle $x \in [a, b]$. Dann ist

$$\int \frac{f'(x)}{f(x)} \, dx = \ln|f(x)| + C. \qquad (7.22)$$

Beweis: Es ergibt sich mit der Kettenregel der Differenziation für

$f(x) > 0: \quad (\ln|f(x)|)' = \dfrac{1}{f(x)} \cdot f'(x);$

$f(x) < 0: \quad (\ln(-|f(x)|))' = \dfrac{1}{-f(x)} \cdot (-f'(x)) = \dfrac{f'(x)}{f(x)}.$ ∎

Logarithmisches Integrieren

Beispiel 7.14

Gesucht ist das unbestimmte Integral der Funktion $f(x) = \tan x$. Mit $f(x) = \cos x$ und $f'(x) = -\sin x$ ergibt sich aus (7.22)

$$\int \tan x \, dx = -\int \frac{-\sin x}{\cos x} \, dx = -\ln|\cos x| + C = \ln\left|\frac{1}{\cos x}\right| + C.$$

7.8.2 Partielle Integration

Die Produktregel der Differenziation (siehe **Abschnitt 6.2**) lautet für zwei auf einem Intervall $[a, b]$ differenzierbare Funktionen $u(x)$ und $v(x)$

$$(u(x)v(x))' = u'(x)v(x) + u(x)v'(x),$$

d. h. $u(x)v(x)$ ist Stammfunktion von $u'(x)v(x) + u(x)v'(x)$. Das bedeutet

$$u(x)v(x) = \int \left(u'(x)v(x) + u(x)v'(x)\right) dx \quad \text{bzw.} \tag{7.23}$$

$$\int u'(x)v(x) \, dx = u(x)v(x) - \int u(x)v'(x) \, dx. \tag{7.24}$$

Partielles Integrieren

Beispiel 7.15

Mit der Integrationsregel (7.24) findet man unmittelbar

1. $\int x e^x \, dx = \begin{bmatrix} v = x, & u' = e^x, \\ v' = 1, & u = e^x, \end{bmatrix} = x e^x - \int e^x \cdot 1 \, dx = x e^x - e^x + C.$

2. $\int \ln x \, dx = \begin{bmatrix} v = \ln x, & u' = 1, \\ v' = 1/x, & u = x, \end{bmatrix} = x \ln x - \int 1 \, dx = x \ln x - x + C.$

3. Für das unbestimmte Integral $\int \sin^2 x \, dx$ erhält man zunächst mit der Integrationsregel (7.24)

$$\int \sin^2 x \, dx = \begin{bmatrix} v = \sin x, & u' = \sin x, \\ v' = \cos x, & u = -\cos x, \end{bmatrix} = -\sin x \cos x - \int(-\cos^2 x) \, dx$$

$$= [\cos^2 x = 1 - \sin^2 x] \qquad = -\sin x \cos x + \int(1 - \sin^2 x) \, dx$$

und weiter mit Umstellen nach $\int \sin^2 x \, dx$

$$2\int \sin^2 x \, dx = -\sin x \cos x + x + C, \quad \text{d. h.}$$

$$\int \sin^2 x \, dx = -\frac{1}{4}\sin 2x + \frac{x}{2} + C.$$

7.8 Integrationsmethoden

Für das bestimmte Integral gilt

Bemerkung 7.16

$$\int_a^b u'(x)v(x)\,dx = u(x)v(x)\Big|_a^b - \int_a^b u(x)v'(x)\,dx.$$

7.8.3 Substitutionsregel

Die Kettenregel der Differenziation (siehe **Abschnitt 6.2**) lautet für die Funktion $H(x) = F(g(x)) + C$

$$H'(x) = F'(g(x))\,g'(x).$$

Ist F Stammfunktion von f, d.h. $F'(g) = f(g)$, so ist H Stammfunktion von $f(g) \cdot g'$:

$$H'(x) = f(g(x))\,g'(x) \text{ bzw.}$$

$$H(x) = \int f(g(x))g'(x)\,dx = F(g(x)) + C.$$

Bei der Berechnung des Integrals $\int f(g(x))g'(x)\,dx$ ergibt die Substitution $y = g(x)$, $y' = g'(x)$ bzw. $dy = g'(x)dx$

$$\int f(g(x))g'(x)\,dx = \int f(y)\,dy = F(g(x)) + C.$$

Die erfolgreiche Anwendung der Substitutionsregel besteht darin, das gesuchte Integral durch geeignete Substitution(en) auf bekannte Integale zurückzuführen.

Beispiel 7.17

Integrieren mit der Substitutionsregel

1. $\int x^2 \sin x^3 \, dx = \begin{bmatrix} y = x^3 \\ dy = 3x^2\,dx \end{bmatrix} = \dfrac{1}{3}\int \sin y \, dy = -\dfrac{1}{3}\cos y + C$

   $ = -\dfrac{1}{3}\cos x^3 + C.$

2. $\int f(ax+b)\,dx = \begin{bmatrix} y = ax+b \\ dy = a\,dx \end{bmatrix} = \dfrac{1}{a}\int f(y)\,dy$

   $\int (3x-21)^{22}\,dx = \begin{bmatrix} y = 3x-21 \\ dy = 3\,dx \end{bmatrix} = \dfrac{1}{3}\int y^{22}\,dy = \dfrac{1}{3 \cdot 23}y^{23} + C$

   $\phantom{\int (3x-21)^{22}\,dx} = \dfrac{1}{69}(3x-21)^{23} + C.$

Normieren des Integrationsparameters mit der Substitutionsregel

Beispiel 7.18

Bei der Berechnung von Klothoidenpunkten (x_i, y_i) der Klothoiden mit der Krümmung $k(s) = s/a^2$ (siehe **Abschnitt 6.9.5**) ist die Auswertung der Integrale

$$x_i = \int_0^{l_i} \cos \frac{s^2}{2a^2} \, ds, \qquad y_i = \int_0^{l_i} \sin \frac{s^2}{2a^2} \, ds \qquad (7.25)$$

erforderlich, wobei s die Bogenlänge (Parameter), l_i die Entfernung des Punktes entlang der Klothoiden vom ihrem Anfangspunkt und a der Klothoidenparameter ist. Die analytische Auswertung dieser Integrale ist für $l_i > 0$ nicht möglich. Die Integrale (7.25) werden durch die Substitution

$$t = \frac{s}{a}, \; dt = \frac{ds}{a}, \; t_i = \frac{l_i}{a}$$

zurückgeführt auf die Bestimmung von den Koordinaten (x_{ei}, y_{ei}) der *Einheitsklothoide* mit dem Klothoidenparameter $a = 1$. Man erhält

$$x_i = a \int_0^{t_i} \cos \frac{t^2}{2} \, dt = a \, x_{ei}, \qquad y_i = a \int_0^{t_i} \sin \frac{t^2}{2} \, dt = a \, y_{ei}.$$

Sind die Integrale der Einheitsklothoiden x_{ei} und y_{ei} tabelliert, so können auf diese Weise die Koordinaten von Punkten einer Klothoiden mit dem Parameter a aus den Tabellenwerten gewonnen werden.

Normieren des Integrationsintervalls mit der Substitutionsregel

Beispiel 7.19

Mitunter ist es erforderlich, ein bestimmtes Integral mit dem Integrationsintervall $[x_u, x_o] = [a, b]$ zu *transformieren* auf das Integrationsintervall $[-1, 1]$. Ist z. B. das Integral

$$\int_a^b f(x) \, dx \qquad (7.26)$$

zu berechnen, kann die Substitution

$$x = \frac{b-a}{2} t + \frac{a+b}{2}, \; dx = \frac{b-a}{2} dt,$$

$$t_u = \left(x_u - \frac{a+b}{2}\right) \frac{2}{b-a} = \left(a - \frac{a+b}{2}\right) \frac{2}{b-a} = -1, \qquad (7.27)$$

$$t_o = \left(x_o - \frac{a+b}{2}\right) \frac{2}{b-a} = \left(b - \frac{a+b}{2}\right) \frac{2}{b-a} = 1 \qquad (7.28)$$

verwendet werden. Man erhält aus (7.26)

$$\int_a^b f(x) \, dx = \int_{-1}^1 f\left(\frac{b-a}{2} t + \frac{a+b}{2}\right) dt.$$

7.9 Anwendungen der Integralrechnung

Viele physikalische Größen lassen sich durch Summen von Teilgrößen nähern. So ist z. B. die Länge eines gekrümmten Seils gleich der Summe der Längen seiner Abschnitte, wenn die Seilkurve durch beliebige Teilpunkte unterteilt wird. Näherungsweise kann sie durch die Summe der Längen der Verbindungsstrecken zwischen den Teilpunkten berechnet werden. Je feiner die Unterteilung, desto bessere Näherungen werden erzielt. Nach der Grenzwertbildung erhält man die gesuchte Länge als bestimmtes Integral. Diese Vorgehensweise bei der Berechnung physikalischer Größen mit bestimmten Integralen von Funktionen einer Veränderlichen wird bei der Ermittlung von Bogenlängen, Flächen, Volumina und Oberflächen von Rotationskörpern, statischen Momenten und Trägheitsmomenten von Flächen und Kurven, ihrer Schwerpunktsberechnung, von Schnittgrößen und des Abflusses bei Überfällen (Hydromechanik) angegeben.

7.9.1 Berechnung der Bogenlänge

Ausgangssituation

Berechnet werden soll die Bogenlänge einer Kurve zwischen zwei ihrer Punkte P_A und P_B. Da eine Kurve oft keinen Funktionsgraphen darstellt (z. B. Kreis, Ellipse, Spirale), wird ihre **Parameterdarstellung**

$$x = \varphi(t), \quad y = \psi(t), \quad t \in [t_A, t_B] \tag{7.29}$$

betrachtet. Dabei ergeben sich die Koordinaten (x, y) eines Punktes der Kurve aus den Gleichungen (7.29) durch Einsetzen eines gewählten Parameters t. Insbesondere erhält man die Koordinaten von Anfangs- und Endpunkt des Bogenstücks $P_A P_B$ durch Einsetzen der beschränkenden Parameter t_A und t_B: $P_A(\varphi(t_A), \psi(t_A))$, $P_B(\varphi(t_B), \psi(t_B))$.

Lösungsweg

Zur Berechnung der Bogenlänge wird das Parameterintervall $[t_A, t_B]$ durch Teilpunkte t_i, $i = 0, 1, 2, \ldots, n$, mit

$$t_A = t_0 < t_1 < t_2 < \ldots < t_n = t_B$$

in n Teilintervalle unterteilt. Diesen Teilpunkten entsprechen die Kurvenpunkte $P_0 = P_A$, $P_1, P_2, \ldots, P_n = P_B$ (siehe **Abb. 7.8**).

Näherungsweise ist dann die gesuchte Bogenlänge l gleich der Länge des Streckenzuges $P_0 P_1 \ldots P_n$, und mit dem Satz des Pythagoras erhält man

$$l \approx \sum_{i=1}^{n} \Delta l_i = \sum_{i=1}^{n} \sqrt{(\varphi(t_i) - \varphi(t_{i-1}))^2 + (\psi(t_i) - \psi(t_{i-1}))^2}.$$

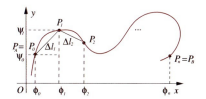

Abb. 7.8 Approximation der Bogenlänge

Dabei bedeutet $\Delta l_i = \overline{P_{i-1} P_i}$. Sind die Funktionen $\varphi(t)$ und $\psi(t)$ differenzierbar über dem Intervall $[t_A, t_B]$, so ist mit dem Mittelwertsatz der Differenzialrechnung (siehe **Abschnitt 6.7**) und der Bezeichnung $\Delta t_i = t_i - t_{i-1}$

$$\varphi(t_i) - \varphi(t_{i-1}) = \varphi'(\tau_i) \Delta t_i, \quad \tau_i \in [t_{i-1}, t_i],$$
$$\psi(t_i) - \psi(t_{i-1}) = \psi'(\tau_i^\star) \Delta t_i, \quad \tau_i^\star \in [t_{i-1}, t_i],$$

sodass sich

$$\Delta l_i = \sqrt{(\varphi'(\tau_i))^2 + (\psi'(\tau_i^\star))^2}\,\Delta t_i$$

ergibt. Der Grenzübergang $n \to \infty$, $\Delta t_i \to 0$ (siehe **Abschnitt 7.3**) führt auf die Formel zur Berechnung der Bogenlänge l:

Ergebnis

$$l = \int_{t_A}^{t_B} \sqrt{(\varphi'(t))^2 + (\psi'(t))^2}\,dt. \tag{7.30}$$

Länge eines Kreisbogens

Beispiel 7.20

Berechnet werden soll die Länge des Kreisbogens $P_A P_B$ eines Kreises mit dem Radius r (siehe **Abb. 7.9**).

Die Parametrisierung $x = \varphi(t) = r\cos t$, $y = \psi(t) = r\sin t$, $t \in [t_A, t_B] \subseteq [0, 2\pi]$ des Kreisbogens liefert die Ableitungen $\varphi'(t) = -r\sin t$, $\psi'(t) = r\cos t$. Mit Gleichung (7.30) erhält man

$$l = \int_{t_A}^{t_B} \sqrt{r^2 \sin^2 t + r^2 \cos^2 t}\,dt = r \int_{t_A}^{t_B} dt = r(t_B - t_A).$$

Der Parameter t bedeutet bei der verwendeten Parametrisierung den Winkel, den der Strahl vom Mittelpunkt O des Kreises durch den Punkt $P = (\varphi(t), \psi(t))$ des Kreises mit der positiven Richtung der x-Achse einschließt. Die Differenz $t_B - t_A$ ist demnach der dem Kreissegment entsprechende Winkel $\angle P_A O P_B$.

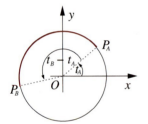

Abb. 7.9 Länge eines Kreisbogens

Ist die Kurve der **Graph einer Funktion** $y = f(x)$, $x \in [x_A, x_B]$, so lautet eine mögliche Parameterdarstellung mit dem Parameter x gemäß (7.29)

$$\varphi(x) = x,\ \psi(x) = f(x),\ x \in [x_A, x_B].$$

Mit den Ableitungen $\varphi'(x) = 1$ und $\psi'(x) = f'(x)$ sowie den Integrationsgrenzen x_A und x_B erhält man in diesem speziellen Fall aus Gleichung (7.30)

$$l = \int_{x_A}^{x_B} \sqrt{1 + (f'(x))^2}\,dx. \tag{7.31}$$

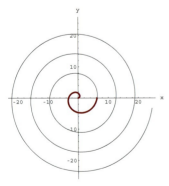

Abb. 7.10 Archimedische Spirale $r = a\varphi$, $a = 1$, $\varphi \in [0, 8\pi]$.

Mitunter ist die Kurve in ihrer **Polarkoordinatendarstellung** $r = r(\varphi)$ gegeben, wobei r der Abstand des Kurvenpunktes P vom Koordinatenursprung O und φ der Winkel des Strahls $\overrightarrow{OP}$ gegenüber der positiven Richtung der x-Achse ist. Die kartesischen Koordinaten des Punktes P ergeben sich aus den Polarkoordinaten durch die Gleichungen

$$x = r(\varphi) \cos \varphi,$$
$$y = r(\varphi) \sin \varphi, \ \varphi \in [\varphi_A, \varphi_B].$$

x und y sind jeweils Funktionen des Parameters φ. Mit den Ableitungen

$$x' = r' \cos \varphi - r \sin \varphi,$$
$$y' = r' \sin \varphi + r \cos \varphi$$

ergibt sich aus aus Gleichung (7.30)

$$l = \int_{\varphi_A}^{\varphi_B} \sqrt{(r'(\varphi))^2 + (r(\varphi))^2} \, d\varphi. \tag{7.32}$$

Archimedes von Syrakus (* um 287 v. Chr. vermutl. Syrakus auf Sizilien, † 212 v. Chr. vermutl. Syrakus auf Sizilien)

antiker griechischer Mathematiker, Physiker und Ingenieur

Einer der bedeutendsten Mathematiker der Antike, Erfinder eines stellenwertbasierten Zahlensystems, Studium großer Zahlen, Beweis, dass das Verhältnis von Umfang eines Kreises zum Durchmesser gleich dem Verhältnis von der Fläche eines Kreises zu dem eines Quadrates ist, Flächen- und Volumenberechnung, Ideen zur Integralrechnung, Entdecker des Hebelgesetzes und des Prinzips kommunizierender Gefäße, Bestimmung des spezifischen Gewichtes von Gegenständen, Beteiligung an der Verteidigung von Syrakus gegen die römische Belagerung im zweiten punischen Krieg

hier: Archimedische Spirale

Beispiel 7.21

Zu berechnen ist die Bogenlänge eines Bogens der Kurve $r = a\varphi$, $(a > 0, \ 0 \leq \varphi < 2\pi)$ (**Archimedische Spirale**, siehe **Abb. 7.10**).

Mit Gleichung (7.32) und der Ableitung $r'(\varphi) = a$ erhält man

$$\begin{aligned}
l &= \int_0^{2\pi} \sqrt{a^2 + a^2 \varphi^2} \, d\varphi = a \int_0^{2\pi} \sqrt{1 + \varphi^2} \, d\varphi \\
&= \frac{a}{2} \left[\varphi \sqrt{1 + \varphi^2} + \ln\left(\varphi + \sqrt{1 + \varphi^2}\right) \right]_0^{2\pi} \\
&= \frac{a}{2} \left(2\pi \sqrt{1 + 4\pi^2} + \ln\left(2\pi + \sqrt{1 + 4\pi^2}\right) \right).
\end{aligned}$$

7.9.2 Flächenberechnung

Ausgangssituation

Mit Hilfe des bestimmten Integrals können verschiedene Flächenberechnungen vorgenommen werden. Oft entsteht die Aufgabe, den Flächeninhalt F des vom Graphen einer Funktion f, der x-Achse und zwei Geraden $x = a$, $x = b$ eingeschlossenen Flächenstücks zu berechnen. Eine weitere Aufgabe ist die Berechnung des Flächeninhaltes eines krummlinigen Sektors.

Inhalt der Fläche unter dem Graphen einer Funktion

Bereits in **Abschnitt 7.3** ergab sich aus der Definition des bestimmten Integrals die Folgerung:

Ergebnis

Ist f eine über dem Intervall $[a, b]$ stetige Funktion und gilt $f(x) \geq 0$ für alle $x \in [a, b]$, so ist der Flächeninhalt F des vom Graphen von f, der

x-Achse und den Geraden $x = a$, $x = b$ eingeschlossenen Flächenstücks gleich

$$F = \int_a^b |f(x)|\,dx = \int_a^b f(x)\,dx. \qquad (7.33)$$

Ist eine Funktion f auf einem Intervall $[c,d]$ nichtpositiv, so ist entsprechend ihr Integral $\int_c^d f(x)\,dx \leq 0$, und der Flächeninhalt berechnet sich

$$F = \int_c^d |f(x)|\,dx = -\int_c^d f(x)\,dx.$$

Soll der Fächeninhalt der Fläche, die eine Funktion f mit der x-Achse einschließt, berechnet werden, so sind vorher die Intervalle zu ermitteln, auf denen die Funktion f nichtnegativ bzw. nichtpositiv ist. Da eine stetige Funktion ihr Vorzeichen höchstens an den Nullstellen wechselt, ist die Ermittlung der Nullstellen notwendig.

Beispiel 7.22

Berechnet werden soll der Inhalt derjenigen Fläche F, die vom Graphen der Funktion $f(x) = 4x^3 - 4x^2 - x + 1$ und der x-Achse begrenzt wird (siehe **Abb. 7.11**).

Die Nullstellen der Funktion $f(x) = 4x^3 - 4x^2 - x + 1$ sind -0.5, 0.5 und 1. Auf dem Intervall $[-0.5, 0.5]$ ist $f(x) \geq 0$, auf dem Intervall $[0.5, 1]$ ist $f(x) \leq 0$. Als gesuchter Flächeninhalt ergibt sich damit

$$\begin{aligned}F &= \int_{-0.5}^{1} |f(x)|\,dx = \int_{-0.5}^{0.5} f(x)\,dx + \int_{0.5}^{1} (-f(x))\,dx\\&= \left[x^4 - \frac{4}{3}x^3 - \frac{1}{2}x^2 + x\right]_{-0.5}^{0.5} - \left[x^4 - \frac{4}{3}x^3 - \frac{1}{2}x^2 + x\right]_{0.5}^{1}\\&= \left(\frac{13}{48} - \frac{-19}{48}\right) - \left(\frac{1}{6} - \frac{13}{48}\right) = \frac{37}{48}.\end{aligned}$$

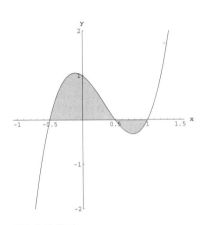

Abb. 7.11 Fläche

Inhalt der Fläche eines krummlinigen Sektors

Ausgangssituation Soll die Fläche eines krummlinigen Sektors, d. h. des Flächenstücks, das von einer Kurve und zwei Strahlen $\overrightarrow{OP_A}$, $\overrightarrow{OP_B}$ begrenzt wird (siehe **Abb. 7.12 a), b)**), berechnet werden, so ist dafür entscheidend, in welcher Gestalt die Kurve gegeben ist.

Lösungsweg Liegt sie in **Polarkoordinatendarstellung** $r = r(\varphi)$, $\varphi \in [\varphi_A, \varphi_B]$ vor (siehe **Abb. 7.12 a)**), so ist der Flächeninhalt ΔF des Teilsektors mit dem

7.9 Anwendungen der Integralrechnung

Winkel $\Delta\varphi$ an der Stelle φ annähernd gleich dem Flächeninhalt des Kreissektors vom Kreis mit dem Radius $r(\varphi)$ und dem Winkel $\Delta\varphi$

$$\Delta F = \frac{1}{2}(r(\varphi))^2 \Delta\varphi.$$

Der gesuchte Flächeninhalt F ergibt sich analog zur Herleitung des Integrals (7.30) in **Abschnitt 7.9.1** als

$$F = \frac{1}{2}\int_{\varphi_A}^{\varphi_B}(r(\varphi))^2\,d\varphi. \qquad (7.34)$$

Ergebnis

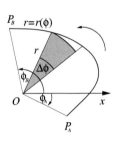 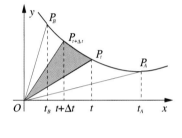

Abb. 7.12 a) Fläche eines Sektors – Polarkoordinatendarstellung

Abb. 7.12 b) Fläche eines Sektors – Parameterdarstellung

Liegt die Kurve in beliebiger **Parameterdarstellung** $x = \varphi(t)$, $y = \psi(t)$, $t \in [t_A, t_B]$ vor (siehe **Abb. 7.12 b)**), so berechnet sich der Flächeninhalt dF des Teilsektors, der von der Kurve und den Strahlen $\overrightarrow{OP_t}$, $\overrightarrow{OP_{t+\Delta t}}$ begrenzt wird, annähernd als der Flächeninhalt ΔF des Dreiecks $\triangle OP_{t+\Delta t}P_t$:

Lösungsweg

$$\begin{aligned}\Delta F &= \frac{1}{2}\left|\det\begin{pmatrix} \varphi(t) & \varphi(t+\Delta t) \\ \psi(t) & \psi(t+\Delta t) \end{pmatrix}\right| \\ &= \frac{1}{2}|\varphi(t)\psi(t+\Delta t) - \psi(t)\varphi(t+\Delta t)| \\ &= \frac{1}{2}|(\psi(t+\Delta t) - \psi(t))\varphi(t) - (\varphi(t+\Delta t) - \varphi(t))\psi(t)|,\end{aligned}$$

sodass man analog zur Herleitung des Integrals (7.30) in **Abschnitt 7.9.1** nach Anwendung des Mittelwertsatzes der Differenzialrechnung und dem Grenzprozess $\Delta t \to 0$ den gesuchten Flächeninhalt F erhält:

$$F = \frac{1}{2}\left|\int_{t_A}^{t_B}(\varphi(t)\psi'(t) - \varphi'(t)\psi(t))\,dt\right|. \qquad (7.35)$$

Ergebnis

Gottfried Wilhelm Leibniz (* 1. Juli 1646 in Leipzig, † 14. November 1716 in Hannover) deutscher Philosoph, Mathematiker, Physiker, Historiker, Diplomat, Theologe, Bibliothekar, Gründer und erster Präsident der Akademie der Wissenschaften in Berlin, Mitglied der Royal Society

Gilt als der universale Geist des 17. Jahrhunderts, Frühaufklärer, Entwicklung des Dualzahlensystems als Voraussetzung für die moderne Computertechnik, Formulierung der Infinitesimalrechnung (unabhängig von Isaac Newton), Notation des Ableitungssymbols und des Integralzeichens, bedeutende Erfindungen (u. a. eine Rechenmaschine, Pläne für Unterseeboot, Verbesserung der Technik von Türschlössern, Gerät zur Bestimmung der Windgeschwindigkeit, Nutzung des Windes bei der Grubenentwässerung im Bergbau), Beiträge zur Metaphysik (Theorie der Monaden)

hier: Leibnizsche Sektorenformel

Ist die Kurve der **Graph einer Funktion** $f(x)$, $x \in [x_A, x_B]$, so liefert Gleichung (7.35) mit dem Parameter $x \in [x_A, x_B]$ und der Parameterdarstellung $\varphi(x) = x$, $\psi(x) = f(x)$

$$F = \frac{1}{2} \left| \int_{x_A}^{x_B} (x\, f'(x) - f(x))\, \mathrm{d}x \right|. \tag{7.36}$$

Die Formeln (7.35) und (7.36) werden **Leibnizsche Sektorformeln** genannt.

Beispiel 7.23

1. Berechnet werden soll der Flächeninhalt des krummlinigen Sektors der Spiralenlinie $r = a \cdot e^{k\varphi}$, $a, k > 0$ mit $r_A = a$, $\varphi_E = \pi/2$ (siehe **Abb. 7.13 a)**).

    Die Spiralenlinie ist in Polarkoordinatendarstellung gegeben. Als untere Integrationsgrenze ergibt sich aus ihrer Gleichung mit $r_A = a$ nach Umstellen $\varphi_A = 0$. Wendet man Gleichung (7.34) an, so berechnet sich der gesuchte Flächeninhalt F zu

    $$F = \frac{1}{2} \int_0^{\pi/2} a^2 e^{2k\varphi}\, \mathrm{d}\varphi = \frac{1}{2} a^2 \int_0^{\pi/2} e^{2k\varphi}\, \mathrm{d}\varphi$$
    $$= \frac{1}{2} a^2 \frac{1}{2k} \left[e^{2k\varphi} \right]_0^{\pi/2} = \frac{1}{4k} a^2 (e^{k\pi} - 1).$$

2. Berechnet werden soll der Flächeninhalt eines Ellipsensektors (siehe **Abb. 7.13 b)**), wobei die Ellipse in Parameterdarstellung gegeben ist: $x = a \cos t$, $y = b \sin t$, $t \in [t_A, t_B]$.

    Mit den Ableitungen $x' = -a \sin t$ und $y' = b \cos t$ folgt aus Gleichung (7.35)

    $$F = \frac{1}{2} \int_{t_A}^{t_B} (ab \cos^2 t + ab \sin^2 t)\, \mathrm{d}t = \frac{1}{2} ab(t_B - t_A).$$

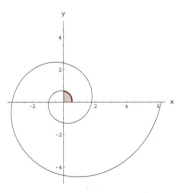

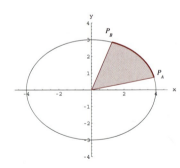

Abb. 7.13 a) Spiralenlinie $r = a \cdot e^{k\varphi}$, $a = 0.5$, $k = 0.2$, $\varphi \in [0, 4\pi]$.

Abb. 7.13 b) Ellipsensektor $t_A = 0.25$, $t_B = 1.25$

7.9.3 Volumina und Mantelflächen von Rotationskörpern

Volumen von Rotationskörpern

Gegeben sei eine über dem Intervall $[x_A, x_B]$ stetige Funktion f. Der Körper, der bei der Rotation des Graphen dieser Funktion um die x-Achse entsteht, heißt **Rotationskörper**. Ermittelt werden soll sein Volumen V_x.

Ausgangssituation

Der Beitrag ΔV zum Gesamtvolumen V_x des Rotationskörpers, den eine „Scheibe" der Breite Δx an der Stelle x liefert, berechnet sich näherungsweise als das Volumen eines Zylinders mit dem Grundkreisradius $f(x)$ und der Höhe Δx (siehe **Abb. 7.14 a)**):

Lösungsweg

$$\Delta V = \pi (f(x))^2 \Delta x,$$

und für das Gesamtvolumen V_x ergibt sich wieder analog zur Herleitung des Integrals (7.30) in **Abschnitt 7.9.1**

Ergebnis

$$V_x = \pi \int_{x_A}^{x_B} (f(x))^2 \, dx. \tag{7.37}$$

Entsprechend erhält man als Volumen V_y des Körpers, der bei der Rotation des Graphen der Funktion f um die y-Achse entsteht (siehe **Abb. 7.14 b)**),

$$V_y = \pi \int_{y_A}^{y_B} (\varphi(y))^2 \, dy,$$

wobei $\varphi(y) = f^{-1}(y)$ die Umkehrfunktion von f ist und $y_A = f(x_A)$ bzw. $y_B = f(x_B)$ die Integrationsgrenzen sind.

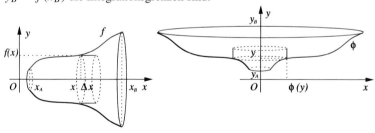
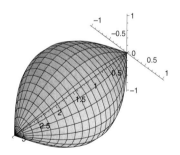

Abb. 7.14 a) Volumen eines Rotationskörpers **Abb. 7.14 b)** Rotation der Umkehrfunktion **Abb. 7.15** Rotationskörper der Kurve $f(x) = \sin x$

Beispiel 7.24

Volumen eines Rotationskörpers

Die Funktion $f(x) = \sin x$, $x \in [0, \pi]$ rotiert um die x-Achse. Zu berechnen ist das Volumen des dabei entstehenden Rotationskörpers (siehe **Abb. 7.15**).

Mit Gleichung (7.37) erhält man

$$V_x = \pi \int_0^\pi \sin^2 x \, dx = \pi \int_0^\pi \frac{1 - \cos 2x}{2} \, dx = \pi \left[\frac{1}{2}x - \frac{1}{4}\sin 2x \right]_0^\pi = \frac{\pi^2}{2}.$$

Mantelfläche von Rotationskörpern

Ausgangssituation Bei der Berechnung der Mantelfläche O_x eines Rotationskörpers, der bei der Rotation des **Graphen einer stetigen Funktion** $y = f(x)$ über dem Intervall $[x_A, x_B]$ um die x-Achse entsteht, geht man davon aus, dass der Beitrag der „Scheibe" der Breite Δx an der Stelle x zur Gesamtmantelfläche näherungsweise gleich der Mantelfläche ΔO des Kegelstumpfes mit den Grundkreisradien $f(x)$ und $f(x + \Delta x)$ und der Höhe Δx ist (siehe **Abb. 7.16**).

Lösungsweg Die Mantelfläche ΔO berechnet sich

$$\Delta O = \pi \, \Delta s \, (f(x) + f(x + \Delta x)) \text{ mit } \Delta s = \sqrt{(\Delta x)^2 + (\Delta y)^2}.$$

Bei dem Grenzübergang $\Delta x \to 0$ ergibt sich für

$$\lim_{\Delta x \to 0} \Delta s = \lim_{\Delta x \to 0} \sqrt{(\Delta x)^2 + (\Delta y)^2}$$

$$= \lim_{\Delta x \to 0} \sqrt{1 + \left(\frac{\Delta y}{\Delta x} \right)^2} \, \Delta x = \sqrt{1 + (f'(x))^2} \, dx. \tag{7.38}$$

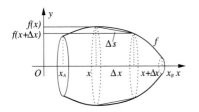

Abb. 7.16 Mantelfläche von Rotationskörpern

Damit erhält man analog zur Herleitung des Integrals (7.30) in **Abschnitt 7.9.1**

Ergebnis
$$O_x = 2\pi \int_{x_A}^{x_B} f(x) \sqrt{1 + (f'(x))^2} \, dx. \tag{7.39}$$

Ist die **Parameterdarstellung** $x = \varphi(t)$, $y = \psi(t)$, $t \in [t_A, t_B]$ der um die x-Achse rotierenden Kurve gegeben, so hat man wie in **Abschnitt 7.9.1** für

$$\lim_{\Delta x \to 0} \Delta s = \sqrt{(\varphi'(t))^2 + (\psi'(t))^2} \, dt,$$

und die Mantelfläche O_x berechnet sich in diesem Fall als

$$O_x = 2\pi \int_{t_A}^{t_B} \psi(t) \sqrt{(\varphi'(t))^2 + (\psi'(t))^2} \, dt.$$

7.9 Anwendungen der Integralrechnung

Für die Mantelfläche O_y des Rotationskörpers, der bei der Rotation derselben Kurve um die y-Achse entsteht, folgt nach analogen Überlegungen

$$O_y = 2\pi \int_{y_A}^{y_B} \varphi(y)\sqrt{1+(\varphi'(y))^2}\, dy, \tag{7.40}$$

wobei $\varphi(y) = f^{-1}(y)$ die Umkehrfunktion von f ist und $y_A = f(x_A)$, $y_B = f(x_B)$ die Integrationsgrenzen sind bzw. im Falle der **Parameterdarstellung** $x = \varphi(t),\ y = \psi(t),\ t \in [t_A, t_B]$

$$O_y = 2\pi \int_{t_A}^{t_B} \varphi(t)\sqrt{(\varphi'(t))^2 + (\psi'(t))^2}\, dt.$$

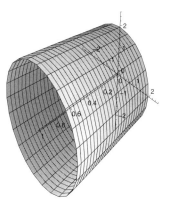

Abb. 7.17 a) Mantelfläche bei Rotation von $f(x) = 0.5x + 2$

Beispiel 7.25

Gesucht sind die Mantelflächen des Kegelstumpfes bzw. Kegels, die bei der Rotation des Graphen der linearen Funktion $f(x) = 0.5x + 2$, $x \in [0, 1]$ um die x-Achse bzw. um die y-Achse entstehen (siehe **Abb. 7.17 a), b)**).

Mit Gleichung (7.39) erhält man

$$O_x = \sqrt{5}\pi \int_0^1 (0.5x + 2)\, dx = \sqrt{5}\pi \left[0.25x^2 + 2x\right]_0^1 = 2.25\sqrt{5}\pi.$$

Die Umkehrfunktion von $y = f(x) = 0.5x + 2$, $x \in [0, 1]$ ist $\varphi(y) = 2(y-2)$, $y \in [2, 2.5]$. Damit ergibt sich aus (7.40)

$$O_y = 2\sqrt{5}\pi \int_2^{2.5} 2(y-2)\, dx = 4\sqrt{5}\pi \left[y^2 - 2y\right]_2^{2.5} = 0.5\sqrt{5}\pi.$$

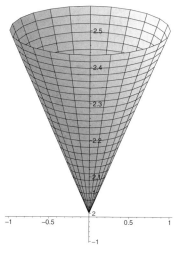

Abb. 7.17 b) Mantelfläche bei Rotation von $\varphi(y) = 2(y-2)$

7.9.4 Momente und Schwerpunkte

Masse und Schwerpunkt eines Balkens

Berechnet werden sollen Masse und Schwerpunkt eines Balkens mit inhomogener Masseverteilung.

Ausgangssituation

Ein Koordinatensystem wird so gewählt, dass der Balken auf seiner x-Achse im Intervall $[x_A, x_B]$ liegt. Seine lineare Masseverteilung ist durch die Funktion $\rho(x)$ gegeben. Der Beitrag ΔM, den das Segment Δx an der Stelle x zur Gesamtmasse M des Balkens liefert, berechnet sich

Lösungsweg

$$\Delta M = \rho(x)\Delta x,$$

sodass sich seine Gesamtmasse wie folgt ergibt:

Ergebnis

$$M = \int_{x_A}^{x_B} \rho(x)\, dx. \tag{7.41}$$

Ausgangssituation Der Schwerpunkt x_S eines Punkt-Masse-Systems von n Massen m_i, die sich an den Stellen x_i, $i = 1, 2, ..., n$ befinden, berechnet sich nach der Gleichung

Lösungsweg
$$x_S = \frac{\sum_{i=1}^{n} m_i x_i}{\sum_{i=1}^{n} m_i}. \tag{7.42}$$

Unterteilt man den Balken durch Teilpunkte x_i, $i = 0, 1, 2..., n$ in n Teilstücke der Breite $\Delta x_i = x_{i+1} - x_i$, $i = 1, 2, ..., n$, so beträgt die Masse m_i jedes dieser Teilstücke nach Gleichung (7.41)

$$m_i = \int_{x_i}^{x_{i+1}} \rho(x)\, dx = \rho(\xi_i)\, \Delta x_i,\ \xi_i \in [x_i, x_{i+1}],$$

wenn man noch den Mittelwertsatz der Integralrechnung (siehe **Satz 7.5** in **Abschnitt 7.4**) berücksichtigt. Damit ergibt sich

$$\sum_{i=1}^{n} m_i x_i = \sum_{i=1}^{n} x_i \rho(\xi_i)\, \Delta x_i$$

und nach dem Grenzprozess $\Delta x_i \to 0$ in Gleichung (7.42) für den Schwerpunkt x_S

Ergebnis

$$x_S = \frac{\int_{x_A}^{x_B} x \rho(x)\, dx}{\int_{x_A}^{x_B} \rho(x)\, dx}.$$

Gesamtkraft

Ist für einen Balken (s. o.) eine Lastverteilung $q(x)$ (Elementlast bzw. Streckenlast) gegeben, so errechnet sich die Gesamtlast Q, die auf den Balken einwirkt, als

Ergebnis

$$Q = \int_{x_A}^{x_B} q(x)\, dx.$$

Statische Momente

Ausgangssituation

Berechnet werden soll das statische Moment einer **Fläche** der Dichte 1 bezüglich der y-Achse (**Flächenmoment 1. Grades**), die vom Graphen einer Funktion f, der x-Achse und den Geraden $x = x_A$, $x = x_B$ begrenzt wird (siehe **Abb. 7.18 a), b)**).

Lösungsweg

Der Beitrag ΔM_y, den das Flächenstück der Breite Δx an der Stelle x zu diesem Moment liefert, berechnet sich näherungsweise als Produkt seiner Masse $f(x)\,\Delta x$ und seines Abstandes x von der Bezugsachse (siehe **Abb. 7.18 a)**):

$$\Delta M_y = x f(x)\,\Delta x.$$

Damit ergibt sich für das Gesamtmoment M_y

$$M_y = \int_{x_A}^{x_B} x f(x)\,dx. \qquad (7.43)$$

Ergebnis

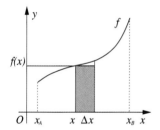
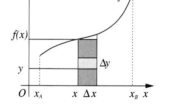

Abb. 7.18 a) Statisches Moment bezüglich y-Achse

Abb. 7.18 b) Statisches Moment bezüglich x-Achse

Bei der Berechnung des statischen Moments einer **Fläche** der Dichte 1 bezüglich der x-Achse (**Flächenmoment 1. Grades**) wird zuerst der Beitrag ΔM_x, den das Flächenstück der Breite Δx an der Stelle x zu diesem Moment liefert, ermittelt. Der Anteil des Flächenstücks der Höhe Δy im Abstand y von der Bezugsachse an ΔM_x beträgt $y\Delta y\Delta x$ (siehe **Abb. 7.18 b)**). Das Aufsummieren (Integrieren) in den Grenzen von 0 bis $f(x)$ liefert

$$\Delta M_x = \int_0^{f(x)} y\,dy\,\Delta x = \frac{1}{2}(f(x))^2\,\Delta x.$$

Damit erhält man für das Gesamtmoment M_x

$$M_x = \frac{1}{2}\int_{x_A}^{x_B} (f(x))^2\,dx. \qquad (7.44)$$

Ergebnis

Ausgangssituation

Bei der Berechnung des statischen Moments einer **Kurve** $y = f(x)$, $x \in [x_A, x_B]$ der Dichte 1 bezüglich der x-Achse wird wieder zunächst der Beitrag ΔM_x, den das Kurvenstück Δx an der Stelle x zum Gesamtmoment M_x liefert, ermittelt. Sein Abstand zur Bezugsachse beträgt näherungsweise $f(x)$ und seine Masse $\Delta s = \sqrt{(\Delta x)^2 + (\Delta y)^2}$. Damit wird

Lösungsweg

$$\Delta M_x = f(x)\, \Delta s$$

und mit dem Grenzübergang $\Delta x \longrightarrow 0$ (siehe auch (7.38))

Ergebnis

$$M_x = \int_{x_A}^{x_B} f(x)\sqrt{1 + (f'(x))^2}\, dx. \tag{7.45}$$

Analog erhält man

$$M_y = \int_{x_A}^{x_B} x\sqrt{1 + (f'(x))^2}\, dx \tag{7.46}$$

als statisches Moment der Kurve bezüglich der y-Achse.

Das statische Moment eines **Rotationskörpers** bezüglich der y-Achse, der bei der Rotation des Graphen einer stetigen Funktion $y = f(x)$ über dem Intervall $[x_A, x_B]$ um die x-Achse entsteht, berechnet sich als

Ergebnis

$$M_y = \pi \int_{x_A}^{x_B} x(f(x))^2\, dx. \tag{7.47}$$

Flächenmomente 1. Grades

Beispiel 7.26

Gesucht sind die Flächenmomente 1. Grades der Fläche bezüglich der x- und y-Achse, die der Graph der Funktion $f(x) = \sin x$, $x \in [0, \pi]$ mit der x-Achse einschließt (siehe **Abb. 7.19**).

Mit Gleichung (7.43) erhält man

$$M_x = \frac{1}{2}\int_0^\pi (\sin x)^2\, dx = \frac{1}{2}\left[\frac{1}{2}x - \frac{1}{4}\sin 2x\right]_0^\pi = \frac{\pi}{4}.$$

Aus Gleichung (7.44) ergibt sich

$$M_y = \int_0^\pi x \sin x\, dx = [-x\cos x + \sin x]_0^\pi = \pi.$$

Das unbestimmte Integral $\int x \sin x\, dx$ kann mit der partiellen Integration ermittelt werden.

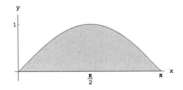

Abb. 7.19 Fläche unter $f(x) = \sin x, x \in [0, \pi]$

Schwerpunkte

Nach der Definition des Schwerpunktes eines Massensystems ist das statische Moment einer verteilten Masse gleich dem statischen Moment der im Schwerpunkt konzentrierten Gesamtmasse, bezogen auf dieselbe Achse. Der Schwerpunkt eines Massensystems wird daher auch als Massenmittelpunkt bezeichnet.

Damit ergeben sich für die Koordinaten x_S und y_S des Schwerpunktes einer **Fläche**, die vom Graphen einer Funktion f, der x-Achse und den Geraden $x = x_A$, $x = x_B$ begrenzt wird,

Ausgangssituation

$$x_S = \frac{M_y}{F} \quad \text{und} \quad y_S = \frac{M_x}{F}, \tag{7.48}$$

Ergebnis

wobei M_y und M_x die statischen Momente der Fläche bezüglich der y- bzw. x-Achse aus den Gleichungen (7.43), (7.44) sind und F der Flächeninhalt dieser Fläche aus der Gleichung (7.33) ist.

Die Koordinaten x_S, y_S des Schwerpunktes einer **Kurve** $y = f(x)$, $x \in [x_A, x_B]$, errechnen sich analog zu

$$x_S = \frac{M_y}{l} \quad \text{und} \quad y_S = \frac{M_x}{l}, \tag{7.49}$$

Ergebnis

wobei M_y und M_x die statischen Momente der Kurve bezüglich der y- bzw. x-Achse aus den Gleichungen (7.45), (7.46) sind und l die Länge der Kurve aus der Gleichung (7.31) ist.

Die Koordinate x_S des Schwerpunktes $S(x_S, y_S, z_S)$ eines **Rotationskörpers**, der bei der Rotation des Graphen einer stetigen Funktion $y = f(x)$ über dem Intervall $[x_A, x_B]$ um die x-Achse entsteht, berechnet sich als

$$x_S = \frac{M_y}{V_x}, $$

Ergebnis

wobei M_y sein statisches Moment bezüglich der y-Achse aus der Gleichung (7.47) und V_x sein Volumen aus der Gleichung (7.37) ist. Die Koordinaten y_S und z_S von S sind aus Symmetriegründen gleich Null.

Die Guldinschen Regeln

Stellt man Gleichung (7.39) zur Ermittlung der Mantelfläche O_x eines Rotationskörpers, der bei der Rotation des Graphen einer stetigen Funktion $y = f(x)$ über dem Intervall $[x_A, x_B]$ um die x-Achse entsteht, nach dem Integral um, so erhält man

$$\int_{x_A}^{x_B} f(x)\sqrt{1 + (f'(x))^2}\, dx = \frac{O_x}{2\pi}.$$

Das Umstellen von Gleichung (7.49) zur Berechnung des Schwerpunktes des erzeugenden Kurvenstücks nach M_x liefert unter Beachtung der Gleichung (7.45) zur Berechnung von M_x

$$\int_{x_A}^{x_B} f(x)\sqrt{1 + (f'(x))^2}\, dx = y_S\, l.$$

Daraus folgt die **erste Guldinsche Regel**

$$O_x = 2\pi y_S\, l. \tag{7.50}$$

Paul Guldin (* 12. Juni 1577 in St. Gallen, † 3. November 1643 in Graz)

Mathematiker, Astronom, Professor für Mathematik in Graz und Wien

Baryzentrische (heute Guldinsche) Regeln zur Berechnung von Volumen und Oberfläche eines Rotationskörpers (Wiederentdeckung von Pappos von Alexandria 300 n. Chr.)

hier: Guldinsche Regeln

Satz 7.27
Erste Guldinsche Regel

Die Mantelfläche eines Rotationskörpers ist gleich dem Produkt aus der Länge der erzeugenden Kurve und dem Weg ihres Schwerpunktes, den dieser bei der Rotation zurücklegt.

Stellt man Gleichung (7.37) zur Ermittlung des Volumens V_x eines Rotationskörpers, der bei der Rotation des Graphen einer stetigen Funktion $y = f(x)$ über dem Intervall $[x_A, x_B]$ um die x-Achse entsteht, nach dem Integral um, so erhält man

$$\int_{x_A}^{x_B} (f(x))^2\, dx = \frac{V_x}{\pi}.$$

Das Umstellen von Gleichung (7.48) zur Berechnung des Schwerpunktes der erzeugenden Drehfläche unter Beachtung von Gleichung (7.44) liefert

$$\int_{x_A}^{x_B} (f(x))^2\, dx = 2y_S\, F.$$

Daraus folgt die **zweite Guldinsche Regel**

$$V_x = 2\pi y_S\, F. \tag{7.51}$$

Das Volumen eines Rotationskörpers ist gleich dem Produkt aus erzeugender Fläche und dem Weg ihres Schwerpunktes, den dieser bei der Rotation zurücklegt.

**Satz 7.28
Zweite Guldinsche Regel**

Beispiel 7.29

1. Gesucht ist der Schwerpunkt einer Halbkreisfläche mit dem Radius r (siehe **Abb. 7.20**). Legt man ein kartesisches Koordinatensystem so, dass sein Ursprung mit dem Kreismittelpunkt zusammenfällt und die y-Achse Symmetrieachse der Halbkreisfläche ist, so erzeugt die Halbkreisfläche bei der Rotation um die x-Achse eine Kugel, deren Volumen $V_x = 4\pi r^3/3$ beträgt. Der Inhalt der Halbkreisfläche ist $F = \pi r^2/2$. Wendet man die zweite Guldinsche Regel in Gestalt von Gleichung (7.51) an, ergibt sich

$$\frac{4}{3}\pi r^3 = 2\pi y_S \frac{1}{2}\pi r^2, \quad \text{d. h.} \quad y_S = \frac{4r}{3\pi}.$$

Die Koordinate x_S des Schwerpunktes ist aus Symmetriegründen gleich Null.

2. Gesucht ist der Schwerpunkt des Halbkreisbogens mit dem Radius r (siehe **Abb. 7.20**). Der Halbkreisbogen erzeugt bei der Rotation um die x-Achse (Koordinatensystem wie oben) eine Kugel mit der Mantelfläche $O_x = 4\pi r^2$. Er hat die Länge $l = \pi r$, das ist der halbe Kreisumfang. Wendet man die erste Guldinsche Regel in Gestalt von Gleichung (7.50) an, ergibt sich

$$4\pi r^2 = 2\pi y_S \pi r, \quad \text{d. h.} \quad y_S = \frac{2r}{\pi}.$$

Die Koordinate x_S des Schwerpunktes ist aus Symmetriegründen gleich Null.

Schwerpunkte

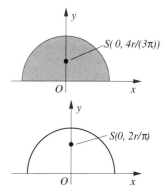

Abb. 7.20 Schwerpunkt von Halbkreisfläche und Halbkreisbogen

Trägheitsmomente

Das Trägheitsmoment ΔI einer Punktmasse Δm bezüglich einer festgelegten Achse berechnet sich als Produkt aus dem Quadrat ihres Abstandes r von der Achse und der Masse selbst:

$$\Delta I = r^2 \Delta m.$$

Trägheitsmomente sind (wie z. B. die statischen Momente) additiv, d. h. das Trägheitsmoment eines Massensystems ist gleich der Summe der Trägheitsmomente der Einzelmassen. Daher sind die Ideen zur Berechnung von statischen Momenten einer Fläche unter einer Kurve bzw. eines Kurvenstücks auch auf die Berechnung der Trägheitsmomente übertragbar.

Man erhält als Trägheitsmoment ΔI_x des Streifens Δx der **Fläche**, die vom Graphen einer Funktion f, der x-Achse und den Geraden $x = x_A$, $x = x_B$ mit $x_A < x_B$ begrenzt wird, bezüglich der x-Achse (siehe **Abb. 7.17**)

$$\Delta I_x = \left| \int_0^{f(x)} y^2 \, dy \right| \Delta x = \frac{1}{3} |f(x)|^3 \Delta x.$$

Ausgangssituation

Lösungsweg

Ergebnis Damit ist das Trägheitsmoment I_x dieser Fläche bezüglich der x-Achse (**Flächenmoment 2. Grades**)

$$I_x = \frac{1}{3} \int_{x_A}^{x_B} |f(x)|^3 \, dx. \tag{7.52}$$

Für das Trägheitsmoment I_y dieser Fläche bezüglich der y-Achse (**Flächenmoment 2. Grades**) folgt analog

$$I_y = \int_{x_A}^{x_B} x^2 f(x) \, dx. \tag{7.53}$$

Für die Trägheitsmomente I_x und I_y einer **Kurve** $y = f(x)$, $x \in [x_A, x_B]$, bezüglich der x-Achse bzw. y-Achse ergibt sich unmittelbar

$$I_x = \int_{x_A}^{x_B} (f(x))^2 \sqrt{1 + (f'(x))^2} \, dx \quad \text{und} \quad I_y = \int_{x_A}^{x_B} x^2 \sqrt{1 + (f'(x))^2} \, dx.$$

Das Trägheitsmoment eines **Rotationskörpers**, der bei der Rotation des Graphen einer stetigen Funktion $y = f(x)$ über dem Intervall $[x_A, x_B]$ um die x-Achse entsteht, bezüglich seiner Rotationsachse ist

$$I_x = \frac{\pi}{2} \int_{x_A}^{x_B} (f(x))^4 \, dx.$$

Flächenmomente 2. Grades

Beispiel 7.30

1. Zu berechnen sind die Trägheitsmomente (Flächenmomente 2. Grades) I_x und I_y einer Rechtecksfläche, deren Symmetrieachsen x- und y-Achse sind und deren Breite und Höhe a und b sind (siehe **Abb. 7.21**).

    In diesem Falle ist $f(x) = b/2$ die konstante Funktion. Das Integrationsintervall ist $[-a/2, a/2]$. Die x-Achse unterteilt die Rechtecksfläche in zwei zu ihr symmetrische Teilrechtecke, sodass sich das Gesamtträgheitsmoment als Summe der beiden gleichen Teilträgheitsmomente ergibt. Mit den Gleichungen (7.52) und (7.53) folgt

$$I_x = 2 \cdot \frac{1}{3} \int_{-\frac{a}{2}}^{\frac{a}{2}} \left(\frac{b}{2}\right)^3 \, dx = \frac{2}{3} \frac{b^3}{8} \cdot [x]_{-\frac{a}{2}}^{\frac{a}{2}} = \frac{ab^3}{12},$$

$$I_y = 2 \cdot \int_{-\frac{a}{2}}^{\frac{a}{2}} x^2 \cdot \frac{b}{2}\, dx = b \cdot \left[\frac{1}{3}x^3\right]_{-\frac{a}{2}}^{\frac{a}{2}} = \frac{a^3 b}{12}.$$

Bemerkung: Das **polare Trägheitsmoment** ist die Summe der Trägheitsmomente I_x und I_y. Es beträgt

$$I_p = I_x + I_y = \frac{1}{12}(a^3 b + b^3 a).$$

2. Zu berechnen sind die Trägheitsmomente I_x und I_y (Flächenmomente 2. Grades) der Kreisfläche eines Kreises mit dem Radius R, dessen Mittelpunkt im Koordinatenursprung liegt (siehe **Abb. 7.21**).

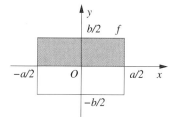

Die begrenzende Funktion ist $f(x) = \sqrt{R^2 - x^2}$, das Integrationsintervall $[-R, R]$. Auch hier unterteilt die x-Achse als Symmetrieachse die Kreisfläche in zwei Halbkreisflächen mit jeweils gleichen Trägheitsmomenten. Mit den Gleichungen (7.52) und (7.53) folgt

$$I_x = \frac{2}{3}\int_{-R}^{R}(\sqrt{R^2-x^2})^3\, dx = \frac{\pi R^4}{4},$$

$$I_y = 2\int_{-R}^{R} x^2\sqrt{R^2-x^2}\, dx = \frac{\pi R^4}{4}.$$

Bemerkung: Aus Symmetriegründen sind die Trägheitsmomente I_x und I_y gleich, so dass die Berechnung eines von beiden genügt.

Das polare Trägheitsmoment beträgt $I_p = \pi R^4/2$.

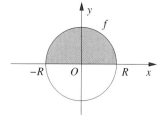

Abb. 7.21 Trägheitsmomente von Rechtecks- und Kreisquerschnitt

7.9.5 Berechnung von Schnittkräften am Balken

Ausgangssituation

Die Integralrechnung für Funktionen einer Veränderlichen findet ebenfalls Anwendung bei der Ermittlung von Auflagerreaktionen und Schnittkräften am Balken. Die entsprechenden Gleichungen sind dabei abhängig von der Lagerung des Balkens. Stellvertretend wird ein an seinen Enden A und B gelenkig gelagerter Balken der Länge l betrachtet, dabei ist das Lager in A fest und das in B verschieblich. Der Balken ist mit einer Streckenlast q belastet, deren Funktionsverlauf im Koordinatensystem mit der x-Achse in Balkenrichtung (siehe **Abb. 7.22**) dargestellt ist. Berechnet werden sollen die Auflagerreaktionen F_A und F_B sowie die Querkraft $Q(x)$ und das Biegemoment $M(x)$ an einer beliebigen Stelle $x \in [0, l]$ des Balkens (siehe **Abb. 7.22**).

Lösungsweg

Dazu wird der Balken an der Stelle x „aufgeschnitten". Sowohl das linke Balkenteil als auch das rechte befinden sich im Zustand der Ruhe, sodass Kräfte- und Momentengleichgewicht gelten. Für die Auflagerreaktion F_A erhält man nach dem Momentensatz für den gesamten Balken bezüglich des Punktes B

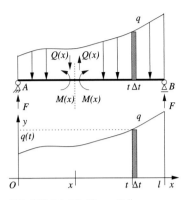

Abb. 7.22 Schnittkräfte am Balken

$$F_A l - \int_0^l (l-t)q(t)\,dt = 0, \quad \text{d.h.} \quad F_A = \frac{1}{l}\int_0^l (l-t)q(t)\,dt, \quad (7.54)$$

und für die Auflagerreaktion F_B folgt mit dem Momentensatz für den gesamten Balken bezüglich des Punktes A

$$F_B l - \int_0^l t q(t)\,dt = 0, \quad \text{d.h.} \quad F_B = \frac{1}{l}\int_0^l tq(t)\,dt.$$

Wendet man den Kräftesatz auf das linke Balkenteil an, so erhält man für die Querkraft $Q(x)$

Ergebnis

$$Q(x) - F_A + \int_0^x q(t)\,dt = 0, \quad \text{d.h.} \quad Q(x) = F_A - \int_0^x q(t)\,dt.$$

Der Momentensatz, angewendet auf das linke Balkenteil bezüglich der Stelle x, liefert für das Biegemoment $M(x)$

$$M(x) - F_A x + \int_0^x (x-t)q(t)\,dt = 0, \quad \text{d.h.}$$

$$M(x) = F_A x - \int_0^x (x-t)q(t)\,dt. \quad (7.55)$$

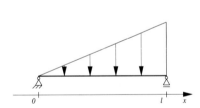

Abb. 7.23 a) Elementlast q

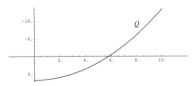

Abb. 7.23 b) Querkraft Q

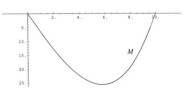

Abb. 7.23 c) Biegemoment M

Beispiel 7.31

1. Für eine Dreieckslast $q(x) = \frac{q_0}{l}x$, $x \in [0, l]$ erhält man mit den Gleichungen (7.54) bis (7.55) (siehe **Abb. 7.23 a), b), c)**)

$$F_A = \frac{1}{l}\int_0^l (l-t)\frac{q_0}{l}t\,dt = \frac{1}{l}\frac{q_0}{l}\left[l\frac{t^2}{2} - \frac{1}{3}t^3\right]_0^l = \frac{q_0 l}{6},$$

$$F_B = \frac{1}{l}\int_0^l t\frac{q_0}{l}t\,dt = \frac{1}{l}\frac{q_0}{l}\left[\frac{1}{3}t^3\right]_0^l = \frac{q_0 l}{3},$$

$$Q(x) = F_A - \int_0^x \frac{q_0}{l}t\,dt = \frac{q_0 l}{6} - \frac{q_0}{l}\left[\frac{1}{2}t^2\right]_0^x = \frac{q_0}{2}\left(\frac{l}{3} - \frac{x^2}{l}\right),$$

$$M(x) = F_A x - \int_0^x (x-t)\frac{q_0}{l}t\,dt = \frac{q_0 l}{6}x - \frac{q_0}{l}\left[x\frac{t^2}{2} - \frac{1}{3}t^3\right]_0^x = \frac{q_0}{6}\left(lx - \frac{x^3}{l}\right).$$

2. Für eine Sinuslast $q(x) = \sin\frac{\pi x}{l}$, $x \in [0, l]$ erhält man mit den Gleichungen (7.54) bis (7.55)

$$\begin{aligned}
F_A &= \frac{1}{l}\int_0^l (l-t)\sin\frac{\pi t}{l}\,dt = \frac{1}{l}\left(l\int_0^l \sin\frac{\pi t}{l}\,dt - \int_0^l t\sin\frac{\pi t}{l}\,dt\right) \\
&= \frac{1}{l}\left(-\frac{l^2}{\pi}\left[\cos\frac{\pi t}{l}\right]_0^l - \frac{l^2}{\pi^2}\left[-\frac{\pi t}{l}\cos\frac{\pi t}{l} + \sin\frac{\pi t}{l}\right]_0^l\right) \\
&= \frac{1}{l}\left(\frac{2l^2}{\pi} - \frac{l^2}{\pi}\right) = \frac{l}{\pi}, \\
F_B &= \int_0^l \sin\frac{\pi t}{l}\,dt - F_A = \frac{2l}{\pi} - \frac{l}{\pi} = \frac{l}{\pi}, \\
Q(x) &= F_A - \int_0^x \sin\frac{\pi t}{l}\,dt = \frac{l}{\pi} + \frac{l}{\pi}\left[\cos\frac{\pi t}{l}\right]_0^x = \frac{l}{\pi}\cos\frac{\pi x}{l}, \\
M(x) &= F_A x - \int_0^x (x-t)\sin\frac{\pi t}{l}\,dt = \frac{l}{\pi}x - x\int_0^x \sin\frac{\pi t}{l}\,dt + \int_0^x t\sin\frac{\pi t}{l}\,dt \\
&= \frac{l}{\pi}x + \frac{xl}{\pi}\left[\cos\frac{\pi t}{l}\right]_0^x + \frac{l^2}{\pi^2}\left[-\frac{\pi t}{l}\cos\frac{\pi t}{l} + \sin\frac{\pi t}{l}\right]_0^x = \frac{l^2}{\pi^2}\sin\frac{\pi x}{l}.
\end{aligned}$$

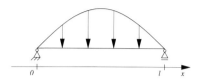

Abb. 7.24 a) Elementlast q

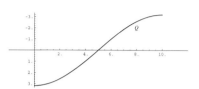

Abb. 7.24 b) Querkraft Q

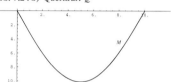

Abb. 7.24 c) Biegemoment M

7.9.6 Überfalle im Wasserbau

Ausgangssituation

Der Abflussvorgang „Überfall" liegt dann vor, wenn Wasser über die Oberkante eines Staubauwerkes (z. B. eines Wehres) läuft. Dabei wird die potenzielle Energie des in der Höhe h über der Krone des Bauwerkes angestauten Wassers (unbeeinflusster Wasserspiegel des Oberwassers) zum großen Teil in Bewegungsenergie umgesetzt. Das Wasser erreicht dann über dem Staubauwerk nur noch eine Höhe von ph, $0 < p < 1$, die gemessen werden kann, sodass der Faktor p bekannt ist (siehe **Abb. 7.25**). Ermittelt werden soll der Abfluss Q des Wassers über dem Staubauwerk, wenn die Breite b des rechteckigen Fließquerschnittes als konstant vorausgesetzt ist.

Lösungsweg

Ist g die Erdbeschleunigung und v_0 die Geschwindigkeit des zuströmenden Wassers der Masse m, so ist seine Energie die Summe der potenziellen mgh und der kinetischen $mv_0^2/2$. In der Höhe z über der Krone des Staubauwerkes hat das dort schneller fließende Wasser die Geschwindigkeit $v(z)$. Seine Energie ist damit jetzt die Summe der potenziellen mgz und der kinetischen $mv^2(z)/2$. Aus dem Energieerhaltungssatz folgt zunächst

$$mgh + \frac{mv_0^2}{2} = mgz + \frac{mv^2(z)}{2}$$

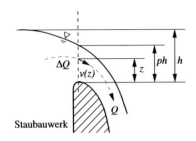

Abb. 7.25 Überfall

und für die Fließgeschwindigkeit $v(z)$ nach Umstellen dieser Gleichung

$$v(z) = \sqrt{2g\left(h + \frac{mv_0^2}{2} - z\right)}. \tag{7.56}$$

Der Abfluss ΔQ durch den Teil $b\,\Delta z$ des rechteckigen Fließquerschnittes in der Höhe z über der Krone des Staubauwerkes errechnet sich als Produkt aus Fließgeschwindigkeit (7.56) und dieser Fläche:

$$\Delta Q = \sqrt{2g\left(h + \frac{mv_0^2}{2} - z\right)}\, b\, \Delta z. \tag{7.57}$$

Den gesamten Abfluss Q über dem Staubauwerk erhält man durch Integration (d. h. Aufsummieren und anschließenden Grenzübergang $\Delta z \longrightarrow 0$) im gesamten Höhenbereich $z \in [0, ph]$:

$$Q = \int_0^{ph} \sqrt{2g\left(h + \frac{mv_0^2}{2} - z\right)}\, b\, dz. \tag{7.58}$$

Das bestimmte Integral auf der rechten Seite von (7.58) ist jetzt zu berechnen. b und $\sqrt{2g}$ sind konstante Faktoren, die aufgrund der Linearitätseigenschaft (7.9) (siehe **Abschnitt 7.4**) vor das Integral gezogen werden können. Weiter folgt mit der Substitution

$$t = h + \frac{mv_0^2}{2} - z, \; dt = -dz$$

für das unbestimmte Integral

$$\int \sqrt{h + \frac{mv_0^2}{2} - z}\, dz = -\int \sqrt{t}\, dt = -\frac{2}{3} t^{3/2} = -\frac{2}{3}\left(h + \frac{mv_0^2}{2} - z\right)^{3/2}.$$

Nach dem Hauptsatz der Differenzial- und Integralrechnung (7.16) (siehe **Abschnitt 7.6**) ergibt sich der gesuchte Abfluss Q durch Einsetzen der Integrationsgrenzen schließlich zu

Ergebnis

$$Q = -\frac{2}{3} b\sqrt{2g}\left(\left((1-p)h + \frac{mv_0^2}{2}\right)^{3/2} - \left(h + \frac{mv_0^2}{2}\right)^{3/2}\right). \tag{7.59}$$

Oft ist die Fließgeschwindigkeit v_0 des zuströmenden Wassers so gering, dass näherungsweise $v_0 \approx 0$ gestzt wird. In diesem Falle vereinfacht sich (7.59) zur **Überfallformel von Poleni**

Giovanni Poleni (* 23. August 1683 in Venice, † 15. November 1761 in Padua)

italienischer Mathematiker, Astronom und Physiker, Professor für Astronomie und Physik an der Universität Padua

Untersuchungen zur Hydraulik, astronomische und meteorologische Untersuchungen, Berechnung von Schiffahrtsrouten, Schiffsanker

hier: Überfallformel von Poleni

$$Q = \frac{2}{3} b \sqrt{2g}\, \mu\, h^{3/2}, \quad \mu = 1 - (1-p)^{3/2}.$$

7.10 Aufgaben

Stammfunktion, unbestimmte und bestimmte Integrale

7.1 Bestimmen Sie die Ableitungen der Funktionen

a) $F(x) = \int_{x^3}^{b} \frac{1}{1 + t^2 + \sin^2 t}\, dt$

b) $F(x) = \int_{9}^{x} \left(\int_{7}^{y} \frac{1}{1 + t^2 + \sin^2 t}\, dt \right) dy$.

7.2 Zeigen Sie, dass

$$F(x) = \ln|x + \sqrt{x^2 - 1}|$$

und

$$G(x) = \ln(\pi \cdot |x + \sqrt{x^2 - 1}|)$$

Stammfunktionen von

$$f(x) = \frac{1}{\sqrt{x^2 - 1}}$$

sind. Beachten Sie den DB der Funktionen.

7.3 Bestimmen Sie eine Stammfunktion von

$$f(x) = 3 \sin x + 2x^5.$$

(Nutzen Sie Ihre Kenntnisse der Ableitungen bekannter Funktionen aus!)

7.4 Geben Sie für folgende Funktionen jeweils eine Stammfunktion an:

a) $f(x) = \frac{1}{x^2}$ b) $f(x) = \sqrt{x}$
c) $f(x) = \frac{1}{\sqrt{x}}$.

7.5 Berechnen Sie folgende unbestimmte Integrale:

a) $\int \frac{5}{x}\, dx$ b) $\int \frac{\cos x}{2}\, dx$
c) $\int \frac{1}{t^{n+1}}\, dt$ d) $\int \frac{15}{4} e^x\, dx$
e) $\int \frac{1}{2x^2}\, dx$ f) $\int \frac{15}{x \ln 10}\, dx$

7.6 Die folgenden unbestimmten Integrale sind zu ermitteln:

a) $\int \frac{4}{7} x^{-\frac{2}{3}}\, dx$ b) $\int \frac{5}{7\sqrt[4]{3x}}\, dx$

c) $\int \left(\frac{5}{4}\sqrt{x} - (x-1)^2 \right) dx$

d) $\int \left(\frac{2}{x} - \frac{4 - 3x^2}{x^2} \right) dx$ e) $\int (2e^x - 10^x)\, dx$

f) $\int (e^{\ln 3} - e^t)\, dt$ g) $\int \frac{1 - \cos^2 x}{\cos^2 x}\, dx$

h) $\int (\cos 2t + 2 \sin^2 t)\, dt$ i) $\int \frac{dx}{2 + 2x^2}$

j) $\int \frac{2x^4}{1 + x^2}\, dx$ k) $\int \frac{\cos \omega}{\cos^2 t}\, d\omega$

l) $\int \frac{1 + \cos^2 x}{\cos^2 x}\, dx$

7.7 Berechnen Sie folgende bestimmte Integrale:

a) $\int_{-1}^{1} 2\, dx$ b) $\int_{4}^{1} 2x\, dx$ c) $\int_{1}^{2} ab^2\, db$

d) $\int_{1}^{2} ab^2\, da$ e) $\int_{-1}^{1} \left(-\frac{1}{3} t \right) dt$

f) $\int_{0}^{2} (3x^2 + x - 1)\, dx$ g) $\int_{0}^{4} (x^2 + x + 1)\, dx$

h) $\int_{-2}^{-1} 3t^{-5}\, dt$
i) $\int_{2}^{1} \left(\frac{1}{x^2} + \frac{1}{x^3}\right) dx$
j) $\int_{-2}^{-3} \frac{x+1}{x^4}\, dx$
k) $\int_{1}^{4} q^{-\frac{1}{3}}\, dq$
l) $\int_{0}^{5} (5 - \sqrt[3]{8x})\, dx$

7.8 Bestimmen Sie die Integrale der Form $\frac{f'}{f}$:

a) $\int \frac{x}{x^2 - 8}\, dx$
b) $\int_{e}^{5} \frac{1}{x \ln x}\, dx$
c) $\int \cot x\, dx$.

7.9 Bestimmen Sie folgende Integrale mit partieller Integration!

a) $\int x \sin x\, dx$
b) $\int_{0}^{\pi/2} \cos^2 x\, dx$
c) $\int e^x \sin x\, dx$
d) $\int_{0}^{\pi/2} x \sin x \cos x\, dx$
e) $\int (\ln x)^2\, dx$
f) $\int \sin^3 x\, dx$
g) $\int \ln(x^2 + 1)\, dx$
h) $\int \sin^4 x\, dx$

7.10 Gesucht sind die unbestimmten Integrale bei Verwendung der Substutitionsregel:

a) $\int \cos^2 x \sin x\, dx$
b) $\int t^n e^{at^{n+1}}\, dt$
c) $\int (ax+b)^n\, dx$
d) $\int \Theta \cos \Theta^2\, d\Theta$
e) $\int \frac{2x}{1+x^2}\, dx$
f) $\int (\cos x - \cos^3 x)\, dx$
g) $\int x\sqrt{a^2 + x^2}\, dx$
h) $\int \frac{1}{3 + 2x}\, dx$
i) $\int x\sqrt{x+6}\, dx$
j) $\int \sin\left(\frac{\pi}{6} x\right) dx$

7.11 Integrieren Sie durch Substitution:

a) $\int (4x - 9)^{10}\, dx$
b) $\int e^{-3x}\, dx$
c) $\int \sqrt[3]{5 - 6x}\, dx$
d) $\int \sin \frac{x}{2}\, dx$
e) $\int (9x - 7)^{15}\, dx$
f) $\int \sqrt{3 - 2x}\, dx$
g) $\int \sqrt{1 - x}\, dx$
h) $\int \frac{3}{\cos^2(6x - 1)}\, dx$
i) $\int \frac{dx}{\sqrt{1 - 9x^2}}$
j) $\int \frac{4\pi}{\sin^2(3 - 2x)}\, dx$
k) $\int \frac{dx}{(2x - 1)\sqrt{2x - 1}}$
l) $\int \frac{dh}{\sqrt{2gh}}$

7.12 Berechnen Sie folgende Integrale:

a) $\int \frac{2 + x}{x^2 + 4x}\, dx$
b) $\int \sin^4 x\, dx$
c) $\int \frac{dx}{x^2 \sqrt{m - x^2}}$
d) $\int x \sin x^2\, dx$
e) $\int \sqrt{x^2 - 4x - 12}\, dx$
f) $\int \frac{dx}{1 + \cos x}$
g) $\int \frac{\sin \sqrt{x}}{\sqrt{x}}\, dx$
h) $\int \frac{dx}{x^2 - 4}$
i) $\int \frac{dx}{\sqrt{x + 9} - \sqrt{x}}$
j) $\int_{1}^{e} \frac{dx}{x\sqrt{1 - (\ln x)^2}}$
k) $\int_{0}^{1} \frac{\sqrt{x}}{1 + x}\, dx$
l) $\int_{1}^{2} \frac{e^{1/x}}{x^2}\, dx$
m) $\int_{1}^{e} \frac{1 + \lg x}{x}\, dx$
n) $\int_{0}^{\ln 2} \tanh x\, dx$
o) $\int_{0}^{1} \frac{\sqrt{e^x}}{\sqrt{e^x + e^{-x}}}\, dx$
p) $\int_{3}^{8} \frac{x}{\sqrt{1 + x}}\, dx$

Fläche, Bogenlänge, Rotationskörper

7.13 Gesucht ist der Inhalt der Fläche zwischen der x-Achse und der Funktion $f(x)$ im Intervall $[a, b]$:

a) $f(x) = \sin x$, $a = 0$, $b = \pi/2$
b) $f(x) = x^2 + 2$, $a = -2$, $b = 1$
c) $f(x) = 1/x^2$, $a = 1$, $b = 1$
d) $f(x) = x^2 - 5x + 4$, $a = 0$, $b = 5$

7.14 Die Funktion $f(x)$ begrenzt mit der x-Achse eine Fläche, deren Inhalt zu ermitteln ist:

a) $f(x) = 2x^3 - 3x^2 - 3x + 2$
b) $f(x) = -x^3 + 3x^2 + 6x - 8$

c) $f(x) = 2 - x^4 - x^2$
d) $f(x) = 3x - x^3(4 - x^2)$

7.15 Es ist die von den Kurven

a) $y = 3 - 2x - x^2$ und $y = x + 3$
b) $y = x^2 + 4x$ und $y = x + 4$
c) $y = x^2 - 4$ und $y = x + 2$
d) $y = x^2 - 3x - 2$ und $y = 2x - 2$
e) $y = x^3 + x^2 + x - 2$ und $y = 4x + 1$
f) $y = x^2 - 7x + 15$ und $y = -x^2 + 10x + 7$
g) $x^2 = 6 - y$ und $x = y$
h) $y^2 = 4x$ und $x^2 = 4y$
i) $y = \sin x$ und $y = \sin 2x$, $0 \le x \le \pi/2$
j) $y = e^{2x/3}$ und $y = 3^{x-1}$, $-1 \le x \le 0$
k) $y = \dfrac{\ln x}{4x}$ und $y = \ln x$

begrenzte Fläche zu ermitteln.

7.16 Die durch $f(x) = x^2$ und die x-Achse auf $[0, 2]$ begrenzte Fläche soll durch eine zur x-Achse parallele Gerade halbiert werden. Wie lautet die Gleichung der Geraden?

7.17 Die Funktion $f(x) = \sin ax$ begrenzt mit der x-Achse in einer Periode die Fläche $A = 1$. Wie groß ist a ?

7.18 Welche zur y-Achse parallele Gerade schließt mit $f(x) = x^2$ und der x-Achse eine Fläche vom Inhalt $A = 10$ ein ?

7.19 Man lege durch den Punkt $P(-1, y_P)$ der Parabel $y = x^2 + 4$ die Tangente t und berechne den Inhalt des durch t, die y-Achse und die Parabel begrenzten Flächenstücks.

7.20 Die Funktionen $f(x) = cx^2$ und $g(x) = 1 - x^2/c$ begrenzen eine endliche Fläche. Man berechne $c \in \mathbb{R}^+$ so, dass deren Inhalt maximal wird.

7.21 Berechnen Sie die von der Ellipse $x = a\cos t$, $y = b\sin t$ eingeschlossene Fläche.

7.22 Berechnen Sie den Inhalt der Fläche, die ein Bogen der Zykloide
$x = a(t - \sin t)$, $y = a(1 - \cos t)$ mit der x-Achse einschließt (siehe **Abb. 7.26**).

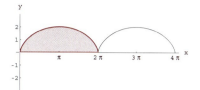

Abb. 7.26 Zykloide, $a = 1$

7.23 Aus wärmetechnischen Gründen soll die Fläche A zwischen den Dachlinien und der parabolischen Begrenzungslinie eines Gewölbequerschnittes 40 m^2 betragen. Die Dachlinien liegen tangential an der Begrenzungslinie (siehe **Abb. 7.27**). Die Spannweite des Gewölbequerschnittes beträgt 20 m. Wie groß ist die Pfeilhöhe a des Gewölbes?

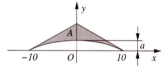

Abb. 7.27 Gewölbequerschnitt

7.24 Ein Kanal, dessen Querschnitt nach unten von einer kubischen Kurve $y(x) = a|x^3| + b$ begrenzt wird, ist 6 m breit und an seiner tiefsten Stelle 3 m tief (siehe **Abb. 7.28**). Berechnen Sie seinen Fließquerschnitt A, wenn das Wasser im Kanal über der tiefsten Stelle 2 m hoch steht!

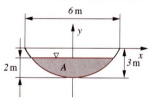

Abb. 7.28 Kanalquerschnitt

7.25 Berechnen Sie die Bogenlänge des Kurvenstücks $\mathcal{C}$

a) $y = \ln \cos x$, $y_1 = 0$, $x_2 = \pi/6$
b) $y = \ln x$, $x_1 = 0.75$, $x_2 = 2.4$
c) $x = a(t - \sin t)$, $y = a(1 - \cos t)$, ein Bogen (siehe **Abb. 7.26**),
d) Spirale $r = a \cdot e^{k\varphi}$, $a, k > 0$, $r_1 = a$, $\varphi_2 = \pi/2$ (siehe **Abb. 7.10**).

7.26 Man berechne den Umfang des krummlinigen Dreiecks, das von der Kurve $y^2 = x$ und der Geraden $y = 0.5$ gebildet wird.

7.27 Eine Straßenabschnitt hat näherungsweise die Gestalt einer Parabel mit dem Scheitelpunkt im Koordinatenursprung und dem Punkt $P(90, 30)$ (in m) (siehe **Abb. 7.29**). Berechnen Sie seine Länge l!

Abb. 7.29 Straßenverlauf

7.28 Bei der Planung einer Straße muss die Fläche zwischen den Kurven $y_1(x) = x^2$ und $y_2(x) = x^3 - x$ im Bereich $0 \leq x \leq 3$ bestimmt werden.

  a) Berechnen Sie die von den Kurven eingeschlossene Fläche F!

  b) Berechnen Sie die Länge l des Graphen der Funktion $y_1(x) = x^2$ zwischen den oben genannten Grenzen!

7.29 Ein biegsamer Faden ist in zwei Punkten A und B aufgehängt. Die Punkte A und B befinden sich in gleicher Höhe und haben den Abstand $\overline{AB} = 2b$ voneinander. Die Pfeilhöhe des Bogens sei f. Nimmt man als Form des Fadens eine Parabel an, so lässt sich die Fadenlänge für kleines f/b mit $s \approx 2b(1 + 2f^2/(3b^2))$ bestimmen. Zeigen Sie dies mit Hilfe der Näherungsformel (Taylorpolynom) $\sqrt{1+\alpha} \approx 1 + \alpha/2$ für kleines α, die Sie vor dem Integrieren auf den Integranden anwenden können.

7.30 Berechnen Sie das Volumen des Rotationskörpers, der bei der Rotation der Astroide

$$x^{\frac{2}{3}} + y^{\frac{2}{3}} = a^{\frac{2}{3}}$$

um die x-Achse entsteht (siehe **Abb. 7.30 a), b)**).

Hinweis: Verwenden Sie die Substitution $z = x^{\frac{1}{3}}$.

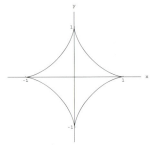

Abb. 7.30 a) Astroide, $a = 1$

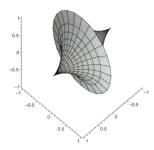

Abb. 7.30 b) Rotationskörper

7.31 Gegeben sei ein Kurvenstück L durch eine Kurve $F(x, y) = 0$ und die zwei Endpunkte $P_1(x_1, y_1)$, $P_2(x_2, y_2)$ sowie eine Gerade g.

Berechnen Sie das Volumen des entstehenden Körpers, wenn das Flächenstück $S(A\,P_1\,P_2\,B)$ (siehe **Abb. 7.31**) um g rotiert:

  a) $F(x, y) = y^2 - 8x$, $x_1 = 0$, $y_2 = 4$, $g: x$-Achse,

  b) $F(x, y) = y^2 - 8x$, $y_1 = -4$, $y_2 = 4$, $g: y$-Achse,

  c) $F(x, y) = y - \ln x$, $x_1 = 1$, $y_2 = 1$, $g: x$-Achse,

  d) $F(x, y) = xy - 1$, $x \geq 1$, $g: x$-Achse,

  e) $F(x, y) = \sqrt{\sin x} - y$, $x_1 = 0$, $x_2 = \pi$, $g: x$-Achse,

  f) $F(x, y) = x - \sqrt{y}e^{y^2}$, $x_1 = 0$, $y_2 = 1$, $g: y$-Achse.

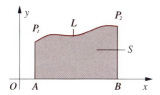

Abb. 7.31 Fläche S

7.32 Gegeben sei ein Kurvenstück L durch eine Kurve $F(x, y) = 0$ und die zwei Endpunkte $P_1(x_1, y_1)$, $P_2(x_2, y_2)$ sowie eine Gerade g.

Berechnen Sie die Mantelfläche des entstehenden Körpers, wenn das Flächenstück $S(A P_1 P_2 B)$ (siehe **Abb. 7.31**) um g rotiert:

a) $F(x, y) = x^2 + 2y^2 - 1$, g: x-Achse,

b) $F(x, y) = 2y - x^2$, $x_1 = 0$, $y_2 = 1.5$, g: y-Achse,

c) $F(x, y) = y - e^x$, $y_1 = 1$, $y_2 = e^3$, g: y-Achse,

d) $F(x, y) = \ln x - y$, $y_1 = 0$, $y_2 = 2$, g: y-Achse.

7.33 Ein Fass werde durch ein zwischen zwei Grenzen um die x-Achse rotierendes Stück der Ellipse $3x^2 + 5y^2 = 120$ beschrieben. Die Länge des Fasses betrage 1 m, die Durchmesser beider Bodenflächen je 60 cm. Man berechne Inhalt und Oberfläche des Fasses.

7.34 Ein Kühlturm hat die Gestalt eines Kreishyperboloiden, d. h., er ist durch Rotation der Hyperbel

$$\frac{x^2}{a^2} - \frac{y^2}{b^2} = 1, \ a, b \in \mathbb{R}, \ a, b \neq 0$$

um die y-Achse für $-h_1 \leq y \leq h_2$, $h_1, h_2 > 0$, entstanden. Berechnen Sie sein Volumen!

Physikalische Anwendungen

7.35 Berechnen Sie den Schwerpunkt der Fläche unter der Kurve
$y = 2 \sin 3x$, $y \geq 0$, $0 \leq x \leq \frac{\pi}{3}$.

7.36 Man berechne die Lage des Schwerpunktes der Fläche, die vom Viertelkreisbogen $y = \sqrt{r^2 - x^2}$, $0 \leq x \leq r$ und den Geraden $x = r$, $y = r$ eingeschlossen wird.

7.37 Folgende Kurven rotieren um die x-Achse:

a) $y = e^x$, $[1, 2]$ b) $y = \ln x$, $[1, e]$
c) $y = \sqrt[3]{x}$, $[0, 8]$.

Bestimmen Sie den Schwerpunkt des entstehenden Rotationskörpers!

7.38 Man bestimme den Schwerpunkt $S(x_s, y_s)$ des schraffierten Flächenstücks (siehe **Abb. 7.32**).

Welche Koordinaten ergeben sich für den Fall $a = 3r$, $b = 2r$?

Hinweis: Benutzen Sie die Guldinschen Regeln!

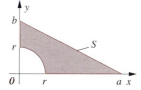

Abb. 7.32 Flächenstück

7.39 Es ist das Drehmoment (= statisches Moment) der Fläche zwischen der Ellipse $b^2x^2 + a^2y^2 = a^2b^2$ und der x-Achse bezüglich der x-Achse zu ermitteln ($y \geq 0$, Flächendichte $\rho = const$).

7.40 Gegeben ist die Kurve mit der Gleichung $y = 0.5(4 - x)\sqrt{x}$. Gesucht ist

a) die Fläche, die von der Kurve mit der x-Achse eingeschlossen wird,

b) der Schwerpunkt dieser Fläche,

c) das Volumen des Körpers, der bei der Drehung dieser Fläche um die x-Achse entsteht,

d) der Schwerpunkt dieses Körpers.

7.41 Berechnen Sie das Trägheitsmoment des Parallelogrammes, das von den Geraden $-2x + 3y = \pm 4$ und $x + 2y = \pm 3$ gebildet wird, bezüglich der x-Achse.

7.42 Ein quadratisches Profil besitzt die Kantenlänge $a_0 = 0.1$ m. Man vergleiche sein axiales Hauptträgheitsmoment I_{xs} (x-Achse verläuft durch den Schwerpunkt) mit dem eines quadratischen Hohlprofils, welches bei einer Wanddicke von $d = 8 \cdot 10^{-3}$ m bei gleichem Materialeinsatz pro Längeneinheit gefertigt wird. Man ermittle dazu zunächst die Kantenlänge a_1 des Hohlprofils.

7.43 Berechnen Sie die Flächenträgheitsmomente I_x und I_y für den parabelförmigen Querschnitt (siehe **Abb. 7.33**) (ohne Taschenrechner).

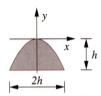

Abb. 7.33 Querschnitt

7.44 Berechnen Sie das Trägheitsmoment eines Kreissegments mit dem Radius r und dem Winkel 2φ bezüglich der Symmetrieachse (siehe **Abb. 7.34**).

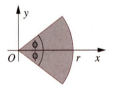

Abb. 7.34 Kreissegment

7.45 Wie viel Mal größer ist das Trägheitsmoment des Ringes zwischen zwei konzentrischen Kreisen mit den Radien 12 und 13 als das des flächengleichen Kreises, wenn man beide Momente auf dieselbe Achse durch den Mittelpunkt bezieht?

7.46 Es ist die Druckkraft des Wassers auf eine senkrechte dreieckförmige Wand zu berechnen (siehe **Abb. 7.35**). Die Oberfläche des Wassers reicht bis an die Grundlinie a des Dreiecks heran, d. h. die Wassertiefe ist gleich der Höhe h des Dreiecks.

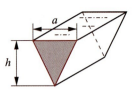

Abb. 7.35 Dreieckförmige Wand

7.47 Ein Zug verlässt den Hauptbahnhof mit einer gleichmäßig wachsenden Beschleunigung $a(t)$, die nach $t_1 = 100$ s den Wert $a_1 = 0.5$ m/s^2 annimmt.

a) Man berechne die Geschwindigkeit v_1 zum Zeitpunkt t_1.

b) Welchen Weg s_1 hat der Zug bis dahin zurückgelegt?

c) Die Graphen der Funktionen $a(t)$, $v(t)$ und $s(t)$ sind über dem Intervall $[0; t_1]$ darzustellen.

7.48 Ein Holzzylinder schwimmt im Wasser, so dass nur sein oberstes Drittel sichtbar ist.

a) Welche Dichte hat der Holzzylinder?

b) Welche Arbeit W muss beim Herausziehen des Körpers aus dem Wasser verrichtet werden?

7.49 Eine Holzboje von zylindrischer Form mit der Querschnittsfläche $S = 4000$ cm^2 und der Höhe $H = 50$ cm schwimme auf der Wasseroberfläche. Die Dichte des Holzes sei $\rho = 0.8$ g/cm^3.

a) Welche Arbeit muss verrichtet werden, um die Boje aus dem Wasser zu ziehen?

b) Man berechne die Arbeit, die aufgewendet werden muss, um die Boje vollständig in das Wasser einzutauchen.

7.50 Man berechne die Arbeit, die verrichtet werden muss, um das Wasser aus einem zylindrischen Gefäß der Höhe $H = 5$ m mit dem Grundkreisradius $R = 3$ m herauszupumpen.

7.51 Welche Arbeit muss aufgewendet werden, um einen kegelförmigen Sandhaufen aufzuschütten? Der Radius des Kegels sei 1.2 m, die Höhe 1 m und das spezifische Gewicht des Sandes 2 kN/m^3.

7.52 Leiten Sie für den eingespannten Balken (siehe **Abb. 7.36**) mit linearer Belastung q den Querkraftsverlauf $Q(x)$ und den Biegemomentenverlauf $M(x)$ her, $0 < x < l$.

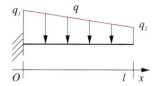

Abb. 7.36 Balken

7.53 Berechnen Sie die Auflagerkräfte für einen beidseitig gelenkig gelagerten Balken der Länge l (siehe **Abb. 7.37**) mit der Elementlast
$$q(x) = q_0\, e^{-2x/l}, \; 0 \leq x \leq l \,!$$
Dabei bedeutet q_0 eine gegebene Konstante (in N).

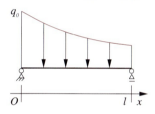

Abb. 7.37 Balken

7.54 Berechnen Sie für den gegebenen Kragarm der Länge l das Moment im Einspannpunkt A, wenn die Streckenlast $q(x)$ wie in der Skizze gegeben ist (siehe **Abb. 7.38**). Dabei ist

$$q(x) \begin{cases} \text{linear für} & 0 \leq x \leq a, \\ \text{konstant für} & a \leq x \leq b, \\ \text{Parabel mit Scheitelpunkt in} \\ (b, 0) \text{ für} & b \leq x \leq l. \end{cases}$$

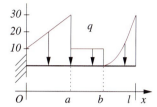

Abb. 7.38 Kragarm

7.55 Berechnen Sie die Formänderungsarbeit W bei der Biegung eines beidseitig gelenkig gelagerten Balkens der Länge l infolge der auf ihn im Abstand a vom ersten Gelenk senkrecht wirkenden Einzelkraft F:
$$W = \frac{1}{2EI} \int_0^l M^2(x)\,dx,$$
wobei $M(x)$ das Biegemoment im Abstand x vom ersten Gelenk ist.

8 Funktionen mehrerer Veränderlicher

Bezeichnungen:
Betrachtet wird der n-dimensionale Vektorraum $\mathbb{R}^n$ mit den Elementen $(x_1, x_2, ..., x_n)^\top$, wobei $x_1, x_2, ..., x_n$ reelle Zahlen sind. Hierbei entspricht jedem Punkt X mit den Koordinaten $x_1, x_2, ..., x_n$ sein Ortsvektor $\overrightarrow{OX} = x = (x_1, x_2, ..., x_n)^\top \in \mathbb{R}^n$. Der „Punkt $X(x_1, x_2, ..., x_n)$ mit dem Ortsvektor $\overrightarrow{OX} = x = (x_1, x_2, ..., x_n)^\top \in \mathbb{R}^n$" wird in diesem Kapitel kurz „Punkt (oder Stelle) $x = (x_1, x_2, ..., x_n)^\top \in \mathbb{R}^n$" genannt.

Oft sind physikalische Größen nicht nur von einer, sondern mehreren Einflussgrößen abhängig. Beispielsweise wird das Volumen eines Quaders von drei Kantenlängen bestimmt. Die Verlängerung eines Stabes infolge einer Krafteinwirkung ist nach dem Hookeschen Gesetz abhängig von dieser Kraft, der Länge des Stabes, seinem Querschnitt und seinem Elasizitätsmodul. Solche Abhängigkeiten werden durch Funktionen mehrerer Veränderlicher beschrieben. Funktionen zweier Veränderlicher können graphisch veranschaulicht werden. Der Begriff des Grenzwertes und der Stetigkeit wird erklärt. Partielle Ableitungen sind Grenzwerte der Differenzquotienten bezüglich einer der Veränderlichen. Der Gradient wird zur Charakterisierung des Wachstums einer Funktion und zur Berechnung des totalen Differenzials benutzt. Damit ist z. B. die Bestimmung maximaler absoluter und relativer Messfehler bei Vorgabe der Toleranzen der Messgrößen möglich. Eine wichtige Rolle spielt die Ermittlung von Extremwerten von Funktionen mehrerer Veränderlicher.

8.1 Der Begriff der stetigen Funktion mehrerer Veränderlicher

Die Veränderlichen, die eine physikalische Größe beeinflussen, werden in einem Vektor zusammengefasst. Der Definitionsbereich für Funktionen mehrerer Veränderlicher ist damit eine Teilmenge des Vektorraums $\mathbb{R}^n$ oder der $\mathbb{R}^n$ selber. Jetzt kann der Funktionsbegriff als eindeutige Zuordnung aus dem $\mathbb{R}^n$ in die Menge der reellen Zahlen $\mathbb{R}$ erklärt werden. Die graphische Veranschaulichung ist für Funktionen zweier Veränderlicher durch eine Oberfläche im Raum möglich. Isolinienbilder dienen ebenfalls der Darstellung der Funktionswerte – ähnlich wie die Höhenlinien auf einer Landkarte.

Definition 8.1

Sei $n \in \mathbb{N}$ und $D_f \subseteq \mathbb{R}^n$ ein Definitionsbereich. Ist jedem Punkt $(x_1, x_2, ..., x_n)^\top \in D_f$ durch eine Vorschrift f eindeutig eine Zahl $z = f(x_1, x_2, ..., x_n) \in \mathbb{R}$ zugeordnet, so heißt f **Funktion von n unabhängigen Variablen $x_1, x_2, ..., x_n$ auf dem Definitionsbereich D_f**. Dabei heißt z die **abhängige Variable**.

Funktionen mehrerer Veränderlicher

Beispiel 8.2

1. Sind zwei Widerstände R_1 und R_2 im Stromkreis parallel geschaltet, so errechnet sich ihr Gesamtwiderstand R aus dem Ohmschen Gesetz $\dfrac{1}{R} = \dfrac{1}{R_1} + \dfrac{1}{R_2}$ zu

$$R = \frac{R_1 \, R_2}{R_1 + R_2}.$$

8.1 Der Begriff der stetigen Funktion mehrerer Veränderlicher

R ist *abhängig* von den Widerständen R_1 und R_2, also eine Funktion zweier Variablen $R = R(R_1, R_2)$.

2. Die Gravitationskraft F zwischen zwei Körpern mit den Massen M und m berechnet sich nach dem Gravitationsgesetz zu

$$F = -\frac{\gamma\, m\, M}{|x|^2}\, \frac{x}{|x|},$$

wobei γ die Gravitationskonstante ist und $x = (x_1, x_2, x_3)$ der Schwerpunkt des Körpers mit der Masse m im dreidimensionalen kartesischen Koordinatensystem mit dem Ursprung im Schwerpunkt des Körpers mit der Masse M ist. Die Kraft F ist ein dreidimensionaler Vektor, dessen Richtung durch den Einheitsvektor $-\frac{x}{|x|}$ gegeben ist und dessen Betrag $\frac{\gamma\, m\, M}{|x|^2}$ ist. Komponentenweise lautet diese Gleichung

$$F_i = -\frac{\gamma\, m\, M}{|x|^3}\, x_i, \quad i = 1, 2, 3.$$

Das bedeutet, dass die Kraftkomponenten F_1, F_2, F_3 jeweils *abhängig* von x_1, x_2, x_3 sind und daher Funktionen dreier Variablen darstellen: $F_i = F_i(x_1, x_2, x_3)$.

Definition 8.3

Unter dem **natürlichen Definitionsbereich** einer Funktion f versteht man diejenige Teilmenge des $\mathbb{R}^n$, für die die Zuordnung f erklärt ist.

Beispiel 8.4 — Natürlicher Definitionsbereich

1. Die Funktion $f(x, y) = -4x - 2y + 4$ besitzt den natürlichen Definitionsbereich $D_f = \mathbb{R}^2$, da *jedem* Punkt $(x, y)^\top \in \mathbb{R}^2$ durch diese Vorschrift eine reelle Zahl zugeordnet werden kann.

2. Die Funktion $R(R_1, R_2) = \dfrac{R_1 R_2}{R_1 + R_2}$ besitzt als natürlichen Definitionsbereich $D_f = \mathbb{R}^2 \setminus {(R_1, R_2)^\top : R_1 = -R_2}$, da der Nenner in der Funktionsvorschrift für $R_1 = -R_2$ Null wird und somit der Bruch nicht erklärt ist. Der *für das physikalische Gesetz relevante Definitionsbereich* ist allerdings lediglich $\mathbb{R}^2 \setminus {(R_1, R_2)^\top : R_1 > 0 \land R_2 > 0}$, da Widerstände positiv sind.

3. Die Funktionen $F_i(x_1, x_2, x_3) = -\dfrac{\gamma\, m\, M}{|x|^3}\, x_i$, $i = 1, 2, 3$ (siehe **Beispiel 8.2**), haben als natürlichen Definitionsbereich $D_f = \mathbb{R}^3 \setminus (0, 0, 0)^\top$, da der Nenner in den Funktionsvorschriften genau dann Null ist, wenn $|x| = 0$ gilt, also $x = (0, 0, 0)^\top$ ist (Schwerpunkt des Körpers mit den Massen M und m fallen zusammen).

Die wesentlichen Unterschiede von Funktionen einer bzw. mehrerer Veränderlicher liegen bereits zwischen den Fällen $n = 1$ und $n = 2$. Für Funktionen mit mehr als zwei Veränderlichen kann dann verallgemeinert werden. Daher werden im Folgenden vorwiegend Funktionen zweier Veränderlicher studiert.

Veranschaulichung von Funktionen zweier Veränderlicher

Im dreidimensionalen kartesischen Koordinatensystem mit den Achsen x, y, z und dem Koordinatenursprung O ist der Definitionsbereich D_f eine Teilmenge der (x, y)-Ebene. Jedem Punkt $P'(x, y)$ des Definitionsbereiches kann mit der Funktion $z = f(x, y)$ ein Punkt P mit dem Ortsvektor $(x, y, z)^\top \in \mathbb{R}^3$ zugeordnet werden. Der Punkt P' ist die **Projektion** des Punktes P auf die (x, y)-Ebene. Die Menge aller zugeordneten Punkte P bildet im Allgemeinen eine Oberfläche im Raum $\mathbb{R}^3$ (siehe **Abbildung 8.1**).

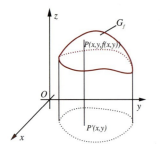

Abb. 8.1 Graph einer Funktion $z = f(x, y)$

Definition 8.5 Die Menge der Punkte $G_f = \{(x, y, z), (x, y)^\top \in D_f, z = f(x, y)\}$ heißt **Graph der Funktion f**.

Graphen von Funktionen

Beispiel 8.6

1. Der Graph der Funktion $f(x, y) = -4x - 2y + 4$ (vergleiche **Beispiel 8.4**) ist eine Ebene mit der Gleichung $z = -4x - 2y + 4$ (siehe **Abb. 8.2**). Ihre Achsenabschnittsgleichung lautet $x + \dfrac{y}{2} + \dfrac{z}{4} = 1$.

2. Der Graph der Funktion $f(x, y) = x^2 + y^2$ heißt **Paraboloid** (siehe **Abb. 8.3**). In der (x, z)-Ebene, also für $y = 0$, folgt aus der Funktionsgleichung $f(x, 0) = x^2$, und man erhält als Menge der zugeordneten Punkte P eine Normalparabel. Analog ergibt sich in der (y, z)-Ebene, also für $x = 0$, $f(0, y) = y^2$, und man erhält auch in dieser Koordinatenebene als Menge der zugeordneten Punkte P eine Normalparabel. In allen Ebenen $z = c$, $c \geq 0$ parallel zur (x, y)-Ebene folgt aus der Funktionsgleichung $c = x^2 + y^2$, und man erhält als Menge der zugeordneten Punkte P in diesen Ebenen jeweils einen Kreis mit dem Mittelpunkt $(0, 0, c)$ und dem Radius $\sqrt{c}$.

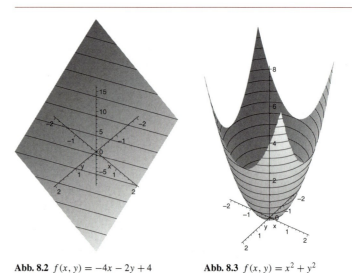

Abb. 8.2 $f(x, y) = -4x - 2y + 4$ **Abb. 8.3** $f(x, y) = x^2 + y^2$

8.2 Grenzwerte, Stetigkeit, Partielle Ableitungen

Definition 8.7

Ist $f(x,y)$ eine Funktion zweier Variablen mit dem Definitionsbereich $D_f \subseteq \mathbb{R}^2$, so heißen die Punktmengen

$$I_c = \{(x,y)^\top \in D_f, f(x,y) = c\}$$

Isolinien von f mit der Höhe c (Niveaulinien).

Beispiel 8.8

1. Die Funktion $f(x,y) = -4x - 2y + 4$ (vergleiche **Beispiel 8.4 und 8.6**) hat als Isolinien *Geraden* (siehe **Abb. 8.4**). Für die konstante Höhe $z = f(x,y) = c$ folgt aus der Funktionsgleichung
 $$c = -4x - 2y + 4.$$
 Umstellen nach y liefert die Geradengleichung
 $$y = -2x + 2 - \frac{c}{2}.$$
 Diese Geraden sind parallel (sie haben alle denselben Anstieg -2) und schneiden die y-Achse im Punkt $(0, 2 - c/2)$.
2. Die Funktion $f(x,y) = x^2 + y^2$ (vergleiche **Beispiel 8.6**) hat für die konstante Höhe $z = f(x,y) = c$ als Isolinien Kreise mit dem Mittelpunkt im Koordinatenursprung und dem Radius $\sqrt{c}$ (siehe **Abb. 8.5**).

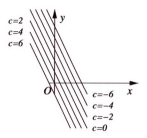

Abb. 8.4 Isolinien $c = -4x - 2y + 4$

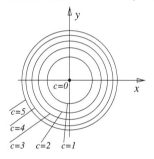

Abb. 8.5 Isolinien $c = x^2 + y^2$

8.2 Grenzwerte, Stetigkeit, Partielle Ableitungen

Der Begriff des Grenzwertes und der Stetigkeit von Funktionen mehrerer Veränderlicher basiert – wie auch bei Funktionen einer Veränderlichen – auf der Konvergenz von Folgen von Argumenten gegen eine Stelle des Definitionsbereiches. Partielle Ableitungen sind die Grenzwerte von Differenzenquotienten bezüglich einer der Veränderlichen. Für Funktionen zweier Veränderlicher ist die geometrische Interpretation ihrer partiellen Ableitungen möglich.

In **Definition 4.1** wurde bereits der Begriff der Länge eines Vektors erklärt, der in diesem Abschnitt ebenfalls Anwendung findet. Unter dem **Abstand** zweier Punkte $x, y \in \mathbb{R}^n$ versteht man die Länge des Vektors $\overrightarrow{XY}$, also die Zahl

$$|x - y| = \sqrt{\sum_{i=1}^n (x_i - y_i)^2}.$$

Grenzwerte

Definition 8.9

1. Eine Funktion $a: \mathbb{N} \to \mathbb{R}^n$, die jeder natürlichen Zahl k ein Element $a_k \in \mathbb{R}^n$ zuordnet, heißt **Folge im $\mathbb{R}^n$**. Sie wird mit $\{a_k\}$ bezeichnet.
2. Die Folge $\{a_k\} \in \mathbb{R}^n$ heißt **konvergent gegen den Punkt $\bar{x} \in \mathbb{R}^n$**, wenn gilt

$$\lim_{k \to \infty} |a_k - \bar{x}| = 0.$$

Der Punkt $\bar{x}$ heißt **Grenzwert der Folge** $\{a_k\}$, und man schreibt

$$\lim_{k \to \infty} a_k = \bar{x}.$$

Beispiel 8.10

1. Betrachtet wird die Folge mit den Gliedern $a_k = (2^{2-k}, 2^{1-k})^\top$ (siehe **Abb. 8.6**). Die ersten Folgenglieder lauten $(2, 1)^\top$, $(1, 0.5)^\top$, $(0.5, 0.25)^\top$, ...
   Es wird gezeigt, dass diese Folge gegen den Punkt $\bar{x} = (0, 0)^\top$ konvergiert. Nach **Definition 8.9** wird $\lim_{k \to \infty} |a_k - \bar{x}|$ berechnet. Es ist

$$\lim_{k \to \infty} |a_k - \bar{x}| = \lim_{k \to \infty} \sqrt{(2^{2-k} - 0)^2 + (2^{1-k} - 0)^2} = \lim_{k \to \infty} \sqrt{2^{2(2-k)} + 2^{2(1-k)}}$$

$$= \lim_{k \to \infty} \sqrt{(2^{2 \cdot 2} + 2^2) 2^{-2k}} = \lim_{k \to \infty} \frac{\sqrt{20}}{2^k} = 0.$$

2. Betrachtet wird die Folge mit den Gliedern $a_k = \left(\sin(k\pi/2), 1/k^2\right)^\top$, $k \in \mathbb{N}$ (siehe **Abb. 8.7**). Die ersten Folgenglieder sind $(1, 1)^\top$, $(0, 1/4)^\top$, $(-1, 1/9)^\top$, $(0, 1/16)^\top$, $(1, 1/25)^\top$, ...
   Die Punkte, die diesen Folgengliedern entsprechen, liegen abwechselnd auf den Geraden $x = 1$, $x = 0$, $x = -1$. Es gibt keinen Punkt $\bar{x}$ in der Ebene so, dass der Abstand der Folgenglieder zu diesem Punkt gegen 0 konvergiert. Welchen Punkt man auch immer wählt, es ist der Abstand derjenigen (unendlich vielen) Folgenglieder zu diesem Punkt, die auf den Geraden liegen, auf denen dieser Punkt sich nicht befindet, stets mindestens so groß wie der Abstand dieses Punktes zu den Geraden selbst.

Abb. 8.6 Folge $a_k = (2^{2-k}, 2^{1-k})^\top$

Abb. 8.7 Folge $a_k = \left(\sin(k\pi/2), 1/k^2\right)^\top$

Definition 8.11

Eine Funktion f mit dem Definitionsbereich $D_f \subseteq \mathbb{R}^n$ hat für $x \to \bar{x}$ **den Grenzwert** $c \in \mathbb{R}$:

$$\lim_{x \to \bar{x}} f(x) = c, \ x, \bar{x} \in \mathbb{R}^n,$$

wenn für *jede* gegen $\bar{x}$ konvergente Folge $\{a_k\}$ gilt

$$\lim_{k \to \infty} f(a_k) = c.$$

Stetigkeit

Definition 8.12

Eine Funktion f mit dem Definitionsbereich $D_f \subseteq \mathbb{R}^n$ heißt **stetig im Punkt** $\bar{x} \in D_f$, wenn gilt

$$\lim_{x \to \bar{x}} f(x) = f(\bar{x}).$$

Die Funktion heißt **stetig**, wenn f in jedem Punkt des Definitionsbereiches D_f stetig ist.

8.2 Grenzwerte, Stetigkeit, Partielle Ableitungen

Beispiel 8.13 — *Stetigkeit*

Die Funktion

$$f(x,y) = \begin{cases} \dfrac{x^2 - y^2}{x^2 + y^2}, & (x,y)^\top \neq (0,0)^\top, \\ 0, & (x,y)^\top = (0,0)^\top \end{cases}$$

(siehe **Abb. 8.8**) ist *stetig* für alle $(x,y)^\top \neq (0,0)^\top$.

Für $(x,y)^\top = (0,0)^\top$ hingegen ist $f(x,y)$ *nicht stetig*. Wählt man z. B. die Folge mit den Gliedern $a_k = (1/k, 0)^\top$, die gegen den Punkt $(0,0)^\top$ konvergiert, so erhält man

$$\lim_{k \to \infty} f(a_k) = \lim_{k \to \infty} \frac{1/k^2 - 0}{1/k^2 - 0} = 1 \neq f(0,0).$$

Auch für die Folge mit den Gliedern $a_k = (2/k, 1/k)^\top$, die gegen den Punkt $(0,0)^\top$ konvergiert, erhält man als Grenzwert der Folge der Funktionswerte *nicht* $f(0,0) = 0$:

$$\lim_{k \to \infty} f(a_k) = \lim_{k \to \infty} \frac{4/k^2 - 1/k^2}{4/k^2 + 1/k^2} = \frac{3}{5} \neq f(0,0).$$

Offenbar ist der Grenzwert der Folge der Funktionswerte von $f(x,y)$ für verschiedene gegen den Punkt $(0,0)^\top$ konvergierende Folgen nicht derselbe. Damit hat die Funktion $f(x,y)$ an der Stelle $(0,0)^\top$ *keinen* Grenzwert.

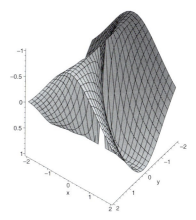

Abb. 8.8 $f(x,y) = (x^2 - y^2)/(x^2 + y^2)$

Die Rechenregeln für die Grenzwerte von Folgen bzw. Funktionen sind analog zu denen von Funktionen einer Veränderlichen. Insbesondere sind Summe, Produkt und Quotient (Nennerfunktion ungleich Null) stetiger Funktionen ebenfalls wieder stetige Funktionen.

Partielle Ableitungen

Definition 8.14

Sei f eine Funktion mit dem Definitionsbereich $D_f \subseteq \mathbb{R}^n$. Existiert für ein $i \in (1, ..., n)$ an einer festen Stelle $(x_1, ..., x_n)^\top$ der Grenzwert

$$\lim_{\Delta x_i \to 0} \frac{f(x_1, ..., x_i + \Delta x_i, ..., x_n) - f(x_1, ..., x_i, ..., x_n)}{\Delta x_i},$$

so wird dieser Grenzwert **die partielle Ableitung von f nach x_i an der Stelle $(x_1, ..., x_n)^\top$** genannt und mit

$$f_{x_i}(x_1, ..., x_n) = \frac{\partial f}{\partial x_i}(x_1, ..., x_n)$$

bezeichnet. Die Funktion f heißt an dieser Stelle **partiell differenzierbar nach x_i**.

Differenzierbarkeit und Ableitungen

Beispiel 8.15

1. Die Funktion $f(x, y) = x^2 + 2xy + y^3$ ist in jedem Punkt des $\mathbb{R}^2$ nach x und nach y partiell differenzierbar. Es ist
$$\frac{\partial f}{\partial x} = 2x + 2y \quad \text{und} \quad \frac{\partial f}{\partial y} = 2x + 3y^2.$$

2. Die Funktion $f(x, y) = x^y$ mit dem Definitionsbereich
$$D_f = \{(x, y) : 0 < x < \infty, \ -\infty < y < \infty\}$$
ist in jedem Punkt ihres Definitionsbereiches nach x und nach y partiell differenzierbar. Es ist
$$\frac{\partial f}{\partial x} = y x^{y-1} \quad \text{und} \quad \frac{\partial f}{\partial y} = \ln x \, x^y.$$

3. Die Funktion $f(x, y, z) = \mathrm{e}^{yz} + z$ mit dem Definitionsbereich $D_f = \mathbb{R}^3$ ist auf ihrem gesamten Definitionsbereich partiell differenzierbar nach x, y und z. Es ist
$$\frac{\partial f}{\partial x} = 0 \quad \text{und} \quad \frac{\partial f}{\partial y} = z \, \mathrm{e}^{yz} \quad \text{und} \quad \frac{\partial f}{\partial z} = y \, \mathrm{e}^{yz} + 1.$$

Bemerkung 8.16

1. Der Grenzwert $\lim_{\Delta x_i \to 0}$ in der **Definition 8.14** der partiellen Ableitung bezieht sich nur auf die Veränderung der i-ten Veränderlichen x_i der Argumente von f. Alle anderen Argumente sind fest. Die entsprechende partielle Ableitung nach x_i ist daher gleich der gewöhnlichen Ableitung von f nach x_i, wenn alle anderen Argumente als konstant betrachtet werden.

2. Die partielle Ableitung f_{x_i} im Punkt $\bar{x} = (\bar{x}_1, \ldots, \bar{x}_n)^\top$ ist gleich der Steigung der Tangenten an den Graphen der Funktion $f(\bar{x}_1, \ldots, x_i, \ldots, \bar{x}_n)$ der einen Veränderlichen x_i an der Stelle $\bar{x}_i$.

Für eine Funktion zweier Veränderlicher x und y lauten die Gleichungen der Tangenten (Geraden im Raum)

$$\begin{pmatrix} x \\ y \\ z \end{pmatrix} = \begin{pmatrix} \bar{x} \\ \bar{y} \\ f(\bar{x}, \bar{y}) \end{pmatrix} + \tau \begin{pmatrix} 1 \\ 0 \\ f_x(\bar{x}, \bar{y}) \end{pmatrix}$$

und

$$\begin{pmatrix} x \\ y \\ z \end{pmatrix} = \begin{pmatrix} \bar{x} \\ \bar{y} \\ f(\bar{x}, \bar{y}) \end{pmatrix} + \tau \begin{pmatrix} 0 \\ 1 \\ f_y(\bar{x}, \bar{y}) \end{pmatrix}.$$

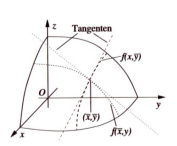

Abb. 8.9 Tangenten an den Graphen von $f(x, y)$ an der Stelle $(\bar{x}, \bar{y})^\top$

Sie spannen die so genannte **Tangentialebene** auf, die den Graphen der Funktion $f(x, y)$ im Punkt $(\bar{x}, \bar{y}, f(\bar{x}, \bar{y}))$ berührt (siehe **Abb. 8.9**).

3. Existieren für eine Funktion f mit dem Definitionsbereich $D_f \in \mathbb{R}^n$ die partiellen Ableitungen bezüglich jeden Argumentes, so heißt f auf D_f **differenzierbar**.

4. Die Rechenregeln für das Bilden der partiellen Ableitungen nach einer Variablen sind analog zu denen für Funktionen einer Variablen. Alle anderen Variablen betrachtet man dabei als konstant.

5. Partielle Ableitungen höherer Ordnung erhält man als partielle Ableitungen der partiellen Ableitungen (die ihrerseits Funktionen mehrerer Veränderlicher sind). So ist z. B.

$$\frac{\partial^2 f}{\partial x^2} = \frac{\partial}{\partial x}\left(\frac{\partial f}{\partial x}\right) = f_{xx}, \quad \frac{\partial^2 f}{\partial x \partial y} = \frac{\partial}{\partial y}\left(\frac{\partial f}{\partial x}\right) = f_{xy},$$

$$\frac{\partial^2 f}{\partial y \partial x} = \frac{\partial}{\partial x}\left(\frac{\partial f}{\partial y}\right) = f_{yx}, \quad \frac{\partial^2 f}{\partial y^2} = \frac{\partial}{\partial y}\left(\frac{\partial f}{\partial y}\right) = f_{yy}.$$

8.3 Gradient, partielles und totales Differenzial, Fehlerrechnung

Der Gradient einer differenzierbaren Funktion mehrerer Veränderlicher hat zentrale Bedeutung. Er gibt z. B. die Richtung des steilsten Anstiegs an. Mit seiner Hilfe kann das totale Differenzial berechnet werden, das bei der näherungsweisen Berechnung von Funktionswerten und insbesondere bei der Fehlerrechnung verwendet wird.

Gradient

Definition 8.17

Ist eine Funktion f mit dem Definitionsbereich $D_f \subseteq \mathbb{R}^n$ an einer Stelle $x \in D_f$ nach allen Variablen partiell differenzierbar, so heißt der Vektor

$$\text{grad } f(x) = \left(f_{x_1}(x), \ldots, f_{x_n}(x)\right)^\top$$

Gradient von f an der Stelle x.

Der Gradient weist in Richtung des steilsten Anstieges der Funktion f im Punkt x.

Beispiel 8.18

Die Funktion
$$f(x, y) = -x^2 + 10x - y^2 + 10y - 40 = -(x-5)^2 - (y-5)^2 + 10$$
(siehe **Abb. 8.10**) hat den Gradienten $\text{grad } f(x, y) = (-2x + 10, -2y + 10)^\top$. An der Stelle $x = (4, 4)^\top$ erhält man z. B. $\text{grad } f(4, 4) = (2, 2)^\top$, an der Stelle $x = (3, 6)^\top$ ergibt sich $\text{grad } f(3, 6) = (4, -2)^\top$ (siehe **Abb. 8.11**).

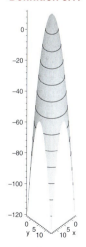

Abb. 8.10 $f(x, y) = -x^2 + 10x - y^2 + 10y - 40$

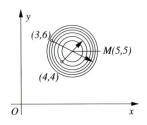

Abb. 8.11 Isolinien, Gradienten

Partielles und totales Differenzial

Das Differenzial df einer an einer Stelle $x = x_0$ differenzierbaren Funktion f *einer Veränderlichen* ist erklärt als

$$df = f'(x_0)\Delta x,$$

und für den Funktionswert $f(x_0 + \Delta x)$ gilt näherungsweise (vergleiche **Abschnitt 6.4**)

$$f(x_0 + \Delta x) \approx f(x_0) + f'(x_0)\Delta x = f(x_0) + df.$$

Betrachtet man bei einer Funktion $f(x, y)$ zweier Veränderlicher eine Stelle $(x_0, y_0)^\top$ und fixiert y_0, so erhält man die Funktion $f(x, y_0)$, die jetzt nur noch von *einer* Veränderlichen abhängt. Für den Funktionswert $f(x_0 + \Delta x, y_0)$ gilt dann

$$f(x_0 + \Delta x, y_0) \approx f(x_0, y_0) + f_x(x_0, y_0)\Delta x = f(x_0, y_0) + df_x,$$

wobei

$$df_x = f_x(x_0, y_0)\Delta x$$

das partielle Differenzial nach der Veränderlichen x ist. Das partielle Differenzial nach der Veränderlichen x gibt näherungsweise den Funktionswertzuwachs der Funktion f an, wenn man sich von der Stelle $(x_0, y_0)^\top$ *nur in Richtung der x-Koordinate* um Δx wegbewegt. Analog erhält man bei fixiertem x_0

$$f(x_0, y_0 + \Delta y) \approx f(x_0, y_0) + f_y(x_0, y_0)\Delta y = f(x_0, y_0) + df_y$$

mit dem **partiellen Differenzial nach der Veränderlichen y**

$$df_y = f_y(x_0, y_0)\Delta y.$$

Entsprechend ist für eine Funktion f mit n Veränderlichen $x_1, ..., x_n$

$$df_{x_i} = f_{x_i}(\bar{x})\Delta x_i, \ \Delta x_i \in \mathbb{R}, \ i = 1, ..., n,$$

das partielle Differenzial nach der Veränderlichen x_i an der Stelle $\bar{x}$.

Definition 8.19 Sei f eine differenzierbare Funktion mit dem Definitionsbereich $D_f \subseteq \mathbb{R}^n$, $\bar{x} \in D_f$ eine feste Stelle im Definitionsbereich und $\Delta x = (\Delta x_1, ..., \Delta x_n)^\top$ ein reeller Vektor. Die Funktion des Vektors $\Delta x = (\Delta x_1, ..., \Delta x_n)^\top$

$$(\text{grad} f(\bar{x}), \Delta x) = df(\bar{x}) = f_{x_1}(\bar{x})\Delta x_1 + ... + f_{x_n}(\bar{x})\Delta x_n \qquad (8.1)$$

heißt **totales Differenzial der Funktion f an der Stelle $\bar{x}$**.

8.3 Gradient, partielles und totales Differenzial, Fehlerrechnung

Das totale Differenzial $df(\bar{x})$ der Funktion f an der Stelle $\bar{x}$ gibt näherungsweise den Funktionswertzuwachs an, den die Funktion f hat, wenn man sich von der Stelle $\bar{x}$ in eine *beliebige* Richtung mit Hilfe des Vektors Δx wegbewegt. Es gilt die Näherungsformel

$$f(\bar{x} + \Delta x) \approx f(\bar{x}) + df(\bar{x}). \tag{8.2}$$

Beispiel 8.20

Näherungsweise Funktionswertberechnung mit dem totalen Differenzial

Für die Funktion $f(x, y) = -x^2 + 10x - y^2 + 10y - 40 = -(x-5)^2 - (y-5)^2 + 10$ aus **Beispiel 8.18** mit dem Funktionswert $f(7, 4) = 5$ soll näherungsweise der Funktionswert an der Stelle $(7.2, 4.3)^\top$ mit Hilfe des totalen Differenzials ermittelt werden.

Es ist $\bar{x} = (7, 4)^\top$, $\Delta x = (0.2, 0.3)^\top$, $f_x = -2x + 10$, $f_y = -2y + 10$. Mit Gleichung (8.1) erhält man

$$df(7, 4) = f_x(7, 4) \cdot 0.2 + f_y(7, 4) \cdot 0.3 = (-4) \cdot 0.2 + 2 \cdot 0.3 = -0.2.$$

Als näherungsweiser Funktionswert ergibt sich nach Gleichung (8.2)

$$f(7.2, 4.3) \approx f(7, 4) - 0.2 = 5 - 0.2 = 4.8.$$

Der genaue Funktionswert ist $f(7.2, 4.3) = 4.67$.

An der Stelle $(7.2, 4.1)^\top$ ergibt sich analog mit $\Delta x = (0.2, 0.1)^\top$ $df(7, 4) = -0.6$. Damit ist der näherungsweise Funktionswert $f(7.2, 4.1) \approx f(7, 4) - 0.6 = 5 - 0.6 = 4.4$. Der genaue Funktionswert ist $f(7.2, 4.1) = 4.35$.

Fehlerrechnung

Wie bereits bei Funktionen einer Veränderlichen finden Differenzial und näherungsweise Funktionswertberechnung auch bei Funktionen mehrerer Veränderlicher Anwendung bei der Fehlerrechnung. Dabei werden anstelle der wahren Werte $x_1, ..., x_n$ jeweils die Näherungswerte $\bar{x}_1, ..., \bar{x}_n$ mit dem Messfehler $\Delta x_1, ..., \Delta x_n$ ermittelt. Bestimmt werden soll der maximal mögliche absolute und relative Fehler bei der Funktionswertermittlung mit den gemessenen Werten.

Der absolute Fehler ist die Differenz aus dem wahren Funktionswert an der Stelle $x = (x_1, ..., x_n)^\top$ und dem genäherten Funktionswert an der Messstelle $\bar{x} = (\bar{x}_1, ..., \bar{x}_n)^\top$, wobei die wahren Werte im Toleranzbereich liegen: $x_i \in [\bar{x}_i - \Delta x_i, \bar{x}_i + \Delta x_i]$, $i = 1, ..., n$. Mit Gleichung (8.2) ergibt sich für den Betrag des **absoluten Fehlers** die Abschätzung

Absoluter Fehler

$$\begin{aligned}|f(x) - f(\bar{x})| &\approx |df(\bar{x})| \\ &= \left| f_{x_1}(\bar{x})(\bar{x}_1 - x_1) + ... + f_{x_n}(\bar{x})(\bar{x}_n - x_n) \right| \\ &\leq \left| f_{x_1}(\bar{x}) \right| |\Delta x_1| + ... + \left| f_{x_n}(\bar{x}) \right| |\Delta x_n|.\end{aligned}$$

Der Betrag des **relativen Fehlers** lässt sich damit folgendermaßen abschätzen:

Relativer Fehler

$$\left|\frac{f(x)-f(\bar{x})}{f(\bar{x})}\right| \approx \left|\frac{\mathrm{d}f(\bar{x})}{f(\bar{x})}\right|$$
$$\leq \frac{1}{|f(\bar{x})|}\left(\left|f_{x_1}(\bar{x})\right||\Delta x_1|+\ldots+\left|f_{x_n}(\bar{x})\right||\Delta x_n|\right). \quad (8.3)$$

Fehlerrechnung

Beispiel 8.21

Mit welchem relativen Fehler kann das Volumen eines zylinderförmigen Turmes mit Kegelspitze ermittelt werden, wenn der Grundkreisradius r, die Höhe h des Zylinders und die Höhe h_S der Kegelspitze jeweils mit einem relativen Messfehler nicht größer als 1 % bestimmt wurden?

Das Volumen des zylinderförmigen Turmes mit Kegelspitze beträgt

$$V = \pi r^2 \left(h + \frac{1}{3}h_S\right).$$

Mit Gleichung (8.1) erhält man für das totale Differenzial

$$\mathrm{d}V = V_r \Delta r + V_h \Delta h + V_{h_S}\Delta h_S = 2\pi r\left(h+\frac{1}{3}h_S\right)\Delta r + \pi r^2 \Delta h + \frac{1}{3}\pi r^2 \Delta h_S.$$

Für den maximalen relativen Fehler ergibt sich damit aus (8.3)

$$\left|\frac{\mathrm{d}V}{V}\right| = \left|\frac{2}{r}\Delta r + \frac{\Delta h}{h+h_S/3} + \frac{\Delta h_S}{3(h+h_S/3)}\right|$$
$$= \left|2\frac{\Delta r}{r} + \frac{h}{h+h_S/3}\frac{\Delta h}{h} + \frac{h_S}{3(h+h_S/3)}\frac{\Delta h_S}{h_S}\right|$$
$$\leq 2\left|\frac{\Delta r}{r}\right| + \frac{h}{h+h_S/3}\left|\frac{\Delta h}{h}\right| + \frac{h_S}{3(h+h_S/3)}\left|\frac{\Delta h_S}{h_S}\right|$$
$$\leq \left(2 + \frac{h}{h+h_S/3} + \frac{h_S}{3(h+h_S/3)}\right)\cdot 1\,\% = 3\,\%.$$

Das Volumen kann mit einem relativen Messfehler nicht größer als 3 % ermittelt werden.

8.4 Extremwerte von Funktionen mehrerer Veränderlicher

Mit dem Begriff der Umgebung eines Punktes werden lokale und globale Extremwerte von Funktionen mehrere Veränderlicher erklärt. Für differenzierbare Funktionen werden notwendige und hinreichende Kriterien für die Existenz lokaler Extremwerte angegeben. Die Klassifikation kritischer Stellen umfasst auch so genannte Sattelpunkte, in denen die notwendigen Bedingungen erfüllt sind, aber trotzdem kein lokaler Extremwert vorliegt.

8.4.1 Definition lokaler Extrema

Definition 8.22 — **Umgebung eines Punktes**

Unter der **Umgebung $U_r(\bar{x})$** eines Punktes $\bar{x} \in \mathbb{R}^n$ versteht man die Menge aller Punkte $x \in \mathbb{R}^n$, für die der Abstand zum Punkt $\bar{x}$ kleiner als r ist:

$$|\bar{x} - x| < r.$$

Beispiel 8.23

Für $n = 1$ ist die Menge $\mathbb{R}$ durch die Zahlengerade darstellbar, und $\bar{x}$ ist der entsprechende Punkt auf ihr. Die Umgebung $U_r(\bar{x})$ ist dann das Intervall $(\bar{x} - r, \bar{x} + r)$.

Für $n = 2$ ist die Menge $\mathbb{R}^2$ durch eine Ebene darstellbar und $\bar{x}$ der entsprechende Punkt auf ihr. Die Umgebung $U_r(\bar{x})$ ist dann die Fläche des Kreises ohne Rand mit dem Mittelpunkt in $\bar{x}$ und dem Radius r.

Für $n = 3$ ist die Menge $\mathbb{R}^3$ der dreidimensionale Raum und $\bar{x}$ ein Punkt darin. Die Umgebung $U_r(\bar{x})$ ist dann das Kugelinnere ohne Kugeloberfläche der Kugel mit dem Mittelpunkt in $\bar{x}$ und dem Radius r.

Definition 8.24

Sei f eine Funktion mit dem Definitionsbereich $D_f \subseteq \mathbb{R}^n$. Die Funktion f hat

1. **ein lokales Minimum (Maximum) an der Stelle $\bar{x} \in D_f$**, falls es eine Umgebung $U_r(\bar{x})$ so gibt, dass für alle $x \in U_r(\bar{x})$ gilt

$$f(x) \geq f(\bar{x}) \quad (f(x) \leq f(\bar{x})),$$

2. **ein striktes lokales Minimum (Maximum) an der Stelle $\bar{x} \in D_f$**, falls es eine Umgebung $U_r(\bar{x})$ so gibt, dass für alle $x \in U_r(\bar{x}) \setminus \bar{x}$ gilt

$$f(x) > f(\bar{x}) \quad (f(x) < f(\bar{x})).$$

Beispiel 8.25

Die Funktion $f(x, y) = x^2 + y^2$ (s. **Bsp. 8.6**, **Abb. 8.12**) hat an der Stelle $\bar{x} = (0, 0)^\top$ ein striktes lokales Minimum: $f(0, 0) = 0$. Für *alle* anderen Stellen $(x, y)^\top \neq (0, 0)^\top$ gilt offenbar $f(x, y) > 0 = f(0, 0)$ und damit z. B. auch für alle Punkte von $U_1(\bar{x}) \setminus \bar{x}$.

Die Funktion $f(x, y) = -x^2 - y^2 + 10$ (siehe **Abb. 8.13**) hat an der Stelle $\bar{x} = (0, 0)^\top$ ein striktes lokales Maximum: $f(0, 0) = 10$. Für *alle* Stellen $(x, y)^\top \neq (0, 0)^\top$ gilt offenbar $f(x, y) < 10 = f(0, 0)$ und damit z. B. auch für alle Punkte von $U_1(\bar{x}) \setminus \bar{x}$.

Die Funktion $f(x, y) = y^2$ (siehe **Abb. 8.14**) hat an der Stelle $\bar{x} = (0, 0)^\top$ ein lokales Minimum: $f(0, 0) = 0$. Für alle Stellen der Umgebung $U_1(\bar{x})$ gilt $f(x, y) \geq 0 = f(0, 0)$. Für die Stellen $(x, 0)^\top \in U_1(\bar{x})$ ist aber $f(x, 0) = 0 = f(0, 0)$. Daher ist das Minimum kein striktes.

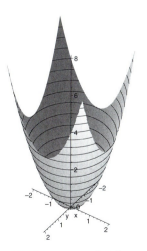

Abb. 8.12 $f(x, y) = x^2 + y^2$

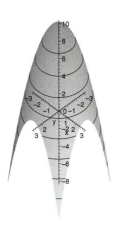 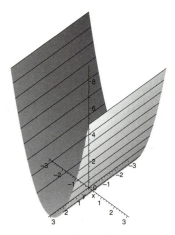

Abb. 8.13 $f(x,y) = -x^2 - y^2$ **Abb. 8.14** $f(x,y) = y^2$

Im folgenden Abschnitt geht es um die Bestimmung lokaler Extrema von *partiell differenzierbaren* Funktionen, obwohl die Definition der lokalen Extrema ohne den Differenzierbarkeitsbegriff auskommt.

8.4.2 Notwendige Bedingungen für die Existenz lokaler Extrema

Im Falle von Funktionen einer Veränderlichen bedingte die Existenz lokaler Extrema an einer Stelle $\bar{x}$ den Anstieg 0 an dieser Stelle. Die Tangente an den Graphen der Funktion verläuft parallel zur x-Achse (siehe **Abschnitt 6.6.1**).

Für Funktionen zweier Veränderlicher kann analog geschlussfolgert werden, dass die Tangentialebene an einer lokalen Extremstelle $\bar{x}$ an den Graphen der Funktion $f(x, y)$ horizontal liegen muss, d. h. dass sie parallel zur (x, y)-Ebene ist. Die Tangentialebene wird von den Tangentialvektoren $(1, 0, f_x)^\top$ und $(0, 1, f_y)^\top$ aufgespannt (siehe **Abschnitt 8.2**). Die Forderung, dass die Tangentialebene parallel zur (x, y)-Ebene verläuft, bedeutet, dass die z-Komponenten beider Vektoren Null sein müssen: $f_x = f_y = 0$.

Satz 8.26
Notwendige Bedingung für die Existenz eines lokalen Extremwertes

Sei f eine auf $D_f \subseteq \mathbb{R}^n$ definierte und dort partiell differenzierbare Funktion. Hat f an der Stelle $\bar{x}$ einen lokalen Extremwert, so gilt

$$f_{x_i}(\bar{x}) = 0, \; i = 1, ..., n. \tag{8.4}$$

Bedingung für lokale Extrema

Beispiel 8.27

In welchen Punkten kann die Funktion $f(x, y) = 2x^4 + y^4 - x^2 - 2y^2$ (siehe **Abb. 8.15**) lokale Extrema haben?

8.4 Extremwerte von Funktionen mehrerer Veränderlicher

Die notwendigen Bedingungen für die Existenz lokaler Extrema sind nach (8.4)

$f_x = 8x^3 - 2x = 0$ und $f_y = 4y^3 - 4y = 0$.

Die erste Gleichung bedeutet nach Ausklammern $2x(2x - 1)(2x + 1) = 0$ und hat die Lösungen $x = 0, 0.5, -0.5$. Die zweite Gleichung bedeutet nach Ausklammern $4y(y - 1)(y + 1) = 0$ und hat die Lösungen $y = 0, 1, -1$. Da beide Bedingungen *gleichzeitig* erfüllt sein müssen, ergeben sich folgende neun Punkte als mögliche Stellen lokaler Extrema: $(0, 0)^\top, (0, 1)^\top, (0, -1)^\top, (0.5, 0)^\top, (0.5, 1)^\top, (0.5, -1)^\top, (-0.5, 0)^\top, (-0.5, 1)^\top, (-0.5, -1)^\top$.

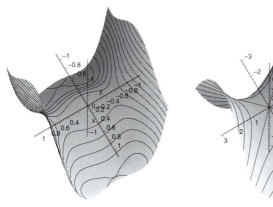

Abb. 8.15 $f(x, y) = 2x^4 + y^4 - x^2 - 2y^2$ **Abb. 8.16** $f(x, y) = x^2 - y^2$

Bemerkung 8.28

1. Punkte $\bar{x}$, für die die Bedingung (8.4) des **Satzes 8.26** erfüllt ist, heißen **kritische Stellen**.

2. Kritische Stellen $\bar{x}$, die keine lokalen Extremwerte liefern, heißen **Sattelpunkte**.

Beispiel 8.29   Sattelpunkt

Die Funktion $f(x, y) = x^2 - y^2$ (siehe **Abb. 8.16**) hat die kritische Stelle $\bar{x} = (0, 0)^\top$, denn die notwendigen Bedingungen

$f_x = 2x = 0$ und $f_y = -2y = 0$

sind offenbar genau für $x = 0$ und $y = 0$ erfüllt. Trotzdem gibt es keine Umgebung der Stelle $\bar{x} = (0, 0)^\top$ so, dass dort alle Funktionwerte entweder kleiner oder gleich bzw. größer oder gleich $f(0, 0) = 0$ wären. Wählt man eine *beliebige* Umgebung $U_r(\bar{x})$, so ist z. B. für alle Stellen $(x, 0)^\top$ mit $|x| < r$ dieser Umgebung $f(x, 0) = x^2 \geq 0$, während für alle Stellen $(0, y)^\top$ mit $|y| < r$ dieser Umgebung $f(0, y) = -y^2 \leq 0$ ist. Damit kann die Funktion an der Stelle $\bar{x} = (0, 0)^\top$ keinen lokalen Extremwert haben.

8.4.3 Hinreichende Bedingungen für die Existenz lokaler Extrema

Dafür, dass eine Funktion f an einer kritischen Stelle $\bar{x}$ einen lokalen Extremwert hat, ist es erforderlich, dass die Funktion dort eine einheitliche Krümmung aufweist, d. h. dass sie z. B. in *jede* Richtung, die von $\bar{x}$ wegweist, ansteigt (oder absteigt). Die Krümmung für eine Funktion f zweier Veränderlicher wird charakterisiert mit der folgenden Definition:

Definition 8.30

Eine Funktion f heißt **an der Stelle $\bar{x}$ konvex**, wenn dort gilt

$$f_{xx} \geq 0 \quad \text{und} \quad f_{xx} f_{yy} \geq (f_{xy})^2. \tag{8.5}$$

Sie heißt dort **streng konvex**, wenn gilt

$$f_{xx} > 0 \quad \text{und} \quad f_{xx} f_{yy} > (f_{xy})^2. \tag{8.6}$$

Eine Funktion f heißt **an der Stelle $\bar{x}$ konkav**, wenn dort gilt

$$f_{xx} \leq 0 \quad \text{und} \quad f_{xx} f_{yy} \geq (f_{xy})^2.$$

Sie heißt dort **streng konkav**, wenn gilt

$$f_{xx} < 0 \quad \text{und} \quad f_{xx} f_{yy} > (f_{xy})^2.$$

Strenge Konvexität

Beispiel 8.31

1. Die Funktion $f(x, y) = x^2 + 2y^2$ hat in allen Punkten ihres Definitionsbereiches $D_f = \mathbb{R}^2$ die zweiten partiellen Ableitungen $f_{xx} = 2$, $f_{yy} = 4$, $f_{xy} = 0$. Sie ist in allen Punkten ihres Definitionsbereiches streng konvex, da (8.6) erfüllt ist.

2. Die Funktion $f(x, y) = x^2$ hat in allen Punkten ihres Definitionsbereiches $D_f = \mathbb{R}^2$ die zweiten partiellen Ableitungen $f_{xx} = 2$, $f_{yy} = 0$, $f_{xy} = 0$. Sie ist in allen Punkten ihres Definitionsbereiches konvex, da (8.5) erfüllt ist. Sie ist *nicht* streng konvex, da die strengen Ungleichungen (8.6) nicht erfüllt sind.

Satz 8.32
Hinreichende Bedingung der Existenz eines lokalen Extremwertes

Sei f eine auf ihrem Definitionsbereich $D_f \subseteq \mathbb{R}^2$ zweimal stetig differenzierbare Funktion und sei $\bar{x}$ eine kritische Stelle von f. Die Funktion f hat an der Stelle $\bar{x}$

1. ein **striktes lokales Minimum (Maximum)**, wenn dort gilt

$$f_{xx} f_{yy} > (f_{xy})^2 \quad \textbf{und} \quad f_{xx} > 0 \quad (f_{xx} < 0),$$

2. einen **Sattelpunkt**, wenn dort gilt

$$f_{xx} f_{yy} < (f_{xy})^2.$$

8.4 Extremwerte von Funktionen mehrerer Veränderlicher

Bemerkung 8.33

Im Falle $f_{xx}f_{yy} = (f_{xy})^2$ kann keine Aussage getroffen werden. f kann ein lokales Extremum oder einen Sattelpunkt haben. Zur Unterscheidung sind andere Untersuchungsmethoden erforderlich, z. B. die direkte Anwendung der **Definition 8.30**.

Beispiel 8.34

Klassifikation kritischer Stellen

Betrachtet wird die Funktion $f(x, y) = 2x^4 + y^4 - x^2 - 2y^2$ aus **Beispiel 8.27**. Ihre zweiten partiellen Ableitungen lauten

$$f_{xx} = 24x^2 - 2, \quad f_{yy} = 12y^2 - 4, \quad f_{xy} = 0.$$

Mit **Satz 8.32** erhält man für die neun kritischen Stellen folgende Klassifikation:

Punkt	f_{xx}	f_{yy}	f_{xy}	$f_{xx}f_{yy} \gtreqless (f_{xy})^2$	Klassifikation
$(0, 0)^\top$	-2	-4	0	>	lokales Maximum
$(0, 1)^\top$	-2	8	0	<	Sattelpunkt
$(0, -1)^\top$	-2	8	0	<	Sattelpunkt
$(0.5, 0)^\top$	4	-4	0	<	Sattelpunkt
$(0.5, 1)^\top$	4	8	0	>	lokales Minimum
$(0.5, -1)^\top$	4	8	0	>	lokales Minimum
$(-0.5, 0)^\top$	4	-4	0	<	Sattelpunkt
$(-0.5, 1)^\top$	4	8	0	>	lokales Minimum
$(-0.5, -1)^\top$	4	8	0	>	lokales Minimum

Für Funktionen mit mehr als zwei Veränderlichen gelten folgende Definitionen und Sätze:

Definition 8.35

Eine Funktion f heißt an der Stelle $x = (x_1, ..., x_n)^\top$ **streng konvex**, wenn die Hesse-Matrix

$$\begin{pmatrix} f_{x_1 x_1} & f_{x_1 x_2} & \cdots & f_{x_1 x_n} \\ f_{x_2 x_1} & f_{x_2 x_2} & \cdots & f_{x_2 x_n} \\ & & \vdots & \\ f_{x_n x_1} & f_{x_n x_2} & \cdots & f_{x_n x_n} \end{pmatrix}$$

positiv definit ist. Ist die Hesse-Matrix negativ definit, heißt die Funktion f an dieser Stelle **streng konkav**.

Da die Hesse-Matrix symmetrisch ist, gelten folgende Sätze:

1. Die Hesse-Matrix ist genau dann positiv definit, wenn die folgenden Determinanten der Hauptminoren der Hesse-Matrix

$$A_1 = |f_{x_1 x_1}|, \quad A_2 = \begin{vmatrix} f_{x_1 x_1} & f_{x_1 x_2} \\ f_{x_2 x_1} & f_{x_2 x_2} \end{vmatrix}, \quad A_3 = \begin{vmatrix} f_{x_1 x_1} & f_{x_1 x_2} & f_{x_1 x_3} \\ f_{x_2 x_1} & f_{x_2 x_2} & f_{x_2 x_3} \\ f_{x_3 x_1} & f_{x_3 x_2} & f_{x_3 x_3} \end{vmatrix}, \quad ...,$$

$$A_n = \begin{vmatrix} f_{x_1 x_1} & f_{x_1 x_2} & \cdots & f_{x_1 x_n} \\ f_{x_2 x_1} & f_{x_2 x_2} & \cdots & f_{x_2 x_n} \\ & & \vdots & \\ f_{x_n x_1} & f_{x_n x_2} & \cdots & f_{x_n x_n} \end{vmatrix}$$

positiv sind:

$$A_1 > 0, \ A_2 > 0, \ A_3 > 0, \ ..., \ A_n > 0.$$

2. Die Hesse-Matrix ist genau dann negativ definit, wenn die Determinanten ihrer Hauptminoren alternierende Vorzeichen haben, beginnend mit $A_1 < 0$:

$$A_1 < 0,\ A_2 > 0,\ A_3 < 0,\ A_4 > 0,\ \ldots$$

Satz 8.36 Die Funktion f hat an der kritischen Stelle $\bar{x} = (\bar{x}_1, \ldots, \bar{x}_n)^\top$ ein lokales Minimum (Maximum), wenn sie dort streng konvex (konkav) ist.

8.5 Anwendungen an Beispielen

8.5.1 Ermittlung des Widerstandsmomentes

Ausgangssituation Das Widerstandsmoment gegen Biegung des Hohlquerschnitts (siehe **Abb. 8.17**) bezüglich der Achse S berechnet sich nach der Formel

$$W_S = \frac{1}{6H}(BH^3 - bh^3). \tag{8.7}$$

Die Längen h, H, b, B wurden mit einer möglichen Abweichung von 1 mm gemessen: $h = 10\,\text{cm} \pm 1\,\text{mm}$, $H = 12\,\text{cm} \pm 1\,\text{mm}$, $b = 20\,\text{cm} \pm 1\,\text{mm}$, $B = 24\,\text{cm} \pm 1\,\text{mm}$.

Mit welchem maximalen relativen Fehler kann das Widerstandsmoment bestimmt werden?

Lösungsweg Die Abschätzung (8.3) für den relativen Fehler bei der Ermittlung des Widerstandsmomentes aus Gleichung (8.7) ergibt

$$\left|\frac{\Delta W}{W}\right| \leq \frac{1}{W}\left(\left|\frac{\partial W}{\partial H}\right||\Delta H| + \left|\frac{\partial W}{\partial B}\right||\Delta B|\right.$$
$$\left. + \left|\frac{\partial W}{\partial h}\right||\Delta h| + \left|\frac{\partial W}{\partial b}\right||\Delta b|\right). \tag{8.8}$$

Das Widerstandsmoment W beträgt mit den gemessenen Werten $h = 10\,\text{cm}$, $H = 12\,\text{cm}$, $b = 20\,\text{cm}$, $B = 24\,\text{cm}$

$$W \approx 298.222\,\text{cm}^3.$$

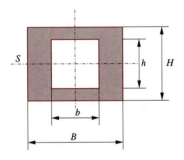

Abb. 8.17 Hohlquerschnitt

Die partiellen Ableitungen auf der rechten Seite von (8.8) berechnen sich aus der Funktionsgleichung (8.7) zu

$$\frac{\partial W}{\partial H} = \frac{BH}{3} + \frac{bh^3}{6H^2} \approx 119.148\,\text{cm}^2,$$

$$\frac{\partial W}{\partial B} = \frac{H^2}{6} = 24.000\,\text{cm}^2,$$

$$\frac{\partial W}{\partial h} = -\frac{bh^2}{2H} \approx -83.333\,\text{cm}^2,$$

$$\frac{\partial W}{\partial b} = -\frac{h^3}{6H} \approx -13.888\,\text{cm}^2.$$

Setzt man die maximalen Abweichungen $\Delta H = \Delta B = \Delta h = \Delta b = 0.1$ cm in die rechte Seite von (8.8) ein, so ergibt sich für den relativen Fehler die Abschätzung

$$\left|\frac{\Delta W}{W}\right| \leq \frac{(119.148 + 24 + 83.333 + 13.888) \cdot 0.1}{298.222}$$

$$\approx 0.0806 = 8.06\,\%.$$

Ergebnis

Das Widerstandsmoment kann mit einem maximalen relativen Fehler von etwa 8.06 % bestimmt werden.

8.5.2 Vermessung eines Dreiecks

Von einem Dreieck (siehe **Abb. 8.18**) ist die Basis $c = 140$ m genau bestimmt worden. Die beiden anliegenden Winkel α und β betragen ca. 51° und 48°. Mit welcher absoluten und relativen Genauigkeit kann man daraus die Länge der Seite a errechnen, wenn α und β mit einem absoluten Fehler von maximal 0.5° behaftet sind?

Ausgangssituation

Der Sinussatz im Dreieck $\triangle ABC$ (siehe **Abschnitt 2.2.10**) ergibt zunächst

Lösungsweg

$$\frac{a}{c} = \frac{\sin\alpha}{\sin\gamma} = \frac{\sin\alpha}{\sin(\alpha+\beta)}, \qquad (8.9)$$

wenn noch wegen der Innenwinkelsumme im Dreieck $\gamma = \pi - (\alpha + \beta)$ und daher $\sin\gamma = \sin(\alpha + \beta)$ beachtet wird. Daraus erhält man a als Funktion der Veränderlichen α und β zu

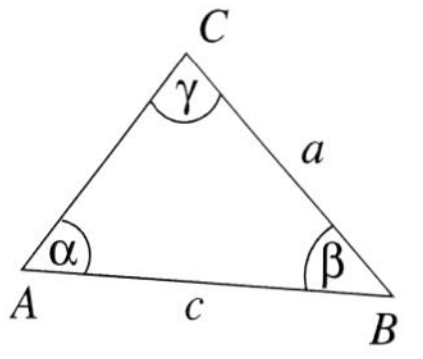

$$a(\alpha, \beta) = c\,\frac{\sin\alpha}{\sin(\alpha+\beta)}. \qquad (8.10)$$

Wendet man Gleichung (8.1) zur Berechnung des totalen Differenzials als Näherung für den absoluten Fehler an, so erhält man

$$da = \frac{\partial a}{\partial \alpha}\Delta\alpha + \frac{\partial a}{\partial \beta}\Delta\beta. \qquad (8.11)$$

Abb. 8.18 Dreieck $\triangle ABC$

Die partiellen Ableitungen ergeben sich aus der Funktionsgleichung (8.10) mit der Quotientenregel als

$$\frac{\partial a}{\partial \alpha} = c\,\frac{\cos\alpha \sin(\alpha+\beta) - \sin\alpha \cos(\alpha+\beta)}{(\sin(\alpha+\beta))^2},$$
$$\frac{\partial a}{\partial \beta} = -c\,\sin\alpha\,\frac{\cos(\alpha+\beta)}{(\sin(\alpha+\beta))^2}. \qquad (8.12)$$

Als Abschätzung für den relativen Fehler erhält man näherungsweise aus Gleichung (8.11)

$$\left|\frac{\Delta a}{a}\right| \leq \frac{1}{a}\left(\left|\frac{\partial a}{\partial \alpha}\right||\Delta \alpha| + \left|\frac{\partial a}{\partial \beta}\right||\Delta \beta|\right).$$

Setzt man darin die Gleichungen (8.10) und (8.12) ein, so ergibt sich

$$\left|\frac{\Delta a}{a}\right| \leq \left|\frac{\cos \alpha \sin(\alpha + \beta) - \sin \alpha \cos(\alpha + \beta)}{\sin \alpha \sin(\alpha + \beta)}\right||\Delta \alpha|$$

$$+ \left|\frac{\cos(\alpha + \beta)}{(\sin(\alpha + \beta)}\right||\Delta \beta|$$

$$= |\cot \alpha - \cot(\alpha + \beta)||\Delta \alpha| + |\cot(\alpha + \beta)||\Delta \beta|. \quad (8.13)$$

Ergebnis

Mit den Werten $\cot \alpha \approx 0.809784$, $\cot(\alpha + \beta) \approx -0.1583844$ und $|\Delta \alpha| = |\Delta \beta| \approx 0.0087266$ ermittelt man daraus den maximalen relativen Fehler

$$\left|\frac{\Delta a}{a}\right| \leq ((0.809784 + 0.158384) + 0.158384) \cdot 0.0087266$$

$$\approx 0.00983. \quad (8.14)$$

Um noch eine Abschätzung für den absoluten Fehler Δa anzugeben, wird a bestimmt und mit dem relativen Fehler (8.14) multipliziert. Man erhält mit $\sin \alpha \approx 0.777145$ und $\sin(\alpha + \beta) \approx 0.987688$ zunächst $a \approx 110.16$ m und damit

$$|\Delta a| = \left|\frac{\Delta a}{a}\right| a \leq 0.00983 \cdot 110.16 \approx 1.08 \text{ m}.$$

Der maximale absolute Fehler bei der Bestimmung der Seite A beträgt ca. 1.08 m, der maximale relative Fehler ca. 0.1 %.

8.5.3 Ein Extremwertproblem

Ausgangssituation

Eine Rinne mit Trapez-Querschnitt hat die Höhe h, den Neigungswinkel $\alpha \in (0, \pi)$, den Querschnittsinhalt A und den benetzbaren Umfang U (siehe **Abb. 8.19**). Folgende Aufgaben sollen gelöst werden:

a) Welches ist der maximale Querschnittsinhalt A bei vorgegebenem Umfang U_0?

b) Welches ist der minimale Umfang U (und damit der minimale Materialaufwand) bei festem Querschnittsinhalt A_0?

In welchem Zusammenhang stehen die Lösungen dieser beiden Aufgaben?

Lösungsweg

Zuerst wird ein Zusammenhang zwischen den Größen A, U, h und α in der Gestalt $f(A, U, h, \alpha) = 0$ hergeleitet.

8.5 Anwendungen an Beispielen

Für die Hilfsgrößen x und y (siehe **Abb. 8.19**) ergibt sich aus den Beziehungen am rechtwinkligen Dreieck

$$x = \frac{h}{\tan\alpha}, \qquad y = \frac{h}{\sin\alpha}. \tag{8.15}$$

Für den benetzbaren Umfang U entnimmt man der **Abb. 8.19** unmittelbar

$$U = 2y + a, \tag{8.16}$$

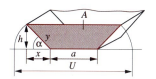

Abb. 8.19 Rinne

und die Querschnittsfläche A ist dann

$$A = (a + x)h. \tag{8.17}$$

Stellt man Gleichung (8.16) nach a um und setzt a danach in Gleichung (8.17) ein, erhält man mit (8.15) den gesuchten Zusammenhang

$$f(A, U, h, \alpha) = A - hU + \frac{2h^2}{\sin\alpha} - \frac{h^2}{\tan\alpha} = 0. \tag{8.18}$$

Um die erste der beiden Aufgaben zu lösen, wird die Gleichung (8.18) nach A umgestellt und $U = U_0$ eingesetzt. A ist dann eine Funktion der Veränderlichen h und α mit der Funktionsgleichung

$$A(h, \alpha) = hU_0 - \frac{2h^2}{\sin\alpha} + \frac{h^2}{\tan\alpha}. \tag{8.19}$$

Notwendige Bedingung für die Existenz eines lokalen Extremwertes dieser Funktion ist das Verschwinden der ersten partiellen Ableitungen:

$$0 = \frac{\partial A}{\partial h} = U_0 - \frac{4h}{\sin\alpha} + \frac{2h}{\tan\alpha}, \qquad 0 = \frac{\partial A}{\partial \alpha} = h^2 \frac{2\cos\alpha - 1}{(\sin\alpha)^2}.$$

Aus der zweiten Gleichung erhält man $\alpha = \pi/3$, und damit ergibt sich aus der ersten Gleichung $h = \sqrt{3}U_0/6$.

Als hinreichende Bedingung für die Existenz eines lokalen Extremwertes sind die Voraussetzungen von **Satz 8.32** zu prüfen. Man erhält als zweite partielle Ableitungen an der kritischen Stelle $(h, \alpha)^\top = (\sqrt{3}U_0/6, \pi/3)^\top$

$$\frac{\partial^2 A}{\partial \alpha^2} = \frac{2h((\cos\alpha)^2 - \cos\alpha + 1)}{(\sin\alpha)^3} = -\frac{U_0^2\sqrt{3}}{9}, \quad \frac{\partial^2 A}{\partial h^2} = \frac{2(\cos\alpha - 2)}{\cos\alpha} = -2\sqrt{3},$$

$$\frac{\partial^2 A}{\partial h \partial a} = \frac{2h(2\cos\alpha - 1)}{(\sin\alpha)^2} = 0$$

und daher

$$\frac{\partial^2 A}{\partial \alpha^2}\frac{\partial^2 A}{\partial h^2} > \frac{\partial^2 A}{\partial h \partial a}, \qquad \frac{\partial^2 A}{\partial \alpha^2} < 0$$

als hinreichende Bedingung für die Existenz eines lokalen Maximums an der kritischen Stelle.

Ergebnis

Die maximal mögliche Querschnittsfläche $A_{\max}$ ergibt sich durch das Einsetzen der kritischen Stelle $(h, \alpha)^\top = (\sqrt{3}U_0/6, \pi/3)^\top$ in die Funktionsgleichung (8.19) zu

$$A_{\max} = \frac{\sqrt{3}}{12} U_0^2.$$

Lösungsweg

Zur Lösung der zweiten Aufgabe wird analog die Gleichung (8.18) nach U umgestellt und $A = A_0$ eingesetzt. U ist dann eine Funktion der Veränderlichen h und α mit der Funktionsgleichung

$$U(h, \alpha) = \frac{A_0}{h} + \frac{2h}{\sin \alpha} - \frac{h}{\tan \alpha}. \tag{8.20}$$

Notwendige Bedingung für die Existenz eines lokalen Extremwertes dieser Funktion ist wieder das Verschwinden der ersten partiellen Ableitungen:

$$0 = \frac{\partial U}{\partial h} = -\frac{A_0}{h^2} + \frac{2}{\sin \alpha} - \frac{1}{\tan \alpha}, \qquad 0 = \frac{\partial U}{\partial \alpha} = h \frac{2\cos \alpha - 1}{(\sin \alpha)^2}.$$

Aus der zweiten Gleichung erhält man $\alpha = \pi/3$, und damit ergibt sich aus der ersten Gleichung $h = \sqrt{A_0}/\sqrt[4]{3}$.

Als hinreichende Bedingung für die Existenz eines lokalen Extremwertes sind die Voraussetzungen von **Satz 8.32** zu prüfen. Man erhält als zweite partielle Ableitungen an der kritischen Stelle $(h, \alpha)^\top = (\sqrt{A_0}/\sqrt[4]{3}, \pi/3)^\top$

$$\frac{\partial^2 U}{\partial \alpha^2} = \frac{2h((\cos \alpha)^2 - \cos \alpha + 1)}{(\sin \alpha)^3} = \frac{4\sqrt{A_0}}{\sqrt[4]{27}}, \qquad \frac{\partial^2 U}{\partial h^2} = \frac{2A_0}{h^3} = \frac{2\sqrt[4]{27}}{\sqrt{A_0}},$$

$$\frac{\partial^2 U}{\partial h \partial a} = \frac{(2\cos \alpha - 1)}{(\sin \alpha)^2} = 0$$

und daher

$$\frac{\partial^2 U}{\partial \alpha^2} \frac{\partial^2 U}{\partial h^2} > \frac{\partial^2 U}{\partial h \partial a}, \qquad \frac{\partial^2 A}{\partial \alpha^2} > 0$$

als hinreichende Bedingung für die Existenz eines lokalen Minimums an der kritischen Stelle.

Ergebnis

Der minimal mögliche benetzte Umfang $U_{\min}$ ergibt sich durch das Einsetzen der kritischen Stelle $(h, \alpha)^\top = (\sqrt{A_0}/\sqrt[4]{3}, \pi/3)^\top$ in die Funktionsgleichung (8.20) zu

$$U_{\min} = 2\sqrt[4]{3}\sqrt{A_0}.$$

Zwischen beiden Aufgaben besteht folgender Zusammenhang: Für den Neigungswinkel $\alpha = \pi/3$ wird maximale Querschnittsfläche bei minimalem benetzbaren Umfang erzielt.

8.6 Aufgaben

Definition, Partielle Ableitungen, Gradient, Fehlerrechnung

8.1 Bestimmen Sie für jede der folgenden Funktionen den natürlichen Definitionsbereich:

a) $f(x, y) = -x^2 + 10x - y^2 + 10y - 40$
b) $f(x, y) = \sqrt{x} + \dfrac{x}{y}$
c) $f(x, y) = x e^{\sqrt{1-y}} + \ln(y)$

8.2 Ermitteln Sie Definitionsbereich, Wertebereich und Bild folgender Funktionen:

a) $z = x - y$ b) $z = x^2 + y^2$
c) $z = c$ d) $z = \sqrt{x^2 + y^2}$
e) $z = \sqrt{1 - x^2}$ f) $z = \sqrt{1 - x^2 - y^2}$

8.3 Ermitteln Sie ein Isolinienbild für die Funktionen

a) $f(x, y) = xy$ b) $f(x, y) = x^2 - y^2$

8.4 Ermitteln Sie für die Funktionen in den Aufgaben 1. und 2. jeweils die partiellen Ableitungen erster Ordnung nach allen Veränderlichen.

8.5 Berechnen Sie für nachstehende Funktionen die partiellen Ableitungen erster Ordnung!

a) $f(x, y) = 5x^3 + 3x^2 + 7xy^5 - y^6$
b) $f(x, y, z) = xyz + \dfrac{y - z}{x}$
c) $g(u, v, w) = \dfrac{ux}{u^2 + v^2 + w^2}$
d) $T(f, g, h) = \dfrac{1}{\sqrt{g^2 + h^2}}$

8.6 Berechnen Sie den Gradienten der Funktionen an den angegebenen Stellen:

a) $f(x, y) = -4x - 2y + 4$, $(x_0, y_0)^\top = (3, 2)^\top$
b) $f(x, y) = xy$, $(x_0, y_0)^\top = (1, 2)^\top$
c) $f(x, y) = \sqrt{x} + \dfrac{x}{y}$, $(x_0, y_0)^\top = (4, 2)^\top$

8.7 Berechnen Sie für folgende Funktionen das totale Differenzial:

a) $f = f(x, y) = \dfrac{x}{y} + \dfrac{y}{x}$

b) $g = g(u, v) = \arctan\left(\dfrac{u}{v}\right)$
c) $w = w(x, y, z) = e^{x^2 + y^2 + z^2}$
d) $z = z(u, v, w) = \ln(\sqrt{u^2 + v^2 + w^2}$

8.8 Berechnen Sie Δz und dz für $(x, y) = (5, 4)^\top, (\Delta x, \Delta y)^\top = (0.1, -0.2)^\top$ mit $z = xy$.

8.9 Die Kanten eines Quaders wurden mit einer Genauigkeit von $\pm 0{,}1$ mm gemessen: $a = 10$ cm, $b = 6$ cm, $c = 5$ cm. Für die Masse erhielt man $(270 \pm 0{,}5)$ g. Berechnen Sie die Dichte sowie deren maximalen absoluten und relativen Fehler!

8.10 Um wie viel Prozent kann das errechnete Volumen eines Zylinders fehlerhaft sein, wenn der Radius mit 1/3 % und die Höhe mit 1/2 % fehlerhaft gemessen wurde?

8.11 Zur Bestimmung der nicht messbaren Strecke $\overline{AB} = c$ wurde ein Hilfspunkt C gewählt und dann die Strecken $a = 364{,}76$ m, $b = 402{,}35$ m und der Winkel $\beta = 68°14'$ gemessen (siehe **Abb. 8.20**). Die Messfehler wurden $\Delta a = \Delta b = \pm 5$ cm, $\Delta \beta = \pm 1'$ geschätzt. Wie groß sind c und sein absoluter Maximalfehler? Berechnen Sie die relativen Fehler von a, b, β und c!

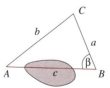

Abb. 8.20 Strecke c

8.12 Geben Sie eine Abschätzung für den maximalen relativen Fehler bei der Ermittlung des maximalen Schnittmomentes eines beidseits gelenkig gelagerten Balkens der Länge l an, der von einer Einzelkraft F im Abstand a vom linken Auflager belastet wird, wenn die Längen l und a mit einem relativen Fehler von maximal 1 % und die Kraft F mit einem relativen Fehler von maximal 2 % gemessen wurde.

Hinweis: Das maximale Schnittmoment M errechnet sich zu $M = \dfrac{Fa(l-a)}{l}$.

8.13 Der Träger in **Abb. 8.21** besteht aus einem Kantholz mit quadratischem Querschnitt. Dabei wurde die Länge $l = 205 \pm 1$ cm, die belastende Kraft $F = 900 \pm 5$ N, die Kantenlänge $a = 98 \pm 1$ mm und die Durchbiegung in der Mitte $f = 9.2 \pm 0.2$ mm gemessen. Aus diesen Angaben soll der Elastizitätsmodul E bestimmt werden, wenn bekannt ist, dass für die Durchbiegung f in der Mitte des Balkens gilt

$$f = \frac{Fl^3}{48EI},$$

wobei $I = a^4/12$ das Trägheitsmoment des quadratischen Querschnittes ist. Mit welchem absoluten und relativen Fehler ist bei der Bestimmung des Elastizitätsmoduls E maximal zu rechnen?

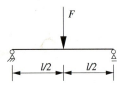

Abb. 8.21 Träger

8.14 Die Zeiten t_1 und t_2, die zwei Bagger jeweils allein brauchen, um einen Kanal auszuheben, wurden je mit $t_1 = (24 \pm 0.25)$ h und $t_2 = (18 \pm 0.2)$ h angegeben. Berechnen Sie eine Abschätzung für den absoluten und den relativen Fehler der Zeit t, die beide Bagger benötigen, um den Kanal gemeinsam auszuheben.

8.15 Bei der Vermessung einer dreieckigen Grundstücksfläche wurde $b = 126$ m, $\alpha = 63°$, $\beta = 75°$ ermittelt (siehe **Abb. 8.22**). Die geschätzten maximalen Messfehler betragen $\Delta b = \pm 0.05$ m, $\Delta \alpha = \Delta \beta = \pm 2'$. Zu ermitteln ist der relative Fehler bei der Berechnung der Länge l der eingezeichneten Dreiecksseite sowie das Intervall, in dem l bei linearer Näherung liegt.

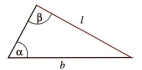

Abb. 8.22 Grundstücksfläche

8.16 Ermitteln Sie den maximalen absoluten und relativen Fehler bei der Bestimmung des Fassungsvermögens des Abfallcontainers in **Abb. 8.23**, wenn die Längen $a = 2$ m, $b = 5$ m, $c = 1.5$ m und $h = 1$ m jeweils mit einem Fehler von ± 2 cm gemessen wurden.

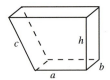

Abb. 8.23 Abfallcontainer

8.17 Für den Elastizitätsmodul E eines Stabes mit quadratischem Querschnitt gilt beim Versuchsaufbau in **Abb. 8.24**

$$E = 4Fl^3 h^{-1} a^{-4}.$$

Geben sie das Intervall für den zu erwartenden Elastizitätsmodul aufgrund linearer Fehlerapproximation an, wenn $l = 50$ cm (auf 1 %), $a = 2$ cm (auf 1 %), $h = 2$ mm (auf 3 %) und $F = 130$ N (auf 0,5 % genau) gemessen wurde.

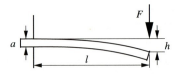

Abb. 8.24 Versuchsaufbau

8.18 Der Radius r eines flachen Kreisbogens AB mit unzugänglichem Mittelpunkt M kann durch die Messung der Sehne $\overline{AB} = 2s$ und der Pfeilhöhe p bestimmt werden (siehe **Abbildung 8.25**). Gemessen wurde $2s = 19,45$ cm $\pm 0,5$ mm; $p = 3,62$ cm $\pm 0,3$ mm. Geben Sie absoluten und relativen Fehler bei der Bestimmung des Radius r an!

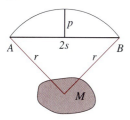

Abb. 8.25 Kreisbogen

8.19 Berechnen Sie von allen in Aufgabe 7 aufgeführten Funktionen die partiellen Ableitungen 2. Ordnung.

Extremwertaufgaben

8.20 Untersuchen Sie folgende Funktionen auf lokale Extrema!

a) $f(x, y) = x - 8y - x^2 + xy - y^2$, $D_f = R^2$

b) $f(x, y) = 2x^3 - 24x - 18y + 3y^2$, $D_f = \{(x, y)^\top \in R^2, x \geq 0\}$

c) $f(x, y) = 2 + 2x^2 - x + 4{,}5y^2 - y$, $D_f = R^2$

8.21 Untersuchen Sie folgende Funktionen auf Extremwerte und Sattelpunkte:

a) $f(x, y) = 64 - 2x^2 - 3x + 3y^2 - y$, $D_f = R^2$

b) $f(x, y) = \frac{1}{3}x^3 - x^2 + y^3 - 12y$, $D_f = R^2$

c) $f(x, y) = x^2 y - 2xy^2 + 3y$, $D_f = R^2$

8.22 a) Man zerlege die Zahl 8 so in drei positive Faktoren, dass die Summe der reziproken Faktoren minimal wird.

b) Man zerlege die Zahl 8 so in drei Summanden, dass das Produkt der reziproken Summanden minimal wird.

8.23 Ein quaderförmiger, oben offener Blechkasten soll bei gegebenem Fassungsvermögen V möglichst kleines Gewicht haben. Wie müssen seine Abmessungen gewählt werden?

8.24 Man ermittle den größten dem Ellipsoid

$$\frac{x^2}{a^2} + \frac{y^2}{b^2} + \frac{z^2}{c^2} = 1$$

einbeschriebenen Quader!

8.25 Wie groß ist der kürzeste Abstand der Fläche $4x^2 + y^4 + 16z = 0$ von der Ebene $2x + y + 4z = 12$?

Hinweis: Man benutze die Hessesche Normalform!

8.26 Für welchen Punkt $P(x, y)$ ist die Summe der Quadrate der Entfernungen von den Punkten $P_1(x_1, y_1)$, $P_2(x_2, y_2)$, ..., $P_n(x_n, y_n)$ möglichst klein?

8.27 Das elliptische Paraboloid $z = x^2 + 4y^2$ wird von der Ebene $4x - 8y - z + 24 = 0$ geschnitten. Man bestimme den höchsten und den tiefsten Punkt der Schnittkurve, d. h. den Punkt mit der größten bzw. der kleinsten z-Koordinate.

8.28 Gesucht sind die wärmsten und kältesten Punkte auf der Kugel $x^2 + y^2 + z^2 = 1$ bei einer Temperaturverteilung $T(x, y, z) = xy + yz$.

8.29 Man ermittle den minimalen Abstand eines Punktes P der Ebene $x + y + z + 4 = 0$ von der Oberfläche des Paraboloids $(x+6)^2 + (y-3)^2 = z - 2$!

8.30 Man bestimme den Punkt im Inneren eines Vierecks, für den die Summe der Quadrate der Abstände des Punktes von den Ecken am kleinsten ist.

9 Differenzialgleichungen

Bezeichnungen:
Die Ableitungen von Funktionen, die von der Zeit t abhängen, werden oft mit einem Punkt bezeichnet. Beschreibt z. B. das Gesetz $s(t)$ die Abhängigkeit des Weges s von der Zeit t, so ist $\dot{s}(t)$ als seine erste Ableitung die Geschwindigkeit und $\ddot{s}(t)$ als seine zweite Ableitung die Beschleunigung zur Zeit t.

Viele physikalische Gesetzmäßigkeiten werden mit Hilfe von Gleichungen beschrieben, die Ableitungen von Funktionen beinhalten. Im Bauingenieurwesen ist das z. B. die Abhängigkeit der Verformungen von Bauteilen von ihrer Belastung, der Geschwindigkeit einer Strömung von ihrem Gefälle, der von einem Fahrzeug durchfahrenen Strecke von der dabei vergangenen Zeit, der Temperatur und des Schalls in Gebäuden von der betrachteten Position, die Menge der Bakterien in einem Klärbecken von der Zeit und vieles mehr. Der Begriff der gewöhnlichen Differenzialgleichung wird erklärt und an Beispielen erläutert. Die allgemeine Lösung einer linearen Differenzialgleichung 1. Ordnung wird angegeben. Auf der Grundlage von Aussagen zur Lösungsmenge von linearen Differenzialgleichungen höherer Ordnung mit konstanten Koeffizienten werden Methoden zu ihrer Lösung gezeigt. Die Anwendungsbeispiele beinhalten physikalische Situationen in unterschiedlichen Gebieten des Bauingenieurwesens, aus denen sich lineare Differenzialgleichungen ergeben. Ihre Lösung erfolgt mit den genannten Möglichkeiten.

9.1 Einführung

In diesem Abschnitt werden zwei Beispiele für das Entstehen von Differenzialgleichungen genannt, die gleichzeitig stellvertretend für zwei unterschiedliche Typen solcher Differenzialgleichungen stehen: die **Anfangswertaufgaben** und die **Randwertaufgaben**.

Anfangswertaufgabe

Beispiel 9.1

Ein Geschoss der Masse m wird mit der Anfangsgeschwindigkeit $v = (v_1, v_2)^\top$ abgeschossen. Welche Bahn beschreibt es bis zum Auftreffen auf die Erde?

Nach dem zweiten **Newtonschen Gesetz** wirkt auf einen Körper, der in Bewegung ist, eine Kraft F, die sich als Produkt aus der Masse m des Körpers und seiner Beschleunigung a berechnet. Ist $(x_1(t), x_2(t))$ die Position des Körpers zum Zeitpunkt t in einem kartesischen (O, x_1, x_2)-Koordinatensystem, wobei $x_1(t)$ und $x_2(t)$ seine Weg-Zeit-Funktionen in x_1- bzw. x_2-Richtung sind und der Koordinatenursprung O mit der Startposition des Geschosses zum Zeitpunkt $t=0$ zusammenfällt (siehe **Abb. 9.1**), so gilt für die Beschleunigung $a = (\ddot{x}_1(t), \ddot{x}_2(t))^\top$. Auf das Geschoss wirkt während seines Fluges in x_1-Richtung keine Kraft und in x_2-Richtung die Gewichtskraft mg. Daraus erhält man die (vektorielle) Gleichung

$$F = ma = m \begin{pmatrix} \ddot{x}_1(t) \\ \ddot{x}_2(t) \end{pmatrix} = \begin{pmatrix} 0 \\ -mg \end{pmatrix}, \ t > 0.$$

Zusammen mit den **Anfangsbedingungen**

$x_1(0) = 0$ und $x_2(0) = 0$ (Startposition),
$\dot{x}_1(0) = v_1$ und $\dot{x}_2(0) = v_2$ (Startgeschwindigkeit)

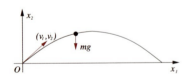

Abb. 9.1 Bahn des Geschosses

erhält man zur Bestimmung der unbekannten Funktionen $x_1(t)$ und $x_2(t)$ jeweils eine Gleichung, die ihre zweite Ableitung enthält, sowie zwei Anfangsbedingungen. Differenzialgleichungen mit Anfangsbedingungen nennt man **Anfangswertaufgaben**.

Bemerkung: Für die Funktion $x_1(t)$ ergibt sich aus der Differenzialgleichung $\ddot{x}_1 = 0$ zunächst $x_1(t) = c_1 t + c_2$ mit zwei reellen Konstanten c_1, c_2, da die zweite Ableitung einer in t linearen Funktion stets verschwindet. Mit der Anfangsbedingung $x_1(0) = 0$ folgt $c_2 = 0$ und mit der Anfangsbedingung $\dot{x}_1(0) = v_1$ erhält man $c_1 = v_1$. Damit ist

$$x_1(t) = v_1 t.$$

Analog folgt aus der Differenzialgleichung $\ddot{x}_2 = -g$ zunächst $x_1(t) = -gt^2/2 + c_3 t + c_4$, da die zweite Ableitung einer in t quadratischen Funktion gleich dem doppelten Koeffizienten ihres quadratischen Gliedes ist. Hierbei sind c_3 und c_4 wieder reelle Konstanten. Aus der Anfangsbedingung $x_2(0) = 0$ folgt $c_4 = 0$, und die Anfangsbedingung $\dot{x}_2(0) = v_2$ liefert $c_3 = v_2$. Damit ist

$$x_2(t) = -\frac{1}{2}gt^2 + v_2 t.$$

Eliminiert man noch t, so ergibt sich die Flugbahn

$$x_2(x_1) = -\frac{g}{2v_1^2}x_1^2 + \frac{v_2}{v_1}x_1,$$

die wegen der erhaltenen quadratischen Abhängigkeit eine Parabel darstellt.

Sir **Isaac Newton** (*4. Januar 1643 in Woolsthorpe-by-Colsterworth in Lincolnshire, † 31. März 1727 in London nach dem Gregorianischen Kalender)

englischer Physiker, Mathematiker, Astronom, Alchemist und Philosoph, Mitglied der Royal Society

Gilt als einer der größten Wissenschaftler aller Zeiten, Grundstein der klassischen Mechanik, Gravitations- und Bewegungsgesetze, einer der Begründer der Differenzialrechnung

hier: Zweites Newtonsches Axiom

Beispiel 9.2

Ein beidseitig gelenkig gelagerter Balken der Länge l sei vertikal kontinuierlich belastet. Die Lastverteilungsfunktion sei q (siehe **Abb. 9.2**). Zu berechnen sind die Schnittkraftfunktionen M (Biegemoment) und Q (Querkraft).

Mit den beiden physikalischen Zusammenhängen

$$\frac{dQ}{dx} = -q(x) \text{ und } \frac{dM}{dx} = Q(x)$$

erhält man die Gleichung

$$\frac{d^2 M}{dx^2} = -q(x), \ 0 < x < l,$$

zur Ermittlung der Biegemomentenfunktion M. An den beiden Auflagern (Gelenke) ist das Biegemoment gleich Null, sodass an den Rändern des Balkens gilt

$$M(0) = 0 \text{ und } M(l) = 0.$$

Zur Bestimmung der unbekannten Funktion $M(x)$ auf dem Intervall $(0, l)$ (Balken) liegt damit eine Gleichung vor, die ihre zweite Ableitung enthält, sowie zwei **Randbedingungen**. Differenzialgleichungen mit Randbedingungen nennt man **Randwertaufgaben**.

Bemerkung: Ist z. B. $q(x) = q_0$ gegeben (konstante Streckenlast), so lautet die Lösung der Differenzialgleichung $M(x) = -0.5 q_0 x^2 + c_1 x + c_2$. Mit der Randbedingung $M(0) = 0$ folgt $c_2 = 0$, und mit $M(l) = 0$ ergibt sich $c_1 = 0.5 q_0 l$. Damit ist

$$M(x) = -0.5 q_0 x^2 + 0.5 q_0 l x = -0.5 q_0 x (x - l).$$

Für die Querkraftfunktion $Q(x)$ erhält man nach Differenzieren

$$Q(x) = -q_0 x + 0.5 q_0 l = q_0 (0.5 l - x).$$

Randwertaufgabe

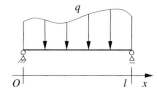

Abb. 9.2 Belasteter Balken

9.2 Definitionen

Der Begriff der Differenzialgleichung, ihrer Ordnung und ihrer Lösung wird erklärt.

Viele Vorgänge in der Naturwissenschaft, Technik und Ökonomie werden durch die Angabe funktionaler Abhängigkeiten der Gestalt

$$y = f(x)$$

beschrieben. Häufig lässt sich der Zusammenhang zwischen der unabhängigen Variablen x und der abhängigen y nicht unmittelbar angeben, sondern es liegt eine Abhängigkeit zwischen x, y und den Ableitungen y', y'',...,$y^{(n)}$ vor:

$$F(x, y, y', y'', ..., y^{(n)}) = 0.$$

Wenn in die Bestimmungsgleichung für y auch deren Ableitungen eigehen, so heißt diese Gleichung **Differenzialgleichung**.

Differenzialgleichungen, deren Lösungen $y = f(x)$ nur von einer Variablen abhängen, heißen **gewöhnliche Differenzialgleichungen**.

Hängt die Lösung $y = f(x_1, ..., x_m)$ von mehreren Variablen ab und beinhaltet die Differenzialgleichung die partiellen Ableitungen von y, so handelt es sich um eine **partielle Differenzialgleichung**.

Die höchste Ordnung einer in der Differenzialgleichung vorkommenden Ableitung heißt **Ordnung** der Differenzialgleichung.

Ordnung von Differenzialgeleichungen

Beispiel 9.3

$y' + 3x^2 y - 5 = 0$	ist eine Differenzialgleichung 1. Ordnung,
$y'' - 2y' + 3x^2 y + x^2 = 0$	ist eine Differenzialgleichung 2. Ordnung,
$\ddot{x}_1 = 0$, $\ddot{x}_2 = -g$	sind Differenzialgleichungen 2. Ordnung (siehe **Beispiel 9.1**),
$\dfrac{d^2 M}{dx^2} = -q(x)$	ist eine Differenzialgleichung 2. Ordnung (siehe **Beispiel 9.2**).

Eine Funktion $y = f(x)$, die die Bestimmungsgleichung identisch erfüllt, heißt **spezielle** oder **partikuläre Lösung** der Differenzialgleichung.

Die **allgemeine Lösung** einer gewöhnlichen Differenzialgleichung der Ordnung n hat die Gestalt

$$y = y(x, c_1, ..., c_n),$$

wobei $c_1, ..., c_n$ *beliebige* Konstanten sind. Bei jeder Wahl der Konstanten ergeben sich partikuläre Lösungen der Differenzialgleichung.

Eine Differenzialgleichung kann auch **singuläre Lösungen** besitzen, d. h. Lösungen, die sich nicht aus der allgemeinen Lösung durch Einsetzen spezieller Werte für die Konstanten $c_1, ..., c_n$ ergeben.

Beispiel 9.4 — Allgemeine Lösung einer Differenzialgleichung

Wenn y die Anzahl der Bakterien im Becken einer Kläranlage zum Zeitpunkt t ist, so ist nach dem Gesetz des organischen Wachstums die Zunahmegeschwindigkeit der Bakterien $\dot{y}$ proportional zur Anzahl der Bakterien:

$\dot{y} = \alpha y$.

Dabei ist α der Proportionalitätsfaktor. Die Anzahl der Bakterien zum Zeitpunkt $t = 0$ (Startpunkt) sei y_0 Das ist eine Differenzialgleichung 1. Ordnung bezüglich der unbekannten Funktion y. Es handelt sich wegen der Anfangsbedingung $y(0) = y_0$ um eine Anfangswertaufgabe.

Durch Probieren findet man als allgemeine Lösung der Differenzialgleichung $y(t) = c\,e^{\alpha t}$, wobei c eine reelle Konstante ist. Aus der Anfangsbedingung folgt die partikuläre Lösung $y(t) = y_0\,e^{\alpha t}$ als Wachstumsgesetz der Bakterien.

9.3 Differenzialgleichungen 1. Ordnung

Dieser Abschnitt beschäftigt sich mit der Lösbarkeit von Differenzialgleichungen 1. Ordnung. Ein Beispiel zeigt die eindeutige Lösung einer solchen Gleichung mit der Angabe der Lösungskurve.

Differenzialgleichungen 1. Ordnung haben im allgemeinen Fall die Gestalt (**implizite** Form)

$F(x, y, y') = 0.$

Falls sich diese Gleichung nach y' auflösen lässt, so nimmt sie die Gestalt

$$y' = f(x, y) \tag{9.1}$$

an (**explizite** Form). Es gilt der folgende Satz:

Satz 9.5

Wenn von der Gleichung $y' = f(x, y)$ die Funktion $f(x, y)$ und ihre partielle Ableitung f_y in einem zusammenhängenden endlichen Bereich B der (x, y)-Ebene, der den Punkt (x_0, y_0) enthält, existieren, so gibt es eine eindeutige Lösung $y = y(x)$ dieser Gleichung in B, die den Bedingungen $x = x_0$ und $y = y_0$ genügt.

Bemerkung 9.6

1. Die Gleichung (9.1) besitzt unendlich viele verschiedene Lösungen, da es durch *jeden* Punkt (x_0, y_0) des Bereiches B eine Lösungskurve gibt.

2. Durch jeden Punkt (x_0, y_0) des Bereiches B geht *genau eine* Lösungskurve, d. h. die Vorgabe eines solchen Punktes selektiert genau eine Lösung der Differenzialgleichung.

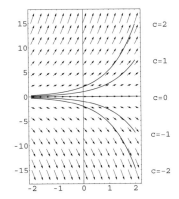

Abb. 9.3 Lösungskurven $y(x) = c\,e^x$ und Richtungsfeld

Beispiel 9.7

Betrachtet wird die Differenzialgleichung 1. Ordnung $y' = y$ mit den Lösungen $y = c\,e^x$, $c \in \mathbb{R}$ als Spezialfall von **Beispiel 9.4** für $\alpha = 1$. Es ist $f(x, y) = y$. Diese Funktion und ihre partielle Ableitung $f_y = 1$ existieren auf $\mathbb{R}^2$ und damit auch auf jedem zusammenhängenden endlichen Bereich $B \subset \mathbb{R}^2$.

In **Abb. 9.3** sind die Lösungskurven für $c = 0, \pm 1, \pm 2$ dargestellt. Durch den Punkt (x_0, y_0) verläuft wegen $y_0 = c\,e^{x_0}$ die Lösungskurve $y(x) = y_0\,e^{x-x_0}$. Die Pfeile veranschaulichen den Wert der Ableitung y', d. h. den Anstieg der Lösungskurve, im jeweiligen Punkt der (x, y)-Ebene (**Richtungsfeld**).

9.4 Trennung der Variablen

Eine Möglichkeit der Lösung einer gewöhnlichen Differenzialgleichung besteht dann, wenn die Bestimmungsgleichung so umgestellt werden kann, dass auf der linken Seite nur Terme mit der unabhängigen Variablen x und auf der rechten Seite nur Terme mit der abhängigen Variablen y vorkommen. Diese Methode der Trennung der Variablen und der anschließenden Integration der Differenzialgleichung wird erklärt.

Falls in der Differenzialgleichung $y' = f(x, y)$ die Funktion $f(x, y)$ ein Produkt von zwei Funktionen $g(x)$ (nur von x abhängig) und $h(y)$ (nur von y abhängig) darstellt:

$$\frac{dy}{dx} = y' = f(x, y) = g(x)h(y), \tag{9.2}$$

so lassen sich die Variablen x und y auf folgende Weise „trennen":

$$\frac{dy}{h(y)} = g(x)\,dx, \quad h(y) \neq 0. \tag{9.3}$$

Bildet man auf beiden Seiten dieser Gleichung das unbestimmte Integral und beachtet man, dass sich Stammfunktionen identischer Funktionen höchstens um eine additive Konstante unterscheiden, so erhält man

$$\int \frac{dy}{h(y)} = \int g(x)\,dx + c.$$

Sind $H(y)$ und $G(x)$ die entsprechenden Stammfunktionen von $1/h(y)$ und $g(x)$, so folgt als Lösung der Differenzialgleichung

$$H(y) = G(x) + c, \; c \in \mathbb{R}.$$

Beim Trennen der Variablen in Gleichung (9.3) wurde $h(y) \neq 0$ berücksichtigt. Gibt es hingegen $y_i \in \mathbb{R}$, mit $h(y_i) = 0$, $i = 1, ..., m$, so sind die konstanten Funktionen $y(x) = y_i$ **singuläre Lösungen** der Differenzialgleichung (9.2).

Beispiel 9.8

Trennung der Variablen

Die Differenzialgleichung $y' = xy$ soll gelöst werden. Nach Trennung der Variablen erhält man

$$\frac{dy}{y} = x\,dx, \quad y \neq 0$$

und weiter nach Integration

$$\ln|y| = \frac{1}{2}x^2 + c,$$

$$|y| = e^c\,e^{x^2/2}.$$

Für $y > 0$ folgt $y(x) = \bar{c}\,e^{x^2/2}$, für $y < 0$ folgt $y(x) = -\bar{c}\,e^{x^2/2}$, $\bar{c} = e^c > 0$.

Wie man sich durch Einsetzen in die Ausgangsgleichung überzeugt, ist auch $y(x) = 0$ Lösung der Differenzialgleichung. Sie ergibt sich aus der obigen Gleichung formal für $\bar{c} = 0$. Man erhält daher als Lösungsschar die Kurven (siehe **Abb. 9.4**)

$$y(x) = c\,e^{x^2/2}, \quad c \in \mathbb{R}.$$

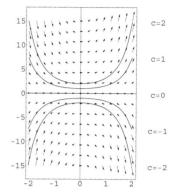

Abb. 9.4 Lösungskurven $y(x) = c\,e^{x^2/2}$ und Richtungsfeld

9.5 Lineare Differenzialgleichungen 1. Ordnung

Die Lösung von linearen Differenzialgleichungen 1. Ordnung erfolgt in zwei Schritten: dem Lösen der zugehörigen homogenen Differenzialgleichung und dem Auffinden einer partikulären Lösung der inhomogenen Differenzialgleichung. Dazu kann die Methode der Variation der Konstanten auf der Grundlage der bereits ermittelten Lösung der homogenen Differenzialgleichung benutzt werden.

Definition 9.9

Eine Differenzialgleichung 1. Ordnung, die bezüglich der unbekannten Funktion y und deren Ableitung y' linear ist, heißt **lineare Differenzialgleichung 1. Ordnung**. Sie hat die Gestalt

$$y' + p(x)y = q(x), \tag{9.4}$$

wobei p und q gegebene Funktionen sind. Ist $q(x) \equiv 0$, so heißt die Differenzialgleichung (9.1) **homogen**, andernfalls **inhomogen**.

Zuerst soll die Lösung y_h der **zugehörigen homogenen** Differenzialgleichung

$$y' + p(x)y = 0$$

bestimmt werden. Trennt man die Veränderlichen x und y wie in **Abschnitt 9.4**, so ergibt sich

$$\frac{dy}{y} = -p(x)\,dx$$

und daraus nach Integrieren

$$y_h(x) = c\,e^{-\int p(x)\,dx}, \quad c \in \mathbb{R}. \tag{9.5}$$

Die Lösung der **inhomogenen** Differenzialgleichung erfolgt mit der Methode der **Variation der Konstanten**. Dabei wird die Lösung der Gleichung (9.4) ausgehend von der Lösung (9.5) der zugehörigen homogenen Differenzialgleichung in der Gestalt

$$y(x) = c(x)\,e^{-\int p(x)\,dx} \tag{9.6}$$

gesucht. Die *Konstante* c aus (9.5) wurde dabei formal durch eine zu bestimmende *Funktion* $c(x)$ ersetzt. Zusammen mit der Ableitung

$$y'(x) = c'(x)\,e^{-\int p(x)\,dx} - c(x)p(x)\,e^{-\int p(x)\,dx}$$

erhält man aus der Ausgangsgleichung (9.4)

$$\bigl(c'(x) - c(x)p(x)\bigr)\,e^{-\int p(x)\,dx} + p(x)c(x)\,e^{-\int p(x)\,dx} = q(x)$$

und weiter nach Vereinfachen

$$c'(x)\,e^{-\int p(x)\,dx} = q(x).$$

Das ist eine trennbare Differenzialgleichung für die gesuchte Funktion c. Man erhält

$$dc = q(x)\,e^{\int p(x)\,dx}\,dx$$

und nach Integration

$$c(x) = \int q(x)\,e^{\int p(x)\,dx}\,dx + c_1,\quad c_1 \in \mathbb{R}.$$

Wird die gefundene Funktion $c(x)$ in den Lösungsansatz (9.6) eingesetzt, ergibt sich die allgemeine Lösung der Ausgangsgleichung (9.4)

$$y(x) = e^{-\int p(x)\,dx}\int q(x)\,e^{\int p(x)\,dx}\,dx + c_1 e^{-\int p(x)\,dx},\quad c_1 \in \mathbb{R}. \tag{9.7}$$

Der zweite Summand auf der rechten Seite von (9.7) ist identisch mit der allgemeinen Lösung y_h der zugehörigen homogenen Differenzialgleichung in (9.5). Der erste Summand ist eine partikuläre Lösung y_p der inhomogenen Differenzialgleichung, die sich aus der allgemeinen Lösung in (9.7) für $c_1 = 0$ ergibt.

Satz 9.10 Die allgemeine Lösung y_{allg} der inhomogenen Differenzialgleichung 1. Ordnung (9.4) setzt sich additiv zusammen aus der allgemeinen Lösung y_h der zugehörigen homogenen Differenzialgleichung und einer beliebigen partikulären Lösung y_p der inhomogenen Differenzialgleichung:

$$y_{\text{allg}} = y_h + y_p.$$

Bemerkung 9.11

Das Auffinden einer partikulären Lösung y_p der Differenzialgleichung kann, muss aber nicht mit der Methode der Variation der Konstanten erfolgen. Mitunter lässt sich eine partikuläre Lösung sogar erraten.

Beispiel 9.12

Allgemeine Lösung einer inhomogenen Differenzialgleichung

Zu lösen ist die Differenzialgleichung $y' - 2xy = x$.

1. Die zugehörige homogene Differenzialgleichung lautet $y' - 2xy = 0$. Die Trennung der Veränderlichen führt auf die Gleichung $\frac{dy}{y} = 2x\,dx$, woraus sich nach Integration die allgemeine Lösung ergibt:

   $y_h(x) = c\,e^{x^2}$.

2. Mit dem Ansatz $y(x) = c(x)e^{x^2}$ gemäß der Methode der Variation der Konstanten und der Ableitung $y'(x) = c'(x)e^{x^2} + c(x) \cdot 2x\,e^{x^2}$ folgt aus der Ausgangsgleichung die Differenzialgleichung für die unbekannte Funktion $c(x)$

   $c'(x)e^{x^2} = x$,

   deren Trennung der Variablen

   $dc = x\,e^{-x^2}\,dx$

   und die anschließende Integration

   $c(x) = -\frac{1}{2}e^{-x^2} + c_1$

   ergibt. Damit lautet die allgemeine Lösung der Differenzialgleichung

   $y_{\text{allg}}(x) = \left(-\frac{1}{2}e^{-x^2} + c_1\right)e^{x^2}$, d.h.

   $y_{\text{allg}}(x) = -\frac{1}{2} + c_1 e^{x^2}$.

3. Bei Vorgabe eines Punktes $P(x_0, y_0)$ der Lösungskurve kann eine eindeutige Lösung durch Berechnung der entsprechenden Konstanten c_1 bestimmt werden. Fordert man z. B. $y(0) = 2$, was dem Punkt $(0, 2)$ entspricht, so folgt aus der allgemeinen Lösung durch Einsetzen von $x = 0$ und $y = 2$

   $2 = -\frac{1}{2} + c_1 e^{0^2}$, d.h. $c_1 = \frac{5}{2}$.

   Die partikuläre Lösung, die dieser Anfangsbedingung genügt, heißt damit

   $y(x) = \frac{1}{2}\left(5e^{x^2} - 1\right)$.

9.6 Lineare Differenzialgleichungen höherer Ordnung mit konstanten Koeffizienten

Die Struktur der Lösungsmenge einer linearen Differenzialgleichung höherer Ordnung mit konstanten Koeffizienten wird erklärt. Für homogene lineare Differenzialgleichungen 2. Ordnung wird die Ermittlung des Fundamentalsystems gezeigt und auf homogene lineare Differenzialgleichungen höherer Ordnung übertragen. Die Berechnung einer partikulären Lösung der inhomogenen Differenzialgleichung kann mit der Ansatzmethode oder der Methode der Variation der Konstanten erfolgen.

9.6.1 Sätze über die Lösungen

Definition 9.13 Differenzialgleichungen der Gestalt

$$y^{(n)} + f_{n-1}(x)y^{(n-1)} + \ldots + f_1(x)y' + f_0(x)y = g(x) \qquad (9.8)$$

mit den gegebenen Funktionen $f_0, f_1, \ldots, f_{n-1}$ (**Koeffizienten**) heißen **lineare Differenzialgleichungen n-ter Ordnung**. Differenzialgleichungen der Gestalt

$$y^{(n)} + a_{n-1}y^{(n-1)} + \ldots + a_1 y' + a_0 y = g(x) \qquad (9.9)$$

mit $a_0, a_1, \ldots, a_{n-1} \in \mathbb{R}$ heißen **lineare Differenzialgleichungen mit konstanten Koeffizienten**.

Die Differenzialgleichung

$$y^{(n)} + a_{n-1}y^{(n-1)} + \ldots + a_1 y' + a_0 y = 0 \qquad (9.10)$$

heißt **zugehörige homogene Differenzialgleichung**.

Satz 9.14 Sind $y_1, y_2, \ldots, y_m$ partikuläre Lösungen der homogenen linearen Differenzialgleichung (9.10), so ist auch jede Linearkombination dieser Lösungen

$$\sum_{k=1}^{m} c_k y_k, \ c_k \in \mathbb{R}, \ k = 1, \ldots, m,$$

eine Lösung dieser Differenzialgleichung. Weitere Lösungen der homogenen Differenzialgleichung erhält man somit durch *Superposition* oder *Überlagerung* von partikulären Lösungen.

Im Folgenden wird die Frage beantwortet, wie viele und welche partikulären Lösungen die allgemeine Lösung der homogenen linearen Differenzialgleichung (9.10) bilden.

Definition 9.15 Die Funktionen $y_1, \ldots, y_m$ heißen **linear unabhängig**, wenn für *beliebiges x* die Gleichung

$$\sum_{k=1}^{m} c_k y_k(x) = 0$$

nur dann erfüllt ist, wenn alle Koeffizienten der Linearkombination gleich Null sind: $c_k = 0, \ k = 1, \ldots, m$.

9.6 Lineare Differenzialgleichungen höherer Ordnung mit konstanten Koeffizienten

Beispiel 9.16 — *Lineare Unabhängigkeit von Funktionen*

1. Sind die Funktionen $\sin x$ und $\cos x$ linear unabhängig?

   Aus der Gleichung
   $$c_1 \sin x + c_2 \cos x = 0$$
   folgt für
   $$x = \pi/2: \quad 1 \cdot c_1 + 0 \cdot c_2 = 0, \text{ d.h. } c_1 = 0,$$
   $$x = 0: \quad 0 \cdot c_1 + 1 \cdot c_2 = 0, \text{ d.h. } c_2 = 0.$$
   Da die Linearkombination für beliebige x nur dann verschwindet, wenn $c_1 = c_2 = 0$ gilt, sind die Funktionen $\sin x$ und $\cos x$ linear unabhängig.

2. Sind die Funktionen $1, t, t^2$ linear unabhängig?

   Aus der Gleichung
   $$c_1 + c_2 t + c_3 t^2 = 0$$
   folgt für
   $$t = 0: \quad c_1 = 0, \text{ d.h. } c_1 = 0,$$
   $$t = 1: \quad c_1 + c_2 + c_3 = 0, \text{ d.h. } c_2 = -c_3,$$
   $$t = 2: \quad c_1 - c_2 + c_3 = 0, \text{ d.h. } c_2 = c_3.$$
   Daher ist notwendig $c_1 = c_2 = c_3 = 0$, d.h. die Funktionen $1, t, t^2$ sind linear unabhängig.

Satz 9.17

Eine lineare Differenzialgleichung n-ter Ordnung besitzt genau n linear unabhängige Lösungen.

Definition 9.18

Ein System von n linear unabhängigen Lösungen $y_1, \ldots, y_n$ der homogenen linearen Differenzialgleichung n-ter Ordnung nennt man **Fundamentalsystem**.

Definition 9.19

Bilden die Funktionen $y_1, \ldots, y_n$ ein Fundamentalsystem, so heißt die Linearkombination

$$y_h = \sum_{k=1}^{n} c_k y_k$$

allgemeine Lösung der homogenen Differenzialgleichung n-ter Ordnung.

Satz 9.20

Die Lösungen $y_1, \ldots, y_n$ der homogenen linearen Differenzialgleichung n-ter Ordnung bilden genau dann ein Fundamentalsystem, wenn ihre **Wronski-Determinante**

Joseph Marie Wronski, eigentlich **Hoëné** (* 24. August 1778 in der Provinz Posen, † 9. August 1853 in Paris)

polnischer Mathematiker und Philosoph, Offizier der polnischen und russischen Armee

Philosophie als Fortsetzung der Kantschen („Messianismus"), Philosophie der Mathematik, Reihenentwicklung von Funktionen, Konstruktion von Raupenfahrzeugen (in Konkurrenz zur Eisenbahn)

hier: Wronski-Determinante

$$W(x) = \begin{vmatrix} y_1 & y_2 & \ldots & y_n \\ y_1' & y_2' & \ldots & y_n' \\ y_1'' & y_2'' & \ldots & y_n'' \\ \ldots \\ y_1^{(n-1)} & y_2^{(n-1)} & \ldots & y_n^{(n-1)} \end{vmatrix} \quad (9.11)$$

verschieden von Null ist.

Dabei gilt: Ist $W(x) = 0$ für ein spezielles x, so auch für alle x. Ist $W(x) \neq 0$ für ein spezielles x, so auch für alle x.

9.6.2 Allgemeine Lösung von homogenen Differenzialgleichungen 2. Ordnung

Betrachtet wird zunächst die homogene Differenzialgleichung 2. Ordnung mit konstanten Koeffizienten (vgl. (9.9))

$$y'' + a_1 y' + a_0 y = 0, \quad a_0, a_1 \in \mathbb{R}. \quad (9.12)$$

Gemäß **Satz 9.17** besitzt diese Differenzialgleichung genau zwei linear unabhängige Lösungen $y_1(x)$ und $y_2(x)$ (Fundamentalsystem). Der Lösungsansatz $y(x) = e^{\lambda x}$ mit zu bestimmendem konstanten $\lambda \in \mathbb{R}$ (**Fourieransatz**) führt nach Einsetzen in (9.12) mit $y'(x) = \lambda e^{\lambda x}$, $y''(x) = \lambda^2 e^{\lambda x}$ auf die so genannte **charakteristische Gleichung**

$$\lambda^2 + a_1 \lambda + a_0 = 0. \quad (9.13)$$

Die Wurzeln dieser quadratischen Gleichung sind

$$\lambda_{1/2} = \frac{-a_1 \pm \sqrt{a_1^2 - 4a_0}}{2}.$$

Drei Fälle für die Wurzeln λ_1, λ_2 kommen in Frage:

Jean Baptiste Joseph Fourier (* 21. März 1768 bei Auxerre, † 16. Mai 1830 in Paris)

französischer Mathematiker und Physiker, Professor an der École Polytechnique, Sekretär der Académie des Sciences

Theorie der Gleichungen, Fourieranalyse (Bedeutung z. B. für die akustischen Grundlagen der Musik und die digitale Klangerzeugung), Wärmeausbreitung in Festkörpern (Fouriersches Gesetz, Begriff des Glashauseffektes, heute Treibhauseffekt), als Präfekt des Departements Isère Trockenlegung der Sümpfe bei Lyon

hier: Fourier-Ansatz

1. **λ_1, λ_2 sind reell und voneinander verschieden.**

   In diesem Fall sind $y_1(x) = e^{\lambda_1 x}$ und $y_2(x) = e^{\lambda_2 x}$ partikuläre, linear unabhängige Lösungen der Differenzialgleichung (9.12).

   Beweis: y_1 und y_2 sind partikuläre Lösungen der Differenzialgleichung (9.12), wie man durch Einsetzen in (9.12) bestätigt.

   Die Wronski-Determinante beider Funktionen ergibt

   $$\begin{vmatrix} e^{\lambda_1 x} & e^{\lambda_2 x} \\ \lambda_1 e^{\lambda_1 x} & \lambda_2 e^{\lambda_2 x} \end{vmatrix} = e^{(\lambda_1 + \lambda_2)x} \begin{vmatrix} 1 & 1 \\ \lambda_1 & \lambda_2 \end{vmatrix} = e^{(\lambda_1 + \lambda_2)x}(\lambda_1 - \lambda_2) \neq 0,$$

   da λ_1 und λ_2 voneinander verschieden sind. ∎

9.6 Lineare Differenzialgleichungen höherer Ordnung mit konstanten Koeffizienten

Damit bilden y_1 und y_2 ein Fundamentalsystem, und nach **Definition 9.19** ist

$$y(x) = c_1 e^{\lambda_1 x} + c_2 e^{\lambda_2 x}, \ c_1, c_2 \in \mathbb{R} \tag{9.14}$$

die allgemeine Lösung der Differenzialgleichung (9.12).

2. **$\lambda_1 = \lambda_2 = \lambda$ sind zusammenfallende reelle Wurzeln.**

   In diesem Fall sind $y_1(x) = e^{\lambda x}$ und $y_2(x) = x e^{\lambda x}$ partikuläre, linear unabhängige Lösungen der Differenzialgleichung (9.12).

   Beweis: Die Wurzeln der charakteristischen Gleichung (9.13) fallen dann zusammen, wenn die Determinante $a_1^2 - 4a_0$ verschwindet, d. h. $\lambda = -a_1/2$ ist. Durch Einsetzen in die Differenzialgleichung (9.12) bestätigt man, dass $y_1(x) = e^{\lambda x}$ und $y_2(x) = x e^{\lambda x}$ jeweils partikuläre Lösungen sind.

   Die Wronski-Determinante beider Funktionen ergibt

   $$\begin{vmatrix} e^{\lambda x} & x e^{\lambda x} \\ \lambda e^{\lambda x} & e^{\lambda x} + \lambda x e^{\lambda x} \end{vmatrix} = e^{2\lambda x} \begin{vmatrix} 1 & x \\ \lambda & 1 + \lambda x \end{vmatrix} = e^{\lambda x}(1 + \lambda x - \lambda x) = e^{\lambda x} \neq 0. \ \blacksquare$$

   Damit bilden y_1 und y_2 ein Fundamentalsystem, und nach **Definition 9.19** ist

   $$y(x) = c_1 e^{\lambda x} + c_2 x e^{\lambda x}, \ c_1, c_2 \in \mathbb{R} \tag{9.15}$$

   die allgemeine Lösung der Differenzialgleichung (9.12).

3. **$\lambda_{1/2} = \alpha \pm i\beta$ sind konjugiert komplexe Wurzeln.**

   Ist die Determinante $a_1^2 - 4a_0 < 0$, so hat die charakteristische Gleichung die beiden komplexen Lösungen $\lambda_{1/2} = \alpha \pm i\beta$ mit $\alpha = -a_1/2$ und $\beta = \sqrt{4a_0 - a_1^2}/2$. Die **komplexe Einheit** i ist hierbei diejenige komplexe Zahl, deren Quadrat -1 ergibt: $i^2 = -1$. Formal erhält man die (komplexen!) Funktionen $y_1^*(x) = e^{(\alpha + i\beta)x}$ und $y_2^*(x) = e^{(\alpha - i\beta)x}$ als Lösungen. Mit der **Eulergleichung**

   $$e^{i\phi} = \cos \phi + i \sin \phi$$

   folgt

   $$y_1^*(x) = e^{\alpha x} e^{i\beta x} = e^{\alpha x}(\cos \beta x + i \sin \beta x),$$
   $$y_2^*(x) = e^{\alpha x} e^{-i\beta x} = e^{\alpha x}(\cos \beta x - i \sin \beta x),$$

   das sind noch immer komplexe Funktionen. Ihre Linearkombination enthält die reellen Funktionen $y_1(x) = e^{\alpha x} \cos \beta x$ und $y_2(x) = e^{\alpha x} \sin \beta x$, die ein Fundamentalsystem der Differenzialgleichung (9.12) bilden.

   Beweis: Durch Einsetzen in die Differenzialgleichung (9.12) bestätigt man, dass $y_1(x) = e^{\alpha x} \cos \beta x$ und $y_2(x) = e^{\alpha x} \sin \beta x$ jeweils partikuläre Lösungen sind.

Die Wronski-Determinante beider Funktionen ergibt

$$\begin{vmatrix} e^{\alpha x} \cos \beta x & e^{\alpha x} \sin \beta x \\ e^{\alpha x}(\alpha \cos \beta x - \beta \sin \beta x) & e^{\alpha x}(\alpha \sin \beta x + \beta \cos \beta x) \end{vmatrix}$$

$$= e^{2\alpha x} \begin{vmatrix} \cos \beta x & \sin \beta x \\ \alpha \cos \beta x - \beta \sin \beta x & \alpha \sin \beta x + \beta \cos \beta x \end{vmatrix} = \beta e^{2\alpha x} \neq 0,$$

da $\beta \neq 0$ ist. (Für $\beta = 0$ wären die Wurzeln der charakteristischen Gleichung reell und zusammenfallend, entgegen der Voraussetzung). ∎

Damit bilden y_1 und y_2 ein Fundamentalsystem, und nach **Definition 9.19** ist

$$y(x) = e^{\alpha x}(c_1 \cos \beta x + c_2 \sin \beta x), \quad c_1, c_2 \in \mathbb{R} \tag{9.16}$$

die allgemeine Lösung der Differenzialgleichung (9.12).

Allgemeine Lösung von homogenen Differenzialgleichungen 2. Ordnung

Beispiel 9.21

1. Die Differenzialgleichung $y'' + y' - 6y = 0$ hat die charakteristische Gleichung $\lambda^2 + \lambda - 6 = 0$ mit den Lösungen $\lambda_1 = 2$, $\lambda_2 = -3$ (reell und verschieden). Ihre allgemeine Lösung lautet daher gemäß (9.14) $y(x) = c_1 e^{2x} + c_2 e^{-3x}$.

2. Die Differenzialgleichung $y'' - 4y' + 4y = 0$ hat die charakteristische Gleichung $\lambda^2 - 4\lambda + 4 = 0$ mit den Lösungen $\lambda_1 = 2$, $\lambda_2 = 2$ (reell und zusammenfallend). Ihre allgemeine Lösung lautet daher gemäß (9.15) $y(x) = c_1 e^{2x} + c_2 x e^{2x}$.

3. Die Differenzialgleichung $M''(x) = 0$ (siehe **Beispiel 9.2**, zugehörige homogene Differenzialgleichung) hat die charakteristische Gleichung $\lambda^2 = 0$ mit der doppelten Lösung $\lambda_{1,2} = 0$ (reell und zusammenfallend). Ihre allgemeine Lösung lautet daher gemäß (9.15) $M(x) = c_1 + c_2 x$.

4. Die Differenzialgleichung $y'' + 2y' + 5y = 0$ hat die charakteristische Gleichung $\lambda^2 + 2\lambda + 5 = 0$ mit den Lösungen $\lambda_1 = -1+2i$, $\lambda_2 = -1-2i$ (konjugiert komplex). Ihre allgemeine Lösung lautet daher gemäß (9.16) $y(x) = e^{-x}(c_1 \cos 2x + c_2 \sin 2x)$.

9.6.3 Homogene Differenzialgleichungen höherer Ordnung

Die homogene lineare Differenzialgleichung n-ter Ordnung mit konstanten Koeffizienten (vgl. (9.10))

$$y^{(n)} + a_{n-1} y^{(n-1)} + \ldots + a_1 y' + a_0 y = 0$$

hat nach **Satz 9.17** und **Definition 9.18** ein Fundamentalsystem n linear unabhängiger Lösungen. Der Lösungsansatz $y(x) = e^{\lambda x}$ führt nach Einsetzen in die Differenzialgleichung auf die charakteristische Gleichung zur Bestimmung der reellen Konstanten λ

$$\lambda^n + a_{n-1} \lambda^{n-1} + \ldots + a_1 \lambda + a_0 = 0.$$

Das ist eine algebraische Gleichung n-ten Grades mit reellen Koeffizienten $a_0, a_1, ..., a_{n-1}$ (auf der linken Seite steht ein Polynom n-ten Grades), das im Bereich der komplexen Zahlen genau n Lösungen hat. In der folgenden Tabelle ist die Gestalt der partikulären Lösung in Abhängigkeit von den Wurzeln der charakteristischen Gleichung zusammengefasst:

Partikuläre Lösungen homogener Differenzialgleichungen

Wurzeln der charakteristischen Gleichung	Partikuläre Lösungen
einfach reell λ	$y(x) = e^{\lambda x}$
einfach konjugiert komplex $\lambda_{1/2} = \alpha \pm i\beta$	$y_1(x) = e^{\alpha x} \cos \beta x,\ y_2(x) = e^{\alpha x} \sin \beta x$
k-fach reell $\lambda_1 = ... = \lambda_k = \lambda$	$y_1(x) = e^{\lambda x},\ y_2(x) = xe^{\lambda x},\ ...,\ y_k(x) = x^{k-1}e^{\lambda x}$
k-fach konjugiert komplex $\lambda_{11} = ... = \lambda_{1k} = \alpha + i\beta$ $\lambda_{21} = ... = \lambda_{2k} = \alpha - i\beta$	$y_{11}(x) = e^{\alpha x} \cos \beta x,\ y_{12}(x) = xe^{\alpha x} \cos \beta x,\ ...,\ y_{1k}(x) = x^{k-1}e^{\alpha x} \cos \beta x$ $y_{21}(x) = e^{\alpha x} \sin \beta x,\ y_{22}(x) = xe^{\alpha x} \sin \beta x,\ ...,\ y_{2k}(x) = x^{k-1}e^{\alpha x} \sin \beta x$

Beispiel 9.22

Allgemeine Lösung einer homogenen Differenzialgleichung höherer Ordnung

Die homogene lineare Differenzialgleichung $y^{IV} - 4y''' + 5y'' - 4y' + 4y = 0$ hat die charakteristische Gleichung $\lambda^4 - 4\lambda^3 + 5\lambda^2 - 4\lambda + 4 = 0$ mit den vier Lösungen $\lambda_1 = 2$, $\lambda_2 = 2$, $\lambda_3 = i$, $\lambda_4 = -i$. Ihre allgemeine Lösung hat daher die Gestalt $y(x) = c_1 e^{2x} + c_2 x e^{2x} + c_3 \cos x + c_4 \sin x$.

9.6.4 Allgemeine Lösung inhomogener Differenzialgleichungen höherer Ordnung

Für die lineare Differenzialgleichung n-ter Ordnung mit der Inhomogenität g (vgl. (9.8)) gilt der folgende Satz:

Satz 9.23

Die allgemeine Lösung y_{allg} der inhomogenen Differenzialgleichung (9.8) setzt sich additiv zusammen aus der allgemeinen Lösung y_h der zugehörigen homogenen Differenzialgleichung und aus einer partikulären Lösung y_p der inhomogenen Differenzialgleichung:

$y_{\text{allg}} = y_h + y_p.$

Sind die Koeffizienten der Differenzialgleichung konstant (vgl. (9.9)):

$$y^{(n)} + a_{n-1}y^{(n-1)} + \ldots + a_1 y' + a_0 y = g(x),$$

so lässt sich die allgemeine Lösung y_h der zugehörigen homogenen Differenzialgleichung nach der in **Abschnitt 9.6.3** gezeigten Methode ermitteln. Gesucht ist noch eine partikuläre Lösung y_p der inhomogenen Differenzialgleichung.

Ansatzmethode

Die folgende Tabelle enthält Ansätze für die partikuläre Lösung y_p bei speziellen Störtermen $g(x)$.

Partikuläre Lösungen inhomogener Differenzialgleichungen

Störterm $g(x)$	Ansatz für y_p
$p_0 + p_1 x + \ldots + p_n x^n$	$y_p(x) = P_0 + P_1 x + \ldots + P_n x^n$ gesucht: $P_0, P_1, \ldots, P_n$
$a e^{mx}$	$y_p(x) = A e^{mx}$ gesucht: A
$a \cos mx + b \sin mx$	$y_p(x) = A \cos mx + B \sin mx$ gesucht: A, B
$a \cosh mx + b \sinh mx$	$y_p(x) = A \cosh mx + B \sinh mx$ gesucht: A, B
$e^{px}(p_0 + p_1 x + \ldots + p_n x^n) \cdot$ $(a \cos mx + b \sin mx)$	$y_p(x) = e^{px}(P_0 + P_1 x + \ldots + P_n x^n)(A \cos mx + B \sin mx)$ gesucht: $P_0, P_1, \ldots, P_n, A, B$

Allgemeine Lösung einer inhomogenen Differenzialgleichung höherer Ordnung

Beispiel 9.24

Gesucht ist die allgemeine Lösung der Differenzialgleichung $y''' - y'' - 4y' + 4y = 5e^{3x}$.

1. Die zugehörige homogene Differenzialgleichung lautet $y''' - y'' - 4y' + 4y = 0$. Ihre charakteristische Gleichung $\lambda^3 - \lambda^2 - 4\lambda + 4 = 0$ hat die Lösungen $\lambda_1 = 1$, $\lambda_2 = 2$, $\lambda_3 = -2$. Die allgemeine Lösung ist
$$y_h(x) = c_1 e^x + c_2 e^{2x} + c_3 e^{-2x}.$$

2. Die rechte Seite (Störterm) der Differenzialgleichung lautet $5e^{3x}$. Der Ansatz für eine partikuläre Lösung wird daher $y_p(x) = A e^{3x}$ gewählt, wobei die Konstante A gesucht ist. Einsetzen des Ansatzes und der Ableitungen $y'_p(x) = 3A e^{3x}$, $y''_p(x) = 9A e^{3x}$, $y'''_p(x) = 27A e^{3x}$ in die Differenzialgleichung führt nach Division durch e^{3x} auf $27A - 9A - 12A + 4A = 5$, woraus man $A = 0.5$ erhält. Die partikuläre Lösung ist
$$y_p(x) = 0.5 e^{3x}.$$

3. Die allgemeine Lösung der inhomogenen Differenzialgleichung heißt
$$y(x) = c_1 e^x + c_2 e^{2x} + c_3 e^{-2x} + 0.5 e^{3x}.$$

Methode der Variation der Konstanten

Die Ansatzmethode zum Auffinden einer partikulären Lösung der inhomogenen Differenzialgleichung versagt, falls der Störterm $g(x)$ selbst Lösung der homogenen Differenzialgleichung ist (**Resonanzfall**). Hier kann die Methode der **Variation der Konstanten** angewendet werden, die am Beispiel einer linearen Differenzialgleichung 2. Ordnung gezeigt wird.

Die Differenzialgleichung

$$y'' + a_1 y' + a_0 y = g(x)$$

hat die zugehörige homogene Gleichung

$$y'' + a_1 y' + a_0 y = 0$$

mit der allgemeinen Lösung

$$y_h(x) = c_1 y_1(x) + c_2 y_2(x), \quad c_1, c_2 \in \mathbb{R},$$

wobei $y_1(x)$ und $y_2(x)$ linear unabhängige Lösungen der homogenen Gleichung (Fundamentalsystem) sind.

Als Ansatz für eine partikuläre Lösung der inhomogenen Differenzialgleichung wird

$$y_p(x) = c_1(x) y_1(x) + c_2(x) y_2(x)$$

mit zu bestimmenden Funktionen $c_1(x)$, $c_2(x)$ gewählt. Einsetzen dieses Ansatzes mit den Ableitungen

$$y'_p = c'_1 y_1 + c_1 y'_1 + c'_2 y_2 + c_2 y'_2,$$
$$y''_p = c''_1 y_1 + c'_1 y'_1 + c'_1 y'_1 + c_1 y''_1 + c''_2 y_2 + c'_2 y'_2 + c'_2 y'_2 + c_2 y''_2$$

in die inhomogene Differenzialgleichung führt auf

$$\begin{aligned} g(x) &= y'' + a_1 y' + a_0 y \\ &= c_1(y''_1 + a_1 y'_1 + a_0 y_1) + c_2(y''_2 + a_1 y'_2 + a_0 y_2) + \\ &\quad a_1(c'_1 y_1 + c'_2 y_2) + (c'_1 y_1 + c'_2 y_2)' + c'_1 y'_1 + c'_2 y'_2. \end{aligned}$$

Die ersten beiden Summanden sind gleich Null, da y_1 und y_2 Lösungen der homogene Differenzialgleichung darstellen. Fordert man jetzt für den dritten Summanden

$$c'_1 y_1 + c'_2 y_2 = 0, \tag{9.17}$$

so ist auch der vierte als Ableitung dieses Terms gleich Null. Der fünfte Summand muss die Restforderung

$$c_1' y_1' + c_2' y_2' = g(x) \tag{9.18}$$

erfüllen. Die Gleichungen (9.17) und (9.18) stellen ein lineares Gleichungssystem bezüglich der Ableitungen $c_1'(x)$ und $c_2'(x)$ der zu ermittelnden Funktionen $c_1(x)$ und $c_2(x)$ dar, wobei die Determinante seiner Koeffizientenmatrix die Wronski-Determinante der linear unabhängigen Lösungen y_1 und y_2 der homogenen Differenzialgleichung ist und daher von Null verschieden ist. Es existiert also stets die eindeutige Lösung dieses Gleichungssystems

$$c_1'(x) = h_1(x),$$
$$c_2'(x) = h_2(x),$$

aus der man durch Integration die gesuchten Funktionen $c_1(x)$ und $c_2(x)$ bstimmt:

$$c_1(x) = \int h_1(x) \, dx + C_1 = H_1(x) + C_1,$$
$$c_2(x) = \int h_2(x) \, dx + C_2 = H_2(x) + C_2, \quad C_1, C_2 \in \mathbb{R}.$$

Die allgemeine Lösung der inhomogenen Differenzialgleichung lautet damit und mit $C_1 = C_2 = 0$

$$y(x) = (c_1 + H_1(x)) \, y_1(x) + (c_2 + H_2(x)) \, y_2(x), \quad c_1, c_2 \in \mathbb{R}.$$

Methode der Variation der Konstanten

Beispiel 9.25

Zu lösen ist die Differenzialgleichung $y'' - y' - 2y = e^{2x}$.

1. Die allgemeine Lösung der zugehörigen homogenen Differenzialgleichung ist
$$y_h(x) = c_1 e^{2x} + c_2 e^{-x}.$$

2. Der Ansatz für die partikuläre Lösung der inhomogenen Differenzialgleichung lautet
$$y_p(x) = c_1(x) e^{2x} + c_2(x) e^{-x}.$$
Das Gleichungssystem für die Ableitungen der gesuchten Funktionen $c_1(x)$ und $c_2(x)$ lautet
$$\begin{pmatrix} e^{2x} & e^{-x} \\ 2e^{2x} & -e^{-x} \end{pmatrix} \begin{pmatrix} c_1'(x) \\ c_2'(x) \end{pmatrix} = \begin{pmatrix} 0 \\ e^{2x} \end{pmatrix}.$$
Mit der Cramerschen Regel findet man
$$c_1'(x) = \frac{\begin{vmatrix} 0 & e^{-x} \\ e^{2x} & -e^{-x} \end{vmatrix}}{W(x)}, \qquad c_2'(x) = \frac{\begin{vmatrix} e^{2x} & 0 \\ 2e^{2x} & e^{2x} \end{vmatrix}}{W(x)},$$
wobei $W(x)$ die Wronski-Determinante ist:
$$W(x) = \begin{vmatrix} e^{2x} & e^{-x} \\ 2e^{2x} & -e^{-x} \end{vmatrix} = -3e^x.$$

9.6 Lineare Differenzialgleichungen höherer Ordnung mit konstanten Koeffizienten

Man erhält
$c_1'(x) = 1/3, \quad c_1(x) = x/3 + C_1,$
$c_2'(x) = -e^{3x}/3, \quad c_2(x) = -e^{3x}/9 + C_2.$

3. Die allgemeine Lösung der inhomogenen Differenzialgleichung lautet damit
$$y(x) = c_1 e^{2x} + c_2 e^{-x} + \frac{1}{3} x e^{2x}.$$

Beispiel 9.26 — *Differenzialgleichung für die Momentenlinie eines Balkens*

Zu lösen ist die Differenzialgleichung für die Momentenlinie eines Balkens mit linearer Streckenlast $M''(x) = -q_0 x/l$ (siehe **Beispiel 9.2** für $q(x) = q_0 x/l$).

1. Die allgemeine Lösung der zugehörigen homogenen Differenzialgleichung ist (siehe **Abschnitt 9.6.2**)
$M_h(x) = c_1 + c_2 x.$

2. Der Ansatz für die partikuläre Lösung der inhomogenen Differenzialgleichung lautet, da die rechte Seite $q(x) = q_0 x/l$ bereits in der allgemeinen Lösung der zugehörigen homogenen Differenzialgleichung enthalten ist,
$M_p(x) = c_1(x) + c_2(x) x.$
Das Gleichungssystem für die Ableitungen der gesuchten Funktionen c_1 und c_2 lautet
$$\begin{pmatrix} 1 & x \\ 0 & 1 \end{pmatrix} \begin{pmatrix} c_1'(x) \\ c_2'(x) \end{pmatrix} = \begin{pmatrix} 0 \\ -q_0 x/l \end{pmatrix}.$$
Man erhält
$c_1'(x) = q_0 x^2/l, \quad c_1(x) = q_0 x/(3l) + C_1,$
$c_2'(x) = -q_0 x/l, \quad c_2(x) = -q_0 x^2/(2l) + C_2.$

3. Die allgemeine Lösung der inhomogenen Differenzialgleichung lautet damit
$$M(x) = c_1 + c_2 x - \frac{q_0}{6l} x^3.$$

Bemerkung 9.27

Die Methode der Variation der Konstanten kann auf lineare Differenzialgleichungen n-ter Ordnung mit konstanten Koeffizienten verallgemeinert werden. Ist $y_1, ..., y_n$ das Fundamentalsystem und $W(x)$ seine Wronski-Determinante (siehe (9.11)), so ergibt sich aus dem Ansatz

$$y_p(x) = \sum_{k=1}^{n} c_k(x) y_k$$

das lineare Gleichungssystem bezüglich der Ableitungen $c_1', ..., c_n'$ der zu bestimmenden Funktionen

$W(x) c' = f(x), \quad c' = (c_1', ..., c_n')^\top, \quad f(x) = (0, ..., 0, g(x))^\top$

mit der eindeutigen Lösung

$$c_k' = \frac{W_k(x)}{W(x)}, \quad k = 1, ..., n,$$

wobei $W_k(x)$ die Determinante der aus der Koeffizientenmatrix dadurch hervorgegangenen Matrix ist, deren k-te Spalte durch den Vektor der rechten Seite $f(x)$ ersetzt wurde (Cramersche Regel).

9.7 Anwendungen an Beispielen
9.7.1 Mechanische Schwingung

Ausgangssituation Gegeben ist ein Masse-Feder-System mit der Federkonstanten $k = 1$ und der Masse $m = 1$ (siehe **Abb. 9.5**). Das System sei geschwindigkeitsgedämpft: Die Reibungskraft ist proportional zur Geschwindigkeit mit dem Proportionalitätsfaktor $\alpha = -1$. Ferner wirke auf das System eine Kraft von der Form $f(t) = \cos t$. Bestimmt werden soll das Weg-Zeit-Gesetz $x(t)$ des Systems, das angibt, an welcher Stelle x sich die Masse m zum Zeitpunkt $t > 0$ befindet.

Lösungsweg Sei x_0 die Auslenkung der Masse m infolge ihrer Gewichtskraft $F_G = mg$. Dann wirkt *in* Richtung der Gewichtskraft F_G die äußere Kraft $f(t) = \cos t$.

In *entgegengesetzte* Richtung wirkt einerseits die Federkraft F_F, die nach dem **Hookeschen Gesetz** proportional zur Auslenkung $x_0 + x$ ist: $F_F = k(x_0 + x)$. Andererseits wirkt in *entgegengesetzte* Richtung auch die Reibungskraft F_R, die, wie in der Aufgabe angegeben, proportional zur Geschwindigkeit $\dot{x}(t)$ ist: $F_R = \alpha \dot{x}(t)$ (die entgegengesetzte Richtung wird durch $\alpha < 0$ berücksichtigt).

Die Masse m befindet sich in Bewegung, d. h., nach dem **Newtonschen Gesetz** ist die infolgedessen auf sie wirkende Gesamtkraft F gleich dem Produkt aus der Masse m und ihrer Beschleunigung $\ddot{x}(t)$: $F = m\,\ddot{x}(t)$. Als Kräftebilanz ergibt sich damit die Gleichung

$$F = F_G + f(t) - F_F + F_R$$

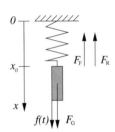

Abb. 9.5 Federschwinger

bzw. mit Berücksichtigung der gegeben Größen

$$F = m\,\ddot{x}(t) = mg + f(t) - k(x_0 + x) + \alpha \dot{x}(t). \tag{9.19}$$

Beachtet man noch, dass die Auslenkung der Masse infolge ihrer Gewichtskraft die Ruhelage ergibt, d. h. dass die Masse durch die Feder im Gleichgewicht gehalten wird, so folgt $kx_0 = mg$ und damit aus (9.19)

$$m\ddot{x} + kx - \alpha\dot{x} = f(t). \tag{9.20}$$

Das ist eine inhomogene gewöhnliche Differenzialgleichung zweiter Ordnung für die gesuchte Funktion x. Dazu gehören außerdem die *Anfangsbedingungen*

$$x(0) = 0 \quad \text{und} \quad \dot{x}(0) = 0. \tag{9.21}$$

Die erste Anfangsbedingung besagt, dass keine Abweichung x von der Ruhelage zu Beginn der Bewegung vorhanden war. Die zweite besagt, dass die Masse zu Beginn der Bewegung keine Geschwindigkeit hatte.

Mit $m = 1$, $k = 1$, $\alpha = -1$ und $f(t) = \cos t$ erhält man aus (9.20) die Gleichung

$$\ddot{x} + \dot{x} + x = \cos t. \tag{9.22}$$

Zuerst wird die allgemeine Lösung x_h der zugehörigen homogene Differenzialgleichung

$$\ddot{x} + \dot{x} + x = 0 \tag{9.23}$$

gesucht. Ihre charakteristische Gleichung $\lambda^2 + \lambda + 1 = 0$ hat die komplexen Lösungen $\lambda_{1,2} = -1/2 \pm \sqrt{3}i/2$. Die allgemeine Lösung x_h von (9.23) lautet daher

$$x_h(t) = e^{-t/2}\left(c_1 \cos(\sqrt{3}t/2) + c_2 \sin(\sqrt{3}t/2)\right). \tag{9.24}$$

Um eine partikuläre Lösung x_p der inhomogenen Gleichung (9.22) zu finden, wird gemäß **Abschnitt 9.6.4** der Ansatz in der Gestalt von (9.24) gewählt:

$$x_p(t) = A \cos t + B \sin t. \tag{9.25}$$

Einsetzen des Ansatzes (9.25) zusammen mit seiner ersten und zweiten Ableitung

$$\dot{x}_p(t) = -A \sin t + B \cos t \quad \text{und} \quad \ddot{x}_p(t) = -A \cos t - B \sin t$$

in die Gleichung (9.22) ergibt $A = 0$ und $B = 1$. Damit ist

$$x_p(t) = \sin t. \tag{9.26}$$

Die allgemeine Lösung der Gleichung (9.22) ist die Summe der allgemeinen Lösung x_h der zugehörigen homogenen Gleichung (9.23) und ihrer partikulären Lösung x_p. Mit (9.24) und (9.26) ist daher

$$x(t) = e^{-t/2}\left(c_1 \cos(\sqrt{3}t/2) + c_2 \sin(\sqrt{3}t/2)\right) + \sin t. \tag{9.27}$$

Mit den Anfangsbedingungen (9.21) werden jetzt die Konstanten c_1 und c_2 bestimmt. Setzt man $t = 0$ in die Lösung (9.27) ein, folgt unmittelbar $c_1 = 0$. Leitet man den verbleibenden Term $x(t) = e^{-t/2} c_2 \sin(\sqrt{3}t/2) + \sin t$ nach t ab und setzt danach wieder $t = 0$ ein, so erhält man $c_2 = -2/\sqrt{3}$.

Ergebnis

Damit ergibt sich als gesuchtes Bewegungsgesetz

$$x(t) = -2/\sqrt{3} e^{-t/2} \sin(\sqrt{3}t/2) + \sin t.$$

9.7.2 Ausströmgeschwindigkeit einer Flüssigkeit

Ausgangssituation

Ein zylindrischer Wasserbehälter mit dem Grundkreisradius R ist bis zur Höhe h_0 gefüllt und entleert sich durch ein kreisförmiges Loch mit dem Radius r unter dem Einfluss der Schwerkraft (Erdbeschleunigung g) (siehe **Abb. 9.6**). Berechnet werden soll die Höhe h des Wasserstandes in Abhängigkeit von der Zeit t.

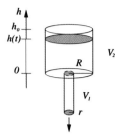

Abb. 9.6 Wasserbehälter

Evangelista Torricelli (* 25. Oktober 1608 in Faenza, † 25. Oktober 1647 in Florenz)

italienischer Mathematiker, Physiker und Astronom, Hofmathematiker unter Ferdinand II der Toscana

Räumliche Geometrie, Untersuchung des Vakuums und Bau des Barometers, Prinzip der Hydraulik, Astronomische Untersuchungen

hier: Flüssigkeitsrinzip von Torricelli

Lösungsweg

Zur Herleitung einer Gleichung für den Wasserstand $h(t)$ zum Zeitpunkt t dient die Überlegung, dass das Volumen V_1 des im Zeitintervall dt durch das Loch ausfließenden Wassers gleich dem Volumen V_2 des im selben Zeitraum aus dem Behälter entwichenen Wassers ist. Ist die Ausströmgeschwindigkeit des Wassers durch das Loch zum Zeitpunkt t gleich $v(t)$, so fließt im Zeitraum dt die zylindrische Wassersäule mit dem Grundkreisradius r und der Höhe $v(t)dt$ aus. Nach dem **Gesetz von Torricelli** ist die Ausströmgeschwindigkeit von der Höhe der sich darüber befindenden Wassersäule $h(t)$ abhängig: $v(t) = \sqrt{2gh(t)}$. Damit ist

$$V_1 = \pi r^2 v(t) dt = \pi r^2 \sqrt{2gh(t)} dt. \tag{9.28}$$

Die Geschwindigkeit des Wasserspiegelstandes h im Wasserbehälter ist seine Ableitung nach der Zeit $\dot{h}$. Damit ist die Höhe der im Zeitraum dt aus dem Behälter entwichenen zylindrischen Wassersäule gleich $\dot{h}dt$, ihr Grundkreisradius ist R. Man erhält für

$$V_2 = \pi R^2 \dot{h}(t) dt. \tag{9.29}$$

Gleichsetzen der Gleichungen (9.28) und (9.29) liefert die Differenzialgleichung erster Ordnung bezüglich der gesuchten Funktion $h(t)$:

$$\dot{h} = \frac{r^2}{R^2} \sqrt{2g} \sqrt{h}. \tag{9.30}$$

Dazu gehört die *Anfangsbedingung*

$$h(0) = h_0, \tag{9.31}$$

die gemäß der Aufgabenstellung besagt, dass die Höhe des Wasserstandes zu Beginn (Zeitpunkt $t = 0$) gleich h_0 war.

Zuerst wird die allgemeine Lösung der Gleichung (9.30) ermittelt. Bezeichnet man die Konstante $k = \frac{r^2}{R^2}\sqrt{2g}$, so ergibt sich nach der Methode der Trennung der Variablen (siehe **Abschnitt 9.4**)

$$\frac{dh}{\sqrt{h}} = k\, dt$$

und nach Integration

$$h(t) = \left(\frac{kt}{2} + c\right)^2, \; c \in \mathbb{R}. \tag{9.32}$$

Die Anfangsbedingung (9.31) wird zur Bestimmung der Konstanten c verwendet. Einsetzen von $t = 0$ in die allgemeine Lösung (9.32) ergibt $h_0 = c^2$ bzw. $c = \pm\sqrt{h_0}$. Dabei kommt $c = \sqrt{h_0}$ nicht in Frage, da andernfalls die Funktion $h(t)$ monoton steigend wäre, was nicht physikalisch ist.

Die gesuchte Gleichung des Wasserstandes in Abhängigkeit von der Zeit ist damit

Ergebnis

$$h(t) = \left(\frac{r^2}{R^2}\sqrt{\frac{g}{2}}t - \sqrt{h_0}\right)^2, \; t > 0. \tag{9.33}$$

Hierbei gilt $h(t) \geq 0$, d. h. für t erhält man mit (9.33)

$$0 \leq t \leq \frac{R^2}{r^2}\sqrt{\frac{2h_0}{g}}.$$

Für $h(t) = 0$, d. h. zum Zeitpunkt $t = \frac{R^2}{r^2}\sqrt{\frac{2h_0}{g}}$, ist der Behälter leer.

9.7.3 Gleichung einer Seilkurve

Bestimmt werden soll die Gleichung der Seilkurve eines an zwei Punkten A und B befestigten frei hängenden Seiles, das nur durch sein Eigengewicht (konstante Streckenlast q) belastet wird, bei einer Spannweite l (siehe **Abb. 9.7 a)**). Die Höhe der Aufhängung im Punkt B unterscheidet sich dabei gegenüber der im Punkt A um h.

Ausgangssituation

Zur Herleitung einer Gleichung für die Abweichung $y(x)$ des Seiles an der Stelle x von der Nulllage wird ein inkrementell kleines Seilelement der Breite dx betrachtet, das an der Stelle $x+dx$ die Abweichung $y+dy$ aufweist (siehe **Abb. 9.7 b)**). Am linken Ende dieses Seilelementes tritt dabei die Seilkraft $S = (H, V)^\top$ und am rechten Seilende tritt die Seilkraft $(S+dS) = (H+dH, V+dV)^\top$ auf. Da das Seil in Ruhe befindlich ist, gelten folgende Kräfte- und Momentenbilanzen:

Lösungsweg

$$-H + (H + dH) = 0, \tag{9.34}$$
$$-V + (V + dV) - q\,dx = 0, \tag{9.35}$$
$$(V + dV)dx - q\,dx\frac{dx}{2} - (H + dH)dy = 0. \tag{9.36}$$

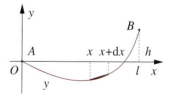

Abb. 9.7 a) Seilkurve

Gleichung (9.36) drückt das Momentengleichgewicht bezüglich des linken Endes des Seilelementes aus. Aus Gleichung (9.34) erhält man unmittelbar $dH = 0$, d. h. konstanten Horizontalzug. Aus Gleichung (9.35) ergibt sich

$$\frac{dV}{dx} = q, \tag{9.37}$$

aus Gleichung (9.36) erhält man, wenn die Glieder zweiter Ordnung $dV\,dx$, $q(dx)^2/2$ und $dH\,dy$ vernachlässigt werden,

$$V = H\frac{dy}{dx}. \tag{9.38}$$

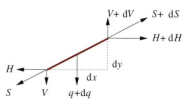

Abb. 9.7 b) Seilelement

Differenziert man Gleichung (9.38) nach x und setzt dann Gleichung (9.37) ein, so folgt für die gesuchte Funktion y die Differenzialgleichung zweiter Ordnung mit konstanten Koeffizienten

$$y'' = \frac{q}{H}. \tag{9.39}$$

Dazu gehören die *Randbedingungen*

$$y(0) = 0 \quad \text{und} \quad y(l) = h. \tag{9.40}$$

Zuerst wird wieder die allgemeine Lösung der Gleichung (9.39) gesucht. Die charakteristische Gleichung ihrer zugehörigen homogenen Differenzialgleichung $H\,y'' = 0$ lautet $H\lambda^2 = 0$. Sie hat die doppelte Lösung $\lambda_{1,2} = 0$. Damit ist die allgemeine Lösung y_h der zugehörigen homogenen Differenzialgleichung (siehe **Abschnitt 9.6.2**)

$$y_h(x) = c_1 e^0 + x c_2 e^0 = c_1 + c_2 x. \tag{9.41}$$

Da die Ansatzmethode zum Auffinden einer partikulären Lösung der Gleichung (9.39) versagt (die rechte Seite q/H ist bereits in der allgemeinen Lösung (9.41) der zugehörigen homogenen Differenzialgleichung enthalten), wird die Methode der Variation der Konstanten (siehe **9.6.4**) gewählt. Der Ansatz für y_p lautet

$$y_p(x) = c_1(x) + c_2(x)x.$$

Aus dem Gleichungssystem bezüglich der Ableitungen der gesuchten Funktionen c_1 und c_2

$$\begin{pmatrix} 1 & x \\ 0 & 1 \end{pmatrix} \begin{pmatrix} c_1'(x) \\ c_2'(x) \end{pmatrix} = \begin{pmatrix} 0 \\ q/H \end{pmatrix}$$

erhält man

$$c_2'(x) = \frac{q}{H}, \quad \text{d. h.} \quad c_2(x) = \frac{q}{H}x,$$

$$c_1'(x) = -\frac{q}{H}x, \quad \text{d. h.} \quad c_1(x) = -\frac{q}{2H}x^2.$$

Die partikuläre Lösung y_p der Gleichung (9.39) ergibt sich aus dem Ansatz (9.41) zu $y_p = qx^2/(2H)$. Die allgemeine Lösung der Gleichung (9.39) ist damit

$$y(x) = c_1 + c_2 x + \frac{q}{2H}x^2. \tag{9.42}$$

Die Konstanten c_1 und c_2 werden mit den Randbedingungen (9.40) bestimmt. Für $x = 0$ folgt unmittelbar $c_1 = 0$. Setzt man danach $x = l$ in Gleichung (9.42) ein, so erhält man $c_2 = h/l - ql/(2H)$.

> Die gesuchte Gleichung der Seilkurve lautet damit
>
> $$y(x) = \frac{h}{l}x + \frac{q}{2H}x(x - l). \tag{9.43}$$

Bemerkung:

1. Die Gleichung (9.42) kann aus der Differenzialgleichung (9.39) auch durch unmittelbare zweifache unbestimmte Integration gewonnen werden. Als Bestimmungsgleichung enthält (9.39) lediglich die zweite Ableitung der unbekannten Funktion y.
2. Zur Bestimmung des noch unbekannten Horizontalzuges H in Gleichung (9.43) kann z. B.< die Vorgabe der Seillänge L verwendet werden. Man erhält mit der Bogenlänge (siehe **Abschnitt 7.9.1**)

$$L = \int_0^l \sqrt{1 + (y'(x))^2}\, dx$$

nach Einsetzen von (9.43) eine (nichtlineare) Gleichung zur Bestimmung von H.

9.7.4 Eulersche Knickkraft

Ausgangssituation

Betrachtet wird ein im Punkt A gelenkig gelagerter Stab der Länge l, auf den an seinem ebenfalls gelenkig gelagerten Ende B eine Druckbelastung F einwirkt (siehe **Abb. 9.8**). Infolge dieser Last verbiegt sich der Stab unter Umständen. Gesucht ist die Kraft F_K (Eulersche Knickkraft), bei der das seitliche Ausknicken des Stabes erstmalig einsetzt.

Lösungsweg

Zur Herleitung einer Gleichung für die mögliche Durchbiegung $w(x)$ des Stabes an der Stelle x wird das statische Moment im ausgelenkten Punkt X bezüglich des Punktes A ermittelt. Es ist

$$M = F\,w(x). \tag{9.44}$$

Die Differenzialgleichung der Biegelinie $w(x)$ lautet andererseits (siehe **Abschnitt 9.7.5**)

$$EI\,w''(x) = -M, \tag{9.45}$$

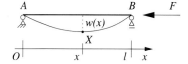

Abb. 9.8 Zur Eulerschen Knickkraft

wobei E der Elastizitätsmodul und I das Trägheitsmoment des Querschnittes des Stabes sind. Beide werden hier als konstant vorausgesetzt. Aus den Gleichungen (9.44) und (9.45) ergibt sich die Differenzialgleichung für die Durchbiegung $w(x)$

$$EI\,w'' = -F\,w$$

bzw. mit der Konstanten $k^2 = F/(EI)$

$$w'' + kw = 0. \tag{9.46}$$

Dazu gehören die *Randbedingungen*

$$w(0) = 0 \quad \text{und} \quad w(l) = 0. \tag{9.47}$$

Gleichung (9.46) ist eine homogene Differenzialgleichung mit konstanten Koeffizienten. Ihre charakteristische Gleichung (siehe **Abschn. 9.6.2**) $\lambda^2 + k^2 = 0$ hat die komplexen Lösungen $\lambda_{1,2} = \pm ki$. Damit ist die allgemeine Lösung der Gleichung (9.46)

$$w(x) = c_1 \cos kx + c_2 \sin kx. \tag{9.48}$$

Die Konstanten c_1 und c_2 werden mit den Randbedingungen (9.47) bestimmt. Setzt man in Gleichung (9.48) $x = 0$ ein, so folgt unmittelbar $c_1 = 0$. Setzt man danach in Gleichung (9.48) $x = l$ ein, so ergibt sich die Gleichung

$$c_2 \sin kl = 0.$$

Eine von Null verschiedene Lösung für c_2 (und damit eine Durchbiegung des Stabes) ist folglich nur dann möglich, wenn $\sin kl = 0$ ist. Das bedeutet

$$kl = n\pi, \ n = 0, \pm 1, \pm 2, \ldots .$$

Ergebnis Die Kraft, für die erstmalig eine Durchbiegung des Stabes eintritt, erhält man für $n = 1$. Es ist $k = \pi/l$, und die Eulersche Knickkraft F_K berechnet sich wegen $k^2 = F/(EI)$ zu

$$F_K = \frac{\pi^2}{l^2} EI.$$

Die Gleichung der zugehörigen Biegelinie ergibt sich aus Gleichung (9.48)

$$w(x) = c_2 \sin \frac{\pi}{l} x.$$

Damit ist es lediglich möglich, die Form des gebogenen Stabes zu bestimmen, nicht aber seine tatsächliche Durchbiegung.

9.7.5 Biegelinie eines Balkens

Ausgangssituation Gesucht ist die Gleichung der Biegelinie eines beidseits gelenkig gelagerten Balkens der Länge l, der durch die konstante Streckenkast $q(x) = q_0$ belastet ist (siehe **Abb. 9.9**).

Lösungsweg Die Biegelinie eines Balkens ist die Balkenachse nach der Verformung des Balkens infolge seiner Belastung. Bei ihrer Herleitung soll die Belastungsfunktion $q(x)$ zunächst beliebig sein. Das Käftegleichgewicht des in Ruhe befindlichen Balkenelementes der Breite dx (siehe **Abb. 9.10**) liefert die Gleichung

$$Q - q \, dx - (Q + dQ) = 0,$$

das Momentengleichgewicht bezüglich des Schwerpunktes I ergibt die Gleichung

$$-M - Q \frac{dx}{2} - (Q + dQ) \frac{dx}{2} + M + dM = 0.$$

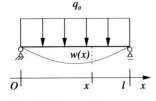

Abb. 9.9 Belasteter Balken

9.7 Anwendungen an Beispielen

Mit Vernachlässigung des Gliedes zweiter Ordnung $dQ\,dx/2$ erhält man nach dem Grenzübergang $dx \longrightarrow 0$ die Gleichungen

$$\frac{dQ}{dx} = -q(x) \quad \text{und} \quad \frac{dM}{dx} = Q(x)$$

bzw. nach Differenzieren der zweiten nach x und anschließendem Einsetzen der ersten

$$\frac{d^2 M}{dx^2} = -q(x). \tag{9.49}$$

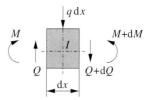

Abb. 9.10 Kräfte und Momente am Balkenelement

Das ist eine Differenzialgleichung zweiter Ordnung für das Biegemoment $M(x)$.

Jetzt wird ein Zusammenhang zwischen dem Biegemoment $M(x)$ und der Durchbiegung $w(x)$ an der Stelle x abgeleitet. Nach der **Bernoullischen Hypothese** bleiben die vor der Verformung zur Balkenachse senkrechten Querschnitte bei der Biegung eben. Die Dehnung ε in x-Richtung im Balkenquerschnitt ist in y-Richtung konstant und daher nur vom Abstand z von der Balkenachse abhängig. Sie ist gleich gleich dem Produkt aus Krümmung $\kappa(x)$ und dem Abstand z von der Balkenachse. Mit dem **Hookeschen Gesetz** der Proportionalität von Spannung σ und Dehnung ε mit dem Proportionalitätsfaktor E (Elastizitätsmodul) $\sigma = E\varepsilon$ erhält man für die Spannungsverteilung im Balkenquerschnitt A (siehe **Abb. 9.11**)

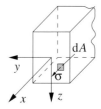

Abb. 9.11 Spannung im Balkenquerschnitt

$$\sigma = E\kappa z. \tag{9.50}$$

Als Biegemoment ergibt sich damit unter Berücksichtigung von Gleichung (9.50)

$$M = \int_A z\sigma \, dA = E\kappa \int_A z^2 \, dA = EI\kappa. \tag{9.51}$$

I ist das Flächenträgheitsmoment des Balkenquerschnittes. Für kleine Verformungen wird $w'(x) \ll 1$ angenommen, sodass sich für die Krümmung $\kappa(x)$ der Biegelinie

$$\kappa(x) = \frac{-w''(x)}{\sqrt{(1 + w'(x)^2)^3}} \approx -w''(x) \tag{9.52}$$

ergibt. Aus Gleichung (9.51) folgt mit Gleichung (9.52) der gesuchte Zusammenhang zischen Durchbiegung und Biegemoment

$$w''(x) = -\frac{M(x)}{EI(x)}. \tag{9.53}$$

Mit Gleichung (9.49) erhält man jetzt aus Gleichung (9.53) die Gleichung der Biegelinie

$$(EI(x)w''(x))'' = q(x)$$

Jacob Bernoulli (* 27. Dezember 1654 in Basel, † 16. August 1705 in Basel)

schweizerischer Mathematiker und Physiker, Professor für Mathematik an der Universität Basel, Mitglied der Académie des Sciences und der Akademie der Wissenschaften in Berlin

wesentliche Beiträge zur Wahrscheinlichkeitstheorie (Gesetz der großen Zahlen, Bernoulli-Verteilung), Untersuchung von unendlichen Reihen, Infinitesimalrechnung, Differenzialgleichungen und Differenzialgeometrie, Variationsrechnung, Experimentalphysik (Hydrostatik, Optik), Elastizitätslehre

hier: Bernoullische Hypothese

bzw. für konstanten Querschnitt und damit konstantem Trägheitsmoment I

$$EIw^{IV}(x) = q(x). \tag{9.54}$$

(9.54) ist eine Differenzialgleichung vierter Ordnung mit konstanten Koeffizienten. Dazu gehören die vier *Randbedingungen*

$$w(0) = 0 \quad \text{und} \quad w(l) = 0, \tag{9.55}$$
$$w''(0) = 0 \quad \text{und} \quad w''(l) = 0. \tag{9.56}$$

Die ersten beiden Bedingungen (9.55) bedeuten, dass an den Auflagern keine Durchbiegungen auftreten. Die Bedingungen (9.56) besagen wegen des Zusammenhanges (9.53), dass in den Gelenken keine Biegemomente auftreten.

Zunächst wird die allgemeine Lösung der Differenzialgleichung (9.54) ermittelt. Die charakteristische Gleichung der zugehörigen homogenen Differenzialgleichung $EIw^{IV} = 0$ lautet $\lambda^4 = 0$ mit den Lösungen $\lambda_{1,2,3,4} = 0$. Die allgemeine Lösung der zugehörigen homogenen Differenzialgleichung ist daher (siehe **Abschnitt 9.6.3**)

$$w_h(x) = c_1 + c_2 x + c_3 x^2 + c_4 x^3. \tag{9.57}$$

Eine partikuläre Lösung w_p der Differenzialgleichung (9.54) für den Fall $q(x) = q_0$ kann wieder durch die Methode der Variation der Konstanten (siehe **Abschnitt 9.6.4**) gewonnen werden. Auch folgende einfache Überlegung führt hier zum Ziel: Wenn gemäß Gleichung (9.54) die vierte Ableitung der gesuchten Funktion w_p konstant ist, so erhält man w_p durch viermaliges Integrieren von q_0. Durch Einsetzen in Gleichung (9.54) überzeugt man sich, dass

$$w_p(x) = \frac{1}{EI} \frac{q_0 x^4}{24} \tag{9.58}$$

tatsächlich partikuläre Lösung ist. Die allgemeine Lösung der Gleichung (9.54) für den Fall $q(x) = q_0$ lautet mit Gleichung (9.57) und Gleichung (9.58)

$$w(x) = \frac{1}{EI} \left(c_1 + c_2 x + c_3 x^2 + c_4 x^3 + \frac{q_0 x^4}{24} \right). \tag{9.59}$$

Die Konstanten c_1, c_2, c_3, c_4 werden noch mit den Randbedingungen (9.55), (9.56) bestimmt. Es ist zunächst

$$w''(x) = \frac{1}{EI} \left(2c_3 + 6c_4 x + \frac{q_0 x^2}{2} \right). \tag{9.60}$$

Setzt man in Gleichung (9.59) und (9.60) jeweils $x = 0$ ein, ergibt sich unmittelbar $c_1 = 0$ und $c_3 = 0$. Setzt man danach in Gleichung (9.59) und (9.60) jeweils $x = l$ ein, so ergibt sich $c_4 = -q_0 l/12$ und $c_2 = q_0 l^3/24$.

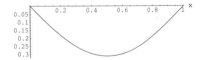

Abb. 9.12 Biegelinie w für $l = 1$, $q_0/(24EI) = 1$

Ergebnis

Die Gleichung der gesuchten Biegelinie lautet somit

$$w(x) = \frac{q_0 x}{24EI}\left(l^3 - 2lx^2 + x^3\right).$$

Bemerkung: Die Gleichung (9.59) kann aus der Differenzialgleichung (9.54) wieder durch unmittelbare vierfache unbestimmte Integration gewonnen werden (siehe auch **Abschnitt 9.7.3**). Als Bestimmungsgleichung enthält (9.42) lediglich die zweite Ableitung der unbekannten Funktion y.

9.7.6 Absenkung des Grundwasserspiegels mit einem vollkommenen Brunnen

Ausgangssituation

Wird aus einem zylindrischen Brunnen mit dem Grundkreisradius r Wasser abgepumpt, so bildet sich zwischen dem Wasserstand h im Brunnen und dem unbeeinflussten Grundwasserspiegel der Höhe H ein Gefälle aus. Das Grundwasser fließt dem Brunnen von allen Seiten trichterförmig zu. Der unbeeinflusste Grundwasserspiegel der Höhe H wird dabei in der Entfernung R (Reichweite der Absenkung) von der Brunnenachse erreicht. Der Brunnen soll vollkommen sein, d. h. durch seine Grundfläche dringt kein Wasser ein. **Abb. 9.13** zeigt einen Querschnitt durch den Brunnen und das umgebende Gelände. Gesucht ist eine Gleichung für die Höhe des Wasserstandes $y(x)$ in der Entfernung x von der Brunnenachse.

Lösungsweg

Den Berechnungen wird zugrunde gelegt, dass die Strömung des Grundwassers **stationär** ist, d. h. dass der Wasserzufluss q als Produkt aus Strömungsgeschwindigkeit v und durchflossener Fläche A konstant ist (**Kontinuitätsgesetz**):

$$q = v\,A = const. \tag{9.61}$$

Für die Grundwasserbewegung wird die vereinfachende Annahme getroffen, dass die Strömungsgeschwindigkeit v in zur Erdoberfläche senkrechten Ebenen horizontal gerichtet ist. Außerdem gilt das **Darcysche Filtergesetz** (9.62), nach dem die Strömungsgeschwindigkeit v im Boden proportional zur Neigung dy/dx der Absenkungskurve y mit dem Proportionalitätsfaktor k (Durchlässigkeitsbeiwert der durchflossenen Bodenart) ist:

$$v = k\,\frac{dy}{dx}. \tag{9.62}$$

Die Fläche A eines zylindrischen Querschnitts im Abstand x von der Brunnenachse (Mantelfläche des Zylinders mit dem Grundkreisradius x und der Höhe $y(x)$) beträgt

$$A = 2\pi\,x\,y(x). \tag{9.63}$$

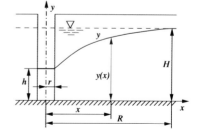

Abb. 9.13 Absenkkurve $y(x)$ eines vollkommenen Brunnens

Setzt man die Gleichungen (9.62) und (9.63) in das Kontinuitätsgesetz (9.61) ein, so erhält man die Differenzialgleichung erster Ordnung bezüglich der

Henry Philibert Gaspard Darcy (* 10. Juni 1803 in Dijon, Frankreich, † 3. Januar 1858)

französischer Ingenieur

Durchströmung poröser Medien, laminare Strömungen, Hydraulik von Rohrleitungen, Strömungen in Freispiegelgerinnen

hier: Darcy-Gesetz

Absenkung y:

$$q = 2\pi\, k\, x\, y \frac{dy}{dx}.$$

Mit der Methode der Trennung der Variablen (siehe **Abschnitt 9.4**) ergibt sich daraus zunächst

$$y \frac{dy}{dx} = \frac{q}{2\pi\, k\, x}\, dx$$

und nach Integration

$$y^2 = \frac{q}{\pi\, k} \ln x + c. \tag{9.64}$$

Wie eingangs vorausgesetzt, ist die Höhe des Wasserstandes in der Entfernung R gleich H:

$$y(R) = H.$$

Das ist eine Bedingung zur *eindeutigen* Bestimmung der Integrationskonstanten c in Gleichung (9.64) (vgl. **Abschnitt 9.3**). Setzt man dort $x = R$, so folgt

$$c = H^2 - \frac{q}{\pi\, k} \ln R. \tag{9.65}$$

Ergebnis

Aus (9.64) ergibt sich damit die Gleichung der Absenkkurve y:

$$y(x) = \sqrt{H^2 - \frac{q}{\pi\, k} \ln \frac{R}{x}}.$$

Bemerkung: Mit der Wasserhöhe h am Brunnenrand ist

$$y(r) = h.$$

Setzt man in Gleichung (9.64) $x = r$, so ergibt sich

$$c = h^2 - \frac{q}{\pi\, k} \ln r.$$

Subtraktion dieser Gleichung von (9.65) und Umstellen nach q liefert eine Berechnungsmöglichkeit für den Wasserdurchfluss q:

$$q = \frac{\pi\, k(H^2 - h^2)}{\ln R - \ln r}.$$

Dabei wird für die Reichweite R folgender, nach **Sichardt** experimentell ermittelter Zusammenhang angesetzt:

$$R = 3000(H - h)\sqrt{k}.$$

9.8 Aufgaben

Lösen von gewöhnlichen Differenzialgleichungen

9.1 Lösen Sie folgende Differenzialgleichungen mit der Methode der Trennung der Veränderlichen!

a) $y' = -\dfrac{x}{y}$
b) $y' = y \tan x$
c) $y' = xy$
d) $y'(1+x) = 1 - y$
e) $(y')^2 + y^2 = 1$
f) $xyy' + y^2 = 1$
g) $x(1+x) - y(1+y)y' = 0$

9.2 Lösen Sie folgende Differenzialgleichungen 1. Ordnung mit der Methode der Variation der Konstanten!

a) $(x^2 + 1)y' + 2xy = 2x^2$ mit $x_0 = 1$, $y_0 = 2$
b) $y' = \dfrac{x-y}{x}$
c) $y' - xy + 2x = 0$
d) $xy' + 2y = x^5 + x$
e) $xy' = -y = x^2 \cos x$
f) $(x^2 + y)\,dx + x\,dy = 0$
g) $y'(1 - x) = (1 - y)$
   mit $x_0 = 1, y_0 = -2$, $x_1 = 0$, $y_1 = 0$

9.3 Lösen Sie die homogenen Diffentialgleichungen höherer Ordnung:

a) $y'' - y = 0$
b) $y'' + y = 0$
c) $y'' - 4y' + 4y = 0$
d) $y''' - 5y'' + 8y' - 4y = 0$
e) $\ddot{s} + 2\dot{s} + 2s = 0$
f) $y^{IV} - 16y = 0$

9.4 Lösen Sie die inhomogene Differenzialgleichungen höherer Ordnung:

a) $y'' + y = x^2$
b) $y'' - y = \cos x$
c) $y'' - 3y' + 2y = e^{3x}$
d) $y'' - 3y' + 2y = \cos(2x)$
e) $y''' - y'' + y' - y = \cos(2x)$
f) $y'' + 4y = \cos(2x)$ mit $x_0 = 0$, $y_0 = 0$, $y'_0 = 0$
g) $y'' - y = e^{-x}$
h) $y^{IV} - 4y''' + 6y'' - 4y' + y = (x+1)e^x$

Physikalische Anwendungen

9.5 Ein Körper der Masse $m = 1$ kg fällt aus der Höhe $h = 20$ m unter dem Einfluss der Schwerkraft $G = mg$ und einer Reibungskraft herab, die proportional der Fallgeschwindigkeit v ist: $F_R = -kv$. Die Anfangsgeschwindigkeit ist 0. Zu ermitteln ist eine Gleichung für die Höhe s, in der sich der Körper t Sekunden nach dem Beginn der Bewegung befindet. Dabei sei $g = 10$ m/s^2 und $k = 10$ kg/s vorausgesetzt.

9.6 Nach dem NEWTONschen Bewegungsgesetz gilt bei der Bewegung eines Körpers auf der x-Achse
$m \dfrac{d^2x}{dt^2} = F$, wobei F die Kraft ist, die auf den Körper wirkt.

Ein Körper gleite auf einer horizontalen Ebene unter dem Einfluss eines Stoßes, der ihm die Anfangsgeschwindigkeit v_0 erteilt hat. Auf den Körper wirkt die Reibungskraft $-km$. Man berechne den Weg und die Geschwindigkeit des Körpers in Abhängigkeit von der Zeit. Wann und wo kommt der Körper zur Ruhe?

9.7 Eine Stange zwischen den Punkten $(0, 0)$ und $(l, 0)$ rotiere um die x-Achse. Dabei erfüllt ihre Durchbiegung $y(x)$, falls sie eintritt, die Gleichung

$$y^{IV} - a^4 y = 0,$$

wobei a eine Konstante ist, die von der Rotationsgeschwindigkeit und den Eigenschaften der Stange abhängt. In den Punkten $x = 0$ und $x = l$ sind die Größen y und y'' jeweils gleich 0. Für welche Werte von a tritt eine Durchbiegung ein?

9.8 Ein Zylinder vom Grundkreisradius r und der Masse m schwimmt mit vertikaler Achslage im Wasser. Seine Eintauchtiefe ist l. Gesucht ist die Periode der Schwingung, die sich ergibt, wenn man den Zylinder ein wenig in das Wasser eintaucht und danach loslässt. Der Bewegungswiderstand ist angenähert gleich Null anzunehmen.

9.9 Berechnen Sie die Position $x(t)$ eines mechanischen Federschwingers der Masse $m = 1$ bei einer ungedämpften Schwingung (keine Reibung) zum Zeitpunkt t, wenn seine Auslenkung zu Beginn des Schwingungsvorgangs $x(0) = x_0$ und seine

Anfangsgeschwindigkeit 0 beträgt. Das System wird durch eine äußere Kraft $K(t) = K_0 \cos 2t$ in Bewegung gehalten. Die Federkonstante betrage $k = 1$.

Hinweis: Die Gleichung für die Position $x(t)$ des beschriebenen mechanischen Federschwingers lautet

$$m\ddot{x}(t) + kx(t) = K(t).$$

9.10 Eine Scheibe mit dem Trägheitsmoment I sei an einem Draht (Länge l, Radius r, Gleitmodul G) aufgehängt. Die kleinen Drehschwingungen $\varphi = \varphi(t)$ dieser Scheibe werden durch die Differenzialgleichung

$$I\ddot{\varphi} + k\varphi = 0$$

beschrieben. Dabei ist $k = \pi G r^4/(2l)$ die Federkonstante. Zu ermitteln sind für die Anfangsdaten

$$\varphi(0) = \varphi_0, \quad \dot{\varphi}(0) = 0$$

der zeitliche Verlauf der Drehschwingungen $\varphi(t)$ sowie die Periode T.

9.11 Ermitteln Sie den kleinsten positiven Wert für die Kraft F, für den die Biegelinie eines beidseitig gelenkig gelagerten Stabes der Länge l (siehe **Abb. 9.14**) und der konstanten Biegesteifigkeit EI von der Nulllage abweicht!

Hinweis: Die Biegelinie $w(x)$ genügt dem Randwertproblem

$$\left.\begin{array}{ll} w^{IV} + \lambda^2 w'' = 0, & 0 < x < l, \\ w(0) & = 0, \\ w''(0) & = 0, \\ w(l) & = 0, \\ w''(l) & = 0 \end{array}\right\}, \lambda^2 = \frac{F}{EI}.$$

Abweichen von der Nulllage bedeutet, dass die Lösung $w(x)$ dieses Randwertproblems nicht identisch 0 ist.

Abb. 9.14 Knickstab

9.12 Leiten Sie die Gleichung der Biegelinie $w(x)$ eines horizontalen Balkens der Länge l ab, dessen eines Ende fest eingespannt ist und an dessen anderem Ende ein Moment vom Betrag M angreift (siehe **Abb. 9.15**). Der Balken hat konstante Biegesteifigkeit EI.

Hinweis: Die Biegelinie $w(x)$ genügt dem Randwertproblem

$$\left.\begin{array}{ll} EIw^{IV} & = 0, \ 0 < x < l, \\ w(0) & = 0, \\ w'(0) & = 0, \\ w''(l) & = -M/EI, \\ w'''(l) & = 0. \end{array}\right\}$$

Abb. 9.15 Balken

9.13 Bestimmen Sie die Gleichung der Biegelinie $w(x)$ eines horizontalen Balkens der Länge l, dessen eines Ende fest eingespannt ist und an dessen anderem Ende eine Gesamtkraft vom Betrag F angreift (siehe **Abb. 9.16**). Der Balken hat konstante Biegesteifigkeit EI.

Hinweis: Die Biegelinie $w(x)$ genügt dem Randwertproblem

$$\left.\begin{array}{ll} EIw^{IV} & = 0, \ 0 < x < l, \\ w(0) & = 0, \\ w'(0) & = 0, \\ w''(l) & = 0, \\ w'''(l) & = F/EI. \end{array}\right\}$$

Abb. 9.16 Balken

9.14 Berechnen Sie die Biegelinie für folgenden Träger mit einer parabolischen Streckenlast q und dem Moment M am freien Ende (siehe **Abb. 9.17**).

Hinweis: Die Biegelinie $w(x)$ genügt der folgenden Differenzialgleichung mit den angegebenen Randbedingungen, wobei E der Elastizitätsmodul und I das Trägheitsmoment des Balkenquerschnitts sind und als konstant vorausgesetzt werden:

$$\left. \begin{array}{rl} EIw^{IV} &= q(x),\ 0 < x < 2l \\ w(0) &= 0, \\ w(2l) &= 0, \\ w''(0) &= 0, \\ w''(2l) &= -M/EI. \end{array} \right\}$$

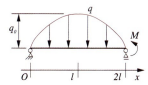

Abb. 9.17 Träger

9.15 Leiten Sie die Gleichung der Momentenlinie M und der Querkraftlinie Q eines beidseits gelenkig gelagerten Balkens der Länge l her, wenn die Belastungsfunktion q eine Parabel mit dem Scheitelpunkt über dem Auflager B darstellt (siehe **Abb. 9.18**).

Hinweis: Die Momentenlinie M genügt dem Randwertproblem

$$\left. \begin{array}{rl} M''(x) &= -q(x),\ 0 < x < l, \\ M(0) &= 0, \\ M(l) &= 0, \end{array} \right\},$$

und für die Querkraftlinie Q gilt

$$Q(x) = M'(x).$$

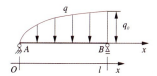

Abb. 9.18 Balken

Lösungen

Kapitel 1

Addition und Multiplikation

1.1 a) $p+q+r$ b) $p+q-r$ c) $p-q-r$
d) $p-q+r$ e) $p+q-r+s$ f) $p+q-r-s+u+v$
g) $p-q+r+s-u-v-w$ h) $p-q+r-s-u+v-w$

1.2 a) $2x+3y$ b) $3m+3n$ c) $4a+2b$ d) $5x+5y$
e) $39m+13n$ f) $15p-12q$ g) $5x-63z$ h) $3q+6r$

1.3 a) $4x+5y+6z$ b) $23p-6q+5r+14s$ c) $31a-3b-13c-3d$ d) $r+3s-9t-7u$
e) $5a-8b-9x$ f) $4r+7p-11q$ g) $4x+6y$

1.4 a) $115p+72x+152y+117z$ b) $2xz+2yz+2xy$ c) $13a+8b-18c-21d$
d) $zu-xy$ e) $2ac$ f) $2nx-2nm$
g) $47a+38b-15c$ h) $12p-12q-12r$ i) $nu+ny$
j) $7c-7b$

1.5 a) $am+an+bm+bn$ b) $px+py+pz+qx+qy+qz+zx+ry+rz$
c) $p^2+2pq+q^2-r^2$ d) $p^2-q^2-r^2+2qr$
e) $q^2+2qr+r^2-p^2$ f) $-p^2-q^2-r^2+2pq-2pr+2qr$
g) $b^2+c^2-a^2-3ac+ab+bc$ h) $-x^2-y^2-z^2+2xy+2yz+2xz$

1.6 a) $(a+b)3x$ b) $2y(2a+4b)$ c) $(11a-8b+5c)(5a-8b+11c)$

1.7 a) $x^2+2xy+y^2$ b) $49x^2+70x+25$ c) $4m^2+2mn+0.25n^2$
d) a^2-1 e) $9a^2-24a+16$ f) $1-x^2$
g) $a^2+b^2-cr+2ab$ h) $a^2+b^2-c^2-d^2-2ab-2cd$ i) $x^4+x^2y^2+y^4$
j) a^4-b^4

1.8 a) $7a$ b) $2b^2-3bc+5c^2$ c) $5p-4u$
d) $13m+10n+17p$ e) x^2-9y^2 f) $2x-3y+4z$

1.9 a) $\dfrac{m(m+2n)}{m-n}$ b) $\dfrac{a^2+ab+b^2}{a+b}$ c) $\dfrac{(p-q)^2}{4pq}$ d) $\dfrac{xc-yb-za}{abc}$ e) $\dfrac{-10a+33b}{24}$ f) $\dfrac{a^2+b^2}{ab}$

1.10 a) $pm+qn$ b) $\dfrac{aqmn-bpmn}{p^2q^2}$ c) $\dfrac{4a^2-9b^2}{ab}$ d) $\dfrac{12}{5}(a+b)^2(m-n)^2$

1.11 a) $\dfrac{49}{y}$ b) $20bd^2$ c) $8(m+n)(p+q)$ d) $\dfrac{7}{3}(4a^2-b^2)$
e) x^2-xy+y^2 f) $2\dfrac{a^2+b^2}{a^2-b^2}$ g) $\dfrac{4-x}{6(x+1)}$ h) $\dfrac{x^4+3x^3+81}{3x(3-x)(3+x)}$

1.12 a) $a\left(\dfrac{8r}{q^2}-\dfrac{3q}{p^2}\right)$ b) 1

1.13 a) $(a-3)^2$ b) $(x+1)^2$ c) $(6x-5y)(6x+5y)$
d) $(a-b-x)(a-b+x)$ e) $(a+12x)(17a-12x)$ f) $(a+b-c)(a+b+c)$
g) $(3x-2y+z)(3x+2y-z)$ h) $(x+1)^2(x^2-x+1)$

1.14 a) $\dfrac{a+b}{a-b}$ b) $-\dfrac{m}{n}$ c) $\dfrac{b(a-b)}{c(a-c)}$ d) $-\dfrac{a}{b}$ e) $\dfrac{n-m}{n+m}$
f) a^2+b^2 g) $\dfrac{a^3+a^2b+ab^2+b^3}{a^2+ab+b^2}$ h) $\dfrac{(a-b)(a^2+b^2)}{a^2-ab+b^2}$ i) $\dfrac{a^4+b^4}{a^3+b^3}$

Potenz- und Wurzelrechnung

1.15 a) p^{2n} b) b^{9-x} c) c^{2x-2} d) k^{1+n}

e) x^8 f) $\frac{1}{2}a^{n+3}b^{m+1}x^{7+p}$ g) $a^3(a^3+1)(a^2-1)$ h) $y^5(y^5+1)(y^5-1)$

i) a^6+b^6 j) a^{x-2} k) x^{4-n} l) a^6

m) ab n) $-a^4(x-y)^{-3}$ o) a^{x+3}

1.16 a) $\dfrac{1+x+x^6}{x^7}$ b) $\dfrac{1}{x^4}$ c) $\dfrac{1}{x^p}$ d) $\dfrac{x^{n-2}(2x^2+2xy-y^2)}{(x+y)^n}$

1.17 a) $(ab)^{8p-9q}$ b) $(pq)^{10x+11y}$ c) $(12y)^n(xz)^{-n}$

d) $\dfrac{a^2-b^2}{x^2-y^2}$ e) $a^{10}b^{15}x^{-15}y^{-20}$ f) $\dfrac{2}{3}a^{2n-8}c^x x^{-1}y$

1.18 a) $a^6-3a^4b+3a^2b^2-b^3$ b) $2x^3+6x$
c) $4x^3(y+a)+6x^2(y^2-a^2)+4x(y^3+a^3)+y^4-a^4$
d) $a^5-5a^4b+10a^3b^2-10a^2b^3+5ab^4-b^5$ e) $480x^4+2160x^2+486$
f) $a^{2m}-2a^{m+n}+a^{2n}$

1.19 a) $2m-3n$ b) $x+3$ c) $a^2-2ab+2b^2$ d) $a^4-a^3b+a^2b^2-ab^3+b^4$

1.20 a) $2x+2\sqrt{x^2-y^2}$ b) $\dfrac{a^2+b^2+4x^2-2ax-4bx}{(a-x)(x-b)}$ c) 1 d) $\dfrac{x}{3}\sqrt{a-b}$ e) $\sqrt[8]{x}$

1.21 a) $\dfrac{a-\sqrt{a}}{a-1}$ b) $\dfrac{\sqrt{x}+\sqrt{y}}{x-y}$ c) $\dfrac{acx-bdy+(ad-bc)\sqrt{xy}}{c^2x-d^2y}$

d) $\sqrt{3}+\sqrt{5}-2\sqrt{2}$ e) $\dfrac{(a+\sqrt{x})\sqrt{a^2-x}}{a^2-x}$ f) $\dfrac{a^2+x^2+ax+(a+x)\sqrt{a^2+x^2}}{ax}$

Ungleichungen

Hier bedeutet das Zeichen ∧ „und" sowie das Zeichen ∨ „oder".

1.22 a) $L = \{x | x \in \mathbb{R} \land -\infty < x < 2\}$
b) $L = \{x | x \in \mathbb{R} \land -7.5 < x < \infty\}$
c) $L = \{x | x \in \mathbb{R} \land -\infty < x < 15\}$
d) $L = \{x | x \in \mathbb{R} \land (-\infty < x < -1 \lor 0 < x < \infty)\}$
e) $L = \{x | x \in \mathbb{R} \land (-\infty < x < -5 \lor 2 < x < \infty)\}$

1.23 Lösungen der Ungleichung existieren für

$$\{a | a \in \mathbb{R} \land (-\infty < a < -0.5 \lor 0.5 < a < \infty)\}.$$

Die Lösungsmenge lautet dann

$$L = \left\{x | x \in \mathbb{R} \land -\sqrt{4a^2-1} < x < \sqrt{4a^2-1}\right\}.$$

Kapitel 2
Monotonie, Beschränktheit, Umkehrfunktion

2.1

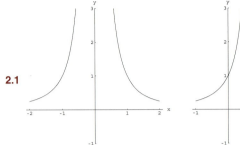
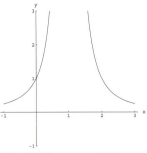
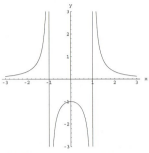

Abb. 10.1 Zu Aufgabe 2.1 a)   **Abb. 10.2** Zu Aufgabe 2.1 b)   **Abb. 10.3** Zu Aufgabe 2.1 c)

2.2 a) DB: $\{x | x \in \mathbb{R} \wedge -\infty < x \leq -1.5\}$ WB: $\{y | y \in \mathbb{R} \wedge y > 0\}$
b) DB: $\{x | x \in \mathbb{R} \wedge (x \leq \min(a,b) \vee \max(a,b) \leq x)\}$ WB: $\{y | y \in \mathbb{R} \wedge y > 0\}$

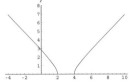

Abb. 10.4 Zu Aufgabe 2.2 a)   **Abb. 10.5** Zu Aufgabe 2.2 b) $a = 2$, $b = 4$

2.3 a) nein   b) ja

2.4 a) $a > 0$: streng monoton steigend auf dem Intervall $(-\infty, \infty)$
        $a < 0$: streng monoton fallend auf dem Intervall $(-\infty, \infty)$
        $a = 0$: konstante Funktion (sowohl monoton steigend als auch monoton fallend)
   b) $a > 0$: streng monoton fallend auf $(-\infty, 0)$, streng monoton steigend auf $(0, \infty)$
        $a < 0$: streng monoton steigend auf $(-\infty, 0)$, streng monoton fallend auf $(0, \infty)$
        $a = 0$: konstante Funktion (sowohl monoton steigend als auch monoton fallend)
   c)   streng monoton steigend auf dem Intervall $(-0.8, \infty)$
   d)   streng monoton fallend auf dem Intervall $(2, \infty)$

2.5 a) $y^{-1}(x) = \sqrt[4]{x}$ b) $y^{-1}(x) = -\sqrt[4]{x}$ c) nein   d) nein

Lineare Funktionen, Betragsfunktion

2.6 a) 1/3   b) 4   c) 13   d) 0   e) a f) $\begin{cases} x = \dfrac{a^2 + b^2 - ab}{a^2 + b^2 + ab} & \text{für } a^2 + b^2 \neq 0 \\ \text{bel. } x \in \mathbb{R} & \text{für } a^2 + b^2 = 0 \end{cases}$

g) $\begin{cases} x = \dfrac{b+c}{a} & \text{für } a \neq 0 \\ \text{bel. } x \in \mathbb{R} & \text{für } a = 0 \end{cases}$ h) 62

i) $\begin{cases} x = \dfrac{a^2 + b^2 + c^2}{a + b + c} & \text{für } a + b + c \neq 0 \\ \text{keine relle Lösung} & \text{für } a + b + c = 0 \end{cases}$ j) 0, 10

Lösungen

k) $\sqrt{a} + \sqrt{b} + \sqrt{c}$ **l)** $\begin{cases} \text{bel. } x \in \mathbb{R} & \text{für } a = 0 \\ \text{bel. } x \in \mathbb{R} & \text{für } b + c = 0 \\ x = \dfrac{ab}{c+a} & \text{für } a \neq 0,\ b+c \neq 0,\ c+a \neq 0 \\ \text{keine relle Lösung} & \text{für } a \neq 0,\ b+c \neq 0,\ c+a = 0 \end{cases}$

m) 4   **n)** 2   **o)** 10   **p)** $\begin{cases} x = \left(\sqrt{a\sqrt{b}} + \sqrt{b\sqrt{a}}\right)^4 & \text{für } a > 0, b > 0, a \neq b \\ \text{bel. } x \in \mathbb{R} & \text{für } a = 0, b > 0 \\ \text{bel. } x \in \mathbb{R} & \text{für } b = 0, a > 0 \\ \text{bel. } x \in \mathbb{R} & \text{für } a = b > 0 \\ \text{keine relle Lösung} & \text{für } a < 0 \text{ oder } b < 0 \end{cases}$

q) 11   **r)** -7

2.7 **a)** $L = \{-1/3,\ 3\}$ **b)** $L = \{-3,\ 1/3\}$ **c)** $L = \{-1.5, -2.5\}$

2.8 **a)** $L = \{x | x \in \mathbb{R} \land (-\infty < x \leq 8/3 \lor 10/3 \leq x < \infty)\}$
b) $L = \{x | x \in \mathbb{R} \land -5 < x < 3\}$ **c)** $L = \{x | x \in \mathbb{R} \land -1.5 < x < 3.5\}$.

2.9 6 Fahrten können durchgeführt werden.

2.10 **a)** 12 Tage   **b)** 13 Tage

2.11 In etwa 4.1 Tag wird die Arbeit fertiggestellt.

2.12 In 1 Stunde wird das Becken geleert sein.

2.13 Nach 4 Monaten kann die Zahlung ohne Zinsverlust erfolgen.

2.14 B forderte 168 405 EURO.

2.15 **a)** $m = \sqrt{m_1 m_2}$ **b)** ≈ 68.19 mg

2.16 Die Mauer wird in 13 Tagen fertig.

2.17 Man muss zu Beginn und dann am Ende des ersten bis vierten Jahres jeweils 1775.26 EURO einzahlen.

2.18 Das Treibrad macht auf einer Strecke von 10.5 km etwa 2000 Umdrehungen.

2.19 Die Kraft 3 N muss in der Entfernung 7.33 cm auf der anderen Seite von A aufwärts gerichtet angebracht werden.

2.20 Der erste Bagger kann die Arbeit allein in 40 Tagen, der zweite allein in 60 Tagen ausführen.

Quadratische Funktionen

2.21 **a)** für $|a| \neq |b| : L = \{-1, 1\}$; für $|a| = |b| : L = \{x | x \in \mathbb{R}\}$ **b)** $L = \{-6, 6\}$
c) $L = \{2, -2\}$ **d)** für $a \neq 0 : L = \{-a, a\}$; für $a = 0 : L = \{x | x \in \mathbb{R}\}$
e) $L = \{a - b, b - c\}$ **f)** $L = \{-45/7, 2\}$ **g)** $L = \{16/7, 5\}$

h) für $a \neq 0$ und $b \neq 0 : L = \{a/b, -b/a\}$ **i)** $L = \{2\}$ **j)** $L = \{3\}$

k) $L = \{-\dfrac{\log 3 - \log 19}{\log 57 - \log 37},\ \dfrac{\log 3 - \log 19}{\log 57 - \log 37}\}$ **l)** $L = \{0\}$ **m)** $L = \left\{\dfrac{a+b}{2}\right\}$

n) $L = \{-\sqrt{6}/2, \sqrt{6}/2\}$ **o)** $L = \{0, 1, 64\}$

p) für $m \geq 2$: mit $m_1 = \sqrt{m^2 - 4}$
$$L = \left\{a - \sqrt{\dfrac{m+m_1}{2}},\ a + \sqrt{\dfrac{m+m_1}{2}},\ a - \sqrt{\dfrac{m-m_1}{2}},\ a + \sqrt{\dfrac{m-m_1}{2}}\right\}$$
für $m < 2$: keine reellen Lösungen

2.22 a) $L = \{x | x < -1 \lor x > 1\}$ b) $L = \{x | x \in \mathbb{R}\}$
c) $L = \{-1, 1\}$ d) $L = \{x | -\infty < x \leq -3 \lor 2 < x \leq 3\}$

2.23 a) $a = 1$ b) $a = -4$, $a = 4$

2.24 In zehn Stunden kann das Becken allein durch das erste, in fünfzehn Stunden allein durch das zweite Rohr gefüllt werden.

2.25 Die Katheten haben die Längen 333 m und 444 m.

2.26 Die Längen der Kanten betragen 24 cm, 32 cm und 96 cm.

2.27 Dem Weinfass wurden jedesmal 24 l abgezapft.

2.28 12 Sekunden von Beginn der Bewegung des ersten Körpers an werden beide eine Entfernung von 104 m haben.

2.29 Der Kran mit der größeren Leistung hätte 24 Stunden, der Kran mit der kleineren Leistung hätte 36 Stunden allein zum Beladen gebraucht.

2.30 Der erste Bagger benötigt allein 20 Tage, der zweite 30 Tage und der dritte 60 Tage.

2.31 22 500 Fliesen werden benötigt. Keine Fliese muss zerschnitten werden. Die Breite des Streifens beträgt 37.5 m.

2.32 Die Breite der Aschenbahn beträgt $\dfrac{\sqrt{(a+b)^2 + 4ab} - (a+b)}{4}$.

2.33 An einem Tag werden 250 m³ statt der geplanten 200 m³ gefördert. Das Soll wurde damit um 25% überboten. Geplant waren 40 Tage für die Erdarbeiten.

2.34 Der Hebelarm muss die Länge $\dfrac{P \pm \sqrt{P^2 - 2amQ}}{m}$ haben.

2.35 Der leere Behälter wird durch das erste Rohr allein in acht Stunden gefüllt, der volle durch das zweite Rohr in sechs Stunden geleert.

2.36 Die stärkere der beiden Pumpen benötigt ca 8.7 Stunden, um den Kessel allein zu füllen.

2.37 Von der ersten Firma werden täglich ca. 1.11 km, von der zweiten Firma täglich 1.25 km Straßendecke ausgebessert.

Polynome und rationale Funktionen

2.38 Das Polynom p_4 hat keine weiteren Nullstellen.

2.39 a) $P_6(x) + P_3(x) = -2x^6 + x^4 + x^3 + x^2 - 2x + 1$
b) $P_6(x) - Q_6(x) = -x^5 - 2x + 1$
c) $P_1(x) \cdot P_3(x) = x^4 + 2x^3 + x^2$
d) $P_1(P_3(x)) = x^3 + x^2 + 1$
e) $P_3(P_1(x)) = x^3 + 4x^2 + 5x + 2$

2.40 a) $3x^2 + 5xb^2 + 4b^4$ b) $x^n - x^{n-1} + x^{n-2}$ c) $x^3 + x^2 - x - 1$

2.41 a) $P_5(1) = 48$, $P_5(-1) = 16$, $P_5(2) = -20$, $P_5(-2) = 0$
b) Nullstellen sind $-3, -2, -\sqrt{3}, \sqrt{3}, 3$. Es gilt $P_5(x) = (x+3)(x+2)(x+\sqrt{3})(x-\sqrt{3})(x-3)$.

2.42 -3 ist einfache Nullstelle vom Polynom $x^5 + 3x^4 + x^2 - 9$. Es gilt $q(x) = x^3 - 3x^2 + 9x - 26 + 75/(x+3)$.

2.43 Es gilt $y = x^3 - 6x^2 + 12x - 8 = (x-2)^3$.
Für beliebige reelle x_1, x_2 mit $x_1 < x_2$ folgt $x_1 - 2 < x_2 - 2$ und $(x_1 - 2)^3 < (x_2 - 2)^3$ wegen der stengen Monotonie der Funktion $f(x) = x^3$.

2.44 $P_1(x) = \dfrac{2}{3}x(x-1)(x+2)$, $P_2(x) = -\dfrac{1}{3}x(x-1)^2(x+2)$, $P_3(x) = \dfrac{1}{6}x(x-1)^3(x+2)$

2.45 $P_4(x) = \dfrac{8}{3\pi^4}x^4 - \dfrac{14}{3\pi^2}x^2 + 1$, $P_4\left(\dfrac{\pi}{4}\right) \approx 0.7188$, $\cos\left(\dfrac{\pi}{4}\right) \approx 0.7071$

2.46 $m(x) = \begin{cases} 0.2x, & 0 \leq x \leq 10 \\ 0.15x + 0.5, & 10 < x \leq 30 \\ 0.1x + 2, & 30 < x \leq 40 \end{cases}$

2.47 $g_4(x) = -\dfrac{16d}{l^4}\left(x + \dfrac{l}{2}\right)^2\left(x - \dfrac{l}{2}\right)^2$.

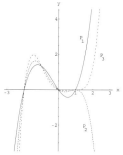

Abb. 10.6 Zu Aufgabe 2.44   **Abb. 10.7** Zu Aufgabe 2.45

2.48 $p_1 = \frac{3}{4}p,\ d = \sqrt{p^2 + \frac{l^2}{16}},\ d_1 = d_2 = \frac{1}{4}\sqrt{9p^2 + l^2}$

2.49 Die Längen der Vertikalstreben sind 2.22 m, 3.55 m, 4 m, 3.55 m, 2.22 m.

2.50 Eine rationale Funktion kann höchstens soviele Polstellen haben, wie das Nennerpolynom Nullstellen hat.

2.51 a) $D_f = \{x | x \in \mathbb{R}\}$ Nullstelle: 0
    b) $D_f = \{x | x \in \mathbb{R} \wedge x \neq 2\}$ Lücke: 2, Nullstelle: -2.
    c) $D_f = \{x | x \in \mathbb{R} \wedge x \neq -2 \wedge x \neq -1 \wedge x \neq 1\}$ Lücke: 1, Polstellen: -1,-2, Nullstelle: 0.

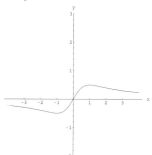 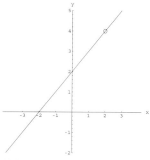 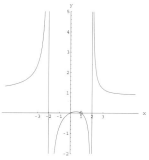

Abb. 10.8 Zu Aufgabe 2.51 a)   **Abb. 10.9** Zu Aufgabe 2.51 b)   **Abb. 10.10** Zu Aufgabe 2.51 c)

Logarithmus- und Exponentialfunktionen

2.52 $D_f : \{x | x \in R\}\ W_f : \{y | y \in R \wedge y > 1\}$

Umkehrfunktion: $y = \log_{\frac{1}{8}}(x-1) = -\frac{\ln(x-1)}{\ln 8}$

2.53 $C = 3e$

2.54 a) $x = \log_{\frac{25}{7}} 2 = \frac{\ln 2}{\ln 25 - \ln 7} \approx 0.544513$ **b)** $x = \log_{\frac{5}{3}} \frac{13}{31} = \frac{\ln 13 - \ln 31}{\ln 5 - \ln 3} \approx -1.701241$

    c) $x = \log_{\frac{3}{4}} \log_8 6 = \frac{\ln(\ln 6/\ln 8)}{\ln 3 - \ln 4} \approx 0.517589$ **d)** $x = 10$ **e)** $x = 4.5$ **f)** $x = 2$
    g) $x = 10$ **h)** $x = -1$ **i)** $x = 1$ **j)** $x = 8$
    k) $x = 1/2,\ x = -1/14$ **l)** $x = 1$

2.55 a) Der ASA-Zahl 100 entspricht die DIN-Zahl 3.
    b) Bei Verdopplung der ASA-Zahl ist zur ursprünglichen DIN-Zahl lg 2 zu addieren.
    c) $S_{\text{ASA}} = 10^{S_{\text{DIN}}-1}$

2.56 a) In ca. 6 h 1 min 30 s verdoppelt sich die Bakterienkultur.
b) Die Kultur ist nach 24 h ca. 79.49 Mal so groß wie zu Beginn.

2.57 Der Durchschnittszinssatz beträgt 7.47 %.

2.58 Entsprechend dieser Theorie ist das Universum etwa 6 Milliarden Jahre alt.

2.59 a) Die Temperatur nach 24 h beträgt 31.48 °C.
b) Der Körper hat die Temperatur 34.18 °C.
c) Die Raumtemperatur betrug 20 °C.

2.60 a) $c \approx 7281.91$ m.
b) In einer Höhe von ca. 5047.44 m ist der Luftdruck auf die Hälfte von p_0 zurückgegangen.
c) Der Ort liegt ca. 599.06 m hoch.
d) Der Luftdruck beträgt in 203 m Höhe ca. 985.15 mbar.

2.61 a) Ab 200 Stück wird Gewinn erzielt.
b) Ab 651 Stück wird Gewinn erzielt.
c) Der Faktor b darf höchstens 54 sein.

Trigonometrische Funktionen

2.62 Als Hilfskonstruktion trägt man am Einheitskreis den Winkel 30° in mathematisch positivem und negativem Drehsinn ab. Die Schnittpunkte der Schenkel dieser Winkel mit dem Einheitskreis sind P und P'. Die Fußpunkte der Lote von P und P' auf die x-Achse sind L und L' (siehe **Abb. 10.11**). Die Dreiecke $\triangle OLP$ und $\triangle OL'P'$ sind kongruent, denn sie stimmen überein in den Seiten $\overline{OP} = 1$ und $\overline{OP'} = 1$, den Winkeln $\angle POL = 30°$ und $\angle P'OL = 30°$ und den rechten Winkeln $\angle PLO$ und $\angle PL'O$. Daher ist auch $\overline{OL} = \overline{OL'}$, die Punkte L und L' fallen zusammen, und das gleichschenklige Dreieck $\triangle OPP'$ ist gleichseitig (Seitenlänge 1). Damit ist $\overline{PL} = \sin 30° = 0.5$. Wendet man jetzt im rechtwinkligen Dreieck $\triangle OLP$ den Satz des Pythagoras an, so ergibt sich $\overline{OL} = \sqrt{3}/2$. Analog zeigt man die anderen beiden Beziehungen.

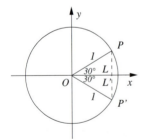

Abb. 10.11 Zu Aufgabe 2.62

2.63 $\sin 17.3° \approx 0.2973748$ $\sin 7 \approx 0.6569866$ $\sin 123.4° \approx 0.8348478$
$\sin(\sqrt{5}/2) \approx 0.899242$ $\sin(5\pi/9) \approx 0.9848077$ $\sin(-62.9°) \approx -0.8902128$
$\sin 17.3 \approx -0.9997744$

2.64 a) $x \approx 19.876°$ **b)** $x \approx 0.4908826$ **c)** keine reelle Lösung
d) $x \approx -45.235°$ **e)** $x \approx -0.7956029$ **f)** keine Lösung in $[0°, 90°]$.

2.65 $\sqrt{3}/2,\ \sqrt{2}/2,\ 1/2,\ -1/2,\ -\sqrt{2}/2,\ -\sqrt{3}/2,\ -\sqrt{3}/2,\ -1/2$

2.66

$\sin x$	$1/2$	$-1/2$	$\sqrt{2}/2$	$-\sqrt{3}/2$	$-\sqrt{2}/2$	0	1
$x \in [-360°, 0°]$	$-210°$	$-30°$	$-225°$	$-60°$	$-45°$	$0°$	$-270°$
	$-330°$	$-150°$	$-315°$	$-120°$	$-135°$	$-180°$	
						$-360°$	

2.67 a) $x \approx 0.379009$, $x \approx 2.7625836$
  b) keine relle Lösung
  c) keine Lösung in $[0, \pi]$
  d) $x = \pi/2$
  e) $x \approx 0.3682678$, $x \approx 2.7733248$
  f) $x \approx 0.848062$, $x \approx 2.2935306$

2.68

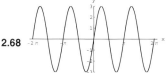

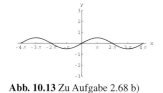

Abb. 10.12 Zu Aufgabe 2.68 a)   **Abb. 10.13** Zu Aufgabe 2.68 b)   **Abb. 10.14** Zu Aufgabe 2.68 c)

2.69 $\tan 20° \approx 0.3639702$ $\tan 85° \approx 11.430052$ $\tan(-\pi/2)$ nicht definiert
  $\tan 90.5° \approx -114.58865$ $\tan 190° \approx 0.1763269$ $\tan 89.5° \approx 114.58865$
  $\tan(-89.5°) \approx -114.58865$ $\tan(-(5-\pi)/4) \approx -0.5011933$ $\tan\sqrt{3}/4 \approx 0.4622724$

2.70 a) $x \approx 27.178°$ **b)** $x \approx -27.178°$

2.71 Die Lösungsmenge sei L.
  a) $L = \{0, \arccos 0.75, \pi, 2\pi - \arccos 0.75, 2\pi\}$
  b) $L = \{\arctan 2, \arctan 2 - \pi\}$
  c) $L = \{\pi/3\}$
  d) $L = \{-\pi, -\arccos 0.3125, 0, \arccos 0.3125, \pi\}$
  e) $L = \{-3\pi/4, -\pi/4, \pi/4, 3\pi/4\}$
  f) $L = \{-\pi, 0, \pi\}$
  g) $L = \{x | x = \pi/4 + k\pi, k = 0, \pm 1, \pm 2, ...\}$
  h) $L = \{x | x = \pi/2 + k\pi, k = 0, \pm 1, \pm 2, ...\}$
  i) $L = \{x | x = \pi/6 + k\pi \vee x = -\pi/6 + k\pi, k = 0, \pm 1, \pm 2, ...\}$
  j) $L = \{x | x = \pi/2 + k\pi \vee x = 7\pi/6 + 2k\pi \vee x = 11\pi/6 + 2k\pi, k = 0, \pm 1, \pm 2, ...\}$

2.72 Der Flächenhalt ist das $\sin \gamma$-fache des ursprünglichen.

2.73 Die Mantellinie besitzt die Länge $\sqrt{r^2 + h^2}$.

2.74 $a\sqrt{3}$

2.75 Die außerhalb des Quadrates liegenden Schnittpunkte der Mittelsenkrechten der Quadratseiten mit den Thaleskreisen über den Quadratseiten ergeben das gesuchte Quadrat mit doppeltem Fächeninhalt.

2.76 $2 \sin \pi/n$

2.77 a) $x = 3$ m, $y = 3\sqrt{2}$ m, $\alpha = 45°$
  b) $a = 4$ m, $\alpha = 60°$, $\beta = 30°$, $\gamma = 30°$

2.78 Der Steigungswinkel beträgt etwa $1,9°$.

2.79 Winkel 30°: $F_{\text{zug}} = 5400$ N, $F_{\text{trag}} \approx 4676.53$ N,
  Winkel 40°: $F_{\text{zug}} \approx 4200.45$ N, $F_{\text{trag}} \approx 3217.73$ N

2.80 Man muss sich um etwa 172.76 m nähern.

2.81 Die Neigung des Treppengeländers beträgt etwa $33.69°$.

2.82 Die Kiste beginnt bei einem Winkel von etwa $12.09°$ an zu gleiten.

2.83 Der Neigungswinkel der Dachflächen beträgt etwa $60.25°$.

2.84 $A_{ABF} \approx 320.78$ m^2, $\angle ABF = \angle BAF \approx 72.68°$, $\angle AFB \approx 34.63°$.

2.85 $h = 81.87$ m

2.86 $\overline{BL} = 12$ m, $\overline{AC} = 47.75$ m

2.87 $\alpha = \arctan\left(\dfrac{2h}{b}\right)$, $\quad f = a - b$, $\quad s = \sqrt{\dfrac{b^2}{2} + h^2}$, $\quad V = bh\left(\dfrac{3a - b}{6}\right)$

    a) $f = 3$ m, $s = 6.24$ m, $\alpha = 47.35°$, $V = 102$ m^2
    b) $f = 4$ m, $s = 6.81$ m, $\alpha = 43.53°$, $V = 142$ m^2

2.88 $x \approx 132.94$ m

2.89 $x = a\left/\sqrt{k_1^2 + k_2^2 - 2k_1 k_2 \cos\delta}\right.$ mit $k_1 = \dfrac{\sin(\alpha + \beta)}{\sin(\alpha + \beta + \gamma)}$, $k_2 = \dfrac{\sin(\beta)}{\sin(\beta + \gamma + \delta)}$

2.90 $x = \dfrac{-(a + b) + \sqrt{(a - b)^2 + 4m}}{2}$ mit $m = \dfrac{ab \sin(\alpha + \beta) \sin(\beta + \gamma)}{\sin\alpha \sin\gamma}$

Kapitel 3
Vektoren, Vektorräume

3.1 **a)** $\begin{pmatrix} 5 \\ 5 \end{pmatrix}$ **b)** $\begin{pmatrix} -1 \\ -2 \end{pmatrix}$ **c)** $\begin{pmatrix} 1 \\ 2 \end{pmatrix}$ **d)** $\begin{pmatrix} 2 \\ 2 \end{pmatrix}$

3.2 **a)** $\begin{pmatrix} 143 \\ 171 \\ 199 \\ 227 \\ 255 \end{pmatrix}$ **b)** $\begin{pmatrix} 26 \\ 50 \end{pmatrix}$ **c)** nicht definiert

3.3 ja

3.4 Gerade durch den Koordinatenursprung mit dem Anstieg 2

3.5 **a)** linear abhängig   **b)** linear abhängig   **c)** linear unabhängig

3.6 Die Menge der Ortsvektoren (Punkte) ist
    a) die x-Achse   **b)** die x-Achse   **c)** die (x, y)-Ebene   **d)** die (x, y)-Ebene   **e)** der $\mathbb{R}^3$

3.7 linear unabhängig für beliebiges $\alpha \in \mathbb{R}$, d. h. es gibt kein $\alpha \in \mathbb{R}$, für das das Vektorsystem linear abhängig ist.

3.8 3

3.9 Für $\alpha = 2$ und $\alpha = 3$ hat das Vektorsystem die Dimension 2. Für $\alpha \in \mathbb{R}$, $\alpha \neq 2$, $\alpha \neq 3$ hat das Vektorsystem die Dimension 3.

3.10 **a)** ja   **b)** ja   **c)** z. B. $\left(\begin{pmatrix} 1 \\ 0 \\ 0 \end{pmatrix}, \begin{pmatrix} 0 \\ 1 \\ 0 \end{pmatrix}\right)$

3.11 **a)** 1   **b)** 3   **c)** 3   **d)** 3

Matrizen

3.12 $\begin{pmatrix} 2 & 1 & 1 \\ 1 & 2 & 1 \end{pmatrix}$

3.13 $\begin{pmatrix} 0 & 1 \\ -1 & 0 \\ -1 & -1 \\ -1 & -1 \end{pmatrix}$

3.14 $a = 5$, $b = 3$

3.15 **a)** $\begin{pmatrix} 2 & 0 & 2 \\ -2 & 2 & 0 \\ 6 & 2 & 9 \end{pmatrix}$ **b)** nicht definiert   **c)** $\begin{pmatrix} 0 & 2 \\ -2 & 0 \end{pmatrix}$ **d)** nicht definiert

e) $\begin{pmatrix} 2 & 9 & 3 \\ -10 & 1 & 4 \end{pmatrix}$ **f)** $\begin{pmatrix} 2 \\ 1 \end{pmatrix}$ **g)** nicht definiert   **h)** $\begin{pmatrix} -8 \\ 8 \\ -11 \end{pmatrix}$

3.16 für $i = 1, \ldots, m$, $j = 1, \ldots, n$:

$$(A + O)_{ij} = (A)_{ij} + (O)_{ij} = a_{ij} + 0 = a_{ij} = (A)_{ij}$$

$$(E_m A)_{ij} = \sum_{k=1}^{m} (E_m)_{ik}(A)_{kj} = (E_m)_{ii}(A)_{ij} = (A)_{ij}, \text{ da } (E_m)_{ii} = 1 \text{ und } (E_m)_{ik} = 0, i \neq k$$

$$(A E_n)_{ij} = \sum_{k=1}^{m} (A)_{ik}(E)_{kj} = (A)_{ij}(E)_{jj} = (A)_{ij}$$

3.17 **a)** nicht definiert   **b)** $\begin{pmatrix} 2 & 6 & 10 \\ 4 & 12 & 20 \\ 3 & 9 & 15 \\ 1 & 3 & 5 \end{pmatrix}$ **c)** $(10\ 14\ 18\ 28)$ **d)** nicht definiert

e) $\begin{pmatrix} 34 \\ 23 \\ 11 \end{pmatrix}$ **f)** $\begin{pmatrix} 25 & 26 & 34 \\ 17 & 17 & 23 \\ 8 & 9 & 11 \end{pmatrix}$ **g)** $\begin{pmatrix} 7 & 10 & 13 & 20 \\ 10 & 15 & 20 & 30 \\ 9 & 12 & 15 & 24 \\ 5 & 8 & 11 & 16 \end{pmatrix}$

3.18 $X = \begin{pmatrix} 0 & 6 & -2 \\ 1 & -2 & 0 \end{pmatrix}$

3.19 $(E - A)(E + A + A^2 + \ldots + A^{r-1})$
$= E(E + A^+ A^2 + \ldots + A^{r-1}) - A(E + A^+ A^2 + \ldots + A^{r-1})$
$= E + A^+ A^2 + \ldots + A^{r-1} - A - A^2 - \ldots - A^{r-1} - A^r$
$= E - A^r = E$, wenn $A^r = 0$.

3.20 Wegen $A^3 = O$ ist $r = 3$, und aus $AX = X + E_3$ folgt $(E_3 - A)(-X) = E_3$,
d. h. mit Aufgabe 8) $-X = E_3 + A + A^2$ bzw. $X = -(E_3 + A + A^2)$.
Man erhält $X = \begin{pmatrix} -1 & -2 & 1 \\ 0 & -1 & 1 \\ 0 & 0 & -1 \end{pmatrix}$.

3.21 rang $A = 4$, rang $B = 1$, rang $C = 2$

3.22 **a)** rang $D = n$
b) rang D ist gleich der Anzahl der Diagonalelemente d_{ii}, die nicht Null sind; $i = 1, \ldots, n$.

3.23 rang $A = 3$, rang $B = 3$, rang $C = 4$, rang $D = 2$

Determinanten, Gleichungssysteme

3.24 **a)** -14 **b)** -1 **c)** 1 **d)** $-\lambda^3 + 4\lambda^2 + 4\lambda + 5$ **e)** $1 + a^2 + b^2 + c^2$ **f)** $n!$ **g)** $n!$ **h)** -1487600

3.25 $a = 0$: für beliebiges $x \in \mathbb{R}$
$a \neq 0$: für $x = -a$.

3.26 $A^{-1} = \begin{pmatrix} 2 & -3 \\ -1 & 2 \end{pmatrix}$, $B^{-1} = \begin{pmatrix} 1.5 & -0.5 \\ -2 & 1 \end{pmatrix}$, $C^{-1} = \begin{pmatrix} -1 & 2.5 & -2 \\ 1 & -1 & 1 \\ -1 & 1.5 & -1 \end{pmatrix}$, D^{-1} existiert nicht.

3.27 **a)** $\begin{pmatrix} x_1 \\ x_2 \end{pmatrix} = \begin{pmatrix} 8/3 \\ 0 \end{pmatrix} + t \begin{pmatrix} -2/3 \\ 1 \end{pmatrix}$ **b)** $\begin{pmatrix} x_1 \\ x_2 \\ x_3 \\ x_4 \end{pmatrix} = \begin{pmatrix} -3 \\ 3 \\ 2 \\ 0 \end{pmatrix} + t \begin{pmatrix} -2 \\ 1 \\ -0.5 \\ 1 \end{pmatrix}$

c) keine reelle Lösung   **d)** $\begin{pmatrix} x_1 \\ x_2 \\ x_3 \\ x_4 \end{pmatrix} = \begin{pmatrix} 3 \\ -2 \\ 5 \\ 2 \end{pmatrix}$

e) $\lambda \neq 2$: Gleichungssystem hat keine Lösung

$\lambda = 2 : \begin{pmatrix} x_1 \\ x_2 \\ x_3 \\ x_4 \end{pmatrix} = \begin{pmatrix} 0 \\ 0 \\ 0 \\ 1 \end{pmatrix} + r \begin{pmatrix} 2 \\ 1 \\ 0 \\ 0 \end{pmatrix} + s \begin{pmatrix} -1 \\ 0 \\ 1 \\ 0 \end{pmatrix}$

f) $\begin{pmatrix} x_1 \\ x_2 \\ x_3 \end{pmatrix} = \begin{pmatrix} 1 \\ -1 \\ 0 \end{pmatrix} + t \begin{pmatrix} -3 \\ 4 \\ 1 \end{pmatrix}$ **g)** $\begin{pmatrix} x_1 \\ x_2 \\ x_3 \end{pmatrix} = \begin{pmatrix} -2.7b_1 + 0.7b_2 + 0.4b_3 \\ 4b_1 - b_2 \\ 2.6b_1 - 0.6b_2 - 0.2b_3 \end{pmatrix}$

h) für beliebiges $\lambda \in \mathbb{R} : (x_1, x_2, x_3)^\top = (0, 0, 0)^\top$ **i)** nicht lösbar

j) $\begin{pmatrix} x \\ y \\ z \\ u \\ v \\ w \end{pmatrix} = r \begin{pmatrix} -2 \\ -1 \\ 1 \\ -3 \\ 0 \\ 0 \end{pmatrix} + s \begin{pmatrix} -1 \\ -1 \\ 0 \\ -1 \\ 1 \\ 0 \end{pmatrix} + t \begin{pmatrix} 2 \\ 1 \\ 0 \\ 3 \\ 0 \\ 1 \end{pmatrix}$ **k)** $\begin{pmatrix} a \\ b \\ c \end{pmatrix} = \begin{pmatrix} 0.5 \\ 0.5 \\ 0.5 \end{pmatrix}$

3.28 a) für $a = -3/2$.

b) für $a = 3$. Lösung: $\begin{pmatrix} x_1 \\ x_2 \\ x_3 \end{pmatrix} = \begin{pmatrix} -0.5 \\ 1 \\ 0 \end{pmatrix} + t \begin{pmatrix} 0.5 \\ -2 \\ 1 \end{pmatrix}$

c) für $a \neq 3$, Lösung: $\begin{pmatrix} x_1 \\ x_2 \\ x_3 \end{pmatrix} = \begin{pmatrix} -7/(2(2a+3)) \\ 5/(2a+3) \\ 2/(2a+3) \end{pmatrix}$

3.29 nein

3.30 a) $\begin{pmatrix} t_1 \\ t_2 \\ t_3 \end{pmatrix} = \begin{pmatrix} 20 \\ 52.5 \\ 0 \end{pmatrix} + t \begin{pmatrix} 0 \\ -1.25 \\ 1 \end{pmatrix}, \; t = 2 + 4n, \; n = 0, 1, 2, \ldots, 10.$

b) $\begin{pmatrix} t_1 \\ t_2 \\ t_3 \end{pmatrix} = \begin{pmatrix} 20 \\ 40 \\ 10 \end{pmatrix} \; (n = 2)$

3.31 a) $A_x \approx 68.89$ kN, $A_z \approx -14.69$ kN, $B_x \approx 111.02$ kN, $B_z \approx 254.69$ kN
b) $A_x = 87$ kN, $A_z = -78$ kN, $B_x = 93$ kN, $B_z = 258$ kN

3.32 vorzeichenbehaftete Beträge der Stabkräfte :
$S_{CD} = 0$ $S_{BD} = (f_1 - f_2 \cot\alpha)/2$ $S_{BC} = (-f_1/\cos\alpha + f_2/\sin\alpha)/2$
$S_{AD} = = (f_1 - f_2 \cot\alpha)/2$ $S_{AC} = (f_1/\cos\alpha + f_2 \sin\alpha)/2$ $B_z = (f_1 \tan\alpha - f_2)/2$
$A_z = (-f_1 \tan\alpha - f_2)/2$ $A_x = f_1$

3.33 b_1, b_2, b_3, b_4 - Stückzahlen der Betonfertigteile B_1, B_2, B_3, B_4.

$\begin{pmatrix} b_1 \\ b_2 \\ b_3 \\ b_4 \end{pmatrix} = \begin{pmatrix} 40 \\ 120 \\ 0 \\ 300 \end{pmatrix} + n \begin{pmatrix} -4 \\ 1 \\ 20 \\ 0 \end{pmatrix}, \; n = 0, \ldots, 10.$

3.34 Der erste LKW fährt acht Mal, der zweite fünf Mal und der dritte acht Mal hin und zurück. Die Kraftstoffkosten belaufen sich auf 19 EURO.

3.35 a) $A(s/2, 0, 0)$, $B(-s/2, 0, 0)$, $C(0, 0, s/2)$, $D\left(0, \sqrt{6}s/3, \sqrt{3}s/6\right)$
  b) $\vec{DA} = \left(s/2, -\sqrt{6}s/3, -\sqrt{3}s/6\right)^\top$, $\vec{DB} = \left(-s/2, -\sqrt{6}s/3, -\sqrt{3}s/6\right)^\top$, $\vec{DC} = \left(0, -\sqrt{6}s/3, \sqrt{3}s/3\right)^\top$
  c) $S_{DA} = -(F/6)\left(\sqrt{3}, -2\sqrt{2}, -1\right)^\top$, $S_{DB} = -(F/6)\left(-\sqrt{3}, -2\sqrt{2}, -1\right)^\top$, $S_{DC} = (2F/3)\left(0, -\sqrt{2}, 1\right)^\top$

3.36 Der Bauherr muss 6.6 t der Mischung M_1, 3.6 t der Mischung M_2 und 1.8 t der Mischung M_3 für 12 t der eigenen Mischung verwenden.

3.37 a, b, c, d - Anzahl der Fahrten des ersten, zweiten, dritten, vierten LKW's.
$$\begin{pmatrix} a \\ b \\ c \\ d \end{pmatrix} = \begin{pmatrix} 21 \\ -48 \\ 69 \\ 0 \end{pmatrix} + t \begin{pmatrix} -1 \\ 3 \\ -3 \\ 1 \end{pmatrix}, \quad t = 16, 17, \ldots, 21.$$

3.38 Der 4 m³-LKW muss 10 Mal fahren, der 5 m³-LKW 8 Mal, der 6 m³-LKW 16 Mal und der 7 m³-LKW 18 Mal.

3.39 x_1, x_2, x_3 - Stückzahlen der Einzelteile vom Typ 1, 2, 3.
Erste Möglichkeit: $x_1 = 74$, $x_2 = 23$, $x_3 = 4$. Zweite Möglichkeit: $x_1 = 30$, $x_2 = 50$, $x_3 = 20$

3.40 $z \in \left(\dfrac{Al}{A+B+C}, \dfrac{Al}{AC}\right)$, $y = \dfrac{Al - (A+C)z}{B}$, $x = l - z$.

Kapitel 4

Vektoren, Projektionen, Skalarprodukt

4.1 $\vec{AB}_{e^1} = \begin{pmatrix} -5 \\ 0 \end{pmatrix}$, $\vec{AB}_{e^2} = \begin{pmatrix} 0 \\ -3 \end{pmatrix}$

4.2 $|\vec{AB}| = 5$, $\angle(\vec{AB}, e^1) = \arccos 0.8$, $\angle(\vec{AB}, e^2) = \arccos(-0.6)$

4.3 $\vec{AB}_{\vec{CD}} = -\dfrac{7}{29}\begin{pmatrix} 5 \\ 2 \end{pmatrix}$

4.4 $(7, 3)^\top$

4.5 $(2, -2)^\top$

4.6 $(7, -3)^\top$

4.7 Mittelpunkt: $(0.5, 6.5)$ Radius: $r = \dfrac{1}{2}\sqrt{130} \approx 5.7$

4.8 $|\overline{AB}| = \sqrt{13} \approx 3.60555$, $|\overline{BC}| = \sqrt{41} \approx 6.40312$, $|\overline{AC}| = \sqrt{58} \approx 7.61577$,
Fläche: $A \approx 11.499996$

4.9 $F_{\text{res}} = 10^4 \begin{pmatrix} -5 \\ -1 \\ 24 \end{pmatrix}$ (in N), $|F_{\text{res}}| \approx 24.5356 \cdot 10^4$ N

4.10 $F_1 = F\dfrac{\sin(\alpha+\beta)}{\sin\beta}\begin{pmatrix} \sin(\alpha+\beta) \\ \cos(\alpha+\beta) \end{pmatrix} \approx \begin{pmatrix} -2458.84 \\ -4258.85 \end{pmatrix}$ (in N), $|F_1| = F\dfrac{\sin(\alpha+\beta)}{\sin\beta} \approx 4917.69$ N

$F_2 = F\dfrac{\sin\alpha}{\sin\beta}\begin{pmatrix} -\sin\alpha \\ -\cos\alpha \end{pmatrix} \approx \begin{pmatrix} 2458.84 \\ 2458.84 \end{pmatrix}$ (in N), $|F_2| = F\dfrac{\sin\alpha}{\sin\beta} \approx 3477.33$ N

4.11 11 Nm

Vektorprodukt, Spatprodukt, Analytische Geometrie der Ebene

4.12 $14\sqrt{3}$

4.13 $M = (-0.24, -0.16, -0.48)^\top$, $|M| \approx 0.56$

4.14 $V = 51$

4.15 $V = 14$

4.16 $AC : \overrightarrow{OX} = \lambda \begin{pmatrix} 1 \\ 1 \end{pmatrix}$, $0 \leq \lambda \leq 1$

$BD : \overrightarrow{OX} = \begin{pmatrix} 1 \\ 0 \end{pmatrix} + \lambda \begin{pmatrix} -1 \\ 1 \end{pmatrix}$, $0 \leq \lambda \leq 1$

4.17 $P(5, 7)$

4.18 $2x + 3y - 1 = 0$

4.19 Parameterform: $\overrightarrow{OX} = \begin{pmatrix} 2 \\ -3 \end{pmatrix} + \lambda \begin{pmatrix} 2 \\ -1 \end{pmatrix}$, $\lambda \in \mathbb{R}$

allg. Form: $x + 2y + 4 = 0$

4.20 $4x + y - 6 = 0$, $3x + 2y - 7 = 0$

4.21 $3\sqrt{13}/26$

Kurven zweiter Ordnung

4.22 a) $\dfrac{(x-1)^2}{3^2} + \dfrac{(y-2)^2}{2^2} = 1$, Ellipse, $M(1, 2)$, Halbachsen 3 und 2

b) $\dfrac{(x+2)^2}{1^2} + \dfrac{(y+1)^2}{2^2} = 1$, Ellipse $M(-2, -1)$, Halbachsen 1 und 2

c) $(x+4)^2 - 4(y+0.5)^2 = 0$, zwei Geraden mit dem Schnittpunkt $(-4, -0.5)$:

$\dfrac{x}{-3} + \dfrac{y}{1.5} = 1, \quad \dfrac{x}{-5} + \dfrac{y}{-2.5} = 1$

d) $\dfrac{(x+4)^2}{2^2} - \dfrac{(y+0.5)^2}{1^2} = 1$, Hyperbel, $M(-4, -0.5)$, Halbachsen 2 und 1

e) $(y-3)^2 = -2(x-1)$, Parabel, $S(1, 3)$, $p = -1$
f) $(x-2)^2 = 3(y+1)$, Parabel, $S(2, -1)$, $p = 1.5$

4.23 $T_1(3.8, 2.6)$, $T_2(3, 1)$

$t_1 : 3y + 4x - 23 = 0$, $t_2 : y = 1$

4.24 $\left(\dfrac{9 - \sqrt{17}}{16}, \dfrac{-1 + \sqrt{17}}{4} \right)$, $\left(\dfrac{9 + \sqrt{17}}{16}, \dfrac{-1 - \sqrt{17}}{4} \right)$

4.25 $(-\sqrt{10}, 3)$, $(\sqrt{10}, 3)$, $(-\sqrt{2}, -1)$, $(\sqrt{2}, 1)$

4.26 Parabel: $x^2 = 12y$, Fläche: $72\sqrt{2} \approx 101.82$

Lösungen

4.27 $-4x + 3y - 25 = 0$

4.28 $a \approx 1.202$ m, $b \approx 2.404$ m

4.29 a) Kreis $x^2 + (y + 715)^2 = 725^2$, Parabel $y = -\dfrac{1}{1440}x^2 + 10$
  b) Parabel: (80, 5.5555)   (−80, 5.5555)
     Kreis: (80, 5.5726)   (−80, 5.5726)
  c) Steigung Parabel: $y'(120) \approx -0.1666$ $y'(-120) \approx 0.1666$
     Steigung Kreis: $y'(120) \approx -0.1678$ $y'(-120) \approx 0.1678$

4.30 $\Delta h \approx 0.9735$ m

4.31 a) In einer Entfernung von 20 m trifft der Wasserstrahl das horizontale Gelände.
  b) Der Wasserstrahl trifft die Fassade etwa im Punkt $P(5.60, 3.43)$.

Analytische Geometrie des Raumes

4.32 $2x - y + 3z - 1 = 0$

4.33 $4x - 2y + 3z - 3 = 0$

4.34 $4x - 3y + z - 17 = 0$

4.35 $x + 4y + 2z - 2 = 0$

4.36 $45°$

4.37 $8x - y + 5z - 7 = 0$

4.38 $\overrightarrow{OX} = \begin{pmatrix} -1 \\ 2 \\ 3 \end{pmatrix} + \lambda \begin{pmatrix} 3 \\ 4 \\ -5 \end{pmatrix}$

4.39 $\arccos(\sqrt{3}/3) \approx 54.73°$

4.40 $(28/3, 10/3, -8/3)$

4.41 nein

4.42 $\overrightarrow{OX} = \begin{pmatrix} 0 \\ 0 \\ 1 \end{pmatrix} + \lambda \begin{pmatrix} 1 \\ -1 \\ 0 \end{pmatrix}$

4.43 a) $S_{(x,y)} = (0.5, 1, 0)$, $S_{(y,z)} = (0, 1, 1)$, kein Spurpunkt mit (x, z)-Ebene
  b) $\overrightarrow{OX} = \begin{pmatrix} 1 \\ 1 \\ -1 \end{pmatrix} + \lambda \begin{pmatrix} s \\ t \\ s - 2t \end{pmatrix}$, $s \in \mathbb{R}$, $t \in \mathbb{R}$, $s^2 + t^2 \neq 0$.
  c) $y = 1$

4.44 Lot: $\overrightarrow{OX} = \begin{pmatrix} 5 \\ -2 \\ 8 \end{pmatrix} + \lambda \begin{pmatrix} 3 \\ -4 \\ 5 \end{pmatrix}$, Fußpunkt: $(-1, 6, -2)$

4.45 $34/\sqrt{29} \approx 6.3136$

4.46 $z = 10$

4.47 Neigungswinkel: ca. $14.96°$

4.48 a) 32 **b)** 12 **c)** Lotfußpunkt $(2.\overline{4}, 1.\overline{5}, 1.\overline{7})$, Länge des Lotes $5.\overline{3}$
 d) $F_{AD} = (-1/3, 0, -2/3)^\top$, $|F_{AD}| = \sqrt{5}/3 \approx 0.745355$

4.49 a) $F \approx (3, 6.5, 13.37)^\top$ [m] **b)** $A_{ACF} \approx 1.06$ [m²]

Kapitel 5

Folgen, Grenzwerte von Folgen

5.1

Folge	Beschränktheit	Monotonie
$\{(-1)^n\}$	$-1 \leq a_n \leq 1$	nein
$\{n^2 - n\}$	$0 \leq a_n$ (nach oben unbeschränkt)	streng monoton steigend
$\{2^n\}$	$1 \leq a_n$ (nach oben unbeschränkt)	streng monoton steigend
$\left\{\dfrac{1}{2n}\right\}$	$0 \leq a_n \leq \dfrac{1}{2}$	streng monoton fallend

5.2 streng monoton steigend, $-1 \leq a_n < 2/3$.

$a_5 = \dfrac{3}{17}$, $a_{10} = \dfrac{13}{32}$, $a_{50} = \dfrac{93}{152}$, $a_{100} = \dfrac{193}{302}$, $a_{500} = \dfrac{993}{1502}$, $\lim\limits_{n \to \infty} \dfrac{2n-7}{3n+2} = \dfrac{2}{3}$

$N(1) = 3$, $N(0.1) = 28$, $N(0.01) = 278$, $N(0.001) = 2778$

5.3 a) streng monoton fallend, $0.5 < a_n \leq 1.5$
 b) streng monoton steigend, $1 \leq a_n$, nach oben unbeschränkt

5.4 $\lim\limits_{n \to \infty} \left(1 + \dfrac{1}{3n}\right)^n = \sqrt[3]{\lim\limits_{n \to \infty} \left(1 + \dfrac{1}{3n}\right)^{3n}} = \sqrt[3]{e}$.

5.5 a) 1.5 **b)** 0 **c)** $(8/3)^3$ **d)** -2 **e)** 0

5.6 a) $\lim\limits_{n \to \infty} (\sqrt{9n^4 + 3} - 3n^2) = \lim\limits_{n \to \infty} \dfrac{3}{\sqrt{9n^4 + 3} + 3n^2} = 0$ (Erweitern mit $\sqrt{9n^4 + 3} + 3n^2$)

 b) $\lim\limits_{n \to \infty} \dfrac{n^4 + 1}{8n^3 + 2} = \lim\limits_{n \to \infty} \dfrac{n + 1/n^3}{8 + 2/n^3} = \infty$ ($\left\{\dfrac{1}{n^3}\right\}$ und $\left\{\dfrac{2}{n^3}\right\}$ sind Nullfolgen)

 c) $\lim\limits_{n \to \infty} \dfrac{1}{n^p} = \lim\limits_{n \to \infty} \left(\dfrac{1}{n} \cdot \dfrac{1}{n} \cdot \dfrac{1}{n} \cdots \dfrac{1}{n}\right) = 0$ (Produkt aus p Nullfolgen)

 d) $\lim\limits_{n \to \infty} \dfrac{n!}{n^n} = \lim\limits_{n \to \infty} \left(\dfrac{1}{n} \cdot \dfrac{2}{n} \cdot \dfrac{3}{n} \cdots \dfrac{n-1}{n} \cdot \dfrac{n}{n}\right) = 0$ (Vergleichskriterium: $0 < \dfrac{n!}{n^n} \leq \dfrac{1}{n}$)

Grenzwerte von Funktionen, Stetigkeit

5.7 a) $1/3$ **b)** 0 **c)** ∞ **d)** -8 **e)** $e^{-0.5}$ **f)** n **g)** 0

5.8 a) 4   **b)** 1/2   **c)** 1   **d)** 0   **e)** 3/2   **f)** 0   **g)** 0

5.9 a) Sprung an der Stelle $x = 0$: $\lim\limits_{x\to 0+0}\left(2 - \frac{|x|}{x}\right) = 1$, $\lim\limits_{x\to 0-0}\left(2 - \frac{|x|}{x}\right) = 3$

b) hebbare rechtsseitige Unstetigkeit an der Stelle $x = 0$: $\lim\limits_{x\to 0+0}\left(1 + \frac{1}{x}\right)^x = 1$

nicht hebbare Unstetigkeit an der Stelle $x = -1$:

$x \to -1 + 0$: Funktion ist nicht definiert für $-1 \leq x \leq 0$, $\lim\limits_{x\to -1-0}\left(1 + \frac{1}{x}\right)^x = -\infty$

c) Lücke an der Stelle $x = 0$: $\lim\limits_{x\to 0} e^{-\frac{1}{x^2}} = 0$

d) nicht hebbare Unstetigkeit an der Stelle $x = 2$, denn $y(2) = 0$ und $\lim\limits_{x\to 2}\frac{1}{2^{x-2}} = 1$

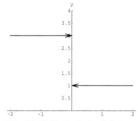
Abb. 10.15 Zu Aufgabe 5.9 a)

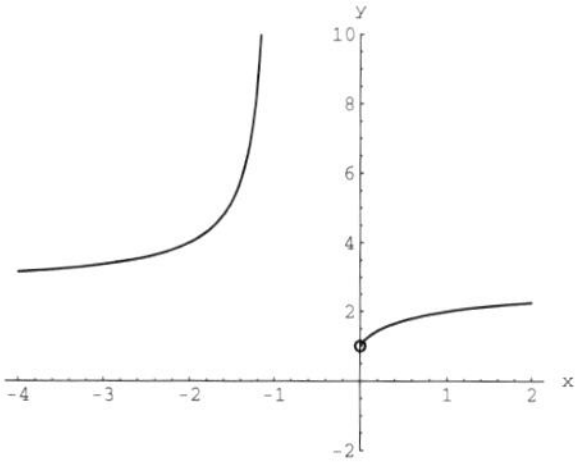

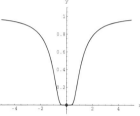
Abb. 10.16 Zu Aufgabe 5.9 b)

Abb. 10.17 Zu Aufgabe 5.9 c)

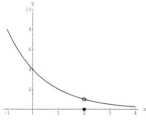
Abb. 10.18 Zu Aufgabe 5.9 d)

5.10 a) $\lim\limits_{x\to\infty} \arctan x = \pi/2$ **b)** $\lim\limits_{x\to\infty} \cot^{-1} x$ existiert nicht

c) $\lim\limits_{x\to\pm\infty} \tanh x = \pm 1$ **d)** $\lim\limits_{x\to 0\pm 0} \tanh^{-1} x = \pm 1$

Kapitel 6

Ableitungen, Anwendungen

6.1 a) $\left(\frac{1}{x}\right)'\bigg|_{x=10} = \lim\limits_{x\to 10}\frac{\frac{1}{x} - \frac{1}{10}}{x - 10} = \lim\limits_{x\to 10}\frac{10 - x}{10x}\frac{1}{x - 10} = -\frac{1}{100}$

b) $\left(x^2\right)'\bigg|_{x=8} = \lim\limits_{x\to 8}\frac{x^2 - 8^2}{x - 8} = \lim\limits_{x\to 8}(x + 8) = 16$

6.2 **a)** $15(5x-4)^2$ **b)** $\dfrac{-x^2+2x-4}{(1-x)^2}$ **c)** $\dfrac{x^{2.5}(7+3x^2)}{2(1+x^2)^2}$

d) $\dfrac{10}{3}x^{-1/3} - \dfrac{15}{2}x^{1.5} - 2x^{-2}$ **e)** $\dfrac{1}{1-\sin t}$ **f)** $-\sqrt{\dfrac{1+x}{1-x}}\,\dfrac{1}{(1+x)^2}$

g) $-\dfrac{1}{x^2} - \dfrac{2}{x^3} - \dfrac{3}{x^4} - \ldots - \dfrac{n}{x^{n+1}}$ **h)** $-15(1-x^3)^4 x^2$ **i)** $\omega \cot \omega t$

j) $7x^6 - 10x^4 + 3x^2$ **k)** $(4x-3)\cos(2x^2 - 3x + 1)$ **l)** $\omega \sin(2\omega t)$

m) $\dfrac{\sqrt{2}p}{4\sqrt{pt}\sqrt{1+\sqrt{2pt}}}$ **n)** $e^{\cos x}(\cos x - \sin^2)x$ **o)** $3\cos(3u)\cdot \ln 2 \cdot 2^{\sin 3u}$

p) $-2\dfrac{\cos^2 x}{\sin^3 x}$ **q)** $x>0:\ 0,\ x<0: -\dfrac{4}{1+x^2}$

r) $|x|<1:\ \dfrac{2}{1+x^2},\ |x|>1:\ -\dfrac{2}{1+x^2}$

6.3 a) $2e^4$ **b)** $1/12$

6.4 a) $y(x) = a^x \ln^n a$ **b)** $y(x) = (-1)^{n-1}(n-1)!\,x^{-n}$

6.5 dreimal

6.6 a)
$\begin{aligned} f'(x) &= 12x^3 + 6x^2 + 2x \\ f''(x) &= 36x^2 + 12x + 2 \\ f'''(x) &= 72x + 12 \\ f^{IV}(x) &= 72 \end{aligned}$
b)
$\begin{aligned} f'(x) &= \cos x \\ f''(x) &= -\sin x \\ f'''(x) &= -\cos x \\ f^{IV}(x) &= \sin x \end{aligned}$
c)
$\begin{aligned} f'(x) &= -x^{-2} \\ f''(x) &= 2x^{-3} \\ f'''(x) &= -6x^{-4} \\ f^{IV}(x) &= 24x^{-5} \end{aligned}$

d)
$\begin{aligned} f'(x) &= 3x^2 e^{x^3} \\ f''(x) &= 3e^{x^3} x(3x^3 + 2) \\ f'''(x) &= 3e^{x^3}(9x^6 + 18x^3 + 2) \\ f^{IV}(x) &= 9e^{x^3} x^2 (3x^3 + 10)(3x^3 + 2) \end{aligned}$

6.7 a) $\alpha = 0,\ y = 0$
b) $\alpha = 3\pi/4,\ y = -x + 1$

6.8 a) 1 **b)** 1/6 **c)** 0 **d)** 0 **e)** 1 **f)** 1 **g)** e^{-1} **h)** 1, $a,b>0$.

6.9 $1/3\,\%$

6.10 Der absolute Fehler beträgt ca. $0.00969\ \text{m}^2$. Der relative Fehler beträgt ca. $0.03\,\%$.

6.11 $f(1.02) = \sqrt[3]{1.02} \approx f(1) + f'(1)\Delta x = 1.00\overline{6}$

6.12 für $\pi^2 + 1$: mindestens zwei Stellen genau, π^π : mindestens drei Stellen genau

Lösungen

6.13 a)

DB:	$\{x \mid x \in \mathbb{R} \wedge -\infty < x < \infty\}$	
$x \to \pm\infty$	$\lim\limits_{x \to \pm\infty}(x^3 - x^2 - 2x) = \pm\infty$	
WB:	$\{y \mid y \in \mathbb{R} \wedge -\infty < y < \infty\}$	
Symmetrie:	nein	
Nullstellen:	$x_1 = 0, x_2 = -2, x_3 = -1$	
Polstellen:	keine	
Extrema:	$y\left(\dfrac{1+\sqrt{7}}{3}\right) = -\dfrac{14\sqrt{7}+20}{27} \approx -2.11$ lokales Minimum	
	$y\left(\dfrac{1-\sqrt{7}}{3}\right) = \dfrac{14\sqrt{7}-20}{27} \approx 0.63$ lokales Maximum	
Wendepunkte:	$y(1/3) = -20/27$	
Monotonie:	monoton steigend für $\left\{x \mid x \in R \wedge (x > \dfrac{1+\sqrt{7}}{3} \vee x < \dfrac{1-\sqrt{7}}{3}\right\}$	
	monoton fallend für $\left\{x \mid x \in R \wedge (\dfrac{1-\sqrt{7}}{3} < x < \dfrac{1+\sqrt{7}}{3}\right\}$	
Krümmung:	konvex für $\{x \mid x \in R \wedge x > 1/3\}$, konkav für $\{x \mid x \in R \wedge x < 1/3\}$	
Asymptoten:	entfällt	

b)

DB:	$\{x \mid x \in \mathbb{R} \wedge 1 < x < \infty\}$
$x \to \infty$:	$\lim\limits_{x \to \infty}(2x - x\ln(x-1)) = -\infty$
$x \to 1$:	$\lim\limits_{x \to 1}(2x - x\ln(x-1)) = \infty$
WB:	$\{y \mid y \in \mathbb{R} \wedge -\infty < y < \infty\}$
Symmetrie:	nein
Nullstellen:	$x = e^2 + 1$
Unstetigkeiten:	keine
Extrema:	keine
Wendepunkte:	$y(2) = 4$
Monotonie:	monoton fallend auf dem gesamten DB
Krümmung:	konvex für $\{x \mid x \in R \wedge 1 < x < 2\}$, konkav für $\{x \mid x \in R \wedge 2 < x < \infty\}$
Asymptoten:	$x = 1$

c)

DB:	$\{x \mid x \in \mathbb{R} \wedge 0 < x < \infty\}$
$x \to \infty$:	$\lim\limits_{x \to \infty} x\ln^2 x = \infty$
$x \to 0$:	$\lim\limits_{x \to 0+0} x\ln^2 x = 0$
WB:	$\{y \mid y \in \mathbb{R} \wedge 0 < y < \infty\}$
Symmetrie:	nein
Nullstellen:	$x_1 = 1$
Unstetigkeiten:	keine
Extrema:	$y(1) = 0$ lokales Minimum
	$y(e^{-2}) = 4e^{-2}$ lokales Maximum
Wendepunkte:	$y(e^{-1}) = e^{-1}$
Monotonie:	monoton steigend für $\{x \mid x \in R \wedge (1 < x < \infty \vee 0 < x < e^{-2})\}$
	monoton fallend für $\{x \mid x \in R \wedge e^{-2} < x < 1\}$
Krümmung:	konvex für $\{x \mid x \in R \wedge e^{-1} < x < \infty\}$, konkav für $\{x \mid x \in R \wedge 0 < x < e^{-1}\}$
Asymptoten:	keine

d) DB: $\{x | x \in \mathbb{R} \wedge -\infty < x < \infty \wedge x \neq 3\}$
$x \to \pm\infty$ $\lim_{x \to \pm\infty}(x^3 - x^2 - 2x) = \pm\infty$
WB: $\{y | y \in \mathbb{R} \wedge -\infty < y < \infty\}$
Symmetrie: nein
Nullstellen: $x_1 = 1, x_2 = -1$
Polstellen: $x = 3$, $\lim_{x \to 3 \pm 0} \dfrac{x^2 - 1}{x - 3} = \pm\infty$
Extrema: $y(3 + 2\sqrt{2}) = 6 + 4\sqrt{2}$ lokales Minimum
$y(3 - 2\sqrt{2}) = 6 - 4\sqrt{2}$ lokales Maximum
Wendepunkte: keine
Monotonie: monoton steigend für $\{x | x \in R \wedge (3 - 2\sqrt{2} < x < 3 \vee 3 < x < 3 + 2\sqrt{2})\}$
monoton fallend für $\{x | x \in R \wedge (-\infty < x < 3 - 2\sqrt{2} \vee 3 + 2\sqrt{2} < x < \infty)\}$
Krümmung: konvex für $\{x | x \in R \wedge 3 < x < \infty\}$, konkav für $\{x | x \in R \wedge -\infty < x < 3\}$
Asymptoten: $y = x + 3$

e) DB: $\{x | x \in \mathbb{R} \wedge -\infty < x < \infty \wedge x \neq -1 \wedge x \neq 3\}$
WB: $\{y | y \in \mathbb{R} \wedge -\infty < y < \infty\}$
Symmetrie: nein
Nullstellen: $x_1 = 1$
Polstellen: $x = -1$, $\lim_{x \to -1 \pm 0} \dfrac{2x - 2}{x^2 - 2x - 3} = \pm\infty$, $x = 3$, $\lim_{x \to 3 \pm 0} \dfrac{2x - 2}{x^2 - 2x - 3} = \pm\infty$
Extrema: keine
Wendepunkte: $y(1) = 0$
Monotonie: monoton fallend für $\{x | x \in R \wedge (-\infty < x < -1 \vee -1 < x < 1 \vee 3 < x < \infty)\}$
Krümmung: konvex für $\{x | x \in R \wedge (-1 < x < 1 \vee 3 < x < \infty)\}$,
konkav für $\{x | x \in R \wedge (-\infty < x < -1 \vee 1 < x < 3)\}$
$x \to \pm\infty$: $\lim_{x \to \pm\infty} \dfrac{2x - 2}{x^2 - 2x - 3} = 0$
Asymptoten: $y = 0$

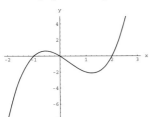

Abb. 10.19 Zu Aufgabe 6.13 a)

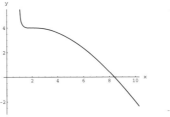

Abb. 10.20 Zu Aufgabe 6.13 b)

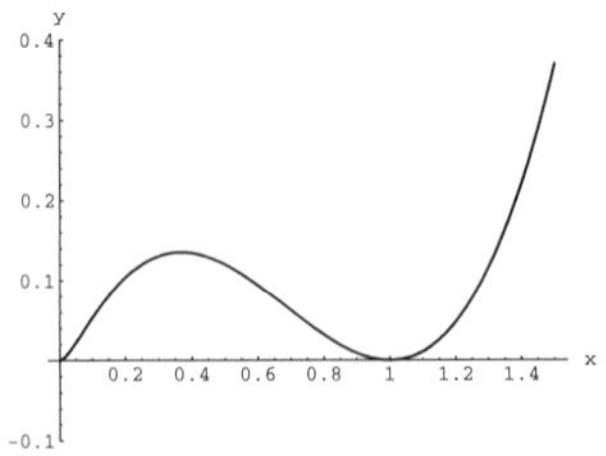

Abb. 10.21 Zu Aufgabe 6.13 c)

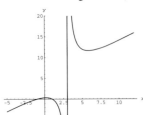

Abb. 10.22 Zu Aufgabe 6.13 d)

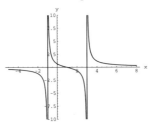

Abb. 10.23 Zu Aufgabe 6.13 e)

6.14 Die Gleichungen der Parabeln lauten $y_1(x) = x^2/75$ und $y_2(x) = 4 - (x - 30)^2/150$.

Extremwertaufgaben

6.15 Das gesuchte Rechteck ist ein Quadrat mit der Seitenlänge $U/4$.

6.16 Das in den Kreis mit dem Radius r einbeschriebene Dreieck maximalen Flächeninhaltes ist das gleichseitige. Seine Seitenlänge beträgt $\sqrt{3}r$.

6.17 Der Abstand wird minimal für den Punkt $\left(\dfrac{1+\sqrt{3}}{2}, \dfrac{2+\sqrt{3}}{2}\right)$ und maximal für den Punkt $\left(\dfrac{1-\sqrt{3}}{2}, \dfrac{2-\sqrt{3}}{2}\right)$.

6.18 Es müsste $b = 0.5a$ und $h = 0.5h_1$ gewählt werden.

6.19 Es muss in der Entfernung $x = a - \dfrac{k_1 b}{\sqrt{k_2^2 - k_1^2}}$ vom Punkt A auf der Straße geradlinig abgezweigt werden, damit die Baukosten möglichst gering bleiben.

6.20 Die Länge x ist 2 m lang zu wählen.

6.21 Die Seiten der Dachrinne sind unter einem Winkel von $60°$ bezüglich der Grundlinie anzubringen.

6.22 Die senkrechten Wände müssen einen Abstand von etwa 8.17 m voneinander haben, damit das Fassungsvermögen des Schuppens am größten wird.

6.23 Die Seitenlängen sind $a = \sqrt{3}d/3$ und $b = \sqrt{6}d/3$ zu wählen.

6.24 Der Flächeninhalt des Rechtecks beträgt $2ab$, die Koordinaten seiner Eckpunkte sind
$\left(\sqrt{2}a/2, \sqrt{2}b/2\right), \left(-\sqrt{2}a/2, \sqrt{2}b/2\right), \left(\sqrt{2}a/2, -\sqrt{2}b/2\right), \left(-\sqrt{2}a/2, -\sqrt{2}b/2\right)$.

6.25 Die Berührungspunkte sind $\left(\sqrt{3}r/2, r/2\right)$ und $\left(-\sqrt{3}r/2, r/2\right)$.

6.26 Die Aufteilung ist 1 440 000 EURO für den ersten und 2 560 000 EURO für den zweiten Betrieb.
Der zusätzliche Gewinn beträgt 0.05 EURO.

6.27 Nach drei Minuten ist die Entfernung des Autos minimal. Sie beträgt 2.5 km.

6.28 Die maximale Länge der Leiter beträgt 5.62 m.

6.29 Der kürzeste Balken ist etwa 6.62 m lang.

6.30 Folgende Punkte sind durch Gehwege zu verbinden:
$P_1(\sqrt{2}a, 0), P_2(0, \sqrt{2}b), P_3(-\sqrt{2}a, 0), P_4(0, -\sqrt{2}b)$. Es ist $\sqrt{2}a \approx 56.67$ m, $\sqrt{2}b \approx 28.28$ m.

6.31 a) Man wählt $l \approx 8.48$ m und $h \approx 5.66$ m.
b) Man muss ca. 36.33 % des Aushubquerschnittes wieder zumauern.

6.32 $a \approx 0.72$ m, $b \approx 0.72$ m, $h \approx 1.022$ m. Der Blechverbrauch pro 1 m Kanallänge beträgt etwa 3.91 m^2.

6.33 $y(x) = \left(\dfrac{h}{l} - \dfrac{(\sqrt{a}+\sqrt{b})^2}{l}\right)x + \dfrac{(\sqrt{a}+\sqrt{b})^2}{l^2}x^2, f = \dfrac{(\sqrt{a}+\sqrt{b})^2}{4}$

6.34 $M(0.05275\,l) \approx 0.188\,q_0 l^2$

Taylorpolynome

6.35 a) $\sin x \approx P_3(x) = x - \frac{1}{6}x^3$ b) $\cos x \approx P_3(x) = 1 - \frac{1}{2}x^2$

c) $\ln(x+1) \approx P_3(x) = x - \frac{1}{2}x^2 + \frac{1}{3}x^3$

6.36 a) $\sqrt{1-x} \quad = \quad 1 - \frac{1}{2}x - \frac{1}{8}x^2 - \frac{1}{16}x^3 + R_3(x)$

$R_3(x) \quad = \quad -\frac{15}{4! \cdot 16 \cdot (1-\xi)^{7/2}}x^4, \ \xi \in [0, x]$

$\sqrt{0.9} \quad \approx \quad 1 - 0.05 - 0.00125 - 0.0000625 = 0.9486875, \ \sqrt{0.9} = 0.9486833\ldots$

$|R_3(0.1)| \quad \leq \quad \frac{15}{4! \cdot 16 \cdot 10^4 \cdot 0.9^{7/2}} < 0.000006$

b) $e^{-x} \quad = \quad 1 - x + \frac{1}{2}x^2 - \frac{1}{6}x^3 + R_3(x)$

$R_3(x) \quad = \quad \frac{e^{-\xi}}{4!}x^4, \ \xi \in [0, x]$

$e^{-1} \quad \approx \quad 1 - 1 + \frac{1}{2} - \frac{1}{6} = 0.\overline{3}, \ e^{-1} = 0.3678794\ldots$

$|R_3(1)| \quad \leq \quad \frac{1}{4!} \approx 0.041666$

6.37 Taylorpolynom für $f(x)$ an der Stelle $x_0 = 1$

$f(x) \quad = \quad 274 + 429(x-1) + 228(x-1)^2 + 13(x-1)^3 + 3(x-1)^4$

$f(1.01) \quad = \quad 274 + 429 \cdot 0.01 + 228 \cdot 0.0001 + 13 \cdot 0.000001 + 3 \cdot 0.00000001 = 278.31281303$

6.38 $\sqrt[3]{1+x} \quad \approx \quad 1 + \frac{1}{3}x - \frac{1}{9}x^2$

$\sqrt[3]{1.5} \quad \approx \quad 1.13\overline{8}, \ f(0.5) = 1.1447142\ldots$

$R_2(x) \quad = \quad \frac{4}{27}(1+\xi)^{-\frac{7}{3}}x^3, \ \xi \in [0, x]$

$|R_2(0.5)| \quad \leq \quad \frac{4}{27}\left(\frac{1}{2}\right)^3 \approx 0.0185185$

6.39 $e^{\cos x} \quad = \quad e - \frac{e}{2}x^2 + R_4(x)$

$R_4(x) \quad = \quad \frac{e^{\cos \xi}}{4!}(\cos \xi - 4\sin \xi + 3\cos^2 \xi - 6\cos \xi \sin^2 \xi + \sin^4 \xi)x^4, \ \xi \in [0, x]$

$|R_4(x)| \quad \leq \quad \frac{e \cdot \pi^4}{4! \cdot 6^4}\left(1 + 3 + 4 \cdot \left(\frac{1}{2}\right) + 6 \cdot \left(\frac{1}{2}\right)^2 + \left(\frac{1}{2}\right)^4\right) \approx 0.0643788, \ x \in \left[-\frac{\pi}{6}, \frac{\pi}{6}\right]$

6.40 $\sin x \quad = \quad x - \frac{x^3}{3!} + \frac{x^5}{5!} - \frac{x^7}{7!} + \cdots + R_k(x)$

$R_k(x) \quad = \quad \frac{w(\xi)}{(k+1)!}x^{k+1}, \ w(\xi) = \begin{cases} \sin \xi, & k = 4n \\ \cos \xi, & k = 4n+1 \\ -\sin \xi, & k = 4n+2 \\ -\cos \xi, & k = 4n+3 \end{cases}$

$|R_k(x)| \quad \leq \quad \frac{1}{(k+1)!} < 0.0001$ für $k = 7$

$\sin 1 \quad \approx \quad 0.8414682$ (Zerlegung bis zum 7. Glied), $\sin 1 = 0.8414709\ldots$

Kapitel 7

Stammfunktion, unbestimmte und bestimmte Integrale

7.1 a) $F'(x) = -\dfrac{2x^2}{1+x^2+\sin^2 x}$ b) $F'(x) = \displaystyle\int_7^x \dfrac{dt}{1+t^2+\sin^2 t}$

7.2 a) $x > 1$, d.h. $F(x) = \ln(x + \sqrt{x^2-1})$ und $F'(x) = \dfrac{1}{\sqrt{x^2-1}}$.

  b) $x < -1$, d.h. $F(x) = \ln(-(x + \sqrt{x^2-1}))$ und $F'(x) = \dfrac{1}{\sqrt{x^2-1}}$.

  c) $G(x) = \ln(\pi \cdot |x + \sqrt{x^2-1}|) = \ln\pi + \ln|x + \sqrt{x^2-1}| = \ln\pi + F(x)$, d.h.

  $G'(x) = F'(x) = \dfrac{1}{\sqrt{x^2-1}}$, $|x| > 1$.

7.3 $F(x) = -3\cos x + \dfrac{1}{3}x^6$

7.4 a) $-\dfrac{1}{x}$ b) $\dfrac{2}{3}x^{3/2}$ c) $2\sqrt{x}$.

7.5 a) $5\ln|x| + C$ b) $\dfrac{\sin x}{2} + C$ c) $-\dfrac{1}{nt^n} + C$ d) $\dfrac{15}{4}e^x + C$ e) $-\dfrac{1}{2x} + C$ f) $\dfrac{15}{\ln 10}\ln|x| + C$

7.6 a) $\dfrac{12}{7}x^{1/3} + C$ b) $\dfrac{20}{21\sqrt[4]{3}}x^{3/4} + C$ c) $\dfrac{5}{6}\sqrt{x^3} - \dfrac{1}{3}x^3 + x^2 - x + C$

  d) $2\ln|x| + \dfrac{4}{x} + 3x + C$ e) $2e^x - \dfrac{10^x}{\ln 10} + C$ f) $3t - e^t + C$

  g) $\tan x - x + C$ h) $t + C$ i) $\dfrac{1}{2}\arctan x + C$

  j) $2\left(\dfrac{1}{3}x^3 - x + \arctan x\right) + C$ k) $\dfrac{\sin\omega}{\cos^2 t} + C$ l) $\tan x + x + C$

7.7 a) 4 b) -15 c) $\dfrac{7}{3}a$ d) $\dfrac{3}{2}b^2$ e) 0 f) 8

  g) $\dfrac{100}{3}$ h) $-\dfrac{45}{64}$ i) $-\dfrac{7}{8}$ j) $\dfrac{13}{324}$ k) $\dfrac{3}{2}(2\sqrt[3]{2} - 1)$ l) $25 - \dfrac{15}{2}\sqrt[3]{5}$

7.8 a) $\dfrac{1}{2}\ln|x^2 - 8| + C$ b) $\ln\ln 5$ c) $\ln|\sin x| + C$.

7.9 a) $\sin x - x\cos x + C$ b) $\dfrac{\pi}{4}$ c) $\dfrac{1}{2}e^x(\sin x - \cos x)$ d) $\dfrac{\pi}{8}$ e) $x\ln^2 x - 2x\ln x + 2x + C$

  f) $\dfrac{1}{3}(-\cos x \sin^2 x - 2\cos x) + C$ g) $x\ln(x^2+1) - 2x + \arctan x + C$ h) $\dfrac{1}{4}\left(-\cos x \sin^3 x + \dfrac{3}{2}x - \dfrac{3}{4}\sin 2x\right) + C$

7.10 a) $-\frac{1}{3}\cos^3 x + C$ **b)** $\frac{e^{at^{n+1}}}{a(n+1)} + C$ **c)** $\frac{(ax+b)^{n+1}}{a(n+1)} + C$ **d)** $\frac{1}{2}\sin\Theta^2 + C$

e) $\ln(x^2+1) + C$ **f)** $\frac{1}{3}\sin^3 x + C$ **g)** $\frac{1}{3}(a^2+x^2)^{3/2} + C$ **h)** $\frac{1}{2}\ln(3+2x) + C$

i) $\frac{2}{5}(x+6)^{5/2} - 4(x+6)^{3/2} + C$ **j)** $-\frac{6}{\pi}\cos\frac{\pi}{6}x + C$

7.11 a) $\frac{1}{44}(4x-9)^{11} + C$ **b)** $-\frac{1}{3}e^{-3x} + C$ **c)** $-\frac{1}{8}(5-6x)^{4/3} + C$ **d)** $-2\cos\frac{x}{2} + C$

e) $\frac{1}{144}(9x-7)^{16} + C$ **f)** $-\frac{1}{3}(3-2x)^{3/2} + C$ **g)** $-\frac{2}{3}(1-x)^{3/2} + C$ **h)** $\frac{1}{2}\tan(6x-1) + C$

i) $\frac{1}{3}\arcsin 3x + C$ **j)** $2\pi\cot(3-2x) + C$ **k)** $-\frac{1}{\sqrt{2x-1}} + C$ **l)** $\sqrt{\frac{2h}{g}} + C$

7.12 a) $\frac{1}{2}\ln(x^2+4x) + C$ **b)** $\frac{1}{4}\left(-\cos x \sin^3 x + \frac{3}{2}x - \frac{3}{4}\sin 2x\right) + C$ **c)** $-\frac{\sqrt{m-x^2}}{mx} + C$

d) $-\frac{1}{2}\cos x^2 + C$ **e)** $\frac{1}{4}(2x-4)\sqrt{x^2-4x-12} - 8\ln(x-2+\sqrt{x^2-4x-12}) + C$

f) $\tan\frac{x}{2} + C$ **g)** $-2\cos\sqrt{x} + C$ **h)** $\frac{1}{4}\ln\left|\frac{x-2}{x+2}\right| + C$

i) $\frac{2}{27}((x+9)^{3/2} + x^{3/2}) + C$ **j)** $\frac{\pi}{2}$ **k)** $2(1-\frac{\pi}{4})$

l) $\sqrt{e}(\sqrt{e}-1) + C$ **m)** $1 + \frac{1}{2\ln 10}$ **n)** $\ln 5 - 2\ln 2$

o) $\ln(e+\sqrt{e^2+1}) - \ln(\sqrt{2}+1)$ **p)** $32/3$

Fläche, Bogenlänge, Rotationskörper

7.13 a) 1 **b)** 9 **c)** 0 **d)** $8\frac{1}{6}$

7.14 a) $5\frac{1}{16}$ **b)** $40\frac{1}{2}$ **c)** $2\frac{14}{15}$ **d)** $\frac{8}{3}$

7.15 a) $\frac{9}{2}$ **b)** $20\frac{5}{6}$ **c)** $20\frac{5}{6}$ **d)** $20\frac{5}{6}$ **e)** $7\frac{1}{3}$ **f)** $140\frac{5}{8}$ **g)** $20\frac{5}{6}$ **h)** $\frac{16}{3}$ **i)** $\frac{1}{4}$

j) $\frac{3}{2}(1-e^{-\frac{2}{3}}) - \frac{2}{9\ln 3} \approx 0.52759$ **k)** $\frac{3}{4} - \frac{1}{2}(\ln 2)^2 - \frac{1}{2}\ln 2 \approx 0.163199$

7.16 $y = 1$

7.17 $a = 4$

7.18 $x = \sqrt[3]{30}, x = -\sqrt[3]{30}$

7.19 $F = 1/3$

7.20 $c = 1$

7.21 πab

7.22 $3\pi a^2$

7.23 Die Pfeilhöhe des Gewölbes beträgt 6 m.

7.24 $A = 7.862 \text{ m}^2$

7.25 a) $\ln \sqrt{3}$ b) $\ln 2 + \dfrac{27}{20}$ c) $8a$ d) $a\dfrac{\sqrt{1+k^2}}{k}\left(e^{k\pi/2} - 1\right)$

7.26 $\dfrac{3}{4} + \dfrac{1}{4}\left(\sqrt{2} + \ln(1+\sqrt{2})\right) \approx 1.3239$

7.27 $l = 97.47$ m

7.28 $F = 8.765, l = 9.764$

7.29 $s = 2\int\limits_0^b \sqrt{1 + \left(\dfrac{2f}{b^2}x\right)^2}\,dx \approx 2\int\limits_0^b \left(1 + \dfrac{1}{2}\left(\dfrac{2f}{b^2}x\right)^2\right)dx$

7.30 $32\pi a^3/105$

7.31 a) 16π b) $\dfrac{32}{5}\pi$ c) $(e-2)\pi$ d) π e) 2π f) $\dfrac{\pi}{4}(e^2 - 1)$

7.32 a) $\pi\left(1 + \dfrac{\pi}{2}\right)$ b) $\dfrac{14\pi}{3}$ c) ≈ 261.126 (nicht geschlossen integrierbar)

d) $\pi(e^2\sqrt{1+e^4} + \ln(e^2 + \sqrt{1+e^4}) - \sqrt{2} - \ln(1+\sqrt{2})) \approx 174.35$

7.33 $V_x = 190\pi$ dm^3, $O_x = \pi\left(30\sqrt{2} + \dfrac{20}{3}\pi\sqrt{6}\right) \approx 294.45645$ dm^2

7.34 $V = \pi a^2(h_1 + h_2)\left(1 + \dfrac{h_1^2 - h_1 h_2 + h_2^2}{3b^2}\right)$

Physikalische Anwendungen

7.35 $S\left(\dfrac{\pi}{6}, \dfrac{\pi}{4}\right)$

7.36 $S\left(\dfrac{2r}{3(4-\pi)}, \dfrac{2r}{3(4-\pi)}\right)$

7.37 a) $S\left(\dfrac{3e^2 - 1}{2(e^2 - 1)}, 0, 0\right)$ b) $S\left(\dfrac{e^2 - 1}{4(e - 2)}, 0, 0\right)$ c) $S(5, 0, 0)$

7.38 $S\left(\dfrac{2(a^2 b - 2r^3)}{3(2ab - \pi r^2)}, \dfrac{2(b^2 a - 2r^3)}{3(2ab - \pi r^2)}\right)$, $S(1.204\,r, 0.75\,r)$

7.39 $M_x = \dfrac{2}{3}b^2 a$

7.40 a) $A = \dfrac{64}{15} \approx 4.2667$ b) $S\left(\dfrac{12}{7}, \dfrac{5}{8}\right)$ c) $V_x = \dfrac{16}{3}\pi$ d) $S\left(\dfrac{8}{5}, 0, 0\right)$

7.41 $I_x \approx 2.4256$

7.42 $a_1 = 0.3205$ m, Vollkörper $I_x \approx 8.333 \cdot 10^{-6}$ m^4 Hohlkörper $I_x \approx 1.627 \cdot 10^{-4}$ m^4

7.43 $I_x = \dfrac{4}{7}h^4$, $I_y = \dfrac{4}{15}h^4$

7.44 $I = \dfrac{r^4}{8}(2\varphi - \sin(2\varphi)) - \dfrac{r^4}{6}\cos\varphi\,\sin^3\varphi$

7.45 Das Trägheitsmoment des Ringes ist um 12.52 Mal größer als das Trägheitsmoment des Kreises.

7.46 $\dfrac{p_0 a h^2}{6}$, $p_0 = \rho g$ Proportionalitätsfaktor für die Abhängigkeit des Drucks $p(x)$ von der Wassertiefe x: $p(x) = p_0 x$

7.47 a) $v(t_1) = \dfrac{1}{2}kt_1^2 = 25$ m/s b) $s(t_1) = \dfrac{1}{6}kt_1^3 \approx 833.33$ m

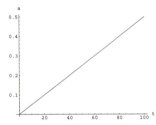
Abb. 10.24 Zu Aufgabe 7.47 c) $a(t)$

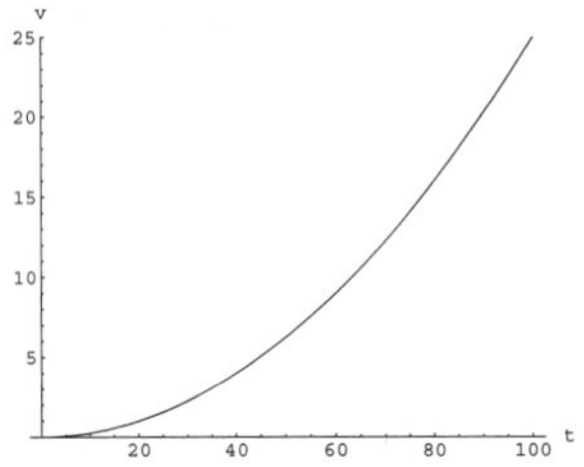

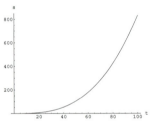
Abb. 10.25 Zu Aufgabe 7.47 c) $v(t)$

Abb. 10.26 Zu Aufgabe 7.47 c) $s(t)$

7.48 a) $\rho_H = \dfrac{2}{3}\rho_W$ b) $W = \dfrac{2}{9}\pi r^2 \rho_W g h^2$

7.49 a) $W = \dfrac{1}{2}SgH^2\dfrac{\rho_H^2}{\rho_W}$ b) $W = \dfrac{1}{2}SgH^2\dfrac{(\rho_W - \rho_H)^2}{\rho_W}$

7.50 $W = \dfrac{1}{2}\pi R^2 H^2 \rho_W g$

7.51 240π Nm

7.52 $Q(x) = -\left((q_2(x-l) + \dfrac{q_2 - q_1}{2l}(x-l)^2\right)$, $M(x) = -\left(\dfrac{q_2 - q_1}{6l}(x-l)^3 + \dfrac{q_2}{2}(x-l)^2\right)$

7.53 $F_A = \dfrac{q_0 l}{4}(e^{-2} + 1)$, $F_B = \dfrac{q_0 l}{4}(1 - 3e^{-2})$

7.54 $M_A = 5b^2 + \dfrac{20}{3}a^2 + \dfrac{15}{2}(l-b)^2 + 10b(l-b)$

7.55 $W = \dfrac{1}{6EI}\dfrac{F^2 a^2}{l}(l-a)^2$

Kapitel 8

Definition, Partielle Ableitungen, Gradient, Fehlerrechnung

8.1 a) $D_f = \{(x,y)|\ -\infty < x < \infty,\ -\infty < y < \infty\}$
b) $D_f = \{(x,y)|\ 0 \le x < \infty,\ y \in \mathbb{R}\setminus\{0\}\}$
c) $D_f = \{(x,y)|\ -\infty < x < \infty,\ 0 < y \le 1\}$

8.2 a) $D_f = \{(x,y)|\ -\infty < x < \infty,\ -\infty < y < \infty\}$ $\quad W_f = \{z|\ -\infty < z < \infty\}\quad$ Ebene
b) $D_f = \{(x,y)|\ -\infty < x < \infty,\ -\infty < y < \infty\}$ $\quad W_f = \{z|z \ge 0\}\quad$ Kreisparaboloid
c) $D_f = \{(x,y)|\ -\infty < x < \infty,\ -\infty < y < \infty\}$ $\quad W_f = \{z|z = c\}\quad$ Ebene im Abstand c zur (x,y)-Ebene
d) $D_f = \{(x,y)|\ -\infty < x < \infty,\ -\infty < y < \infty\}$ $\quad W_f = \{z|z \ge 0\}\quad$ Kreiskegel (oberer)
e) $D_f = \{(x,y)|\ -1 \le x \le 1,\ -\infty < y < \infty\}$ $\quad W_f = \{z|z \ge 0\}\quad$ oberer Halbkreiszylinder
f) $D_f = \{(x,y)|x^2 + y^2 \le 1\ \text{Kreisfläche}\}$ $\quad W_f = \{z|0 \le z \le 1\}\quad$ obere Halbkugel

8.3 a) Hyperbeln $y = \dfrac{const}{x}$ b) Hyperbeln $\dfrac{x^2 - y^2}{const} = 1$

8.4 1a) $\dfrac{\partial f}{\partial x} = -2x + 10 \qquad \dfrac{\partial f}{\partial y} = -2y + 10$ 1b) $\dfrac{\partial f}{\partial x} = \dfrac{1}{2\sqrt{x}} + \dfrac{1}{y} \qquad \dfrac{\partial f}{\partial y} = -\dfrac{x}{y^2}$

1c) $\dfrac{\partial f}{\partial x} = e^{\sqrt{1-y}} \qquad \dfrac{\partial f}{\partial y} = -\dfrac{x e^{\sqrt{1-y}}}{2\sqrt{1-y}} + \dfrac{1}{y}$ 2a) $\dfrac{\partial z}{\partial x} = 1 \qquad \dfrac{\partial z}{\partial y} = -1$

2b) $\dfrac{\partial z}{\partial x} = 2x \qquad \dfrac{\partial z}{\partial y} = 2y$ 2c) $\dfrac{\partial z}{\partial x} = 0 \qquad \dfrac{\partial z}{\partial y} = 0$

2d) $\dfrac{\partial z}{\partial x} = \dfrac{x}{\sqrt{x^2 + y^2}} \qquad \dfrac{\partial z}{\partial y} = \dfrac{y}{\sqrt{x^2 + y^2}}$ 2e) $\dfrac{\partial z}{\partial x} = -\dfrac{x}{\sqrt{1 - x^2}} \qquad \dfrac{\partial z}{\partial y} = 0$

2f) $\dfrac{\partial z}{\partial x} = -\dfrac{x}{\sqrt{1 - x^2 - y^2}} \qquad \dfrac{\partial z}{\partial y} = -\dfrac{y}{\sqrt{1 - x^2 - y^2}}$

8.5 a) $\dfrac{\partial f}{\partial x} = 15x^2 + 6x + 7y^5 \qquad \dfrac{\partial f}{\partial y} = 35xy^4 - 6y^5$

b) $\dfrac{\partial f}{\partial x} = yz + \dfrac{z-y}{x^2} \qquad \dfrac{\partial f}{\partial y} = xz + \dfrac{1}{x} \qquad \dfrac{\partial f}{\partial z} = xy - \dfrac{1}{x}$

c) $\dfrac{\partial g}{\partial u} = \dfrac{x(v^2 + w^2 - u^2)}{(u^2 + v^2 + w^2)^2} \qquad \dfrac{\partial g}{\partial v} = -2\dfrac{uxv}{(u^2 + v^2 + w^2)^2} \qquad \dfrac{\partial g}{\partial w} = -2\dfrac{uxw}{(u^2 + v^2 + w^2)^2}$

d) $\dfrac{\partial T}{\partial f} = 0 \qquad \dfrac{\partial T}{\partial g} = -\dfrac{g}{\sqrt{g^2 + h^2}^3} \qquad \dfrac{\partial T}{\partial h} = -\dfrac{h}{\sqrt{g^2 + h^2}^3}$

8.6 a) $\mathrm{grad}\,f(3,2) = (-4, -2)^\top$ b) $\mathrm{grad}\,f(1,2) = (2, 1)^\top$ c) $\mathrm{grad}\,f(4,2) = (0.75, -1)^\top$

8.7 a) $df = \left(\dfrac{1}{y} - \dfrac{y}{x^2}\right)dx + \left(\dfrac{1}{x} - \dfrac{x}{y^2}\right)dy$ b) $dg = \dfrac{v\,du - u\,dv}{u^2 + v^2}$

c) $dw = 2e^{(x^2 + y^2 + z^2)}(x\,dx + y\,dy + z\,dz)$ d) $dz = \dfrac{u\,du + v\,dv + w\,dw}{u^2 + v^2 + w^2}$

8.8 $\Delta z = -0.62, \quad dz = -0.6$

8.9 $\rho = 0.9 \dfrac{\text{g}}{\text{cm}^3} \quad |\Delta \rho| \approx 0.0025333 \dfrac{\text{g}}{\text{cm}^3} \quad \left|\dfrac{\Delta \rho}{\rho}\right| \approx 0.00228 = 0.228\,\%$

8.10 Um $\dfrac{7}{6}\,\%$.

8.11 $c = a\cos\beta + \sqrt{b^2 - a^2 \sin^2\beta} \approx 352.361604$

$$\Delta c = \left(\cos\beta + \dfrac{-a\sin^2\beta}{\sqrt{b^2-a^2\sin^2\beta}}\right)\Delta a + \dfrac{b}{\sqrt{b^2-a^2\sin^2\beta}}\Delta b + \left(-a\sin\beta - \dfrac{a^2\cos\beta\sin\beta}{\sqrt{b^2-a^2\sin^2\beta}}\right)\Delta\beta$$

$\approx -.1211347$

$\left|\dfrac{\Delta a}{a}\right| \approx 0.000137 \quad \left|\dfrac{\Delta b}{b}\right| \approx 0.000124 \quad \left|\dfrac{\Delta \beta}{\beta}\right| \approx 0.000244 \quad \left|\dfrac{\Delta c}{c}\right| \approx .000343$

8.12 3 %.

8.13 Der maximale absolute Fehler beträgt etwa 189 Nmm^2, der maximale relative etwa 8.3 %.

8.14 Der maximale absolute Fehler beträgt etwa 0.11 h, der maximale relative etwa 1.1 %.

8.15 Der maximale relative Fehler beträgt etwa 0.0987 %. $l \in (116.1283, 116.3257)$

8.16 Der maximale absolute Fehler beträgt etwa 0.429 m^3, der maximale relative etwa 3.35 %.

8.17 $E \in (181\,796.88,\ 224\,453.13)$ N/mm^2

8.18 Der maximale absolute Fehler beträgt etwa 0.16 cm, der maximale relative etwa 1.078 %.

8.19 a) $\dfrac{\partial^2 f}{\partial x^2} = 2\dfrac{y}{x^3} \qquad \dfrac{\partial^2 f}{\partial y^2} = 2\dfrac{x}{y^3} \qquad \dfrac{\partial^2 f}{\partial x \partial y} = -\dfrac{1}{x^2} - \dfrac{1}{y^2}$

b) $\dfrac{\partial^2 g}{\partial u^2} = -\dfrac{2uv}{(u^2+v^2)^2} \qquad \dfrac{\partial^2 g}{\partial v^2} = \dfrac{2uv}{(u^2+v^2)^2} \qquad \dfrac{\partial^2 g}{\partial u \partial v} = \dfrac{u^2-v^2}{(u^2+v^2)^2}$

c) $\dfrac{\partial^2 w}{\partial x^2} = 2e^{x^2+y^2+z^2}(2x^2+1) \qquad \dfrac{\partial^2 w}{\partial y^2} = 2e^{x^2+y^2+z^2}(2y^2+1) \qquad \dfrac{\partial^2 w}{\partial z^2} = 2e^{x^2+y^2+z^2}(2z^2+1)$

$\dfrac{\partial^2 w}{\partial x \partial y} = 4xy e^{x^2+y^2+z^2} \qquad \dfrac{\partial^2 w}{\partial x \partial z} = 4xz e^{x^2+y^2+z^2} \qquad \dfrac{\partial^2 w}{\partial y \partial z} = 4yz e^{x^2+y^2+z^2}$

d) $\dfrac{\partial^2 z}{\partial u^2} = \dfrac{-u^2+v^2+w^2}{(u^2+v^2+w^2)^2} \qquad \dfrac{\partial^2 z}{\partial v^2} = \dfrac{u^2-v^2+w^2}{(u^2+v^2+w^2)^2} \qquad \dfrac{\partial^2 z}{\partial w^2} = \dfrac{u^2+v^2-w^2}{(u^2+v^2+w^2)^2}$

$\dfrac{\partial^2 z}{\partial u \partial v} = -\dfrac{2uv}{(u^2+v^2+w^2)^2} \qquad \dfrac{\partial^2 z}{\partial u \partial w} = -\dfrac{2uw}{(u^2+v^2+w^2)^2} \qquad \dfrac{\partial^2 z}{\partial v \partial w} = -\dfrac{2vw}{(u^2+v^2+w^2)^2}$

Extremwertaufgaben

8.20 a) $f(-2, -5) = 19$ lokales Maximum
b) $f(2, 3) = -59$ lokales Minimum
c) $f(1/4, 1/9) = 131/72 \approx 1.81944$ lokales Minimum

Lösungen

8.21 a) Sattelpunkt an der Stelle $(-3/4, 1/6)^\top$
   b) Sattelpunkte an den Stellen $(0, 2)^\top$ und $(2, -2)^\top$
   $f(0, -2) = 16$ lokales Maximum, $f(2, 2) = -17\frac{1}{3}$ lokales Minimum
   c) Sattelpunkte an den Stellen $(1, 1)^\top$ und $(-1, -1)^\top$

8.22 a) Die Faktoren lauten $x = y = z = 2$.
   b) Die Summanden lauten $x = y = z = 8/3$.

8.23 Als Abmessungen sind zu wählen: Länge $\sqrt[3]{2V}$, Breite $\sqrt[3]{2V}$, Höhe $\sqrt[3]{2V}/2$. V ist hierbei das gegebene Fassungsvermögen.

8.24 Der größte dem gegebenen Ellipsoiden einbeschriebene Quader hat die Abmessungen $2\sqrt{3}a/3$, $2\sqrt{3}b/3$, $2\sqrt{3}c/3$.

8.25 Der kürzeste Abstand beträgt $d = 41/(4\sqrt{21}) \approx 2.2367$.

8.26 Für den Punkt mit den Koordinaten $\left(\frac{1}{n}\sum_{i=1}^{n} x_i, \frac{1}{n}\sum_{i=1}^{n} y_i\right)$ ist die Summe der Quadrate der Abstände der gegebenen Punkte minimal.

8.27 Der tiefste Punkt der Schnittkurve hat die Koordinaten $(-2, 1, 8)$ und der höchste Punkt der Schnittkurve hat die Koordinaten $(6, -3, 72)$.

8.28 kälteste Punkte: $\left(1/2, -\sqrt{2}/2, -1/2\right)$, $\left(1/2, -\sqrt{2}/2, 1/2\right)$,
   wärmste Punkte: $\left(1/2, \sqrt{2}/2, -1/2\right)$, $\left(1/2, \sqrt{2}/2, 1/2\right)$

8.29 Der minimale Abstand ist 1.44.

8.30 $P\left(\frac{1}{4}\sum_{i=1}^{4} x_i, \frac{1}{4}\sum_{i=1}^{4} y_i\right)$

Kapitel 9

Lösen von gewöhnlichen Differenzialgleichungen

9.1 a) $y(x) = \pm\sqrt{C - x^2}$ **b)** $y(x) = \dfrac{C}{\cos x}$ **c)** $y(x) = Ce^{x^2/2}$
   d) $y(x) = 1 - \dfrac{C}{1+x}$ **e)** $\pm \arcsin(y(x)) = x + C$ **f)** $y(x) = \pm\sqrt{1 - \dfrac{C}{x^2}}$
   g) $\dfrac{1}{3}y(x)^3 + \dfrac{1}{2}y(x)^2 = \dfrac{1}{3}x^3 + \dfrac{1}{2}x^2 + C$

9.2 a) $y(x) = \dfrac{2(x^3 + 5)}{3(x^2 + 1)}$ **b)** $y(x) = \dfrac{x}{2} + \dfrac{C}{x}$ **c)** $y(x) = 2 + Ce^{\frac{x^2}{2}}$
   d) $y(x) = \dfrac{1}{7}x^5 + \dfrac{1}{3}x + \dfrac{C}{x^2}$ **e)** $y(x) = x\sin x + Cx$ **f)** $y(x) = -\dfrac{1}{3}x^2 + \dfrac{C}{x}$
   g) $y(x) = 1 + C(x - 1)$, (x_0, y_0) : keine Lösung, (x_1, y_1) : $y(x) = x$

9.3 a) $y(x) = C_1 e^x + C_2 e^{-x}$ **b)** $y(x) = C_1 \cos x + C_2 \sin x$
   c) $y(x) = C_1 e^{2x} + C_2 x e^{2x}$ **d)** $y(x) = C_1 e^x + C_2 e^{2x} + C_3 x e^{2x}$
   e) $s = e^{-t}(C_1 \cos t + C_2 \sin t)$ **f)** $y(x) = C_1 e^{2x} + C_2 e^{-2x} + C_3 \cos 2x + C_4 \sin 2x$

9.4
a) $y(x) = C_1 \cos x + C_2 \sin x + x^2 - 2$
b) $y(x) = C_1 e^x + C_2 e^{-x} - \frac{1}{2} \cos x$
c) $y(x) = C_1 e^{2x} + C_2 e^x + \frac{1}{2} e^{3x}$
d) $y(x) = C_1 e^{2x} + C_2 e^x - \frac{1}{20} \cos 2x - \frac{3}{20} \sin 2x$
e) $y(x) = C_1 e^x + C_2 \sin x + C_3 \cos x + \frac{1}{15} \cos 2x - \frac{2}{15} \sin 2x$
f) $y(x) = C_1 \cos 2x + C_2 \sin 2x + \frac{1}{4} x \sin 2x$, $(x_0, y_0, y_0') : y(x) = \frac{1}{4} x \sin 2x$
g) $y(x) = C_1 e^x + C_2 e^{-x} - \frac{1}{4} e^{-x} - \frac{1}{2} x e^{-x}$
h) $y(x) = (C_1 + C_2 x + C_3 x^2 + C_4 x^3) e^x + e^x \left(\frac{1}{24} x^4 + \frac{1}{120} x^5 \right)$

Physikalische Anwendungen

9.5 $s(t) = h - \frac{mg}{k} t + \frac{m^2 g}{k^2} \left(1 - e^{-kt/m} \right)$,

$h = 20$ m, $m = 1$ kg, $g = 10$ m/s^2, $k = 10$ kg/s : $s(t) = 20 - t + \frac{1}{10} \left(1 - e^{-10t} \right)$

9.6 Der Körper kommt nach der Zeit $\frac{v_0}{k}$ zur Ruhe und hat bis dahin die Strecke $\frac{v_0^2}{2k}$ zurückgelegt.

9.7 Für $a = \frac{n\pi}{l}$, $n \in \mathbb{N}$ tritt eine Durchbiegung ein, sonst nicht.

9.8 Die Periode der Schwingung beträgt ohne Reibung $T = 2\pi \sqrt{\frac{l}{g}}$.

9.9 $x(t) = \left(x_0 + \frac{1}{3} k_0 \right) \cos t - \frac{1}{3} k_0 \cos 2t$

9.10 $\varphi(t) = \varphi_0 \cos \left(\sqrt{\frac{k}{I}} t \right)$, $T = \frac{1}{r^2} \sqrt{\frac{8 l I \pi}{G}}$

9.11 $F = \frac{EI\pi^2}{l^2}$

9.12 $w(x) = -\frac{M}{2EI} x^2$

9.13 $w(x) = \frac{x^2 F}{6EI} (x - 3l)$

9.14 $w(x) = k \left(\frac{1}{360} x^6 - \frac{l}{60} x^5 \right) + \left(-\frac{M}{12EIl} + \frac{1}{9} kl^3 \right) x^3 + \left(-\frac{4}{15} kl^5 + \frac{M}{3EI} l \right) x$ mit $k = -\frac{q_0}{EIl^2}$

9.15 $M(x) = q_0 \left(\frac{x^4}{12l^2} - \frac{x^3}{3l} + \frac{lx}{4} \right)$, $Q(x) = q_0 \left(\frac{x^3}{3l^2} - \frac{x^2}{l} + \frac{l}{4} \right)$

Literaturverzeichnis

[1] **Schäfer, W., Georgi, K., Trippler, G.:** Mathematik - Vorkurs, 5., überarb. Aufl., Verlag B. G. Teubner, Wiesbaden 2002
[2] **Schirotzek, W., Scholz, S.:** Starthilfe Mathematik, 4., durchges. Aufl., Verlag B. G. Teubner, Wiesbaden 2001
[3] **Poguntke, W.:** Keine Angst vor Mathe, Verlag B. G. Teubner, Wiesbaden 2004
[4] **Knorrenschild, M.:** Vorkurs Mathematik, Fachbuchverlag Leipzig im Carl Hanser Verlag 2005
[5] **Preuß, W., Wenisch, G.:** Lehr- und Übungsbuch Mathematik, Bd. 1 bis 3, Fachbuchverlag Leipzig im Carl Hanser Verlag 2001 – 2003
[6] **Schott, D.:** Ingenieurmathematik mit MATLAB, Fachbuchverlag Leipzig im Carl Hanser Verlag 2004
[7] **Stingl, P.:** Mathematik für Fachhochschulen, 7. Aufl., Fachbuchverlag Leipzig im Carl Hanser Verlag 2004
[8] **Engeln-Müllges, G., Schäfer, W., Trippler, G.:** Kompaktkurs Ingenieurmathematik, 3., neu bearb. Aufl., Fachbuchverlag Leipzig im Carl Hanser Verlag 2004
[9] **Baule, B.:** Die Mathematik des Naturforschers und Ingenieurs, Teil 1, 2, Verlag Harri Deutsch, Frankfurt/ M. 1979
[10] **Meyberg, K., Vachenauer, P.:** Höhere Mathematik 1, 2, 6. Aufl., 4. Aufl., Springer Verlag, Heidelberg 2001
[11] **Neunzert, H., Eschmann, W., Blickensdorfer-Ehlers, A., Schelkes, K.:** Analysis 1, Springer Verlag, Heidelberg 1996
[12] **Burg, K., Haf, H., Wille, F.:** Höhere Mathematik für Ingenieure, Bd. I bis V, 7.,überarb. u. erw. Aufl., 4., durchges. Aufl., 4. durchges. u. erw. Aufl., Verlag B. G. Teubner, Stuttgart 1993 – 2006
[13] **Fichtenholz, G. M.:** Differential- und Integralrechnung Bd. 1 bis 3, 14., unveränd. Aufl. 1997, 10. Aufl. 1990, 12. Aufl. 1992, Verlag Harri Deutsch, Frankfurt/ M. 1990 – 1997
[14] **Sperb, R.:** Analysis 1, 2. Aufl., vdf Hochschulverlag AG an der ETH Zürich 2004
[15] **Dobner, H.-J., Engelmann, B.:** Analysis 1, Analysis 2, Fachbuchverlag Leipzig im Carl Hanser Verlag 2002, 2003
[16] **Dobner, G., Dobner, H.-J.:** Gewöhnliche Differenzialgleichungen, Fachbuchverlag Leipzig im Carl Hanser Verlag 2004
[17] **Nipp, K., Stoffer, D.:** Lineare Algebra, 5. Aufl., vdf Hochschulverlag AG an der ETH Zürich 2002
[18] **Gramlich, G.:** Anwendungen der Linearen Algebra, Fachbuchverlag Leipzig im Carl Hanser Verlag 2004
[19] **Herausgeber: Mehlhorn, G.:** Der Ingenieurbau: Grundwissen, Bd. 1: Mathematik/ Technische Mechanik, Verlag Ernst & Sohn, Berlin 1999
[20] **Minorski, V. P.:** Aufgabensammlung der höheren Mathematik, 14., neubearb. Aufl., Fachbuchverlag Leipzig im Carl Hanser Verlag, Leipzig 2001
[21] **Glaeser, G.:** Der mathematische Werkzeugkasten, Elsevier Spectrum Akademischer Verlag, München 2004
[22] **Zeidler, E., Hackbusch, W., Schwarz, H-R.:** Teubner-Taschenbuch der Mathematik, 2., durchges. Aufl., Verlag B. G. Teubner, Wiesbaden 2003
[23] **Göhler, W.:** Formelsammlung Höhere Mathematik, 16., überarb. Aufl., Verlag Harri Deutsch, Frankfurt/ M. 2005
[24] **Bartsch, H.-J.:** Taschenbuch mathematischer Formeln, 20, neu bearb. Aufl., Fachbuchverlag Leipzig im Carl Hanser Verlag 2004
[25] **Hahn, H. G.:** Technische Mechanik fester Körper, 2. Aufl., Carl Hanser Verlag, München, Wien 1993
[26] **Dallmann, R.:** Baustatik 1, Fachbuchverlag Leipzig im Carl Hanser Verlag 2006
[27] **Bollrich, G.:** Technische Hydromechanik 1 Grundlagen, 5. Aufl., Verlag für Bauwesen, Berlin 2000
[28] **Witte, B., Schmidt, H.:** Vermessungskunde und Grundlagen der Statistik für das Bauwesen, 5. Aufl., Verlag Herbert Wichmann im Hüthig-Verlag, Heidelberg 2005
[29] **Gelhaus, R., Kolouch, D.:** Vermessungskunde für Architekten und Bauingenieure, Werner Verlag, Düsseldorf 1997
[30] **Groß, G.:** Vermessungstechnische Berechnungen, 3., korr. Aufl., Verlag B. G. Teubner, Wiesbaden 2004
[31] **Weise, G., Durth, W. u. a.:** Straßenbau, Verlag für Bauwesen, Berlin 1997
[32] **Natzschka, H.:** Staßenbau, 2., vollst. bearb. Aufl., Verlag B. G. Teubner, Wiesbaden 2003

[33] **Däumler, K.:** Grundlagen der Investitions- und Wirtschaftlichkeitsrechnung, 11. Aufl., Verlag Neue Wirtschafts-Briefe Herne, Berlin 2003

[34] **Schneider, K.-J.:** Bautabellen für Ingenieure, 16. Aufl., Werner Verlag, Düsseldorf 2004

[35] **Wendehorst, R.:** Bautechnische Zahlentafeln, 31. Aufl, Verlag B. G. Teubner, Wiesbaden 2004

Sachwortverzeichnis

A

Abbildung, 26
–, bijektive, 30
Abfluss, 279
Ableitung, 203, 206, 208, 252
– der Potenz, 206, 207
– der Umkehrfunktion, 206, 207
absoluter Fehler, 212, 297, 306
Abstand, 291
– eines Punktes, 140, 155, 163
Absteckungsberechnungen, 169
Absteckungspunkte auf einem Kreis, 227
Achse, 151
Achsenabschnittsgleichung, 137, 139
Addition, 11, 13, 15, 76, 84, 90
Additionstheorem, 142, 170, 253
– für die Sinusfunktion, 61
Adjunkte, 98
allgemeine Ebenengleichung, 159
allgemeine Geradengleichung, 138, 143
allgemeine Lösung, 314, 321
Anfangsbedingung, 312, 330, 331
Anfangswertaufgabe, 313
Annuität, 60
Anstieg
– der Geraden, 137
– der Tangenten, 202
– des Graphen der Funktion, 203
approximieren, 176
Arbeit, 130
Archimedische Spirale, 263
Arcuscosinus, 51
Arcussinus, 51
Arcustangens, 51
Argument, 27, 30
Assoziativgesetz, 11
– der Addition, 76
Assoziativität, 76, 90
Auflagerreaktion, 87, 114, 278
Ausrundungshalbmesser, 232

B

Axiome der Addition, 11
Axiome der Multiplikation, 12

Balken, 205, 210, 229, 269, 270, 277, 313, 336
Basis, 16, 109
Berechnung
– der Inversen, 110
– von Determinanten, 100
Bernoullische Hypothese, 337
beschränkt, 29, 33, 37, 45, 178, 180, 181, 183, 184, 186, 194
–, nach oben (unten), 29, 34, 36
bestimmte Divergenz, 188
Betrag eines Vektors, 124
Biegelinie, 210, 217, 229, 335, 336
Biegemoment, 39, 57, 205, 210, 229, 278, 313, 337
Binomialkoeffizient, 17
–, Eigenschaften, 18
binomische Formeln, 17
binomischer Lehrsatz, 17, 18
Bogenlänge, 261
Bogenmaß, 48
Brennpunkt, 144, 148, 151, 152
Brüche, 15

C

charakteristische Gleichung, 322, 324, 331, 335, 338
Cramersche Regel, 110, 112, 141, 157, 169, 235, 328, 329

D

Darcysches Filtergesetz, 339
Definitionsbereich, 27
–, natürlicher, 289
Determinante, 98, 133, 135, 142, 157, 161, 169, 171, 303
– der Inversen, 102

– der Transponierten, 101
– des Produktes, 101, 102
Diagonalmatrix, 93, 95, 97
Differenz, 12
– zweier Vektoren, 78
Differenzenquotient, 203, 204, 252
Differenzial, 211, 296
Differenzialgleichung, 314, 330, 332, 334, 335, 337, 339
–, gewöhnliche, 314
–, homogene, 317, 320, 328
–, homogene lineare, 324
–, inhomogene, 318, 325, 327, 328
–, lineare, 317, 320
–, partielle, 314
differenzierbar, 203, 205, 251
Differenzierbarkeit, 231
Distributivgesetz, 13
Distributivität, 76, 90
divergent, 182, 186, 188, 199
Dreiecksgestalt, 100
Dreiecksmatrix
–, obere, 100
–, untere, 100
Dreiecksungleichung, 35, 125, 127
Durchbiegung, 57, 210, 229

E

Ebene, 290
eindeutig, 26
Einheitsklothoide, 260
Einheitsmatrix, 93, 95
Einheitsvektor, 125, 139
Einheitsverziehung, 232
Ellipse, 144
–, Mittelpunkt, 144
–, verschobene, 147
Entfernung, 35
entgegengesetzte Zahl, 11, 14
Erweitern, 15
Erzeugendensystem, 84, 86

Eulergleichung, 323
Eulersche Knickkraft, 335
Eulersche Zahl, 186
Existenz
– des inversen Elementes, 76, 90
– des Nullelementes, 76, 90
Exponent, 16
Exponentialfunktion, natürliche, 46

F

Fachwerk, 114
Faktorregel, 206, 207
Fakultät, 14
Fehlerrechnung, 212
Fläche, 271, 273, 275
– des Dreiecks, 54, 56
Flächeninhalt, 243, 263, 264
Flächenmoment
– 1. Grades, 271
– 2. Grades, 276
Flächenträgheitsmoment, 337
Folge, 196, 199, 244, 291
Fourieransatz, 322
Freiheitsgrad, 105, 113, 162
Fundamentalsystem, 109, 321, 323, 327, 329
Funktion, 26, 37, 247
–, äußere und innere, 32
–, Betrags-, 34
–, Exponential-, 45, 194
–, gerade, 49
–, konstante, 32, 193
–, Kosinus-, 49
–, Kotangens-, 50
–, lineare, 33
–, Logarithmus-, 46, 194
–, rationale, 44
–, reelle, 27
–, Reziprok-, 37
–, Signum-, 33
–, Sinus-, 49
–, streng monotone, 31
–, Tangens-, 50
–, trigonometrische, 194
–, Umkehr-, 30, 51, 46, 208
–, ungerade, 49

– einer Veränderlichen, 26
– mehrerer Veränderlicher, 288
Funktionsgleichung, 27
Funktionswert, 27, 30
Funktionswerte von Polynomen, 41

G

Gauß-Algorithmus, 96, 100, 105, 108, 112, 162
Gerade, 136, 153
Gesamtlast, 270
Gesetz von Torricelli, 332
gleichförmige Geschwindigkeit, 35
Gleichung, lineare, 33
–, quadratische, 322
Gleichungssystem, 141, 157, 161, 162, 168
–, homogenes, 103, 107
–, homogenes lineares, 109
–, inhomogenes, 103, 109
–, lineares, 103, 106, 112, 115–117, 209, 235, 328, 329
–, quadratisches lineares, 111
Glieder der Zahlenfolge, 177
globales Maximum (Minimum), 217
Gradient, 295
Gradmaß, 48
Graph der Funktion, 28, 30, 290
Gravitationskraft, 289
Grenzwert, 182, 183, 187–191, 196, 213, 244
–, linksseitiger, 187
–, rechtsseitiger, 187
– der Folge, 292
Guldinsche Regeln, 274

H

harmonische Reihe, 199
Hauptachse, 144, 148
Hauptdiagonalelemente, 93, 95
Hauptminoren, 303
Hauptsatz der Differenzial- und Integralrechnung, 254, 280
Hauptscheitelpunkte, 144, 148
Heronsche Flächenformel, 56
Hesse-Matrix, 303

Hessesche Normalform, 139, 140, 143, 159, 161, 163
– der Geradengleichung, 139
Höhe, 54
höhere Ableitungen, 209
Hookesches Gesetz, 34, 337
Horner-Schema, 41
–, vollständiges, 44
Hyperbel, 148
–, Mittelpunkt, 148
–, verschobene, 150

I

Infimum, 29, 178, 181
inhomogene Gleichungssysteme, 109
Inkreisradius, 56
Integral, 246
–, bestimmtes 248, 254
–, unbestimmtes 256, 257, 280, 288,
Integrationsgrenze
–, obere, 246
–, untere, 246
Integrationsintervall, 260
Integrationsmethoden, 257
Integrationsvariable, 246
integrierbar, 246, 247
Invarianz, 76, 90
inverses Element, 11
invertierbar, 97
Isolinien, 291

K

Kürzen, 15
kanonische Basis, 86
kanonischer Vektor, 86
kartesisches Koordinatensystem, 27
Kettenregel, 206, 208, 257, 259
Klammern, 14
Kleinpunktberechnung, 165
Klothoide, 260
Koeffizienten des Polynoms, 37, 42
Koeffizientenmatrix, 104, 108
–, erweiterte, 104
kollinear, 82
kommutative Gruppe, 11, 13, 90

Kommutativgesetz, 11
– der Addition, 76
Kommutativität, 90
komplanar, 83
konjugiert komplexe Wurzeln, 323
konkav, 302
Kontinuitätsgesetz, 339
konvergent, 182, 183, 291
konvex (konkav), 220, 302
Kosinus, 48, 51
Kosinussatz, 52, 61
Kotangens, 50
Kräftegleichgewicht, 87, 115
Kräftesatz, 278
Kragarm, 217
Kreis, 146, 169
kritische Stelle, 218, 223, 230, 301
krummliniger Sektor, 264
Krümmung, 235
Krümmungskreis, 233
Krümmungsverhalten, 220
Krümmungsverlauf, 236
Kuppenausrundung, 232
Kurve, 272, 273, 276
– zweiter Ordnung, 144
Kurvendiskussionen, 216

L

Lagerreaktionen, 116
Laplacescher Entwicklungssatz, 99
Leibnizsche Sektorformeln, 266
Leitlinie, 151
linear abhängig, 80–82, 85
lineare Abhängigkeit, 78
lineare Exzentrizität, 144, 148
lineare Näherung, 211
lineare Unterräume, 84, 109
lineare Verziehung, 230
linearer Vektorraum, 76, 79, 90
Linearfaktor, 40, 43, 45
Linearität, 249, 256
Linearkombination, 78, 81, 85, 84, 109, 160, 249, 320
linear unabhängig, 80, 85, 320
linear unabhängige Vektoren, 81, 83
links– und rechtsseitig differenzierbar, 204, 205

linksseitig stetig, 191
Logarithmengesetze, 47
Logarithmieren, 59
Logarithmisches Ableiten, 206–208
lokaler Extremwert, 218, 219, 300, 307
lokales Maximum (Minimum), 217, 219, 221, 229, 230
lokales Minimum (Maximum), 299, 302, 304
Lösung eines Gleichungssystems, 103
Lösungskurve, 315, 319
Lotfußpunkt, 140, 155, 157, 163
Lücke, 45, 192, 246

M

Majorantenkriterium, 184
Mantelfläche, 268, 269, 274
Masse, 269
Massenermittlung, 170
Matrix, 87
–, Elemente, 87
–, Inverse, 97, 101
Matrix-Multiplikation, 92
mechanische Schwingung, 330
Menge der reellen Zahlen, 11
Mittelwertsatz der Differenzialrechnung, 223, 261, 265
Mittelwertsatz der Integralrechnung, 250, 252, 270
Moment, 134
Momentengleichgewicht, 87
Momentengleichung, 154
Momentensatz, 278
monoton fallend, 33, 58, 179, 181
monoton steigend, 33, 58, 179, 180, 183, 186, 244
monoton steigend (fallend), 28, 218
Monotonie, 28, 218
Multiplikation, 11–13, 76, 84

N

Näherungspolynom, 225
Nebenachsen, 144, 148
Nebenscheitelpunkte, 144, 148
negativ definit, 303
neutrales Element, 11

Newtonsches Gesetz, 312, 330
Normalenvektor, 138, 139, 141, 142, 159, 160, 162–164, 167
Normalform, 138, 139, 142
– der Ellipse, 145
– der Hyperbel, 148
Null, 11
Nullelement, 77
Nullfolge, 183–185
Nullstelle, 27, 28, 40, 46, 50, 58, 193, 195, 229, 264
– eines Polynoms, 38, 44
Nullvektor, 81

O

Ohmsches Gesetz, 288
Ordnung der Differenzialgleichung, 314
orthogonal, 128, 129
Orthogonalbasis, 129
Orthonormalbasis, 129
Ortsvektor, 77, 288

P

Parabel, 151, 231–234
–, verschobene, 152
Paraboloid, 290
parallel, 82
Parameterdarstellung, 236, 261, 265, 268, 269
Parameterform, 136, 139, 143, 153, 160, 166, 168
– der Ellipse, 145
– der Hyperbel, 149
partiell differenzierbar, 293
partielle Ableitung, 293, 304, 305, 307
– höherer Ordnung, 295
partielle Integration, 258
partielles Differenzial, 296
partikuläre Lösung, 314, 318, 320, 322, 323, 326, 327, 331, 334, 338
Pascalsches Dreieck, 18
Periode, 49, 50
Pfeilhöhe, 232, 234
polares Trägheitsmoment, 277
Polarkoordinaten, 264
Polarkoordinatendarstellung, 262
Polstelle, 45, 50

Polygonzug, 62
Polynom, 37, 40, 57, 193, 209, 210, 229, 234, 325
Polynomdivision, 40, 43
positiv definit, 303
Potenz, 16
Potenzfunktion, 36
Potenzgesetze, 16, 46
Potenzregel, 215
Produkt, 14
– der Matrix mit dem Spaltenvektor, 90
– der Matrizen, 91
– zweier Brüche, 13
Produktregel, 206, 208, 214, 258
Projektion, 126, 130
proportional, 34
Proportionalitätsfaktor, 34
Punktrichtungsgleichung, 136, 153, 154

Q

quadratisch, 89, 93, 98
quadratische Matrix, 97, 111
Quadratwurzel, 19
Querkraft, 39, 57, 205, 210, 278, 313
Quotient, 13
Quotientenregel, 206–208, 213, 305

R

Radizieren, 19
Randbedingungen, 313, 334, 335, 338
Randwertaufgaben, 313
Rang, 113, 162
– der Matrix, 95, 96
Rangkriterium, 104
Rechnen mit reellen Zahlen, 11, 13
Rechnen mit Wurzeln, 19
rechtsseitig stetig, 191
rechtwinkliges Dreieck, 51, 62
reelle Wurzeln, 323
Regel von l'Hospital, 213, 214
relativer Fehler, 298, 304, 306
Resonanzfall, 327
Restglied, 226–228, 237
Restgliedformel von Lagrange, 226
Restschuld, 59
resultierende Kraft, 78

reziproke Zahl, 12, 13
Richtungsfeld, 316
Richtungskosinus, 131
Richtungsvektor, 136, 137, 142, 143
Riemannsche Summe, 245
Rotationskörper, 267, 268, 272, 273, 274, 276
Rückwärtseinschneiden, 61

S

Sattelpunkt, 301, 302
Satz des Pythagoras, 52, 128, 151, 261
Satz des Thales, 128
Satz von Bolzano, 195, 251
Satz von Rolle, 223
Satz von Weierstraß, 194, 217, 245
Schallpegel, 47
Scheitelpunkt, 151, 232, 234
Schnittkräfte, 277
Schnittpunkt, 141, 143, 161, 165, 168, 204
Schranke
– obere, 29, 178
– untere, 29, 178
Schwerpunkt, 197, 269, 270, 273, 274
– des Punkt-Massen-Systems, 116
Seilkurve, 333
Seitenhalbierende, 55
singuläre Lösungen, 315, 316
Sinus, 48, 51
Sinussatz, 52, 61, 305
skalare Multiplikation, 90
Skalarprodukt, 127, 131, 133, 157
Spatprodukt, 135, 157, 160, 171
Sprung, 195
Sprungstelle, 192
Störterm, 326
stückweise stetig, 247
Stabkräfte, 114
Stammfunktion, 251, 253–255
statisches Moment, 271
Staubauwerk, 279
Steigung, 232, 234
stetig, 190, 192, 193, 205, 208, 247, 292
Stetigkeit, 231
Straßenverlauf, 208
streng konvex, 303

streng monoton fallend, 33, 34, 36, 37, 45, 50
streng monoton steigend, 33, 34, 36, 45, 46, 50
streng monoton steigend (fallend), 28
striktes lokales Minimum (Maximum), 299
Substitution, 280
Substitutionsregel, 259
Summe, 11, 37
– der Matrizen, 89
– zweier Polynome, 77
– zweier Vektoren, 75, 77
Summenregel, 206, 208
Summenzeichen, 37, 42
Supremum, 29, 178, 180
symmetrisch, 89

T

Tangens, 50
Tangente, 147, 150, 152, 169, 203, 204, 294
– an der Ellipse, 145
– an der Hyperbel, 150
– an der Parabel, 151
Tangentenschnittpunkt, 165, 232
Tangentialebene, 294, 300
Tangentialvektoren, 300
Taylorpolynom, 224, 226, 227, 237
Taylorreihe, 228
Taylorzerlegung, 170
totales Differenzial, 296, 298, 305
Trägheitsmoment, 275
transponierte Koeffizientenmatrix, 109
transponierte Matrix, 89, 94
Trapezform, 105, 106
Trapezgestalt, 108
Trennung der Variablen, 316, 332, 340

U

Überfallformel von Poleni, 280
Übergangsbogen, 234, 236
Überhöhung, 234, 236
Umgebung, 299
umkehrbar, 31, 33, 37
Umkreisradius, 55
unbeschränkt, 33, 36, 37, 46
–, nach oben (unten), 29, 34, 36

unbestimmte Divergenz, 189
Unbestimmtheiten, 214–216
Unendlichkeitsstelle, 193
Ungleichung, 21, 35
Unstetigkeitsstelle, 191
Unterraum
–, Basis, 86
–, Dimension des, 86
Untersumme, 245

V

Variation der Konstanten, 318, 319, 327, 329, 334
Vektor, 74, 76, 77
Vektorprodukt, 132–135, 142, 155, 164
Vektorraum, 74
Verdrehung, 210
Vergleichskriterium, 185, 244
Verkettung, 32
– von Funktionen, 32
– von Polynomen, 41
Vermessung, 305
Verzinsung, 36
Vielfaches
– einer Matrix, 89
– eines Polynoms, 77
– eines Vektors, 75, 78
Vietascher Wurzelsatz, 39
vollkommener Brunnen, 339
Volumen, 135, 170, 267, 274
– eines Tetraeders, 135, 171
Vorwärtseinschneiden, 60

W

Wannenausrundung, 232
Wasserstand, 332
Wendepunkt, 222
Wertebereich, 27
Widerstandsmoment, 304
windschiefe Geraden, 156
Winkel, 131, 142, 158, 162, 164
Winkelhalbierende, 55
Wronski-Determinante, 321, 322, 324, 328, 329
Wurzel, 19, 322, 325
Wurzelgesetz, 20

Z

Zahlenfolge, 176, 177, 182
zugehöriger Einheitsvektor, 125, 126
Zweipunktegleichung, 137, 139, 154
zweites Newtonsches Axiom, 34
Zwischensumme, 245

HANSER

Unsere Empfehlung für ein schwieriges Fachgebiet!

Dallmann
Baustatik 1
Berechnung statisch bestimmter Tragwerke
208 Seiten, 548 Abb., zweifarbig.
ISBN 3-446-40274-8

Dallmann
Baustatik 2
Berechnung statisch unbestimmter Tragwerke
192 Seiten, 379 Abb., zweifarbig.
ISBN 3-446-40275-6

Diese zum Selbststudium geeigneten Lehrbücher vermitteln in jedem Kapitel zuerst die Theorie und dann die Praxis. Zahlreiche durchgerechnete Beispiele und Grafiken veranschaulichen die Darstellung. Zum Schluss kann der Student sein erworbenes Wissen anhand von Kontrollaufgaben mit Lösungen (im Internet) selbst überprüfen.
In Band 1 werden Kräfte und Kräftesysteme rechnerisch und zeichnerisch behandelt. Zentrales Kapitel ist die Ermittlung von Schnittgrößen.
In Band 2 werden zunächst Verfahren zur Berechnung der Verformungen stabförmiger Tragwerke vermittelt. Dann folgen klassische baustatische Methoden zur Berechnung statisch unbestimmter Tragwerke.

 Fachbuchverlag Leipzig im Carl Hanser Verlag · Mehr Informationen unter **www.hanser.de**